轻武器鉴赏百科

〔英〕克里斯·钱特 著　杨鹏鲲　张善滨　白丹 译

SMALL ARMS

图书在版编目（CIP）数据

轻武器鉴赏百科 /（英）钱特（Chant,C.）著；杨鹏鲲, 张善滨, 白丹译. -- 北京：中国画报出版社, 2016.1

（武器珍藏）

ISBN 978-7-5146-1260-8

Ⅰ.①轻… Ⅱ.①钱… ②杨… ③张… ④白… Ⅲ.①轻武器 – 介绍 – 世界 Ⅳ.①E922

中国版本图书馆CIP数据核字(2016)第004908号

Copyright © 2003 Summertime Publishing Ltd
Copyright of the Chinese translation © 2015 by Portico Inc.
This translation of Small Arms is published by arrangement with Amber Books Limited.
Published by China Pictorlal Publishing House Press.
ALL RIGHTS RESERVED
著作权合同登记号：图字 01-2015-8152

轻武器鉴赏百科	〔英〕克里斯·钱特 著　杨鹏鲲　张善滨　白丹 译

出 版 人：于九涛

责任编辑：郭翠青

责任印制：焦　洋

出版发行：中国画报出版社

（中国北京市海淀区车公庄西路33号　　邮编：100048）

开　本：16开（880mm×1230mm）

印　张：25

字　数：500千字

版　次：2016年3月第1版　2016年3月第1次印刷

印　刷：北京博海升彩色印刷有限公司

定　价：128.00元

总编室兼传真：010-88417359　　版权部：010-88417359

发行部：010-68469781　　010-68414683（传真）

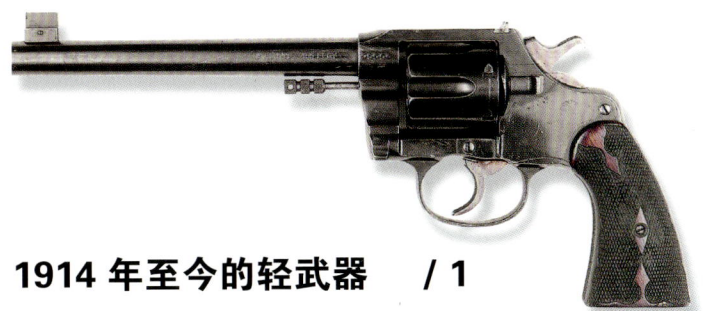

目录

1914年至今的轻武器 / 1

火力与机动性 / 2

1 手枪在作战中的作用 / 5

奥匈帝国8毫米和9毫米手枪 / 8
勃朗宁手枪 / 9
勒贝尔1873、1874和1892型左轮手枪 / 10
7.65毫米和9毫米贝瑞塔1915型手枪 / 11
格利森蒂1910型和布里夏1912型9毫米手枪 / 12
日本手枪 / 13
9毫米08型军用手枪 / 14
9毫米P08帕拉贝鲁姆手枪 / 16
毛瑟C/96 7.63毫米或9毫米 / 17
其他德国手枪 / 18
纳甘1895型7.62毫米手枪 / 19
英国韦伯利和斯科特11.6毫米自动手枪 / 20
韦伯利11.6毫米左轮手枪 / 21
韦伯利—福斯贝里11.6毫米自动手枪 / 22
萨维奇1907型和1915型手枪 / 23
11.43毫米M1917左轮手枪 / 24

柯尔特M1911手枪 / 26
恩菲尔德No.2 Mk 1和韦伯利Mk 4型手枪 / 27
托卡列夫TT-33手枪 / 29
P08（卢格）手枪 / 31
瓦尔特PP和PPK手枪 / 32
瓦尔特P38手枪 / 34
勃朗宁1910型自动手枪 / 35
勃朗宁HP手枪 / 36
"解放者"M1942暗杀手枪 / 37
柯尔特M1911和M1911A1自动手枪 / 38
史密斯和威森9.65毫米/200手枪 / 39
史密斯和威森M1917手枪 / 40
拉多姆wz.35手枪 / 41
9毫米vz.38（CZ38）自动手枪 / 42
94式8毫米自动手枪 / 43
9毫米格利森蒂1910型自动手枪 / 44
9毫米贝瑞塔1934型自动手枪 / 45
格洛克自动手枪 / 47
"勃朗宁"大威力（HP）自动手枪 / 49
9毫米FN大威力比利时造勃朗宁手枪 / 50
捷克CZ 75手枪及CZ系列手枪 / 51
法国1950型和PA15型自动手枪 / 53
赫克勒和科赫有限公司的手枪 / 54
瓦尔特PP和PPK / 56

目录

瓦尔特P5、P88和P99现代手枪　/57
以色列军事工业公司（IMI）"沙漠之鹰"手枪　/58
贝瑞塔1951型和贝瑞塔9毫米92型系列手枪　/59
贝瑞塔9毫米93R型手枪　/61
马卡洛夫9毫米手枪　/62
PSM 5.45毫米手枪　/63
瑞士P220系列手枪　/64
美国自动手枪　/65
史密斯和威森公司、柯尔特公司和卢格公司的左轮手枪　/67

2 战斗中的冲锋枪 /71

欧文冲锋枪　/74
ZK 383冲锋枪　/75
索米m/1931冲锋枪　/76
MAS 1938型冲锋枪　/77
MP 38、MP 38/40和MP 40冲锋枪　/78
MP 18、MP 28、MP 34和MP 35冲锋枪　/81
贝瑞塔冲锋枪　/82
100式冲锋枪　/84

施泰尔—索洛图恩S1-100冲锋枪　/85
兰切斯特冲锋枪　/86
司登冲锋枪　/87
司登Mk II冲锋枪　/89
汤姆森M1冲锋枪　/90
汤姆森M1928冲锋枪　/92
M3和M3A1冲锋枪　/94
UD M42冲锋枪　/96
赖辛50型和55型冲锋枪　/97
PPSh-41冲锋枪　/98
PPD-1934/38冲锋枪　/100
PPS-42和PPS-43冲锋枪　/101
F1冲锋枪　/102
FMK-3冲锋枪　/103
MPi 69冲锋枪　/105
AUG伞兵冲锋枪　/106
麦德森冲锋枪　/107
vz 61"蝎"式冲锋枪　/108
杰迪—玛蒂克冲锋枪　/110
MAT 49冲锋枪　/111
赫克勒和科赫有限公司的MP5冲锋枪　/112
赫克勒和科赫有限公司的MP5A3冲锋枪　/113
以色列军工公司的乌兹冲锋枪　/115

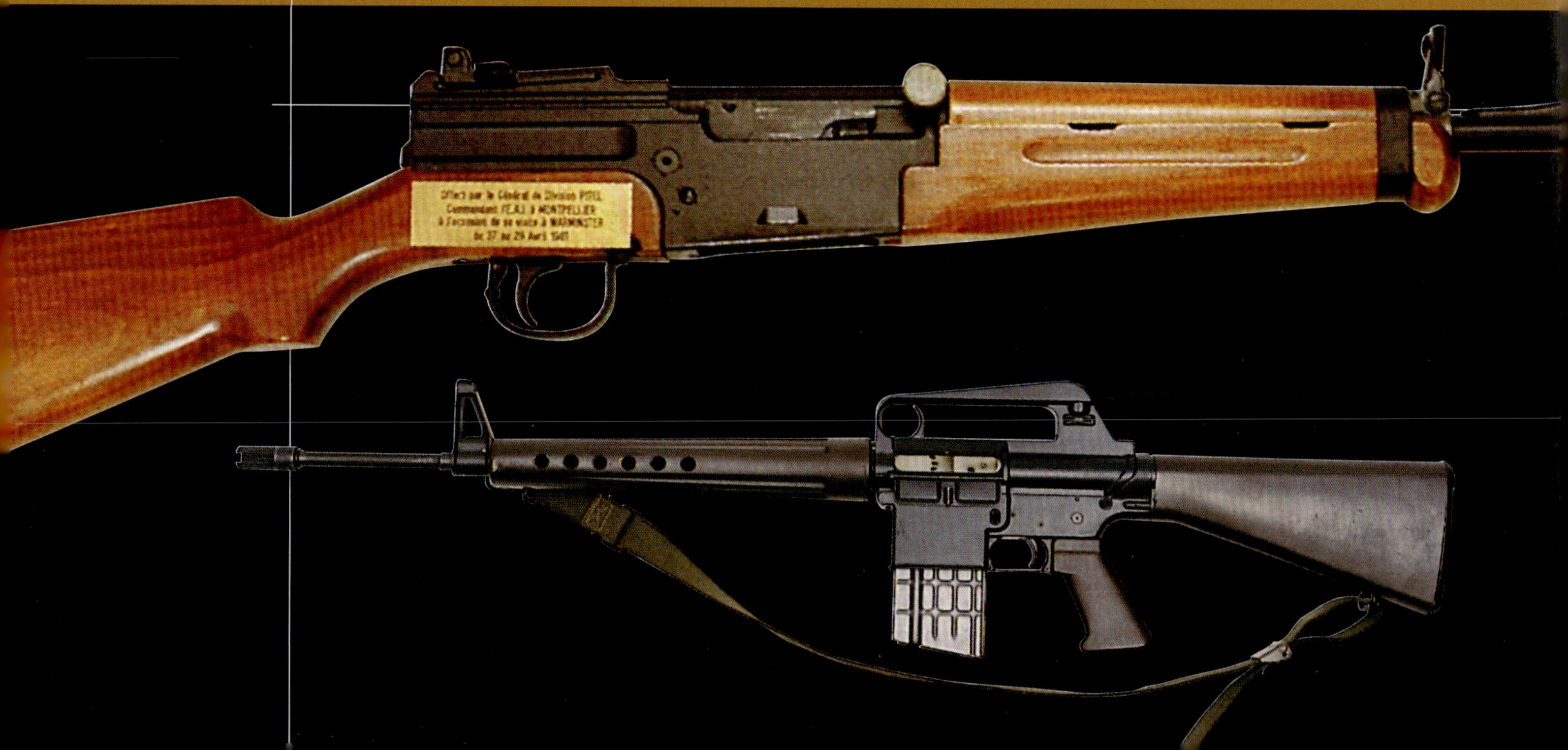

目录

贝瑞塔PM12型冲锋枪　　/ 117
"幽灵"冲锋枪　　/ 118
m/45冲锋枪　　/ 120
Z-84冲锋枪　　/ 121
9毫米L2A3 斯特林冲锋枪　　/ 122
9毫米和11.43毫米英格拉姆10型冲锋枪　　/ 123
AKSU冲锋枪　　/ 124

3 步枪　/ 127

曼利夏1895步枪　　/ 130
毛瑟1889步枪　　/ 131
罗斯步枪　　/ 132
勒贝尔1886步枪（轻型燧发枪）　　/ 133
波西亚 mle 1907步枪（轻型燧发枪）　　/ 134
91型步枪（轻型燧发枪）　　/ 135
毛瑟1898型步枪　　/ 136
莫辛—纳甘1891步枪　　/ 137
No.3 Mk Ⅰ步枪　　/ 138
No.1 Mks Ⅲ & Ⅲ*步枪　　/ 139
斯普林菲尔德1903型步枪　　/ 140
勒贝尔和波西亚步枪　　/ 142
MAS 36步枪　　/ 143
38式和99式步枪　　/ 144
G98和卡拉贝纳尔步枪　　/ 145
MP43冲锋枪和StG44步枪　　/ 146
G41（W）步枪和G43步枪　　/ 147
42型伞兵步枪（FG42步枪）　　/ 148
托卡列夫步枪　　/ 149
莫辛–纳甘步枪　　/ 150
No.4 Mk I步枪　　/ 151
No.5 Mk I步枪　　/ 152
7.62毫米1903型步枪　　/ 153
7.62毫米M1（伽兰德）步枪　　/ 154
7.62毫米M1/ M1A1/ M2/M3卡宾枪　　/ 155
赛特迈58型突击步枪　　/ 157
瑞士工业集团的突击步枪　　/ 158
贝瑞塔 BM59步枪　　/ 159
49型自动步枪　　/ 160
EM-2突击步枪　　/ 161
萨蒙纳比杰克特·普斯卡vz 52步枪　　/ 162
49型军用步枪（MAS 49步枪）　　/ 163
M14步枪　　/ 164

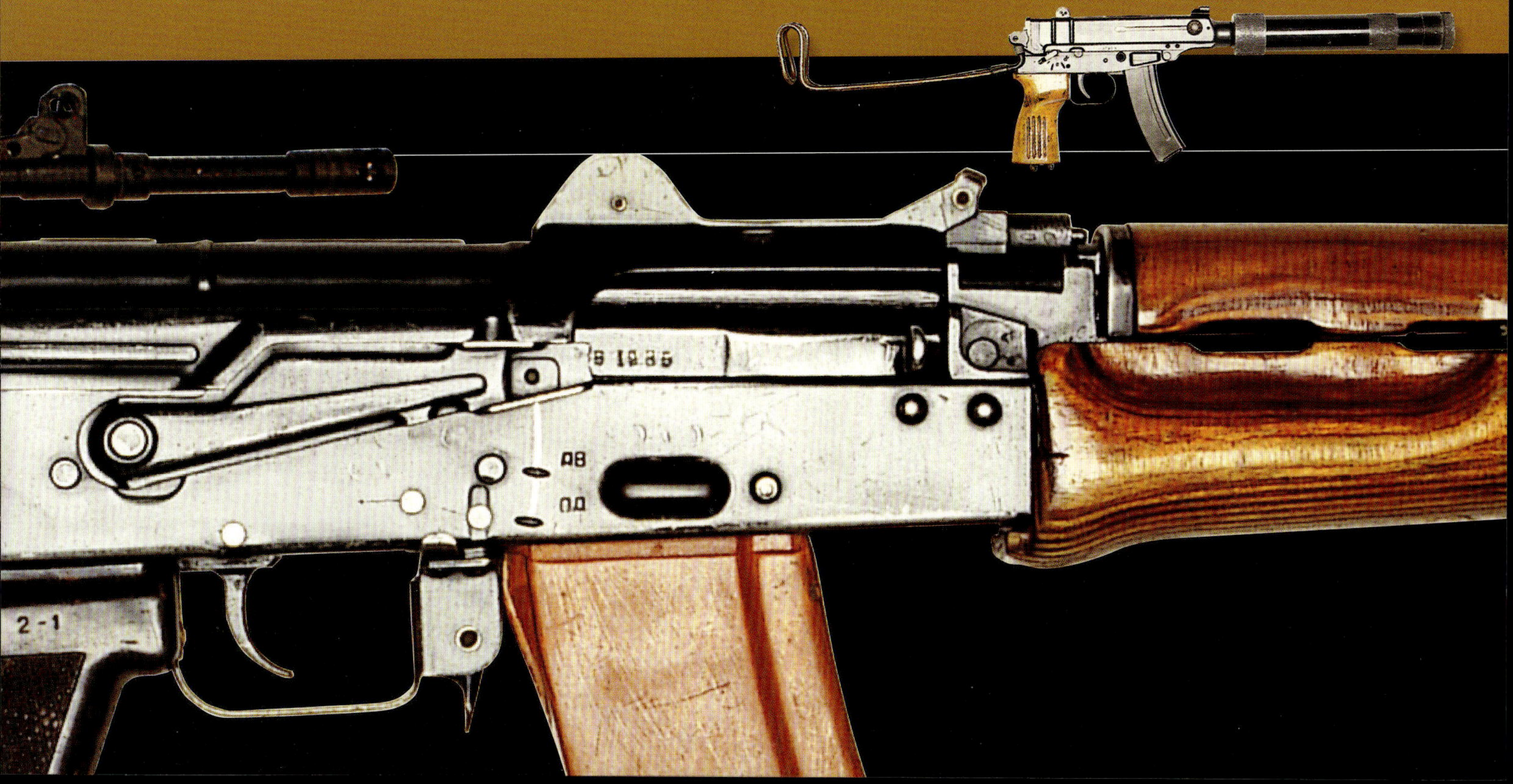

目录

斯通纳63 系统　　/ 165
阿玛莱特AR-10突击步枪　　/ 167
瓦尔米特/萨科Rk.60和Rk.62突击步枪　　/ 168
SKS步枪　　/ 169
突击步枪的发展　　/ 170
施泰尔AUG突击步枪　　/ 174
FN FAL突击步枪　　/ 175
FN FAL、L1和FNC突击步枪　　/ 176
FA MAS突击步枪　　/ 177
赫克勒和科赫有限公司的G3突击步枪　　/ 179
赫克勒和科赫有限公司的HK53突击步枪　　/ 180
赫克勒和科赫有限公司的G36突击步枪　　/ 182
加利尔和R4突击步枪　　/ 183
贝瑞塔AR70和AR90突击步枪　　/ 184
ST动力公司的5.56毫米系列步枪　　/ 185
西班牙赛特迈公司生产的　　/ 186
L/LC型5.56毫米突击步枪　　/ 186
瑞士工业集团的 SG550突击步枪　　/ 187
卡拉什尼科夫AK-47突击步枪　　/ 188
卡拉什尼科夫AK-74突击步枪　　/ 190
阿玛莱特AR-15/M16突击步枪　　/ 191
英国的SA80突击步枪　　/ 196
阿玛莱特 AR-18准军事步枪　　/ 198
卢格"迷你"14准军事和特种部队步枪　　/ 199
卢格步枪　　/ 200

4　狙击步枪　　/ 203

神射技能　　/ 206
SSG 69狙击手专用步枪　　/ 208
FN 30-11型狙击步枪　　/ 209
MAS FR-F1和F2狙击步枪　　/ 210
毛瑟SP 66和SP 86狙击步枪　　/ 211
瓦尔特 WA2000狙击步枪　　/ 212
赫克勒和科赫有限公司的狙击步枪　　/ 213
加利尔狙击步枪（战斗狙击步枪）　　/ 214
贝瑞塔"狙击手"战斗狙击步枪　　/ 215
德拉古诺夫SVD战斗狙击步枪　　/ 216
L42狙击步枪　　/ 217
L96狙击步枪　　/ 218
帕克—黑尔82狙击手专用步枪　　/ 219
M21狙击手专用步枪　　/ 220
巴雷特 M82和M95狙击手专用步枪　　/ 221

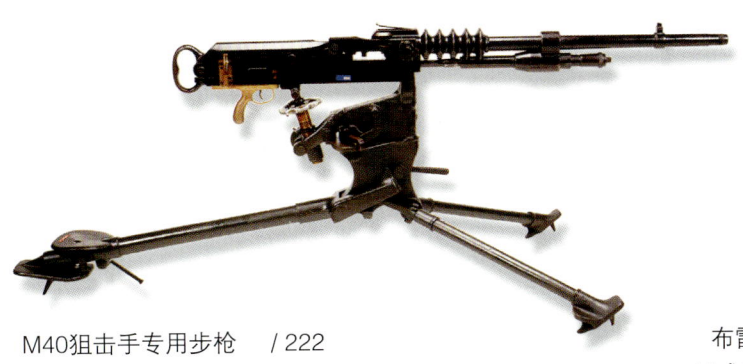

目录

M40狙击手专用步枪　／222

5　机　枪　／225

施瓦茨劳斯机枪　／228
麦德森机枪　／229
哈奇开斯1909型机枪　／230
哈奇开斯中型机枪　／231
绍沙轻型机枪　／232
圣埃蒂内1907型军用中型机枪　／233
MG 08机枪　／234
MG08/15机枪　／235
PM 1910机枪　／236
刘易斯机枪　／237
维克斯机枪　／238
柯尔特—勃朗宁1895型机枪　／239
勃朗宁M1917机枪　／240
勃朗宁自动步枪（BAR）——轻型机枪　／241
ZB vz 26和vz 30轻型机枪　／242
1924/29型和1931型军用机枪　／243
布雷达机枪　／244
11式和96式轻型机枪　／245
勃朗宁自动步枪　／246
勃朗宁M1919机枪　／247
勃朗宁12.7毫米重型机枪　／248
布伦轻型机枪　／250
维克斯机枪　／251
维克斯—波西亚轻型机枪　／252
MG 34通用型机枪　／254
MG 42通用型机枪　／255
DShK 1938、SG 43和其他重型机枪　／256
DP/DPM/DT/DTM轻型机枪　／258
FN MAG中型机枪　／259
FN "米尼米"轻型机枪　／261
vz 59机枪　／262
MAS AAT 52机枪　／263
赫克勒和科赫有限公司的机枪　／264
MG 3机枪　／267
PK 机枪　／268
RPK机枪　／269
苏联的重型机枪　／270
以色列军工公司的"内格夫"机枪　／271
CIS阿尔蒂马克斯100机枪　／272

目录

"阿梅利"机枪 / 273
瑞士工业集团的710-3机枪 / 274
L4布伦机枪 / 275
L86机枪 / 276
勃朗宁M2HB重机枪 / 278
M60中型机枪 / 279

德国的火焰喷射器 / 305
德国的喷火坦克 / 306
35型和40型火焰喷射器 / 307
便携式93式和100式火焰喷射器 / 309
苏联的火焰喷射器 / 310
"救生圈"火焰喷射器 / 312
"黄蜂"和"哈维"火焰喷射器 / 313
M1和M2火焰喷射器 / 315
美国的喷火坦克 / 316

6 支援武器 / 283

轻型反坦克火箭筒(绰号"铁拳") / 286
重型反坦克火箭筒 / 289
"巨人"爆破车 / 290
反坦克手榴弹(轻型) / 292
"洋娃娃"火箭筒 / 293
反坦克火箭筒 / 294
反坦克步枪 / 296
简易反坦克武器 / 299
反坦克榴弹 / 301
步兵反坦克发射器(PIAT) / 302
"巴祖卡"反坦克火箭筒 / 303

7 战斗中的迫击炮 / 319

"布朗特"81毫米27/31型迫击炮 / 322
45/5型35"布里夏"迫击炮 / 323
50毫米轻型迫击炮 / 324
苏联的轻型迫击炮 / 325
120-HM 38迫击炮 / 327
德国的迫击炮 / 328
英国的迫击炮 / 330
美国的迫击炮 / 333

目录

轻型迫击炮　/335
中型迫击炮　/337
重型迫击炮　/340
加农迫击炮　/342
榴弹发射器　/344
枪榴弹和枪榴筒　/345

8　霰弹枪　/349

勃朗宁自动霰弹枪　/352
防暴霰弹枪　/353
贝瑞塔RS 200和RS 202P霰弹枪　/354
SPAS 12型霰弹枪　/355
SPAS-15霰弹枪　/356
"打击者"霰弹枪　/357
"莫斯伯格"500型霰弹枪　/358
"伊萨卡"37M和P霰弹枪　/359
温彻斯特霰弹枪　/360
"汽锤"霰弹枪　/361
雷明顿870型Mk 1霰弹枪　/362
先进的作战用霰弹枪　/363

9　防暴武器　/365

非致命性武器　/368
防暴车辆　/371
暴乱控制榴弹　/374
"阿文"暴乱控制武器　/376
"谢尔穆利"多用途枪　/377
MM-1多类型子弹发射器　/378
史密斯和威森No.210 气体自动枪（肩部射击）　/379
联邦防暴枪　/380

10　陆地勇士——21世纪的士兵　/383

FN2000模块系统　/386
FA MAS FELIN 步枪　/389

1914年至今的轻武器

纵观人类的历史，步兵在作战中一直依赖于手中的单兵武器，今天的步兵亦不例外。事实上，轻武器在20世纪得到了飞速发展，即使在新千年来临之际亦未见其发展有放慢的迹象，本书涵盖了从1914年至今的所有单兵武器：从使用枪栓击发设置的步枪和左轮手枪，到冲锋枪、火焰喷射器、突击步枪，甚至非致命性武器，应有尽有。虽然轻武器的基本机械原理自第一次世界大战以来并没有发生重大变化，但是现代化的轻武器，如M-16A4，无论是用较轻还是较重的材料制成，其设计都实现了后坐力最小化，同时又保留了全部作战性能，即使在最恶劣的条件下也是如此。不同类型的轻武器从风头正劲到如今已成为昨日黄花，如冲锋枪在第二次世界大战中曾经风行一时，但是，在今天的步兵武器库中已极为罕见，它正在被突击步枪所取代。火焰喷射器也不再是千篇一律地长着同一张面孔了。并且，霰弹枪目前已被公认为是城市战和丛林战中的重要武器。在城市战和丛林战中，步兵面临着一个越来越普遍的问题就是在战斗中会遇到大量平民。这意味着许多国家将把武器研制的重点放在非致命性武器的研制和开发上。

不久的将来，重大的技术进步极有可能改变轻武器的性质。德国的赫克勒和科赫有限公司（HK公司）已经演示了其G11步枪，这种步枪使用无壳弹药推进物包住子弹，射击时弹药完全燃烧，这就意味着无须喷射系统，子弹就能高速飞行。现在电磁助推子弹在实验中射击时根本听不到声响，或许发射后会听到微弱的声音。将来还会有比这更先进的武器，神奇的便携式光束武器将由科学幻想转变成现实。

火力与机动性

无论是由两人组成的火力组，还是由许多个师组成的集团军，各级军事指挥员必须懂得如何把火力和机动性控制并联合起来使用。他们必须快速地判断出关键目标，指挥火力瞄准目标开火，确保有足够强大的火力压制住敌人，使敌人无法进行有效反击，并且要保证部队不浪费弹药。

美国陆军给机动性所下的定义是：部队为了占领有利位置，消灭或威胁敌人，在火力支援下所进行的调动活动。步兵部队调动是为了在对敌作战时占领有利地形，从而在作战中获得优势。部队拥有机动性是为了袭击敌人的侧翼、后方、后勤中心和指挥所。在适当的火力支援下，机动性可以使步兵接近敌人，并在战斗中获得决定性的胜利。

火力是部队瞄准目标进行有效射击的能力。火力可以消灭敌人或把敌人压制在阵地内，从而蒙骗敌人、支援部队的调动。离开有效的火力支援，步兵的机动性也就无从谈起。在部队试图展开机动之前，必须建立一个火力点。为了减少和杜绝对友邻的机动部队进行误射，火力点应该直接面向敌人或其阵地。

上图：火力和机动性原则的本质在于：任何一支作战部队，当一部分处于调动状态时，另一部分就要向他们提供或准备向他们提供火力支援并压制敌人的火力

基本作战单位

火力和机动性的战术可以由个别士兵、火力组、小分队、班和排采用，但是基本的作战单位通常由小分队或班组成。

在多数国家的部队中，基本作战单位由八到十人组成，由一名初级军士指挥。分队可分为一个步枪组和一个重机枪组。步枪组由六名步枪射手组成，作战中他们可以分成四人或两人组成的小组。重机枪组由一名射手和另一名军士组成。这名军士还将担任排的副指挥官。

互相支援

分队战术是根据同时开火和同时移动的原则实施的。这样做的理由是，如果步枪组正在前进，重机枪组就应该保持不动，随时提供支援，或者，如果需要的话，向步枪组提供火力支援。显然，步枪组在前进时容易遭到攻击，重机枪组所要做的有利于步枪组的事情就是压制住敌人的火力，使敌人无法向运动中的步枪组射击。

特别是在攻击的最后阶段，火力和机动性对于步枪组来说更是缺一不可。

地形的利用

火力和机动性涉及武器、部队调动和地形的综合利用，目的就是在与敌交火时把人员伤亡减小到最低程度。适当利用地形可以保护分队，使其在运动中免遭敌人的攻击，同时分队或排的重机枪组要压制住敌人的火力，使其无法向正在调动的步枪组射击。

各级作战部队都会应用到火力和机动性。在由连或营发起的攻击中，他们还会得到大炮、迫击炮、坦克、反坦克制导武器和飞机的火力支援，从而达到减少步兵伤亡的目的。

在级别较低的作战部队中，火力和机动性宜以排为单位实施：一个分队担任火力组，另外两个分队担任机动组。同样，在突破敌人阵地时，每个分队内的两名士兵之间也可以使用类似的战术。

上图：一名英国步兵正在寻找掩体。此类阵地可以利用树木或树木周围凸起的地表作为掩护，从而提高火力的支援能力

上图：这些在越战中装备M16A1突击步枪的美国步兵正在按照标准的纵队队形沿小路前进。这种队形有利于反击来自侧翼的袭击

两人一组作战

把战斗小组的步兵分成两人一组并不仅仅是为了火力和机动性，他们还可以利用其他实用的方法，彼此之间提供支援。例如，一名士兵担任哨兵，另一名士兵可以准备饭菜；或者如果一名士兵受伤，另一名士兵可以对其实施急救。

战斗小组的基本队形有：一列纵队队形、纵队队形、楔形队形、矛尖形队形、菱形队形和疏散式横队队形。战斗小组采取哪种队形则取决于下列六种因素：

1. 战斗小组所处的位置
2. 敌人火力可能从哪个方向射来
3. 士兵的视距
4. 战斗小组如何保持最佳配置
5. 对最佳火力效果的需求
6. 谁掌握战场的主动权

队形

一列纵队队形是军队队形中最基本的一种队形，并且在丛林战中或许还是唯一的一种队形，这种队形在部队沿障碍物或树侧运动时最为有利。它是部队穿过狭窄地区（如雷区）时最为理想的前进队形，尤其是在夜间，这种队形对形势的控制极为有利，并且当部队侧翼遭到袭击时，部队可保持最佳的防御位置。然而，在遭到正前方敌人的袭击时，这种队形最为不利，很难向前方的敌人开枪还击。

部队沿小路前进时常常使用纵队队

本图：在教练的指导下，这些英国步兵正在以横队队形穿越模拟战场，这种队形非常有利于反击来自正前方的袭击，但是当敌人从侧翼袭击时，其防御能力则极为有限

形。小路的宽度要足以使部队沿路的两侧前进。这种队形易于控制形势，夜间尤其有用，但是这种队形容易成为敌人火力集中射击的目标。

楔形队形在穿越野外时可能是应用最为广泛的一种队形。重机枪组要配置在最不容易应对遭受袭击的侧翼位置。

矛尖形队形是楔形队形的一种变化形式。如果不需要部署重机枪组防护特殊位置的侧翼，可以使用这种队形。重机枪组位于队伍的中心，形如凸状的长矛，根据所受威胁的程度可随时部署到队伍的两翼。

楔形和矛尖形队形有利于部队对来自正前方的攻击实施反击，然而这两种队形都不利于控制部队，尤其是在部队两翼遇到攻击时。

菱形队形常常在夜间穿越开阔地带时使用。它的优点是有利于控制部队，既可以进行全方位观察，又可以给部队提供保护，可以对来自任何方向的袭击实施反击，然而，这种队形容易成为敌人集中射击的目标。

疏散式横队队形可以在进攻时使用，但它的缺点是难以控制部队。

战术灵活性

无论选择什么队形，重机枪组正常情况下应该部署在暴露的侧翼，或者能提供潜在的最佳火力支援的侧翼，如起伏不平的地表或高地。分队成员的部署应该取决于地形，但是原则上讲，他们应该位于指挥官声音控制的范围之内。

3

1 手枪在作战中的作用

自火器发明以来,手枪一直是战争中使用的一种重要武器。在火器诞生早期,手枪仅限于军官和骑兵使用。由于敌我双方交战距离增大,而手枪与生俱来的射程较近的缺陷似乎注定手枪将逐渐退出战场。然而有趣的是,军人仍然很偏爱手枪,并把它作为特殊的单兵武器。显然,手枪还是有用的。

如果要回答经常遇到的一个问题——"手枪在战斗中有什么用？"一个简单的答案就是"没什么用"。手枪，不管是左轮手枪，还是自动手枪，射程都非常有限。只要射程超过四五十米，即使是受过训练的射手，手枪的作用也变得微乎其微。手枪还是一种非常易于犯指向错误的武器——和步枪相比，在指向敌人时要容易得多，但是，在情绪紧张时也容易指向朋友（战友或平民）。对于像手枪这样的轻武器来说，和许多更加致命的武器如手榴弹相比，会要求生产国具有一定的工业潜力和技术，哪怕是研制出一件小小的样品也都需要一大笔经费。在战斗中，手枪的另一个缺陷是手枪子弹的杀伤力有限，尽管在近距离内或许非常可怕，但它不能发射高速子弹那样的致命子弹。

作战武器

尽管如此，手枪仍是人们最喜爱的武器之一，甚至有的士兵不顾危险携带手枪参加战斗。他们这样做有两个主要原因，但仅仅把它归因于"方便"和"士气"这两个原因可能过于简单化。

"方便"的因素是由下面的简单事实决定的：许多军人别无选择，只能佩带手枪。大多数战斗都是由不同军兵种的陆、海、空人员组成的。在战场上，要想携带比手枪大的武器是很不切合实际的。我们马上可以想到那些人员，包括坦克乘员、机组人员、蛙人和携带重装备之类（如电台）的人员，他们手中无法携带武器，而且工作空间很小，不可能携带比手枪再大的武器。在大型车辆内，如坦克或卡车，他们或许可以携带冲锋枪或卡宾枪，但是在小型车辆内，这是不可能做到的。即使能够做到这些，在作战中的某个时期，他们需要离开车辆，仍然需要某种可以保护自己的武器。对于那些被迫在敌方区域内降落的机组人员来说，生存的因素则更为重要。在此类情况下，除了佩带手枪，别无选择。

信心的源泉

"士气"因素或许可分为两类。一类是手枪的外观或装饰是一种地位的象征。另一类则仅与"士气"有关，携带此类武器会给携带者以信心。前者很容易理解，对于其他人来说，一看到持有手枪的人，立即会以为这是一个应该服从的大人物。如此一来，在和非武装人员或失去斗志的敌人如战俘打交道时，手枪就成了权力的重要象征。

"自信"的因素则不太容易被人理解，但是在陌生的或是有敌意的环境中行动或旅行的人最理解"自信"的重要性。第二次世界大战期间，驻扎在占领区内（德国军队侵占其他国家的领土）的德国士兵对此理解最为深刻，他们不得不在占领区内战战兢兢地生活和工作，每一名士兵只有武装起来才能保证自己能够生存下去。

手枪使人容易分辨出军人地位的高低。军人非常清楚自己应该佩带什么样的武器。这种自信的因素或许确实被过分夸大了，但每一个曾经在陌生地区或环境中工作过的人都知道它的重要性。在现代战争中，前线和后方的概念也很难界定，前方士兵在遭到已知敌人攻击的同时，后方士兵也有可能遭到敌人的游击队或类似于英国特别空勤团之类的特种部队的袭击。

地位的象征

在战斗中佩带手枪还有一个原因，在上述两种原因的分析中已经提及。手枪是军人的地位和级别的象征，这或许就是那么多远离战场的参谋人员佩带手枪的理由。

即使如此，许多参谋人员佩带的都是小口径手枪，作战价值极为有限，和作战人员佩带的大口径手枪是无法相比的。

有一个因素进一步限制了手枪在战斗中的使用，并且无论是手枪的使用者还是

下图：尽管手枪的精度较差，但确实有重要的军事功能。在狭小的空间，如在坦克内工作的士兵，只有体积较小的手枪才是最理想的自卫武器。图中是一名装甲兵爬出坦克的炮塔，用他的瓦尔特 P38 手枪向敌人的反坦克步兵射击

军用手枪的主要类型

左轮手枪：通常情况下其子弹比自动手枪的子弹的威力大，要想熟练运用，需要经过反复练习。使用者一般为宪兵和安全人员。

自动手枪：和左轮手枪相比，易于操作。通常情况下，装弹量较大。

袖珍手枪：体积小，专门为需要携带手枪而且能将手枪隐藏在衣服内的便衣或非执勤士兵而设计。

上图：手枪之所以设计得很小是为了携带时便于隐藏在包内、裤袋或上衣口袋内。在高风险地区，非执勤士兵常常使用这种武器

上图：自动手枪主要用于自卫，但有时在清理房屋和营救人质时也经常使用。自动手枪枪管较短，有利于快速开火，较大的弹匣容量可以让使用者拥有足够的火力

右图：左轮手枪和自动手枪相比，虽然结构相对简单，略显粗糙，但它的子弹威力较大；射击时，左轮手枪不易操作，需要经过反复训练才能发挥最大效能

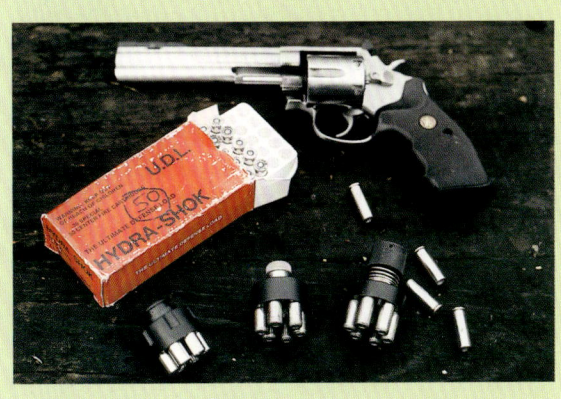

其敌人对此都公认。这一点在第一次世界大战中尤为真实，在前线战壕里的特等射手都明白，在发起攻击的敌人中，持手枪者极有可能是敌人的高级军士、军官甚至有可能是战场上的指挥官。

首先击毙持手枪者，就有可能极大地降低参战敌军的作战效能。不久，即使是最教条化的军官也明白手持步枪作战可以和自己的部队混在一起，在人群中，敌人很难把他们和普通士兵分辨开来。问题在于一旦陷入混乱的堑壕战，用笨重的步枪去清扫堑壕是极为危险的，所以在诸如堑壕清理之类的近距离作战中，即使是现在，手枪仍然起着重要作用。

上图：手枪的一大优势就是体积小，便于隐藏。例如，在第二次世界大战期间，法国抵抗力量（游击队）携带的手枪就不易被敌人发现。这是手枪的最大优点

右图：现代手枪基本上是一种近距作战武器。在50米左右的射程内，一名优秀的射手会较为精确地击中目标。如果对其施加一定的影响，其射击精度会有所降低。如果是未经训练的人使用，那么击中目标的可能性就微乎其微了

奥匈帝国 8 毫米和 9 毫米手枪

奥匈帝国军队在第一次世界大战期间使用的手枪主要是8毫米的"拉斯特和加瑟尔"M1898左轮手枪。这种手枪非常结实，而且制作精良，奥匈帝国的军官和军士基本上都配备这种手枪。这种手枪有两大非同寻常的特点：一是它发射8毫米特殊子弹；二是它的拆卸方法与众不同，清洁和维修时，需要向下推拉扳机护柄，露出内部的操作部件。由于M1898手枪出乎寻常的结实和可靠，所以极少需要修理和清洁。事实上，它的生产标准极高，许多M1898手枪在第二次世界大战中仍可以使用。

自动手枪

尽管M1898左轮手枪应用广泛，但奥匈帝国在1907年仍然决定使用自动手枪。这种自动手枪就是"里皮特"8毫米M07手枪（又名罗思—施泰尔手枪）。这种手枪使用了一种令人无法仿制的机械设置。M07手枪使用的枪栓较长。射击时，最初枪栓和枪管向后移动，一旦枪管被凸轮阻挡以后，枪栓继续向后移动，随后开始复杂的弹射（空弹壳）和后续子弹的装填过程，当枪栓和枪管复位后，这一过程才停止下来。这一过程涉及直线运动和旋转运动。

尽管以上设置比较复杂，但M07手枪仍称得上是一种设计合理的军用手枪。这种手枪仅供奥匈帝国的军队使用，它有自己的子弹。

M07手枪的生产比较困难。1912年，奥匈帝国又生产出了"里皮特"9毫米M12手枪（大多数人都称之为"施泰尔—哈恩"手枪）。M12手枪的击发设置或许是有史以来最结实的一种，它的闭锁装置系统通过旋转枪管操作。它使用的9毫米子弹也非常特殊，其他手枪无法使用。另一个特别之处是它使用了固定式弹匣，可以用子弹夹从弹匣的顶部装弹。

M12手枪是第一次世界大战中奥匈帝国军队的标准手枪，而且有许多在第二次世界大战中仍在使用。第二次世界大战时，这种手枪大多数落入德军之手。经过德国人的改进，这种手枪可以发射9毫米帕拉贝鲁姆子弹。德国人把这种手枪称之为12（oe）手枪。

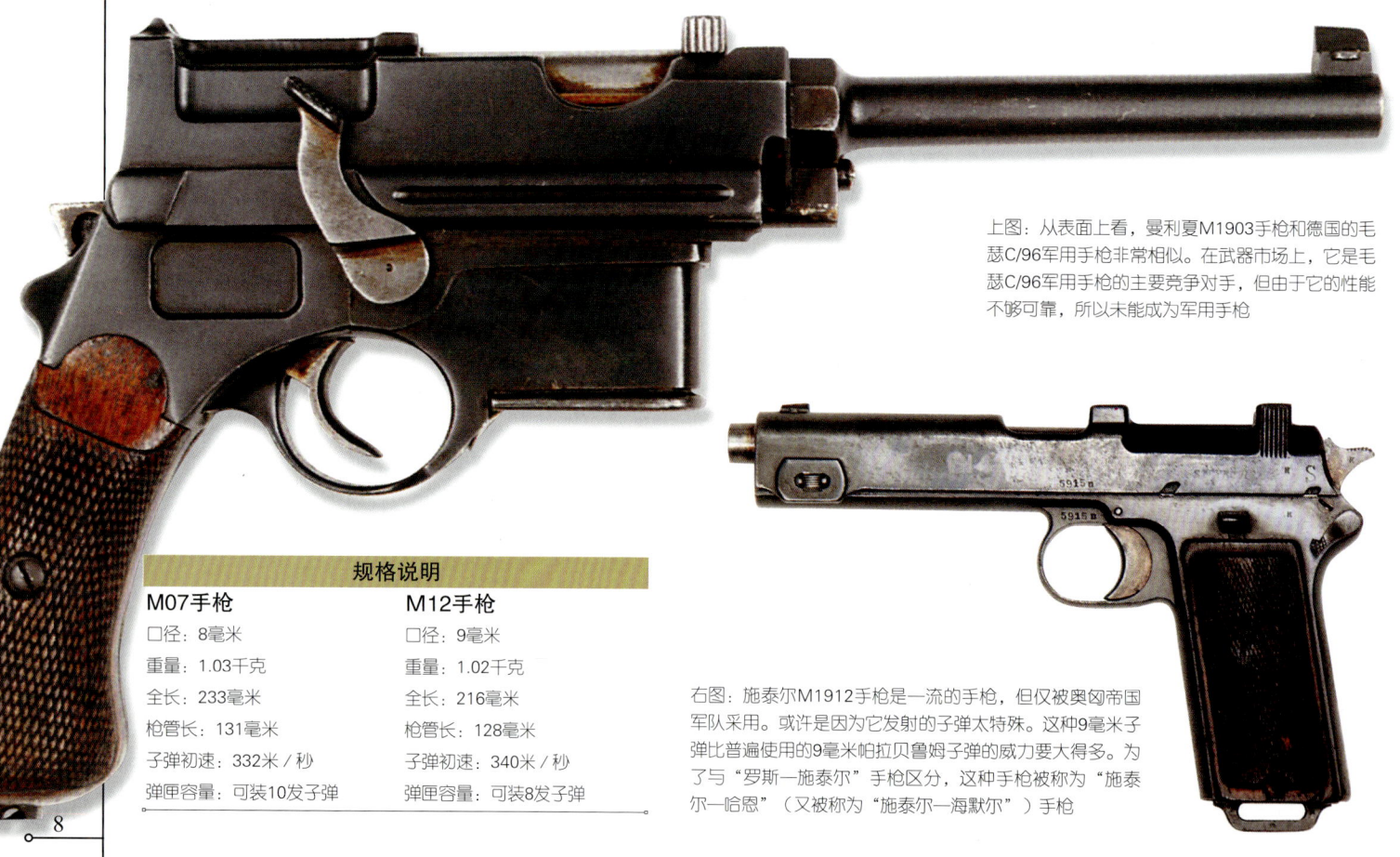

上图：从表面上看，曼利夏M1903手枪和德国的毛瑟C/96军用手枪非常相似。在武器市场上，它是毛瑟C/96军用手枪的主要竞争对手，但由于它的性能不够可靠，所以未能成为军用手枪

右图：施泰尔M1912手枪是一流的手枪，但仅被奥匈帝国军队采用。或许是因为它发射的子弹太特殊。这种9毫米子弹比普遍使用的9毫米帕拉贝鲁姆子弹的威力要大得多。为了与"罗斯—施泰尔"手枪区分，这种手枪被称为"施泰尔—哈恩"（又被称为"施泰尔—海默尔"）手枪

规格说明

M07手枪
- 口径：8毫米
- 重量：1.03千克
- 全长：233毫米
- 枪管长：131毫米
- 子弹初速：332米/秒
- 弹匣容量：可装10发子弹

M12手枪
- 口径：9毫米
- 重量：1.02千克
- 全长：216毫米
- 枪管长：128毫米
- 子弹初速：340米/秒
- 弹匣容量：可装8发子弹

勃朗宁手枪

约翰·摩西·勃朗宁离开柯尔特公司后,和比利时赫斯塔尔公司(FN)结成联盟,生产了许多种优秀的武器。勃朗宁/FN联合生产的第一种手枪是勃朗宁1900型手枪。这种手枪的设计相当简单,但几乎无可挑剔,发射勃朗宁7.65毫米子弹。它成功地使用了后坐力操作系统。1900型手枪从来没有正式成为标准的军用武器,但是这种手枪的生产数量极其庞大,使用范围相当广泛(到1912年时已经生产了100多万支)。其中有数以万计的1900型手枪进入各国军队,通常供军官作防身器使用。德国在第二次世界大战中使用的1900型手枪被称为620(b)手枪,主要供纳粹空军使用。

1903型手枪是柯尔特手枪(勃朗宁设计)的比利时型勃朗宁手枪,专门发射一种9毫米勃朗宁长弹。由于这种子弹威力较小,所以1903型手枪使用了简单后坐力操作系统。这种手枪被比利时陆军采用。瑞典获得生产许可证后也开始生产这种手枪。使用这种手枪的其他国家有土耳其、塞尔维亚、丹麦和荷兰。第二次世界大战中德军使用的1903型手枪被称为622(b)手枪。有些型号的1903型手枪可以使用分离式枪托(可从肩部射击),所以手枪皮套的长度也增加了一倍。

1910型手枪

在第一次世界大战中,最重要的勃朗宁手枪或许当数魅力无穷的1910型手枪。1912年,这种手枪一上市出售,立即就成了军官们最理想的防身武器。许多国家在没有获得生产许可证的情况下进行了仿制。1910型手枪可以发射7.65毫米子弹或9毫米(小型)子弹。后一种子弹也被称为0.380ACP子弹。1910型手枪于20世纪80年代再次有限地投入生产。1910型手枪的机械系统属于传统的后坐力操作类型,它的复位弹簧卷绕着枪管。这种手枪有一个枪把保险,瞄准和射击非常容易。1910型手枪从来没有被正式接受为军用手枪。除比利时军队之外,在整个第一次世界大战期间的使用相当普遍,许多国家的军官都把它当作防身武器使用。在第二次世界大战期间,1910型手枪仍在大量使用。德国人把这种手枪称为621(b)手枪。

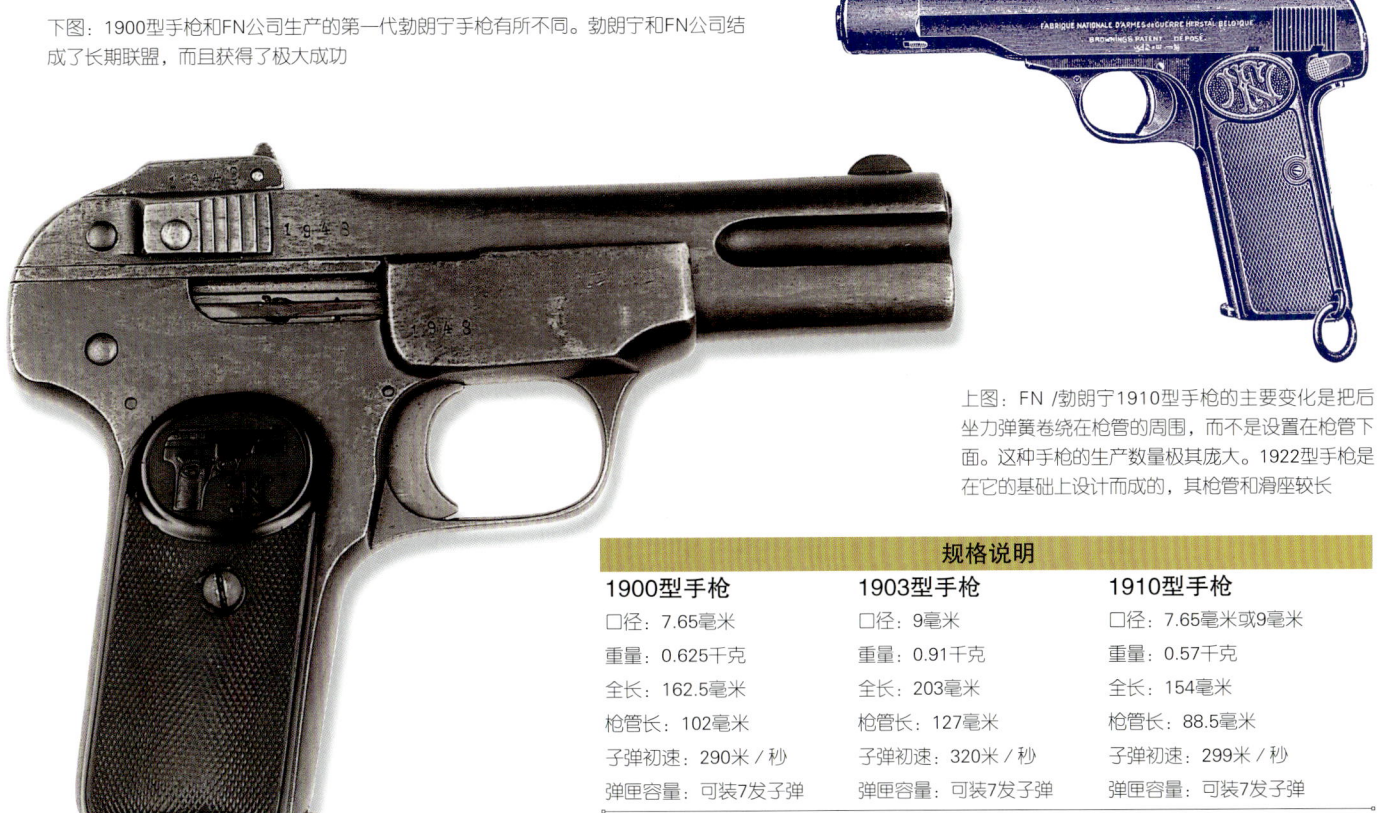

下图:1900型手枪和FN公司生产的第一代勃朗宁手枪有所不同。勃朗宁和FN公司结成了长期联盟,而且获得了极大成功

上图:FN/勃朗宁1910型手枪的主要变化是把后坐力弹簧卷绕在枪管的周围,而不是设置在枪管下面。这种手枪的生产数量极其庞大。1922型手枪是在它的基础上设计而成的,其枪管和滑座较长

规格说明		
1900型手枪	**1903型手枪**	**1910型手枪**
口径:7.65毫米	口径:9毫米	口径:7.65毫米或9毫米
重量:0.625千克	重量:0.91千克	重量:0.57千克
全长:162.5毫米	全长:203毫米	全长:154毫米
枪管长:102毫米	枪管长:127毫米	枪管长:88.5毫米
子弹初速:290米/秒	子弹初速:320米/秒	子弹初速:299米/秒
弹匣容量:可装7发子弹	弹匣容量:可装7发子弹	弹匣容量:可装7发子弹

勒贝尔 1873、1874 和 1892 型左轮手枪

法国最早的军用左轮手枪是1873型和1874型左轮手枪，最初装备部队时发射一种装有黑火药的11毫米子弹。1890年之后，黑火药被新式火药取代。这两种左轮手枪，有些经过改进可以发射新式的8毫米子弹。从表面上看，两者之间的唯一的差异是1874型手枪有弹膛凹槽，而1873型手枪则没有。

悠久的军用手枪历史

这两种手枪使用固定式枪架和入口装填式弹膛。这两种手枪在第一次世界大战期间仍在使用（事实上，第二次世界大战期间仍被使用），不过大多数都被一种更先进的型号——1892型左轮手枪（又称"军火"型手枪）代替。许多士兵把1892型左轮手枪称为勒贝尔手枪。在过渡到勒贝尔手枪之前，还有一种发射8毫米子弹的过渡型号，但是这种过渡型号并不太成功，圣安东尼兵工厂的设计人员经过重新设计，将这种过渡型号命名为1892型标准手枪。勒贝尔手枪是欧洲最早使用旋转弹膛的手枪。旋转弹膛利于快速装弹，弹膛的铰链位于手枪的右侧，空弹壳可以用一根手工操作杆弹出，手工操作杆一般位于枪管下面。

勒贝尔手枪使用连发类扳机设置，发射特殊的8毫米子弹。它的击发设置比较重，非常结实，足以胜任近距离射击，但射程较远时则精度较差。为了便于击发装置的修理和清洁，勒贝尔手枪的准入系统称得上是最好的机械设置之一。枪架左侧较低处有一个挡板连接在枪外，方向正好朝前，扳机和弹膛的操作系统完全裸露在外，如此一来，更换或清洁某一部件就变得非常简单。

近距离作战时，勒贝尔手枪的主要缺陷是子弹。这种子弹威力很小，即使在近距离内也只能击伤敌人，极少能击毙敌人。除非子弹击中敌人的要害部位，否则敌人仍会继续战斗。虽然如此，这一缺陷并没有妨碍士兵对勒贝尔手枪的喜爱，因为其性能可靠，能够经得住艰苦条件的考验。仿制勒贝尔手枪的国家有西班牙和比利时。

上图：勒贝尔手枪是欧洲最早使用旋转弹膛的左轮手枪。这种弹膛可以快速装弹，弹膛向右旋转。使用时稍有不便

下图：一名法国军官率领射击分队正准备枪毙一名德军战俘。不幸的是，这名军官击中了他的一名卫兵。之所以会出现这种情况，或许是因为这种手枪发射的法国8毫米子弹的威力太小，但这不应该成为误伤自己人的主要理由

规格说明
1892型手枪
口径：8毫米
重量：0.792千克
全长：235毫米
枪管长：118.5毫米
子弹初速：225米/秒
弹匣容量：可装6发子弹

7.65毫米和9毫米贝瑞塔1915型手枪

贝瑞塔1915型半自动手枪是贝瑞塔公司的第一代产品,它的缺点是制造标准不高,后来,经过改进,制造精良成为该公司轻武器的主要特点。制造标准不高主要是因为它刚刚问世便匆忙投入生产。当意大利1915年5月加入第一次世界大战时,意军所有武器装备的制造水平普遍较低,手枪自然也不例外。为了尽可能多地生产武器,意大利军工企业转入高速生产时期,贝瑞塔1915型手枪就是在这种政策指导下生产出来的武器。

贝瑞塔1915型手枪一经问世便投入生产,后来虽然经过多次改进,但基本都沿袭了最初的设计风格。枪管上的滑座有一个切口部分,看一眼就令人难以忘记,但是整个外形不够匀称,缺少平衡感和档次。这在后来的设计中得以改进。

几种口径

最初生产的贝瑞塔1915型手枪的口径为7.65毫米,但是一些后来生产的产品为了专门使用格利森蒂子弹,口径增加到了9毫米。在后来的改进型中,增加了更加有力的回位弹簧。相对来说,这种专门为发射9毫米格利森蒂子弹而生产的手枪数量非常有限;而专门为发射9毫米帕拉贝鲁姆子弹而生产的手枪数量更少。

贝瑞塔1915型手枪利用了简单后坐力的设计原理,并且发射装置中使用了隐性击锤。7.65毫米型手枪射击后不用弹射栓就可退出空弹壳。击锤在后坐力的作用下,穿过闭锁装置后和撞针接触,从而把空弹壳弹出枪外。所有发射子弹口径大于9毫米的手枪都使用了传统型的弹射栓。

在战时情况下,正如人们所想的那样,各种型号的子弹之间都有细微的差别。保险阻铁的形状和位置千奇百怪,枪把的材料和抛光也是五花八门。所有这些性能各异的贝瑞塔1915型手枪的共同之处是性能可靠、易于操作。这也是所有使用过它的人最欣赏它的方面。贝瑞塔1915型手枪的这些优点为后来生产的自动手枪所继承,并且有些自动手枪还被列入世界名枪的行列。即使现在,贝瑞塔这个名字也几乎成为性能可靠的代名词。不过,如果以今天的眼光来检验一下贝瑞塔1915型手枪,从配备手枪的原因来看,它实在没什么可取之处。当初的武器检验员欣赏它,一定是它可以快速地大规模投入生产的缘故。

在第一次世界大战后相当长的时间里,意大利军队中看不到贝瑞塔1915型手枪的影子。到第二次世界大战爆发的时候,意大利军队已经装备了另一种标准化的贝瑞塔1934型手枪。

上图:一名绰号为"刽子手"的意大利先锋兵。他装备了全套的战壕武器,一身中世纪的打扮。在战壕内残酷的近距离搏斗中,手持挖壕锹和手枪要比端着笨重的长枪明智得多。他身上的铠甲虽然重了点,但可以提供较好的防护。注意其腰带上佩带的铁丝剪

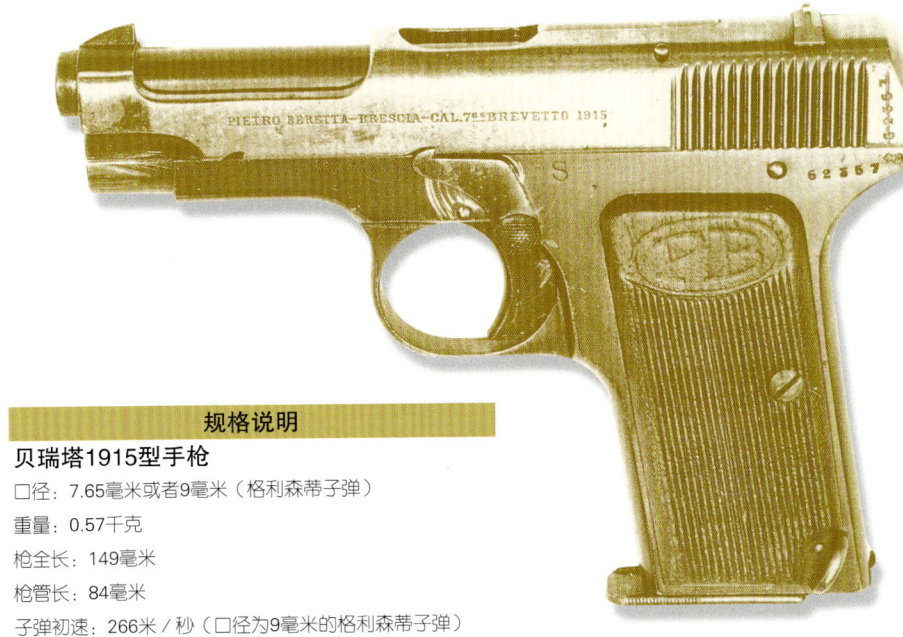

规格说明

贝瑞塔1915型手枪

口径:7.65毫米或者9毫米(格利森蒂子弹)

重量:0.57千克

枪全长:149毫米

枪管长:84毫米

子弹初速:266米/秒(口径为9毫米的格利森蒂子弹)

弹匣:可装8发子弹的盒式弹匣

左图:贝瑞塔1915型半自动手枪的外形有点粗糙,但也算得上是一种性能可靠的有效武器。在第一次世界大战中,这种手枪满足了意大利军队的需要

格利森蒂1910型和布里夏1912型9毫米手枪

人们通常把格利森蒂1910型自动手枪称为格利森蒂手枪。另外还有一种和格利森蒂手枪极为类似的手枪，人们通常称之为布里夏手枪。虽然格利森蒂手枪最初是由两名瑞士工程师在瑞士设计出来的，但最早的格利森蒂手枪却是在1905年诞生于意大利的索赛塔·赛德鲁吉卡·格利森蒂的土伦工厂。意大利军队于1910年装备了这种手枪。1912年，布里夏公司生产出了布里夏1912型手枪，除了缺少保险阻铁，这种手枪在外形和操作上几乎和格利森蒂1910型手枪一模一样。乍看起来，可以视两者为同类型的手枪。

格利森蒂1910型手枪使用的机械原理是利用闭锁装置系统。但是，由于多种设计原因，这种系统并非特别有效。这种手枪只能发射威力较小的特殊的格利森蒂子弹，却无法使用像帕拉贝鲁姆9毫米之类的大威力子弹。这种特殊的子弹，如果不考虑安全性的话，竟然和帕拉贝鲁姆子弹在形状、外观和重量上完全一样。这并不意味着它们能互换使用，如果用格利森蒂手枪发射帕拉贝鲁姆子弹，那么可能会引起事故。事实上，这种事故的确经常发生。有些事故甚至会对射手产生致命的危险。正常情况下，只要仔细看一下子弹的底部就能够区分。但是，战斗激烈的战场上，这两种子弹实在难以区别。

设计缺陷

事实证明，如果使用正确的格利森蒂子弹射击，格利森蒂1910型手枪是非常可靠的，但是它在设计上一直存在着一个基本缺陷。为了便于维修，设计人员费尽了心血，这种枪的枪架非常灵活，几乎是专门为左手持枪者设计的。的确，设计人员达到了他们的目的，这种枪便于清洗和维修。但是加上一个移动板后，整个手枪就显得一边重、一边轻。在战场上，这种手枪的枪架可能会扭曲变形，从而引起子弹卡壳，甚至还会出现其他潜在的更严重的问题。如果不想出现这些问题，就应该把移动板拆卸下来。

正因为如此，格利森蒂1910型手枪越来越让使用者忧虑。如果条件允许，有经验的使用者会选择其他类型的随身武器。虽然他们选择的武器比较陈旧，但至少从结构上看是安全的，例如罗塔赛恩89型10.3毫米手枪。该型手枪设计于1872年，1889年首次投入生产，是一种可装6发子弹的左轮手枪。

尽管如此，并未能阻止格利森蒂手枪在整个第一次世界大战期间的流行和使用，而且在第二次世界大战期间，这种手枪也并不少见。仔细审视一下，如果撇开其较难使用的缺点，格利森蒂和布里夏型手枪的设计都相当合理。但是，在残酷的战场上，事实证明这两种手枪的表现确实难尽如人意。

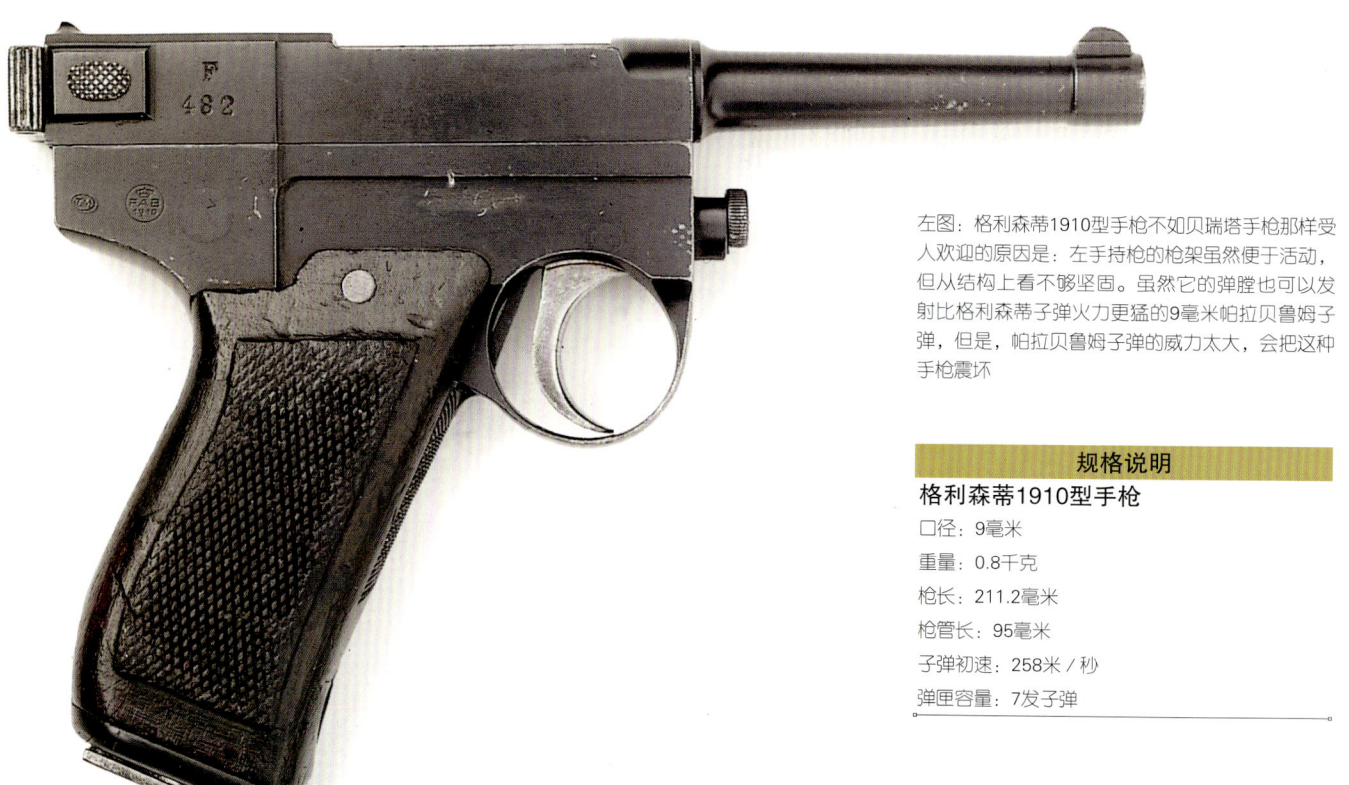

左图：格利森蒂1910型手枪不如贝瑞塔手枪那样受人欢迎的原因是：左手持枪的枪架虽然便于活动，但从结构上看不够坚固。虽然它的弹膛也可以发射比格利森蒂子弹火力更猛的9毫米帕拉贝鲁姆子弹，但是，帕拉贝鲁姆子弹的威力太大，会把这种手枪震坏

规格说明

格利森蒂1910型手枪

口径：9毫米

重量：0.8千克

枪长：211.2毫米

枪管长：95毫米

子弹初速：258米/秒

弹匣容量：7发子弹

日本手枪

在第一次世界大战期间,日军使用的随身武器有两种类型:26型左轮手枪和性能更为先进的南部14式。

9毫米26型左轮手枪于1893年投入生产,最初供骑兵使用。这种由日本人设计的手枪,深刻反映出当时日本人的心态,它融合了西方所有手枪的设计特点。整个外形极像比利时的纳甘左轮手枪,手枪的弹膛回旋系统取自美国的史密斯和威森左轮手枪,闭锁回旋开关则仿效了法国勒贝尔手枪的设计原理,击发设置则参考了欧洲其他手枪的设计。

日本人决定增加一点自己的东西,并且要使这种手枪具备连动操作能力。为了实现这样的目的,他们给这种手枪配备了独特的9毫米子弹。这样,这种经过七拼八凑而设计出来的左轮手枪就有了两大特性:适用性强和结构坚固。日军在两次世界大战中都使用了这种手枪。

南部14式是由一位名叫南部麒次郎的日本人设计的,但日本帝国的军队从来没有正式接受过这种手枪的名字。日军在1900—1910年的最后几年里大量采购和使用这种武器,在此之前,向日军提供的这种手枪也都被称为14式自动手枪。西方人则把这种手枪称为南部手枪,而且,日本人后来使用的手枪也都被西方人称为南部手枪。

火力较强的格利森蒂手枪

南部14式手枪可发射8毫米子弹,它使用的击发装置和意大利的格利森蒂手枪没什么两样,但经过改进,其结构更为坚固。使用格利森蒂的击发装置使这种手枪的外形相当出众。日本的100式冲锋枪也使用了这种装有微弱火力弹药的子弹。使用这种子弹的结果是,冲锋枪的射程较近。这种手枪有几种不同的型号,其中火力最猛的是专门供参谋人员使用的南部手枪。这种手枪可发射一种特殊的7毫米子弹。

尽管南部14式的使用范围极为广泛,但其表现并不出色。它存在的一个缺陷是:它的撞针弹簧弹力不够,以至于有时会出现子弹无法射出的现象。它存在的另一个缺陷是:制造手枪的钢材标准太低,射击时常会出现零部件破裂的现象。尽管后来经过改进,生产出了外形与其类似的南部14式手枪(1937年生产),然而,日军仍然保留了南部14式。在第二次世界大战期间,许多南部14式手枪还在使用。

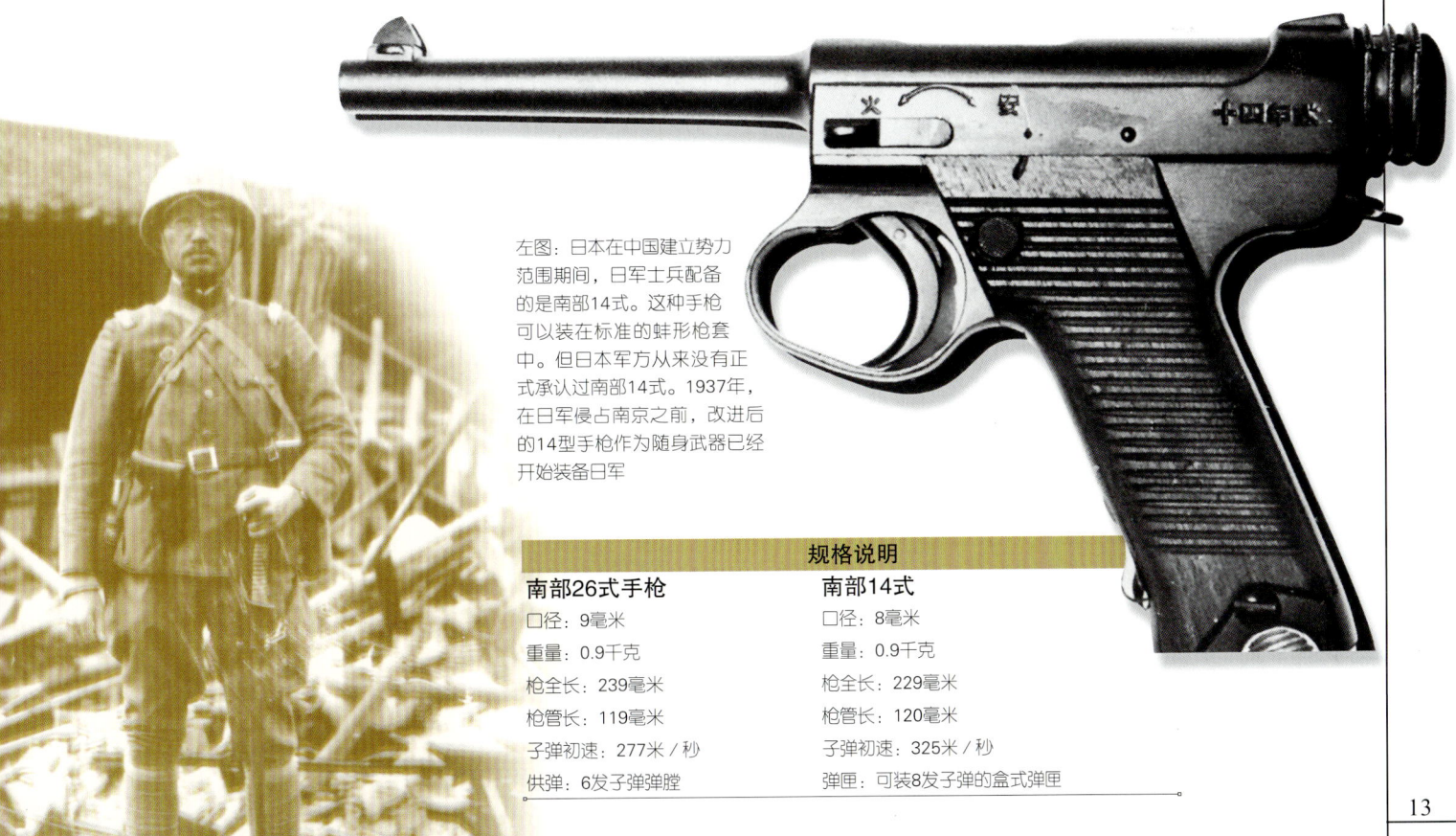

左图:日本在中国建立势力范围期间,日军士兵配备的是南部14式。这种手枪可以装在标准的蚌形枪套中。但日本军方从来没有正式承认过南部14式。1937年,在日军侵占南京之前,改进后的14型手枪作为随身武器已经开始装备日军

规格说明	
南部26式手枪	**南部14式**
口径:9毫米	口径:8毫米
重量:0.9千克	重量:0.9千克
枪全长:239毫米	枪全长:229毫米
枪管长:119毫米	枪管长:120毫米
子弹初速:277米/秒	子弹初速:325米/秒
供弹:6发子弹弹膛	弹匣:可装8发子弹的盒式弹匣

9毫米08型军用手枪

9毫米08型手枪一直是手枪中的经典之一。自从乔治·卢格于19世纪90年代研制成功这种手枪之后,大家几乎都熟知了它的名字——卢格手枪。卢格是奥地利的蒂罗尔州人,在到德国为鲁德威格·洛威公司工作之前,曾在奥匈军队中服过兵役。

在奥匈军队中,他遇到了曾在美国柯尔特和温彻斯特公司工作并且已经发明出世界上第一支自动手枪的设计大师雨果·博查特。卢格在这种自动手枪的基础上,增加了自己的设计理念,经过大胆改进,研制出了广为人知的卢格手枪。1898年,德国武器弹药厂(DWM)首次生产出这种手枪。

卢格手枪进入军队

卢格的设计非常及时。19世纪末,世界各国的军队为了取代已经使用了长达半个世纪的左轮手枪,都对研制自动供弹和自动装填的手枪产生了兴趣。左轮手枪体积大而且笨重;自动手枪虽然体积较小,但装弹量大,而且射速更快。唯一的问题就是它们的可靠性,当时自动手枪的可靠性还比较差。

1900年,第一批卢格手枪被卖到瑞士。卢格手枪使用的是7.65毫米子弹。但是,到1904年的时候,这种手枪开始使用9毫米帕拉贝鲁姆子弹,并且该型手枪还被德国海军接受。1908年,德国陆军对它进行了轻微改进,这就是后来的P08型手枪。P08型手枪生产了数十万支。

早期的卢格手枪的枪管长短不一,最短的仅103毫米,而有的枪管却长达152毫米、203毫米,甚至305毫米。由于长枪管型号的卢格手枪通常与木质的枪托(使用时靠在肩部)/手枪套合用,因此这种手枪被称为"炮型"手枪。这种手枪使用可装32发子弹的"蜗牛"弹匣。

工作部件

所有P08型的卢格手枪都使用了上翘形的铰锁机械原理。在射击时所有铰锁的铰链有秩序地锁住枪的后膛,在后膛打开之前后坐力迫使铰锁进行机械传动,弹射栓张开后,子弹自动装填。枪托处的回位弹簧重新运行,为下一次射击做好准备。

铰锁装置使P08手枪的外形与众不同。枪托上的耙形架有利于瞄准和射击。P08手枪立即成为前线士兵的骄子和战争的宠儿,在战场上一直供不应求。

此时的P08手枪有一个非常明显的缺陷:由于它制作精良,其零部件必须手工雕刻,这就意味着它无法大批量投入生

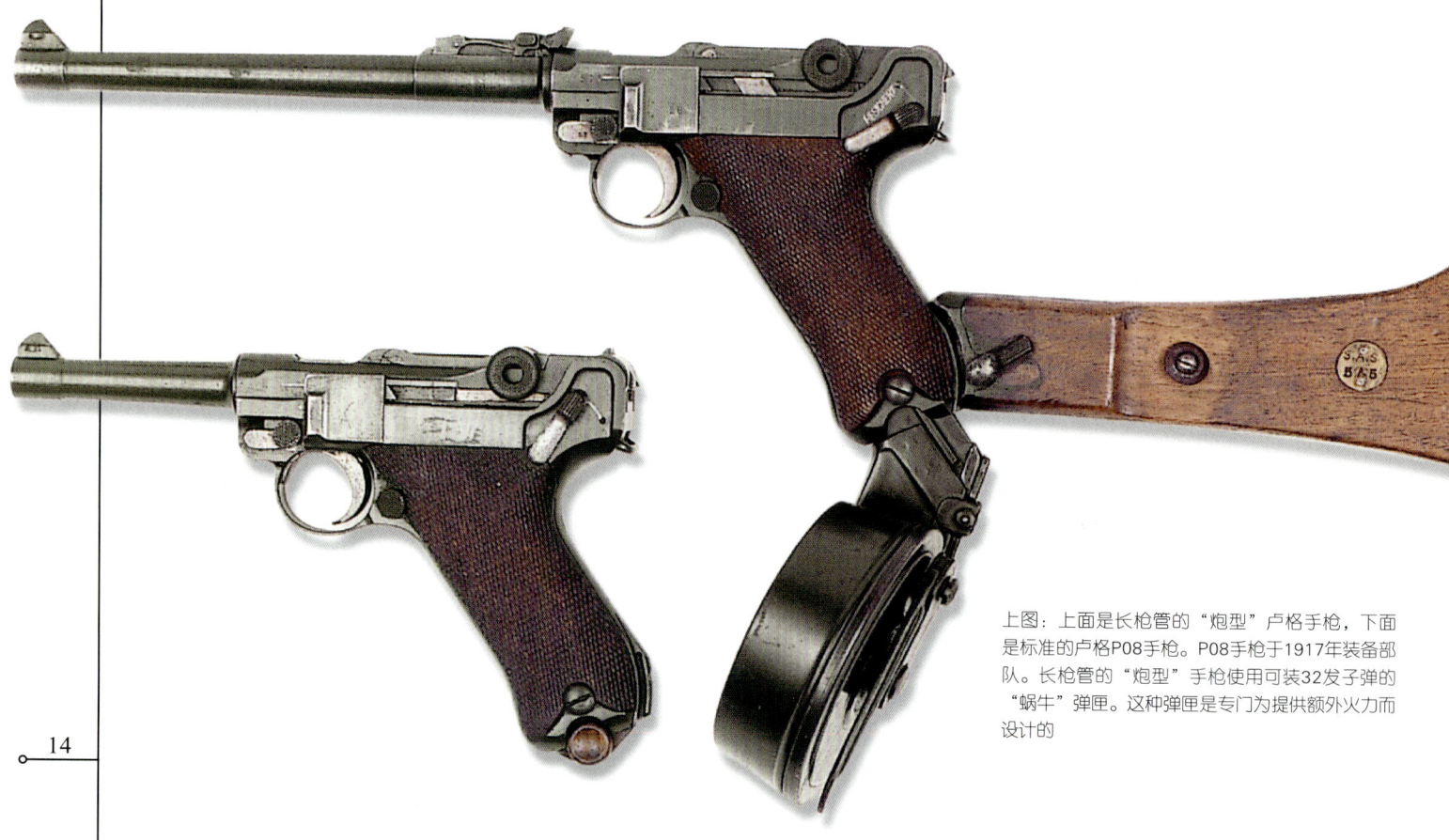

上图:上面是长枪管的"炮型"卢格手枪,下面是标准的卢格P08手枪。P08手枪于1917年装备部队。长枪管的"炮型"手枪使用可装32发子弹的"蜗牛"弹匣。这种弹匣是专门为提供额外火力而设计的

产。到1917年底,战前非常精美的抛光都被取消了,甚至连手枪最初安装的枪把保险也都被拆了下来,到1918年以后也没有恢复。

P08手枪还有一个缺陷,就是它的铰锁装置难以承受战壕的恶劣环境,它的部件很容易被泥泞和尘土阻塞,并且常在最危险的时刻发生这样的事故,所以使用这种手枪须要格外细心。然而士兵们不管这些,他们喜爱P08手枪。1918年后,德国军队保留了这种手枪。1943年,这种手枪仍在生产。甚至时至今日,许多武器制造商发现这种武器在市场上仍然供不应求,他们生产的P08仿真手枪或复制品在市场上还能高价出售。

右图:卢格"炮型"手枪的枪管长192毫米。它安装了平底的枪托。按照设计,它既可当作手枪使用,又可当作近距离作战的卡宾枪使用

规格说明

P08型手枪

口径:9毫米帕拉贝鲁姆子弹
重量:0.876千克
枪长:222毫米
枪管长:103毫米
子弹初速:320米/秒
有效射程:50米
装弹量:8发

上图:作为手持武器,卢格手枪的主要用途是作为辅助性武器使用,或者供在狭小空间内的工作人员作为个人防身武器使用。在狭小空间内作战,使用步枪极不方便。例如,德国第一代装甲车——笨重的A7V内载有18名乘员,世上恐怕再也找不到如此拥挤的工作空间了

9毫米P08帕拉贝鲁姆手枪

P08手枪

雨果·博查特于19世纪末成功研制出了铰锁链装置。帕拉贝鲁姆手枪使用的铰锁链装置经过了改进。该系统和J.M.勃朗宁研制的铰锁链系统相比,效果不太理想。10年后,美国的柯尔特11.43毫米手枪就是在勃朗宁铰锁链系统的基础上研制成功的。柯尔特11.43毫米手枪和其他同时代的手枪相比,性能更加出众,在两次世界大战中均有不凡的表现。

右图:尽管最后一批德国P08手枪是在第二次世界大战期间生产的,但人们对卢格手枪的喜爱却从未间断,或许部分原因是受到了好莱坞战争影片的刺激。这意味着时至今日,人们仍然喜爱这种手枪。美国米切尔武器公司在20世纪90年代使用不锈钢材料重新生产了这种手枪

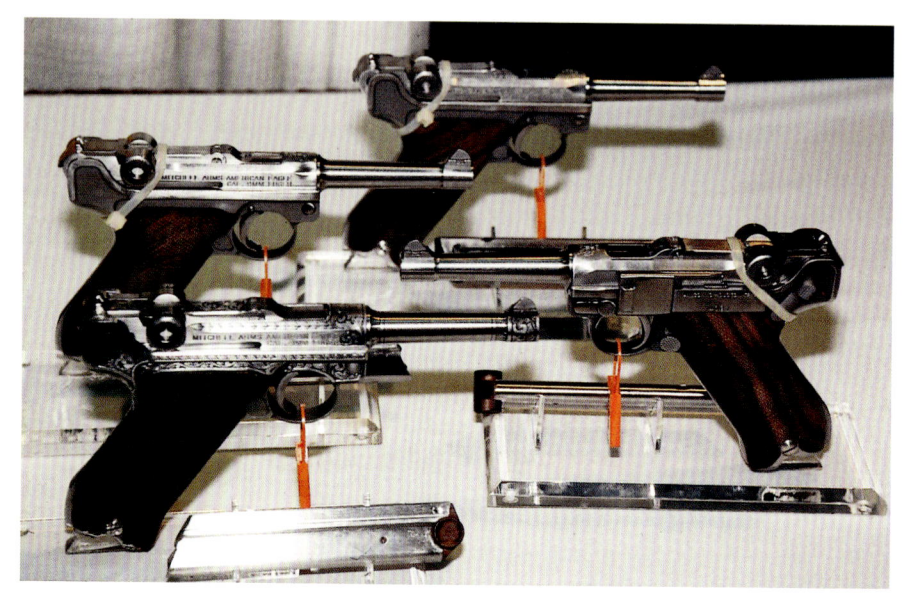

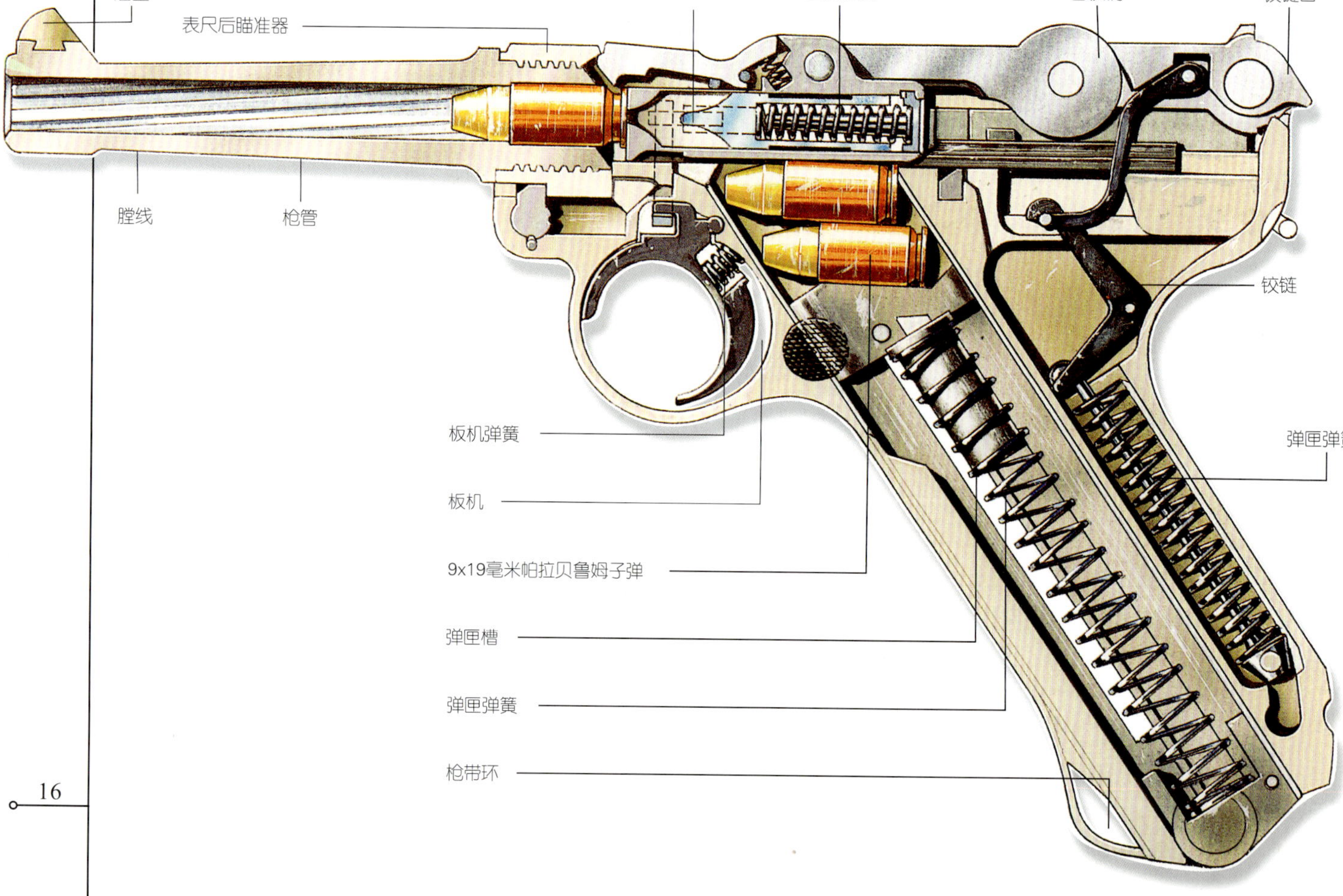

毛瑟 C/96 7.63 毫米或 9 毫米手枪

最早的毛瑟C/96系列手枪是由菲德勒三兄弟发明的，他们完成了这种手枪的基本设计。直到1896年，毛瑟发明的手枪在奥伯多夫—内卡制造厂投入生产后，菲德勒三兄弟发明的手枪才被取代。从那以后，出现了各种类型的C/96手枪和其派生手枪，生产极为混乱。即使是历史学家，如果不细心分析，也弄不清楚。

第一代C/96手枪是真正的手枪。但不久就出现了与之相匹配的枪托，还出现了其他类似的附加装置。枪管开始加长，以至于这种手枪与其称之为手枪，倒不如称其为卡宾枪更为合适；并且有些型号的C/96的设计变得更为复杂，配有枪托/枪套及其附属品，枪托/枪套还可以装清洁用具、备用弹匣及其他用品。这期间的毛瑟手枪，只需窥视一种型号的设置，就能了解其他型号的全貌。

复杂的武器

军用毛瑟手枪最早生产于1912年，在第一次世界大战期间，使用比较广泛。它的枪管长140毫米。这种枪融手枪和卡宾枪属于一体，配有枪托和枪套。开始时，这些手枪是专门为发射7.63毫米子弹而生产的。但是，在第一次世界大战期间，有的军用型毛瑟手枪需要发射9毫米帕拉贝鲁姆子弹，这些枪的枪托上都刻有一个大写的红色数字"9"。要使用这两种子弹，军用型毛瑟手枪的机械原理极为复杂，其复杂程度几乎难以描述。子弹装入弹匣后，通过弹匣上面的弹夹进入到扳机前部。射击时，弹膛被枪栓下面的一个闭锁簧片锁定。枪栓可以在枪膛前后移动。射击后，扣环系统和枪栓移动可以延迟击发装置的运行，直到弹膛的压力下降到比较安全的水平。随后，枪栓向后运动，将空弹壳挤压和弹射出去。然后，进行重新装弹和重新射击。枪管也可以向后移动，但是移动距离有限。在弹簧的作用下，所有装置都回到原来的位置。于是，下一发子弹进入弹膛。毛瑟手枪的机械设置依赖于精密的加工和零部件的实际承受能力。而正是这两大因素才使毛瑟C/96手枪系列产品难以制造，并最终导致它在军队中消失。

理想的收藏品

C/96手枪确实是一种令人生畏的军用武器。它能保留到今天，的确有它的独特之处。每一位手枪收藏者在其收藏品中都想拥有至少一支毛瑟C/96手枪。有这种想法的收藏者不用担心没有机会，这种手枪实在是太多了。不仅德国和西班牙生产过这种手枪，而且其他许多国家也都生产过这种手枪。这种手枪数量之多，令人吃惊。大多数"海外"生产的毛瑟手枪都是非正式生产的，所以无须从毛瑟公司获得生产许可证。

上图：海尔·塞拉西国王（图中坐着的那位）率军奇迹般地打回埃塞俄比亚后，他的卫队携带着各种各样的武器，其中右边的卫兵左手上还拿着一把毛瑟C/96手枪

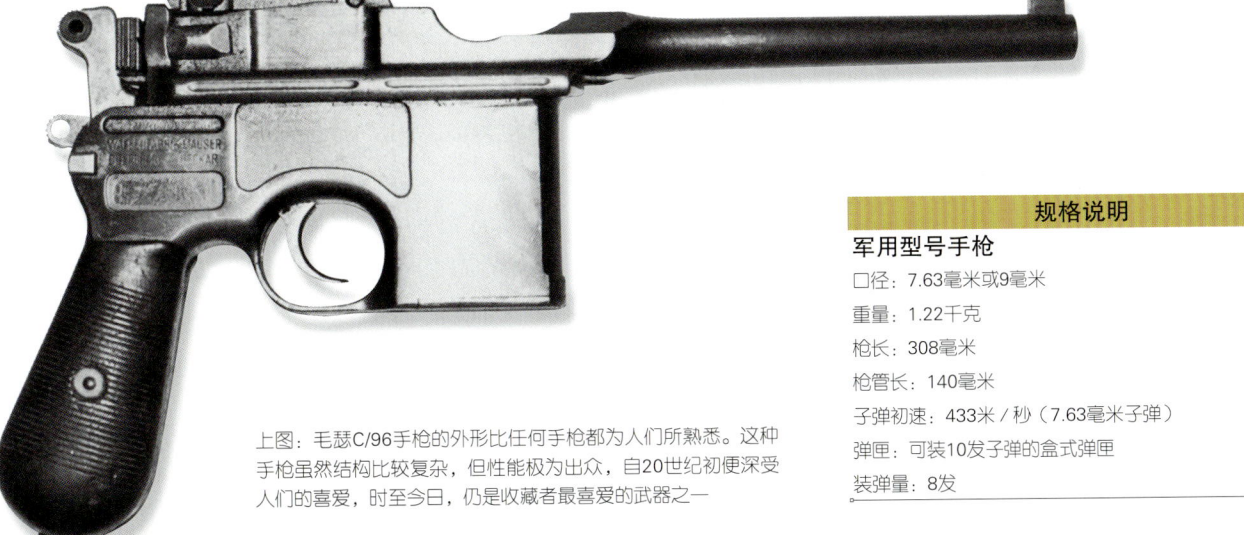

上图：毛瑟C/96手枪的外形比任何手枪都为人们所熟悉。这种手枪虽然结构比较复杂，但性能极为出众，自20世纪初便深受人们的喜爱，时至今日，仍是收藏者最喜爱的武器之一

规格说明

军用型号手枪

口径：7.63毫米或9毫米

重量：1.22千克

枪长：308毫米

枪管长：140毫米

子弹初速：433米/秒（7.63毫米子弹）

弹匣：可装10发子弹的盒式弹匣

装弹量：8发

其他德国手枪

1914年末，西线陷入了残酷的堑壕战，双方军队对武器和其他战争物资的需求猛增。手枪也不例外。由于大多数军用手枪完全靠手工制造，所以匆忙之间要满足前线的需要非常困难。这样造成的后果是，德国人不得不寻找其他一些武器来满足士兵的需要，许多军用仓库都经过多次清查。

在这些搜罗到的武器中，德军发现了大量的"德意志联盟"1879型左轮手枪。事实上，尽管这些手枪比较陈旧，但许多部队可以把它们当作备用武器使用。这种手枪发射10.6毫米子弹。这种子弹和其他子弹不同，威力不大。但是这种手枪有一个固体的枪架，所以枪比较结实。这种手枪使用入口式装弹系统，该系统需要一个连杆才能把空弹壳弹射出去。德军在1918年仍在使用这种老式的左轮手枪，而且在战后许多年里，德国军队还在使用这种手枪。

另外，德军还有一种1883型手枪。这种手枪的枪管较短，只有126毫米。

商用手枪

另一种典型的战时替代手枪是7.65毫米的拜尔霍拉—塞尔布斯拉手枪。这种手枪从整体设计上看，是真正的商用半自动手枪。由于这种手枪随处可见，并且易于使用，所以许多必须佩带防身武器的参谋人员装备这种手枪。由于战时武器生产常常是以分包合同的方式进行的，所以这种手枪的数量之多，实在难以说清。这种手枪设计极为简单，几乎没有考虑维修，如果没有训练有素的枪械师使用备用的工具，这种手枪在战场上根本无法拆卸。

上面所说的两种手枪都属于典型的商用型手枪和古代火器的混合产物。德国陆军（和其他军种）为了将战争进行下去，不得不大量生产这两种手枪。在战争期间，这些手枪都供不应求。因此要说德国军队还装备了其他稀奇古怪的手枪，也就不足为奇了。这些稀奇古怪的手枪，如德雷赛手枪和兰根汉手枪，都是在紧急情况下装备部队的。正是因为这些手枪进行了大批量生产，所以它们的名字才没有被人遗忘。这些手枪由于根本就不是专门为前线作战而设计的，因此它们的表现大多都难尽如人意。兰根汉手枪属于FL-塞尔斯特拉德–陆军专用手枪。在1914—1917年期间，圣巴兹尔的弗里德里希兵工厂至少生产了55000支这种手枪。这种手枪口径为7.65毫米，是一种传统的使用后坐力原理的武器。它的弹匣可装8发子弹。第二次世界大战开始的时候，许多德国军官还在使用这种制造精良的兰根汉手枪。

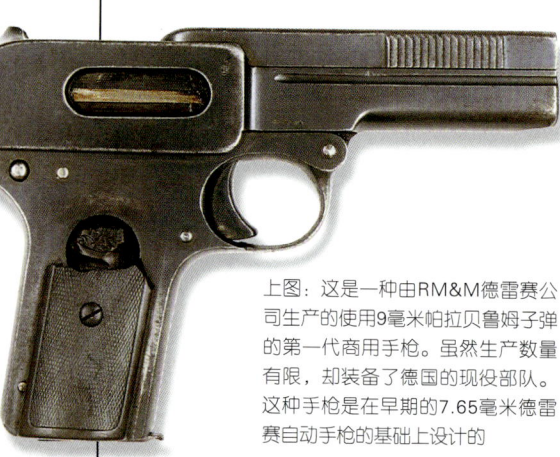

上图：这是一种由RM&M德雷赛公司生产的使用9毫米帕拉贝鲁姆子弹的第一代商用手枪。虽然生产数量有限，却装备了德国的现役部队。这种手枪是在早期的7.65毫米德雷赛自动手枪的基础上设计的

规格说明
1879型手枪
- 口径：10.6毫米
- 重量：1.04千克
- 枪全长：310毫米
- 枪管长：183毫米
- 子弹初速：205米/秒
- 旋转弹腔容量：6发子弹

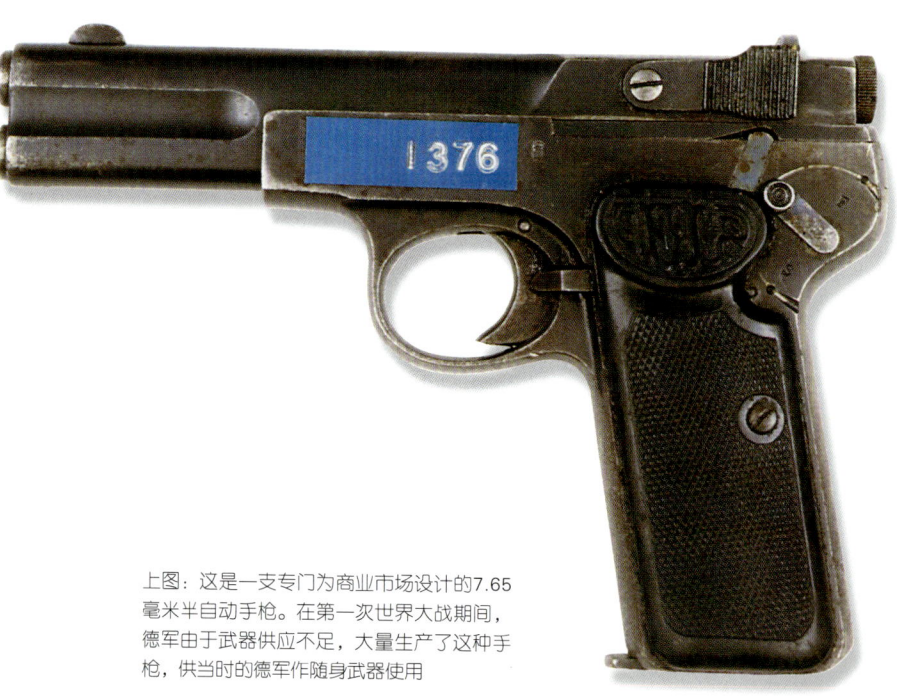

上图：这是一支专门为商业市场设计的7.65毫米半自动手枪。在第一次世界大战期间，德军由于武器供应不足，大量生产了这种手枪，供当时的德军作随身武器使用

纳甘 1895 型 7.62 毫米手枪

纳甘1895型左轮手枪最初是由一名比利时人设计的，并且早在1878年就投入生产。从那之后，比利时、阿根廷、巴西、丹麦、挪威、葡萄牙、罗马尼亚、塞尔维亚和瑞典都购买过这种手枪。一般情况下，此种型号的各种口径的手枪大都是比利时生产的（尽管西班牙进行了仿制），但生产这种左轮手枪数量最多的国家要数俄国，俄国生产的这种手枪数量之多，令其他所有国家相形见绌（开始时有生产许可证），以至于现在人们都以为这种手枪是俄国人发明的。

早期的俄国手枪

第一支俄国的纳甘手枪是1895年在图拉兵工厂生产的，而且该兵工厂一直到1940年还在生产这种手枪。俄制纳甘手枪是纳甘1895型手枪的一个变种，是专门为改进纳甘1895型左轮手枪的整体效能而设计的。纳甘1895型手枪在许多方面都与众不同，不单是它独特的7.62毫米凹入式子弹，还有子弹壳全部用黄铜包裹等。这种设计的目的是，射击时，手枪的旋转弹膛向前撞击枪管后部，子弹在旋转弹膛和枪管后部之间形成一个气缝。设计人员的本意是尽可能地减少从旋转弹膛和枪管之间的缝隙通过的推进气体的损失，从而增大弹药的威力。事实上，这种设计只不过增加了它的复杂程度，并不一定能满足特殊子弹的需要。虽然俄国人想到了这一点，但最终还是保留了这种设计，直到停产时仍未改动。

两种型号

俄国军队为了突显官兵的差异，决定给士兵配备单发式左轮手枪，给军官配发连发式左轮手枪。从外形的抛光上就可以看出两者的显著差异：单发式手枪的表面金属裸露，而军官的连发式手枪则镀有光泽或涂有蓝色涂料。两者都结实耐用，性能可靠，只要俄军使用这两种手枪参加战斗，通常都能坚持到最后。这两种手枪的枪架是固定的，旋转弹膛也是固定的，可通过弹膛的右口装填弹药。有一个金属杆可以把空弹壳弹出枪外。

纳甘1895型左轮手枪的生产数量极为庞大。在第一次世界大战和第二次世界大战的整个过程中，俄军都在使用这种手枪。甚至到20世纪80年代，人们或许在世界的某个偏僻角落里还能遇到这种手枪。一些武器制造商发现这种枪和特殊的凹入式子弹仍然具有商业价值，当然，今天生产的这些手枪只能出售给那些对手枪痴迷的收藏家们。

右图：纳甘手枪是由一名比利时人设计出来的，许多国家的军队都使用过这种设计，尤其是俄国，在购买生产许可证后生产的数量之多，令人吃惊。目前，这种左轮手枪通常被认为是俄国人发明的。它使用了独特的气体闭合式机械设置。但这种设置并没有真正的用途，只不过增加了不必要的麻烦而已

规格说明

纳甘1895型手枪

口径：7.62毫米
重量：0.795千克
枪长：230毫米
枪管长：110毫米
子弹初速：272米/秒
旋转弹膛容量：6发子弹

英国韦伯利和斯科特11.6毫米自动手枪

自有手枪以来,从外形上看,韦伯利和斯科特自动装填手枪可以称得上是最笨拙的手枪。不过在使用时,事实证明这种手枪的性能却相当可靠。1912年,第一批韦伯利和斯科特自动装填手枪被政府部门采购,主要供警察使用。到1914年,英国皇家海军和皇家海军陆战队的登陆或海上拦截部队已经开始装备韦伯利MK I型自动装填手枪;后来,成立不久的皇家飞行部队和一些皇家炮兵连(马匹驮拉)也大量装备了这种手枪。

这种手枪使用的闭锁系统非常有效。该系统有一系列可以滑动的带有倾斜角度的凹凸沟槽。这种设计非常有利于连续发射11.6毫米(准确地说应该是11.2毫米)子弹。这种子弹威力很大,多年来一直是世界上手枪子弹中威力最猛烈的一种。这种子弹比较重,如果用其他11.6毫米左轮手枪发射,可能会对手枪和射手造成严重损害。有些手枪是为发射9.65毫米"超级自动"子弹和9毫米勃朗宁长型子弹而制造的,不过,英国军队中很少使用这些子弹。

肩部射击专用枪托

这种手枪在设计中具有某些独特的特点。它的一大特点是可以部分退出和锁定盒式弹匣,这样可以把单发子弹从弹射槽装入弹膛,留下满匣子弹供发生紧急情况时使用。它的另一大特点是,大多数韦伯利和斯科特自动装填手枪都安装了平底的木制枪托。在较远距离射击时,使用枪托会极大地提高射击精度。

这些韦伯利和斯科特自动装填手枪(英国人当时不喜欢"自动"的叫法,称之为"自动装填")块头较大,即使在较近射程内使用时也要特别小心。这种枪制造精良,枪表面有一条与众不同的直线,加上枪托,整个手枪的外形近似于正方形。这种枪托给射击增加了难度,但经过训练的射手的射击时精度相当高。如果说有什么缺陷的话,那就是这种枪太重了,几乎可以当大棒使用,拆卸后,每支手枪的重量为1.13千克。不过,总的来说,士兵还是不怎么喜爱这种武器。皇家炮兵部队有了新枪后就不再使用它了,皇家飞行部队也不再对它充满激情。如此一来,所有英国军队再也没有订购韦伯利和斯科特自动装填手枪,不过这种手枪仍被使用了许多年,直到第二次世界大战结束。

规格说明
韦伯特和斯科特自动装填MK I手枪
口径:11.2毫米
重量:1.13千克
枪全长:216毫米
枪管长:127毫米
子弹初速:236米/秒
弹匣容量:7发子弹

左图:海军航空兵的先驱——萨姆森司令官和他的"纽波特10"飞机。在加利波利战役中,他准备再次飞到土耳其防线的上空。韦伯利手枪最初供飞行员使用,当飞行员被迫降落时,可以当作防身武器使用

韦伯利 11.6 毫米左轮手枪

韦伯利和斯科特MKs Ⅰ和Ⅵ手枪

韦伯利左轮手枪发射的11.6毫米子弹的准确口径是11.2毫米。从其设计中，人们可以看出英国在殖民战争中所获得的作战经验。这种子弹是专门为近距离作战而设计的，子弹较重，装满了大威力火药，能够成为阻止土著民族冲锋的"大威力枪弹"，在作战中效果显著，较好地完成了任务。伯明翰的韦伯利和斯科特有限公司于1887年下半年生产出第一支发射这种子弹的11.6毫米手枪。

韦伯利和斯科特Mk Ⅰ手枪是英国Mk系列手枪类似型号的鼻祖。Mk Ⅰ手枪有一个自动弹射装置。枪架向上有一个开口，当开口打开时，自动弹射装置就可以把空弹壳弹出枪外。它的枪托非常独特，形如鸟头，并且它的枪带环更独具匠心。Mk Ⅰ手枪枪管长102毫米，不过，Mk Ⅰ手枪也使用长达152毫米的枪管。

其他型号的韦伯利和斯科特手枪

Mk Ⅰ手枪诞生之后，经过改进，枪管的长度发生了变化，有的加长，有的则缩短，包括轻重类型在内的Mk Ⅰ手枪纷纷登场亮相。虽然在第一次世界大战正激烈的1915年，Mk Ⅰ枪托的形状发生了变化，而且瞄准具也进行了一些改动，但Mk Ⅰ手枪的机械原理和设计风格没有什么大的变化。MK Ⅵ型手枪或许可以被视为第一次世界大战中韦伯利11.6毫米左轮手枪的代表，但是，早期的其他韦伯利手枪仍在第一次世界大战中发挥了作用。

Mk Ⅵ手枪制造精良，结实耐用。这种手枪有大有小，其中小的非常便于携带和射击。这种手枪使用的子弹威力较大，产生的后坐力也比较大。射程仅在数米之内时，作用极为明显，是堑壕战中最理想的武器，在堑壕突袭和近距离作战中深受英军喜爱。在堑壕战之类的作战条件下，韦伯利手枪有一个最大的优势，非常适宜在满是泥泞和尘土的条件下战斗。如果发生卡壳或子弹射尽后，也可以当作有用的大棒使用。这一大贡献要归功于"普里查德—格林纳尔"左轮手枪刺刀/堑壕刀的发明和使用，这种锥杆式刺刀安装在手枪枪口上面，有个金属把紧靠手枪的枪架。这种令人生畏的枪刀合用型武器显然使用的机会很少，威力如何从来没有得到正式验证。

这种手枪有一个非常有用的设置——弹匣，可装6发子弹，随时可以装进张开的旋转弹膛内。

上图：韦伯利手枪可以发射几种威力较大的子弹，其中包括名声不太好听的弹头凹陷的"大威力枪弹"。这种手枪后坐力较大，只有经过反复练习才能在射击时控制住手枪的震动。第一次世界大战后，英国对其进行了改进，口径为9.65毫米。自1918年以来，各国趋向于使用小口径子弹，大口径子弹日趋冷落。尽管目前在民用市场上，大口径的马格南子弹又开始红火起来

规格说明
韦伯特和斯科特MK Ⅵ手枪
口径：11.2毫米
重量：1.09千克
枪全长：286毫米
枪管长：152毫米
子弹初速：189米/秒
旋转弹膛容量：6发子弹

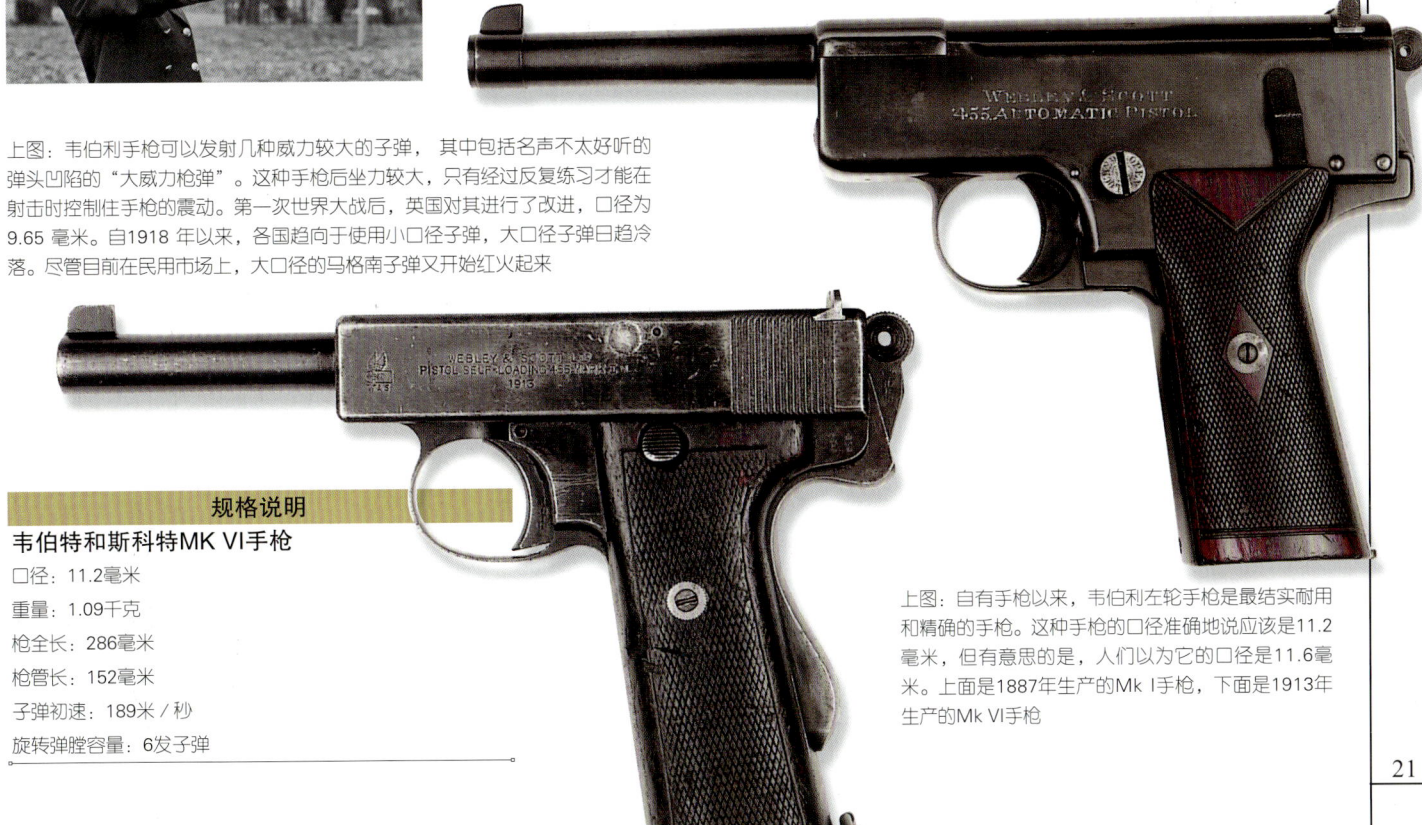

上图：自有手枪以来，韦伯利左轮手枪是最结实耐用和精确的手枪。这种手枪的口径准确说应该是11.2毫米，但有意思的是，人们以为它的口径是11.6毫米。上面是1887年生产的Mk Ⅰ手枪，下面是1913年生产的Mk Ⅵ手枪

韦伯利—福斯贝里11.6毫米自动手枪

韦伯利—福斯贝里左轮手枪是由曾获得维多利亚十字勋章的G.V.福斯贝里上校设计的。因为它是一种自动左轮手枪，所以有自己的类型。这种手枪早在1896年就获得了专利保护，不久韦伯利和斯科特公司将其投入生产，生产出的手枪可发射标准的11.6毫米子弹。实际上，这种子弹的口径是11.2毫米。

该枪的机械装置极为独特。射击时，在后坐力的作用下，枪管、旋转弹膛和枪架顶部沿着枪托上面的滑座向后运动。枪托内部的击锤和回位弹簧开始运行，整个组件又被反弹回原来的位置。滑座内的螺栓穿过凹凸槽沟进入旋转弹膛，旋转弹膛转动，下一发子弹进入发射位置。这种系统非常吸引那些只想连续扣动扳机进行快速射击的人们。事实上，事情并非那么简单。这种设计的最明显的缺陷就是机械装置的处理动作太多，整个枪架顶部前后移动，增加了因强大的后坐力而引起的运动强度，这样就给射手带来很大困难。它的另一个缺陷是射手必须握牢枪托，否则整个系统就会出现问题。射手握力对于整个系统来说，其作用就和锚固定船时一样。

大量的韦伯利—福斯贝里手枪都出售给了那些必须佩带防身武器的英国军官。其中很大一部分出售给了英国皇家空军的飞行人员，他们认为和敌机交火时，在狭小敞开的驾驶舱里使用这种自动手枪会占有很大优势；然而，他们很快就发现使用这种手枪射击时所带来的剧烈震动反而增加了困难。毕竟在飞行中使用这种手枪射击要比在地面射击困难多了。

缺陷

正因为如此，韦伯利—福斯贝里手枪从来没有被官方正式接受过。在堑壕战中，它的缺陷一下就暴露无遗。它的机械装置要依赖于凹凸槽沟的平滑移动，一旦槽沟内进入泥土或脏物就会造成阻塞；而多数槽沟都裸露在外，因此时刻需要保持清洁。这种武器在堑壕中使用，槽沟很容易被脏物塞满，所以许多军官不再使用这种手枪，转而使用其他较少出现阻塞的手枪。

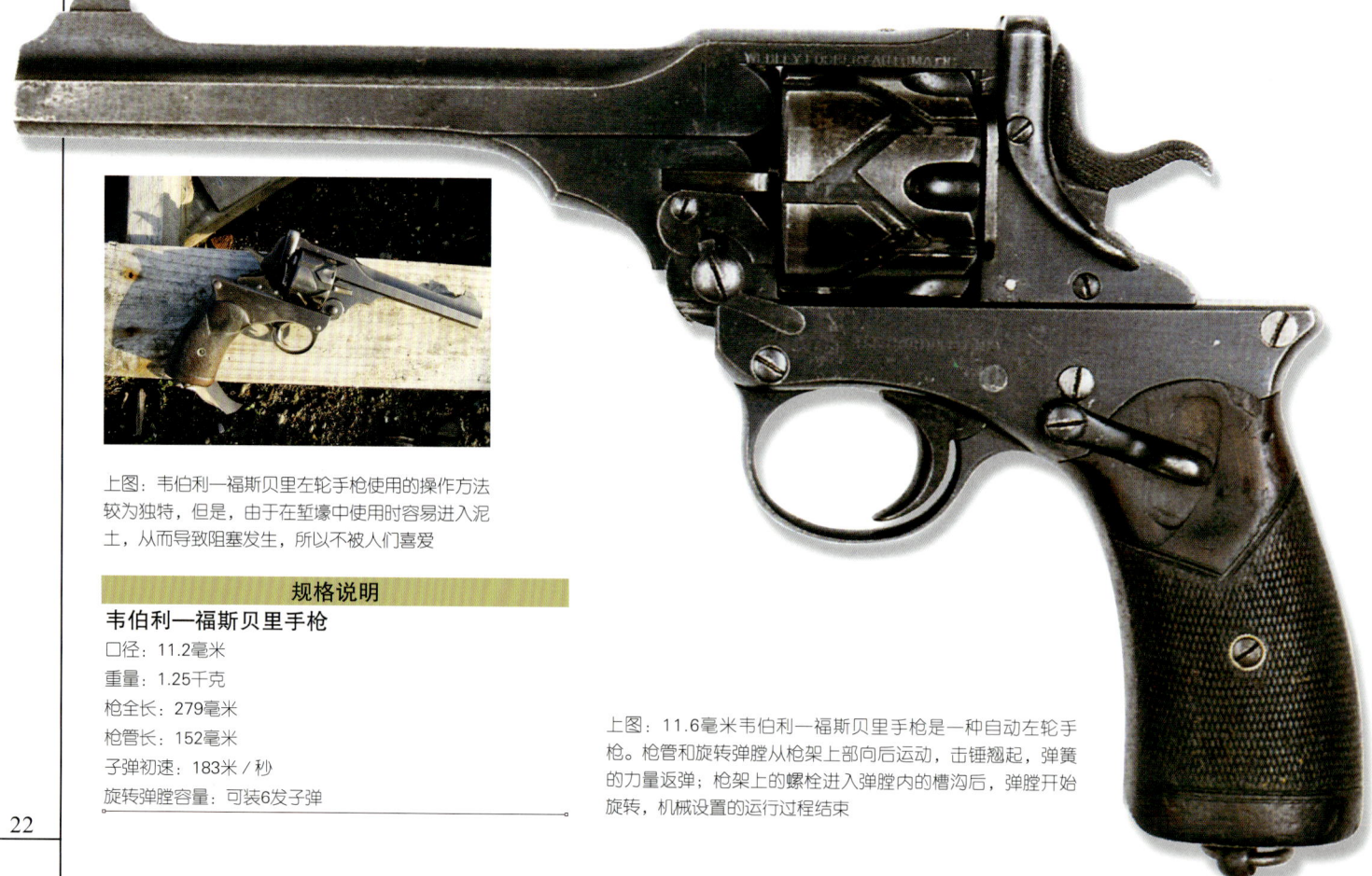

上图：韦伯利—福斯贝里左轮手枪使用的操作方法较为独特，但是，由于在堑壕中使用时容易进入泥土，从而导致阻塞发生，所以不被人们喜爱

规格说明
韦伯利—福斯贝里手枪
口径：11.2毫米
重量：1.25千克
枪全长：279毫米
枪管长：152毫米
子弹初速：183米/秒
旋转弹膛容量：可装6发子弹

上图：11.6毫米韦伯利—福斯贝里手枪是一种自动左轮手枪。枪管和旋转弹膛从枪架上部向后运动，击锤翘起，弹簧的力量返弹；枪架上的螺栓进入弹膛内的槽沟后，弹膛开始旋转，机械设置的运行过程结束

萨维奇 1907 型和 1915 型手枪

萨维奇1907型手枪是美国马萨诸塞州凯科皮福斯市的萨维奇武器公司生产的，主要出售给商业部门，唯一的军事客户是葡萄牙军队。因此，人们误以为这种手枪是葡萄牙人生产的，尽管其原产地是美国。

设计1907型手枪的最初目的是参加美国陆军举行的武器试验。虽然1907型手枪在试验中表现不俗，但试验结果是美国陆军采用了柯尔特M1911半自动手枪。由于柯尔特胜出，萨维奇公司便打算把这种手枪售往海外。不过这种愿望直到1914年才如愿以偿。当时葡萄牙人发现他们与德国供应商之间的供应关系将被切断，德国一直向葡萄牙提供08型手枪，于是葡萄牙决定订购原产于美国的萨维奇手枪。当时参赛的萨维奇手枪的最早型号是1908，经过轻微改进后，这种手枪被定名为1915型枪。这两种手枪都可以使用11.43毫米和7.65毫米子弹。

延迟式后坐力

1907型手枪使用的机械系统被称为延迟式后坐力系统。这种操作系统在手枪中极少使用。使用这种操作系统的1907型手枪，射击后，在滑座移动到枪后部之前，枪管通过凸起的槽沟开始转动，但这种枪的操作系统比简单后坐力系统有效得多。它在使用7.65毫米子弹时，效果尤其显著；但是，如果使用威力更大的子弹时，效果就大打折扣了。

葡萄牙人发现萨维奇手枪的效果不错，但不幸的是，他们也发现了这种手枪存在的一个安全问题。撞针可能会接触到击发凸柱（设计中有一个密闭击锤），这样撞针就会顶住已经进入弹膛的子弹底座。此时稍有震动，都可能导致走火。射手们认为这是萨维奇手枪的最大缺陷。这一问题促使葡萄牙人对这种手枪进行了改进，以确保这种手枪只在需要射击的时候，才能进入待发状态；反之，手枪必须退出子弹。显然，这种设计对于作战用手枪来说不是件好事。不久，葡萄牙人就转而采购各种类型的9毫米帕拉贝鲁姆手枪；另外他们还使用英国的11.6毫米韦伯利左轮手枪。

右图：这种萨维奇自动手枪在沃明斯特步兵学校的武器展览室中可以看到，其设计来自于1904年E.H.瑟尔勒的发明专利，1907年参加了美国陆军举行的武器试验大赛，柯尔特手枪在大赛中胜出

规格说明

萨维奇1908手枪

口径：7.65毫米
重量：0.568千克
枪长：165毫米
枪管长：95毫米
子弹初速：290米/秒
供弹：可装10发子弹的盒式弹匣

11.43毫米M1917左轮手枪

到1916年，由于英国对所有战争物资和各种类型武器的需求都超出了英国及其殖民地的工业生产能力，所以英国就向美国订购了包括左轮手枪在内的各种武器，并且为了节省时间，英国决定直接采用美国的设计。美国设计的手枪可以发射英国的11.6毫米（实际是11.2毫米）手枪子弹。史密斯和威森公司、柯尔特武器公司生产了数以万计的此类手枪，并按时交付到英国和英国殖民地武装部队的手中。

1917年，美国参加了第一次世界大战。美国人发现自己比英国还缺少武器，无法装备赴欧洲作战的远征军。随后，美国迅速对其生产重心进行了调整，并且马上按照美国11.43毫米子弹的标准对供应英军的11.6毫米手枪进行了改进。这样就带来了一些问题，问题不是出在设计上，设计没有变化（并且每种型号的设计都完全一样），问题出在装弹上。英国子弹的弹壳底部有一个独特的边缘，而美国的子弹是供自动手枪使用的，没有边缘。有缘式子弹塞进旋转弹膛时容易出现滑脱，而美国的子弹则避免了这个问题，美国的子弹装在用压钢制成的半月形弹夹内，每个弹夹装3发子弹，弹夹可以快速地把子弹装入弹膛，并进入射击位置，而且这种弹夹不用时还可以快速卸出。

细微差异

这两种手枪生产时都被称为11.43毫米M1917左轮手枪。只有加上制造者的名字才能区分出它们的不同型号：一种是史密斯和威森公司的"手工弹射"11.43毫米M1917型左轮手枪，另一种是柯尔特公司的11.43毫米M1917型左轮手枪。

对于射手来说，这两种左轮手枪似乎没什么区别。事实上，两者之间还是存在着细微差异的。柯尔特手枪依据的型号可以追溯到1897年，而史密斯和威森手枪则是在该公司当时型号的基础上经过改进而设计的一种新型号。两者都使用了旋转弹膛，后部的表面都有一个凹槽。这个凹槽可以装两个有3发子弹的半月形弹夹。另一个显著的特点是它们又大又重，非常坚固。在发射为半自动手枪而设计的大威力子弹时，不仅火力强大，而且安全可靠。

这两种手枪进入美国陆军后，事实证明它们结实耐用、性能可靠。使用的3发子弹弹夹系统设计得非常成功，从来没有出现过什么问题。即使其他国家的部队使用亦是如此，如巴西1938年大批量订购了史密斯和威森公司生产的M1917型手枪。在第二次世界大战期间，前线部队仍然装备了这两种手枪，尽管使用这两种手枪的多为英国军队。美国宪兵也使用这两种手枪，尤其是柯尔特型手枪。

右图：1917年，美国陆军使用的左轮手枪可发射M1911自动手枪的11.43毫米"自动"子弹。美国希望从发射口径为9.65毫米子弹的柯尔特M1892手枪的挫折中振作起来。在战场上，口径为9.65毫米的子弹无法阻挡住菲律宾人的冲锋

规格说明

11.43毫米M1917左轮手枪
口径：11.43毫米
重量：1.134千克（柯尔特M1917）；
　　　1.02千克（史密斯和威森M1917）
枪全长：274毫米
枪管长：140毫米
子弹初速：253米/秒
供弹：可装两个半月形弹夹的旋转弹膛（共6发子弹）。

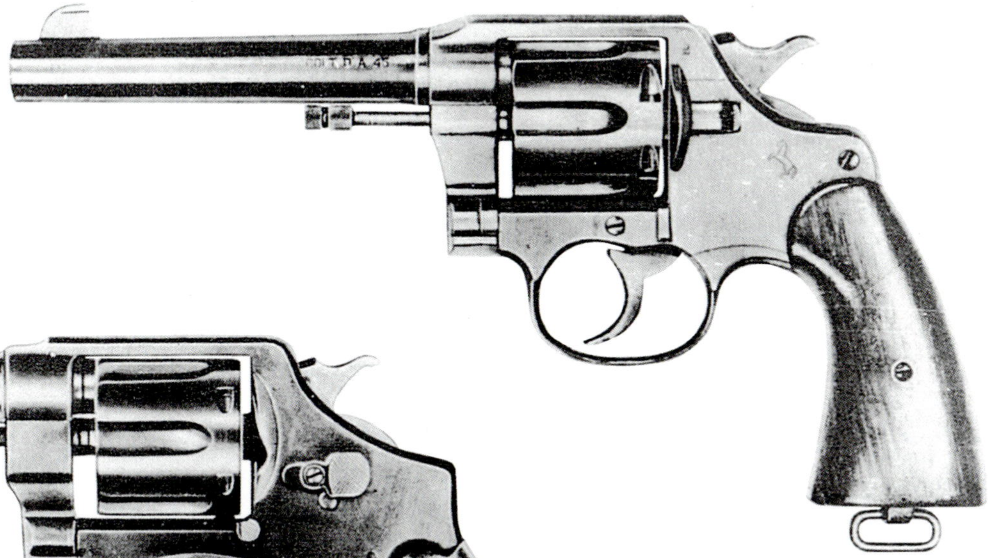

上图：美国史密斯和威森公司的"手工弹射"11.43毫米M1917左轮手枪。为了满足英国11.6毫米手枪的需要，该公司对这种手枪的口径进行了改进

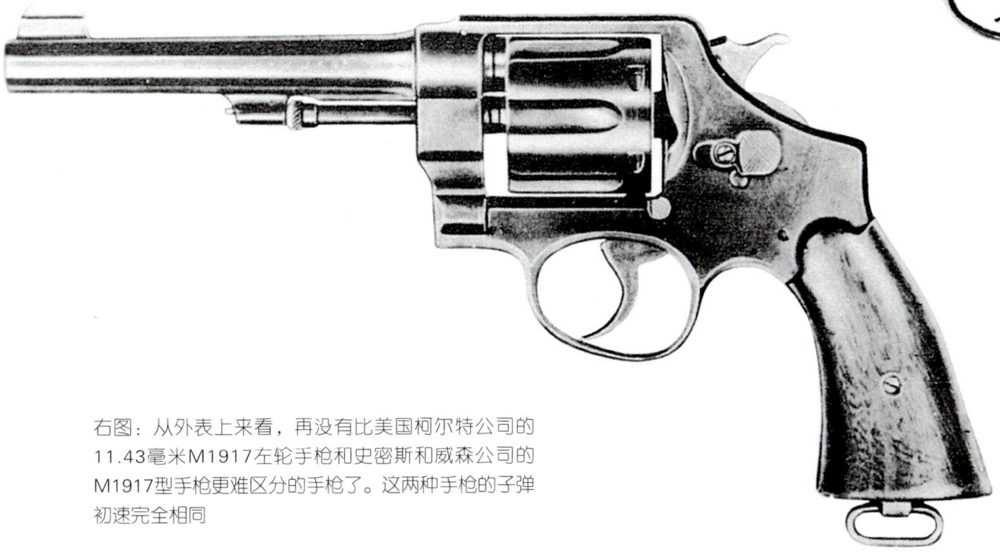

右图：从外表上来看，再没有比美国柯尔特公司的11.43毫米M1917左轮手枪和史密斯和威森公司的M1917型手枪更难区分的手枪了。这两种手枪的子弹初速完全相同

柯尔特 M1911 手枪

人们所熟知的柯尔特M1911半自动手枪自投入生产以来，确实是最著名的个人防身武器之一。美国陆军正式采用这种手枪的时间是1911年。这种手枪的设计源自柯尔特公司的勃朗宁1900型手枪。勃朗宁1900型手枪属于半自动、后坐力操作系统类型的武器，它奠定了大口径手枪的设计基础。美国的"大威力枪弹"就是以它为基础设计的。柯尔特M1911手枪使用的是新式的9.65毫米柯尔特自动子弹。美国陆军要求增加它的口径，把这种手枪设计为真正的"拦阻武器"。因为在菲律宾，美军在和游击队/叛军近战时常常陷于不利处境，美国急需大口径手枪。美军在菲律宾的战斗表明：9.65毫米子弹的威力不够大，根本无法阻止或击退使用刀和短剑的游击队的冲锋。

新式的ACP（柯尔特自动手枪）子弹口径为11.43毫米，在1907年的武器试验大赛中一举夺魁。1911年，作为标准化武器被命名为11.43毫米M1911自动手枪。在第一次世界大战爆发之前，生产比较缓慢。到1917年4月美国加入第一次世界大战的时候，美国陆军共接收了55553支M1911型手枪。随后进入生产时期，到1918年11月的时候，柯尔特公司和雷明顿公司已经生产了450000支M1911型手枪。

产品改进

第一次世界大战西线战场的分析专家认为M1911手枪可以进行改进。1926年，经过改进的M1911手枪被命名为M1911A1手枪，成为美国陆军的标准手枪。M1911A1手枪在外形上变化不大，但内部结构有所变动：主弹簧槽由平底改成了有凸边的拱形底；扳机缩短，成锯齿形；枪柄的柄脚加长，前准星加宽，扳机后面的套筒座上安装了手控清理剪；膛线结构进行了修改；枪把保险结构和击锤设置的形状也都做了改动。

这种手枪的基本操作方法没有改变。它的最大特点就是机械装置比任何时候都要坚固。然而，不可否认的是，射手只有经过反复训练，才能有效地使用这种手枪。

在第二次世界大战之前和期间，柯尔特武器公司、雷明顿和兰德公司、斯威克和西格纳尔联合公司以及伊泰卡公司生产的M1911A1手枪大约有195万支，并且其他国家也生产了这种手枪，尽管标准有所降低。在第二次世界大战中，德国使用了一定数量缴获的M1911A1手枪。不过，德国把这种手枪命名为660（a）手枪；还有挪威制造的M1911A1手枪，这种手枪被德国命名为657（n）手枪。

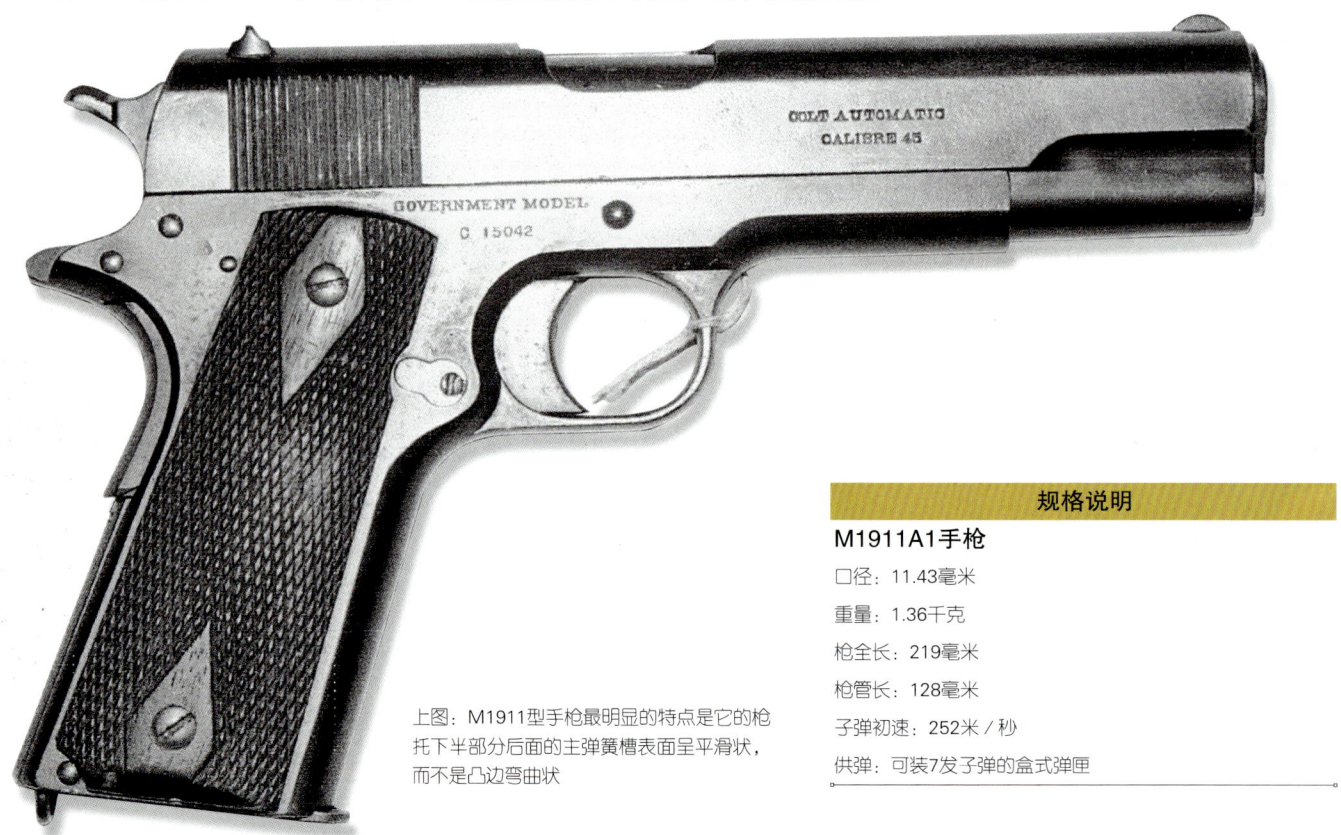

上图：M1911型手枪最明显的特点是它的枪托下半部分后面的主弹簧槽表面呈平滑状，而不是凸边弯曲状

规格说明

M1911A1手枪

口径：11.43毫米

重量：1.36千克

枪全长：219毫米

枪管长：128毫米

子弹初速：252米/秒

供弹：可装7发子弹的盒式弹匣

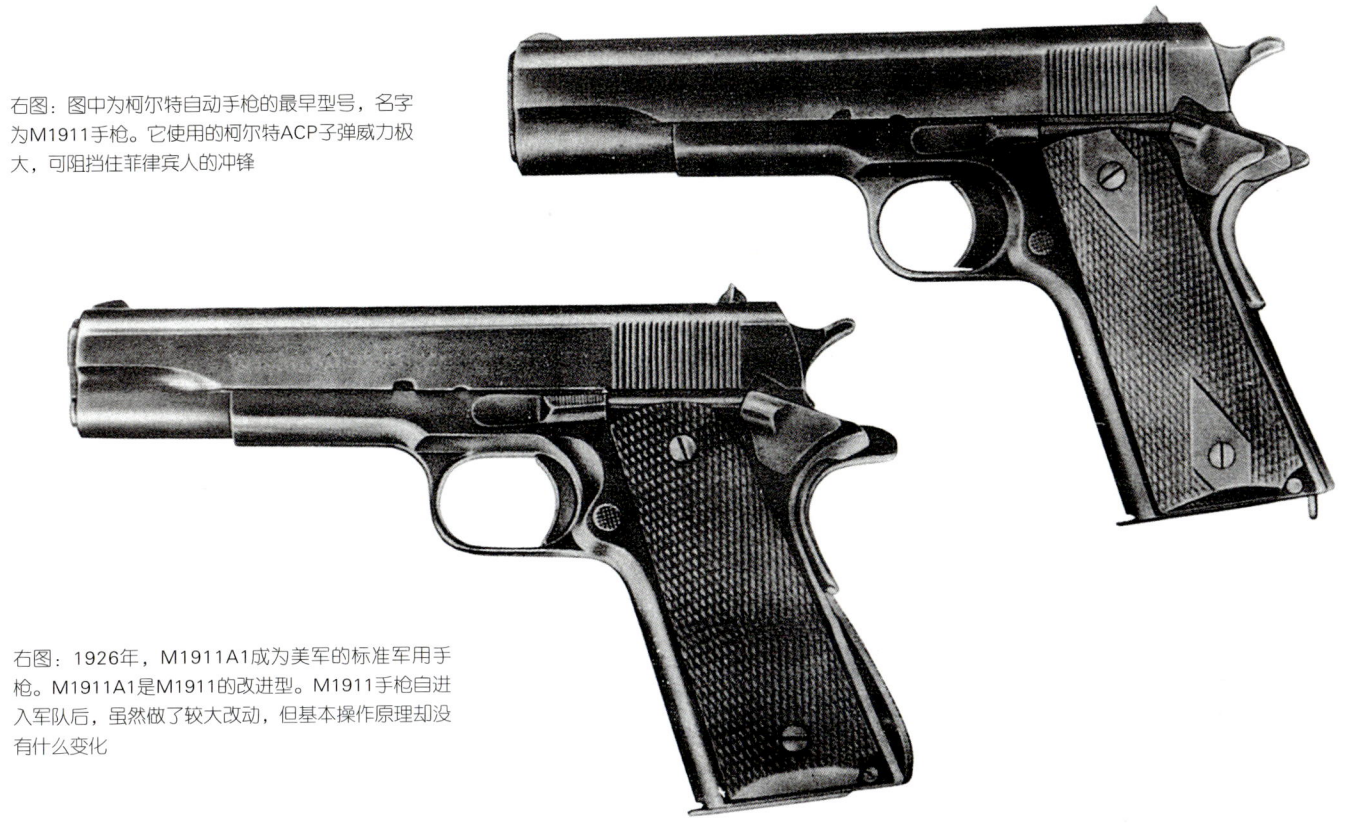

右图：图中为柯尔特自动手枪的最早型号，名字为M1911手枪。它使用的柯尔特ACP子弹威力极大，可阻挡住菲律宾人的冲锋

右图：1926年，M1911A1成为美军的标准军用手枪。M1911A1是M1911的改进型。M1911手枪自进入军队后，虽然做了较大改动，但基本操作原理却没有什么变化

恩菲尔德No.2 Mk 1和韦伯利Mk 4型手枪

在第一次世界大战期间，英军标准的军用手枪是不同型号的11.6毫米韦伯利左轮手枪。这种手枪在第一次世界大战中的典型近战——堑壕战中效果显著。这种手枪又大又重，如果不接受大量训练，很难有效操作。当时这两种枪都供应不足。

1919年后，英国陆军决定制造一种比韦伯利手枪小一些的手枪。英国希望这种较小口径的手枪能够发射较重的口径为9.65毫米的子弹。这样一来，这种手枪和较大口径的手枪的作战效果相差无几，而且更易于操作，无须花费太多的训练时间。结果，韦伯利和斯科特公司被英国武器部队选中，成为这种新式手枪的正式生产商。该公司对它的11.6毫米左轮手枪进行了改进，体积缩小后，就把样品送给了英国军方。

连发式恩菲尔德手枪

令韦伯利和斯科特公司气愤的是，英国军方只接受了该公司的设计，做了较小改动后，就作为"正式"的政府设计，在米德尔塞克斯郡恩菲尔德·勒克皇家轻武器工厂投入生产。但采购还需要一些时间。韦伯利和斯科特公司1923年提供了设计方案，恩菲尔德·勒克于1926年接管了这种手枪的设计方案。韦伯利和斯科特公司虽然对此事颇有抱怨，不过，最终还是把它的9.65毫米左轮手枪投入市场。这种手枪在世界上被称为韦伯利Mk 4型手枪，销量有限。

恩菲尔德手枪被称为No.2 Mk 1型手枪。在军中，事实证明该枪设计合理，效果不错。然而，在此期间，机械化理论的发展极快，这意味着多数No.2Mk I型手枪都要配给坦克乘员和其他机械化部队。不幸的是，他们很快发现这种手枪的击锤凸栓太长，容易碰撞到坦克和其他装甲车辆内部的零部件。这样，恩菲尔德手枪不得不进行重新设计，击锤凸栓被全部取消。并且，为了便于射击，扳机设置也变轻了，仅作为连发式手枪使用。这样一来，这种手枪就变成了No.2 Mk 1*型。并且，当时的Mk 1型手枪按照这种标准都进行了改进。连发式手枪只有在最小的射程内射

击时才比较精确，射程稍远，射击的精度就不易控制，不过那已无关紧要了。

在第二次世界大战中的表现

韦伯利和斯科特手枪在第二次世界大战期间再次登上战争舞台。当时恩菲尔德手枪的交货过程太慢，根本无法满足前线的需求。于是，英国就订购了韦伯利Mk 4型手枪来弥补前线的不足。同时，韦伯利和斯科特公司继续向英国军队供应恩菲尔德手枪。这两种手枪在外形上完全一样，但存在的多处细微差异导致它们的零部件无法互换使用。

战时表现

这两种手枪在1939—1945年期间的使用量极大，虽然连发式恩菲尔德左轮手枪（也就是No.2 Mk 1手枪，为了适应战时的生产需要，作为权宜之计，它的击锤凸栓被取消了）是正式的标准手枪，但韦伯利MK 4型手枪在英国及英联邦军队中的使用范围更为广泛。这两种手枪直到20世纪60年代还在使用，并且，作为军用手枪，甚至在20世纪80年代仍能看到它们的身影。

左图：在一次行动中，一名空降兵正站在房顶担任警戒任务。他使用的手枪是恩菲尔德No.2Mk1*型。为了防止与衣服或在车辆或飞机的狭小空间内和其他物品碰撞，它的击锤凸栓被取消了。担任滑翔机飞行员的空降兵配备了这种手枪

下图：恩菲尔德 No.2 Mk 1左轮手枪在整个英国和英联邦武装部队中的使用范围最为广泛，可发射9.65毫米子弹，是一种有效的作战手枪。在使用期间，能经受住连续的撞击。但是，它的精度较差，而且没有什么装饰

规格说明
No.2 MK 1型手枪
口径：9.65毫米（SAA子弹）
重量：0.767千克
枪长：260毫米
枪管长：127毫米
子弹初速：183米/秒
弹膛容量：6发子弹
韦伯利MK 4型手枪
口径：9.65毫米（SAA子弹）
重量：0.767千克
枪长：267毫米
枪管长：127毫米
子弹初速：183米/秒
弹膛容量：6发子弹

上图：韦伯利Mk 4型左轮手枪可以看作是恩菲尔德No.2Mk1型手枪的基础。由于No.2 Mk 1型手枪得到了英国政府的支持，所以Mk 4型手枪常会被人们忽略。当时对手枪的需求极大，以至于韦伯利和斯科特公司为英国部队生产了大量的Mk 4型手枪。在使用Mk 4手枪的同时，英国军队也使用恩菲尔德手枪

托卡列夫 TT-33 手枪

20世纪初，俄国部队的标准手枪是纳甘1895G型手枪。十月革命后，这种手枪成了红军的标准手枪。它是一种非常传统的7.63毫米左轮手枪，旋转弹膛可装7发子弹。它是由比利时人设计的。尽管这种手枪最初是在比利时的列日制造的，但是俄罗斯人采用之后，改由图拉兵工厂制造，供俄罗斯部队使用。

标准型号

苏联部队使用的第一支自动手枪是费耶多罗·V.托卡列夫设计，图拉兵工厂制造的。由于这种手枪的设计型号的前缀为TT，于1930年成为苏联红军的标准手枪，所以被称为TT-30手枪。不过在改进为TT-33手枪之前所生产的数量并不多。1933年，TT-33型手枪投入生产。继纳甘手枪之后，TT-33手枪成为苏联军队的标准手枪。但是，TT-33手枪并没有完全取代性能可靠的纳甘手枪，直到1945年"伟大的卫国战争"（苏联人把参加第二次世界大战的行为称之为"伟大的卫国战争"）结束之后。纳甘手枪没有被完全取代的原因是，从苏联内战开始，这种手枪就进行了大批量生产。苏联内战中的几条战线上都使用了这种性能可靠、结实耐用的手枪。

苏联的仿制品

像以前的TT-30手枪一样，TT-33半自动手枪基本上是苏联版的柯尔特和勃朗宁手枪。它使用的是后坐力操作系统，并且使用了美国M1911手枪的簧链操作系统。M1911手枪是美国作为"大威力枪弹"设计并装备部队的。不过，TT-33手枪却有其独到之处，它的击锤和击锤弹簧以及其他附属部件作为一个完整的模块安装在枪托后部的边缘部分，而且可以移动。讲究实用的苏联设计人员做了几种细微的改动（包括枪管周围，而非枪管上方的闭锁凹凸槽沟），这样在野战条件下，更易于制造和维修。并且，如果弹匣装进时有轻微扭曲，弹匣就会受到损坏，随后会引起送弹错误。为了避免发生这种问题，设计人员把易于受损的弹匣凸边部分设计在套筒座的内部。经过这样一番改进，这种手枪不仅实用，而且结实耐用。像苏联其他的著名武器一样，事实反复证明，其结实耐

右图：托卡列夫TT-33手枪坚固结实，耐磨损。在整个第二次世界大战期间，苏军大量使用这种手枪。但是，它没有完全取代源自帝俄时代的纳甘1895 G型左轮手枪

规格说明

TT-33手枪

口径：7.62毫米（P型）（M30）

重量：0.83千克

枪全长：196毫米

枪管长：116毫米

子弹初速：420米/秒

弹膛容量：可装8发子弹的盒式弹匣

用的程度实在令人吃惊，而且性能完全不受影响。

缴获的武器

在第二次世界大战中，德军大量使用缴获的武器，其中有德国在战争初期缴获的多种轻型武器。战争初期，德军成功突袭苏联，占领了东至莫斯科的大片领土。

德国陆军部队和空军的机场守卫部队装备了大量的TT-30和TT-33手枪。德国人把这两种手枪命名为615（r）型手枪。德军之所以使用这两种手枪是基于如下事实：德军使用的苏联7.62毫米1930P型子弹和德国使用的7.63毫米毛瑟子弹一模一样，所以这两种手枪都可以使用德国的毛瑟子弹。

到1945年年底，TT-33手枪在军队中完全取代了纳甘手枪。并且，随着苏联影响力的扩大，这种手枪的生产和使用也传到了东欧和世界上的其他地区，所以类似于TT-33手枪的型号随处都可以看到。波兰也生产了TT-33手枪，除了供自己使用外，还出口到民主德国和捷克斯洛伐尼亚。南斯拉夫把它制造的TT-33手枪称为M65式手枪，除了供自己使用外，还出口到其他国家。朝鲜则把它自己生产的TT-33手枪称为M68式手枪。生产TT-33手枪最多的国家是匈牙利。它对TT-33手枪的设计进行了几处修改，口径也做了变动。改动后的TT-33手枪被命名为48式手枪，可发射9毫米帕拉贝鲁姆子弹。出口到埃及的48式手枪则被称为埃及的"提卡"手枪，主要供埃及的地方警察使用。

进入马卡洛夫时代

1952年，苏联一线部队的TT-33手枪被马卡洛夫PM半自动手枪取代。马卡洛夫PM手枪使用的是后坐力操作系统。这种手枪重0.73千克，使用的是可装8发子弹的盒式弹匣，弹匣装在枪托内。这种手枪使用9毫米马卡洛夫子弹，从未被锁定的弹膛处发射，可最大程度地发挥子弹的威力。

苏联制造和使用的TT-33手枪的使用期限较长，基本上是按西方国家的标准制造的。但是，对于第三世界国家来说，按照什么样的制造标准没有什么意义，和西方国家昂贵的先进武器相比，它们更喜欢TT-33手枪，其中的原因就是这种手枪不仅性能可靠，而且价格低廉。

尽管马卡洛夫手枪投入生产，并装备了一线部队，但是多年之后，华约组织内部的许多二线部队和民兵部队仍在使用TT-33手枪，这不能不再次归因于它突出的优点：性能可靠，结实耐用。

上图：这是一张大约拍摄于1944年的使用苏联托卡列夫TT-33手枪的宣传照片。一名军官正率领攻击部队冲锋。注意：这种手枪的下部有一个枪带环。隐藏在各个角落的狙击手马上就会把他当成指挥员（使用这种手枪的人可能就是战场的指挥员），他最有可能成为狙击手猎杀的主要目标

P08（卢格）手枪

目前人们所熟知的卢格手枪的设计源自于1893年首次生产的一种自动手枪。这种自动手枪是由一位名叫雨果·博查特的人发明的。乔治·卢格对这种手枪作了进一步改进，后来这种手枪就以卢格的名字命名。第一批制造出来的卢格半自动手枪发射7.65毫米瓶颈式子弹。1900年，瑞士军队最早使用了这种手枪。此后，多家制造商至少生产了35种不同类型的卢格手枪，数量超过200万支。

标准武器

08手枪（或称P08）是卢格手枪各种类型中的一种。1904年，德国海军接受了第一支卢格手枪之后，德国陆军也于1908年接受了卢格手枪，并且直到20世纪30年代末，卢格手枪一直是德国军队的标准武器。卢格手枪的口径大小不一，但P08手枪则以9毫米口径为主，并且，1902年生产的9毫米帕拉贝鲁姆子弹就是专门为卢格手枪设计的。不过，应该注意的是，也有口径7.65毫米的卢格手枪。

P08手枪的工作过程如下：扣动扳机时，一个连接簧片向后压迫销栓，销栓将弹簧闭锁挤出，这样撞针就可以向前移动，射出弹膛内的子弹；当子弹穿过枪管时，枪管、后坐装置被锁定在一起，然后，向后移动大约125毫米。后膛闭锁的后面有开关接头，开关接头的后部和枪管被一个坚固的销栓固定住。当弹膛内的压力降到安全状态时，开关接头的中心部位

右图：P08手枪通常被人们称为卢格手枪，是整个手枪设计时代的杰作。从审美角度看，P08手枪的枪托的倾斜度和外形在今天仍有一定的吸引力。使用这种手枪射击，真是一件令人愉快的事。然而，它的造价太高，作为军用手枪，注定要被其他手枪取代

下图：1943年1月，在向沃罗涅什前线发起的攻击中，德军坦克使用一门口径为75毫米的StuG III 突击炮支援步兵冲锋。尽管右边士兵手持的手枪有些模糊不清，但显然是P08手枪

就滑到枪架的下斜区，开关接头的直线朝上，开关接头的弯管下曲，但仍然沿着枪管移动的方向将闭锁装置向后挤压。

螺旋弹簧

击发设置打开时，击发阻铁就会压缩和扣牢位于闭锁装置内部的一个短螺旋弹簧。这个弹簧的主要功能就是挤压撞针。位于闭锁装置上部的弹射器向后推动空弹壳，空弹壳击打弹射器的一个弹射簧片，然后空弹壳就被弹出枪外，弹射簧片处有一个小螺旋弹簧，会把弹射器送回原来的位置。

当开关接头向上弯曲时，一个拦阻钩杆（从销栓处向下悬垂，并且被下面的钳爪钩住，钳爪和枪把内的后坐力弹簧相连接）压缩后坐力弹簧。弹匣弹簧把新的一粒子弹向上弹，弹到和闭锁装置处于同一直线的位置。此时，被压缩的后坐力弹簧开始向下推压拦阻钩杆，当弯曲的开关受到挤压后，开关前面的拦阻钩杆开始向前运动，迫使闭锁装置向前伸直，从而把弹匣内最上面的子弹挤入弹膛。

闭锁装置和两个拦阻钩杆现在就和开关轴处于同一直线，开关轴比其他轴的位置略低。击发装置被锁定后，击发阻铁和扳机设置连接在一起，扳机弹簧驱动扳机进入射击位置，这样，手枪再次进入射击状态。

精确的瞄准性能

P08手枪操作简便，易于瞄准，便于制造，并且具有相当复杂的击发装置。事实上，人们对它的开关装置还是颇有争议的。军用手枪使用这种开关装置基本上是多此一举。由于P08手枪需要的生产原料太多，所以被P38手枪取代。但是直到1942年下半年德国的P08手枪生产线才完全停止生产。然而，在德国军队中，P08手枪从来没有被P38手枪完全取代。1945年以后生产的卢格手枪主要用于商业市场。

真正的经典手枪

标准的P08手枪枪管长103毫米，而类似于P17"炮型"之类型号的手枪的枪管长达203毫米，甚至更长，其弹匣呈蜗牛状，可装32发子弹。标准的P08手枪的弹匣只能装8发子弹。不过，P17"炮型"手枪在1939年第二次世界大战开始时就不再装备部队。卢格手枪是第一次世界大战和第二次世界大战中最著名的手枪。时至今日，仍有许多P08手枪被收藏者珍藏。作为一流的经典名枪，P08手枪将继续引起世界各地手枪爱好者的关注和兴趣。

上图：在1941年德军突袭苏联时期，德军步兵以班为单位，使用P08手枪清理房屋。手持P08手枪的德国士兵装备有Stielgranate 35 手榴弹，身上缠绕着班用MG34机关枪使用的子弹带

规格说明

P08型手枪

口径：9毫米（帕拉贝鲁姆子弹）

重量：0.877千克

枪全长：222毫米

枪管长：103毫米

子弹初速：381米/秒

弹匣：可装8发子弹的分离式盒形弹匣

瓦尔特PP和PPK手枪

瓦尔特PP手枪最早生产于1929年，是一种半自动警用手枪。20世纪30年代，许多国家的正规警察部队都使用这种手枪。PP手枪重量轻，几乎没有什么装饰。它的显著特点是外形简洁流畅，非常适合于装在手枪套中。身着便装的警察则选择了另一种型号——PPK手枪，这种手枪的最后一个字母代表Kurz（意思为短小型，也有其他资料说是Krimimal）。PPK手枪基本上是PP手枪的缩小型，平时便于装入口袋。缩小后的PPK手枪长148毫米，重0.568千克，弹匣可装6发9毫米或7发7.65毫米子弹。

军事用途

尽管这种武器是为民事警察部队设计的，但是，自从1939年宪兵使用PP和PPK手枪之后，军事人员也开始使用这两种手枪。这两种手枪在德国纳粹空军中使用非常普遍。德国警察机构的许多人员常常配备这两种手枪。参谋人员也常常把它们作为个人的防身武器随身携带。这两种手枪的口径有大有小。口径主要有两种：一种为9毫米口径（短小型），另一种为7.65毫米口径。其他口径有5.56毫米（"远程"型）和6.35毫米。

所有这些类型的PP和PPK手枪都使用

了简单的后坐力原理，并且安装了足够的保险装置。其中有一种保险设置后来被大量仿制，当撞针向前移动时，撞针前面会出现一个滑轮。只有当扳机的确受到推压，这个滑轮才会移动。另一个创新性的设置就是安装在击锤上面的信号撞针。当子弹确实进入弹膛时，信号撞针就会向前突出，表明子弹确实处于装弹位置。这一设置在战时的生产中被省去了。因为在战时，枪支的生产标准一般都会降低。不过，1945年后，一些国家，如法国和土耳其在手枪的生产中又恢复了这种设置。匈牙利也在使用一段时间后被母公司瓦尔特公司在乌尔姆再次恢复生产该装置。

这两种手枪的生产仍以供警察使用为主。但对于手枪射击爱好者来说，有一点是共同的，他们喜爱这两种手枪的许多优点。

英国使用

对于PP手枪的喜爱有一段小小的插曲。目前没有多少人知道，而且，能够看到的人就更少了。这个小插曲就是英国军队曾将这种手枪作为XL47E1型号使用。那些不得不身着便装、从事秘密活动的人非常适合配备这种手枪。英国驻北爱尔兰防卫团的士兵不在岗位上执勤时，为了防身，常常携带这种手枪。

规格说明

瓦尔特PP手枪

口径：9毫米（短小型）（ACP）；
　　　7.65毫米（ACP）；
　　　6.35毫米和5.58毫米（"远程"型）
重量：0.682千克
枪全长：173毫米
枪管长：99毫米
子弹初速：290米/秒
弹匣：可装8发子弹的盒式弹匣

瓦尔特PPK手枪

口径：9毫米（短小型）（ACP）；
　　　7.65毫米（ACP）；
　　　6.35毫米（ACP）和5.58毫米（"远程"型）
重量：0.568千克
枪全长：155毫米
枪管长：86毫米
子弹初速：280米/秒
弹匣：可装7发子弹的盒式弹匣

上图：自手枪发明以来，瓦尔特PP手枪过去是、现在仍然是小型手枪中最优秀的一种。德国各级警察组织和德国纳粹空军的机组人员曾大量使用这种手枪

瓦尔特 P38 手枪

研制瓦尔特P38手枪的主要目的是替代P08手枪。P08手枪非常优秀，但造价过于昂贵，制造不起。1933年德国国家社会党（纳粹）执政后，制订了扩张德国军事力量的计划。按照计划，P08手枪勉强合格。因为德国当时需要的是那种既能快速生产又易于使用的手枪，然而，当时所有类型的手枪的设计（如手扣扳机和改进后的各种保险设置，后来的手枪基本都有这些设置，共同点越来越多）都不太令人满意。1938年，瓦尔特公司经过长期研制之后，终于获得了生产新式手枪的合同。

早在1908年，德国瓦尔特武器制造厂就生产出它的第一批自动手枪。随后，经过一系列改进，该公司于1929年生产出了PP手枪。虽然PP手枪使用了许多富有创新思想的设置，但它主要供警察使用，不是为部队设计的，所以瓦尔特公司又研制出一种军用半自动手枪。这种手枪被称为AP手枪（或称为陆军专用手枪）。这种手枪没有PP手枪突出的击锤，但可以使用9毫米帕拉贝鲁姆子弹。后来，该公司又生产出一种名为HP（或称之为陆军手枪）的手枪，这种手枪的整个外形和将出世的P38手枪一模一样。但是为了能够快速投入生产，德国陆军要求再作一些轻微改动。瓦尔特武器制造厂同意进行修改。这就是P38手枪成为德军军用手枪的来历。同时，HP手枪作为商用手枪继续生产。瓦尔特武器制造厂从来没有满足德军对P38手枪的要求，于是，德国军队只好大量采购HP手枪来弥补P38手枪的不足。

优秀的手枪

从一开始，P38手枪就是一种出类拔萃的军用手枪。它不仅结实耐用、精度高，而且不易磨损。后来，不仅瓦尔特武器制造厂生产，而且毛瑟公司和斯普里威尔克公司也都生产P38手枪。所有P38手枪抛光精美，黑色的塑料枪把闪闪发光，枪的整个表面都镀上黑色的马特金。这种枪易于拆卸，配有多种保险设置，包括借鉴PP手枪设计中的击锤保险和表明"弹膛已经装弹"的指示器。和P08手枪相比，P38手枪稍轻了一点，这种手枪非常受欢迎，很快就成了战争的宠儿。

1957年，为了装备联邦德国陆军，P38手枪重新投入生产。不过此时，它的名字被称为P1手枪。它使用了一个耐压滑座取代了过去的钢制滑座。P1手枪生产的时间较长，许多国家的军队都使用过这种手枪。

规格说明

瓦尔特P38手枪

- 口径：9毫米（帕拉贝鲁姆子弹）
- 重量：0.96千克
- 枪全长：219毫米
- 枪管长：124毫米
- 子弹初速：350米/秒
- 弹匣：可装8发子弹的盒式弹匣

下图：时至今日，最优秀的军用手枪仍非P38手枪莫属。研制P38手枪的目的是为了取代P08手枪，但是，由于P38手枪的产量不足，所以，直到1945年年底，P08作为辅助手枪仍在使用。P38手枪使用了包括连发式扳机设置在内的许多先进设置

勃朗宁1910型自动手枪

在众多的手枪设计中，勃朗宁1910型自动手枪相当奇怪。虽然，自1910年之后这种手枪的生产从未停止过，并且不时被许多国家的军队使用，但它从来没有被当作正式的军用手枪使用。许多手枪设计人员模仿或抄袭了这种手枪的基本设计原理。

手枪设计

如图所示，这种使用后坐力系统操作的自动手枪是具有丰富想象力的约翰·莫塞斯·勃朗宁的又一杰作。几乎所有的1910型手枪都是在比利时列日附近的国家武器制造厂（一般情况下，大家都称之为FN公司）生产的。这种手枪历经风雨而经久不衰，其中的原因，现在谁也不太容易说清楚。但是，它的整个设计严谨而流畅，枪管为圆管状，被套筒座滑座的前部围绕。这种设计来自于如下事实：它的后坐力弹簧包裹在枪管周围，而其他手枪的后坐力弹簧则位于枪管的上方或下方。弹簧被枪口周围的刺刀凸槽卡住，这是1910型手枪的又一处与众不同的设置。这种手枪有枪把和各种实用的保险设置。

1910型手枪的派生类型

或许，我们会遇到7.65毫米（ACP）或9毫米（ACP）两种小口径的1910型手枪。从外形上看，这两种型号一模一样。并且，它们使用的内嵌式盒形弹匣都可以装7发子弹。这两种手枪和FN公司的其他枪支一样，制作标准高，抛光精美。但是，其他地方生产的同类手枪，如西班牙仿制的手枪质量就差多了。1940年，德国占领比利时后，对手枪的需求量极大，这种手枪再次投入大规模生产。为了满足德军的需要，这种手枪的生产一直没有停止。新生产出来的1910型手枪多数都送到了纳粹空军机组人员手中。他们称之为P621（b）手枪。在1910型手枪小批量装备比利时军队之前，其他一些国家也获得了这种手枪，但数量有限，主要供这些国家的军队或警察使用。1910型手枪的生产总数超过几十万支。

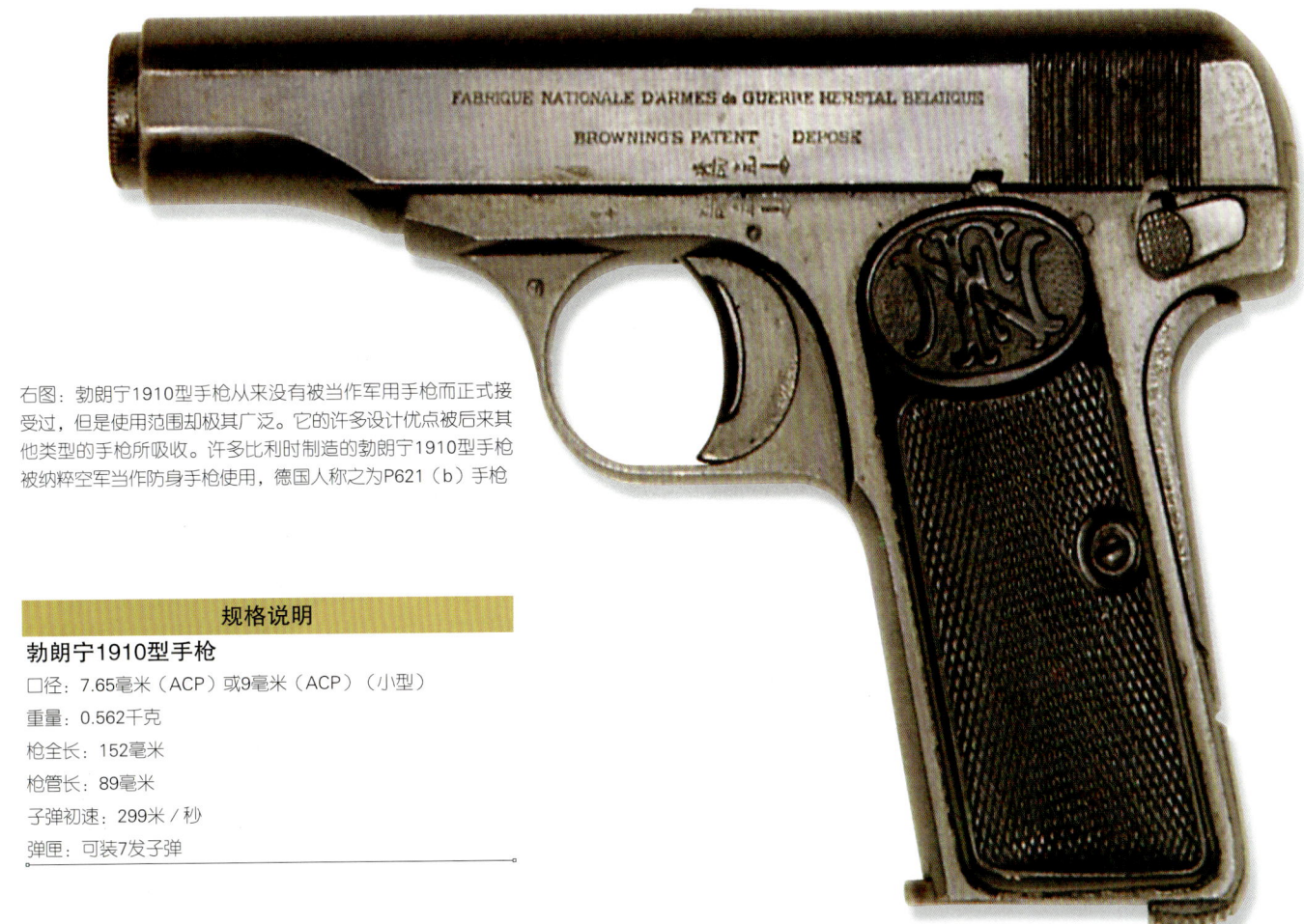

右图：勃朗宁1910型手枪从来没有被当作军用手枪而正式接受过，但是使用范围却极其广泛。它的许多设计优点被后来其他类型的手枪所吸收。许多比利时制造的勃朗宁1910型手枪被纳粹空军当作防身手枪使用，德国人称之为P621（b）手枪

规格说明

勃朗宁1910型手枪

口径：7.65毫米（ACP）或9毫米（ACP）（小型）
重量：0.562千克
枪全长：152毫米
枪管长：89毫米
子弹初速：299米/秒
弹匣：可装7发子弹

勃朗宁 HP 手枪

勃朗宁9毫米自动手枪（勃朗宁HP手枪）

自手枪问世以来，勃朗宁HP手枪或许可以称得上是最成功的手枪设计之一。这种手枪不仅使用范围广，而且许多国家的许多制造商也都进行了生产，其数量之多，一定超过了其他类型手枪的生产总和。

投入生产

这种手枪是约翰·勃朗宁于1925年逝世前设计的最后一种类型。但是，直到1935年，这种手枪才在列日附近的埃斯塔勒的FN公司投入生产。大家公认HP手枪的名字源自于"大威力"手枪或勃朗宁GP35型手枪（大威力1935型手枪）。或许，勃朗宁手枪的类型太多了，但都可以发射9毫米帕拉贝鲁姆子弹，并且都有固定的和可以根据需要进行调整的后瞄准器。有些类型的勃朗宁手枪的枪柄上有一个凸槽，非常适合安装枪托（通常为木制枪托），这样就可以作为卡宾枪射击。为了减轻重量，其他类型的勃朗宁手枪使用较轻的合金套筒座滑座。

所有类型的勃朗宁HP手枪都有两大共同特征：坚固结实，性能可靠。另一个令人青睐的特征是枪柄内的弹匣容量大，可装13发子弹。事实一次又一次证明了这种大容量弹匣的非凡价值。尽管这样加大了枪柄的宽度，而且枪托也不太容易操作，不经过必要的训练，很难熟练地发挥出它的最大威力。这种手枪使用了后坐力系统装置和一个外置击锤，射击所需的动能来自射击时产生的强大后坐力。从许多方面看，它的击发装置可能会被认为和柯尔特M1911型手枪（也是勃朗宁设计）的击发装置完全一样，但是，为了适应生产需要，它的击发装置经过了改进，并且借鉴了M1911型手枪的设计经验。

军用型手枪

勃朗宁HP手枪投入生产后，在短短几年时间内，包括比利时、丹麦、立陶宛和罗马尼亚在内的国家都把这种手枪当作军用手枪。1940年后，FN公司继续生产这种手枪。但是，此时正值德国横行欧洲之际，德国纳粹党卫队把这种手枪作为标准手枪使用。德国的其他部队也使用这种手枪。德国人称这种手枪为P620（b）手枪。然而，德国人独享勃朗宁手枪的日子并没有维持多久。因为，加拿大多伦多的约翰·英格利斯公司又建成了新的勃朗宁HP手枪生产线，并且，从那里生产出来的勃朗宁手枪几乎被运送到所有的同盟国部队中。该公司生产的这种手枪被称为FN勃朗宁9毫米HP No.1手枪。1945年后，在埃斯塔勒，勃朗宁HP手枪重新投入生产。现在，许多国家都把这种手枪当作标准手枪使用。同时，FN公司还研制出了各种型号的商用勃朗宁手枪，并且，经过改进还生产出一种射击专用型号的勃朗宁手枪。英国陆军仍在使用勃朗宁手枪。不过，这种手枪在英国被称为L9A1自动手枪。2001年，英国国防部宣布再订购2000支。

规格说明
勃朗宁GP35型手枪
口径：9毫米（帕拉贝鲁姆）
重量：1.01千克
枪全长：196毫米
枪管长：112毫米
子弹初速：354米/秒
弹匣：可装13发子弹的盒式弹匣

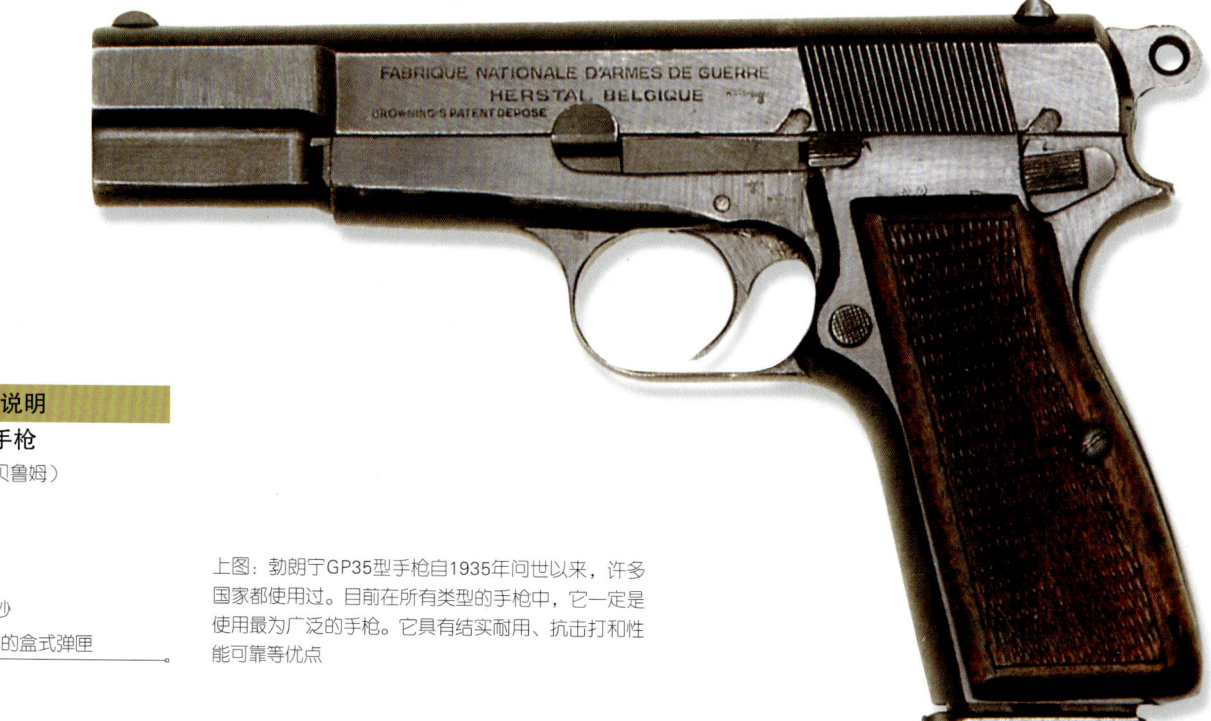

上图：勃朗宁GP35型手枪自1935年问世以来，许多国家都使用过。目前在所有类型的手枪中，它一定是使用最为广泛的手枪。它具有结实耐用、抗击打和性能可靠等优点

"解放者"M1942暗杀手枪

这是一种非常古怪的小型手枪。它诞生于美国陆军心理战联合委员会的会议室中，然后被出售给战略军种办公室（OSS）。它是一种理想的暗杀武器，操作简单。任何生活在被占领土内的人，无须接受训练，即可熟练使用。战略军种办公室对暗杀的观念深表赞成，随后命令美国陆军军械部进行制图。美国通用公司下属的盖德·拉姆普公司接受了生产任务，并且保证要在1942年6—8月间至少生产出100万支。

信号枪

11.43毫米M1942型手枪有一个名字——M1942信号枪，但也被称为"解放者"手枪或OSS手枪。它的构造非常简单，甚至简单到仅能发射一发子弹的程度。其结构几乎全部用金属冲压而成，枪管是一个平滑的弹膛部件。击发装置和其他设置同样简单：握住击发装置，然后向后扣压；再装一发M1911自动子弹，击发装置就被弹回到原来的位置。如果想清理空弹壳，只需再扣动一下击发装置，然后，枪口适当朝下，空弹壳就从枪口弹出。

单发射击的武器

每支手枪和10发子弹一起装在一个精致的塑料袋里。使用说明就在提供的连环画中，没有任何文字，杀手所需要的信息都在包内。枪柄的空间可装5发子弹，这种手枪只能单发射击，必须在非常近的射程内才能发挥它的功效。这种手枪造价极低，美国政府只需为每支手枪支付2.4美元。至于它的效果如何现在还说不太清楚，因为这么多手枪过去是如何使用的、是在哪些地方使用的，都没有留下任何记录。大家都知道，在第二次世界大战期间，许多人被空降到欧洲的占领区，但是这种手枪在远东使用得更多。使用暗杀手段的效果一定不错，以至于1964年，这种观念再次兴起。当时有一种类似于"解放者"的暗杀手枪，不过这种名为"鹿枪"的手枪要比"解放者"先进得多。美国在越南可能使用过这种手枪。美国曾经制造了几千支这种手枪，但美国政府从没有公开透露过，或许这是因为暗杀类手枪是一种利弊各半的双刃武器，其名声越来越不光彩的缘故。

右图：小型M1942"解放者"手枪是一种专门用于暗杀的武器。它设计简单，造价低廉，使用极为方便。枪管没有膛线，没有空弹壳弹射器，机械构造极其简单。然而，事实证明这种武器性能不错。在第二次世界大战中，主要供在远东活动的人员使用

规格说明

"解放者"M1942手枪

口径：11.43毫米（M1911实心子弹）
重量：0.454千克
枪长：140毫米
枪管长：102毫米
子弹初速：336米/秒
装弹量：无，但枪柄内可装5发子弹

柯尔特 M1911 和 M1911A1 自动手枪

在众多的手枪设计中，勃朗宁1910型自动自手枪问世以来，柯尔特M1911自动手枪一直是勃朗宁HP手枪的主要竞争对手，是世界上最成功的手枪设计之一。自1911年第一次成为标准化武器之后90多年的时间里，柯尔特M1911手枪的生产数量达几百万支，而且，世界上几乎所有国家的部队都使用过这种手枪。

以柯尔特为蓝本的设计

追本溯源，柯尔特M1911型自动手枪的设计出自柯尔特—勃朗宁1900型手枪。美国陆军要求以柯尔特—勃朗宁1900型手枪为基础，设计出一种新的可发射11.43毫米子弹的军用手枪，后来改为发射9.65毫米子弹，但火力太轻，无法阻止冲锋的敌人。1907年，美国陆军进行了一系列试验。1911年，美国陆军选中了口径11.43毫米的M1911自动手枪，并把它指定为美国陆军的标准武器。开始时，这种手枪的生产比较缓慢，但到了1917年，为了装备美国赴法国作战的迅速扩张的远征军，这种手枪进入了快速生产时期。

生产变化

根据在战场上获得的经验，美国决定对这种手枪的基本设计进行一些改进。这样，M1911A1手枪就登上了历史舞台。总的来说，变化并不太大，归结起来，主要变化有：枪把的保险结构、击锤凸柱的外形以及主弹簧槽。整个设计和操作系统变动极少，基本操作系统一点也没有变化。

自这种手枪问世以来，它的机械设置应当是最坚固的设置之一了。为了抑制套筒座滑座向后移动，同时期的许多手枪在设计中都使用了套筒座阻轮。M1911手枪有一个闭锁系统，这个闭锁系统也有一个套筒座阻轮，不过它的功能更强。枪管有凹凸的槽沟，直到枪管的外部，和滑座上的凹凸槽相连。射击时，当枪管和滑座向后移动一小段距离时，这些凹凸槽仍然连在一起；当移动到末端时，在旋转链环的作用下，枪管停止向后移动；旋转链环可以把枪管的凹凸槽推到套筒座滑座的外面，经过一段距离的自由滑行后，把空弹壳弹出枪外，并且重新启动装弹系统。这种机构系统极其坚固，再加上安装有适当的保险装置和枪把保险，从而使M1911和M1911A1手枪在战场上成为最安全的武器。但美中不足的是，这种手枪不太易于准确操作和射击。只有经过大量训练，才能发挥它的最大效能。

生产M1911和M1911A1手枪的公司不仅只有柯尔特一家公司，许多公司也都制造这两种手枪。世界上许多国家都直接仿制过这两种手枪。当然，仿制水平可能较低。时至今日，美国海军陆战队和特种作战部队仍然在使用这两种手枪的改进型——"和谐"手枪。

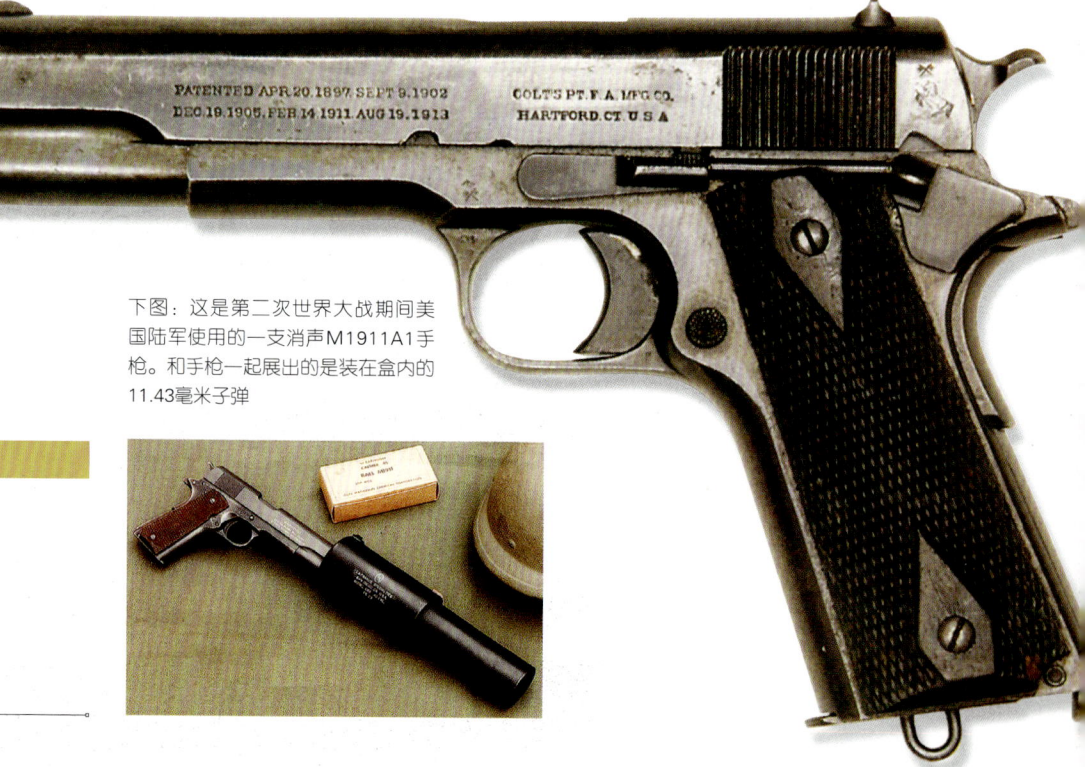

右图：这是一支M1911手枪（M1911A1作了几处改动）。后来的改进型M1911A1手枪作为美国陆军的标准武器使用了80多年。它使用的是11.43毫米实心弹，威力相当强大，可阻止敌人的冲锋。美中不足的是，只有经过训练才能发挥它的最大潜力。目前，在美国陆军中，M1911A1手枪已被口径9毫米的贝瑞塔M9手枪（美国获得了生产许可证）取代。

下图：这是第二次世界大战期间美国陆军使用的一支消声M1911A1手枪。和手枪一起展出的是装在盒内的11.43毫米子弹

规格说明

柯尔特M1911A1型手枪

口径：11.43毫米（M1911实心子弹）
重量：1.36千克
枪全长：219毫米
枪管长：128毫米
子弹初速：252米/秒
弹匣：可装7发子弹的盒式弹匣

史密斯和威森 9.65 毫米/200 手枪

1940年，在法国战役中惨遭战败并在敦刻尔克撤退后的英国陆军处境艰难，令人绝望。英国陆军不仅缺少战火考验的士兵，而且缺少可以使用的武器。幸运的是，尽管当时美国没有作为真正的参战方参加战争，但至少对英国的困境深表同情，以至于为英国生产或按照英国的设计生产了大量武器。英国计划大力加强军事力量，但面临着如何获得这些武器的问题。手枪只是英国要求美国提供的众多武器中的一种。史密斯和威森公司愿意按照英国手枪的规格标准为英国生产左轮手枪，然而，生产出来的手枪却被称为9.65毫米/200左轮手枪，或史密斯和威森9.65毫米No.2左轮手枪。

传统设计和可靠的性能

无论名字被称作什么，总的来说，这种手枪的设计原理非常传统，设计简洁，易于操作。这种手枪不仅拥有史密斯和威森公司的精巧制工，而且也符合英国的设计要求。制造出的手枪异常坚固。英国手枪生产线制造出来的手枪从来没有达到这么高的水平，而且英/美（混合型）设计弥补了英国手枪生产中所存在的缺陷。这种手枪装备给所有英国及英联邦的军队，甚至运送到欧洲各国的抵抗力量手中。在1940—1946年间，共生产出890000多支。第二次世界大战后，英国军队保留了一部分。直到20世纪60年代，在被勃朗宁HP手枪取代之前，英国的一些部队还在使用这

下图：一名加拿大军士正在给他的史密斯和威森9.65毫米/200左轮手枪装弹。射击后，空弹壳从旋转弹膛中向左弹出。正常情况下，它的弹簧撞针杆应位于枪管下面。所有6发子弹空弹壳一起被弹出后，弹膛可以再次装弹（6发）

上图：史密斯和威森9.65毫米/200手枪集美国的精美做工和英国的作战经验于一身；虽然没什么装饰，却性能可靠，结实耐用。它是用最好的原材料制成的。有时，为了快速生产，抛光标准不高，但是制造标准却从没有降低过

规格说明

9.65毫米／200型手枪

口径：9.65毫米（SAA实心子弹）
重量：0.88千克
枪全长：257毫米
枪管长：127毫米
子弹初速：198米／秒
弹膛容量：可装6发子弹

种手枪。

简单的机械原理

9.65毫米/200左轮手枪使用重量为200谷（一种重量单位）的子弹，并且使用了史密斯和威森公司的左旋弹膛。这种手枪在射击后，弹簧撞针杆把空弹壳清出枪外。扳机设置为单发式或连发式设置。手枪抛光非常简单，有时，为了使用生产线大批量生产，甚至连简单的抛光也省去了。不过，它的制造标准却从没有降低过，而且它所使用的原材料也是最好的。

正常情况下，这种手枪装在一个密封的皮套或网状的枪套里，这样它的击锤就被枪套罩住，从而避免了像恩菲尔德左轮手枪那样因击锤容易钩挂住其他物品而引起麻烦。英国手枪有一个典型的特点：为了防止在近战时手枪被敌人夺去，手枪的枪带都系在腰上或脖子上。这种手枪问世后，从来没有出现过什么差错。即使在最糟糕的情况下，也是如此。

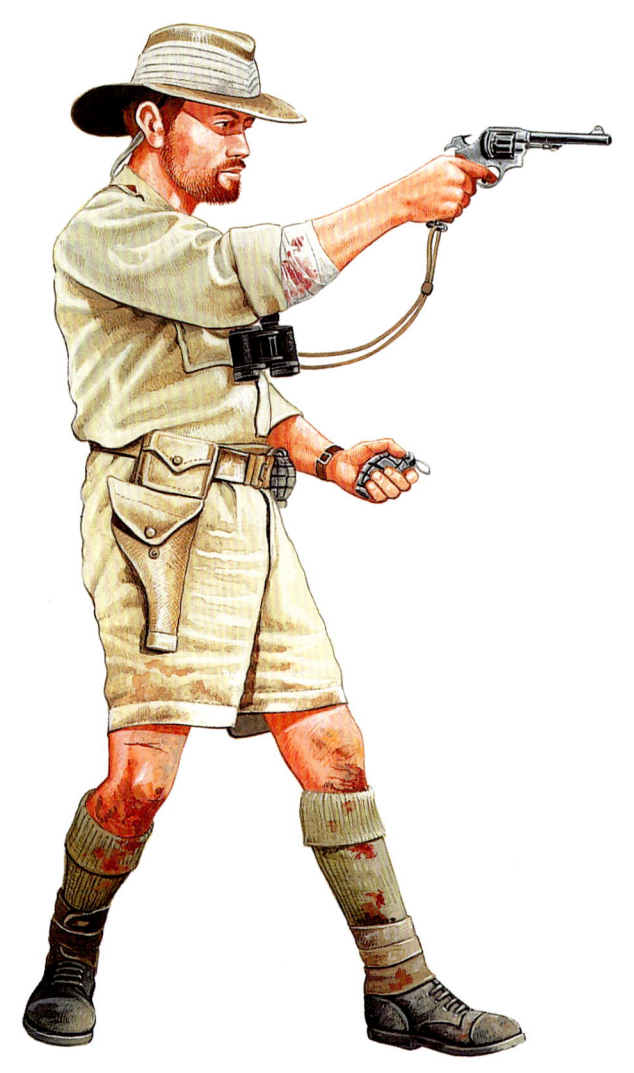

右图： 一名新西兰军官在沙漠中的一次战役中手持史密斯和威森9.65毫米/200手枪作战的情景。这种手枪的枪绳的正确位置应该是围绕着脖子。不过，为了防止在近战中被敌人勒住脖子，许多士兵更喜欢把枪绳系在腰上

史密斯和威森 M1917 手枪

在第一次世界大战期间，英国和美国签订了大量的采购各种武器的合同。其中和伊利诺伊州斯普林菲尔德市的史密斯和威森公司签订了一项合同，该公司负责向英国提供符合英国军用手枪标准的口径为11.56毫米（也称为11.6毫米）的手枪。美国按照合同要求向英国提供了大量手枪。但是，1917年，美国参加第一次世界大战后才发现，它自己更需要大量手枪来装备其快速扩张的陆军部队。柯尔特公司生产的手枪无法满足美国日益增长的需要。美国政府当机立断，接过英国和史密斯和威森公司的合同，该公司把它为英国军队生产的手枪直接提供给美国部队。不过，这需要解决一个新的问题，对这种手枪进行改进，使其能够发射美国的11.43毫米子弹。

半月形弹夹

1917年生产的手枪子弹几乎都是供M1911半自动手枪使用的，而且都是无缘式子弹。正常情况下，左轮手枪都使用有缘式子弹，而左轮手枪的旋转弹膛在使用无缘式子弹时，会出现问题。结果是不得不采取一种折中的方法，把3发M1911手枪的子弹装入一个半月形弹夹。这种弹夹可以防止子弹在装弹时滑入左轮手枪的旋转弹膛。射击后，用同样的方法把空弹壳和弹夹一起弹出枪外。如果需要的话，弹夹还可以重复使用。如此一来，所存在的子

弹差异问题就迎刃而解了。美国陆军装备了这种手枪，并且，后来这种手枪还出售给法国和其他国家。

美国陆军把这种手枪命名为史密斯和威森11.43毫米"手工弹射"M1917手枪。这种手枪体积大，结实耐用。除了3发半月形弹夹的设计外，其设计、操作和制造都极为传统。装弹和弹射空弹壳时，左轮手枪的旋转弹膛向左旋转。击发装置有单动式或连动式。M1917手枪和同类型的其他手枪一样，坚固异常，结实耐用。在美国陆军使用之前，英国陆军已经发现了它的这些优点。1940年，美国向英国运送了大量的M1917手枪，英国陆军再次使用这种手枪。并且，英国的国土警卫队和皇家海军也装备了这种手枪。

柯尔特武器公司也生产出一种和史密斯和威森手枪极为类似的手枪。这种手枪被命名为柯尔特11.43毫米M1917手枪。柯尔特武器公司还生产了一种口径为11.6毫米的M1917手枪供英国军队使用。这种手枪使用可装3发子弹的半月形弹夹。柯尔特M1917型手枪的有关数据是：

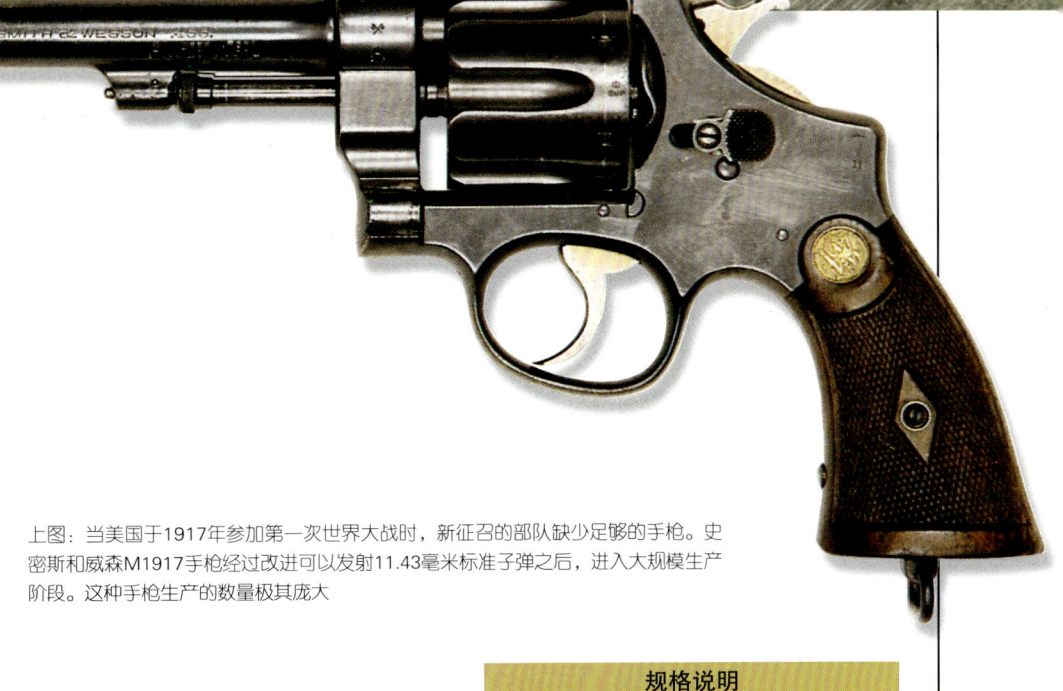

上图：当美国于1917年参加第一次世界大战时，新征召的部队缺少足够的手枪。史密斯和威森M1917手枪经过改进可以发射11.43毫米标准子弹之后，进入大规模生产阶段。这种手枪生产的数量极其庞大。

枪长274毫米，枪管长140毫米，重1.135千克，子弹初速是每秒253米。这两种手枪的总产量超过300000支。并且，在1938年，巴西还购买了25000支史密斯和威森公司的左轮手枪。直到1945年下半年，许多美国宪兵还在使用这两种手枪。

规格说明
史密斯和威森M1917手枪
口径：0.45英寸（M1911实心子弹）
重量：1.02千克
枪全长：274毫米
枪管长：140毫米
子弹初速：253米／秒
弹膛容量：可装6发子弹

拉多姆 wz.35 手枪

20世纪初期，第一次世界大战后刚刚建立的波兰陆军在如何合理生产其武器装备的问题上仍处于探索阶段。波兰军队的装备大多是其他国家剩余的战争物资。当时，波兰陆军装备的手枪有几种型号。波兰很想拥有一种标准化的手枪。于是，波兰自己设计的手枪出现了。它的发明者是P.威尔尼克兹克和I.斯科尔兹平斯基。这种手枪开始在法布里卡·布罗尼·拉多姆兵工厂投入生产时，由来自比利时FN公司的工程师监督制造。1935年，这种新式的9毫米手枪被波兰军队选中，成为波兰军队的标准手枪。这种手枪被称为拉多姆wz.35（拉多姆35型）或ViS wz.35，其中wz代表wzor，意思为型号。

混合身世

从整个设计原理上看，拉多姆35型手枪混合了勃朗宁和柯尔特的设计特点，并且，增加了波兰自己的一些独特设计。这种后坐力操作的半自动手枪在设计风格上完全是传统式的，但是，由于它缺少一个适用的保险阻铁，所以只能依赖于枪把的保险设置，它的设计特点是在套筒座左侧使用了一个保险阻铁。事实上，保险阻铁只有在手枪进行拆卸时才用得到。这种手枪可以发射9毫米帕拉贝鲁姆子弹，而且发射大威力的wz.35子弹也没有太大问题。这种手枪的尺寸和体积是这样设计的：手枪的发射应力经过手枪吸收后，已经降到非常低的程度，发射应力不会传给射手本人。和其他较为优秀的手枪相比，这种合二为一的设计使拉多姆35型手枪的使用期限更长。到1939年时，由于高标准的制造、高质量的原材料和精美的抛光，这种手枪的可靠程度和安全性能都达到了较高水平。1939年德国入侵波兰，标志着第二次世界大战的开始。

德国生产

德国1939年9月占领波兰时，接管了基本上未受到什么破坏的拉多姆兵工厂，并把它建成了自己的手枪生产线。德国人发现wz.35手枪完全可以发射德国军队使用的标准子弹，于是，德国人就把这种手枪当作自己的军用手枪，继续生产，供德军使用，并正式命名为645（p）手枪。出于某种原因，这种手枪常被称为P35（p）手枪。德国对手枪的需求量极大。为了加速生产，德国不得不取消了这种手枪的一些小设置，抛光标准也降到最低程度，以至于生产出来的P645（p）手枪和早期的拉多姆35型手枪仅从外表上一眼就可分辨出来。从此，这种手枪进入大规模生产阶段，直到1944年，生产才被迫停止。1944年苏联军队在向西发动大规模进攻的时候，摧毁了拉多姆兵工厂。

收藏者的佳品

1945年后，波兰重建新的陆军时，波兰军队使用的标准手枪是苏联的TT-33手枪。许多拉多姆35型手枪成为收藏者的收藏佳品。由于德国纳粹党卫队装备了大量拉多姆35型手枪，并且作了适当标记，这对手枪收藏爱好者来说，无疑增添了它的收藏价值。拉多姆35型手枪是第二次世界大战期间比较优秀的军用手枪。

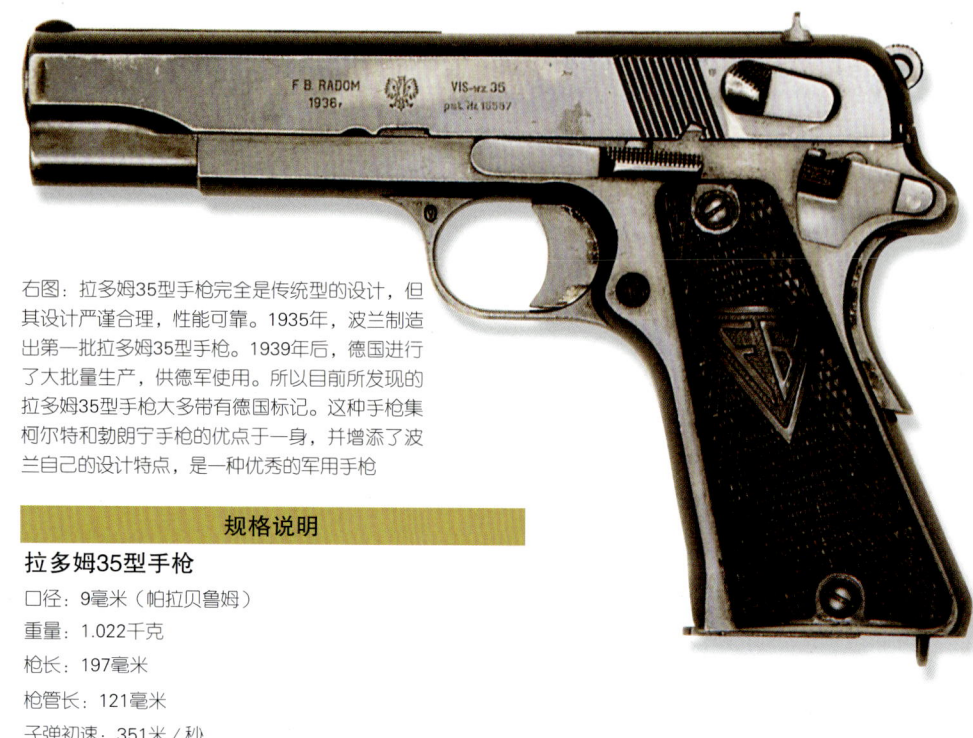

右图：拉多姆35型手枪完全是传统型的设计，但其设计严谨合理，性能可靠。1935年，波兰制造出第一批拉多姆35型手枪。1939年后，德国进行了大批量生产，供德军使用。所以目前所发现的拉多姆35型手枪大多带有德国标记。这种手枪集柯尔特和勃朗宁手枪的优点于一身，并增添了波兰自己的设计特点，是一种优秀的军用手枪。

规格说明

拉多姆35型手枪

口径：9毫米（帕拉贝鲁姆）
重量：1.022千克
枪长：197毫米
枪管长：121毫米
子弹初速：351米/秒
弹匣：可装8发子弹的盒式弹匣

9毫米vz.38（CZ38）自动手枪

到1938年和1939年德国军队侵占捷克斯洛伐克的时候，捷克已经建立起在整个欧洲最有创新意识的军工企业。捷克甚至还向英国皇家海军的新型战舰提供装甲钢板。手枪只是捷克生产的众多武器类型中的一种。手枪生产主要集中在布拉格的塞斯卡·兹布罗约维卡（CZ），包括vz.22/24/27/30（vz代表vzor或模型）手枪在内的许多优秀手枪都是在这里生产的。这些手枪都可以发射9毫米小型子弹，并且和同时代的瓦尔特手枪有许多共同之处。但是，1938年以后生产的手枪则和捷克以前生产的手枪没有任何联系。

捷克研制的新式手枪是CZ38（或称vz.38自动手枪）。从所有资料中可以看出，在当时，CZ38手枪还算不上是较好的军用手枪。它的体积较大，使用简单的后坐力机械系统。虽然它的体积和重量都可能配置较大威力的子弹，但它发射的却是小型的9毫米子弹。它有一个非同寻常的设计，在当时甚至可以说是最先进的设计：它的扳机设置是连发式的。换句话说，当扣动扳机时，击锤的扣放动作可以一次性完成，有时扣扳机的力量要比松动击锤的力量重一点。由于扣扳机所需要的力量较大，所以这种手枪要想精确射击还是比较困难的。它和大多数自动手枪一样，都使用了外置式击锤，所以这种手枪在射击前就要把击锤竖起。另一个有创意的设计是，这种手枪易于拆卸和清理，清理过滑座后，用一根钩杆就可将枪管清理干净。

德国占领时期

在德国吞并捷克之前，捷克军队并没有装备太多的CZ38手枪。但是，这种手枪的生产时间还是比较长的。德国人把CZ38手枪称为P39（t）手枪。生产出的P39（t）手枪大多送到了警察、陆军的二线部队和准军事部队手中，1945年之后已所剩无几。它是未给后来的手枪设计留下什么参考价值的为数不多的几种手枪之一。

规格说明

CZ38（vz.38）手枪

口径：9毫米（小型）（9.65毫米ACP）
重量：0.909千克
枪长：198毫米
枪管长：119毫米
子弹初速：296米/秒
弹匣：可装8发子弹的盒式弹匣

右图:人们普遍认为捷克CZ 38(或vz.38)手枪的设计不太成功。它体积大,有点笨重,发射9毫米短头子弹。这种手枪很容易拆卸,但它的连发式设置呆板,运行缓慢,所以射击时精度不高

94式8毫米自动手枪

20世纪30年代,日本军队已经设计出一种合理可靠的手枪,大多数西方人都称之为"南部"(8毫米14式手枪)。20世纪30年代中期,日本大举入侵中国后,由于日本军事力量的扩张,日本军队对手枪的需求越来越大。在这种情况下,一个简单的方法就是改进1934年为商业目的而生产的口径为8毫米的自动手枪。这种商用手枪由于外形古怪笨拙,所以销量很少。日军购买了这种手枪的库存品,并且接管了这种手枪的生产线。开始的时候,生产出来的手枪主要供坦克乘员和空军人员使用,但是,到1945年(生产超过了70000支)停止生产时,日军的其他军种也使用了这种手枪。

劣等手枪

从所有资料中可以看出,94式手枪是自手枪问世以来最糟糕的军用手枪之一。它的基本设计从几个方面来看都不合理:整个外形就不符合惯例,并且这种手枪不易操作。除此之外,安全性差,常常出现事故。扳机的部分设置从枪架的左侧向前突出,当子弹在弹膛内时,如果推动扳机,手枪就会开火。另一个错误设计是,每次扣动扳机时,它的机械设置只能保证发射一颗子弹。不幸的是,在子弹完全进入弹膛之前,子弹就有可能射出。这种手枪制作简单,使用的原材料多是低劣货,这些缺点使这种手枪对射手本人所构成的威胁比对他想要射击的目标所构成的威胁还要大。

现在人们发现的这种手枪仍然可以从档案中查找到:手枪上可以见到用锉刀锉出的或用机器压出的"报废"标记。这种标记表明该手枪不能佩带或无法射击,只能充当手枪爱好者的收藏品而已。

上图:这名日军上尉是一名坦克军官,除了94式手枪之外,还佩带一把传统的军刀。在狭小的坦克内,这把军刀一定难以施展。然而,在战斗中,它的确比94式手枪可靠而且有用得多。大家都认为这种手枪对射手本人构成的威胁比对它射击的目标还要大

右图：94式手枪是自手枪问世以来最低劣的一种手枪。它外形笨拙，不易操作，安全性差。击发阻铁从枪的一侧突出，无意中很容易走火。然而，日本军队在无奈之下只能装备这种手枪，直到1945年，日本还在生产这种手枪

规格说明
94式手枪
口径：8毫米（大正14）
重量：0.688千克
枪全长：183毫米
枪管长：96毫米
子弹初速：305米/秒
弹匣：可装6发子弹的盒式弹匣

9毫米格利森蒂1910型自动手枪

目前被称为格利森蒂1910型自动手枪的最初定名为布里扎亚手枪。在20世纪前10年里，索赛塔·塞德鲁吉卡·格利森蒂公司获得了这种手枪的生产权和其他专利权。1910年，这种手枪成为意大利陆军的标准军用手枪。但是，在以后的多年时间里，它一直是意大利陆军早期的10.35毫米1889型左轮手枪的辅助武器。事实上，这种古老的1889型左轮手枪直到20世纪30年代还在生产。

标新立异的设计

格利森蒂手枪的设计有几大非同寻常的特点，而且使用的机械原理在其他手枪的设计中也很少见到。它使用的操作系统可以简单地称为延迟式后坐力系统，射击时，枪管和套筒座向后反冲。枪管和套筒座向后运动时，旋转枪栓在击发装置的作用下开始旋转，并且枪管在移动大约7毫米后已经停止下来时，旋转枪栓仍在继续旋转。当套筒座再次向前移动，把新的一颗子弹送进弹膛时，枪管被一个上升的可以自由移动的楔子固定住。这些运动会产生几种后果：一是任何部件在移动时，击发装置都没有任何遮盖，如沙子之类的东西很容易从入口处进入（在北非沙漠中的确如此）；二是扳机柄太长，呈弯曲状，不利于准确射击。击发装置性能极不可靠，整个左侧缺少支撑架，只用一根螺丝钉和一个金属片固定在一起。使用时间一久，金属片就容易松动脱落，从而引起卡

右图：格利森蒂1910型手枪非同寻常地混合了多种富有创新思想的设计成果。但是它的枪架不够坚固。这种手枪可发射独特的9毫米格利森蒂子弹，这种子弹类似9毫米帕拉贝鲁姆子弹，但装药量较少。在意大利军队中，这种手枪是1889型左轮手枪的辅助性武器

壳。即使是在金属片不松动的情况下，击发装置也常常出现故障。而且，零部件在内部运动中也经常出现错误。

为了解决击发装置中存在的最大问题，意大利人为这种手枪生产了一种特殊的9毫米格利森蒂子弹。这种子弹的外形/大小和标准的帕拉贝鲁姆子弹一模一样。但是为了减少后坐力，降低手枪内部的应力，它的助推火药减少了。这种子弹仅用于格利森蒂手枪。这种手枪即使是使用正式的9毫米子弹，如果无意之中装弹错误，那么，射击时就可能对手枪和射手本人带来危险。直到20世纪20年代末期，格利森蒂手枪还在生产。而且，直到1945年，意大利陆军还在使用这种手枪。现在，它仅仅是手枪爱好者的收藏品而已。

规格说明

格利森蒂1910型手枪

口径：9毫米（格利森蒂子弹）

重量：0.909千克

枪全长：210毫米

枪管长：102毫米

子弹初速：320米/秒

弹匣：可装7发子弹的盒式弹匣

9毫米贝瑞塔1934型自动手枪

今天，手枪收藏者普遍认为小型的贝瑞塔1934型自动手枪是手枪中的精品。1934年，这种手枪成为意大利陆军的标准军用手枪。但是，它只不过是贝瑞塔系列自动手枪中较新的一种罢了，其设计早在1915年就开始了。当时，意大利陆军迅速扩充，为满足意大利军队的需要，意大利生产了大量的贝瑞塔1915型自动手枪。虽然，贝瑞塔1915型自动手枪使用极为广泛，但意大利从来没有公开承认过它是一种军用手枪。早期的贝瑞塔手枪的口径为7.65毫米。9毫米短头子弹当时虽然生产得极少，但后来却成了贝瑞塔1934型自动手枪的子弹。

具有古典美的外形

1919年之后，出现了其他型号的贝瑞塔手枪。不过，它们都继承了贝瑞塔手枪的基本设计风格。到贝瑞塔1934型手枪出现的时候，它那具有古典美的外形成了扁短形、向上微翘的样子。为了安装固定的（前）准星，套筒座的前部被枪管的前部卷绕住。短小的手枪枪把只能装7发子弹，并且为了保证枪柄的美观，枪把上安装了一个富有特色的凸柱。这种凸柱早在1919年就已使用。从操作原理上看，它使用的是传统的后坐力操作系统。虽然缺少装饰或非凡之处，但是，弹匣内没有子弹时，它的套筒座会裸露在外，而在重新装弹时，套筒座则会重新向前移动（此类手枪中，大多数手枪的套筒座滑座都会裸露在外，直到换完弹匣才会重新闭合）。贝瑞塔1934型手枪使用的是外置式击锤。使用保险时，扳机处于锁定状态，所以击锤不受影响。击锤可以用手扣动，偶尔什么东西也会触动击锤。如果没有这一点瑕疵，贝瑞塔的设计就接近完美了。

几乎所有的贝瑞塔1934型手枪都是按照高标准制造的，而且抛光特别精美。在

战争中，贝瑞塔1934型手枪成为官兵竞相追逐的宠儿。1943—1945年期间，在意大利前线作战的英美大兵们用缴获的贝瑞塔手枪和后方的梯队人员做生意，狠赚了一笔。后方人员高价购买贝瑞塔手枪是为了向别人炫耀他们的战功。事实上，贝瑞塔1934型手枪主要供意大利陆军使用，而口径为7.65毫米的贝瑞塔1935型手枪则主要供意大利空军和海军使用。但是，一些贝瑞塔1935型手枪的口径和贝瑞塔1934型手枪的口径完全相同。德国人把他们使用的贝瑞塔1934型手枪称为P671（i）手枪。尽管从技术上讲，贝瑞塔1934型手枪的火力不够强大，但总的来说，其设计是成功的，不愧为第二次世界大战期间的手枪中的精品。

左图：贝瑞塔自动手枪太轻，所以不能成为有效的军用手枪。但是，作为诸如上校之类的军官的随身武器则非常合适

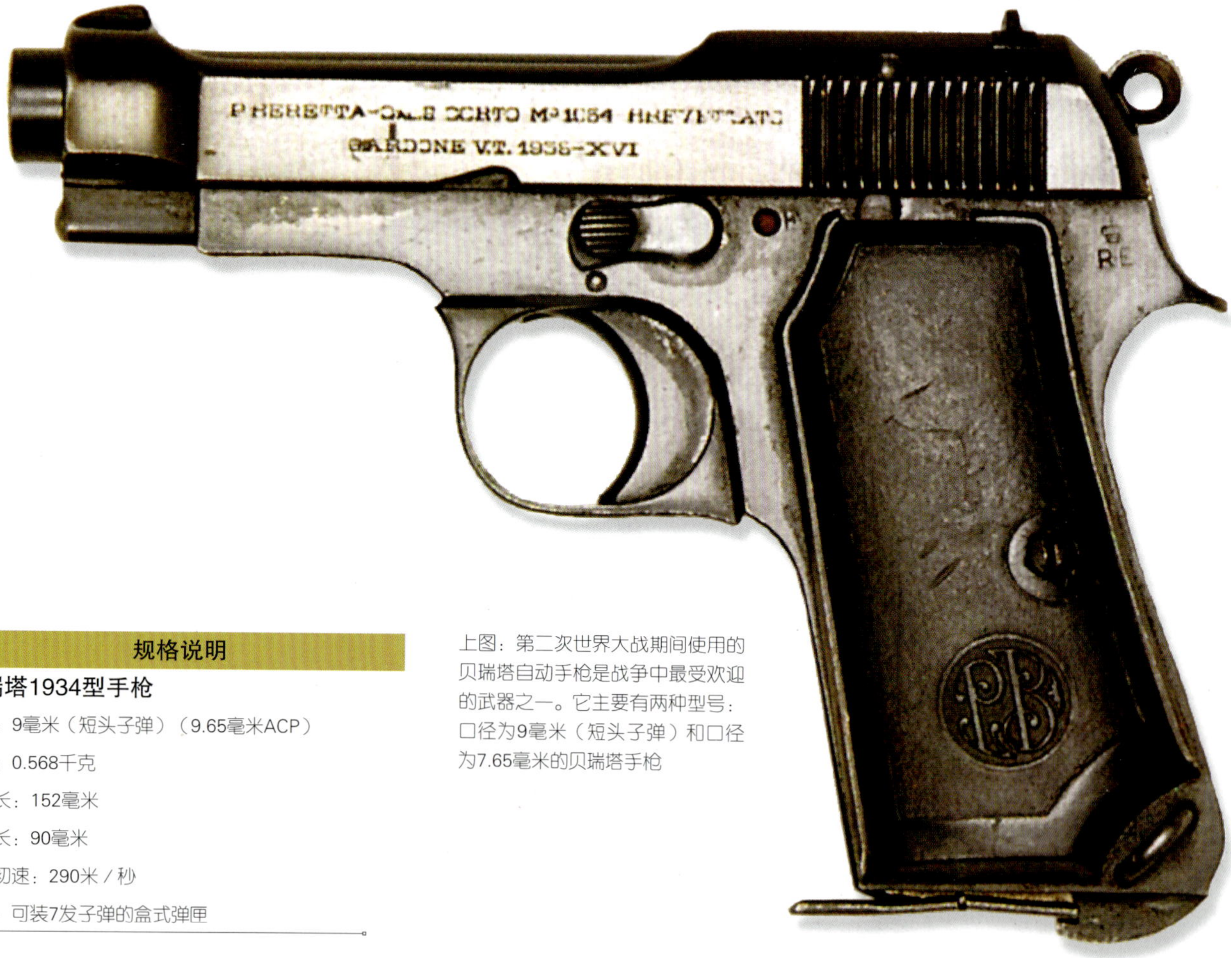

规格说明
贝瑞塔1934型手枪

口径：9毫米（短头子弹）（9.65毫米ACP）

重量：0.568千克

枪全长：152毫米

枪管长：90毫米

子弹初速：290米/秒

弹匣：可装7发子弹的盒式弹匣

上图：第二次世界大战期间使用的贝瑞塔自动手枪是战争中最受欢迎的武器之一。它主要有两种型号：口径为9毫米（短头子弹）和口径为7.65毫米的贝瑞塔手枪

格洛克自动手枪

格洛克手枪在20世纪80年代初首次亮相时,似乎就打破了手枪设计中的所有规律。它使用的大部分原材料都是塑料制品。对照当时时髦的观点,它的外形毫不落伍。当第一支格洛克手枪出现时,有关这种塑料手枪的报道扑面而来。人们对这种新式手枪的褒贬不一:这种武器是否充满了不祥之兆?为什么用塑料制造?难道是为了逃避机场安全检查而故意设计的?它会不会成为恐怖分子使用的最新式武器?

事实上,从法律和秩序方面来说,格洛克手枪也是无可挑剔的。它的滑座、枪管和扳机组件都是用金属制成的,所以无法逃过X光设备的检查。现在,世界上已经生产了200多万支格洛克手枪,许多国家的军队和警察都在使用格洛克手枪。格洛克手枪在美国执法部门使用的自动手枪中所占的比例大约为40%。

非传统的武器

为什么格洛克手枪使用了如此非同寻常的设计?部分原因是这样的:它不是由传统的武器制造商设计的。它是由奥地利的一位名叫加斯托·格洛克的人发明的。格洛克是一名专门研究塑料和钢铁制品的工程师。20世纪80年代,奥地利军方为了找到一种新的军用手枪而举行了一次武器大赛。结果格洛克创造性的发明一举夺冠。

格洛克手枪的套筒座由既耐热又耐冷的硬塑料制成。那句古老的名言"简单即为美"在格洛克手枪的设计中得到了最好的应用。它仅有33个零部件,并且在数秒内就可以拆卸。最出色的是它没有外露的保险阻铁,所以也就无须考虑应力设置了。格洛克手枪几乎和所有的军用手枪都不一样,它几乎在拔出枪套的瞬间就可以进入发射状态。你所要做的全部活动就是抽出和射击两个动作。如果不扣动扳机,内部的保险设置则完全可以保证手枪处于安全状态。

军事用途

9毫米格洛克17手枪是格洛克系列手

操作
格洛克手枪使用后坐力操作系统,射击时引起的反冲力迫使滑座向后移动。然后,另一发子弹被送入弹膛。

弹药
格洛克17手枪可发射北约标准的9×19毫米帕拉贝鲁姆子弹。其他还可以发射颇受人们欢迎的10毫米子弹、史密斯和威森公司的10.16毫米子弹和11.43毫米ACP子弹。

弹匣
格洛克手枪使用双排式弹匣,可装17发子弹。

滑座
使用高强度聚合物塑料制成。格洛克手枪的滑座可承受零下50℃至零上200℃的气温变化。

保险
格洛克手枪没有手动保险阻铁。在扳机未扣动的情况下,有一个击发撞针闭锁可将手枪自动锁定。扳机前部装有简易阻铁可以将击发撞针闭锁和扳机隔离。

重量
使用塑料和铝合金意味着格洛克手枪和其他体积与弹药容量类似的手枪相比,重量要轻得多。

上图：格洛克手枪重量轻，结实耐用，射击精度高，适用于各种作战条件，是军队、特种部队和执法人员的首选武器

枪中应用最广泛的一种型号。不仅奥地利陆军使用，而且全世界各国的陆军及特种作战部队都在使用。格洛克17手枪的确是出类拔萃的手枪。格洛克18是全自动型手枪，可当作微型冲锋枪使用。为了防止在未经授权的情况下改装这种手枪，格洛克17手枪的操作部件不可互换使用。

从商业角度讲，格洛克17手枪在美国获得的成就最大。美国警察和普通公民都使用这种手枪。为了满足市场需要，经过改进，出现了各种口径的格洛克手枪。最早能够发射10毫米子弹的是格洛克20手枪。格洛克20手枪在探索手枪子弹口径的极限方面又迈出了一大步。它所使用的10毫米子弹和大多数国家军队标准的9毫米帕拉贝鲁姆子弹相比更加致命。格洛克21手枪可以发射11.43毫米ACP子弹；而格洛克22和格洛克23手枪则可以发射史密斯和威森公司生产的10.16毫米子弹。这种10.16毫米子弹在美国非常受欢迎。而且，较小型的格洛克手枪也有各种口径。这些小型手枪利于随身携带，主要供着便装的警察使用。

格洛克手枪是功能设计的杰作。或许，传统主义者不大喜欢它，但事实胜于雄辩，它凭借实力在世界范围内获得了成功。

上图：格洛克手枪的设计极其简单，仅有33个零部件，易于拆卸和清理，具有较高的军事用途

规格说明

格洛克17手枪

口径：9×19毫米（帕拉贝鲁姆子弹）

重量：0.63千克（装弹前）；0.88千克（装弹后）

枪全长：186毫米

枪管长：114毫米

子弹初速：350米/秒

弹匣：可装17发子弹

"勃朗宁"大威力（HP）自动手枪

勃朗宁大威力自动手枪是约翰·摩西·勃朗宁逝世前设计的杰作。勃朗宁想象力丰富，于1926年逝世。这种手枪由比利时埃斯塔勒的FN公司生产制造。整个第二次世界大战期间，交战双方都使用这种手枪，生产数量高达数百万支。时至今日仍在生产中。

尽管在第二次世界大战后，加拿大也生产了大量的"勃朗宁"大威力手枪的零部件，但是目前这种手枪的最大生产商仍是FN公司。20世纪90年代，比利时在葡萄牙建立一个加工厂，但不久就关闭了，全部生产设施又回到埃斯塔勒。

型号种类

FN公司制造的"勃朗宁"大威力手枪有多种型号。事实上，它们的内部结构都一模一样，都使用了勃朗宁短后坐力操作系统和双排式弹匣。这种弹匣使"勃朗宁"大威力手枪成为第一种能够大量装弹的先进手枪。不过，它们的外部设置和抛光有很大差别。

和原来的型号相比，军用型勃朗宁大威力手枪、MK2和MK3手枪无论是抛光还是枪把的形状都经过了改进。大威力"标准"手枪是一种商用型手枪，而大威力"实用"手枪则是专为射击比赛而设计的。

便于携带的微型手枪

早在20世纪80年代，FN公司就生产出了多种口径、使用连发式设置的BDA手枪，但和原来使用单发式设置的手枪相比，销量并不理想。

"勃朗宁"大威力系列手枪畅销的一个原因是这些手枪质量一流，极其结实耐用。即使在最困难的条件下，只要进行适当的维护和装上合适的子弹，就可正常使用。

大威力手枪在操作时可能会遇到一点尴尬的问题。为和它使用的双排式盒式弹匣相匹配，它的枪把略宽，对于那些手比较小的人来说这点显得尤为突出。然而，瑕不掩瑜，它已经成为50多个国家的标准军用手枪。

上图：由于"勃朗宁"大威力手枪性能可靠，英国特别空勤团把这种手枪当做首选武器。英国特别空勤团组建了世界上第一支人质营救小组

右图："勃朗宁"大威力手枪已经制造了数百万支，另外还有无数仿制品。这种型号的勃朗宁大威力手枪的枪把涂有防止滑脱的涂料，滑座上装有"红点"瞄准器

下图：抗击打和大容量弹匣使民用勃朗宁大威力手枪成为世界市场上的抢手货，其销售对象主要是保镖和警卫人员

上图："勃朗宁"大威力手枪的弹膛轴位于射手的手下方。射击时，可以减小枪口的转动。保险阻铁位置适当，需要解除保险时，大拇指会自动落在击发位置

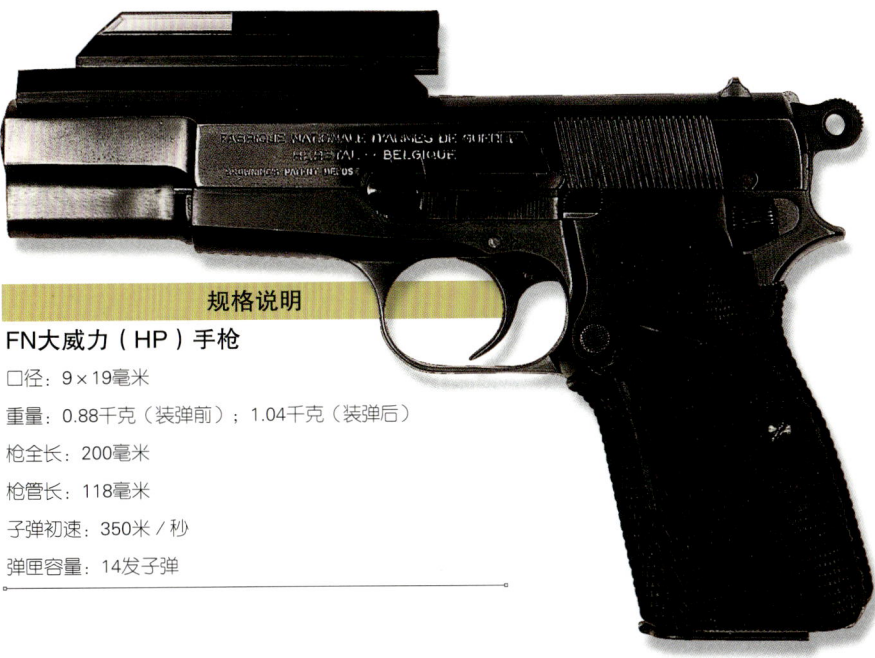

规格说明

FN大威力（HP）手枪

口径：9×19毫米

重量：0.88千克（装弹前）；1.04千克（装弹后）

枪全长：200毫米

枪管长：118毫米

子弹初速：350米/秒

弹匣容量：14发子弹

9毫米FN大威力比利时造勃朗宁手枪

1925年，美国著名的武器设计大师约翰·莫塞斯·勃朗宁发明了"勃朗宁"大威力（HP）手枪。时至今日，这种手枪仍在生产和使用。这种优秀手枪的最大制造商是比利时埃斯塔勒的FN公司。该公司从1935年开始生产这种武器。尽管其零部件在第二次世界大战后曾在加拿大的英格利斯公司生产。

目前，FN公司除了生产勃朗宁基本型号的军用手枪外，还生产其他型号的"勃朗宁"大威力手枪。所有类型的"勃朗宁"大威力手枪都使用了短后坐力操作系统，并且，由同一工厂制造而成，所以很容易辨认。大威力Mk 2就是比较著名的一种。这种手枪被视为"勃朗宁"大威力手枪中最先进的一种，在没有任何重大改动的情况下，它的抛光和枪把形状不仅保留了原来可靠和稳定的优点，而且性能更为先进。大威力Mk 3在Mk 2的基础上增加了一个自动射击撞针保险装置。FN公司制造的大威力手枪滑座的左侧都带有该公司享有专利保护的商标和生产时间。

标准的军用勃朗宁手枪有三种型号：基本的军用手枪型号是BDA-9S；较小的BDA-9M使用了和BDA-9S一样的枪架，但它的滑座和枪管比较小；袖珍型的BDA-9C也使用了较小的滑座和枪管。这使手枪更小，枪把较短，只能装7发子弹，这一点和其他能装14发子弹的标准型号有所不同。BDA-9C属于"口袋手枪"（装在口袋里的手枪），主要供身着便装的警察和担负特殊任务（如保卫重要人物）的人员使用。

最近几年，该公司又生产出了其他型号的大威力手枪。为了减轻重量，手枪滑座变得更轻，其他一些零部件则使用了铝合金材料。所有型号的勃朗宁手枪都可以发射9毫米的帕拉贝鲁姆子弹。虽然被各种先进手枪所充斥的世界手枪市场已趋于饱和，但勃朗宁手枪依然销量不减。

"勃朗宁"大威力手枪的销量持续上升的一个原因是它久负盛名的优点，经久耐用，安全可靠。勃朗宁手枪以及FN公司制造的武器自始至终都具备这两大优点。勃朗宁手枪能够在最不利的环境中长时间使用。当然这需要一个条件，只要进行适当的清理和维修，装上合适的弹药，即可正常射击。

大威力手枪在操作时可能会遇到一个尴尬的小问题：所有勃朗宁手枪的枪把都比较宽。当然，BDA-9C手枪除外。这主要是为了满足双排式盒式弹匣的需要而设计的。这种弹匣能装13发子弹，在战斗中非常有用。

规格说明

9毫米FN大威力手枪

口径：9毫米

重量：0.882千克（装弹前）；1.04千克（装弹后）。

枪全长：200毫米

枪管长：118毫米

子弹初速：350米/秒

弹匣：可装13发子弹的盒式弹匣

上图：这是一张"勃朗宁"大威力手枪的剖面图。从中可以看出这种自动手枪的所有工作部件。由于这种手枪性能优越，表现非凡，所以比利时将它命名为"大威力"手枪。

捷克CZ 75手枪及CZ系列手枪

设计和制造陆地作战武器，尤其是轻型武器和火炮，长期以来一直是捷克的得意之作。捷克共和国中部城市布尔诺是公认的首屈一指的轻型武器制造中心。布伦机关枪的名字就取自布尔诺（Brno）的前两个字母Br。捷克著名的武器公司——塞斯卡·兹布罗勃维卡的总部就设在布尔诺。这家公司一般被称为CZ公司。捷克的大多数手枪都是由该公司设计的。

第一支捷克斯洛伐克半自动手枪是VZ.22。VZ.22手枪是一种后坐力系统操作的武器，可发射9.65毫米短头子弹。在被VZ.24手枪（闭锁和射击装置进行了轻微改进）取代之前生产的数量很少。VZ.24手枪之后是VZ.27手枪。第二次世界大战爆发前，在VZ系列手枪中，VZ.27手枪的生产数量较多。VZ.27手枪发射7.65毫米ACP子弹（柯尔特自动手枪使用的子弹）。枪把内的盒式弹匣可装8发子弹。VZ.27手枪也使用了后坐力操作系统。子弹射出弹膛时，从弹匣中弹出的另一发子弹被送入弹膛。VZ.27手枪生产的数量也不是太多。后来的VZ.38手枪也属于后坐力系统操作，发射9毫米短头子弹。

接下来投入生产的捷克手枪是7.65毫米VZ.50手枪。这种手枪也使用了后坐力操作系统，弹匣可装8发子弹。VZ.50手枪之后是VZ.52手枪。VZ.52手枪发射的是VZ.48子弹，这种子弹比苏联同口径的P型子弹的威力要大。VZ.52手枪也是后坐力系统操作，弹匣可装8发子弹。自从第二次世界大战之后，在欧洲，捷克设计的最优秀的手枪是VZ.75。后来，人们逐渐把VZ.75称为CZ75手枪。这种手枪的生产数量较大，并且许多国家都进行了仿造。它使用的是著名的9毫米帕拉贝鲁姆子弹。显然，这种手枪借鉴了勃朗宁与众不同的设计灵感。CZ75有半自动手枪和自动手枪等不同类型，它的弹匣可装16发子弹。CZ85手枪除了有一个非常灵巧的保险阻铁和滑座轮之外，其他设计和CZ75手枪基本相似。为了防止出现手枪保险下滑的情况，CZ85B型手枪增加了一个射击撞针保险。CZ85"战斗"型手枪是CZ85手枪的改进型，它增加了包括可以调整的后瞄准器在内的其他设置。

后坐力

CZ83是一种连发式手枪，可发射7.65毫米ACP子弹、9毫米短头子弹或9毫米马卡洛夫子弹，分别装15或13发子弹。CZ83是一种后坐力系统操作的"口袋"型手枪。它的扳机护柄较大，可容得下戴手套的手指。

CZ92是为个人防卫而设计的一种连发式手枪。它也使用了后坐力操作系统。这种手枪没有安装手动保险。每次射击之后，击锤返回到原来的位置。为了防止偶然性走火，它的保险进行了改进。这种手枪的弹匣也安装了保险阻铁，弹匣一有移动，扳机的机械装置就会自动锁定。

规格说明

CZ.75B手枪

口径：9毫米

重量：1千克（空弹匣）

枪全长：206毫米

枪管长：120毫米

子弹初速：大约370米/秒

弹匣：可装11发或16发子弹的盒式弹匣

右图：CZ.75手枪的枪把较大。这种枪把有利于操作和提高射击的精度。注意这种手枪使用的靠在一起的双排式弹匣

手枪从锁定弹膛处射击属于一种新的设计方法。CZ100手枪的引人注目之处是它使用了先进的设计方法和新的制作原料。为了减少手枪的重量,它使用了高强度塑料和钢材。另外,它还安装了连发式扳机设置、射击撞针保险、单边式滑座轮和弹匣阻铁,最后一发子弹射出后,滑座就会被锁定,呈裸露状。射击时,这种手枪的形状便于射手戴上手套。同时,这种手枪既可以用右手射击,也可以用左手射击。

最后,捷克在CZ100手枪的基础上又研制出了CZ110手枪。CZ110手枪既有半自动型,又有连发式射击型。它的最大优点是:当子弹处于弹膛时,即使随身携带手枪,也不会出现危险。

左图:这是一支处于待发状态的CZ75手枪。弹膛内装的是9毫米子弹。这种手枪有许多地方借鉴了勃朗宁手枪的设计原理。它使用的弹匣可装16发子弹

下图:展示的是后坐力机械装置,在准备射出子弹的下面可以看见第二发子弹。这种手枪卡壳的可能性极小

法国 1950 型和 PA15 型自动手枪

法国9毫米MAS 1950型手枪是由法国东部的圣安东尼国家兵工厂设计、法国西部的卡特尔勒伦特国家兵工厂生产制造的。从1950年开始,这种手枪成为法国陆军和几个前法国殖民地国家军队的标准军用手枪。

这种手枪的弹匣可装9发9毫米帕拉贝鲁姆子弹。向后推动滑座,然后松开,一颗子弹就被送入弹膛。手枪的保险阻铁位于滑座后侧的左部。保险阻铁的保险杆处于水平状态则说明手枪处于安全状态。

枪管顶部的闭锁棱条安装在滑座内部的凹槽内,从而枪管和滑座可以一起向后移动。枪管较低的后尾部和套筒座被一根旋转链连接起来。枪管和滑座一起向后移动一段较短距离,然后,由于链子的较低部分和枪架(无后坐力)是连接在一起的,所以链子就会向下推压枪管的后尾部。这样枪管的闭锁棱条就会离开滑座内部的凹槽槽沟。当闭锁系统分离时,枪管处于静止状态,而滑座则在自身动力的作用下,继续向后滑动。空弹壳出来就停留在后膛的正面位置,等到它撞击固定的弹射器时就会被弹出枪外。

这种手枪是这样装弹的:当复位弹簧推动滑座向前移动时,闭锁装置的正面把弹匣内最上面的一颗子弹向前送入弹膛。闭锁装置和枪管接触后,推动枪管向前移动,此时旋转链把弹膛拉高,枪管上面的闭锁棱条就会进入到滑座的凹槽槽沟内,把两者锁定。当枪管底部的凸槽和滑座的阻针接触时,枪管停止向前移动。

MAB PA 15手枪

MAB PA 15手枪设计于1970年,并且作为法国陆军的标准军用手枪投入生产。它最显著的特点是枪把又大又长。枪把大有利于操作,可以提高射击的精度。枪把长则利于增加弹匣的容量。它的弹匣可装15发9毫米帕拉贝鲁姆子弹。这种手枪套筒座后面有一个很显眼的凸柱。此外,它还有一个环形击锤。

MAB PA 15手枪直到20世纪80年代末才停止生产。1991年底,法国宣布和当时的南斯拉夫政府签订了一项合同,允许南斯拉夫塞尔维亚的扎斯塔瓦武器制造厂制造MAB PA 15手枪。据说在南斯拉夫内部,许多部队都装备了这种手枪。

MAB PA 15手枪的枪架左侧上面有一个安在支架上的保险阻铁。另外,手枪内部还有一个弹匣保险阻铁。更换弹匣时,弹匣的保险阻铁可以防止走火。子弹射出后,延迟式后坐力发射装置可以帮助完成重新装弹的过程。

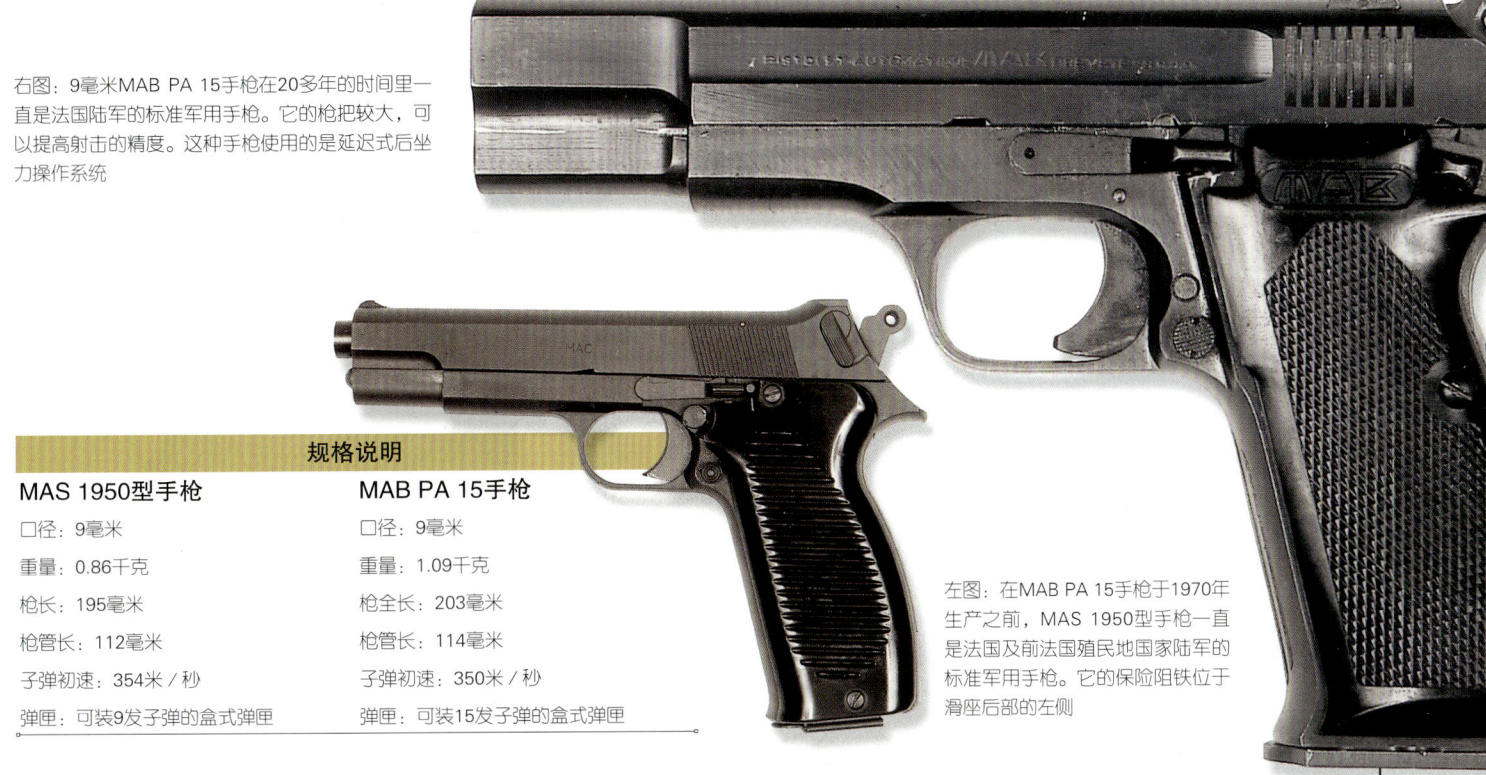

右图:9毫米MAB PA 15手枪在20多年的时间里一直是法国陆军的标准军用手枪。它的枪把较大,可以提高射击的精度。这种手枪使用的是延迟式后坐力操作系统

左图:在MAB PA 15手枪于1970年生产之前,MAS 1950型手枪一直是法国及前法国殖民地国家陆军的标准军用手枪。它的保险阻铁位于滑座后部的左侧

规格说明

MAS 1950型手枪
- 口径:9毫米
- 重量:0.86千克
- 枪长:195毫米
- 枪管长:112毫米
- 子弹初速:354米/秒
- 弹匣:可装9发子弹的盒式弹匣

MAB PA 15手枪
- 口径:9毫米
- 重量:1.09千克
- 枪全长:203毫米
- 枪管长:114毫米
- 子弹初速:350米/秒
- 弹匣:可装15发子弹的盒式弹匣

赫克勒和科赫有限公司的手枪

赫克勒和科赫有限公司在毛瑟HSc手枪的基础上于20世纪50年代研制出了HK手枪。大拇指靠在枪把上,外形相当时尚。它有四种口径,HK4手枪于20世纪60年代末期销往美国,但在商业上并没有获得太大的成功。HK4手枪于20世纪80年代停止生产。该公司在赢得为新组建的联邦德国陆军研制G3步枪的合同后,生意兴隆,业务蒸蒸日上。不过好事多磨,1990年,作为G3步枪替代品的G11步枪最终落选了,该公司又陷入财政困境。于是该公司被英国宇航公司的子公司皇家武器公司收购。英国宇航公司根据获得的许可证生产了大量HK手枪。

P9手枪使用了延迟式后坐力击发设置和滚筒式闭锁装置。延迟式后坐力击发设置源自G3步枪。P9手枪使用口径为7.65毫米和9毫米的帕拉贝鲁姆子弹。套筒座左侧有一个带反向锥杆的内置式击锤。1977年,该公司在美国市场又推出一种使用连动式击发设置的P9S手枪。这种手枪可以发射11.43毫米ACP子弹。许多国家的军队或准军事部队购买了这两种手枪。美国海军陆战队购买了大量枪管上刻有螺纹线可安装消音器的P9S手枪。1990年,P9手枪停止生产。

VP70手枪

从20世纪70年代到80年代中期,赫克勒和科赫有限公司制造出一种连动式VP70自动手枪。这种手枪具有3发子弹点射的功能。它的分离式肩用枪托可以拆卸。VP70手枪主要是面向军用市场生产的。这种手枪对一些第三世界国家限制销售。今天,在一些第三世界国家,人们可能会遇到许多没有安装点射装置的既非军用又非民用的VP70手枪。

P7手枪

P7手枪是专门为联邦德国警察而设计的。这种自动手枪,无须松动外置保险阻铁即可使用。这种手枪于1979年全面投入生产,供联邦德国警察和边防部队使用。这种手枪的枪把非常独特,一眼就可认出。P7手枪的枪把前部有一个击发杆,射击时必须挤压这个击杆。松开枪把,撞针和扳机分离,表明手枪处于安全状态。联邦德国陆军和准军事部队使用的是

上图:P9手枪使用的滚筒式闭锁延迟锁定系统源自赫克勒和科赫有限公司生产的系列步枪

P7K3手枪。这种手枪使用了简单的后坐力操作系统，发射9毫米短头子弹。P7M8和P7M13手枪分别使用可装8发和13发子弹的弹匣。为了适应发射威力更大的帕拉贝鲁姆子弹，它们都使用了气动活塞和延迟式后坐力发射装置的弹膛。1987年，为了打入美国市场，该公司又生产出了P7M45手枪。这种手枪发射11.43毫米ACP子弹。为了延迟滑座的后坐力，它使用了注油式弹膛，而不是气动式弹膛。有趣的是，这种手枪使用了火炮的机械装置。这就使P7M45手枪成为一种非常昂贵的武器，再加上激烈的竞争，它在商业上失利也就不足为奇了。

赫克勒和科赫有限公司于20世纪80年代研制出Mk 23手枪。这种手枪在美国特种作战司令部为特种部队举行的手枪比赛中一举成名，并于1996年装备部队。这种手枪发射11.43毫米ACP子弹。这种大型自动手枪使用的是连动式扳机。扳机带有保险和反向击杆。枪架使用了聚合材料和嵌入式钢板。这种手枪安装有激光瞄准仪和战术闪光灯。枪管刻有螺纹线，可以安装消音器。

最近几年，赫克勒和科赫有限公司又生产出一种USP军用手枪。这种手枪属于通用型自动手枪的派生类型。在20世纪的最后10年里，该公司已经生产出多种类型的通用型自动手枪。这种手枪主要供执法部门当作自卫武器使用。USP手枪包括运动型手枪和USP"战术"手枪。USP"战术"手枪发射11.43毫米子弹，供美国一些特种部队使用（美国特种部队已经不再使用较大的Mk 23手枪）。德国陆军使用的USP手枪被命名为P8手枪。德国警察使用的USP"袖珍"手枪被称为P10手枪。这两种德国手枪都使用9毫米帕拉贝鲁姆子弹。

上图：P7手枪演示

规格说明

P7M8手枪
口径：9毫米（帕拉贝鲁姆子弹）
重量：0.8千克（装弹前）；
　　　0.95千克（装弹后）
枪全长：171毫米
枪管长：105毫米
子弹初速：350米／秒
弹匣容量：可装8发子弹

P9手枪
口径：9毫米（帕拉贝鲁姆子弹）
重量：0.88千克（装弹前）；1.07千克（装弹后）。
枪全长：192毫米
枪管长：102毫米
子弹初速：350米／秒
弹匣容量：可装9发子弹

VP70手枪
口径：9毫米（帕拉贝鲁姆子弹）
重量：0.82千克（装弹前）；1.14千克（装弹后）
枪全长：204毫米
枪管长：116毫米；
　　　　545毫米（装上枪托后）
子弹初速：360米／秒
弹匣容量：可装18发子弹

USP手枪
口径：9毫米（帕拉贝鲁姆子弹）；
　　　11.35毫米（史密斯和威森子弹）；
　　　11.43毫米（ACP子弹）；
　　　9.2毫米（SIG子弹）
重量：0.72千克
弹匣容量：可装15发子弹（9毫米型）

Mk 23手枪
口径：11.43毫米（ACP子弹）
重量：1.1千克（未装弹）
枪全长：245毫米
弹匣容量：可装12发子弹

瓦尔特 PP 和 PPK

瓦尔特公司的PP（警用手枪）手枪生产于1929年，今天这种武器仍在生产。在第二次世界大战期间，德国军队及其他轴心国军队大量使用这种手枪。而PPK手枪（小型警用手枪）要比PP手枪小，主要供警察，尤其是身着便装的警察使用。PPK手枪生产于1931年。在20世纪40年代，德国有一些剩余的PPK手枪。在007系列间谍电影中，邦德常常使用这种手枪（邦德在最新的电影中使用的是最新式的P99手枪）。这些手枪是第一批成功的连发式自动手枪，第二次世界大战后停止生产，但在20世纪60年代中期又恢复生产。PP和PPK手枪自问世以来，使用范围极其广泛。最初的PP手枪口径为7.65毫米和9毫米（短头子弹）。自20世纪60年代以来，一种口径为5.59毫米的"远程"型手枪在市场上销量极好。在第二次世界大战爆发之前，有一部分PP手枪的口径为6.35毫米。另外，还有一种奇怪的PPK/S手枪，使用PP手枪的枪架和PPK手枪的枪管和滑座。这种手枪如此设计的目的是为了逃避美国的《1968年枪支控制法》。该法案对进口手枪的最小尺寸进行了限制。PP"超级"手枪有一个左右手都可使用的扳机护柄。这种手枪发射9毫米警用子弹。小型的TP和TPH手枪在20世纪70年代时停止了生产，尽管根据生产许可证美国可以在一定期限内生产这两种手枪。

所有型号的PP手枪都使用了简单的后坐力操作系统和良好的保险设置。其中，有一种保险设置曾被许多国家仿制：当闭锁装置向前移动时，保险正好位于撞针的位置；只有在扳机的确受到推压时，闭锁装置才会移开。PP手枪使用的另一个创新性设计是击锤上面安装了信号针。子弹确实装进弹膛时，信号针向前突出，表明"已装弹"。第二次世界大战期间，这种手枪在生产时省去了这一设置。

上图：PP自动手枪属于经典类手枪，精美的做工和过硬的质量是它时至今日仍在生产的保证

规格说明

PPK手枪

口径：7.65毫米

重量：0.58千克（未装弹）

枪全长：154毫米（6英寸）

枪管长：84毫米（3.31英寸）

弹匣容量：可装7发子弹

上图：小巧轻便的PP手枪和比它还要小巧的同类型PPK手枪可轻松装进口袋。虽然一线部队大量使用这两种手枪，但这两种手枪更适合警察和准军事人员使用

瓦尔特P5、P88和P99现代手枪

由于在第二次世界大战中瓦尔特P38自动手枪有出色表现，1979年，这种手枪再次投入生产。改进后的P38手枪被称为P5手枪，改进的主要项目是它的保险装置。德国和荷兰等国的警察部队都使用P5手枪。一些非洲国家也订购了这种手枪。另外，还有一种"袖珍"型P5手枪，它的枪长只有169毫米，弹匣可装8发子弹。

1988年，瓦尔特一改其传统的使用楔形闭锁设置的设计风格，改用柯尔特手枪和勃朗宁手枪的铰链式闭锁装置。使用铰链式闭锁装置生产出来的瓦尔特手枪被称为P88手枪。许多国家的军队（其中包括英国陆军）渴望找到一种新式的军用手枪，它们对P88手枪进行了试验，但是，P88手枪并没有引起它们的太大兴趣，也没有哪个国家的军队愿意授权该公司大规模生产这种手枪。

为了努力克服P88手枪所存在的问题，在20世纪90年代中期，该公司研制出了P99手枪，它比P88手枪性价比更高，并且增加了现代军队喜爱的设计。虽然它没有手动保险设置，却使用了三大保险设置：扳机保险设置、非连续射击保险设置和撞针保险设置。在滑座的上部有一个反向击发按钮。军用型手枪的滑座是用复合材料制成的，颜色是橄榄绿色，而不是传统的黑色。

史密斯和威森公司根据生产许可证在美国生产的P99手枪被称为史密斯和威森99手枪：枪架和击发装置由德国制造，滑座由美国制造商提供。为了满足美国市场的需要，最后的组装工作是在美国进行的。史密斯和威森99手枪发射史密斯和威森公司生产的10.16毫米子弹，弹匣容量有所缩小，可装12发子弹。

上图：P38手枪和它的改进型P5手枪使20世纪30年代中期和20世纪70年代末期之间的P系列手枪的设计思想完美地连接在一起。从滑座的左侧到瓦尔特徽章的后部写着"P5/卡尔·瓦尔特·瓦冯法布里克·乌尔姆多"。这种手枪的序列号位于枪架的右侧。瓦尔特P5手枪的基本资料由德国警察提供

右图：一流的设计、高质量的制作使最新式的瓦尔特半自动手枪——P99手枪的性能更加安全可靠。P99手枪于1999年投入生产。另外的一种新式手枪——P990手枪使用了连动式击发装置

规格说明

P5手枪

口径：9毫米（帕拉贝鲁姆子弹）

重量：0.795千克

枪全长：180毫米

枪管长：90毫米

弹匣容量：可装8发子弹

P88手枪

口径：9毫米（帕拉贝鲁姆子弹）

重量：0.9千克

枪全长：187毫米

枪管长：102毫米

弹匣容量：可装15发子弹

P99手枪

口径：9毫米（帕拉贝鲁姆子弹）

重量：0.72千克（未装弹）

枪全长：180毫米

枪管长：102毫米

弹匣容量：可装16发子弹

以色列军事工业公司（IMI）"沙漠之鹰"手枪

以色列军事工业公司生产的自动手枪被称为IMI"沙漠之鹰"，最初是由美国明尼苏达州明尼阿波利斯市的MRI有限公司设计出来的。以色列对这种手枪进行改进之后，极其先进和威力巨大的"沙漠之鹰"手枪就诞生了。这种手枪对电影制造商产生了重大影响，在许多枪战片中，都能看到被人们挥动着的"沙漠之鹰"手枪。

"沙漠之鹰"手枪既可使用9毫米马格南子弹，也可使用威力更大的10.92毫米马格南子弹。后一种子弹是目前威力最大的手枪子弹之一。要从一种口径转到另一种口径，只需替换几个零部件。为了保证绝对安全，在使用这些大型子弹时，"沙漠之鹰"手枪使用了旋转式枪栓，可以最大限度地发挥闭锁装置的功效。左右手都可以触摸到保险阻铁。当手枪处于安全状态时，击锤和扳机相分离，并且撞针处于固定不动状态。

可延伸的枪管

这种手枪的标准枪管是152毫米，但是它的标准枪管可以和203毫米、254毫米和356毫米长的枪管互换使用。枪管延长后可以对远距离的目标射击，并且在套筒座顶部的支架上还可以安装望远瞄准器。改换枪管时不需要特殊工具。"沙漠之鹰"手枪还有其他独到的设计：扳机可以调整，可以安装不同型号的固定瞄准器，扳机护柄左右手都可以使用，如果需要的话，还可以安装特殊的枪把。正常情况下，这种手枪都是用优质钢材和铝合金制成的。

"沙漠之鹰"手枪既可当作强大的军用武器使用，也可以当作警用武器使用。并且，目前这种手枪已经向平民或射击爱好者出售。然而，许多军事部门反对使用马格南子弹。从普通的军事用途方面来看，这种子弹的威力远远超出了实际需要。因为要想最大地发挥这种手枪的威力，射手必须接受大量训练。从先进的军事用途方面来看，这真是一大讽刺，这种手枪仅仅当作防身武器配发给那些在正常情况下根本就不希望射击的人员。可是使用这种手枪，要想成为一个准确的射手，仅仅学一点基本的射击技巧是远远不够的，射手必须接受正规的训练。而且，即使是在训练有素的军队中，使用这种手枪出现事故也不是什么稀罕事。如此一来，像"沙漠之鹰"这样的手枪似乎命中注定只能供特种警察部队和那些只想拥有最好的、最大威力手枪的狂热爱好者使用了。

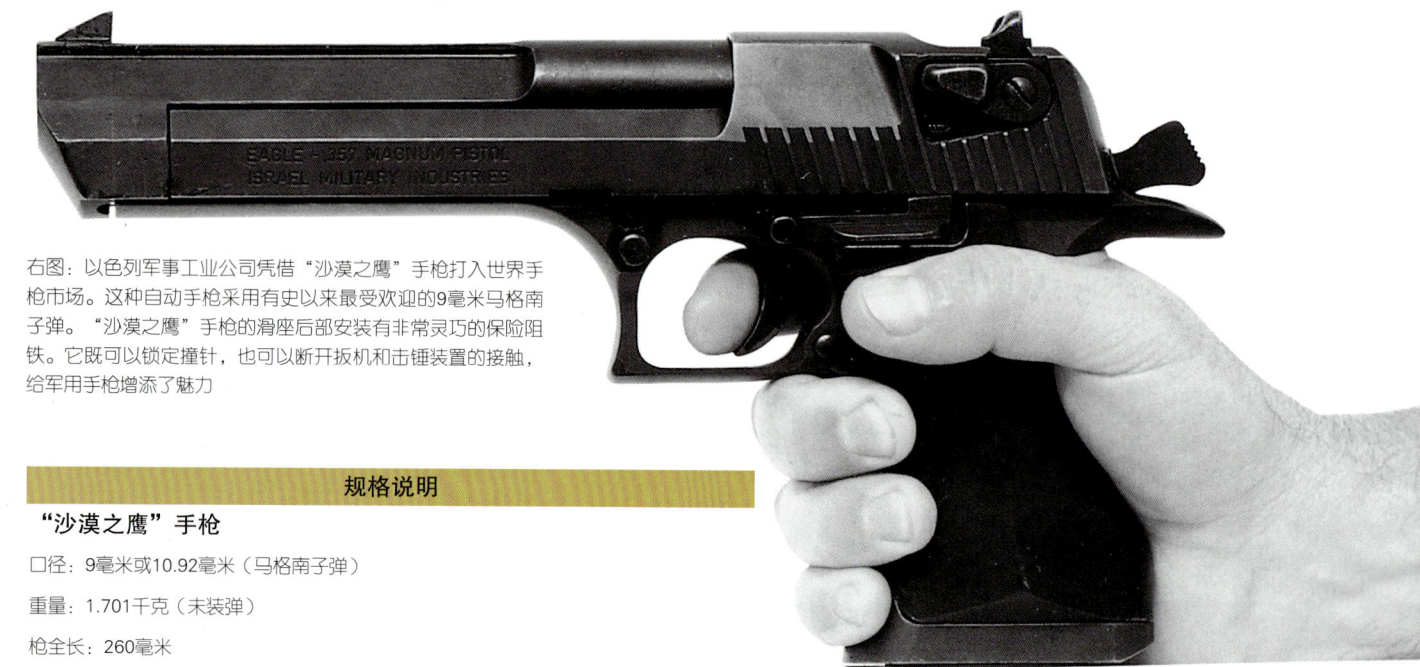

右图：以色列军事工业公司凭借"沙漠之鹰"手枪打入世界手枪市场。这种自动手枪采用有史以来最受欢迎的9毫米马格南子弹。"沙漠之鹰"手枪的滑座后部安装有非常灵巧的保险阻铁。它既可以锁定撞针，也可以断开扳机和击锤装置的接触，给军用手枪增添了魅力

规格说明

"沙漠之鹰"手枪

口径：9毫米或10.92毫米（马格南子弹）

重量：1.701千克（未装弹）

枪全长：260毫米

枪管长：152.4毫米

子弹初速：436米/秒（9毫米马格南子弹）；448米/秒（10.92毫米马格南子弹）

弹匣容量：可装9发9毫米马格南子弹或7发10.92毫米马格南子弹

贝瑞塔1951型和贝瑞塔9毫米92型系列手枪

1951型手枪仍然保留了贝瑞塔的开盖式滑座。该公司开始时希望用铝制滑座，但最终放弃了，改用全钢材料制成。

由于贝瑞塔公司一直想寻找一种令人满意的轻型滑座，所以1951型手枪的首批样品直到1957年才问世。最近几年，该公司使用铝制滑座的梦想已成为现实。

标准手枪

9毫米1951型手枪成了以色列、埃及和意大利的标准军用手枪。为了制造这种手枪，该公司在埃及建立了生产线。埃及生产的这种武器被称为"海尔王"手枪。1951型手枪虽然使用了闭锁系统，但仍然使用了贝瑞塔手枪的基本设计。后坐杆和弹簧位于枪管下部。枪管裸露处较大。枪把倾斜度恰到好处。弹匣位于枪把内，可装8发子弹。这种手枪使用的是外置式击锤。使用击锤时，保险阻铁和击发阻铁相接触。大多数手枪的前后瞄准器都可以根据需要进行调整。

新型手枪

1976年，贝瑞塔公司有两种新的自动手枪系列投入生产。使用后坐力操作系统的贝瑞塔81型手枪可发射口径为7.65毫米及更大口径的子弹。贝瑞塔92型手枪可发射普通的9毫米帕拉贝鲁姆子弹。92型手枪系列之一的92F型手枪（或称M9型手枪）取代了美国的M1911A1军用手枪，成为美国陆军的标准自动手枪。

保险阻铁

92S型手枪源自于92型手枪。经过改进，92S型手枪的保险阻铁位于滑座上面，而92型手枪的保险阻铁位于滑座下面。这样，当撞针和击锤不在同一直线时，击锤的位置就降至弹膛的上面。此时弹膛装弹后处于绝对保险状态。

92SB型手枪和92S式手枪基本相同，但安装在滑座上的保险阻铁可以从滑座的每个侧面使用。92SB-C型手枪是92SB型手枪的缩小版，更易于操作。

美国陆军使用的贝瑞塔手枪

美国陆军使用的92F型手枪是92SB型手枪的改进型。美国和意大利都生产了这种手枪。它和92SB型手枪的主要区别是：为了适应双手握枪的需要，它的扳机护柄的形状有所改动。弹匣的底座加长了，枪把和枪带环也都有所改动。枪膛内镀有铬

右图：贝瑞塔1951型手枪是意大利武装部队的标准手枪。曾经出口到包括以色列和埃及在内的许多国家。目前这种手枪的数量正在减少。图中是一把埃及生产的"海尔王"手枪

合金，枪膛外层涂有聚四氟乙烯类型的涂料。

继92F型手枪之后，该公司又推出了92F袖珍型手枪。它和92SB-C型手枪及美国陆军使用的92F型手枪从外形上看没什么区别。

另外，贝瑞塔公司使用相同的生产线还生产出一种92SB-C型M式手枪。这种手枪的弹匣可装8发子弹，而92型手枪的弹匣可装15发子弹。另外，92式系列手枪中还有两种主要型号，只是口径要小一点：98型手枪和99型手枪（已停止生产），这两种手枪的口径都是7.65毫米，分别是92SB-C型手枪和92SB-C型M式手枪的改进型。

下图：事实证明，1976年生产的92型手枪的确是1951型手枪的合理继承者。它的保险阻铁安装在枪架上（后来的型号中，阻铁安装在滑座上）。92型手枪主要供意大利陆军使用

规格说明

1951型手枪

口径：9毫米

重量：0.87千克（装弹前）

枪全长：203.2毫米

枪管长：114.2毫米

子弹初速：350米/秒

弹匣容量：可装8发子弹

92F型手枪

口径：9毫米

重量：1.145千克（装弹后）

枪全长：217毫米

枪管长：125毫米

子弹初速：大约390米/秒

弹匣容量：可装15发子弹

贝瑞塔 9 毫米 93R 型手枪

由于贝瑞塔93R型手枪是另一种类型的为3发子弹点射而设计的手枪，所以它是介于冲锋枪和选择性射击类手枪之间的一种武器。这种手枪源自贝瑞塔92型手枪，它可以作为正常的自动手枪使用。但是，在选择三发子弹点射时，射手必须双手握紧手枪。

枪把设计

为了做到这一点，贝瑞塔公司设计了一种"袖珍"型枪把系统。这种系统，在右手持枪时，扣扳机和握枪把的操作功能和其他手枪别无二致。而在左手持枪时，安装在扳机护柄前部的小型前置式枪把可以向下折叠。左手大拇指可以插入到扳机护柄前面，其余手指握紧前置枪把，只要双手握紧手枪就可以射击。突出的枪管末端装有枪口制动器，可以起到闪光遮蔽器的作用。

折叠式枪托

射击时为了保持更大的稳定性，可以在枪把上安装金属制成的折叠式枪托。不用时，枪托可以装在一个特殊的枪套内；需要时安装在手枪上，手枪长度可延长两倍，便于射手射击。

93R型手枪使用的盒式弹匣有两种。一种可装15发子弹，另一种可装20发子弹。这种手枪使用普通的9毫米帕拉贝鲁姆子弹。

93R型手枪的设计极其周密。毫无疑问，从其前瞻性的设计中可看出这一点，它在扳机护柄前面使用了一个前置式枪把。这样设计的理由是，原来双手射击时需要用双手紧握较大些的枪把，而这种前置式枪把，虽然同样是双手握枪，但一前一后握枪比双手握枪更加稳定。

在3发子弹点射时，使用前置式枪把可以提高射击的精度。因为双手之间有一段距离，这样握力的基点变长；双手之间的距离较近，射击时可以防止任何一只手产生抖动。在多发子弹点射时无须使用延伸式金属枪托。当然，如果真想更精确地射击（即使是单发射击），建议最好使用延伸式金属枪托。

93R型手枪目前已从研发阶段向前迈出了一大步，在公开的武器市场上随处都能见到它的身影。然而，这种手枪存在一个问题：3发子弹点射的设置相当复杂。从目前情况看，只有训练有素的专业技师才能对其维护和修理。

一旦解决了这个难题，那么93R型手枪一定会成为令人生畏的近战自卫武器。

上图：93R型手枪具有3发子弹点射的能力。尽管携带和操作方法都和常规手枪一样，但更准确地说，93R型手枪更接近于冲锋枪

右图：意大利武装部队和其他国家的特种部队使用93R型手枪。它的枪架和92型手枪的枪架类似，但是，它的点射控制装置安装在枪把的右侧。为了对付远距离的目标，或加强对近距离目标的控制能力，前置式枪把能迅速延伸

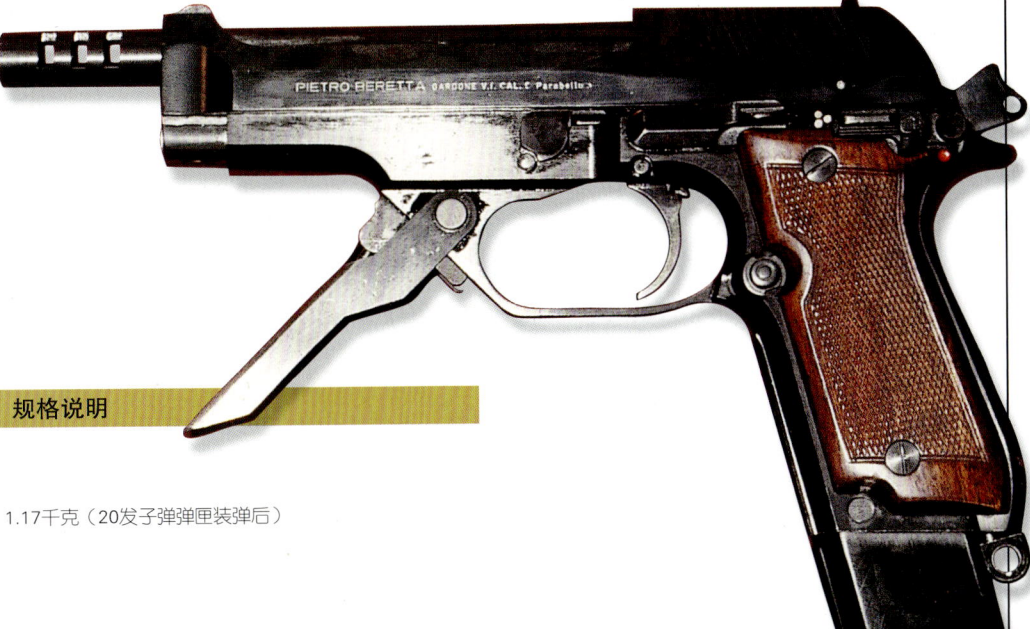

规格说明

93R型手枪

口径：9毫米

重量：1.12千克（15发子弹弹匣装弹后）；1.17千克（20发子弹弹匣装弹后）

枪长：240毫米

枪管长：156毫米

子弹初速：375米/秒

弹匣容量：可装15发或20发子弹

马卡洛夫 9 毫米手枪

许多西方情报机构在20世纪60年代初才首次发现马卡洛夫自动手枪。其实，早在20世纪50年代初苏联就开始研制这种手枪，并于1952年投入生产。从某种程度上讲，这种手枪是德国1929年生产的半自动手枪——瓦尔特PP型手枪设计的扩大版。时间已经验证了PP型手枪是有史以来最优秀的手枪之一。值得注意的是，马卡洛夫手枪的设计借鉴了PP手枪的设计原理。马卡洛夫手枪使用的是9毫米×18毫米子弹，虽然这种子弹和西方9毫米的警用子弹口径相同，但事实上，这种子弹和任何一种子弹都不相同。1951年，这种子弹开始时是供"斯捷克金"冲锋枪（基本上是扩展型的PP手枪，具有全自动射击能力，弹匣可装20发子弹）使用的，这种子弹的威力介于9毫米帕拉贝鲁姆子弹和9毫米短头子弹之间。苏联的这种子弹显然是根据第二次世界大战时德国的一种子弹研制的。德国的作战部队并没有使用这种子弹，但是，在相当长的时间里，它引起了西方人的注意。西方国家从来没有生产过这种子弹，但是苏联却把它视为理想的子弹。苏联人认为使用非闭锁装置的手枪可以使用这种子弹。

简单的击发设置

使用这种子弹有可能使马卡洛夫以简单的后坐力操作系统为基础的设计变成现实，击发设置越简单，就越需要威力更大的子弹。PP手枪和马卡洛夫手枪的另一大区别是，后者的扳机设置比瓦尔特手枪的扳机设置更加简单，不过可惜的是，它是以牺牲连动式推力的功能为代价的。

苏联人称马卡洛夫手枪为PM手枪。不仅所有的苏联武装部队和所有华约组织成员国的军队，而且大多数华约组织成员国的警察都装备了这种手枪。

马卡洛夫手枪设计合理简单，适合在恶劣的条件下操作，但制作较为粗糙。多种资料表明这种手枪不易操作，因为它的枪把相当厚，所以使用时比较困难，但这对于东欧集团各国的士兵来说也没什么不方便，因为他们每年大多数时间都要戴上厚厚的手套。

除苏联以外，别的国家也制造过这种手枪。在中国，PM手枪被称为59式手枪。民主德国是另一个马卡洛夫手枪的制造国，其产品和苏联的一模一样，但名字被称为M手枪。另外，波兰也生产了和马卡洛夫类似的手枪，波兰人把这种手枪称为P-64手枪。上述三国还生产了特殊的马卡洛夫子弹。

未被接受的改进型

马卡洛夫手枪的主要问题是它的弹匣容量小，并且子弹威力也不够大。苏联意识到这个问题，并且在20世纪80年代初，试图在PMM（PM手枪的改进型）手枪中克服这些缺陷，PMM手枪使用可装12发子弹的双排式弹匣和装有较重推进火药的子弹（子弹初速可增加100米/秒），但结果都彻底失败了。

右图：马卡洛夫手枪是一种简单的、利用后坐力原理操作的半自动手枪。显然，它是在瓦尔特PP手枪和PPK手枪的基础上设计出来的，它和第二次世界大战前的德国手枪有着密切的联系

左图：一名苏联海军军官准备发射他的9毫米马卡洛夫手枪。苏联海军和陆军相比，规模要小得多，但仍是苏联军队最有效的作战部队之一

规格说明

"马卡洛夫"手枪

口径：9毫米（马卡洛夫子弹）

重量：0.663千克（装弹前）

枪全长：160毫米

枪管长：91毫米

子弹初速：315米/秒

弹匣：可装8发子弹的盒式弹匣

PSM 5.45 毫米手枪

20世纪70年代，苏联当局发现它需要一种新式的、体积小、重量轻的半自动手枪，作为个人防身武器，供高级军官和安全人员使用。这种手枪要尽可能做到小巧精致，外部没有多余的装饰，从而避免和衣服内部的物体发生钩挂或碰撞。其设计目的显然是使这种手枪既能藏在衣服内，又能快速从口袋中拔出使用。

这种新式手枪使用的子弹是新研制的5.45毫米×18毫米子弹，它的弹壳为瓶颈状，弹头呈尖形，其性能要超过5.59毫米"远程"子弹和勃朗宁6.35毫米ACP子弹。

尽管这种子弹的初速不是太快，但有消息说这种子弹有强大的穿透能力，可穿透某些防弹衣上的防护装甲。

小型轻便

为发射这种有用的子弹而设计出来的武器就是PSM手枪（或称小型自动手枪）。1980年，这种手枪投入生产，不久就装备部队。PSM手枪是一种极为传统的后坐力系统操作武器，有一个连动式扳机。手动操作的保险阻铁（为了使手枪处于安全状态要向后推动保险阻铁）装在滑座后部的左侧，没有滑座阻针。这种枪的主要制造原料是钢，但为了减轻重量和宽度，枪把的侧板用细薄的铝合金制成。后者仅有18毫米厚，所以这种手枪极易藏在衣服口袋里。

为了便于从口袋中拔出手枪，扳机护柄非常平滑，手枪的下面则适当弯曲，两者相当匹配。和标准的现代半自动手枪一样，枪管有6条向右弯曲的膛线槽沟，弹匣位于枪把内。

小型弹匣

这种手枪的弹匣只能装8发子弹。作为自卫武器，8发子弹已经足够了。移动位于枪把后部的阻铁，可以再次装弹。取下弹匣后，手枪处于安全状态。而且向后推动滑座可以把可能遗留在弹膛内的子弹弹出枪外（手枪滑座右部有一个弹射器），并且还可以从弹射孔中看看弹膛内是否还有子弹，最后，在推动扳机之前松开滑座。

PSM手枪仍然在适度生产，供军队和准军事部队使用，并且还流入欧洲和其他地区的武器黑市上。

下图：PSM手枪开始时主要是为了便于隐藏携带而设计的。它是一种小巧精致的半自动手枪，没有较大类型手枪那么多的附件设置。它可以随时从口袋中抽出，是俄罗斯的军用手枪之一。另外，保加利亚武装部队也使用这种手枪

规格说明

PSM手枪

口径：5.45毫米×18（MPT子弹）

重量：0.46千克（装弹前）；0.51千克（装弹后）

枪全长：155毫米

枪管长：85毫米

子弹初速：大约315米/秒

弹匣：可装8发子弹的盒式弹匣

瑞士 P220 系列手枪

许多年以来，位于纽毫森·莱茵福斯的瑞士工业集团（SIG）的生产车间里一直在生产一流的武器。该公司一直受到瑞士法律的严格限制，不得向国外出口有军事用途的武器。但是，由于该公司和德国绍尔父子公司结成了联盟，最后得以将其产品移到联邦德国，然后再进入世界武器市场。这就是SIG-Sauer公司成立的根本原因。

两公司结盟后成立的新公司研制出的第一批军用手枪就是SIG-Sauer P220手枪。它是一种带有闭锁装置的单动式或连动式半自动手枪。谈起这种手枪就难免有夸大其词之嫌。因为从许多方面看，它确实是一种了不起的手枪，为了减轻重量和降低费用，它的枪架尽量使用金属冲压和由铝制品制成，但制作和抛光标准都极为严格。这种手枪操作时给人的感觉极好，一枪在手，"舒适"之感顿生。这种手枪非常精确，整个设计非常严谨，异物和尘土很难进入枪内，无须担心引起阻塞。除此之外，这种枪极易拆卸和维护，而且拥有常用保险设置，样样俱全。

四种口径可供选择

从整体上看，P220手枪最突出的特点是有四种口径，可以任意选择。这四种口径是：普通9毫米帕拉贝鲁姆、7.65毫米帕拉贝鲁姆、11.43毫米ACP和9毫米"超级"（不会和9毫米帕拉贝鲁姆相混淆）。另外，P220手枪还可以转换为另一种口径，在使用辅助工具的情况下，可以发射5.59毫米"远程"子弹进行射击训练。发射9毫米帕拉贝鲁姆子弹时，它的弹匣可装9发子弹；而发射11.43毫米ACP子弹时，弹匣只能装7发子弹。

P220手枪的这些优点为SIG-Sauer公司赢得了大笔订单。瑞士军队就装备了这种手枪，瑞士人把这种手枪称为9毫米75式手枪。有时候，公司在供货时，也把P220手枪称为75式手枪。

P220手枪的改进型被称为P225手枪。和P220手枪相比，它稍微小了一点，并且只能发射9毫米帕拉贝鲁姆子弹。使用P225手枪的联邦德国和瑞士警察把这种手枪称为P6手枪。继P225手枪之后研制出来的9毫米帕拉贝鲁姆P226手枪的弹匣可装15发子弹。该公司研制P226手枪是为了和其他手枪竞争，能够成为美国M1911A1手枪的替代者，但是由于它的价格过于昂贵，未能成功。P228手枪生产于1989年。其实，P228就是小型的P226手枪。它的弹匣较小，被美国空军选中使用，美国空军称之为M11手枪。P229手枪则是专门发射10.16毫米史密斯和威森子弹的P228手枪。

右图：瑞士P220手枪是瑞士工业集团和德国绍尔父子公司合作研制而成的优秀武器。这种手枪避开瑞士政府的限制之后才成功出现在世界武器市场上

上图：P220手枪已经生产了150000支，其中有35000支75式手枪供瑞士军队使用。这种手枪的设计显然对伊朗的ZOAF手枪产生了重大影响。图为1978年瑞士工业集团在其125周年庆典中展出的P226手枪

规格说明

9毫米75式手枪

口径：9毫米

重量：0.83千克（装弹前）

枪全长：198毫米

枪管长：112毫米

子弹初速：345米/秒

弹匣：可装9发子弹的盒式弹匣

美国自动手枪

虽然美国有多家生产供军队、安全和执法部门使用的半自动手枪的武器制造商,但是,在手枪市场上最为有名的手枪还要数卢格公司生产的卢格手枪以及史密斯和威森公司生产的史密斯和威森手枪。

1987年,卢格公司最先进的发射9毫米帕拉贝鲁姆子弹的卢格P85手枪投入生产。从那以后,卢格公司又制造出多种卢格系列手枪。所有卢格手枪都使用了后坐力操作系统,从密闭的弹膛处发射;并且,除了9毫米P95手枪和11.43毫米P97手枪的枪架是用复合材料制成的之外,其余系列的手枪枪架都是用铝制成的。

卢格系列手枪的彼此差异主要在于它们的扳机、枪管长度和弹匣容量。1991年,P85手枪停止生产,它的扳机为连发式,枪管长114毫米,弹匣可装15发子弹。P89手枪是1991年投入生产的。它和P85的区别在于使用了不同的连发式装置、连发式反向击铁和连发式扳机。P90手枪的口径为11.43毫米,带有连动式装置和连动式反向击铁扳机,弹匣可装7发子弹。P91手枪在1992—1994年期间投入生产,口径为10.16毫米,枪管长110毫米,带有连动式反向击铁和连动式装置,弹匣可装11发子弹。口径为9毫米的P93手枪于1994年投入生产,枪管长99毫米,带有连动式反向击铁和连动式装置,弹匣可装10发子弹。口径为9毫米的P94手枪和同年生产的口径为10.16毫米的P944手枪的枪管长108毫米,扳机装置有3种射击方式可供选择,弹匣可装10发子弹。1996年生产的9毫米P95手枪,枪管长99毫米,有3种射击方式可供选择,弹匣可装10发子弹。最后是1998年生产的11.43毫米P97手枪,枪管长99毫米,有3种射击方式可供选择,弹匣可装8发子弹。

史密斯和威森手枪

史密斯和威森公司也生产了大量半自动手枪。最初的半自动手枪是1949年生产的史密斯和威森39型手枪。这种手枪使用后坐力操作系统,是由钢、不锈钢和铝合金制成的。39型手枪弹匣可装8发子弹,它和在它之后的59型手枪(弹匣可装

上图:AMT手枪是现代半自动手枪的代表。它可发射9毫米或10.16毫米史密斯和威森子弹。它的枪架是用铝加工而成的,其他部件用铸钢制成。弹匣可装15发子弹。而10.16毫米史密斯和威森手枪的弹匣只能装11发子弹,但这种子弹的威力较大

14发子弹）同属于史密斯和威森公司的第一代半自动手枪，并且在1980年都停止了生产。史密斯和威森公司的第二代手枪是1980年投入生产的。第二代手枪是在第一代手枪39型手枪和59型手枪的基础上设计出来的，共有三种类型，每种类型的枪架制造原料、双排式弹匣以及带有保险和反向击铁的传统型连动式扳机都有所不同。了解第二代手枪的关键在于要明白手枪型号序列中数字的意思，第一个数字4/5/6分别代表这种手枪的枪架是用铝合金、碳钢或不锈钢制成的；第二个数字和第三个数字代表弹匣容量和枪架的尺寸［59指该枪架为9毫米，弹匣为双排式；39指该枪架为9毫米，弹匣为单排式；69指该枪架为9毫米（袖珍型），弹匣为双排式］。第三代手枪是从1990年投入生产的。第三代手枪的型号序列数由4位数字组成。第三代手枪有小巧灵活的保险和反向阻铁杆、连动式装置和反向阻铁。口径分别为10.16毫米、11.43毫米和10毫米。要了解第三代手枪的关键在于明白它的前两个数字分别代表口径和弹匣的类型［39代表该手枪的口径是9毫米，弹匣是单排式；59代表该手枪的口径是9毫米，弹匣是双排式；69代表该手枪的口径是9毫米（袖珍型），弹匣为双排式；等等］。第三个数字代表扳机类型和枪架的尺寸（5代表扳机为连动式和枪架为袖珍型等）。第四个数字代表枪架的制作材料（3和6分别代表枪架是用铝和不锈钢制成的）。第三代手枪的所有滑座都是用不锈钢制成的。

规格说明

卢格P97手枪

口径：11.43毫米
重量：0.86千克
枪全长：185毫米
枪管长：99毫米
子弹初速：不详
供弹：可装8发子弹的盒式弹匣

右图：柯尔特公司著名的M1911手枪经过柯尔特和其他许多武器制造公司的不断改进拥有先进的型号，可发射目前执法人员最喜爱的10毫米大威力子弹

下图：手枪长期以来一直用于军事，主要作为个人防身武器使用。然而，作为警察和准军事人员使用的武器，手枪的重要性更为突出，只有经过不断训练才能发挥手枪的最大效能

史密斯和威森公司、柯尔特公司和卢格公司的左轮手枪

虽然史密斯和威森公司现在已停止生产左轮手枪,尤其是军用左轮手枪,但是,许多国家的武装部队仍然使用史密斯和威森公司过去生产的左轮手枪,使用者一般为军人和安全人员。

目前可以发射马格南子弹的左轮手枪应当是最受欢迎的武器了。这种子弹可以提供强大的阻拦火力。这些手枪主要有:1955年生产的No.29手枪。这种手枪可发射10.92毫米马格南子弹。由于它的后坐力较大,所以大多数射手感到操作困难。1964年生产的No.57手枪,可发射威力稍小一点的10.41毫米马格南子弹。No.57手枪和No.29手枪的规格完全相同,具有相当强大的阻拦火力,但是也不太容易操作。

史密斯和威森公司还生产了几种口径为9毫米的左轮手枪。其中典型的是扁平的No.38左轮手枪。这种手枪有一个凸缘式击锤和一个可装5发子弹的旋转弹膛。它和No.49手枪的区别在于它的枪架是用钢制作的,而后者的枪架是用铝合金制作的。

柯尔特左轮手枪

现代的柯尔特军用左轮手枪是连动式设计。大家最为熟悉的柯尔特军用左轮手枪非"蟒蛇"手枪莫属。这种手枪生产于1955年。它使用了凸缘式枪管,非常易于辨认。这种手枪只能发射一发9.2毫米马格南子弹。这种手枪威力极大,沉重而又威力巨大的子弹在发射时对手枪的影响较大。为了吸收子弹的冲击力,这种手枪制造得非常重(1.16千克)。这种手枪的枪管长度有两种:一种为102毫米,另一种为152毫米。

"骑兵"手枪生产于1953年。这种手枪的枪管长度和口径可分为许多种。取

右图:柯尔特左轮手枪口径有许多种。大威力的"执法者"Mk Ⅲ手枪使用的是9.2毫米马格南子弹(准确地说是9毫米口径)。柯尔特"眼镜蛇"左轮手枪(图中没有展示)和"蟒蛇"左轮手枪极为近似,但它发射的是9.65毫米(特殊型)子弹,而不是9.2毫米马格南子弹

右图:卢格"Speed-Six"手枪被美国陆军称为GS-32N手枪。这种手枪的制造有两种型号:一种可发射9.2毫米马格南子弹和9.65毫米子弹(特殊型);另一种可发射9毫米帕拉贝鲁姆子弹。为了保证发射后,空弹壳被弹射出去,所以这种手枪使用了无缘式9毫米子弹和可装3发子弹的半月形弹夹

代"骑兵"手枪的是"执法者"Mk Ⅲ手枪。这种手枪只能发射9.2毫米马格南子弹,枪管只有51毫米。

卢格左轮手枪

在开始设计左轮手枪的时候,斯图姆-卢格公司决定对左轮手枪的每个设计环节进行彻底检查,并且制造出先进的左轮手枪,这种手枪几乎风光了近一个世纪。这种手枪是用新式钢材和其他材料制成的。在生产中,这种手枪使用的模块系统可以对手枪的零部件进行加工,体积和形状任意增减,可以随意铸成任意一种特殊的模型。

卢格左轮手枪的枪管长度和制作原料(包括不锈钢)各不相同。它的口径有大有小,从9.65毫米的特殊型号到各种马格南型号,应有尽有。军用左轮手枪有Service-Six,它可发射9.65毫米特殊型号的马格南子弹,也可以发射9.2毫米马格南子弹。枪管长度有70毫米或102毫米。Service-Six手枪和Security-Six手枪基本接近。Security-Six手枪主要供警察使用。它的枪管较长一些。这两种手枪的扳机设置有单动式和连动式。有些卢格左轮手枪使用的子弹是无缘式9毫米帕拉贝鲁姆子弹,可以装在特殊的半月形弹夹内,每个弹夹可装3发子弹。

卢格"黑鹰"左轮手枪生产于1955年。这种手枪一出世就产生了轰动效应。这种手枪可以发射10.92毫米马格南子弹。对于大多数射手来说,这种子弹威力太大。为了解决这个问题,卢格公司延长了"黑鹰"左轮手枪的射程,或者改用其他威力较小一点的子弹。目前,许多手枪爱好者仍然对这种手枪钟爱有加。

右图:世界大多数国家的军队都使用过史密斯和威森9毫米左轮手枪。这种手枪大多数为扁平状,使用连动式扳机设置。但是,特殊的No.38手枪却没有使用外置式击锤。这种手枪随时可以从口袋或枪套中掏出射击,而不用担心发生钩挂或碰撞之类的危险

规格说明	
N0.38左轮手枪	枪全长：235毫米
口径：9毫米	子弹初速：大约436米／秒
重量：0.411千克	弹膛容量：可装6发子弹
枪全长：165毫米	9毫米"Service-Six"手枪
枪管长：51毫米	口径：9毫米
子弹初速：260米／秒	重量：0.935千克
弹膛容量：可装5发子弹	枪全长：235毫米
"执法者"Mk Ⅲ手枪	枪管长：102毫米
口径：9毫米	子弹初速：260米／秒
重量：1.022千克	弹膛容量：可装6发子弹

右图：左轮手枪的一大优势就是在遭受剧烈碰撞后，仍然能保持良好的操作性能。类似于柯尔特"蟒蛇"左轮手枪之类的大威力左轮手枪对一名中美洲的游击队员来说，其价值是难以估量的。在美国，许多人对"蟒蛇"左轮手枪、子弹及其零部件非常钟爱，而且总有机会买到这些东西

2 战斗中的冲锋枪

冲锋枪在特种作战、反恐和维护法律秩序中正在发挥着新的作用。它是一种威力强大的自卫武器，集中了体积小、火力易控制等众多优点。

特种部队可以携带冲锋枪深入到敌后执行任务。你会发现警察手持冲锋枪在国际机场中巡逻。在美国总统周围，你看不到它们，但你必须知道它们的确无处不在。总统的保镖可能把冲锋枪隐藏在他们的汽车里，或者隐藏在看上去一点也不起眼的公文包里。

虽然冲锋枪的形状和规格各不相同，但有一点是相同的，那就是它们在最小的空间里，把近距离、可控制的火力发挥到淋漓尽致的程度。

冲锋枪的演变

冲锋枪是在第一次世界大战期间发展演化而来的。在狭小、近距离的堑壕中作战，士兵们需要一种特别的武器，既能像重机枪一样射击，使用时又要比上了刺刀的步枪得心应手。经过大量试验，从实用性方面看，德国的伯格曼MP18是最早可以满足军队需要的冲锋枪。

第一支冲锋枪（SMG）

时至今日，经过了80多年，MP18仍然具备一流冲锋枪的众多优点。MP18冲锋枪使用简单的后坐力操作系统，发射手枪子弹。使用威力较小的手枪子弹意味着在全自动开火时，易于操作。因为轻型武器的一个重要特点就是在使用大威力子弹射击时很难控制。

冲锋枪的制造和抛光已变得越来越复杂。其品种范围从瑞士20世纪30年代精美制造的施泰尔—索洛图恩冲锋枪，到第二次世界大战期间生产的数以百万计的实用型冲锋枪，数量之多，实在难以计算。在这些冲锋枪中，最初级的冲锋枪，如英国的斯坦冲锋枪（也称为轻机枪），看上去就像气管和压钢随便拼凑在一起的破烂货，但它们还真管用。

然而，突击步枪的研制似乎标志着冲锋枪的末日即将来临。冲锋枪所存在的问题是射击精度不够。在向外喷射子弹时，冲锋枪表现非常出色，只要你不介意子弹飞向何方就行。最新型的突击步枪——卡宾枪几乎比冲锋枪还大，似乎能做到冲锋枪所做的一切，而且精度更高，射程更远。然而，冲锋枪不仅依然存在，而且，在世界武器市场上，每年都会出现新的设计类型。

部分原因是冲锋枪易于制造和维修，而且价格比较便宜。相反，突击步枪的制造则要复杂、精密得多，并且费用昂贵。

一场新型的战争

哪里出现一场新型战争，哪里就会出现新型战士。犯罪和恐怖主义活动泛滥成灾，把世界平静的街道变成了杀戮的战场。这种情况实在令人担忧。

安全部队极少使用常规武器。他们需要易于在狭小范围如车辆和楼房内使用的武器。这种武器必须有足够的阻拦火力才能制服犯罪分子和恐怖分子，但又不能过于强大，以至于对半英里之外的无辜平民造成伤害。

专门工具

特种部队尤其需要这类武器。当你步行在敌人后方，而又满载通信设备和爆炸物去执行秘密的破坏活动时，你需要的武器应该简单、耐用、性能可靠，而且不能太重。

冲锋枪是唯一一种几乎可满足上述所有需要又具有实用价值的武器。事实上，有些冲锋枪设计的原因千差万别。著名的"乌兹"冲锋枪是20世纪50年代生产的，当时以色列需要一种火力快速而又猛烈的

左图：冲锋枪，一般也称为重型手枪，握在手中，就能获得强大的火力。冲锋枪易于使用，但要想用好却相当困难

武器,而且造价要尽可能低廉。

与此相反,赫克勒和科赫有限公司的MP5则是一种小型突击步枪,和竞争对手相比,MP5更加复杂。为了追求射击精度,MP5的设计过于复杂,这也是MP5所存在的一大问题。只要每次使用之后进行彻底清理,那么其性能绝对可靠有效。但是,在战场上,如果士兵使用的武器出现故障,那么这种武器可能就无法射击了。

对于战场上使用的武器来说,这可是个严重问题。但是,在营救人质时就不同了,因为这种活动前后时间很少会超过几分钟,并且参加营救人质活动的都是训练有素的特等射手。和修理出现故障的武器后再重新开火相比,精确射击重要得多,而在战场上,武器只有经得起考验才能生存下去。

小型、廉价、易于隐藏的现代冲锋枪是21世纪城市战中最重要的武器之一。最近几年,技术或许已经改变了冲锋枪的外部形状,而且使用冲锋枪的士兵也不再是1918年德国的纳粹冲锋队员。虽然经过了80多年的风云变幻,今天的冲锋枪依然保持着火力快速和猛烈的优点。

上图:在维护内部安全时经常使用现代冲锋枪。部分原因是在狭小的空间中,冲锋枪易于操作,但是,另一部分原因是冲锋枪火力强大猛烈,可以对付装备越来越好的犯罪分子和恐怖分子

下图:尽管最先进的冲锋枪,像奥地利的施泰尔Mpi冲锋枪,完全是高科技材料制成的,但在战斗中的作用和第一次世界大战期间以及第一次世界大战后生产的冲锋枪没什么不同

欧文冲锋枪

陆军中尉埃维林·欧文费尽九牛二虎之力才成功劝说澳大利亚陆军使用他在1940年设计的冲锋枪。当时，澳大利亚陆军对他设计的冲锋枪知之甚少，更别说有兴趣使用它了。但是，当时澳大利亚已经意识到冲锋枪的重要性，并且希望从英国获得司登冲锋枪。可是过了一段时间，澳大利亚发现希望破灭了，因为英国陆军想把所有可能生产的冲锋枪都买下来。如此一来，在最后关头，澳大利亚才下定决心使用欧文冲锋枪。可即使到了这个时候，这种冲锋枪的口径还没有最终确定下来。在使用通用型9毫米子弹之前，共生产了四种口径的样枪供试验使用。

高过头顶的弹匣

欧文冲锋枪通过弹匣一眼就可认出，它的弹匣垂直向上，高过头顶。选择这样的设计除了这种弹匣便于使用外，显然没有其他什么理由。据说这种弹匣效果特佳。直到20世纪60年代，澳大利亚仍在使用欧文冲锋枪，并且其改进型也保留了这种弹匣。欧文冲锋枪的其他部分相当普通，并且非常结实耐用，适用于任何环境。随着生产增加，其设计也发生了一些变化。早期枪管周围的鳍状翼片不见了，枪把也发生了变化，这可以从两种不同型号的枪托中看出，一种型号为圆形支架，全木设计，而另一种型号为半圆支架，半木设计。

欧文冲锋枪的另一个独特之外是枪管可以快速更换。其中的原因尚不清楚，因为这种冲锋枪的枪管在射击时要经过很长时间枪管才会发烫，无法使用。另一个奇特之处是欧文冲锋枪曾在新几内亚战争中，为了适应地形，作战时被涂上了伪装颜色。在新几内亚的丛林战中，澳大利亚士兵发现欧文冲锋枪是近战的理想武器。这种冲锋枪比其他类似的冲锋枪重，但是，由于它使用了前置式枪把和手枪枪把，所以操作时相当方便。

上置式弹匣意味着它的瞄准具不得不装在枪体右侧，但这并没有产生什么不良后果，因为它几乎都从敌人背后射击。

欧文冲锋枪于1945年停止生产，但是，在1952年，许多老式欧文冲锋枪都重新进行了改动，枪口增加了可以安装长型刺刀的设置。1943年生产的欧文冲锋枪，枪口的刺刀较短，有一个独特的管状支架。

规格说明
欧文冲锋枪
口径：9毫米
重量：4.815千克（装弹后）
枪全长：813毫米
枪管长：250毫米
射速：700发子弹/分钟
子弹初速：420米/秒
弹匣：可装33发子弹的垂直状盒式弹匣

上图：欧文冲锋枪是一种结实耐用、性能可靠的武器，使用不久便声名鹊起。图中是一支涂有伪装颜色的欧文冲锋枪

左图：澳大利亚的欧文冲锋枪的最突出、最好辨认的特征就是垂直式安装的盒式弹匣。图中是早期生产的欧文冲锋枪

ZK 383 冲锋枪

捷克斯洛伐克的ZK 383冲锋枪是西方完全不了解的冲锋枪之一，因为这种冲锋枪除了东欧国家外，其他国家极少使用，其作战用途主要是对付苏联。ZK 383冲锋枪于20世纪30年代末投入生产，在那个时代是一种非常重要的武器。1948年停止生产。

ZK 383冲锋枪设计于20世纪30年代初期，由著名的布尔诺兵工厂制造，该兵工厂后来因生产布伦机关枪而名扬四海。相对于冲锋枪之类的武器来说，ZK 383冲锋枪又大又重。该冲锋枪的一大特点是，有些型号的枪管下非同寻常地使用了双脚架。使用支架是捷克陆军战术思想实际运用的结果。捷克陆军把这种冲锋枪当作一种轻型机关枪使用，这似乎违背了大家公认的冲锋枪只是一种近战武器的观点。如此古怪的思想和用法使ZK 383冲锋枪的设计相当奇特。ZK 383冲锋枪的射速可以通过它的闭锁装置的重量的增减而调整。ZK 383冲锋枪（小型）闭锁装置的重量（0.17千克）可以增加，也可以减少。ZK 383冲锋枪具有两种射速（500或700发子弹/分钟），闭锁装置移动越快，射速也就越快。当ZK 383冲锋枪使用支架当作轻型机关枪使用时，射速会变慢；当把ZK 383当作攻击性冲锋枪使用时，它的射速会变快。

有限度的出口

但是，以上仅仅是捷克陆军的设计观点。显然，其他武器的客户不这么认为。保加利亚陆军把ZK 383当作标准的冲锋枪使用（至少到20世纪60年代初还在使用）。生产ZK 383冲锋枪最多的还是1939年后的德国陆军。德国陆军占领捷克后发现ZK 383冲锋枪生产线完好无缺，因此，德国理所当然要利用起来。布尔诺兵工厂开始时生产纳粹党卫队使用的武器，包括ZK 383冲锋枪。纳粹党卫队只在东线使用这种冲锋枪。纳粹党卫队把ZK 383冲锋枪称为vz 9冲锋枪（9型冲锋枪，vz代表vzor，捷克语为"型号"的意思），并且发现这种武器非常有效，于是，vz 9冲锋枪就成了纳粹党卫队的标准武器之一。第二次世界大战后，捷克保留了大量由德国生产的ZK 383冲锋枪，供捷克的民事警察使用。不过捷克民事警察把这种冲锋枪称为ZK 383P冲锋枪。这种冲锋枪生产时前面没有双脚架。

除了捷克斯洛伐克、德国和保加利亚之外，购买ZK 383冲锋枪的国家还有巴西和委内瑞拉，但购买数量都不大。这种冲锋枪除在东欧外，其他地区都没有太大兴趣。并且，从多方面来看，对于所扮演的角色来说，它太复杂了。捷克斯洛伐克陆军设计时，偏向于当作轻型机关枪使用，从而使它的设计过于烦琐累赘，超出了实际需要。

上面已经提到它的两种射速和使用双脚架，但是冲锋枪真的不需要复杂的枪管更换设置、用优质钢加工而成的设置和一个斜插在枪托内的闭锁复位弹簧。虽然有了这些装置，ZK 383冲锋枪的性能变得更加可靠，但对于冲锋枪来说，这样做确实太复杂了。

上图：捷克斯洛伐克的ZK383冲锋枪的所有零部件都经过了精密加工，并且安装了奢侈的双脚架和可变射速装置，甚至枪管也可以快速更换。后来，德国生产了大量ZK383冲锋枪供纳粹党卫队使用。他们发现这种冲锋枪虽然重了一些，但性能的确可靠

规格说明

ZK383冲锋枪

口径：9毫米

重量：4.83千克（装弹后）

枪全长：875毫米

枪管长：325毫米

射速：500或700发子弹/分钟

子弹初速：365米/秒

弹匣：可装30发子弹的盒式弹匣

索米 m/1931 冲锋枪

索米m/1931冲锋枪源于德国20世纪20年代初期的设计。在冲锋枪设计盛行一时的时候，m/1931冲锋枪并没有什么惊人之处，因为它使用的是常规的后坐力操作系统和传统布局。和许多种类型的冲锋枪相比，它的优点在于精良的做工（它的原材料质量之高达到近于奢侈的程度，并且加工极为精细）和使用的非常完善的供弹系统。这种供弹系统后来被广泛模仿。它使用的装弹系统主要有两种型号：一种是可装50发子弹的垂直状盒式弹匣；另一种是可装71发子弹的圆形弹鼓。盒式弹匣分成两个垂直部分，可容纳50发子弹的正常长度。一部分子弹供应完毕，另一部分开始供弹。这种供弹方法深受士兵们的喜爱，因为和常规弹匣相比，士兵有更多时间准备更多子弹。另外，这种冲锋枪还有一种正规的可装30发子弹的盒式弹匣。

在军中得到证明

芬兰生产了大量m/1931冲锋枪，供芬兰陆军使用。1939—1940年和苏联"冬季战争"期间，这种冲锋枪在战斗中证明了其价值。它有几种出口型号，其中有的枪管或枪体下装有小型双脚架。瑞典和瑞士都购买了这种冲锋枪，并且建立了自己的生产线。丹麦的一家公司也如法炮制。波兰警察在1939年前也使用这种冲锋枪。西班牙内战期间，交战双方都使用这种冲锋枪，数量之多，达到了惊人的程度。直到最近几年，在斯堪的纳维亚半岛各国有限的军队中仍能看到它的身影。如此长久的使用期限除了其精美的做工外，还有一个理由可以解释：在任何条件下，这种冲锋枪的性能都极其可靠，很少出现问题。这还远远不够，它还拥有如下优点：整支枪，大至枪的机架和枪栓，小至一个螺丝钉，都是用固体金属加工而成的。

这种冲锋枪极为精确。多数冲锋枪只能精确到几码之内，并且射程只要超过50米，几乎就失去作用。而m/1931冲锋枪在300米的射程内都非常精确。由于条件所限，这种冲锋枪在第二次世界大战期间使用较少。但是，其设计对第二次世界大战期间的许多种类型的冲锋枪产生了重要影响。1943年，瑞士获得了这种冲锋枪的生产许可证，生产的m/1931冲锋枪供该国陆军使用。

上图：索米m/1931是自冲锋枪诞生以来最优秀的冲锋枪之一，尤其特殊的是，它所有部件都是用固体金属加工而成的

右图：战斗中的索米m/1931冲锋枪。它的弹匣能装71发子弹。和其他冲锋枪不同的是，它的枪管较长，在射程内几乎都能做到精确射击

规格说明

索米m／1931冲锋枪
口径：9毫米
重量：7.04千克（鼓式弹匣装弹后）
枪全长：870毫米（枪托延伸后）
枪管长：314毫米
射速：900发子弹／分钟
子弹初速：400米／秒
弹匣：可装30发或50发子弹（盒式弹匣）；
　　　71发子弹（鼓式弹匣）

MAS 1938 型冲锋枪

人们常提到的MAS 38是法国的第一种冲锋枪。由于这种冲锋枪的生产时间是1938年，所以被定型为MAS 1938型冲锋枪。MAS 38是由圣安东尼兵工厂制造的。MAS 38冲锋枪是在1935年法国生产的一种武器的基础上，经过一系列改进而研制成功的。但必须说明的是，虽然它的研制时间较长，但是，结果证明这是值得的。和其他冲锋枪相比，MAS38型冲锋枪走在了时代前列。

MAS 38冲锋枪有一些相当古怪的设计：这种冲锋枪的结构相当复杂，而且发射的子弹只能在法国生产。看到这些，人们也就明白了法国为什么要花费这么长时间进行设计。当时，冲锋枪似乎没有理由制作得那么简单，因为冲锋枪的生产数量有限，而且当时的生产技术已经完全能按要求进行高水平制作。它所使用的口径也很能说明这个问题，MAS 38冲锋枪的口径为7.65毫米，而且使用的7.65毫米"长"型子弹只有法国才能生产。虽然这种子弹精度较高，但威力不大。任何使用过口径为9毫米冲锋枪的人都不会喜欢这种子弹。

复杂的机械设置

MAS 38冲锋枪的机械设置非常复杂。它的枪栓要移动相当长的距离，由于枪机向固体的木制枪托内倾斜，所以枪栓的移动方向会出现部分偏移。射击时，击发操纵杆和枪栓相分离。这一设计较为理想，但过于复杂。它的另一大亮点是在弹匣槽上面有一个减速板。当取出弹匣，对弹匣内的尘土或泥土进行清理时，弹匣槽呈密闭状态。其他冲锋枪极少使用这种设计，而且大多数冲锋枪没有这种设计也照样使用。

对那些开始一点都不想接收这种冲锋枪的用户来说，事实证明MAS 38冲锋枪是一种非常优秀的武器。当初装备法国部队时，法国陆军拒绝接收。无奈之下，最初生产的MAS 38冲锋枪有一部分送给了准军事部队，一部分送给了警察部队。1939年，当法国和德国之间的敌意骤然增加时，法国陆军马上转换了观念，订购了大量MAS 38冲锋枪，但是由于加工过于复杂，生产速度太慢，以至于法国不得不从美国订购大量汤姆森冲锋枪，但为时已晚，这些措施对1940年5月和6月的战争无济于事。最后，法国战败投降。当法国军队在维希政权控制下重新武装时，MAS 38冲锋枪投入生产，事实上，法国直到1949年还在生产这种武器，并且在印度支那战争中，法军仍然使用这种冲锋枪。

MAS 38冲锋枪从未得到它应得到的认可。它过于复杂，发射的子弹非常奇怪，并且在需要时又不能大批量投入生产。所以，目前除了法国和少数国家外，几乎很少有人知道它的存在。如果说它有什么影响的话，那么，现代武器中有些设计还要归功于它。使用这种冲锋枪的国家除了法国和它的几个前殖民地国家外，就数德国了。因为1940年德国缴获了一部分MAS 38冲锋枪，供驻扎在法国的德军使用。德军把这种冲锋枪称为722（f）冲锋枪。

规格说明

MAS 38冲锋枪

口径：7.65毫米

重量：3.356千克

枪全长：623毫米

枪管长：224毫米

射速：600发子弹/分钟

子弹初速：350米/秒

弹匣：可装32发子弹的盒式弹匣

上图：MAS 1938冲锋枪是一种设计合理、比较先进的武器。它发射的子弹威力较小，并且只有法国才能生产。由于这种冲锋枪的设计过于复杂，所以生产速度极慢，而且造价过于昂贵

MP 38、MP 38/40 和 MP 40 冲锋枪

MP 38冲锋枪于1938年首次投入生产。这种冲锋枪不仅对冲锋枪的设计，而且对冲锋枪的制造方法都产生了革命性影响。在其投入生产的前一年（1937年），德国军械车间的工作人员还在为精确的机械加工技术、精美的木制配件和标准的做工而自豪。不过，这一切都已经过时，MP38冲锋枪使用了粗糙、简单的金属冲压技术，用印模压铸的零部件、金属镀金，用塑料代替木材，而且抛光也不够精美，有的甚至没有镀光。

MP 38冲锋枪看上去非同寻常，它是一种为满足军事需要而大规模生产的武器。制造这种武器如此简单和便宜。在MP 38冲锋枪身上，已经看不到木制枪托，取而代之的是裸露的金属枪托，这种枪托比较重，可以折叠到枪体下面。在狭小的空间——如车辆内——使用较为方便。

冲压金属零部件

这种冲锋枪可在任何车间里用简单的金属冲压制品制造，并且，闭锁装置的加工程序也达到了最小化程度。这种冲锋枪最好涂上颜色，因为它的外部的大部分都是裸露的金属。MP 38冲锋枪节省费用的措施立即对冲锋枪的设计产生了重大影响。在1938年之后的几年里，越来越多的武器采用了类似MP 38冲锋枪最先使用的大规模生产技术。

MP 38冲锋枪的操作方法相当传统。它使用了常规的后坐力操作的枪栓。位于枪架下面的垂直弹匣把9毫米帕拉贝鲁姆子弹送入传统型的供弹系统。击发操纵杆位于枪架左侧，在裸露的槽沟内运动。虽然尘土和泥泞会进入到枪的内部，但在发生阻塞之前，这些脏物可以被清理干净。枪口下面有一个奇特的突出物，可以靠在车辆的边缘，作为射击的支点；同时，还可以作枪口盖使用，将泥土挡在枪口之外。

1939年，在战斗中，这种冲锋枪暴露出一个相当危险的缺陷：这种冲锋枪要从裸露在外的后膛（在松开扳机射击之前，枪栓被锁定在弹膛后部）操作。这样存在的问题是，如果枪受到震动，枪栓就会向前跳动，从而使整个射击过程开始运行。在改进之前，这一大缺陷导致许多人员伤亡。后来，经过改进，把击发操纵杆的裸露槽设计在闭锁装置中心位置的上面。此处有个撞针，击发操纵杆被推动穿过枪架另一侧的洞孔后，撞针就能和闭锁装置接

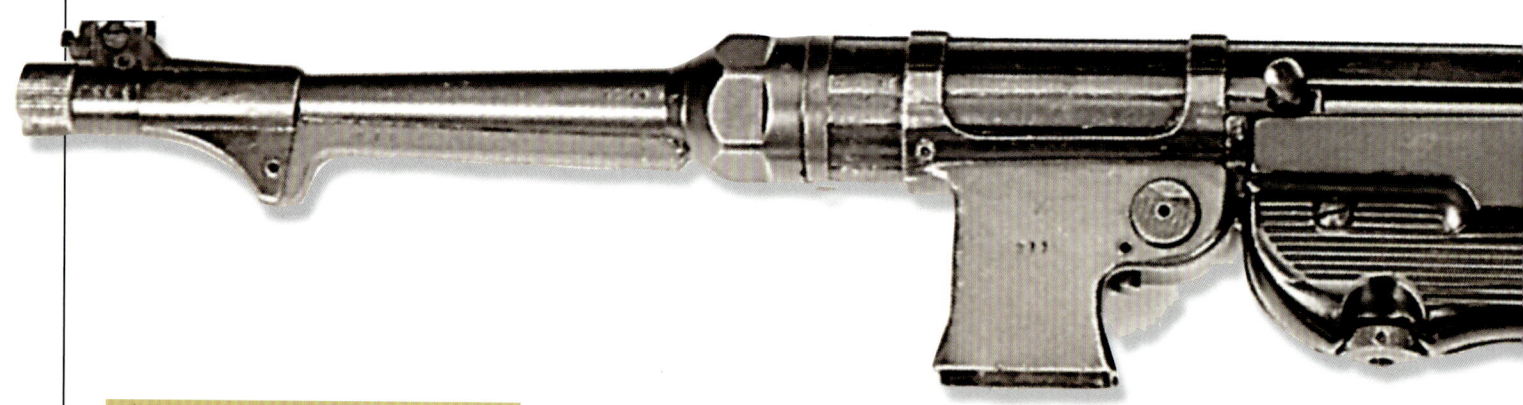

规格说明

MP 40冲锋枪

口径：9毫米（帕拉贝鲁姆子弹）
重量：4.7千克（装弹后）
枪全长：833毫米（枪托伸展后）；
　　　　630毫米（枪托折叠后）
枪管长：251毫米
射速：500发子弹/分钟
子弹初速：365米/秒
弹匣：可装32发子弹的盒式弹匣

触或分离。这次改进使MP 38冲锋枪变成了MP 38/40冲锋枪。

进一步的简化

1940年期间,由于出现了更多金属冲压制品和更简单的制造方法,MP 38冲锋枪的制造方法变得更加简单。新的型号被称为MP 40冲锋枪。对战场上的士兵来说,虽然它和MP 38/40冲锋枪几乎没什么差别,但对德国经济来说,则意味着只要能在简单的车间生产出MP 40冲锋枪的配件,在中心车间进行组装,那么就可以在任何地方制造出MP 40冲锋枪。数以万计的MP 40冲锋枪就是这样经过简单加工而生产出来的。设计简单和便于生产的MP 40冲锋枪在战场上随处可见,盟军士兵发现或缴获各种各样的MP 40冲锋枪,他们也喜欢使用。并且,当时的抵抗力量和游击队也经常使用MP 40冲锋枪。

1940年之后的MP 40冲锋枪,唯一重要的变化是使用了双弹匣。使用双弹匣的MP 40冲锋枪被称为MP 40/2冲锋枪。但这种双弹匣没有成功,并且也极少使用。今天,世界上许多偏僻角落里仍然有人特别是游击队武装使用MP 40冲锋枪。

关于这种冲锋枪,有一个古怪的名词,大家一般都称为"施迈瑟"冲锋枪(Schmeisser)。至于这个词源自于何处已无从考证,但是把它当作"雨果·施迈瑟"(Hugo Schmeisser)冲锋枪是绝对错误的,因为它和后者没有任何联系。后者是厄玛公司生产的武器。

左图:在斯大林格勒郊区,两名德国陆军精锐的装甲部队的士兵手持MP 40冲锋枪,占据一个弹坑进行抵抗。正如大家所知,在这种情况下,MP 40冲锋枪稍处下风,因为它使用的长弹匣稍微向下倾斜,在此类弹坑边射击,缺少支撑物

上图:在德国入侵苏联期间,这名下士使用MP 40冲锋枪,除了制作更加简单之外,它和MP 38冲锋枪几乎一模一样

上图:这是一支最初生产的MP 38冲锋枪。尽管它是为大规模生产而设计的武器,但其套筒座和其他部件都是经加工制成的。而对后来的MP 40冲锋枪来说,这些东西则是冲压和焊接而成的

MP 38冲锋枪

MP 38冲锋枪的出现，预示着世界上对冲锋枪的看法将发生重大变化。从此以后，此类近距离攻击武器被视为半消耗品，适合用最廉价的方式进行大规模生产。尽管MP 38冲锋枪最早体现了这种设计思想，事实上，在MP 38冲锋枪中，这种思想只是初露端倪，毕竟它的许多部件经过了高质量的加工。

右图和下图：在斯大林格勒战役期间，德军使用的就是MP 40冲锋枪。尽管德国在宣传中总爱夸大其词地吹嘘MP 40冲锋枪的使用如何广泛，但是，事实上，这种冲锋枪的发放极为严格，主要供一线部队特别是德军精锐装甲部队使用

上图：盟军士兵非常喜欢使用MP 38及其系列冲锋枪，个中原因正如德军喜欢使用这种冲锋枪一样。使用缴获的武器反过来对付它以前的主人，尤其是在弹药充足的时候，这在第二次世界大战期间一点也不稀奇

MP38冲锋枪枪口末端的上面安装有一个罩帽状的准星，下面安装了一个凸状设置。这种设置在战斗中可以当作支架使用。有了这种设置，射手可以把枪靠在车辆的边缘部位

MP 38 冲锋枪结构示意图

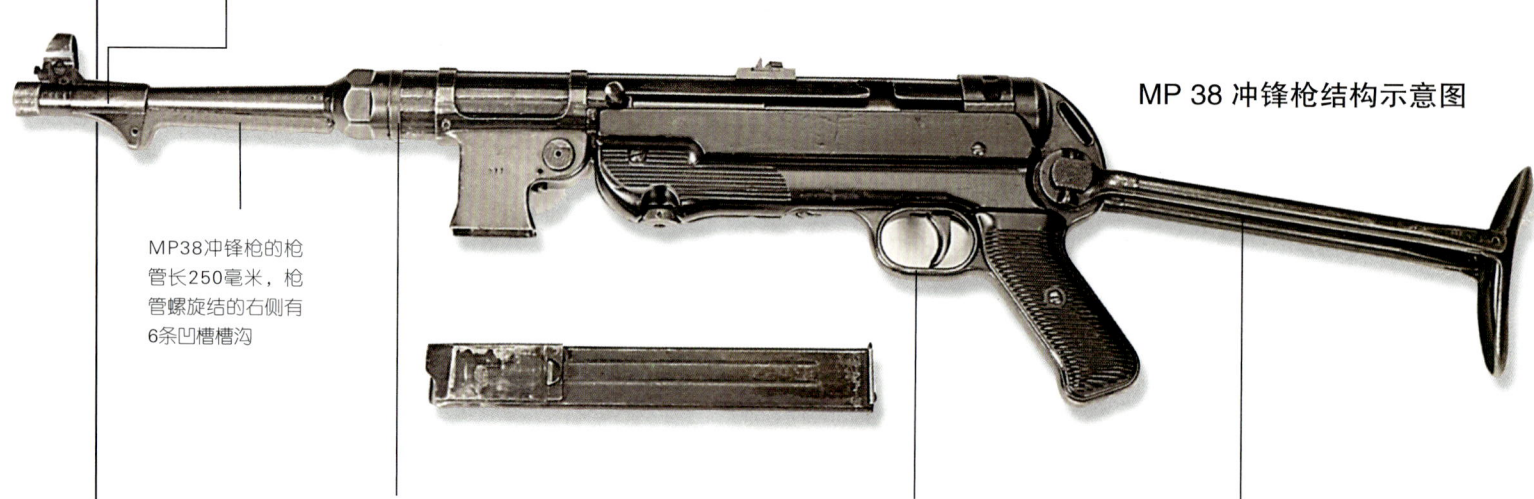

MP38冲锋枪的枪管长250毫米，枪管螺旋结的右侧有6条凹槽槽沟

MP38冲锋枪的枪管带有螺纹线。枪架和枪管被一个较大的套管固定住。套管处有一个较大的枪管螺帽，螺帽处有一个和枪管相通的入口，这样枪管就能拆卸下来

MP38冲锋枪是后坐力系统操作、具有自动射击功能的武器。它的扳机装置非常简单。没有应用保险。握住位于枪后部的枪栓，击发操纵杆就能进入到操纵杆上面的凹槽槽沟内

枪托由枪托杆和两个曲柄组成。操纵枪架后部的阻铁，枪托就可自由向下转动，然后再向前移动至枪架下的折叠位置。射手右手紧握手枪把，左手置于弹匣槽上。弹匣槽正好位于弹膛的下面和后部

MP 18、MP 28 、MP 34 和 MP 35 冲锋枪

尽管MP 18冲锋枪被意大利的维拉·帕罗萨冲锋枪所超越，但现代冲锋枪之父仍非MP 18冲锋枪莫属。从冲锋枪使用的普遍原理、操作原理和整个外形看，MP 18冲锋枪具备的这些特征后来都成了冲锋枪设计的标准。

MP 18冲锋枪的设计始于1916年。为了向前线军队提供近距离内快速射击的武器，其设计被优先考虑。设计人就是大名鼎鼎的雨果·施迈瑟。后来他的名字就成了冲锋枪的代名词。直到1918年，这种被德国人称为MP冲锋枪的新型武器——MP 18冲锋枪才开始装备西线德军，但对当时西线的战斗并没有产生什么影响。

后坐力系统操作

MP 18冲锋枪是一种简单的后坐力武器，发射著名的9毫米帕拉贝鲁姆子弹。MP 18冲锋枪制作精良，有一个用坚硬木材精制而成的枪托。弹匣可装32发子弹，呈蜗牛状。弹匣槽位于枪架左侧。枪管的管套带有洞孔，射击后，这些洞孔有助于枪管散热。这种冲锋枪只能全自动射击。

1919年，德国被解除武装后，为了保留MP 18冲锋枪的设计而把这些枪交给了德国警察。在20世纪20年代作为警用武器使用时，为了取代卢格"蜗牛"式弹匣，弹匣经过了改进，改进后的弹匣为简单的直线形盒式弹匣。后来这种弹匣成为竞相模仿的对象。1928年，德国恢复了MP 18冲锋枪的生产，但生产数量有所限制。1928年生产的产品被称为MP 28冲锋枪。MP 28冲锋枪使用了新的瞄准具，并具有单发射击能力。内部闭锁装置也作了一些改动。外部则增添了可以安装刺刀的刺刀架。MP 28冲锋枪使用的新式弹匣成为冲锋枪的标准弹匣。比利时、西班牙和其他国家都生产这种弹匣，并且还出口到世界各地。

型号确立

或许MP 18和MP 28冲锋枪的重要性不是作为武器在战场上如何使用，它们最重要的意义是为后来的冲锋枪设计提供了仿效的模式。

继MP 18和MP 28冲锋枪之后是MP 34和MP 35冲锋枪。虽然它们是MP 18和MP 28冲锋枪的直接仿制品，但是已经作了多处改动。乍一看，很容易忽视它们的区别。MP 34和MP 35冲锋枪的弹匣位于枪架右侧，而不是左侧、向前突出。为了控制射速，扳机的设置使用了双压系统，轻推扳机可以单发射击，重推扳机则可连续自动射击。

MP 34冲锋枪是由伯格曼兄弟设计的，经过改进就变成了MP 35冲锋枪。MP 35冲锋枪的枪管有长型和短型两种，另外还有刺刀架，甚至还有轻型双脚架。

可靠性能

MP 35冲锋枪的可靠性能很大程度上要归功于装在枪后面而非侧面的击发枪栓，它可以将多数泥土和脏物挡在外面，从而保持枪内的清洁。这一点引起了纳粹党卫队的注意，后来纳粹党卫队成了它最大的用户。纳粹党卫队想和德国陆军分开，另起炉灶，单独订购这种武器。从1940年年末生产的MP 35冲锋枪被纳粹党卫队采购一空，这种情况一直持续到1945年第二次世界大战结束。今天，南美洲一些国家的警察仍然使用这种冲锋枪。为什么经过这么长时间还有人使用这种武器？道理非常简单，MP 34和MP 35冲锋枪制作精良，所有零部件几乎都是用固体金属加工成的。

上图：这些坐在卡车中的士兵手持的MP 28冲锋枪安装了刺刀。从质量上看，MP 28冲锋枪非常优秀，但是要大规模生产，成本又过于昂贵

上图：MP 28冲锋枪是早期MP 18冲锋枪的改进型，它保留了前者的外形，既可以单发射击又能连续自动射击

规格说明

MP 18冲锋枪

口径：9毫米（帕拉贝鲁姆子弹）

重量：5.245千克（装弹后）

枪全长：815毫米

枪管长：200毫米

射速：350~450发子弹/分钟

子弹初速：365米/秒

弹匣：可装32发子弹的蜗牛式弹匣，后来改为可装20或30发子弹的盒式弹匣

MP 35冲锋枪

口径：9毫米（帕拉贝鲁姆子弹）

重量：4.73千克（装弹后）

枪全长：840毫米

枪管长：200毫米

射速：650发子弹/分钟

子弹初速：365米/秒

弹匣：可装24发或32发子弹的盒式弹匣

上图：虽然后来又出现许多更先进的冲锋枪，但是相对来说，老式冲锋枪仍然用途广泛，老式冲锋枪可供驻扎在后方的担负后方安全保卫任务的部队使用

贝瑞塔冲锋枪

贝瑞塔系列冲锋枪中最早的一种被称为贝瑞塔38A型冲锋枪。这种冲锋枪是由该公司富有设计天赋的首席设计师托里奥·马伦格利设计的，并在意大利北部布雷西亚市贝瑞塔公司总部制造而成。首批样枪生产于1935年，但是，直到1938年，38A型冲锋枪才被第一次大规模生产并装备意大利军队。术语"大规模生产"或许会使人对贝瑞塔冲锋枪产生误解，因为贝瑞塔冲锋枪是在常规生产线上生产的，而且每支都经过了细心和全面的检查，以至于人们会以为它们是手工制作的产品。事实上，在众多优秀的冲锋枪中，贝瑞塔冲锋枪仍然被视为最优秀者之一，并且早期的38A型冲锋枪注定要名扬天下。

简单但制作精良

从设计上看，贝瑞塔冲锋枪并没有多少能引起人们关注的地方。它的枪托是用木材精制而成的。盒式弹匣，微向下斜。枪管上有许多散热孔（有时枪口带有可折叠的刺刀架）。这些东西实在没有什么吸引人的地方。事实上，最值得注意的是这

上图：38A型冲锋枪设计合理，整体性能较好。操作和使用38A型冲锋枪对于士兵来说是极大的享受。这种冲锋枪制造精良，所以性能极为可靠，射击精度较高。图中所示的38A冲锋枪，装有一个可装10发子弹的弹匣。请注意它的双扳机设置和抛光精美的木制枪托

种武器的整体平衡能力和操作方法。事实证明，38A型冲锋枪非常优秀。精良的做工、细致的组装和精美的抛光令每一个使用过它的人都爱不释手。并且，在任何作战条件下，这种冲锋枪都具有性能可靠、精确射击的能力。

事实证明，38A型冲锋枪的供弹系统不太成功，但只要使用合适的弹匣，其表现还是不错的。它的弹匣有几种型号（分别装10、20、30或40发子弹）。这些弹匣都带有一个装弹设置。早期的贝瑞塔冲锋枪使用特殊的射速极快的9毫米帕拉贝鲁姆子弹。帕拉贝鲁姆子弹随处可见，因为许多种武器都使用这种子弹。

38A型冲锋枪有几大类型。其中有一种特殊的轻型冲锋枪，它没有刺刀，也不够精致，主要供在沙漠地区作战的部队使用。

意大利在1940年的6月参加第二次世界大战后，为了用大规模的生产方式生产这种武器，并快速送到意大利军队手中，对38A型冲锋枪作了小小的改动，但前线士兵很难发现这些改动，因为它的整体抛光仍很精美。仔细检查后就会发现，它的枪管上的散热孔装置是用冲压和焊接品制成的，这可能是为了适应大规模生产技术而不得不作出的改动。38A型冲锋枪一直名声显赫，经久不衰。

德国使用

到1944年时，战争形势发生了巨大变化。意大利自1943年9月和盟军达成停战协定后就被一分为二了。支持盟军的一派占据着南方，而占据北方的一派则支持德国。所以北方亲德一派开始为德军生产贝瑞塔冲锋枪。此时，贝瑞塔冲锋枪的基本设计又发生了改变，组装和制造方法更加简单。使用这种方法生产的38A型冲锋枪被称为38/42型冲锋枪，同时还有一种后来被称为1型的冲锋枪。虽然1945年后这两种型号的冲锋枪仍在生产，但相对来说，生产数量不多。这两种冲锋枪易于区分，因为它们从整体上看比较精美，但大多数都过于简单，缺少38A冲锋枪所具有的名枪风范。

如上所述，到1944年底，意大利（北部）开始为德军生产贝瑞塔冲锋枪。德军使用的贝瑞塔冲锋枪有38A型和38/42型，不过德军人分别称之为MP 739（i）和MP 738（i）冲锋枪。罗马尼亚军队也使用过38A型和38/42型冲锋枪。

盟军士兵对贝瑞塔冲锋枪极为推崇，只要他们缴获足够多的贝瑞塔冲锋枪，就会用其替换自己的武器。但是由于缺少贝瑞塔弹匣，所以使用这种冲锋枪受到了限制。盟军缴获的贝瑞塔冲锋枪常缺少必需的子弹，这对意大利人来说，真是不幸中的万幸。

上图：驻扎在突尼斯的意大利军队的士兵。贝瑞塔38A型冲锋枪就放在身边。左边的贝瑞塔38A型冲锋枪带有可装10发子弹的弹匣。这种弹匣在需要时可以单发射击。它的精度很高，在300米远的射程内，可以像步枪一样单发射击

规格说明

38A型冲锋枪

口径：9毫米

重量：4.97千克（装弹后）

枪长：946毫米

枪管长：315毫米

射速：600发子弹/分钟

子弹初速：420米/秒

弹匣容量：可装10发、20发、30发或40发子弹

左图：意大利法西斯政权要求年轻人一旦加入陆军，就必须接受训练，熟悉军队中大多数标准武器。当然，其中也包括贝瑞塔38A型冲锋枪。图中一名年轻的法西斯党徒正在接受巴斯蒂科将军授勋，他背后的武器就是贝瑞塔38A型冲锋枪

上图：战时生产的需要意味着贝瑞塔无法维持它在战前所保持的生产标准。即使如此，38/42型冲锋枪也要比同时期的其他类型的冲锋枪优秀得多。它保留了许多战前的优点

100式冲锋枪

日本人开始研制冲锋枪的时间之晚令人吃惊，不过明白了下述事实也就不足为奇了：在1941年之前，日本在中国的战线拉得越来越长，日军已经获得了丰富的作战经验，并且已经进口了许多种不同类型的冲锋枪供日军使用和评估。事实上，直到1942年，经过几年缓慢的研制之后，日本人才使用南部手枪的生产线制造出100式冲锋枪。这种冲锋枪的设计比较合理，但非常平常，毫无惊人之处，所以注定要成为唯一的一种由日本人大量生产的冲锋枪。

复杂的设置

100式冲锋枪的制造相当精良，但有几处设置相当古怪。其中之一就是它的供弹设置非常复杂。它虽然强调了在松开撞针之前要确保子弹全面进入弹膛，但忽视了射手的安全；而且，这种设计相当不可靠，因为它使用的是8毫米手枪子弹。这种子弹威力小，效果差。另外，子弹瓶颈状的形状进一步增加了供弹系统的负担。为了保持枪内的清洁，减少磨损，枪管内镀有金属铬。为了增加准确性，它使用了复杂的瞄准具和弯曲状弹匣。其他特殊的地方有：有些型号使用了复杂的枪口制动器，并且在枪管下面安装了较大的刺刀架。当射手趴在地上射击时，有些型号为了提高射击精度还带有双脚架。

100式冲锋枪有三种不同的型号。第一种型号枪长867毫米，枪管长228毫米。第二种型号有一个可折叠的枪托，一般供日本空军使用，枪托被链接在枪架后部，可以沿枪的一侧向前折叠。这种枪托虽然减小了枪的长度（枪长只有464毫米），但在战斗中也削减了枪的威力。这种型号的冲锋枪生产数量极少。第三种型号出现在1944年，当时各条战线都需要冲锋枪。为了加速生产，日本人对100式冲锋枪进行了重新设计，其设计变得更加简单。它的长度稍微加长了一点。木制枪托非常粗糙，射速从开始时的450发子弹/分钟增加到800发子弹/分钟。瞄准具减小后，几乎只剩下几个瞄准标杆。较大的凸型刺刀架也缩小了。枪口处，散热孔之前的枪管突出部分增多了，枪口制动器简单到只剩两个洞孔。需要焊接的地方也尽可能简单。这样造出的武器和早期的武器相比当然要粗糙得多，但只要能使用和发挥冲锋枪的作用也就足够了。

对日本人来说，到1944年底，主要问题已不限于此。事实上，100式冲锋枪已经无法满足越来越多的任务需要，而且，日本工业缺少大规模生产这些急需武器的能力。如此一来，日军在与装备精良的盟军的作战中一直处于劣势。在第二次世界大战后期的多次战役中，虽然日军垂死挣扎，拼命抵抗，但无济于事。

规格说明

100式冲锋枪（1944型号）

口径：8毫米
重量：4.4千克（装弹后）
枪全长：900毫米
枪管长：230毫米
射速：800发子弹/分钟
子弹初速：335米/秒
弹匣：可装30发子弹的弯曲状盒式弹匣

上图：100式冲锋枪是为了快速生产而设计的。有些产品为了走捷径，图省事，制作简单粗糙，如使用焊接和冲压制品，但从来没能满足战场上的需要

右图：这名日军一等兵手持的就是100式冲锋枪。在1942年前后，100式冲锋枪是丛林战的标准武器

施泰尔—索洛图恩 S1-100 冲锋枪

尽管施泰尔—索洛图恩冲锋枪是作为瑞士武器而设计的,并且制造地点以瑞士为主,但事实上,这种冲锋枪是在奥地利设计的。奥地利冲锋枪成为瑞士武器,经历了复杂的过程,最远可追溯到第一次世界大战结束、同盟国(德国和奥匈帝国)战败时期。根据战后条约,德国和奥地利在设计和制造自动武器方面受到了严格限制。德国的莱茵金属公司收购瑞士的一家公司——索洛图恩公司,由于武器在中立国制造,所以成功绕过了这些条约的限制。在新的德国老板的监督下,索洛图恩公司收购了奥地利的主要武器制造商——位于施泰尔的奥施泰尔里奇斯克武器制造公司的股份。这是奥地利最后一家生产冲锋枪的公司。该公司曾设计出多种冲锋枪,并且,在20世纪20年代完成了施泰尔—索洛图恩S1-100冲锋枪的最终设计。莱茵金属公司的路易斯·司登格尔于1920年提出了这种冲锋枪的设计思想。

为出口而生产的武器

到1930年时,这种冲锋枪已经进入全面生产阶段,主要供应出口市场。因为当时市场上冲锋枪的种类繁多,所以这种冲锋枪采用了通用的外形,并使用了德国MP18冲锋枪的操作方法。MP18冲锋枪生产于第一次世界大战末期,是当时最先进的冲锋枪。那时,瑞士制造商已完成了自己的设计,这种冲锋枪达到了最高境界,无论从设计和制作,还是从所使用的原材料等各方面,后坐力系统操作的S1-100冲锋枪都是最优秀的武器。它结实耐用,性能可靠,而且适应能力强。适应能力强是非常重要的,因为出口市场的性质和要求意味着这种枪必须按照所有东道国的口径要求进行生产,还要增添各种各样的附加装置。在附加装置中,包括一个弹匣装填槽。它位于枪的左侧,木制枪托的前端,弹匣槽的上面。

仅口径为9毫米的S1-100冲锋枪就至少生产出三种不同的类型。除了生产使用9毫米帕拉贝鲁姆子弹的类型外,该公司还生产出可以使用9毫米毛瑟子弹和9毫米施泰尔子弹的两种类型的冲锋枪。9毫米施泰尔子弹是专门为S1-100冲锋枪生产的。出口到日本和南美洲的S1-100冲锋枪使用的是7.63毫米毛瑟口径。葡萄牙购买了大量可发射7.65毫米帕拉贝鲁姆子弹的S1-100冲锋枪。至于其他附属设置及其种类更无法一一列举,其中最奇特的可能要数它的三脚架了,它可以把原来的冲锋枪转变成一支轻型机关枪。不过,想必这种轻型机关枪的效果不会太好。另外,它还有各式各样的刺刀固定设置。它的枪管长度有好几种规格,有的枪管非常长,事实上,只能使用手枪子弹。施泰尔—索洛图恩公司使用的另外一种销售策略是捆绑式销售,该公司卖给客户的不仅仅是S1-100冲锋枪,还会顺便销售S1-100冲锋枪使用

上图:图中为一名德军士兵使用施泰尔—索洛图恩S1-100冲锋枪进行射击训练的姿势。图片来自1938年间德国吞并奥地利、占领奥地利兵工厂后出版的德军训练手册

的特殊弹匣、清理工具及其他零部件等。

德国使用

到20世纪30年代中期,S1-100冲锋枪成为奥地利军队和警察的标准武器,在1938年德奥合并后,德国接管了奥地利武装部队的所有装备。这样S1-100冲锋枪就变成了德国的34(o)冲锋枪。人们一定会把它和德国的另一种MP34冲锋枪——伯格曼冲锋枪混淆。在前线服役不长时间的德军也分不清这种冲锋枪使用的子弹(仅口径为9毫米的子弹至少有三种类型),这种武器需要相当长时间才能适应德国的武器供应网。后来,MP34(o)冲锋枪主要供德国宪兵使用,而且,奥地利宪兵也保留了这种冲锋枪。

规格说明
S1-100式冲锋枪(9毫米帕拉贝鲁姆)
口径:9毫米
重量:4.48千克(装弹后)
枪全长:850毫米
枪管长:200毫米
射速:500发子弹/分钟
子弹初速:418米/秒
弹匣:可装32发子弹的盒式弹匣

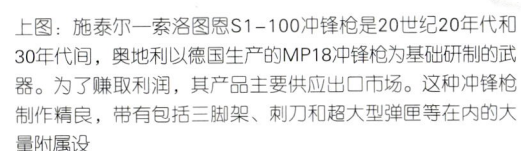

上图:施泰尔—索洛图恩S1-100冲锋枪是20世纪20年代和30年代间,奥地利以德国生产的MP18冲锋枪为基础研制的武器。为了赚取利润,其产品主要供应出口市场。这种冲锋枪制作精良,带有包括三脚架、刺刀和超大型弹匣等在内的大量附属设

兰切斯特冲锋枪

1940年，敦刻尔克大撤退后，德国对英国的入侵迫在眉睫。英国皇家空军决定使用冲锋枪加强对英国机场的防护。由于没有时间研制新的冲锋枪，所以英国决定先直接仿制德国的MP28冲锋枪。当时正值生死存亡之际，所以英国海军部决定和皇家空军联手研制新式冲锋枪。但是，最终研制出来的新式冲锋枪，只有皇家海军一家使用。

英国仿制的MP28冲锋枪是在达格南的斯特灵武器公司制造的。为了纪念负责武器生产的乔治·H.兰切斯特，这种冲锋枪被命名为"兰切斯特"冲锋枪。英国生产的兰切斯特冲锋枪设计合理，结实耐用。无论是登舰检查，还是袭击敌人，都是理想的武器。这种冲锋枪非常结实，合理使用了在此之前所使用的军械技术和焊接工艺。它有一个制作精美的木制枪托，后坐力系统装置是用最好的原材料和最好的技术制作成的，闭锁装置加工极其精密。为了与此相匹配，它的弹匣槽用固体黄铜制成。另外，英国还增添了自己的设计，如在枪口上安装刺刀架，使用英国的长型刺刀（登舰检查时非常有用），并且膛线也和德国的MP28冲锋枪有所不同，这种膛线适应于兰切斯特冲锋枪使用的所有子弹。

较大弹匣

兰切斯特弹匣较大，直条状，可装50发子弹。套筒座顶部有一个阻铁可以帮助弹匣拆卸。英国生产的第一种型号的兰切斯特冲锋枪是9毫米的Mk I "卡宾枪"型冲锋枪，它既可单发射击，也可以自动射击。而兰切斯特Mk I*冲锋枪只有自动射击功能。许多Mk冲锋枪都按照Mk I*冲锋枪的标准在英国皇家海军的兵工厂里进行改造。

虽然兰切斯特冲锋枪完全是德国冲锋枪的翻版，但是，在整个第二次世界大战期间以及第二次世界大战之后，它在皇家海军的表现还是相当不错的。多年以后，许多老兵还对它念念不忘，言语中充满了敬意。但他们并不喜爱这种冲锋枪，因为它太重，形状也不怎么好看。如果枪中装有子弹，它的枪托在受到剧烈碰撞或震动时，还会发生走火。英国皇家海军直到20世纪60年代还在使用这种武器。目前，兰切斯特冲锋枪只是枪支爱好者的收藏品而已。

下图：显然，兰切斯特冲锋枪是在德国MP28冲锋枪的基础上制造的。这种枪非常适宜颠簸的舰船生活。它的木制枪托和李·恩菲尔德 No.1 Mk 3步枪的枪托的外形一样，并且，刺刀架位于枪口下面。从图中可以看到它用黄铜制成的弹匣槽

规格说明
兰切斯特Mk I冲锋枪
口径：9毫米
重量：4.34千克（装弹前）
枪全长：851毫米
枪管长：203毫米
射速：600发子弹/分钟
子弹初速：大约380米/秒
弹匣：可装50发子弹的盒式弹匣

右图：兰切斯特冲锋枪是英国海军使用的标准武器。图为英国水兵在加拿大海港押送俘虏的德国潜水艇人员上岸——蒙上俘虏的眼睛是正规程序。这种冲锋枪特别适宜于海上生活。它使用了李·恩菲尔德步枪的枪背带

司登冲锋枪

1940年6月期间,敦刻尔克大撤退之后,英国陆军的武器库中空空如也。为了尽快把丢盔弃甲的英军武装起来,英国军方发出紧急通知,要求研制出一种能大规模生产的简易冲锋枪。这种简易冲锋枪以德国MP38冲锋枪的设计原理为模式。设计人员马上投入工作。在短短数周内,就制造出了样品。设计人员是R.V.谢菲尔德少校和H.J.图尔平。他们都是恩菲尔德—洛克轻武器制造厂的设计人员。这种新式冲锋枪被命名为"司登"(取自两名设计人员名字的第一个字母和制造厂名的前两个字母)。

司登冲锋枪的第一种型号为司登Mk1。这种冲锋枪一定会被视为冲锋枪设计以来最为丑陋的枪支之一。按照计划,这种枪要使用最简单的工具、花费最少的加工时间、尽可能迅速和廉价地投入生产,并且要尽可能使用钢管、冲压板、易于生产的焊接部件以及撞针和闭锁等。它的枪机是用钢管制成的,枪托为钢质结构。枪管由弯曲的钢管制成,带有两条或六条膛线凹槽槽沟,简单地切开了事。弹匣用钢板制成,扳机设置位于木制枪托内部。它有一个较小的前置式木制枪把和一个简化的闪光遮蔽器。它的模样实在令人无法恭维,在初次发放部队时,就引来了无数尖刻的嘲讽和咒骂。但是一经使用,士兵们马上就接受了它。毕竟它是在极端环境下生产出来的杀人工具。

简单而有效的武器

司登Mk I冲锋枪大约生产了100000支,并且在数月内就送到了英军手中。到1941年时,全金属结构的司登Mk II冲锋枪投入了生产。它比前者还要简单,但一经问世,却被视为司登冲锋枪中的"经典"。这种枪的所有部件都是用金属制成

上图:司登冲锋枪是英国新成立的空降部队装备最早的武器之一。图中的司登冲锋枪非同寻常,带有一个较小的锥形刺刀

规格说明
司登Mk II冲锋枪
口径:9毫米(帕拉贝鲁姆子弹)
重量:3.7千克(装弹后)
枪全长:762毫米
枪管长:197毫米
射速:550发子弹/分钟
子弹初速:365米/秒
弹匣:可装32发子弹的盒式弹匣

上图:到司登Mk V投入生产的时候,英国已经有充足的时间进行精加工制作。在保留司登冲锋枪的早期外形、木制枪托和手枪枪把的同时,增添了No.4步枪的前瞄准具

的。扳机装置上面的木制枪托不见了，取而代之的是一个简单的钢板盒。枪托尾部是一个单管，管底部有一个平底的托板。重新设计的枪管可以用螺丝固定或松动，以便于枪管改换。弹匣槽（盒式弹匣向左突出）被设计为一个独立的部件，可向下旋转。卸下弹匣，可清理里面的泥土和脏物。为了便于闭锁装置的拆卸和弹簧的清理，枪托拆卸非常容易。

武器拆卸后，占用的空间很小。并且，事实证明这是司登冲锋枪的最大优势。由于建立了几条生产线，包括在加拿大和新西兰建立的生产线，英国军队最初的武器需求得到了满足。但司登冲锋枪仍在大规模生产，并被空投到欧洲占领区，供抵抗力量使用。事实证明，司登冲锋枪的最大优点是简单和易于拆卸。

司登Mk II冲锋枪中有一种默默无闻的型号，并且产量很少，这就是司登Mk IIS冲锋枪。这种枪主要供突击兵和奇袭部队使用。司登Mk II冲锋枪之后是司登Mk III冲锋枪。它比最初的Mk I还要简单。它的枪管不能移动，并且被一根套管包裹。这种冲锋枪生产了数万支。

最后的型号

司登Mk IV冲锋枪是一种供伞兵部队使用的冲锋枪，但是没有投入生产。到司登Mk V冲锋枪问世的时候，局势已经朝着有利于盟军的方向发展了，并且司登Mk V冲锋枪已经能进行精加工制作了。Mk V冲锋枪自然成了司登系列冲锋枪中最优秀的型号，因为它的生产标准已经达到很高的程度，并且附属部件，如木制枪托、前置式枪托和小型刺刀架的制造都极为精致。它使用了李·恩菲尔德No.4步枪的前瞄准具。1944年，空降部队装备了Mk V冲锋枪，第二次世界大战后，Mk V成为英军的标准冲锋枪。

几乎从每一个方面说，司登冲锋枪都是一种粗糙的武器，但是它的性能不错，并且是在最危急的关头投入大规模生产的。在欧洲占领区内，抵抗力量把它当作一种理想的武器，并且全世界的地下武装几乎都原样不动地仿制了这种武器。甚至德国人为了弥补他们缴获的Mk III冲锋枪和Mk IIS冲锋枪的不足，也在1944年和1945年仿制出德国的司登冲锋枪。德国人把他们生产的司登冲锋枪分别命名为MP 749（e）和MP 751（e）冲锋枪。

下图：司登冲锋枪非常适合抵抗力量进行伏击和突袭活动。它可以使游击队拥有更强的火力。这种冲锋枪易于拆卸，利于隐藏

司登 Mk II 冲锋枪

英国军队在1940年6月敦刻尔克大撤退后,正处于最困难时期。为了尽快重新武装,英国迅速设计并生产出了司登冲锋枪。这种冲锋枪造价低廉、性能可靠,而且易于大规模生产,是一种较为理想的武器。由于其设计非常简单,因此性能相当可靠。在第二次世界大战后期,由于时间和制造设施的改善,英国对这种冲锋枪进行了改进。

上图:这可能是法国抵抗力量在战斗中(1944年)拍摄的照片。图中有两支司登冲锋枪和一支霰弹枪。这两种武器都是法国抵抗力量常用的武器

左图:卢瓦尔河的游击队正在训练课上学习如何使用司登Mk II冲锋枪。这支司登冲锋枪的枪托为钢制品,其形状和常见的T形枪托不同。这两种类型的枪托都很容易拆卸

右图:图中为地中海战区街头巷战的情景。为了提高司登冲锋枪的操纵能力,司登冲锋枪一般都增添了前置式枪把,这支司登冲锋枪(见图中)使用的是不标准的前置式枪把

枪管用简单的钢管制成,长197毫米,有两条或六条膛线凹槽槽沟

弹匣槽正好位于枪架左侧的弹膛后部。弹匣为盒式,可装32发子弹。不用时,弹匣槽向下旋转就锁定了供弹槽,并且可以阻止泥泞脏物进入枪内

操纵杆位于枪架右侧的长槽沟内。向后推操纵杆,枪就处于射击状态。向下推操纵杆,操纵杆就移动到细小的保险槽槽沟内

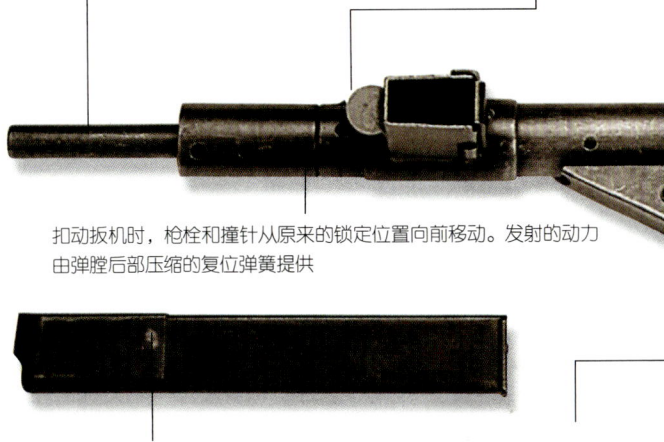

直形盒式弹匣用简单的钢材制成。有一个特殊的手动装弹设置,有助于控制弹匣弹簧的弹力

扣动扳机时,枪栓和撞针从原来的锁定位置向前移动。发射的动力由弹膛后部压缩的复位弹簧提供

枪架右侧的保险槽下有一个按钮,从枪左侧和右侧推动按钮时,可以进行单发和连续射击

扳机装置非常简单,有一个较大的带有棱角的扳机护柄

司登冲锋枪的枪托为分离式,有几种不同的外形。这支司登Mk II冲锋枪的枪托最为简单:托板上有两个洞(可减轻枪托重量),托板和一根单管相连

汤姆森 M1 冲锋枪

汤姆森冲锋枪是历史上最著名的武器之一。它成为大家所熟知的武器的原因要归功于好莱坞的电影制片商。"汤姆(汤姆森的昵称)冲锋枪"的名字起源于1918年第一次世界大战期间的堑壕战。

在残酷的堑壕战中,士兵们需要一种能够横扫堑壕中的敌人的短距离自动武器。因为此类"堑壕扫帚"只能在近距离内操作,所以不需要威力大、射程远的子弹。

第一代冲锋枪

德国陆军早就产生了这种想法,并且生产出了MP18冲锋枪。而在美国,前军械主任约翰·汤姆森将军倡议研制一种自动武器,可使用标准的11.43毫米手枪子弹。这种武器就是后来大家所熟知的汤姆森冲锋枪。

汤姆森冲锋枪刚生产不久就进行了分类。它有许多种不同的型号。第一次世界大战结束后,美国禁止向外销售汤姆森冲锋枪。但是在禁售期间,汤姆森冲锋枪却成了臭名昭著的武器,因为流氓团伙和政府特工人员都把它当作理想武器。当好莱坞开始使用它拍摄枪战片时,汤姆森冲锋枪一夜间声名鹊起。

美国海军陆战队于1927年在尼加拉瓜使用过汤姆森冲锋枪。一年后,美国海军把它所使用的汤姆森冲锋枪命名为M1928冲锋枪。

1940年,欧洲有几个国家迫切需要汤姆森冲锋枪。它们没料到德国会在1939年和1940年的战争中大范围使用冲锋枪,其中英国和法国呼声最高,要求美国提供类似的武器,而美国能够提供的只有汤姆森冲锋枪。美国开始为英国、法国和南斯拉夫大规模生产这种武器,但订单仍如雪片般飞来,供不应求。

法国和其他国家的订单都转给了英国。英国开始使用汤姆森冲锋枪,直到它自己研制的司登冲锋枪问世。即使如此,英国突击队仍然装备了汤姆森冲锋枪,后来在缅甸的丛林战中大显身手。

当美国加入第二次世界大战时,美国陆军也决定使用汤姆森冲锋枪,但是汤姆森冲锋枪必须重新设计才能符合大规模生产的要求。由于过去使用的加工程序比较复杂,所以汤姆森冲锋枪是在匆忙中投入大规模生产的。

汤姆森M1冲锋枪是1942年4月定型的。它的设计比较简单,使用简单的后坐力操作系统。弹匣为不太好看的圆鼓形,而好莱坞电影中则喜爱使用垂直的盒式弹匣。1942年10月生产的M1A1冲锋枪更为简单,前置式枪把和枪管上的凸架都省去了。尽管它的花费从1939年的200美元/支下降到1944年的70美元/支,但仍然无法和模样丑陋但性能良好的M3"注油枪"冲锋枪进行竞争。后者每支仅需10美元,甚至更少。

事实上,尽管M1冲锋枪较重,在战场上不易拆卸和维修,但是结实耐用,深受士兵们的喜爱。到1944年底,美国陆军下过最后一批订单后,它的总产量已达到1750000支。1940—1944年期间,大部分汤姆森冲锋枪都是由萨维奇武器公司制造的。

下图:M1928是汤姆森冲锋枪中的"经典"。流氓团伙、联邦特工人员和美军士兵都喜爱使用这种武器

上图：1945年，冲绳战役中的一名汤姆森冲锋枪射手正在射击。他使用的是M1A1汤姆森冲锋枪。这种冲锋枪安装了一个水平的前置式枪把。以前的枪把为前突式手枪枪把

右图：温斯顿·丘吉尔使用汤姆森冲锋枪。这种冲锋枪的鼓形弹匣可装50发子弹。事实证明，这种弹匣过于复杂，在战场上不利于使用

规格说明

M1汤姆森冲锋枪

口径：11.43毫米

重量：4.74千克（装弹后）

枪长：32英寸

枪管长：10.5英寸

射速：700发子弹/分钟

子弹初速：280米/秒

弹匣：可装20或30发子弹的盒式弹匣

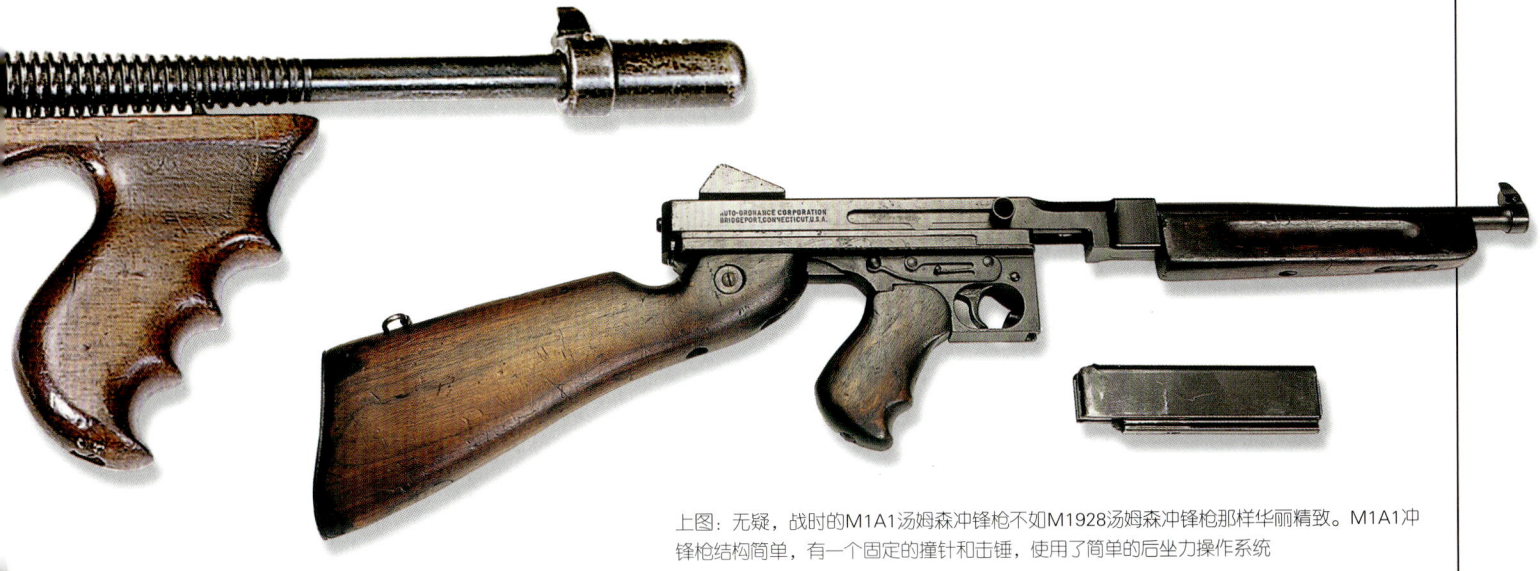

上图：无疑，战时的M1A1汤姆森冲锋枪不如M1928汤姆森冲锋枪那样华丽精致。M1A1冲锋枪结构简单，有一个固定的撞针和击锤，使用了简单的后坐力操作系统

汤姆森 M1928 冲锋枪

左图：由于汤姆森冲锋枪结实耐用、性能可靠，所以深受士兵们的欢迎。经过第二次世界大战的大范围使用后，美国军队在朝鲜战争和越南战争中继续使用这种武器，直到今天，在一些偏僻地区进行的战争中仍有人使用这种武器

撞针：
最初的汤姆森冲锋枪使用的是分离式撞针，用击锤撞击。但是，这样设置过于复杂。后来的型号使用的撞针改成了固定式撞针，简单而又廉价

枪口制退器：
射击时，制退器可以使子弹射出枪口时产生的气体向上流动，从而保持枪口向下倾斜。由于其作用有限，而且制作复杂，所以后来的汤姆森冲锋枪的枪口制退器进行了简化。最后，干脆取消

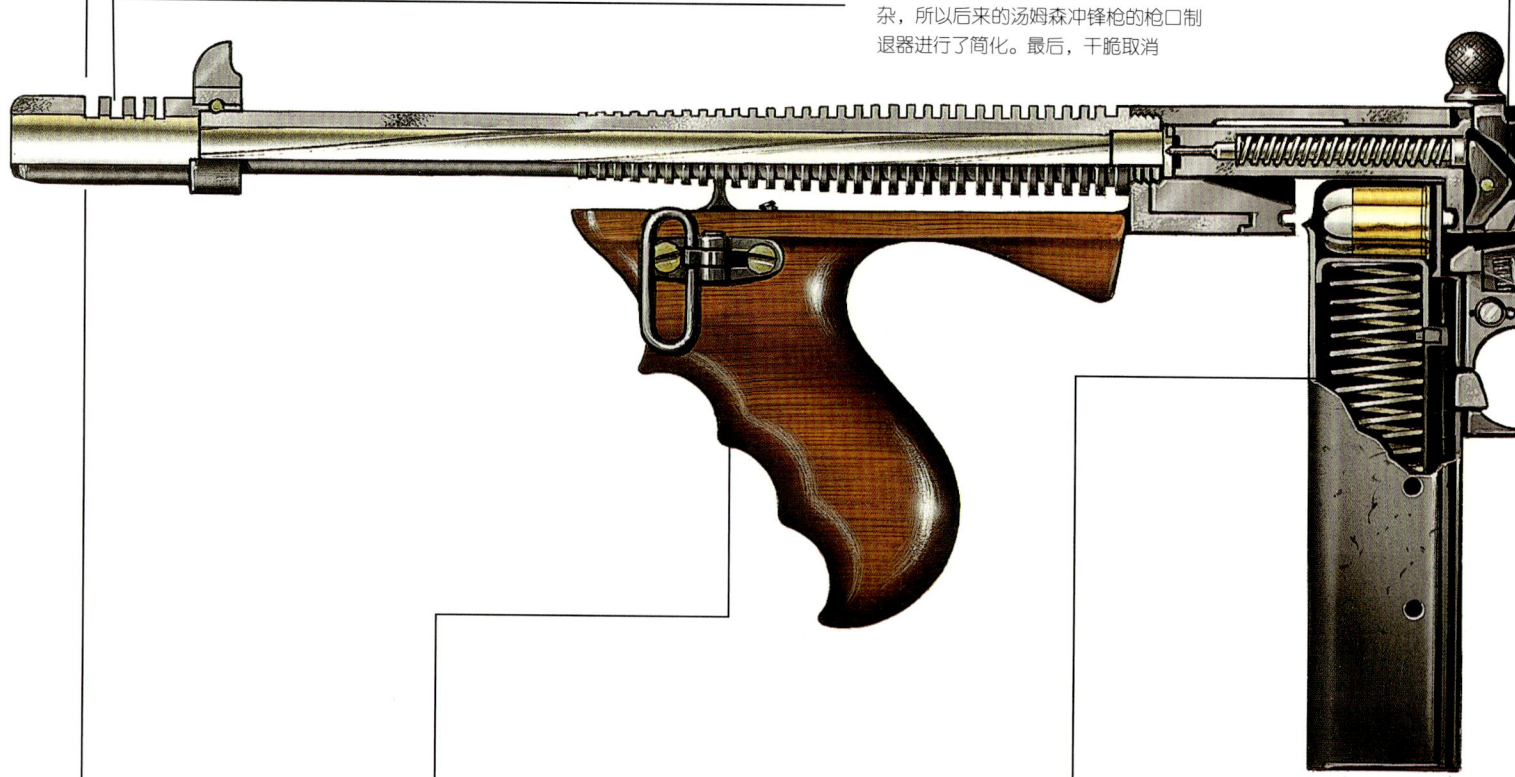

前置式枪把：
早期的汤姆森冲锋枪的前置式枪把具有手枪枪把的特点。然而，20世纪20年代，美国海军陆战队在尼加拉瓜战斗中使用汤姆森冲锋枪时，发现完全没有必要安装这种手枪枪把。不久，这种手枪枪把就被水平的前置式枪把取代

弹匣：
在好莱坞电影中，M1928冲锋枪最初使用是可装20发子弹的盒式弹匣和可装50发子弹的鼓式弹匣；然而在第二次世界大战期间，M1928冲锋枪使用最多的是可装30发子弹的盒式弹匣

上图：使用手枪子弹意味着汤姆森冲锋枪的射程很近。这种冲锋枪比较重，行军中会成为士兵们的负担。但和其他类型的又轻又廉价的冲锋枪相比，士兵们更喜爱这种冲锋枪

上图：在卡西诺战役中，一名廓尔喀士兵正在严密监视一座被击毁的楼房上的情况。小型的汤姆森冲锋枪的射程较近，专门为堑壕战设计。它适合在建筑物密集的地区作战

瞄准具：
20世纪20年代的汤姆森冲锋枪有一个制作精良的"莱曼"后瞄准具，瞄准距离从50米到550米不等。后来它被简单的"L"形战斗瞄准具取代

枪托：
如果需要，拧下图中所示的两颗螺丝钉就可以轻松地把枪托拆卸下来。在射击时极少将其拆卸下来，因为它可以帮助瞄准，减少射击误差。枪托挡板后可放一个（润滑）油瓶

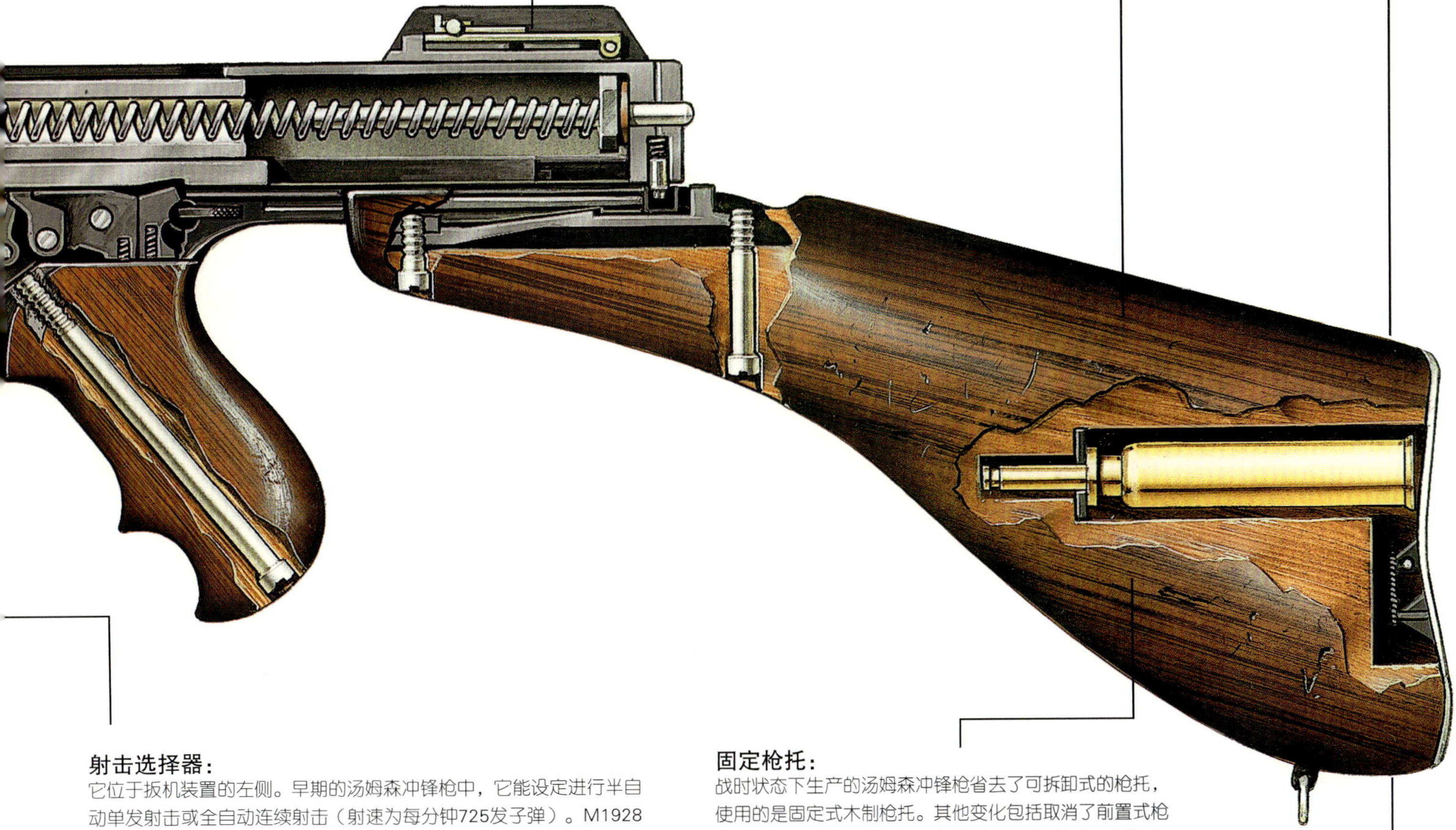

射击选择器：
它位于扳机装置的左侧。早期的汤姆森冲锋枪中，它能设定进行半自动单发射击或全自动连续射击（射速为每分钟725发子弹）。M1928冲锋枪和后来型号的冲锋枪，射速减少到每分钟600发子弹

固定枪托：
战时状态下生产的汤姆森冲锋枪省去了可拆卸式的枪托，使用的是固定式木制枪托。其他变化包括取消了前置式枪把和枪管上的制冷散热片。击发装置进行了简化。简化后的击发装置可以从套筒座的顶部把击发操纵杆拆卸下来。如图右侧所示

M3 和 M3A1 冲锋枪

到1941年年初时,尽管美国还没有直接参加第二次世界大战,美国军方已经清醒地认识到冲锋枪将在现代战场上发挥重要作用。虽然已经拥有一定数量的汤姆森冲锋枪,但远远不够,他们需要更多的汤姆森冲锋枪。德国MP38冲锋枪和英国司登冲锋枪的出现预示着冲锋枪在未来必须采用大规模的生产方法。和进口的英国司登冲锋枪对比后,美国陆军军械理事会倡议对英国司登冲锋枪的设计进行研究,制造出美国式的司登冲锋枪。研究结果递交给一个由专家小组(该小组成员之一就是曾研制出海德M2重机枪的乔治·海德)。在极短的时间内,该小组就完成了设计工作,并生产出了供试验用的冲锋枪模型,最后授权美国通用汽车公司进行大规模生产。

危机意识

试验用的冲锋枪模型交给军方的时间恰恰就在珍珠港事件爆发之前(美国随后参加了第二次世界大战)。由于美国把此事当作优先项目考虑,所以设计结果很快就出来了,新研制的冲锋枪被命名为M3冲锋枪。M3冲锋枪和司登冲锋枪一样,外形都不怎么好看,全金属结构,许多零部件是用钢板简单冲压和焊接成的。只有枪管、闭锁装置和部分扳机装置经过了机械加工。枪托用可伸缩的金属线制成,其设计简单到了极点,由于没有安装保险系统,这种冲锋枪只能全自动射击。

这种冲锋枪主要是用管状钢材制成的,下面可悬挂一个长的盒式弹匣,弹匣可装30发子弹。又薄又小的击发操纵杆安置在枪架右侧的扳机前部。子弹的弹射孔设在链接盖的下面。枪管可以用螺丝拧到管状的枪架内。瞄准具非常简单,甚至连枪带环这样的"奢侈品"也被取消了。

早期存在的问题

由于M3冲锋枪是在匆忙中投入生产并装备部队的,所以马上就遇到了麻烦。它的丑陋的外表很快赢得了"注油枪"的绰号,人们对它说东道西,议论不停。不过一经使用,这种枪表现出良好的性能。但这种冲锋枪毕竟是在匆忙中投入生产的,而且生产线过去主要用来生产汽车或卡车零部件,所以存在的问题马上暴露无遗:击发操纵杆容易断裂,金属线制成的枪托使用时容易弯曲,有些重要的机械部件由于用不够坚硬的金属制成,容易断裂等。这样一来,军方要求通用汽车公司对M3冲锋枪进行改进,但更重要的是,当时情况紧急,前线士兵急需武器,所以这种冲锋枪还是大批量投入了生产。

不受欢迎的型号

M3冲锋枪从来没有摆脱它的外形所带来的坏名声。只要有可能,前线的士兵(欧洲战区)就会选择汤姆森M1冲锋枪或从德军手中缴获来的MP38和MP40冲锋枪。但是,在太平洋战区作战的美军士兵

上图:美国的M3"注油枪"冲锋枪和英国的司登冲锋枪与德国的MP40冲锋枪为同时代的冲锋枪,主要是为能快速地投入大规模生产而设计的。它的设计比较合理,但美国军队从来没有真正喜欢过它,他们更喜欢汤姆森冲锋枪

只能使用M3冲锋枪。即使如此，美军士兵也是勉强接受而已。对于美国的某些兵种来说，M3冲锋枪成为摆设。这些兵种包括运输部队的司机和坦克乘员。对于他们来说，在狭小的空间内，M3冲锋枪易于装载和操作。

从开始的时候，按照设计，通过更换枪管、弹匣和闭锁装置，M3就可以快速转变，发射口径为9毫米的子弹。空投给欧洲抵抗力量的M3冲锋枪有的就具有这种功能。另外，M3冲锋枪还有一种默默无闻的类型，但生产数量很少。

设计改进

1944年，美国军方决定生产新式的像M3冲锋枪一样简单甚至比M3冲锋枪还要简单的冲锋枪。美国把作战经验与新的生产技术结合，对M3冲锋枪进行了改进，制造出M3A1冲锋枪。这种冲锋枪继承了M3冲锋枪的基本特点。对士兵来说，最重要的改进项目是其弹射盖扩大到整个闭锁装置所暴露在外的地方。这样射手可以把手指放在闭锁的凹槽内，向后推动闭锁，进入击发状态。这样，那个外形笨拙且又薄又脆的扳机操纵杆就可以取消了。枪口增加了消焰罩。除了这些改动外，还有其他一些小的变动。战争结束时，M3A1冲锋枪仍在生产。此时，美国已经决定逐步淘汰汤姆森冲锋枪，继续使用M3和M3A1冲锋枪。

生产质量较差的武器

撇开外形不讲，M3冲锋枪也算不上是较好的武器。这种冲锋枪易于损坏。弹药供应系统也不太理想，由于没有保险设置，所以常常会出事故。但是，它能够使用，而且随处可以得到，在战争中，这两大因素更重要。但是，因为生产数量巨大，哪里有美国大兵，哪里就有M3和M3A1冲锋枪，美国大兵把它们带到了世界各地。

上图：在欧洲战区，M3冲锋枪从来没有赢得美国士兵的欢心。而在太平洋战场上，M3冲锋枪却成了舍我其他、别无选择的武器

规格说明

M3冲锋枪

口径：11.43毫米或9毫米

重量：4.65千克（装弹后）

枪长：745毫米（枪托延伸后）；
　　　570毫米（枪托取消后）

射速：350~450发子弹/分钟

子弹初速：280米/秒

弹匣：可装30发子弹的盒式弹匣

UD M42 冲锋枪

纵观1939—1945年的美国所有类型的冲锋枪，有一种冲锋枪常常被人忽略。这种冲锋枪是根据一连串的姓氏命名的，通常被称为UD M42冲锋枪。这种冲锋枪的设计时间恰好在第二次世界大战爆发前。这种冲锋枪使用口径9毫米的子弹。设计这种冲锋枪的目的是为了商业上的需要。订购这种冲锋枪的单位被称为联合防御供应公司，并且订购背景也相当奇怪。这家公司是美国政府的一个部门，订购这些武器是为了在海外使用。其实，这家公司是美国的一家秘密情报机构，美国在海外的所有地下活动都由它负责。

联合防御供应公司为什么订购马林武器公司生产的武器，其中的原因现在谁也讲不清楚。但是人们常把这种武器称为"马林"冲锋枪。这就是UD M42的来历。当时给人的印象是这种武器被运到欧洲，供那些为了美国利益而活动的地下组织使用。事实上，它的使用范围不仅局限于欧洲，在日本入侵"荷兰东印度"（今天的印度尼西亚）之前，有一些UD M42冲锋枪的确被运到这一地区，但是，奇怪的是，它们都无声无息地销声匿迹了。

大多数UD M42冲锋枪被运到了欧洲。但是，有些落到了非常奇怪的人手中。多数被送到地中海地区的德意占领区内或附近地区的抵抗力量和游击队组织手中。在这些地区，这些冲锋枪参加了一些活动，最著名的一次活动是英国特工在克里特岛上绑架了德国的一名将军。其他活动同样波澜起伏，充满戏剧情节，但常常发生在远离公众视线的地方。以至于今天，这些活动和UD M42冲锋枪的使用情况被人们忘得一干二净。

现在，把UD M42冲锋枪归为第二次世界大战的名枪或许是出于对许多武器权威人士的同情。由于这种武器是以商业而非军事用途的名义生产的，所以不仅制作精良，而且结实耐用。发射装置稳定可靠，非常精确。并且，据有关资料显示，人们非常喜爱这种冲锋枪。它经得起各种环境的考验，即使是被埋在泥泞和水中，取出后仍能使用。

上图：美国从来没有承认过UD M42冲锋枪是正式的军用冲锋枪，但美国订购了相当数量的UD M42冲锋枪，供一些奇怪的地下组织和执行特种任务的部队使用。这些冲锋枪制作精良，深受使用者的欢迎

规格说明

UD M42冲锋枪

口径：9毫米
重量：4.54千克（装弹后）
枪长：807毫米
枪管长：279毫米
射速：700发子弹／分钟
子弹初速：400米／秒
弹匣：可装20发子弹的盒式弹匣

赖辛 50 型和 55 型冲锋枪

赖辛50型和后来的赖辛55型冲锋枪取消了冲锋枪中普通使用的后坐力操作系统，使用了一种似乎更好的操作系统，这是个好事变成坏事的典型事例。1940年，第一批赖辛50型冲锋枪问世，冲锋枪所使用的基本击发设置被取消了，以至于这种冲锋枪在扣动扳机的时候，闭锁装置会向前移动到弹膛内；枪栓前移把子弹送进弹膛后，这样冲锋枪就进入到射击状态。这种击发装置操作起来不错，但需要一系列控制杆来控制位于闭锁装置内的撞针，并且这些控制杆在闭锁装置移动时必须分离开。所有这些都增加了设计的复杂性和花费，且增加的一些系统非常容易断裂。

商业风险

赖辛50型冲锋枪的设计纯属商业冒险，它和几年后的同类型设计一样，都与军事毫无瓜葛。但是50型冲锋枪制作精良，它使用的击发系统非同寻常：通过一个小型阻铁在前置式枪托下面的凹槽槽沟内滑动的方式达到击发目的。这样枪架顶部就省去了许多风险，如击发凹槽常会进入许多脏物或泥土，从而导致系统阻塞。但是，这种设计造成了这样的后果：脏物会进入枪托下面的凹槽槽沟，并且更难清理，这样会导致潜在的危险。从外部设置来看，50型冲锋枪非常简单，但它的内部设置非常复杂，容易出错。如此一来，这种武器更容易发生阻塞，并且一般情况下，可靠性较差。

当赖辛50型冲锋枪第一次被送到美国部队手中时，美国海军陆战队并没有把它列入优先使用的武器名单，但后来情况发生了巨变。因为没有其他类型的冲锋枪供他们使用，于是，他们就购买了一部分赖辛50型冲锋枪。一经使用，发现这种冲锋枪存在严重问题。于是，他们只好选择了另一种冲锋枪。英国采购委员会购买了一部分赖辛50型冲锋枪，但很少使用。另一部分被加拿大买走。大多数被运到了苏联。到1945年时，这种冲锋枪还在生产，数量超过了100000支。销售数量相当可观，但距制造商的要求还差许多。

在100000支赖辛冲锋枪中，有一些型号被称为赖辛55型冲锋枪。赖辛55型和赖辛50型冲锋枪除了枪托上的差异外，其他方面完全相同。赖辛50型冲锋枪的枪托由全木制成，而赖辛55型冲锋枪的枪托用可折叠的金属线制成，主要供空降兵和其他类似部队使用。与赖辛50型冲锋枪相比，赖辛55型冲锋枪还算比较成功。

上图：在美军装备的所有类型的冲锋枪中，赖辛50型冲锋枪可称得上是最糟糕的冲锋枪。它使用的机械设置过于复杂，造价较高。这种冲锋枪在战场上的表现和性能都不出色

上图：赖辛55型冲锋枪和赖辛50型冲锋枪的不同之外在于：前者的枪托为可折叠的金属线枪托，主要供空降部队使用；后者则为全木制枪托。两者的共同之处是都不受士兵们的欢迎，由于容易进入泥土，所以都容易发生故障

规格说明
赖辛50型冲锋枪
口径：11.43毫米
重量：3.7千克（装弹后）
枪长：857毫米
枪管长：279毫米
射速：550发子弹/分钟
子弹初速：280米/秒
弹匣：可装12发或20发子弹的盒式弹匣

PPSh-41 冲锋枪

一般情况下，人们都把斯帕金1941型冲锋枪称为PPSh-41冲锋枪。对于苏联红军来说，其重要性就如英国的司登冲锋枪和德国的MP40冲锋枪一样。简单地说，它是苏联在同一时期大规模生产出来的冲锋枪，它最大程度地简化了冲锋枪的设计原理，并在制造过程中，把生产时间和费用降到了最低。然而，它与司登冲锋枪和MP40冲锋枪有所不同，PPSh-41冲锋枪使用了更先进的科研成果，在许多方面，它都优于司登冲锋枪。

大规模生产

格奥尔基·斯帕金从1940年就开始研制PPSh-41冲锋枪。但是，直到1942年年初，这种冲锋枪才大规模装备苏联红军。此时正逢德国大举入侵苏联之际（从1941年6月开始）。这种冲锋枪的最初设计目的是要最大可能地易于生产。于是，从装备精良的兵工厂到乡村设备简陋的作坊，开始夜以继日地制造这种武器。据估计，到1945年"伟大的卫国战争"结束时，PPSh-41冲锋枪共生产了500多万支。

大规模生产的武器，PPSh-41冲锋枪制作精良，有一个较重的固体木制枪托。它使用了常规的后坐力操作系统，射速较快。为了吸收闭锁装置引起的震荡，在闭锁装置的后部安装了一个用碾压过的皮革制成的缓冲器或阻闩。枪架和枪管套用简单的钢板冲压而成，枪口有一个向下倾斜的设置，有枪口制动器的两倍大；另外，枪口还有可起到枪口制退器作用的设置。这样，射击时能减小枪口上升的高度。枪管内镀有铬合金，苏联的这种标准做法，非常利于枪管的清理，并且减少了枪管的磨损。当时，由于对枪支的需求极大，所以使用的是老式的莫辛·纳甘步枪枪管（截短到适当长度）。

这种冲锋枪使用的是可装35发或71发子弹的圆鼓式弹匣。这和苏联早期的冲锋枪使用的弹匣属于同一种类型。射击选择器（单发射击或全自动连发射击）用一根简单的控制杆制成，位于扳机前面。PPSh-41冲锋枪是用焊接、轴钉和缝合性冲压部件制成的，这种冲锋枪结实耐用，性能可靠，而且效果显著。

PPSh-41冲锋枪必须结实耐用。因为红军一旦使用某种类型的武器，他们的使用方式是其他国家的军队无法想象的。红军步兵营和步兵团的士兵一得到这种武器，他们的手榴弹几乎就失去了作用。装备这种武器的部队成了苏联突击部队的尖兵，在T-34中型坦克的支援下，他们向德军发动了持续性猛攻。他们留给后人的印象是攻击—吃饭—休息—再攻击。他们所携带的弹药仅供急需时使用，他们的生活标准一般都比较低，而且，战斗期限极为短暂。但是，苏联正是依靠这些装备了PPSh-41冲锋枪的数以万计的突击部队横扫了整个东部地区，并且席卷了整个欧洲。他们是一支令人生畏的力量，他们所装备的PPSh-41冲锋枪也成了红军战斗力的象征。

德军使用

在战场中，PPSh-41冲锋枪（它的使用者都称之为Pah-Pah-Shah）完全不需要维修，甚至也不需要清理。苏联红军在东线使用这种冲锋枪一战成名。这种武器不管是尘土飞扬的夏季，还是冰天雪地的冬季都可以保持干燥状态，而且不需要机油润滑，它的击发装置既不会阻塞，也不会结冰。

由于这种冲锋枪的生产数量极大，德军也像红军一样把它当作德军的标准武

下图：PPSh-41冲锋枪是第二次世界大战中的红军的最优秀武器之一，生产了几百万支。在德国入侵苏联后，其研制工作被迫中断，随后苏联进行了紧急设计，并投入生产

器。他们甚至修改了从红军手中缴获的PPSh-41冲锋枪的口径，用来发射自己的9毫米帕拉贝鲁姆子弹。这需要替换PPSh-41冲锋枪的枪管和弹匣槽，使之能使用德国的MP 40冲锋枪的弹匣。那些落入德军之手但未作修改的PPSh-41冲锋枪被正式命名为717（r）冲锋枪，至于那些口径被修改过的PPSh-41冲锋枪被命名为什么，就不得而知了。

活动在德军背后的游击队发现，PPSh-41冲锋枪非常适合游击战。第二次世界大战结束后，苏联势力范围内的所有国家都使用这种冲锋枪。今天，世界各地的许多战士仍在使用这种武器。毫无疑问，在相当长的时间内，它是不会从人们的视线中消失的。

上图：第二次世界大战几乎把所有人都卷入了战火。在许多大规模的围攻战役期间，如列宁格勒、塞瓦斯托波尔和斯大林格勒战役中，甚至妇女和儿童都拿起了武器

左图：PPSh-41冲锋枪给德军留下了深刻印象。当德军自己的MP 40冲锋枪供应不足时，就使用从苏军手中缴获来的PPSh-41冲锋枪。如果没有苏军的7.62毫米子弹，他们就使用德国的7.63毫米毛瑟手枪子弹。到1945年时，德军改装了许多PPSh-41冲锋枪，改装后的PPSh-41冲锋枪能够发射德国的9毫米子弹

规格说明

PPSh-41冲锋枪

口径：7.62毫米

重量：5.4千克（装弹后）

枪全长：828毫米

枪管长：265毫米

射速：900发子弹/分钟

子弹初速：488米/秒

弹匣：可装71发子弹的鼓式弹匣；或可装35发子弹的盒式弹匣

PPD-1934/38 冲锋枪

在20世纪20和30年代，苏联国内问题成堆，无暇考虑研制可装备其军队的先进武器。但是，在解决了国内问题之后，苏联有充裕的时间来考虑这个问题。苏军并没有把研制新型冲锋枪列入最优先考虑的项目，他们只想对当时的冲锋枪进行创新性改进。该计划由瓦西里·德哥雅列夫负责。他选择了混合型的设计方法，综合了当时其他国家的冲锋枪的设计特点，生产出了德哥雅列夫-1934冲锋枪（或称为PPD-1934冲锋枪）。

派生设计

首批PPD-1934冲锋枪生产于1934年。这种具有后坐力操作系统的武器综合了芬兰的m/1931冲锋枪和德国的MP18与MP28冲锋枪的设计特点。直到1940年，这种冲锋枪还在生产。1940年，PPD-1934冲锋枪经过改进，被命名为PPD-1934/38冲锋枪。PPD-1934/38冲锋枪没什么值得称道的地方。它使用的机械设置几乎和德国同时期的冲锋枪一模一样，并且弹匣直接仿制了芬兰冲锋枪的弹匣。它使用的弹匣为圆鼓形，可装71发子弹。后来，这种弹匣成为苏联冲锋枪的标准弹匣。不过，有时苏军也使用可装25发子弹的盒式弹匣。由于苏军冲锋枪使用的是7.62毫米口径的托卡列夫（P型）无缘式子弹，所以这种弹匣必须呈弯曲状（因为它的形状为瓶颈式，所以从弹匣边缘向枪内供弹时不能平放）。

一般性改进

PPD-1934/38冲锋枪有一种型号，在1940年期间作为PPD-1940冲锋枪投入生产。这种新型的冲锋枪和早期的设计相比，进行了全面改进。它最好辨认的一个地方是：圆鼓形弹匣是通过枪托内的一个较大的凹槽槽沟插入枪内的。其他类型的冲锋枪很少使用这种弹匣固定系统。

1941年，当德国及其盟国入侵苏联时，PPD冲锋枪在红军中相对来说供应不足，并且在轴心国军队向东长驱直入的情况下，这种冲锋枪也没有发挥什么作用。轴心国军队的初期胜利意味着缴获了有用但数量有限的PPD冲锋枪，德国人把这些武器交给了二线部队。在德军中，这种冲锋枪被命名为716（r）冲锋枪，并且，德国人还使用了缴获的苏军子弹，或使用德国的7.63毫米毛瑟子弹。这种子弹和苏联的子弹竟然完全一样。到1941年年底时，PPD-40冲锋枪不再生产。原因非常简单：这种冲锋枪是由图拉和谢斯特罗列茨克兵工厂生产的，此时，这两个兵工厂都被德军占领了，并且苏联也没来得及在其他地方建立大量的兵工厂和生产线，所以红军不得不寻求一种更新、更易于生产的冲锋枪。

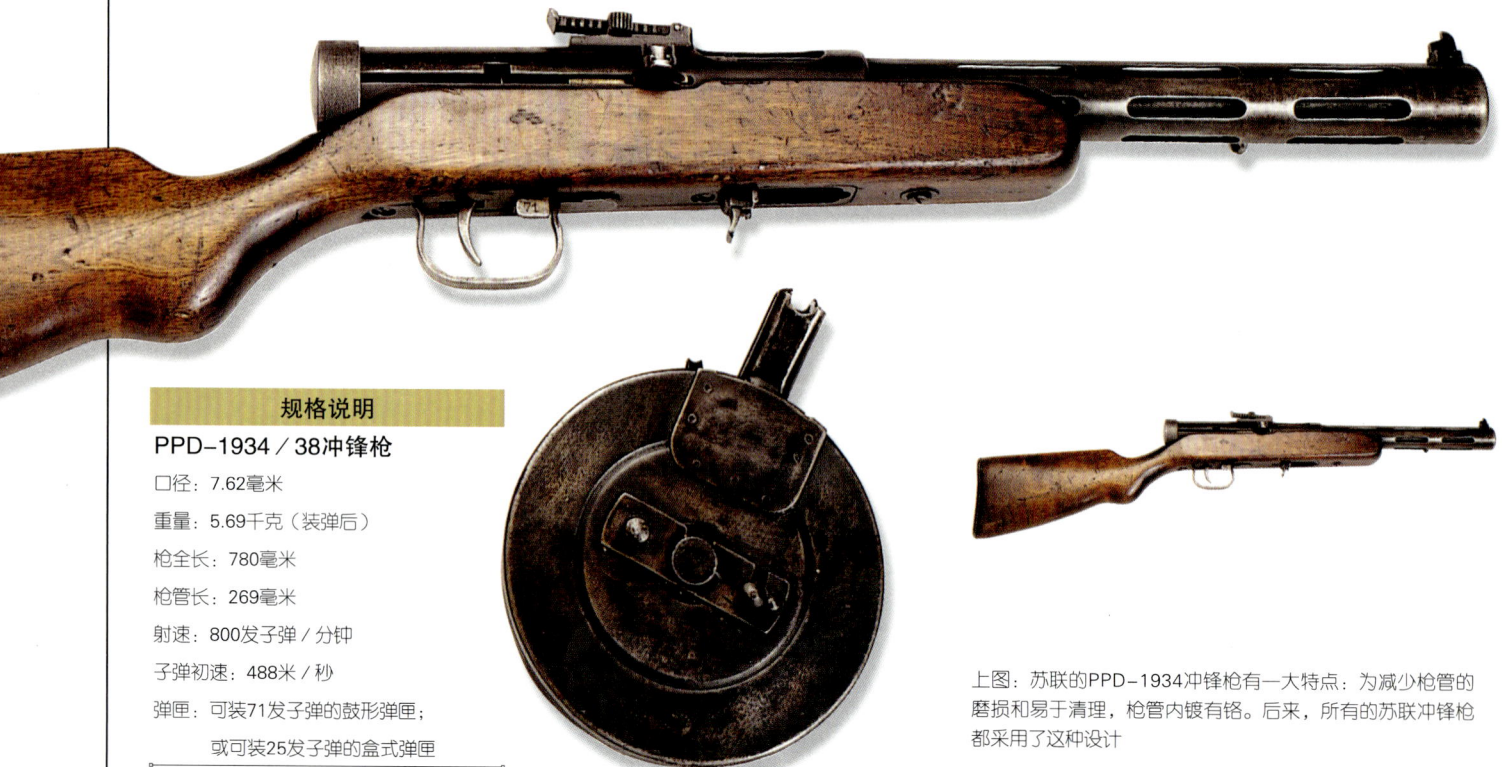

规格说明
PPD-1934／38冲锋枪
口径：7.62毫米
重量：5.69千克（装弹后）
枪全长：780毫米
枪管长：269毫米
射速：800发子弹/分钟
子弹初速：488米/秒
弹匣：可装71发子弹的鼓形弹匣；或可装25发子弹的盒式弹匣

上图：苏联的PPD-1934冲锋枪有一大特点：为减少枪管的磨损和易于清理，枪管内镀有铬。后来，所有的苏联冲锋枪都采用了这种设计

PPS-42 和 PPS-43 冲锋枪

几乎没有几种武器像苏联的苏达列夫-1942冲锋枪（PPS-42冲锋枪）一样，是在形势万分危急的情况下设计和生产的。1942年，德国军队和芬兰军队分别从南面和北面包围了列宁格勒（现在称圣彼得堡）。被围的苏军缺少包括冲锋枪在内的所有战争物资。列宁格勒拥有许多家机械制造厂和兵工厂，所以要让当地工厂生产和加工武器，供应苏军并不存在什么困难，但问题是他们迫切需要作战武器。在这种情况下，冲锋枪显然是他们最需要的武器。轻型武器设计师苏达列夫研制的冲锋枪在战火中诞生了。

粗糙但有效的武器

苏达列夫的设计受到了原材料的限制，他只能使用手头能得到的东西制造新式的冲锋枪。通过实用性试验，在经过多次失败后，他研制出的冲锋枪具有其他在紧急情况下设计出来的冲锋枪（如英国的司登冲锋枪和美国M3冲锋枪）的所有特点：简单、结实、使用钢板冲压制成，多数非常沉重。这种冲锋枪由铆钉、螺钉和简单的金属枪托（能够折叠）焊接到一起；弹匣和苏联早期使用的冲锋枪弹匣没有什么区别。道理非常简单：生产鼓形弹匣太难了。

射击试验也极为简单：直接从生产车间拿出几支样枪送到前线，前线对这种枪的评价和它的性能表现直接反馈到组装厂，现场进行改进。其中有一处改动：使用一个弯曲的钢板，钢板中间有子弹穿过的弹洞，把它放在枪口上，当作枪口制退器和制动器使用。当冲锋枪投入生产时，这种设置就保留下来。这种新型的冲锋枪马上获得了官方的正式命名。

大规模生产

在列宁格勒被围困的战斗中，事实证明，PPS-42冲锋枪的设计非常合理，并且能快速和廉价地投入生产。经过900天的围困，列宁格勒终于解围了。不久之后，这种武器就装备了普通的红军部队。不过这时候，苏联已经有机会对这种冲锋枪中最粗糙的地方进行改进。折叠式枪托经过改进后，在清理弹射孔时可以向上旋转；以前粗糙的木制手枪把被硬橡胶制成的枪把取代。整个制作过程都经过了改进，不过，改进后它变成了PPS-43冲锋枪。随后，PPS-43冲锋枪就和PPSh-41冲锋枪一起被送到红军手中。但是，它的数量并不太多。

由于这种冲锋枪设计于危难之时，再加上它在战斗中的表现，所以应该称得上是一种优秀的武器。1944年，芬兰被苏联控制后，芬兰人也把它当作标准武器使用。德国也曾使用缴获的PPS-43冲锋枪，德国人把这种武器称为709（r）冲锋枪。后来，苏联本国内的部队不再使用PPS-43冲锋枪，但是，在其他地区还有人使用这种武器。它和英国的司登冲锋枪一样，与那些在简陋的车间内仿制的玩意是有差别的。

规格说明

PPS-43冲锋枪

口径：7.62毫米

重量：3.9千克（装弹后）

枪长：808毫米（枪托伸展后）；606毫米（无枪托）

枪管长：254毫米

射速：700发子弹／分钟

子弹初速：488米／秒

弹匣：可装35发子弹的弯曲状盒式弹匣

上图：苏联的PPS-42冲锋枪是在列宁格勒被围、形势最危急的关头进行设计的，在投入大规模生产后被称为PPS-43冲锋枪。虽然PPS-43冲锋枪采用了一系列的新技术，但基本上还是一种简单的武器。

F1 冲锋枪

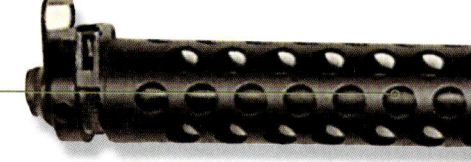

陆军中尉埃维林·欧文发明了以他的名字命名的冲锋枪。在第二次世界大战期间，澳大利亚士兵使用了这种冲锋枪，并且在战后又使用了许多年。欧文冲锋枪的最大设计特点是垂直弹匣，这种弹匣从设计到性能都无过人之处，只是澳大利亚人非常喜欢它而已。当时澳大利亚陆军正在寻求一种新式冲锋枪，所以对垂直弹匣的设计没有表示反对。

在F1冲锋枪（目前的名字）被选中之前，澳大利亚人对许多种冲锋枪进行了试验，试验的冲锋枪有"科科达"和MCEM等。虽然它们各有优点，但澳大利亚军方认为它们不能保护士兵，不适合澳大利亚的环境。在1962年，一种名为X3的设计被选中并投入生产，这就是F1冲锋枪。澳大利亚军方的偏好非常明显，因为F1冲锋枪有垂直的弹匣。但是为了提高和其他武器互相兼容的能力，这种垂直弹匣目前已经被改成了弯曲状弹匣，与英国的斯特林冲锋枪和加拿大的C1冲锋枪使用的弹匣完全一样。

除了弹匣外，F1冲锋枪的其他设置显然和其他冲锋枪的设置具有互相兼容的能力。它的枪把和L1A17.62毫米的北约步枪使用的枪把一样，并且它的刺刀也和另一种斯特林冲锋枪使用的刺刀完全一样。事实上，澳大利亚人趋向于把F1冲锋枪当作澳大利亚的斯特林冲锋枪看待，但两者确有许多不同之处：F1冲锋枪是简单的"直进式"设计，枪托是固定的，和管状的套筒座位于同一直线上；并且，手枪把设置和斯特林冲锋枪的枪把设置相比，在安排上也不一样。它使用高过头顶的弹匣，给瞄准造成了一定困难。由于它们的固定瞄准具有所区别（这个问题必须予以重视），所以它们都安装了辅助性瞄准系统。F1冲锋枪的瞄准系统由一个辅助性瞄准具（可向下折叠到管状套筒座上）和一个固定的辅助性前瞄准具组成。

保护性设计

F1冲锋枪有一个非同寻常却行之有效的保险设置，对于使用短枪管的冲锋枪来说，要想把前置式枪把安装在枪口上，或安装在距枪口太近的位置常常是很困难的。但是，对F1冲锋枪来说就简单多了，它有一个简单的枪背带旋转叉架，可以防止手指过于接近枪口。

F1冲锋枪还有一些有趣的设计：它的击发操纵杆和L1A1步枪的击发操纵杆，无论是位置还是击发方法都一模一样。这种操纵杆有一个盖子，可以阻止异物或尘土进入击发装置内部。如果进入击发装置的泥土太多，就会阻止枪栓闭合。紧急情况下，射手可以在枪栓内将其锁定，迫使其闭合。

由于F1冲锋枪具有这些特点，所以F1冲锋枪的使用范围仅限于澳大利亚及其附近地区。曾几何时，人们议论要用美国的M16A1步枪取而代之，但澳大利亚仍在使用F1冲锋枪。

下图：F1冲锋枪的原型为X3冲锋枪。其设计虽然简单，但效果极佳。越南战争期间，在湄公河三角洲一带的战斗中表现尤其突出。和第二次世界大战时的欧文冲锋枪相比，它的先进构造使它的重量减少了近1千克

上图：F1冲锋枪取代了澳大利亚军队最喜爱的欧文冲锋枪。F1冲锋枪保留了澳大利亚独特的设计特点：垂直式顶部装填弹匣。另外，F1冲锋枪和斯特林冲锋枪非常类似

规格说明

F1冲锋枪

口径：9毫米

重量：4.3千克（装弹后）

枪全长：714毫米

枪管长：213毫米

射速：600~640发子弹/分钟

子弹初速：366米/秒

供弹：可装34发子弹的弯曲状弹匣

FMK-3 冲锋枪

从1943年开始，阿根廷布宜诺斯艾里斯市的哈尔肯轻武器公司生产了一系列冲锋枪。这种冲锋枪使用了后坐力操作系统，可以发射9毫米帕拉贝鲁姆子弹和11.43毫米ACP子弹。阿根廷军队从来没有把它们当作一线武器使用，但是二线部队和警察使用过这种冲锋枪。在这一系列冲锋枪中，最早的是1943型冲锋枪。它有一个非常明显的特征：它的缓冲帽悬垂在枪托上面，枪托前端安装了手枪枪把。1946型冲锋枪与前者的最大差异是使用了金属枪托，取代了1943型冲锋枪使用的木制枪托。57型冲锋枪属于轻型冲锋枪，其设计思想变化较大：枪管缺少鳍状的散热片，套筒座呈圆柱状，而不是矩形；弹匣呈弯曲状，而不是直形。最后一种类型是60型冲锋枪，它是在57型冲锋枪的基础上生产出来的，但是套筒座中的射击控制器被取消了，取而代之的是双扳机设置。

由罗萨里奥市的法布里卡军火公司（FMAP）制造的PAM冲锋枪是美国M3A1冲锋枪中的一种，它短小、轻便。这种冲锋枪有两种型号：PAM-1冲锋枪只能自动射击；而PAM-2冲锋枪具有选择射击能力（单发或连续射击）。

先进的设计

FMAP公司百尺竿头，更进一步，研制出一种更加先进的PA3-DM冲锋枪。这种冲锋枪和PAM冲锋枪一样，也使用了后坐力操作系统，发射口径为9毫米的"帕拉贝鲁姆"子弹。这种可选择单发或连发射击的冲锋枪有一个可装25发子弹的分离式和直盒式弹匣。弹匣斜插在枪把内。前置式枪把用塑料制成，位于套筒座下面。这种冲锋枪有两种类型：一种使用木制枪托，另一种使用的枪托与M3冲锋枪的枪托一样，由金属线制成。PA-3DM冲锋枪的其他设计特点包括：枪架由金属冲压而成；为了便于枪管的拆卸，枪管前部有一个带螺纹线的螺帽。卷绕状枪栓和击发操纵杆位于套筒座左侧，套筒座滑座可以盖住击发操纵杆的凹槽槽沟，防止尘土进入，在不利情况下，减少武器发生阻塞的机会。

PA3-DM冲锋枪供阿根廷一线部队使用。1986年这种冲锋枪被FMK-3冲锋枪取代。FMK-3冲锋枪由现在的法布里卡塞内斯军事公司生产。这种冲锋枪被认为是PA3-DM冲锋枪的改良型。FMK-3冲锋枪有不同的射击方式可供选择。另外，该公司还生产了一种供文职人员使用的FMK-5半自动冲锋枪。

FMK-3冲锋枪主要供阿根廷军队和警察使用。它使用了嵌入式枪栓。当枪栓关闭时，枪栓的卷筒套住枪管的后部。双排式弹匣、套筒座和手枪枪把都用钢板冲压而成；保险和射击选择器的开关位于手枪枪把上面枪架的左侧。枪把保险位于枪把后部。

FMK-3冲锋枪的瞄准具为向上翻滚式，后瞄准具的叶片呈L形。FMK-3冲锋枪的射程为50~100米。枪托和美国的M3冲锋枪的枪托一样，用钢丝制成，随时可以拆卸。

右图：FMK-3冲锋枪完全是一种传统而又实用的冲锋枪。这种冲锋枪由阿根廷设计和制造，供该国军队使用

规格说明

FMK—3冲锋枪

口径：9毫米

重量：3.4千克（装弹前）

枪长：693毫米（枪托延伸后）；
523毫米（枪托取消后）

枪管长：290毫米

射速：650发子弹／分钟

子弹初速：400米／秒

供弹：可装25、32和40发子弹的垂直形盒式弹匣

上图：FMK-3冲锋枪为"直入式"设计，有一个嵌入式卷绕枪栓；枪托用可拆卸的钢丝制成；前置式枪把用塑料制成；后部的手枪枪把用金属制成，可装入弹匣

MPi 69 冲锋枪

MPi 69冲锋枪是由雨果·斯托瓦塞尔率领的一个小组研制成功的,并由奥地利的施泰尔—戴姆勒—普赫公司(目前称为施泰尔·曼利夏公司)生产。这种冲锋枪看上去和以色列的乌兹冲锋枪极为相似,但是差别极大。事实上,它比乌兹冲锋枪简单多了。MPi 69冲锋枪目前已经停止生产,被另两种施泰尔武器——TMP冲锋枪和AUG伞兵冲锋枪取代。

MPi 69冲锋枪使用后坐力操作系统,具有选择单发射击或全自动连续射击的功能。枪背带的前端和击发设置(用钢板简单压制而成)相连接,通过枪背带上的一个链条就可以操纵击发装置。

它的套筒座是用压制过的轻型钢板制成的,通过两个孔(一个在中部,起到弹射孔的作用;另一个在前部,可以接受枪管松动阻铁和枪管锁定螺帽)和位于套筒座右侧的一个空心盒子焊接到一起。弹射器是一个简单的钢条,向右弯曲,被铆钉固定在套筒座的底座上,从一个凹槽槽沟可以移动到闭锁装置的底部。套筒座下面附带的点焊设置可以操纵枪托和枪托的松动杆,以及套筒座后部的阻铁(分解式阻铁)。螺丝可以把单口式瞄准具和套筒座顶部固定在一起,同时套筒座下面有一个模块状尼龙套筒座盖罩,内有扳机装置、手枪枪把和弹匣槽。

冷浸锻造的枪管

枪管在加工过程中经过了冷浸锻造,这样做不仅廉价,而且可以保持枪管内的清洁。闭锁装置在枪栓正面有一个固定的撞针,闭锁装置位于卷绕枪栓的中心,卷绕枪栓的右侧被切穿后,可用于弹射目的。子弹在没能完全进入弹膛之前和撞针不在同一条直线上;子弹完全进入弹膛后,才和撞针处于同一条直线。这样大大提高了保险设置的安全系数。轻推扳机,单发射击;用力推动扳机,则可全自动射击。

在MPi 69冲锋枪之后是MPi 81冲锋枪。MPi 81冲锋枪和前者的不同之处是击发操纵杆位于套筒座的左侧,射速每分钟高达700发子弹。

规格说明
MPi 69冲锋枪
口径:9毫米
重量:3.52千克(装弹后)
枪长:673毫米(枪托延伸后); 470毫米(枪托取消后)
枪管长:260毫米
射速:550发子弹/分钟
子弹初速:381米/秒
供弹:可装25或32发子弹的垂直状盒式弹匣

左图:奥地利设计的MPi 69冲锋枪显然受到以色列的乌兹冲锋枪的影响。它可以发射通用的9毫米帕拉贝鲁姆子弹

上图：MPi 69冲锋枪有一个向下倾斜的由金属丝制成的枪托。空弹壳从枪右侧的洞孔中弹出。枪背带的旋转叉架位于枪的左侧

上图：MPi 69冲锋枪采用了"直入式"设计原理。弹匣槽位于手枪握把内，可装25或32发子弹

AUG 伞兵冲锋枪

1988年在施泰尔—戴姆勒—普赫公司投入生产的施泰尔AUG伞兵冲锋枪是奥地利研制成功的武器，它源于同一家公司生产的AUG突击步枪（陆军通用步枪）。这种突击步枪可以发射北约的SS109 5.56毫米子弹，被改装成冲锋枪后，可以发射9毫米帕拉贝鲁姆子弹。改换过程非常简单：使用新口径的冲锋枪枪管变短了；枪栓装置增加了一个转接器。这样一来，这种冲锋枪就能使用MPi 69冲锋枪的可装25发或32发子弹的弹匣。这种冲锋枪没有使用突击步枪的气动操作装置，使用了冲锋枪常用的后坐力操作系统。使用后坐力系统操作是所有现代冲锋枪的标准设计。

使用闭合式枪栓射击

AUG伞兵冲锋枪的突出设计特点是：从闭合式枪栓所在的位置射击，更加精确和安全。它的枪管比大多数冲锋枪的枪管长，所以和普通的冲锋枪相比，在发射9

规格说明

AUG伞兵冲锋枪

口径：9毫米（帕拉贝鲁姆子弹）

重量：3.3千克（装弹前）

枪全长：665毫米

枪管长：420毫米

射速：700发子弹/分钟

子弹初速：不详

供弹：可装25发或32发子弹的垂直状盒式弹匣

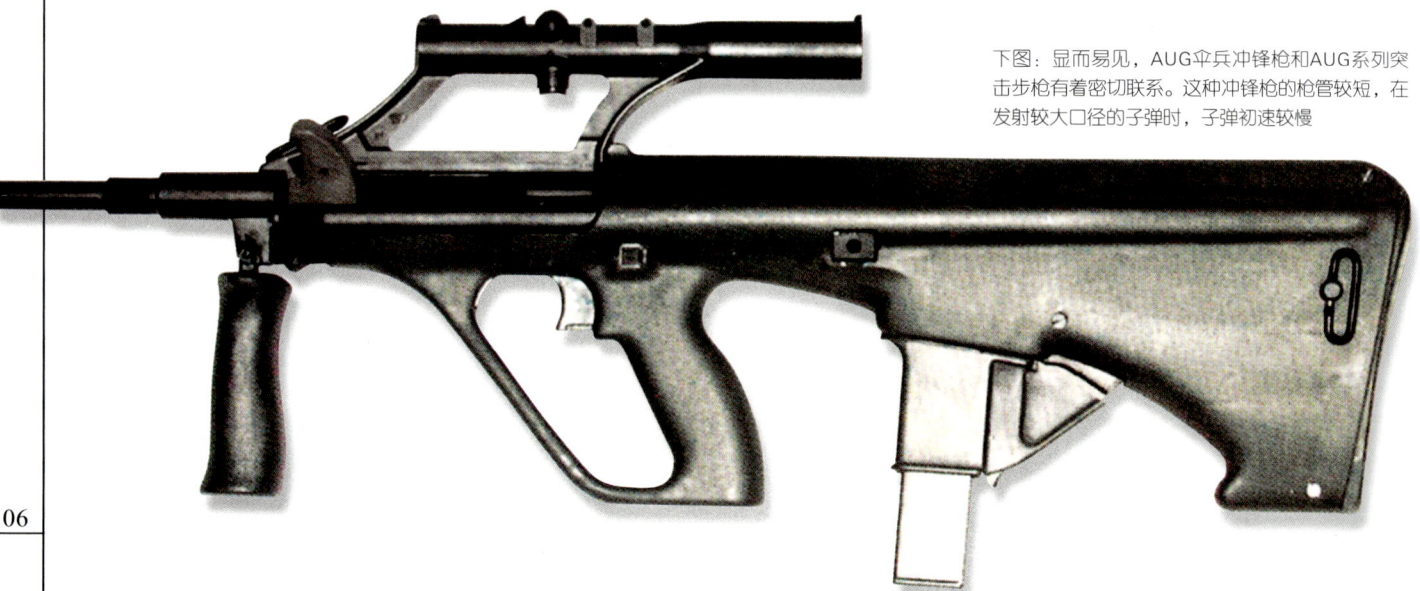
下图：显而易见，AUG伞兵冲锋枪和AUG系列突击步枪有着密切联系。这种冲锋枪的枪管较短，在发射较大口径的子弹时，子弹初速较慢

毫米帕拉贝鲁姆子弹时,子弹的初速更快(所以射程更远,精度更高)。弹膛内部镀有铬,可延长弹膛的使用期限,并且有利于保持弹膛内的清洁。

一般都把AUG伞兵冲锋枪称为AUG 9冲锋枪。它的枪口带有螺纹线,可以安装不同类型的消音器,并且加上辅助装置还可以发射CS或CN榴弹。枪口还能安装刺刀,这点在冲锋枪中是很少看到的。

技术尖兵

施泰尔公司是一流的轻武器制造商。它善于从商业和军事用途的角度把突击步枪改装为标准的冲锋枪。它最吸引人的地方是只需要更换少量零部件,而这一点对备用部件的储备和后勤供应极为有利。为了提高AUG突击步枪和AUG伞兵系列冲锋枪的兼容性,该公司还制造出一套由三大部件组成的装备,这些部件的基本标准都适用于这两种武器。有了它,这两种武器可以在10分钟之内完成转换。

AUG伞兵冲锋枪保留了AUG突击步枪的枪管后部和套筒座前部(带有机械瞄准具,以备急需之用)的固定式光学瞄准具;并且保留了AUG突击步枪的无托结构设计:弹匣位于扳机装置的后面。为了提高射击精度,除了扳机下面的后置式手枪枪把外,还增加了前置式手枪枪把。前置式手枪枪把是用模块状塑料制成的。

保险和击发装置

保险装置以位于扳机上方的保险阻铁为主,保险阻铁横贯于整个枪栓:从右向左用力推动保险装置,枪处于安全状态;从左向右推动保险装置,枪处于发射状态。撞针保险和保险装置综合设计后,连为一体。AUG 9伞兵冲锋枪有两种射击方式:第一次推压扳机,在半自动状态下射击;第二次推压扳机,在全自动状态下射击。

麦德森冲锋枪

尽管丹麦人少地狭,但是仍然拥有几家轻武器制造公司,其中最著名的是麦德森公司。该公司的正式名字为丹斯克·森迪卡特工业公司。丹麦在第二次世界大战后使用的冲锋枪是由芬兰的苏米公司和瑞典的胡斯克瓦纳公司设计的,而麦德森公司生产的几种武器在武器市场上成功出口。

第二次世界大战后,麦德森系列冲锋枪的第一种型号——麦德森45型冲锋枪问世。这种冲锋枪虽然有多处引人注目的设计,但未能获得成功。而接下来的46型、50型和53型冲锋枪销量甚佳,为该公司赢得了丰厚的利润。

45型冲锋枪(或称P13冲锋枪)使用9毫米帕拉贝鲁姆子弹。盒式弹匣位于套筒座的下面,可装50发子弹。虽然这种武器使用了木制部件,但达到了减轻重量的目的,未装弹时不到3.2千克。其他非同寻常的设计包括:用击发滑座替代了操纵杆;后坐力弹簧在击发滑座下面将枪管卷绕住。弹簧和滑座一起移动时,其惯性产生助推力,推动轻型闭锁装置移动。

快速进化

45型冲锋枪仅生产了一年就被46型冲锋枪(或称P16)取代,46型冲锋枪是专门为易于生产而设计的。46型冲锋枪的枪架由两个后部被链接在一起的冲压钢架构成,且它们的前部被枪管的闭锁螺帽固定。枪托是一个弯曲的金属管,金属管弯曲着插入到前端的一个矩形洞孔内。枪托终端和枪架后面以及手枪枪把尾部连接在一起,这样枪托可以向右折叠,放在枪的一侧。和45型冲锋枪一样,46型冲锋枪发射9毫米帕拉贝鲁姆子弹,弹匣可装32发子弹。46型冲锋枪的射速为每分钟480发子弹,而45型冲锋枪的射速为每分钟850发子弹。46型冲锋枪的子弹初速比45型冲锋枪的子弹初速慢,两者的子弹初速分别为每秒钟380米和400米。46型冲锋枪不装弹匣时重量仅3.175千克。

46型冲锋枪和45型冲锋枪的击发设置基本相同。46型冲锋枪的滑座位于枪架后部的上方,带有两个磨铣过的凸缘,凸缘向外和向下延伸,利于射手握持。而1945型冲锋枪的凸缘被滑座顶部的一个按钮取代,这个按钮和枪栓连在一起。两者的枪托都可以折叠,使用可装32发子弹的两翼水平的垂直状盒式弹匣。1946型冲锋枪的其他数据为:重3.175千克,子弹初速为每秒钟380米,射速为每分钟550发子弹。

英国对麦德森冲锋枪的兴趣

该公司在许多国家演示过它的50型冲锋枪,并收到了许多订单。英国一度想购买这种冲锋枪,供其二线部队使用,同时,购买EM-2冲锋枪供其一线部队使用。但是最后都没有购买,而选择了斯特林冲锋枪。英国过去对50型冲锋枪的最大意见就是想用双排式弹匣替代它的单排式弹匣。弯曲和宽大的双排式弹匣更易于弹匣弹簧弹起子弹,而且脏物和尘土只能落到弹匣底部,这样不会影响武器的操作。

定型后的53型冲锋枪就使用了这种弹匣。53型冲锋枪是继46型和50型冲锋枪之后的新式冲锋枪。仔细检查就会发现它和以前的冲锋枪使用的闭锁系统（枪架到枪管后部）正好相反：53型冲锋枪的枪管的闭锁螺帽拧到枪管内，而46型冲锋枪和50型冲锋枪的枪管闭锁螺帽则拧到滑座的前部。旋转闭锁螺帽，枪管会向前移动，直到枪管后部的凸缘和枪架内部相接触。这种布局使整个组件的结构更加结实和严谨。

枪内部的其他变动有：枪栓的形状改进后，其功能更为完善。枪管上包有一个可以拆卸的套管，如果需要，可以安装一种特殊的小型刺刀。和其他的麦德森冲锋枪一样，53型冲锋枪是作为自动武器生产的，带有可选择性击发装置，并且安装了完整的保险设置，在受到震动或掉到地上时，可以防止走火。

下图：第二次世界大战期间出现了各种简单、廉价的冲锋枪。麦德森46型冲锋枪是专门为易于生产和维修而设计的武器

规格说明

1953型冲锋枪

口径：9毫米

重量：4千克（装弹后）

枪全长：808毫米（枪托延伸后）

枪管长：213毫米

射速：600发子弹／分钟

子弹初速：385米／秒

供弹：可装32发子弹的弯曲状弹匣

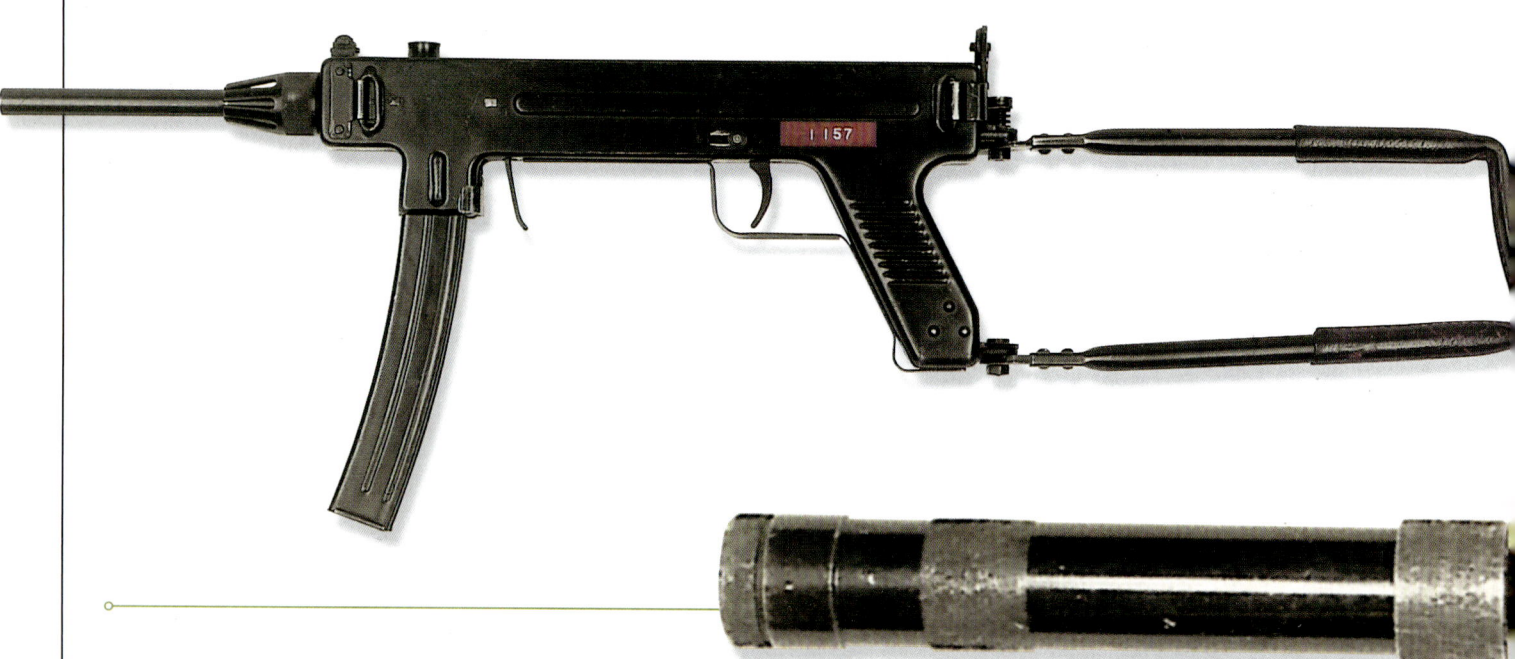

vz 61 "蝎"式冲锋枪

在1960—1975年期间，捷克制造了一种武器——塞斯卡·兹布罗约维卡 vz 61 "蝎"式冲锋手枪。它最初是由捷克设计和制造的。这种武器既不是手枪，也不是真正的冲锋枪，它介于两者之间，具有轻武器的功能。人们把这种武器称为"自动枪"。这种武器体积很小，便于携带，射击时像手枪，但需要时则具有全自动武器射击的能力。如此一来，vz 61兼有手枪和冲锋枪的优点和缺点，或许有时略逊于手枪和冲锋枪的优点，却成为所有秘密武器中最令人生畏的武器。事实上，这种武器极有可能成为捷克正规军队的标准武器。由于它易于隐藏，所以更容易成为特种作战部队使用的近战武器。

个人武器

"蝎"式冲锋手枪是专门为坦克乘员、通信人员和其他人员设计的。这些人除了手枪外，没有必要携带体积较大的武器。但是，手枪射程较近，而使用全自动设计则使手枪在近距离内作战时拥有更大的威力。"蝎"式冲锋手枪像手枪，弹匣不在枪托内，而是位于扳机设置的前面。使用枪托射击有助于提高射击的精度。可折叠式枪托是用金属线制成的。从整个外形看，这种武器又短又小，较厚，可以装在体积稍大的枪套内。

全自动射击时，这种武器的弹速为每分钟大约为840发子弹。在近距离内作战时，如此密集的火力相当惊人。但是，这种优势会受到两个因素的制约。一是在全自动状态下射击时，射击的精度无法控制。射手的手和肩部上面的冲击力会引起枪口上升和震动，这样在极短的时间内，要想准确射击是极其困难的。另一个因素是"蝎"式冲锋手枪使用的弹匣只能装10发或20发子弹，全自动射击时，子弹在极短的时间内会耗尽。不过，在近距离内射

击时，"蝎"式冲锋手枪的火力之猛确实惊人。

折叠式金属枪托

"蝎"式冲锋手枪使用后坐力操作系统。在选择单发射击时，它的折叠式金属枪托可以帮助射手瞄准目标。标准的vz 61"蝎"式冲锋手枪发射美国的7.65毫米子弹——本来只有华约组织的武器才使用这种子弹。但是，vz 63冲锋枪可以使用9毫米小型子弹；vz 68冲锋枪可使用9毫米帕拉贝鲁姆子弹。另外，还有一种人们知之甚少的vz型号。

恐怖分子的武器

除了在捷克斯洛伐克使用之外，"蝎"式冲锋手枪还被出售到一些非洲国家。但是，人们最担心它会落入恐怖分子和"自由战士"手中。"蝎"式冲锋手枪在近距离内的火力极为猛烈，最适合暗杀和恐怖活动，所以，恐怖组织最喜欢使用这种武器。正因为如此，世界各地——从中美洲到中东，都能看到这种武器的影子。

右图：vz 61"蝎"式冲锋手枪是巴勒斯坦解放组织最喜爱的武器。这种武器体积小，易于隐藏

上图：枪托全面延伸后，vz 61可在200米内精确射击。它使用简单的后坐力操作系统。空弹壳直接向上弹出

规格说明

vz 61"蝎"式冲锋手枪

口径：7.65毫米

重量：2千克（装弹后）

枪全长：513毫米（枪托延伸后）；
　　　　269毫米（枪托折叠后）

枪管长：112毫米

射速：840发子弹／分钟

子弹初速：317米／秒

供弹：可装10发或20发子弹的垂直状的盒式弹匣

杰迪—玛蒂克冲锋枪

在20世纪70年代，杰迪·图马里在芬兰开始设计一种高精度的5.59毫米半自动射击专用手枪。在试验射击的时候，却变成了一连串的全自动射击。图马里对被击中的靶子进行调查后发现弹洞非常密集。如此一来，这次半自动变成全自动射击的偶然事件成了杰迪—玛蒂克冲锋枪的起源。这种冲锋枪可以发射通用的9毫米帕拉贝鲁姆子弹。在目前世界各国的军用武器中，确实是一种外形极为特殊的武器。

古怪的外表

杰迪—玛蒂克冲锋枪的枪管和枪架明显不在同一直线上，相差角度令人吃惊，以至于令人顿生恐惧感。而这正是图马里的发明专利——倾斜枪栓系统，这种系统有助于延迟枪栓向后运动，同时可以迫使枪稍向下偏。套筒座的角状装置可以使枪把处于尽可能高的位置，因此，枪管和枪后座能保持在同一直线上。这种设计解决了射击时枪口上升的问题。这个问题在世界各地所能见到的其他冲锋枪中普遍存在，由于存在这个问题，所以射手在一连串（子弹）射击期间，要想瞄准目标几乎是不可能的。对于杰迪—玛蒂克冲锋枪来说，在射手持枪射击时，较高的枪把可以保证后坐力冲击时枪口不会被迫向上旋转，而是直接向后运动，从而使射手能一直瞄准目标。这种设计的最大局限是削弱了冲锋枪的自然"瞄准能力"。

杰迪—玛蒂克冲锋枪的其他设计特点包括：前置式枪把被链接在枪的上部，可以向后折叠。当作保险使用时，有助于弹匣插入到扳机设置的前部。并且，第一次推压扳机时，可单发子弹射击；第二次推压扳机时，可以全自动连续射击。弹匣可装20发或40发子弹。

后坐力操作系统

杰迪—玛蒂克冲锋枪使用后坐力操作系统。套筒座由冲压钢板制成，带有一个链接盖。当前置式枪把降低到裸露位置时，可以当作击发操纵杆使用。它没有枪托，通过前置式枪把和手枪枪把就可以操作。

在1980—1987年期间，泰姆普仁·阿塞帕加·奥伊公司制造了一定数量的杰迪—玛蒂克冲锋枪。后来，在1995年，另一家芬兰制造公司——奥伊·戈登武器有限公司又生产了一批。

从1995年开始制造出的"杰迪—玛蒂克"冲锋枪被称为GG-95 PDW（个人防卫武器）。它属于杰迪—玛蒂克冲锋枪的改进型。从顶部表面到套筒座都进行了修改，取消了减弱这种武器"瞄准能力"的许多角状设置。

规格说明
杰迪—玛蒂克冲锋枪
口径：9毫米（帕拉贝鲁姆子弹）
重量：1.65千克（装弹前）
枪全长：400毫米
枪管长：不详
射速：650发子弹／分钟
子弹初速：不详
供弹：可装20发或40发子弹的垂直状盒式弹匣

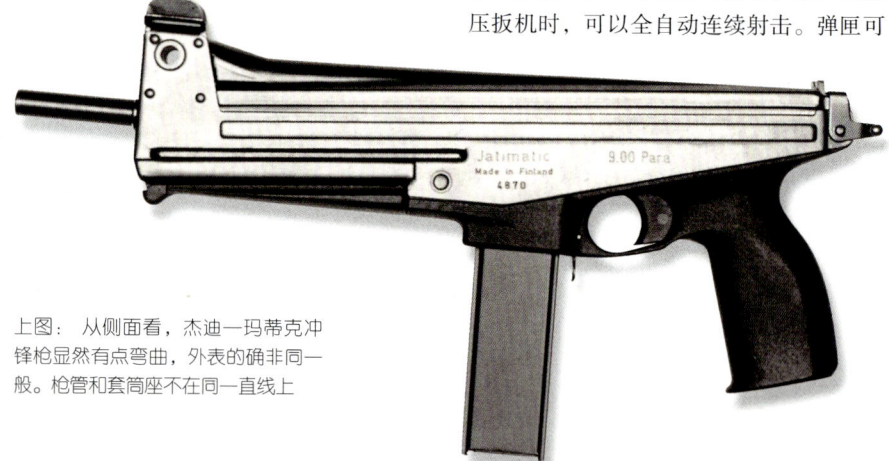

上图：从侧面看，杰迪—玛蒂克冲锋枪显然有点弯曲，外表的确非同一般。枪管和套筒座不在同一直线上

左图："杰迪—玛蒂克"冲锋枪的全套装置包括一个夜视仪、枪套、可装20发和40发子弹的弹匣，以及清理和维修设备

右图："杰迪—玛蒂克"的前置式枪把在射击时可以当作击发操纵杆使用；射击结束后又可当作保险使用。枪后部边缘较低部分上面的叶片可以阻止枪栓移动

MAT 49 冲锋枪

第二次世界大战刚刚结束时，法国武装部队装备的武器的种类极其繁杂。这些武器有的来自法国国内，有的来自国外，种类相当混乱。冲锋枪亦是如此：有的是法国在第二次世界大战前（1939年）设计制造的，有些是美国和英国在第二次世界大战期间援助给改编的法国军队的美制和英制武器。这些武器使用数年，弹药的口径和种类五花八门，数量繁多，给后勤供应和储存带来了极大困难。法国开始对这些武器进行分类选择。随后，法国当局决定，未来研制的冲锋枪必须使用标准的9毫米帕拉贝鲁姆子弹。

新武器

法国需要研制自己的新式冲锋枪，并且三家兵工厂都作出了积极的反应。法国蒂尔武器制造厂的设计（所以这种冲锋枪被称为MAT）被选中。1949年，新式冲锋枪投入生产。法国要用自己设计和制造的性能更好的武器重新武装法国军队，增强法军的战斗能力。

这种新式冲锋枪就是MAT 49冲锋枪。由于制作精良，性能良好，所以今天仍在大量使用，不像其他冲锋枪的使用期限那样短暂。尽管它使用了目前通用的结构：零部件和组件用钢板冲压制成，但是MAT 49冲锋枪的许多零部件都是用耐用钢材精制而成的，非常坚固，经得起摔打和碰撞。这对法国来说极其重要，法国军队在随后的15年甚至是更长时间里，在世界许多地区（如中南半岛和北非）积极参加了大量军事行动。这些地方环境恶劣，需要能连续使用而性能不受影响的武器。

事实证明合理有效的机械设置

这种冲锋枪使用后坐力操作系统，代替了目前被称为"卷绕式"的闭锁装置。为了减少套筒座的长度，MAT 49冲锋枪的布局是这样的：为了取得更大效果，闭锁装置的一部分设在了弹膛内，而其他冲锋枪没有这样的设计。MAT 49冲锋枪的另一大设计是具有法国风格的弹匣槽：为了减少武器装运时的面积，弹匣插入弹匣槽后，弹匣槽可以向前折叠。这一设计直接使用了战前MAS 38冲锋枪的弹匣。法国陆军认为这种弹匣效果不错，于是，MAT 49冲锋枪就保留下来：阻铁下压，弹匣槽（带有一个装满子弹的弹匣）向前折叠，放在枪管下面；需要再次使用时，只需将弹匣向后推拉，弹匣槽就可以当作前置式枪把使用。这种前置式枪把的作用非常重要：MAT 49冲锋枪只能在全自动状态下射击，所以射击时，需要有结实的枪把才能顺利操纵。

为了确保尘土和异物无法进入机械装置内部，MAT 49冲锋枪的设计经历了惨痛的教训，这也是过去留下的一大教训：当MAT 49冲锋枪在北非大沙漠中刚投入使用时，沙子很容易进入枪的内部。现在这个问题已经解决：当弹匣在弹匣槽前面的位置时，拍打一下弹匣，就可以把脏物震出去。如果需要清理或维修，这种冲锋枪不需要借助什么工具就容易拆卸下来。击发装置中，枪把保险既可锁定扳机装置，又可以锁定枪栓，使其无法向前移动。

所有的MAT 49冲锋枪都具有结构简单而坚固耐用的特点。有的MAT 49冲锋枪现在还被法国军队、警察和准军事部队使用。另外，它还被出口到许多法国的前殖民地（国家）以及和法国有重大利益关系的地区。自从5.56毫米FA MAS突击步枪问世后，法国军队使用的MAT 49冲锋枪的数量越来越少，但是仍有相当多的人在使用，短时间内，它是不会消失的。

规格说明

MAT 49冲锋枪

口径：9毫米（帕拉贝鲁姆子弹）

重量：4.17千克（装弹后）

枪长：720毫米（枪托延伸后）；460毫米（枪托折叠后）

枪管长：228毫米

射速：600发子弹／分钟

子弹初速：390米／秒

供弹：可装20发或32发子弹的垂直状盒式弹匣

上图：口径为9毫米的MAT 49冲锋枪于1949年装备法国军队。这种冲锋枪的设计相当粗糙，用耐用钢板冲压制成。它的手枪枪把和弹匣槽可以向前折叠，利于装运

右图：为驻扎在法国殖民地的法军设计的MAT 49冲锋枪。在印度支那（中南半岛）战争中，法军大量使用这种冲锋枪。在阿尔及利亚的残酷战斗中，法军也大量使用了这种冲锋枪。MAT冲锋枪成功经受了严峻的考验

赫克勒和科赫有限公司的 MP5 冲锋枪

自第二次世界大战以来，德国的赫克勒和科赫有限公司一直是欧洲最大和最重要的轻武器制造商。它的成功很大程度上是因为成功生产出了G3步枪。G3步枪是北约的标准武器，现在世界各地的许多国家仍在使用。20世纪60年代，该公司在G3步枪的基础上，又生产出了MP5冲锋枪。

以步枪为基础的冲锋枪

MP5冲锋枪是专门为发射标准的9毫米×19毫米帕拉贝鲁姆子弹设计的。这种子弹属于威力相对较小的手枪子弹。MP5冲锋枪和发射大功率步枪子弹的G3步枪使用的滚筒式和倾斜的闭锁装置一模一样。由于增加了保险，这种系统的复杂性有所降低。和其他冲锋枪的不同之处是，MP5冲锋枪是从密闭的枪栓处射击的。当推动扳机时，闭锁装置正好位于枪栓前面，这样就没有向前移动而影响射手瞄准的装置了。因此在射击时，MP5冲锋枪要比其他类型的冲锋枪精确。MP5冲锋枪使用的许多零部件和G3步枪的零部件非常类似。

有50多个国家的军队和执法部门使用MP5冲锋枪。MP5冲锋枪被公认为世界上著名的冲锋枪。它有120多个类型，可以满足大范围的战术要求。它所具有的独特模块式设计、种类繁多的枪托、前支架、瞄准架和其他辅助设置使MP5冲锋枪极其灵活，几乎可以满足任何作战任务的需要。

MP5冲锋枪的主要型号有：带有固定枪托的MP5A2冲锋枪；使用倾斜式金属支柱枪托的MP5A3冲锋枪；MP5A4冲锋枪和MP5A5冲锋枪是相同的武器，都具有3发子弹点射的能力。

MP5SD冲锋枪安装了消音器，主要在特种作战和反恐作战时使用。按照设计，消音器（可拆卸）和这种冲锋枪的正常长度和轮廓相匹配。MP5SD冲锋枪的消音器（使用了润湿技术）用完整的铝或不锈钢制成。它和大多数消音武器不同，不需要使用亚音速子弹，就能达到有效消音的效果。

隐蔽性武器

MP5K冲锋枪专门供特种部队使用。在特种作战中，如何隐藏武器非常重要。它是MP5冲锋枪的袖珍型，长度仅有325毫米。根据其前置式枪把就可把它辨认出来。前置式枪把位于枪口下面，而枪口几乎看不到。MP5KA1冲锋枪是MP5系列冲锋枪中的特殊型号，没有突出部分，所以能装在衣服或特殊的枪套内。

MP5N冲锋枪或"海军"型冲锋枪是为美国海军的"海豹"特战小队专门生产的。这种冲锋枪的标准扳机装置极为灵巧，枪管带有螺纹线。

尽管MP5冲锋枪的设置极为复杂，但事实证明，它确实是一种优秀、可靠的武器。联邦德国警察和边防部队最先使用了这种冲锋枪。不久，瑞士警察和丹麦军队采购了许多MP5冲锋枪。执法部门的工作人员一般使用单发射击的型号，因为他们常常要在人群拥挤的地方，如机场等处执行任务。

然而，自从英国的特别空勤团使用MP5冲锋枪后，这种武器就成了世界各国特种作战部队的首选武器。由于MP5冲锋枪从密闭枪栓处射击，所以它的射击精度是与生俱有的。在人质营救过程中，平民的生命随时会受到威胁，能够准确瞄准和精确射击目标是营救人质时使用的武器的最基本要求。

上图：MP5K冲锋枪专门供特种部队使用。在特种作战中，如何隐藏武器非常重要

右图：这支MP5A3有一个倾斜的金属支柱枪托，大大减少了枪的长度。早期的MP5冲锋枪使用的是垂直式弹匣

赫克勒和科赫有限公司的MP5A3冲锋枪

赫克勒和科赫有限公司
的MP5A2冲锋枪

上图：这支MP5A2冲锋枪有一个固定的塑料枪托。1978年后，为了提高供弹能力，所有的MP5冲锋枪都改用弯曲式弹匣

规格说明
MP5A2冲锋枪
口径：9毫米（帕拉贝鲁姆子弹）
重量：2.97千克（装弹后）
枪长：680毫米
枪管长：225毫米
射速：800发子弹/分钟
子弹初速：400米/秒
弹匣：可装15发或30发盒式弹匣
MP5K冲锋枪
重量：2.1千克（装弹前）
枪长：325毫米
枪管长：115毫米
子弹初速：375米/秒
弹匣：可装15发或30发盒式弹匣
MP5SF冲锋枪
口径：10.16毫米（史密斯和威森）
重量：2.54千克（装弹后）
枪长：712毫米
枪管长：225毫米
射速：只能半自动射击
子弹初速：330米/秒

左图：赫克勒和科赫有限公司的MP5K冲锋枪

赫克勒和科赫有限公司的 MP5A3 冲锋枪

执法专用武器

为了满足美国执法部门的需求，赫克勒和科赫有限公司于1991年生产了一种可以发射10毫米口径子弹的MP5冲锋枪；随后又生产了可发射10.16毫米口径的史密斯和威森子弹和11.43毫米口径的柯尔特子弹的冲锋枪型号。MP5SF（单发射击）卡宾枪是一种只能半自动射击的武器。警察巡逻队喜欢使用这种武器。它可以支援或替代警察使用的霰弹枪。和霰弹枪相比，它的后坐力小、射程远、弹匣容量大，尤其适合身材矮小的警察使用。

模块式武器系统

赫克勒和科赫有限公司的MP5冲锋枪的模块式设计主要由6大部分组成，但不包括枪背带。各种各样的选择式枪托、前支架、瞄准架和其他辅助设置使这种武器具有无法匹敌的灵活性。这些组件可以和其他组件互相交换，几乎能满足任何条件下的作战需要。各个组件既可单独拆卸下来修理，也可以换上新的组件，迅速投入战斗。

MP5A3 冲锋枪的剖面图

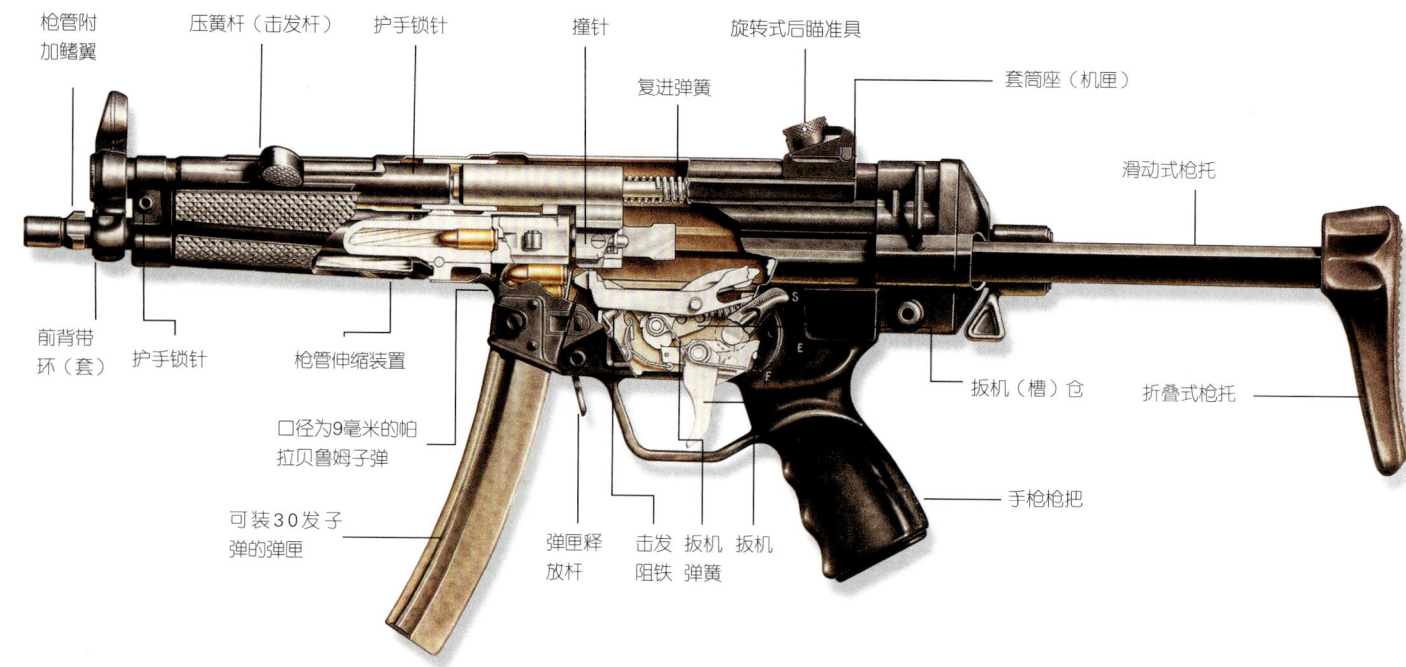

上图：赫克勒和科赫有限公司为MP5冲锋枪研制出了全套辅助设施。这是供警察使用的激光瞄准仪和电筒

上图：选择式扳机组件可以使射手自由选择单发射击、全自动2发子弹点射或3发子弹点射。选择器开关易于使用，甚至戴着手套也可以使用

下图：MP5冲锋枪使用的弹夹是一种简单、廉价但非常有用的辅助设置。大尺寸的MP5冲锋枪通常使用可装15发或30发子弹的盒式弹匣。两个弹匣夹在一起使用，可以有效地增强MP5冲锋枪的火力。换弹匣和重新射击可在瞬间完成

以色列军工公司的乌兹冲锋枪

乌兹冲锋枪的设计可以追溯到半个世纪前，自这种武器问世以来，其作战效果一直声名显赫。这种冲锋枪是以它的设计者乌兹埃尔·盖尔的名字命名的。这种小型冲锋枪研制于以色列四面临敌的危急关头，且当时缺少加工制造设施。乌兹冲锋枪的主要部件是用廉价的压钢制成的，易于制造和维修。

第二次世界大战前，捷克的CZ 23冲锋枪给盖尔留下了深刻印象。它的枪栓卷绕在枪管周围，这样使枪管的大部分向前突出，同时弹膛位于枪管后部。尽管从整体上看，枪的尺寸显得短小，但实际上，乌兹冲锋枪的枪管比其他常规冲锋枪的枪管长一些。

廉价制造

乌兹冲锋枪主要是用焊接的冲压钢板制造的。枪的主架是用单独的耐用钢板制成的，两侧冲压的凹槽可以吸收尘土、泥泞或沙子。这些东西一旦进入枪内，可能会影响枪的操作。如此简单的设计使乌兹冲锋枪可以在最艰苦的条件下使用。在军事应用方面，可靠的性能为这种冲锋枪赢得令人羡慕的美名。

枪口后面有一个大螺帽正好把枪管固定在枪架上。扳机组件位于中心位置，盒式弹匣通过手枪枪把插入。这样设计非常利于在黑夜中装弹，因为左手可本能地找到右手。正规的作战用弹匣可装32发子弹。但是，一般情况下，都是用一个交叉式夹子或带子将两个弹匣夹在一起，这样做可以快速地撤换弹匣。枪把保险和手枪把连为一体，变速杆（快慢机）正好位于枪把上方，利用它可以选择半自动射击（单发射击）。原来的枪把用结实的木材制成，后来迅速改成了金属枪托。为了减少枪的长度，枪托可以折叠到套筒座的下面。

虽然使用了折叠式枪托，但许多射手还是想使用更加轻巧的冲锋枪。以色列军工公司根据全尺寸乌兹冲锋枪的设计研制出了"迷你"乌兹冲锋枪，它和最初的乌兹冲锋枪只是在尺寸大小和重量上有所区别。虽然它的基本设计经过了一些改进，但仅是表面上的改进，最根本的操作系统并没有改变。因为"迷你"乌兹冲锋枪比全尺寸的乌兹冲锋枪轻一些，所以它的闭锁装置也较轻。如此一来，它的射速变得更快，每分钟可发射950发子弹，比原来乌兹冲锋枪的射速快许多。两者最明显的区别是"迷你"乌兹冲锋枪使用单独的支柱式枪托替代了原来正规的折叠式枪托。这种单独的支柱式枪托可以沿枪架的右侧折叠，折叠后的枪托挡板可以当作前置式枪把使用。

尺寸减小后的乌兹冲锋枪

"微型"乌兹冲锋枪的尺寸更小，主要是为特工或安全人员研制的，仅比重型手枪大一点。它的枪栓又小又轻，无法承受高速射击，所以为了增大枪栓体积，枪栓内嵌入了金属钨。即使如此，"微型"乌兹的射速仍然超过每分钟1200发子弹。

半自动乌兹卡宾枪也属于乌兹系列冲锋枪的范畴。生产这种枪是为了满足美国部分州的法律要求：美国有些州禁止私人拥有全自动武器。另外，该公司还研制出了一种乌兹手枪。

乌兹系列冲锋枪已经成为以色列军事力量的象征。以色列并不是唯一使用乌兹冲锋枪的国家。目前，至少有30多个国家和地区的警察和军队购买了这种武器。德国警察和军队购买了大量乌兹冲锋枪，称之为MP2冲锋枪。比利时的FN公司已经获得这种武器的生产许可证。

上图：最初的乌兹冲锋枪使用常规的木制枪托，但是目前为了简捷、方便，大多数乌兹冲锋枪都使用折叠式金属枪托

右图：乌兹冲锋枪精度极差。然而，在有效射程内，它所拥有的强大火力足以令目标无处躲藏

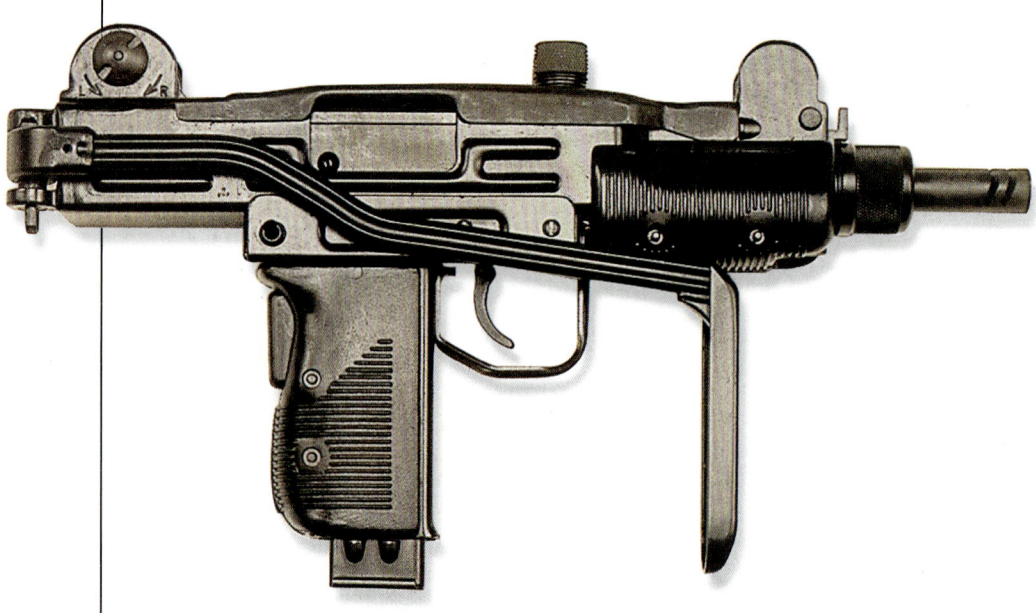

上图:"迷你"乌兹冲锋枪和全尺寸的乌兹冲锋枪采用了完全相同的机械原理。不过,由于使用了短枪管和轻枪栓,所以射速更快

规格说明

乌兹冲锋枪

口径:9毫米(帕拉贝鲁姆子弹)

重量:4.1千克(装上32发子弹的弹匣后)

枪长:650毫米(带木制枪托);
470毫米(折叠式枪托取消后)

枪管长:260毫米

射速:600发子弹/分钟

子弹初速:400米/秒

有效射程:200米

弹匣:可装25发或32发盒式弹匣

"迷你"乌兹冲锋枪

口径:9毫米(帕拉贝鲁姆子弹)

重量:3.11千克(装上20发子弹的弹匣后)

枪长:600毫米(枪托伸展后);
360毫米(枪托折叠后)

枪管长:197毫米

射速:950发子弹/分钟

子弹初速:352米/秒

弹匣:可装20发、25发或32发子弹的盒式弹匣

上图:预谋刺杀里根总统的约翰·辛克利由于距离罗纳德·里根总统不够近,所以很快被美国秘密机构的总统保镖按倒制服。毫无疑问,如果保镖们不想生擒他的话,他或许早就被持有乌兹冲锋枪的保镖击毙了

贝瑞塔 PM12 型冲锋枪

在第二次世界大战期间,贝瑞塔冲锋枪是最受推崇的武器之一。多年来军队和准军事部队一直使用这种武器。战后,贝瑞塔公司又生产出一系列新式贝瑞塔冲锋枪,这些新式冲锋枪被称为贝瑞塔4型和贝瑞塔5型冲锋枪。后者生产于1949年,制造精良——真是精良极了!事实上,这种冲锋枪的生产速度很慢而且造价极高。

先进的设计

在20世纪50年代,该公司又生产出一种全新的冲锋枪。1958年,贝瑞塔12型冲锋枪问世了。它和以前的贝瑞塔冲锋枪在设计上没有什么联系。贝瑞塔公司第一次采用管状套筒座和冲压组件结构,而这些结构其他制造商已经使用了许多年。

尽管PM12型冲锋枪看上去比较简单,但贝瑞塔公司的产品在抛光和制作上永远都坚持最高标准。

PM12型冲锋枪的结构相对来说比较传统,尽管它较早使用了"卷绕式"或"伸缩式"枪栓。现在,这已经成为通用的方法。使用这种枪栓制造出来的冲锋枪短小精悍,再安装上折叠式金属枪托或固定式枪托,冲锋枪的作战能力会得到很大提高。PM12型冲锋枪使用9毫米帕拉贝鲁姆子弹。它的弹匣可装20发、30发或40发子弹。

海外销售

12型冲锋枪在商业上获得了巨大成功。它被出售到南美洲、非洲、中东和南亚的许多国家和地区。印度尼西亚和巴西获得生产许可证后也生产这种武器,它们生产的产品不仅供应本国,而且还出口到世界各地。然而,自从1961年就开始使用这种冲锋枪的意大利军队相对来说采购数量并不多,主要供该国的特种部队使用。1978年,PM12型冲锋枪停止生产,被更先进的贝瑞塔12S型冲锋枪取代。从外观上看,两者极为类似,但有几处明显的区别,其中,最明显的就是后者使用了环氧树脂抛光,所以这种冲锋枪经得起腐蚀和磨损。

PM12型冲锋枪使用了"穿越式"射击选择设置,从位于手枪枪把正上方的套筒座的任一侧推动按钮,就可操作。PM12S型冲锋枪使用了常规的单杆式机械设置。这种设置有一个可以锁定扳机和枪把保险的保险阻铁。

改进

改进后的折叠式枪托绝对能够锁定裸露或密闭的枪栓。瞄准具也经过了修改。从PM12型冲锋枪中继承下来的最值得称道的设计是沿管状套筒座两侧的凸形凹槽。这些凹槽可以防止尘土和脏物进入枪内,即使在恶劣的条件下,PM12S型冲锋枪也不会出现什么问题。

意大利军队和其他几个国家的军队采购了PM12S型冲锋枪。比利时埃斯塔勒的FN公司获得生产许可证后也进行了生产,巴西的福贾斯·托拉斯公司也生产了这种冲锋枪。

上图:PM12S冲锋枪和早期的贝瑞塔12型冲锋枪的区别可从单杆式射击选择器和保险上看出。白色的"S"代表安全状态,"I"代表半自动射击状态,"R"代表全自动射击状态

规格说明

贝瑞塔12S型冲锋枪

口径:9毫米(帕拉贝鲁姆子弹)

重量:3.81千克(装上32发子弹的弹匣后)

枪长:660毫米(枪托伸展后);
418毫米(枪托折叠后)

枪管长:200毫米

射速:500~550发子弹/分钟

子弹初速:381米/秒

弹匣:可装20发、32发或40发子弹的盒式弹匣

上图：贝瑞塔M12型冲锋枪和战前的贝瑞塔冲锋枪在设计上的最大区别是：贝瑞塔M12型冲锋枪的弹匣槽和套筒座是用冲压的耐用金属制成的

右图：尽管贝瑞塔M12型冲锋枪和它的改进型大量出口到国外，但意大利陆军使用的数量极为有限，仅供特种作战部队和保安部队使用

"幽灵"冲锋枪

意大利SITES公司从20世纪70年代末开始生产"幽灵"冲锋枪。1983年，这种冲锋枪首次出现在国际武器市场上。这种冲锋枪虽然性能出众，但在商业上却没有获得成功，或许人们低估了它的能力。从技术上看，它应该获得成功。和所有的冲锋枪一样，这种冲锋枪主要是为近距离作战设计的。与其说适合于战场，不如说更适合于警察和反恐部队使用。因此，这种武器朝着越来越小、易于携带、战斗中安全系数较高等方向发展，并具有瞬间投入作战的能力。

"幽灵"冲锋枪有四种类型："幽灵"HC是半自动手枪、"幽灵"H4是全自动冲锋枪、"幽灵"PCC的枪管长230毫米（装有消音器）、"幽灵"卡宾枪——唯一使用407毫米长枪管的类型。

易于隐藏

"幽灵"冲锋枪的设计目的是为了发挥它的最大作战能力而非降低制作费用。和赫克勒和科赫有限公司的MP5冲锋枪之类的一流武器相比，它的制造费用较低。它有一个冲压的钢制套筒座、复合材料制成的枪把和一个折叠后可平放在套筒座顶部的枪托。它的枪管稍向上抬，但没有突出物，可以装在衣服内；枪托可向上打开，然后向后锁定，可以作为支撑物靠在肩部。

"幽灵"冲锋枪使用了后坐力操作系统和密闭式枪栓，击锤被撞动后才能射击，极大提高了安全系数。它的击发装置由两个弹簧控制。事实上，在射击时，从密闭式枪栓处射击能提高武器的稳定性，明显降低枪口振动和向上抬升的幅度（这种情况在其他许多冲锋枪中普遍存在）。和标准冲锋枪使用的扳机装置相比，它的扳机装置更具有典型的半自动手枪的特点，并且扳机属于连动式，而这一点只有在冲锋枪中才能看到。这种武器没有手动保险，但有一个反向击发杆，这个反向击发杆可以防止偶然走火事件的发生。即使弹膛内装有子弹，只要把击锤放下，就能保证携带的安全性；扣动扳机，即可投入战斗。

冷却处理

枪栓有一个特殊设计：气泵压迫空气通过枪管的左右支索时，击发装置会加倍运行。当一连串子弹穿过枪管时，能加快枪管的冷却速度，提高枪管的操作效能。在整个设计中，它的另一个显著特点是使用了微型弹匣。子弹在弹匣内按照四排顺序排列，这样弹匣相对来说要宽一点，而且比较短。这种弹匣可装50发子弹，长度和MP5冲锋枪使用的可装30发子弹的弹匣长度差不多。这对于随身携带、便于掩藏的武器来说，确实是一大优点。

为了最大程度地扩大"幽灵"冲锋枪的潜在销售市场，除了使用9毫米帕拉贝鲁姆子弹的标准"幽灵"冲锋枪外，该公司还生产出使用包括10.16毫米史密斯和威森子弹、11.43毫米ACP子弹在内的其他口径的"幽灵"冲锋枪。

规格说明
"幽灵"H4冲锋枪

口径：9毫米

重量：2.9千克

枪全长：580毫米（枪托伸展后）；
350毫米（枪托折叠后）

枪管长：130毫米

射速：850发子弹/分钟

子弹初速：不详

供弹：可装30发或50发子弹的垂直状盒式弹匣

左图：图中的"幽灵"冲锋枪可作为消音武器使用，市场上销售的"幽灵"冲锋枪一般都可以从前置式枪把的弹匣槽中把大容量的弹匣拆卸下来

左图："幽灵"冲锋枪拥有两个枪把、一个肩用枪托和击发装置，即使是在全自动射击状态下，也能轻松瞄准目标

下图：非洲某国军队的士兵正在接受"幽灵"冲锋枪的射击训练。和其他类型的冲锋枪相比，"幽灵"冲锋枪的安全系数较高，价格低，性能显著。不过，它更适合于准军事部队使用

m/45 冲锋枪

9毫米m/45冲锋枪最初是由卡尔·古斯塔夫·格瓦斯法克托里公司（现在是FFV协会的成员）生产的。一般情况下，人们把这种冲锋枪称为卡尔·古斯塔夫冲锋枪。m/45冲锋枪朴实无华、毫无虚饰，属于传统型设计。这种冲锋枪使用了普通的后坐力操作系统、简单的管状套筒座、枪管以及折叠式枪托和手枪枪把组件。枪托和手枪枪把组件连接在一起。从整体上看，没什么特别之处。

但是，这种冲锋枪最引人注意的地方是它的弹匣。对于冲锋枪来说，弹匣是最容易引起麻烦的部件。因为弹匣要依靠简单的弹簧压力才能把子弹推进套筒座，然后从套筒座进入发射系统。在战斗中，如果所有子弹不能排成一排进入发射系统，就会导致送弹失效或发生阻塞。最初的m/45冲锋枪使用的弹匣曾经是第二次世界大战前索米37型冲锋枪和索米39型冲锋枪所使用的弹匣。它可以装50发子弹，当时被认为是最好的弹匣。1948年，一种新的弹匣问世了：子弹按照双排排列，共有36发子弹，在通过楔形的交叉区时，子弹会渐渐变成楔形，按照单排的顺序排列。

没有出现过问题的供弹系统

事实证明这种新式弹匣极其可靠，使用时没有出现过什么问题。不久，许多公司纷纷开始仿制。

m/45冲锋枪问世不久，为了适应索米式弹匣或新式楔形弹匣，该公司对它的弹匣槽进行了改进。使用新式弹匣的m/45冲锋枪被称为m/45B冲锋枪。后来的m/45冲锋枪只对它使用的楔形弹匣进行了改进。

m/45冲锋枪和m/45B冲锋枪成为瑞典为数不多的出口武器之一。它被卖到丹麦和其他一些国家，如爱尔兰。埃及获得了生产m/45B冲锋枪的许可证。埃及把自己生产的m/15冲锋枪称为"塞德港"冲锋枪。另外，印度尼西亚也仿造了这种冲锋枪。

或许，使用m/45B冲锋枪最奇怪的非越南战争莫属。美国中央情报局订购了一批m/45冲锋枪，并且，在美国进行了改装，安装上特殊的消音器后，供美国执行秘密任务的特种部队使用。从许多相关报道中可以看出，这种武器的效果并不显著，不久，美国就放弃了这种武器。

m/45冲锋枪有许多辅助装置。其中，最古怪的是枪口附加装置。它既可以充当空包弹射击装置，又可以当作近距离射击训练装置。这种附加装置可以使用特殊的塑料子弹，出于安全上的考虑，当子弹离开枪口时，就裂成碎片。这些子弹能产生足够大的气压，使它的机械装置运行起来。如果需要足够大的压力，这个附加装置还会弹出一个钢球，在近距离射击训练时，这个钢球可以反复使用。

规格说明

m/45B冲锋枪

口径：9毫米

重量：4.2千克

枪长：808毫米（枪托伸展后）；551毫米（枪托折叠后）

枪管长：213毫米

射速：550~600发子弹/分钟

子弹初速：365米/秒

供弹：可装36发子弹的垂直状盒式弹匣

左图：m/45冲锋枪通常被称为卡尔·古斯塔夫冲锋枪。这种武器自从1945年后开始装备部队，并且大批量出口到国外。瑞典军队的m/45B冲锋枪使用9毫米帕拉贝鲁姆子弹

下图：埃及（在1967年和以色列的战争中）和美国（特种部队在越南战场上使用的带有消音器的型号）等许多国家的军队都使用过卡尔·古斯塔夫冲锋枪。目前，瑞典军队仍然大量使用这种武器

Z-84 冲锋枪

Z-84冲锋枪是西班牙的斯达·波尼法西奥·埃克维里亚·萨公司于20世纪80年代中期研制的武器，是Z-62和Z-70B冲锋枪的改进型，但是它和这两种冲锋枪有所不同，它只能发射9毫米帕拉贝鲁姆子弹。

Z-84冲锋枪采用了先进的机械原理和结构——短小、轻便、操作和射击比较舒适。套筒座用冲压钢材制成，由上下两部分组成。弹匣槽嵌入在前置式枪把内。这种武器使用后坐力操作系统，枪管被"卷绕式"枪栓包裹。枪栓在两个引导轨道上移动。枪栓和套筒座内部非常清洁。即使在很脏的情况下，武器也能继续使用。

保险设置

这种冲锋枪从裸露枪栓处射击，保险位于扳机后部的护栏内。当两者接合时，保险处于锁定状态。其他保险设计包括：枪栓上有一个截击器凹槽。射击时，如果推动击发操纵杆，截击器就会拦住枪栓。位置比较靠前、带有惯性的闭锁装置会控制住枪栓的运动。击发选择器位于套筒座左侧，可以根据需要，选择单发射击或全自动连发射击。

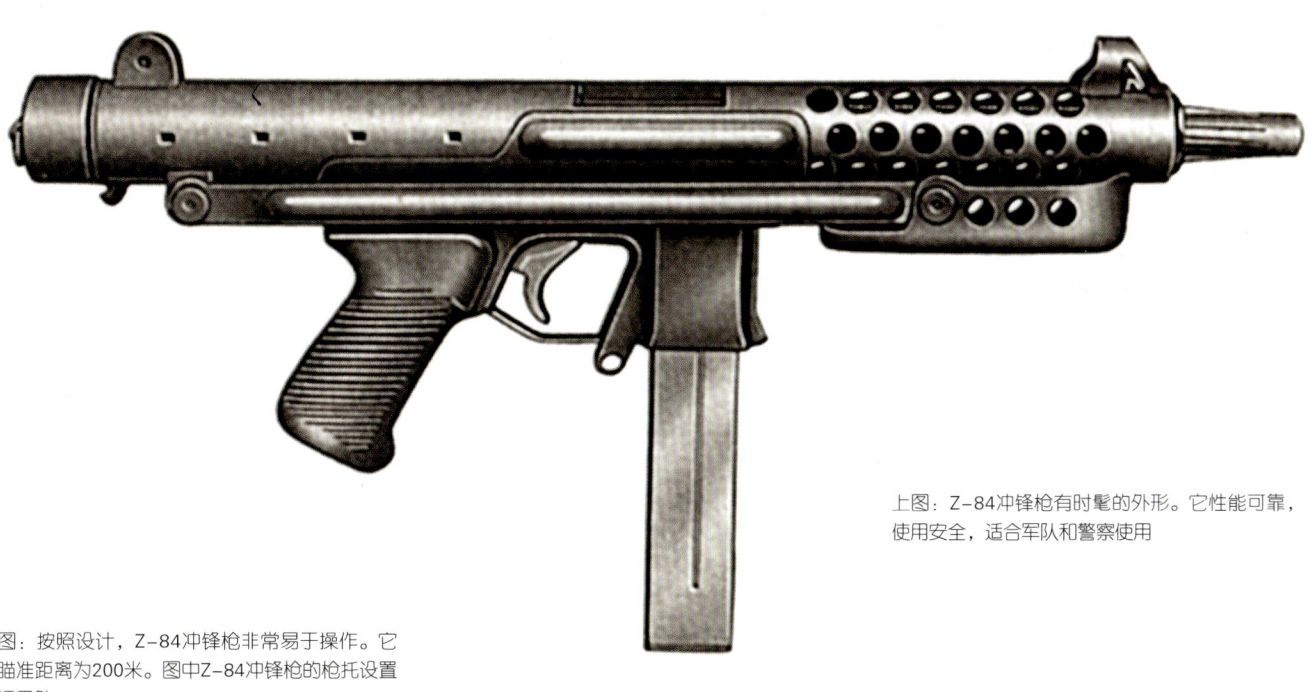

上图：Z-84冲锋枪有时髦的外形。它性能可靠，使用安全，适合军队和警察使用

下图：按照设计，Z-84冲锋枪非常易于操作。它的瞄准距离为200米。图中Z-84冲锋枪的枪托设置在裸露处

规格说明

Z-84冲锋枪

口径：9毫米

重量：3千克

枪全长：615毫米（枪托伸展后）；410毫米（枪托折叠后）

枪管长：215毫米

射速：600发子弹/分钟

子弹初速：不详

供弹：可装25发或30发子弹的垂直状盒式弹匣

9毫米 L2A3 斯特林冲锋枪

第二次世界大战后期，英国进行了新式冲锋枪的试验。这种新式冲锋枪的早期型号被称为"帕切特"，但是，1955年，当英国陆军使用这种冲锋枪时，几乎所有人都把它称为斯特林冲锋枪，认为"帕切特"冲锋枪将取代司登冲锋枪，但是，直到20世纪60年代，英国军队还在使用司登冲锋枪。

英国陆军使用的冲锋枪被命名为L2A3冲锋枪，它相当于埃塞克斯郡达格南区的斯特林武器公司生产的斯特林Mk 4冲锋枪（用于商业用途）。在战后武器出口中，它获得了较大成功，被出口到90多个国家，并且2002年印度还在生产这种冲锋枪。斯特林冲锋枪的最基本的军用型号设计比较简单，有一个普通的管状套筒座和折叠式金属枪托。但是，它和其他冲锋枪的区别是使用了向左突出的弯曲状盒式弹匣。事实证明这种设计非常有效。印度陆军使用这种冲锋枪多年，的确没有出现过什么问题。在加拿大，这种冲锋枪被称为C1冲锋枪，加拿大对其作了轻微改动。

后坐力操作系统

斯特林冲锋枪具有简单的后坐力操作系统，但它的枪栓却使用了最优秀的设计：它有着略向上抬的倾斜的方栓。这种设计利于把尘土和异物清理出去，从而能在最恶劣的环境下使用。普通弹匣可装34发子弹。它的包括刺刀在内的附属装置中有一种可以装10发子弹的弹匣。它可以安装各种类型的夜视装置或瞄准设置，尽管这些东西用途不是太广。斯特林冲锋枪目前有几种型号，其中之一就是英国陆军使用的带有消音设置的L34A1冲锋枪。

L34A1冲锋枪使用的固定式消音系统安装在特殊的枪管上，射击时产生的气体从枪管两侧进入带有转叶板的消音器，这种消音器效果极佳，使用时几乎不会发出任何声音。另外，还有一系列斯特林冲锋枪供伞兵当作手枪使用，只有手枪组件、套筒座、小型弹匣和非常短的枪管，既有单发射击型号，也有冲锋枪型号。

事实证明，从各个方面看，斯特林冲锋枪都可以称得上是一种性能可靠、结实耐用的武器。许多国家不必携带正规军用步枪的二线部队都使用这种冲锋枪。并且，在车辆上，这种冲锋枪折叠后所占的空间较小。虽然英国陆军的L2A3冲锋枪正逐渐被5.56毫米的单兵武器取代，但是，世界各地仍有大量的斯特林冲锋枪。这意味着在以后许多年内，许多人还会使用这种冲锋枪。

右图：9毫米斯特林冲锋枪取代了英国陆军使用的司登冲锋枪。图中为枪托伸展后的斯特林冲锋枪。事实证明，即使在最恶劣的环境下，这种冲锋枪依然性能稳定，效果显著

规格说明

L2A3冲锋枪

口径：9毫米

重量：3.47千克

枪长：690毫米（枪托伸展后）；483毫米（枪托折叠后）

枪管长：198毫米

射速：550发子弹/分钟

子弹初速：390米/秒

弹匣：可装10发或34发子弹的盒式弹匣

L34A1冲锋枪

口径：9毫米

重量：3.6千克（装弹后）

枪长：864毫米（枪托伸展后）；660毫米（折叠后）

枪管长：198毫米

射速：515~565发子弹/分钟

子弹初速：293~310米/秒

弹匣：可装34发子弹的盒式弹匣

下图：图中在巴斯英布恩参加军事演习的英军使用的就是斯特林冲锋枪。斯特林冲锋枪被5.56毫米L85单兵武器取代

下图：图中的斯特林冲锋枪在马来亚和婆罗洲大量使用。虽然从内在设计上看，这种冲锋枪的射击精度不够，但事实证明在使用时从没有出现过问题

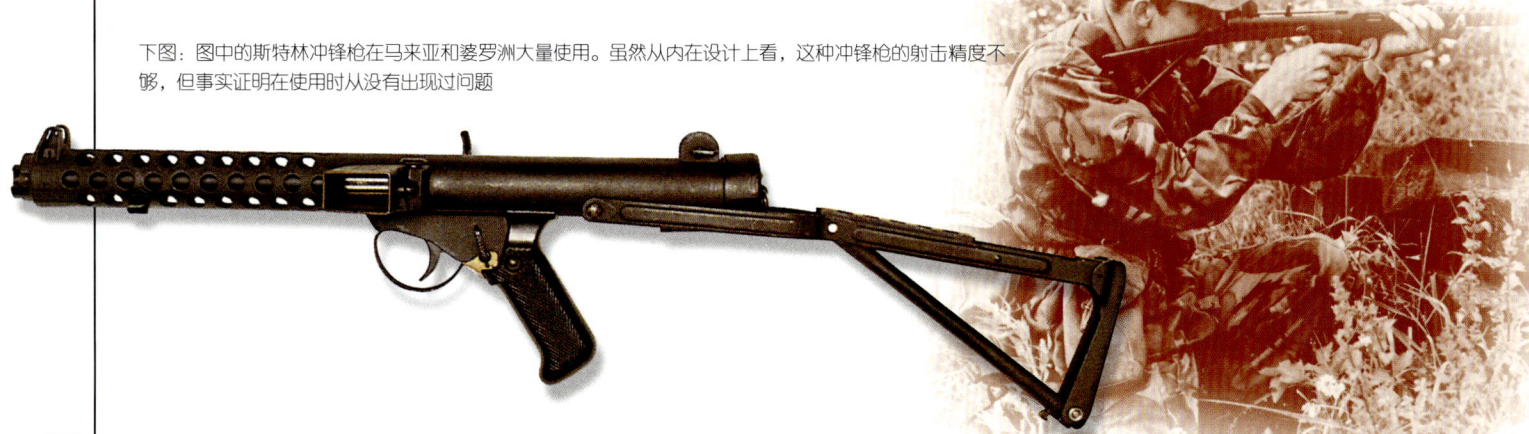

器。装上抑制器后，枪口就被盖上抗热的帆布网或塑料网，可以当作前置式枪把使用。击发操纵杆位于侧面平坦的套筒座顶部，将其转动90度角，可当作保险锁使用。当击发操纵杆用于瞄准时，射手马上就能知道它是否处于保险状态。这种冲锋枪还安装了正常的扳机保险。

M10型冲锋枪

M10型冲锋枪既可以发射著名的11.43毫米子弹，又可以发射普通的9毫米帕拉贝鲁姆子弹。小型的英格拉姆11型冲锋枪也可以发射9毫米帕拉贝鲁姆子弹。而在正常情况下，英格拉姆11型冲锋枪发射威力较小的9毫米（小型）子弹。无论使用什么口径的子弹，英格拉姆冲锋枪的性能和效果都极其出色，所以它被销往世界各地，供许多国家的准军事部队、保镖和保安部队使用，就不足为奇了。

隐秘的操作者

英格拉姆冲锋枪极少大规模出售，但是，有几个国家以"试验和评估"的名义订购了一部分。大家都知道英国特别空勤团已经获得少量的英格拉姆冲锋枪用于试验。由于其所有权和制造权常常易手，所以英格拉姆冲锋枪想在市场上大批量销售是很困难的。但是目前名为"科布雷"M11的英格拉姆10冲锋枪和英格拉姆11冲锋枪又重新投入了生产，而且使用的是9毫米（小型）和9毫米帕拉贝鲁姆子弹。为了保证英格拉姆冲锋枪能周而复始地销售出去，该公司设计出了各种型号的英格拉姆冲锋枪：有的型号只能单发射击；有的型号没有折叠式枪托。该公司一度还生产了一种长枪管的型号，由于没找到合适的市场，所以生产数量极为有限。

许多国家都购买过英格拉姆冲锋枪，但各国，如希腊、以色列和葡萄牙购买的英格拉姆冲锋枪有所不同。美国海军也购买了少量的英格拉姆冲锋枪。许多英格拉姆冲锋枪被卖到包括玻利维亚、哥伦比亚、危地马拉、洪都拉斯和委内瑞拉在内的中美洲和南美洲国家。

AKSU 冲锋枪

正当西方各主要国家的军队把7.62毫米的大口径子弹改为5.56毫米的较小口径时（因为小口径的子弹更适合于近距离作战，西方长期以来一直认为近距离作战是现代步兵作战的主要方式），苏联也把它的7.62毫米×39毫米M1943子弹改为5.45毫米×39毫米M1974子弹。这种子弹和前者相比，重量轻、威力小。这就需要研制并生产出一种新式的可发射这种较小子弹的系列武器。因为苏联对正在使用的标准型号的AK-47和改进型AKM卡拉什尼科夫突击步枪的基本表现和性能比较满意，所以苏联人选择了最简单的方法，缩小卡拉什尼科夫突击步枪的尺寸，使其能够发射新式的小口径子弹。

AK-74和带有折叠式枪托的AKS-74突击步枪就是这样问世的。这两种武器于1974年装备部队。它们和AKM突击步枪一样，都使用了气动操作的击发装置和旋转式枪栓。尽管它们的射程可达1000米，

规格说明
AKS—74U
口径：5.45毫米
重量：2.71千克（装弹前）
枪长：735毫米（枪托伸展后）；490毫米（枪托折叠后）
枪管长：210毫米
射速：不详
子弹初速：不详
供弹：可装20发或30发子弹的盒式弹匣
AK—107和AK108
口径：5.56毫米
重量：3.4千克
枪长：943毫米（枪托伸展后）；700毫米（枪托折叠后）
枪管长：415毫米
射速：850发子弹/分钟（AK-107）；900发子弹/分钟（AK-108）
子弹初速：不详
供弹：可装30发子弹弯曲状盒式弹匣

上图：AKSU冲锋枪，又称AKS-74U冲锋枪，是AKS-74冲锋枪的改进型，主要供装甲车辆内部乘员和其他专业部队和二线部队使用

9毫米和11.43毫米英格拉姆10型冲锋枪

有史以来,还没有哪种武器会像英格拉姆冲锋枪那样受到新闻界和好莱坞的如此关注。在英格拉姆10型冲锋枪问世之前,戈登·B.英格拉姆已经设计出一系列不同类型的冲锋枪。这种冲锋枪最初打算使用西奥尼克斯公司生产的抑制器。在20世纪60年代中期第一批英格拉姆10型冲锋枪问世之后,由于它的射速和高效的声音抑制器,立即引起公众的极大关注。

在好莱坞大量影视作品中添油加醋的评论和宣传使英格拉姆冲锋枪就像20世纪20年代的汤姆森冲锋枪一样顿时红遍天下。

与众不同的武器

英格拉姆冲锋枪的确是一种出色的武器。虽然结构上使用的是金属片,但制作标准非常高,火力尤为猛烈。它的射速每分钟高达1000发子弹,却能操纵自如,这当然要归功于安装在中央位置的手枪组件的出色的平衡性能。弹匣通过中央组件插入到枪内。大多数英格拉姆冲锋枪的金属枪托都可以折叠,而英格拉姆10型冲锋枪的枪托可以拆卸下来。许多没有安装长管状抑制器的英格拉姆冲锋枪都使用了向前突出的网状皮带。这种皮带可当作简单的前置式枪把使用。大多数"英格拉姆"冲锋枪的枪口都有螺纹线,可以装上抑制

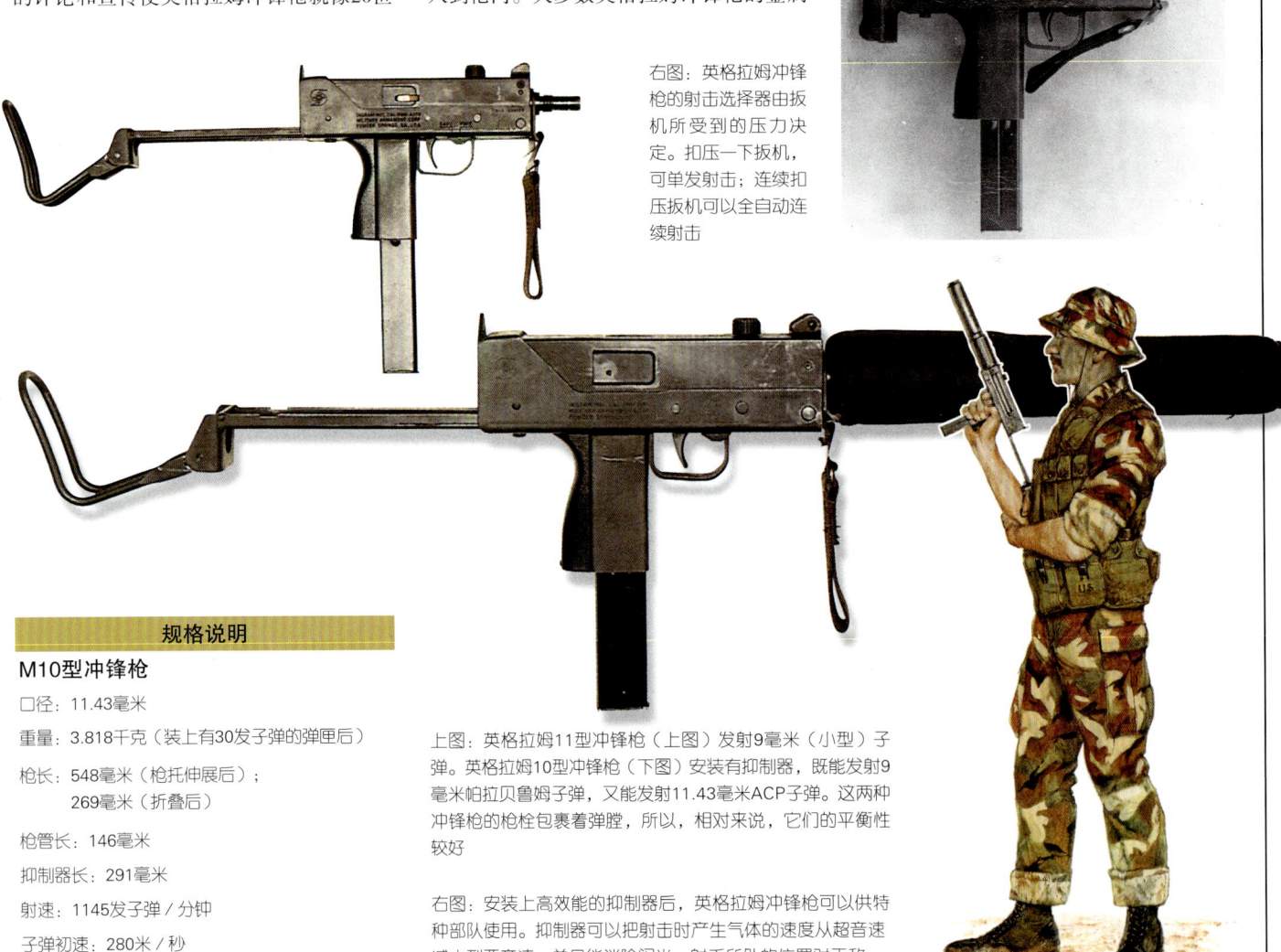

右图:英格拉姆冲锋枪的射击选择器由扳机所受到的压力决定。扣压一下扳机,可单发射击;连续扣压扳机可以全自动连续射击

上图:英格拉姆11型冲锋枪(上图)发射9毫米(小型)子弹。英格拉姆10型冲锋枪(下图)安装有抑制器,既能发射9毫米帕拉贝鲁姆子弹,又能发射11.43毫米ACP子弹。这两种冲锋枪的枪栓包裹着弹膛,所以,相对来说,它们的平衡性较好

右图:安装上高效能的抑制器后,英格拉姆冲锋枪可以供特种部队使用。抑制器可以把射击时产生气体的速度从超音速减小到亚音速,并且能消除闪光。射手所处的位置对于敌人来说一直是个谜,等到敌人发觉时,为时已晚

规格说明

M10型冲锋枪

口径:11.43毫米

重量:3.818千克(装上有30发子弹的弹匣后)

枪长:548毫米(枪托伸展后);269毫米(折叠后)

枪管长:146毫米

抑制器长:291毫米

射速:1145发子弹/分钟

子弹初速:280米/秒

弹匣:可装30发子弹的盒式子弹

左图：和卡拉什尼科夫轻武器家族的其他类型武器一样，AKSU冲锋枪结实耐用，性能可靠。它的可靠性能要归功于严谨的设计和精良的制作，即使在最恶劣的环境下，也能有效地射击

但一般情况下，使用时，射程要近一些。AK-74和AKS-74突击步枪投入了大批量生产，供苏联军队和苏联盟国及其附属国的军队（即华约组织内部和外部的国家）使用。在实战中，事实证明它们是美国M16系列突击步枪的真正令人生畏的对手。虽然苏联的武器和美国的M16相比，精度稍差一点，但是，在性能、耐用性和战场清理和维修等方面都要优于M16突击步枪。

武器研制

尽管苏联步兵对AK-74和AKS-74突击步枪非常满意，但是苏联认为那些专业性较强的部队，如坦克乘员、通信兵和炮兵以及二线部队应该佩带更轻便的武器，所以苏联又研制出了AKSU（又称AKS-74U）。大家普遍认为，与其说它是一种小型突击步枪，倒不如说它是冲锋枪更合适，并且装备这种武器的人都把它称为"烤肉串者"。和它前面的几种突击步枪一样，AKSU性能可靠，易于维修，但是精度稍差，所以更适合于军队的要求，而保安和警察机构使用则有点不太适宜。

另外，在卡拉什尼科夫气动操作击发装置和旋转式枪栓（有两个凸缘）的基础上，苏联还研制出许多其他类型的武器。例如，AK-101是为了扩大在国际市场上的销售量，在AK-47的基础上而设计出来的。它使用5.56毫米×45毫米北约子弹。这种武器的枪托伸展后长943毫米，枪托折叠后长700毫米，枪管长415毫米，重3.4千克，使用的弹匣可装30发子弹，射速每分钟可达600发子弹。

同样，为了扩大在国际武器市场上的销售量，苏联研制出许多其他类型的轻型武器，如AK-103。事实上，这种枪就是发射北约7.62毫米×39毫米子弹的AK-47突击步枪。当然，在作战经验、优质原材料和先进的制造工艺基础上，苏联对它进行了不少改动。AK-102、AK-104和AK-105都是同一种设计（袖珍型）中的不同类型而已。它们分别发射5.56毫米×45毫米、7.62毫米×39毫米和5.45毫米×39毫米子弹。它们使用的弹匣都可以装30发子弹。其他数据包括：重（未装弹）3千克；枪托伸展后枪长824毫米；枪托折叠后枪长586毫米；枪管长314毫米；射速每分钟600发子弹。

5.45毫米AK-107和5.56毫米AK-108突击步枪使用了平衡操作系统。因此，它们的基本设计原理更为先进。这种系统有两个方向正好相反的活塞操作系统（一个枪栓输送器的驱动设置，另一个为枪栓的补偿性设置）。射击时，枪的重心不会改变。这样，就可以提高射击精度，减少枪口向上抬升的幅度。

3 步枪

从19世纪末至今100多年的历史中,步枪从一种远距离、发射大威力子弹的高精度杀人工具,转变为一种中程距离的、比较精确的主要为提供更强大的压制性火力而设计的武器。在不断对步枪进行改进的基础上,研制出来的突击步枪常常只能发射具有中等威力的子弹。

1898年，英国在镇压苏丹穆斯林起义的乌姆杜尔曼战役中赢得了胜利，英军获胜的部分原因就是使用了口径为7.7毫米的新式步枪，这种步枪可以在915米远、甚至更远的射程内将苏丹手持长矛或步枪的起义者击毙，这么远的射程是前所未有的。一年后（1899年），在非洲大陆的南端，英军却饱尝了步枪的苦头。这一次，英国军队要想轻松地击败对手就没那么容易了。1899年，英国在对付布尔共和国手持步枪的志愿兵时，屡战屡败。在较远距离的射程内，英军的攻势一次又一次被手持步枪的布尔人击退。布尔人使用的步枪具有枪栓击发和弹匣供弹能力。

英国陆军学会了使用小股部队进行机动作战的战术。富有进取精神的新任指挥官道格拉斯·黑格先生要求提供更多的机关枪来支援步枪的火力，而巴登·鲍威尔少校在总结他率苏格兰警卫队在南非作战的经验后，呼吁使用一种自动步枪。结果，英国陆军未能得到想要的机关枪，所以在1914年对德战争爆发时，英国士兵更加依赖他们的步枪。英国陆军历史悠久，许多士兵都获得过神射手的徽章和因此而增加的特殊津贴。在1914年8—12月期间，德国前线士兵发现英国远征军步枪的威力实在太可怕了。随着冬季来临，前线对峙的士兵们开始挖掘战壕，持续四年的西线堑壕战开始了。堑壕战结束了步枪的优势。在狭小的战壕内，士兵甚至只能从一个又一个的散兵坑中向外射击，在这种情况下，"炸弹"（手榴弹）才是最好的武器，它比子弹的威力大多了。在1914年，西方每个国家的陆军步兵营都由装备了步枪的步枪连组成。在第一次世界大战期间，这种单一的装备逐渐变得复杂起来。部队装备的武器还有手榴弹（手投和步枪发射的枪榴弹）、机关枪（轻型机关枪，然后是冲锋枪），甚至还有迫击炮。尽管步枪连的多数步兵仍然携带步枪，但许多人的主要任务是携带机关枪和其他武器的弹药。1916—1917年之后，步兵的战术（火力和机动组成"步枪组"和"机枪组"）没有发生过真正的变化。

第二次世界大战期间，许多国家的步兵装备的步枪和第一次世界大战时相比，并没有发生太大变化。尽管那种堑壕战的经历不会再重复一遍，但是步兵彼此之间互相射击的距离几乎没有任何变化，如果说有什么变化的话，就是改变了几百码的距离。在战争爆发之前，美国生产了一种可自动装填的步枪，并把它当作标准的步兵武器使用。德国和俄国使用的类似武器较少，但是在东线战斗中，步枪并没有给他们带来任何优势。双方大规模地使用轻机枪，战前对自动武器需要耗费大量弹药的忧虑在战场上变成了现实。密集的火力常常比单发的精确射击重要多了，只有压制住敌人的火力，己方的军队才能接近敌人的阵地，用手榴弹和机关枪对敌人进行猛烈扫射和轰炸。

德国和俄国一直在努力，想把机关枪和步枪的威力发挥到最佳程度。机关枪所

上图：目前英国的军用步枪是L85（又称SA80）步枪。这种步枪使用北约的5.56毫米子弹。尽管它在适用性和维修方面暴露出一定的问题，但是，基本上还称得上是一种优秀的武器。它安装了性能优越的光学瞄准具

上图：口径为7.92毫米的毛瑟G98步枪对德国来说正如李·恩菲尔德步枪对于英国一样重要。毛瑟G98步枪也使用了枪栓击发设置。图中毛瑟G98步枪使用的弹匣可装5发子弹，而不是可装10发子弹的弹匣。这种步枪精度高、结实耐用，并且使用时非常安全

上图：英国陆军在两次世界大战中使用的7.7毫米李·恩菲尔德步枪的枪栓击发设置存在着明显的差异。图中为第二次世界大战后期的典型的欧洲作战模式。士兵们使用的是No.1 Mk III*步枪

上图：图中三名美国士兵，走在前面的士兵使用的是M1卡宾枪，他身后的两名士兵使用的是M1步枪

上图：越战中美国士兵使用的标准武器是M16突击步枪

受到的限制是它使用的是手枪子弹，威力小，射程较近；而步枪所受到的限制是威力太大，射程较远。能够把两者的火力完美结合在一起的是一种能发射中等威力子弹的新式武器，德国把他们的新式步兵武器命名为"突击步枪"。突击步枪在近距离范围内不仅易于操作，而且在步兵战斗最易发生的地域——300/500米范围内射击精度较高。

德国和俄国分别设计出可以发射中等威力子弹的StG44（StG的意为突击步枪）和AK-47（从理论上继承了StG44步枪的设计）突击步枪。第二次世界大战后，联邦德国陆军使用的是发射大威力7.63毫米×51毫米子弹的G3突击步枪。战后欧洲获得最大成功的步枪——比利时的FAL步枪也发射这种子弹。在自动射击时，没有任何一种武器能够真正控制得住，所以一些使用者在使用这种武器的时候仅仅单发射击。美国最成功并投入使用的步枪是尤金·斯通纳设计的阿玛莱特AR-10步枪——一种大威力的7.62毫米武器。它是AR-15步枪和目前使用的M16突击步枪的鼻祖。为了减轻重量，阿玛莱特公司对AR-10进行了重新设计，改进后的AR-10可以发射5.56毫米子弹。这种子弹后来逐渐演化为北约的5.56毫米的标准步枪子弹。这种子弹易于翻滚，可造成严重伤害。20世纪70年代苏联使用较小口径的AK-47子弹时，据观察，所使用的5.45毫米子弹更容易发生翻滚。发生这种现象的原因不在于弹道偶然出现偏差，而是计算不精确。

步兵之友

历经百年风云变幻，步兵的武器已经从远距离的精确杀人工具演化为更接近冲锋枪的武器。虽然职业军人担心这种步枪会耗费大量弹药，但是20世纪的历史告诉我们，要占领某一阵地，耗费大量弹药和失去士兵的性命相比，弹药要廉价多了。

重量：一个至关重要的因素

步兵一直是携带沉重的装备进入战场的。在直线式战术部署的时代里，军队只作有限的调动，但这还不是一个压倒一切的重要因素。在武器装备越来越先进的今天，一方面，步兵的装备越来越重，阻碍了现代化战争的进程；另一方面，人们又希望通过装甲运兵车之类的车辆，尽可能快地把步兵调往战场，如此一来，减少步兵装备的体积和重量就变得越来越重要。制造精良的德国G3步枪的口径为7.62毫米，重量为4.25千克，弹匣装20发子弹后重0.625千克或0.753千克（弹匣重量与使用的制造原料——钢和铝有关）。这样步枪和200发子弹的重量加在一起重11.78千克。大多数先进的步枪重量相对较轻，体积较小，使用的子弹也较轻。例如，口径为5.56毫米的法国FAMAS步枪重3.38千克，弹匣重0.425千克（装上25发子弹后）。这样步枪和200发子弹的重量和前者相比减小到6.78千克，步枪更方便携带。

上图：以比利时的FN FAL步枪为例，20世纪50年代，步兵使用的步枪可发射威力较大的大口径子弹。它是FN公司在获得英国L1步枪的生产许可证后生产出来的产品。这种步枪装上弹匣（10发子弹）后重11.68千克

曼利夏 1895 步枪

到19世纪90年代初期，奥匈帝国的陆军使用了大量由裴迪南·万·曼利夏根据枪栓击发装置的原理设计出来的步枪。这种步枪使用了由两件成套结构组成的直推式枪栓击发设置。第一批曼利夏步枪于1884年投入使用。随后出现了各种各样的改进型步枪，这些步枪都使用古老的黑火药子弹。1890年首次出现了使用"无烟型"子弹的步枪。

这种步枪随后被"冻结"了，直到1895年，这种名为曼利夏1895型的步枪才投入生产。这种步枪又被称为8毫米RG1895型步枪。这种步枪成为奥匈帝国陆军的标准步枪。

1895型步枪设计合理、简洁，事实证明其性能非常可靠。和当时的其他步枪一样，1895型步枪相当长，但直推式枪栓击发设置带来的问题显然很少。它使用1890型步枪的8毫米圆头子弹。这种子弹是奥匈帝国最先使用的"无烟型"子弹。在盒式弹匣中，有一个子弹夹把5发子弹夹紧。火药引线装在套筒座上。这在当时称得上是一次伟大的革新。

标准步枪

1914年，当奥匈帝国参加第一次世界大战时，奥匈帝国陆军使用的是1895型步枪。那个时候，除步枪外，又出现了一种类似于卡宾枪的8毫米RSG（Repetier-Stutzen-Gewehr）1895型步枪。这种步枪主要供工程师、司机、通信兵和军械库的管理员之类的人员使用。但是，这种类似于卡宾枪的步枪在奥匈帝国的军队中并没有被立即推广应用。在第一次世界大战期间和第一次世界大战之后，由于1895型步枪和卡宾枪已成为许多国家军队中的固定装备，所以，所有中欧国家对Stutzen步枪非常熟悉。保加利亚是最早使用1895型步枪的中欧国家之一。1918年后，意大利在接受战争赔偿时也获得了这种步枪。后来，这种步枪还成了意大利的标准武器之一。其他获得这种步枪的国家有希腊和南斯拉夫。当然，1918年，奥匈帝国分裂为奥地利和匈牙利之后，两国也都保留了这种步枪。

1895型步枪和Stutzen步枪目前只能充当收藏品而已。然而曾几何时，在很长的时间里，它们却是许多中欧国家的标准武器。它们设计合理，却未能引起人们的注意。谁能想到作为军用步枪，它们曾在军中服役长达半个多世纪呢

上图：由于奥匈帝国陆军的士兵是从各个民族中招募而来的，事实证明这支军队的战斗力非常脆弱。在第一次世界大战相持不下的时候，奥匈帝国不得不从斯瓦吉克招募优秀的士兵

规格说明
RG1895型步枪
口径：8毫米
重量：3.78千克
枪全长：1270毫米
枪管长：765毫米
子弹初速：619米/秒
弹匣：可装5发子弹的盒式弹匣

上图：曼利夏1895型步枪是奥匈帝国陆军使用的标准军用步枪。它发射口径为6.5毫米的子弹。这种步枪设计合理，坚固耐用，盒式弹匣可装5发子弹，使用了直推式枪栓击发装置，枪口下方的凸出物是一个清理杆

右图：在雅罗斯拉夫城外的奥匈帝国军队携带着曼利夏1895型步枪。这种步枪使用的是直推式枪栓击发设置，和早期的曼利夏步枪——1890型步枪相比，它使用的弹匣可装5发子弹

毛瑟1889步枪

比利时的毛瑟1889步枪在国际上是一种了不起的武器。尽管它是比利时设计的,但它的击发装置却直接模仿了毛瑟步枪的枪栓击发装置。这种步枪于1889年成为比利时的标准军用步枪。虽然,这种步枪有一部分是由比利时的国家兵工厂制造的,但这种步枪大部分是由专为制造1889型步枪而新建立的公司——FN公司制造的。该公司目前是世界上最大的武器制造公司之一。

相匹配的步枪和卡宾枪

和往常一样,与毛瑟1889步枪一起生产的也有一种卡宾枪类型。这就是毛瑟1889卡宾枪。这种卡宾枪一般情况下要和一把类似于宝剑的名为"雅塔干"的刺刀一起使用。这种武器大部分装备驻守要塞的部队,其余的供宪兵使用。毛瑟1889步枪制作精良,采用了一些非同寻常的设计。其中之一是它的整个枪管上面包裹了一个金属管,这样可以保证枪管不会接触到木制品。枪管和木制品接触容易引起弯曲,从而影响射击的精度。这种设计有一些优点,如枪管上可以安装瞄准具。这种枪造价昂贵,而且经过一段时间,枪管和金属管之间容易生锈,不过这需要较长时间,所以在第一次世界大战期间,倒没有出现过什么大的问题。

长期服役

当毛瑟1889步枪装备部队时,按照设计,它的使用期限较长,所以直到1940年还在使用,甚至在1940年后,德国驻守要塞的部队还在使用。有一些还出口到阿比西尼亚(即今天的埃塞俄比亚)和南美洲的一些国家。总的来说,这种步枪主要供比利时陆军使用。1914年,当德国占领了比利时的大部分领土时,为了满足比利时的残余部队的需要,比利时把生产线转移到美国的霍普金斯和艾伦公司。在战争中的大部分时间里,人数较少的比利时陆军驻扎在盟军沿利斯河堑壕线的左翼。当时的情况不适宜大规模的军事调动,所以在整个战争期间,比利时部队的位置基本上没有什么变化。

与众不同的弹匣

毛瑟1889步枪和其他毛瑟步枪的最大区别是使用的弹匣。弹匣前部边缘上有一个特殊的凸出部,它和弹匣平台的铰链相匹配,能够把子弹向上送进由片状弹簧控制的枪栓设置内。5发子弹可以用弹夹夹住,然后装入盒式弹匣内。它和后来的毛瑟步枪使用的弹匣的不同之处是:它的弹匣内的子弹是垂直式排列的,而毛瑟步枪的弹匣内的子弹是交错式排列的。它的另一大特点是枪管管套一直延伸到枪口后面,而一般情况下,毛瑟步枪的这个位置是放置清洁杆的,并且安装长刺刀。

右图:1914年8月,装备毛瑟1889步枪的比利时军队在勒芬设置路障,试图阻拦洪水般的德国军队。事实证明,这一切都是徒劳的挣扎

规格说明

毛瑟1889步枪
口径:7.65毫米
重量:4.01千克
枪全长:1295毫米
枪管长:780毫米
子弹初速:610米/秒
弹匣:可装5发子弹的盒式弹匣

罗斯步枪

第一支罗斯步枪出现于1896年，和后来的罗斯步枪一样，都是在加拿大魁北克的查尔斯·罗斯爵士的兵工厂生产的。罗斯爵士是古老的"比利兹学校"的优秀射手，他渴望有一种理想的军用步枪。按照他的想法，这种步枪应该能够连续地精确射击。为了实现这个理想，他把注意力放在了枪管和瞄准系统方面，而忽略了看似平常的设计原理，而后者对于真正的军用步枪才是最关键的。尽管他研制的步枪的射击精度极高，但在恶劣的环境下，这些步枪作为军用步枪使用，表现并不理想。

远距离的精确性

罗斯步枪的型号有十多种。许多步枪和前一种型号的步枪相比，改进很少，要把它们一一列举出来实在困难。其中最主要的军用步枪是加拿大陆军使用的罗斯Mk3步枪，这种枪可以被看成罗斯步枪的代表。这种枪的枪管很长，在远距离内能够精确射击。它使用了其他步枪很少使用的直推式枪栓系统，使用的弹匣可装5发子弹。加拿大陆军和当时其他英联邦成员的陆军一样，使用口径为7.7毫米的子弹，所以在1914—1915年期间，英国陆军订购了大量罗斯步枪。

加拿大陆军大约从1905年开始使用罗斯步枪。1914年，第一批远涉重洋赴法国参战的加拿大军队装备的就是罗斯步枪。在西线典型的堑壕战中，不久，士兵就发现罗斯步枪根本不能适应到处泥泞的战场。因为只要有一点脏物进入枪内，就会造成枪栓阻塞。罗斯步枪在重视射击精度的时候，忽视了更重要的问题——军用步枪必须有较强的适应能力，而且罗斯步枪需要专业的维修和细心的操作。罗斯步枪的枪栓击发装置常出现卡壳，并且在随后的清理过程中，人们发现它还存在一个问题：枪栓必须仔细地放在一块，如果清理后再次组装时出现失误，即使固定枪栓的闭锁簧片没有接触，子弹也会射出枪外。由于罗斯步枪使用的是直推式部件，射击后枪栓会向后跳动，甚至会撞到射手的脸部。如此一来，罗斯步枪不久就颜面扫地，被英国的No.1 Mk Ⅲ步枪取代。除了罗斯步枪的枪栓存在问题外，这种步枪太长，在堑壕中使用极不方便。

特殊的地位

罗斯步枪并没有完全从军队中退出。在战场上，安装上望远瞄准具后，当作狙击步枪使用则非常成功。之所以当作狙击步枪使用，要归功于它的精度。训练有素的狙击手可以给予它需要的额外照顾。直到今天，罗斯步枪仍然是优秀的射击专用步枪。在第二次世界大战期间，包括国土警卫队在内的许多英国二线部队都使用这种步枪。但是，罗斯步枪存在的问题从来没有得到妥善解决，尽管在1914—1915年的堑壕战中，这些问题影响了它的声誉。

上图：加拿大的罗斯步枪（图中是Mk 2步枪）是一种优秀的射击步枪，但是作为军用步枪就差多了。因为泥泞和尘土容易进入枪内，阻塞它的直推式枪栓击发设置。虽然加拿大军队初到法国时使用这种步枪，但后来换成了李·恩菲尔德No.1 Mk Ⅲ步枪。后来，罗斯步枪主要用于训练

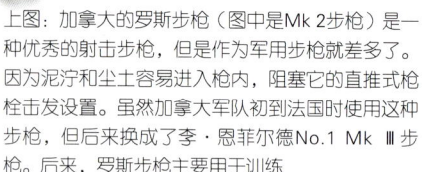

规格说明
罗斯Mk 3步枪
口径：7.7毫米
重量：4.48千克
枪全长：1285毫米
枪管长：765毫米
子弹初速：792米/秒
弹匣：可装5发子弹的盒式弹匣

上图：罗斯步枪从一线部队退出后，一部分用于训练，一部分发给了英国海军舰艇上的船员。他们在北海执行任务时，如果遇到德国的飞机和潜水艇，携带这种步枪总比两手空空要好一些

勒贝尔 1886 步枪（轻型燧发枪）

到1886年时，法国陆军正准备生产一种新式的"小型"子弹。这种子弹口径为8毫米，完全使用无烟火药。这种子弹的研制者是波尔·维勒。新式子弹当然需要新式步枪，勒贝尔1886步枪就是在这种情况下研制成的。为了纪念建议使用这种新式步枪和新式子弹的勒贝尔（评估委员会的负责人），这种步枪通常被称为勒贝尔步枪。

当时唯一对格拉斯1874步枪进行试验性改进的就是勒贝尔步枪。事实上，勒贝尔1886步枪不仅保留了格拉斯步枪的枪栓击发设置，而且还具有发射新式8毫米子弹的能力。勒贝尔1886步枪使用的是管状弹匣，取代了格拉斯步枪使用的盒式弹匣。后来盒式弹匣被普通接受，并且非常实用。管状弹匣的子弹是按照从前到后的顺序排列的。这种弹匣位于前置式枪托的下部，可装8发子弹。由于管状弹匣的装弹过程较慢，所以也可以把单发子弹直接装进枪膛。当需要使用多发子弹时，弹匣才会全部装满。

改进类型

最初的勒贝尔1886步枪在1893年进行了重大改进，改进后的型号被命名为勒贝尔1886/93步枪。1898年，当勒贝尔1886/93步枪的子弹改进后，又出现了一种新型号的步枪，不过这次它的名称没有改变。

最初的勒贝尔1896步枪最值得骄傲的地方是：它是最早发射无烟火药子弹的军用步枪。凭借此枪，法国陆军立即领先于同时期的其他国家的军队。然而，这一优势并没有保持多久，因为无烟火药的"秘密"已被大多数国家掌握。在几年时间内，其他几个大国也掌握了无烟火药的技术，并且也使用了新式的小口径子弹，这样勒贝尔步枪迅速失去了早期的风光。事实上，由于它错误地选用了管状弹匣，从而导致了步枪研制工作的倒退。这种弹匣的最大缺点是装弹时间相对较长。另一个缺点是弹匣的保险设置，当子弹从前向后排列时，常会突然晃动，从而导致子弹的弹头撞击前面的子弹，其后果是非常可怕的。如此一来，勒贝尔步枪逐渐被波西亚步枪取代。

日趋衰退的军用步枪

到1914年时，法军中仍有大量勒贝尔步枪，并且仍是大多数前线部队的标准武器。在第一次世界大战期间，甚至在第二次世界大战中，法军仍在大量使用勒贝尔步枪。

勒贝尔步枪可以安装一把十字形的长刺刀。无论是操作还是瞄准都相当不错。然而，它的装弹系统存在缺陷，弹匣常会在毫不知觉的情况下爆炸。另一个缺陷是它的双组件枪栓容易进入尘土和泥泞，从而发生阻塞事故。口径为5.5毫米的训练型步枪的生产数量不多。

规格说明

勒贝尔1886／93步枪（轻型燧发枪）
口径：8毫米
重量：4.245千克
枪全长：1303毫米
枪管长：798毫米
子弹初速：725米／秒
供弹：可装8发子弹的管式弹匣

上图：这是1917年在温森斯的一名法国步兵。他手持的是勒贝尔1886/93步枪，安装了勒贝尔1886步枪的"伊皮"刺刀。为了利于近战，这种刺刀改变为长矛状刺刀。事实证明长矛状的刺刀在战斗中更为有效

上图：这是1914年7月法军演习时拍摄的一张照片。从中我们可以想象到：在第一次世界大战初期的战斗中，法国前线部队使用这种攻击战术肯定会付出惨重代价

下图：勒贝尔1886/93步枪比较长，基本上是格拉斯1874步枪的改进型。它使用可装8发子弹的管状弹匣，是法国第一次世界大战中使用的标准步枪之一。它使用了直推式枪栓击发设置，以及口径为8毫米的子弹

波西亚 mle 1907 步枪（轻型燧发枪）

勒贝尔步枪作为军用步枪投入使用后不久，人们就发现它在设计中存在几处缺陷。其中最大的缺陷是它的管状弹匣。等到意识到这一点的时候，勒贝尔步枪已经大批量投入生产，所以法国已来不及对设计作任何改进了。相反，新式步枪的设计只能缓慢进行。新式步枪的名称一般被称为波西亚步枪。1890年，法国生产出一种骑兵用的卡宾枪。随着对新武器需求的增加，波西亚1907步枪出现了。

1907年，法军在法国的殖民地，尤其是印度支那地区（中南半岛）大量使用波西亚1907步枪。波西亚步枪是波西亚系列武器中的代表。这种枪又细又长，使用盒式弹匣，枪栓击发装置和勒贝尔步枪使用的击发装置完全一样。虽然使用盒式弹匣的时间晚一些，但改换成盒式弹匣是非常正确的。它使用的盒式弹匣只能装3发子弹。和其他国家使用的弹匣相比，弹匣容量太小。对于射手来说，这种弹匣有待改进。

优于勒贝尔步枪

驻扎在法国殖民地的法国军队大量使用波西亚1907步枪，并且许多殖民地军队也使用这种步枪，甚至法国本土的军队也装备了这种步枪。到1914年时，勒贝尔步枪仍是法国军队的标准步枪。到1915年时，形势已经变得非常危急，当时法军迅速膨胀，武器奇缺。法国开始大规模地生产波西亚步枪，所以波西亚1907步枪逐渐成为法军的标准步枪。法国不得不改进这种步枪的某些设置（尤其是它的枪栓和瞄准设置），改进后的波西亚1907步枪被命名为波西亚1907/15步枪。不久，波西亚步枪和勒贝尔步枪一起成为法军在第一次世界大战期间的军用步枪。直到1939年，法军还在大规模使用这种步枪。

波西亚1907/15步枪保留了可装3发子弹的盒式弹匣。然而，在1915年，这种弹匣显然已经不能满足战场的需要。对基本设计进行改进后，法军开始使用可装5发子弹的弹匣。使用这种弹匣的步枪被命名为波西亚1916步枪。这种弹匣安装在波西亚1916步枪的前置式枪托下面，向前突出，它和波西亚1907/15步枪的木制弹匣存在着明显区别。波西亚1916步枪甚至使用了可以夹住5发子弹的弹夹。波西亚1907/15步枪没有使用这种弹夹，它的子弹是单发装填的，所以速度极慢。

波西亚1907/15步枪和波西亚1916步枪装备部队不久，就成为士兵们喜爱的武器。这两种步枪的外形极富魅力，即使是在战时的生产条件下，它的前置式枪托所具有的优美外形仍然保留下来。波西亚步枪在堑壕战中使用的时间相当长。但是，在堑壕中这种枪不易操作，士兵们更喜欢使用勒贝尔步枪。波西亚1907/15步枪生产数量很多，甚至美国的雷明顿公司也曾生产过，但仅供法军使用。美国军队从未使用过这种步枪。1934年，法国对这种步枪进行了最后改进，改进后，波西亚1907/15步枪可以发射一种为轻机枪研制的口径为7.5毫米的子弹。改进后的型号被命名为波西亚1907/15 M34步枪。这种步枪使用的弹匣可装5发子弹。

规格说明

波西亚 mle 1907／15步枪（轻型燧发枪）

口径：8毫米

重量：3.8千克

枪全长：1306毫米

枪管长：797毫米

子弹初速：725米／秒

供弹：可装3发子弹的盒式弹匣

上图：波西亚1907步枪一般都称为波西亚步枪，是1890和1892卡宾枪的改进型。图中的步枪是根据最初的型号改进的波西亚1916步枪。它的盒式弹匣可装5发子弹。1918年后，许多国家的军队都使用这种步枪。到1939年时，许多国家的军队还在使用这种步枪

91型步枪（轻型燧发枪）

意大利军队在第一次世界大战期间使用的军用步枪是91型步枪，这种步枪是曼利夏-卡坎诺系列步枪中的一种。这种步枪是都灵兵工厂于1890—1891年期间研制成的。从整体上看，它综合了比利时/德国的mle1889步枪使用的毛瑟枪栓击发设置和曼利夏步枪使用的盒式弹匣，以及由塞尔瓦托·卡坎诺公司生产的新式枪栓套管保险设置。意大利对这种步枪的评价甚高。这种步枪于1892年投入生产，成为意大利军队的标准军用步枪。直到第二次世界大战爆发时，意大利军队仍在使用这种步枪。

其他国家对这种步枪似乎没什么兴趣。因为在第一次世界大战之前，除意大利之外，只有日本购买过这种步枪。并且，这些步枪是为了发射日本的6.5毫米（0.256英寸）子弹而专门定做的。它和意大利使用的步枪规格有所不同。作为军用步枪，事实证明91型步枪的设计相当不错，但是，由于它的枪栓和弹匣综合了各种设计，这意味着它要比原来设想的还要复杂，并且使用时，91型步枪需要格外注意，尤其是在意大利非洲的殖民地使用时更是如此，它的直推式枪栓击发设置进入尘土或脏物时，特别容易发生阻塞。

系列步枪家族

从91型步枪中派生出一系列供骑兵、特殊部队（包括军械管理员和工程师）和其他人员使用的卡宾枪。这些卡宾枪易于携带。由于它的枪管太短，本身存在缺陷，尽管它使用的子弹威力较小（和其他武器使用的子弹相比），士兵们仍然深受其害。有些卡宾枪带有锥形（又长又尖）刺刀，而91型步枪使用的是刀形刺刀。

在第一次世界大战期间，只有意大利军队使用91型步枪。意大利使用这种步枪的军队仅部署在意大利和奥匈帝国的边界地区。1917年，在卡波雷托战役中，双方进行了激烈的战斗。这次战役，意大利军队损失惨重，不得不向后撤退，导致英国不得不从西线紧急调动几个师的兵力增援意大利，帮助意军稳定局势。

卡波雷托战役的惨败不能完全归罪于91型步枪的表现。这种步枪和同时期的其他类型的步枪相比性能相差无几。不过，当时人们普遍认为意大利的6.5毫米子弹的威力不够大，而且缺少穿透能力。但是，这些都无关大局，因为91型步枪在操作和射击时性能相当出色。和其他子弹相比，它使用的小型子弹产生的后坐力较小。虽然91型卡宾枪和91型步枪相比存在一定的缺陷，但是，在穿越崎岖地区时，91型卡宾枪型却具有一定的优势。用目前的观点来看，91型卡宾枪给人留下的整体印象是：和同时代的其他步枪相比，它的设计太复杂了。意大利人一直为这种步枪而骄傲，但是，从第一次世界大战中的所有步枪的表现看，这种步枪的表现实在令人不敢恭维。

上图：这支曼利夏·卡坎诺卡宾枪是口径为6.5毫米的莫斯卡多91型步枪。这种卡宾枪主要供骑兵使用。它有一把固定但可以折叠的刺刀。弹匣可装6发子弹。事实上，其他如军械管理员和通信员之类的特殊军人也使用这种武器

规格说明
91型步枪（轻型燧发枪）
- 口径：6.5毫米
- 重量：3.8千克
- 枪全长：1285毫米
- 枪管长：780毫米
- 子弹初速：630米/秒
- 供弹：可装6发子弹的盒式弹匣

左图：1916年8月，意大利第35师的士兵昂首通过萨洛尼卡市。他们手中携带的就是曼利夏·卡坎诺91步枪。这种步枪一般被称为91型步枪（轻型燧发枪），直到1940年意大利军队还在使用。它和标准的曼利夏步枪仅在个别地方有所不同

毛瑟 1898 型步枪

德国陆军最早使用的军用步枪是毛瑟1888型步枪。它使用了毛瑟枪栓击发设置。这种设置直到今天仍在使用。但它使用的8毫米子弹已经过时。经过改进和一系列试验之后，这种步枪发射新式的7.92毫米子弹。这种子弹的火药经过改进后，子弹的效果有了很大提高。随后又出现了一种可以发射这种改进型子弹的新式步枪。这种新式步枪就是1898型步枪（也称G98步枪）。

这种新式步枪注定要成为此系列步枪中使用范围最广、设计最成功的一种。这种步枪的生产数量极其庞大。后来的许多种步枪都可以找到1898型步枪的踪迹。它被称为经典毛瑟步枪。这种步枪美观大方，虽然有点长，但总的来说，设计合理，制作精良。在这里用"总的来说"是有目的的，因为当第一次世界大战全面爆发后，以前所有的高标准武器，从战争中期开始，即使是一些比较著名的枪支，和过去相比，制作水平都下降了。但是大多数这一系列步枪的制造标准并没有降低。其高质量的木制组件主要当作手枪类的枪把使用——位于扳机后部，这种枪把有助于射击的稳定性和瞄准。

最初的后瞄准具的制作非常精密。这种瞄准具使用了计算尺和其他精密的仪器。远距离射击时，要想有效地使用这种瞄准具，射手不仅要接受大量训练，而且还要有丰富的操作经验。然而，为了节省时间、降低费用，后来的瞄准具和以前的瞄准具相比要简单多了，并且，其用途几乎全都是为了满足近距离射击的需要。近距离射击是堑壕战的一大特点。

保险闭锁装置（保险机）

毛瑟枪使用的枪栓击发设置保留了毛瑟的前簧片闭锁系统。为了能安全使用新式的大威力子弹，它的闭锁装置又增加了一个簧片，从而使闭锁装置的簧片达到了三个。枪栓使用的是直推式击发装置：这种装置相当笨拙，不利于快速和顺利使用（事实上，这个问题一直存在），但是作为军用步枪倒也极少出现问题。它使用的盒式弹匣可装5发子弹，用子弹夹夹住子弹，从上面装入弹匣。

1898型步枪主要供德国军队使用。世界上其他类型的步枪大多是以这种步枪为起点设计出来的。西班牙是较早使用毛瑟步枪击发设置的国家，并生产出了和1898型步枪略有区别的步枪。德国和西班牙向外出口了大量的毛瑟步枪，并且以这两个国家为源头，毛瑟步枪被迅速传到世界上远至中国和哥斯达黎加的许多地方。

性能极其可靠

多年来，毛瑟步枪的击发装置虽然历经改进，但性能可靠、结实耐用和精度高等优点依然未变。这些优点为它赢得了令人忌妒的美名。甚至时至今天，无论是1898型步枪，还是增加了其他附属设置的改进型步枪，以及各种各样的派生步枪，都是它们那个时代最优秀的步枪。世界上生产步枪的国家不少，但是，能与毛瑟枪相媲美的却没有几个。1914—1918年期间，1898型步枪作为德国的军用步枪表现良好。前线的德军士兵不得不细心照顾这种步枪，但枪栓部分不用太费心。因为不用时，用衣服盖住它的枪栓部分就可以了。

其他一些类型的毛瑟步枪，如毛瑟狙击步枪，都安装了特殊的瞄准具（包括各种类型的光学瞄准具）。这种狙击步枪仍然有资格成为世界上最优秀的狙击步枪。如果称不上第一，那么，它还能当作反坦克武器使用吗？德军在一次偶然事件中发现，在他们被英军坦克瞄准之前，用简单的1898型步枪子弹就能击穿英国的第一代坦克的装甲。这种子弹在改变弹道之前，子弹头能够穿过装甲，在装甲上留下深深的弹孔。

上图：德国陆军的1898型步枪是毛瑟系列步枪中最重要的一种。在第一次世界大战期间，它是德国标准的军用步枪。毛瑟步枪制作精良。它使用的枪栓击发装置功能强大。它发射7.92毫米子弹，弹匣可装5发子弹。后来的许多种类型的步枪都使用这种弹匣

规格说明

毛瑟1898型步枪

口径：7.92毫米

重量：4.2千克

枪全长：1250毫米

枪管长：740毫米

子弹初速：640米/秒

供弹：可装5发子弹的盒式弹匣

上图：即使不在战壕内作战，德军也不能美美地休息一会儿。图中的3名德国前线士兵正在使用1898型步枪进行训练

上图：多年的堑壕战彻底改变了德国士兵的外表。图中士兵携带的是缩短了的毛瑟步枪。他头戴颇有特色的钢盔。注意他腰带上的剪钳

莫辛—纳甘1891步枪

从19世纪80年代末开始，俄罗斯的庞大陆军开始逐步淘汰陈旧的"波丹"步枪。经过一系列调查后，俄罗斯陆军对比利时纳甘兄弟研制的步枪产生了兴趣。当时俄罗斯的一名叫萨吉·莫辛的军官研制的步枪正处于起步阶段。俄罗斯的决策者决定把这两种设计中的优点综合起来，生产出一种步枪。1891年，莫辛-纳甘步枪诞生了。它的俄罗斯全名是俄罗斯7.62毫米1891型步枪（Russkaya 3-lineinaye Vintovka obrazets 1891g）。

设计中使用的术语3-line是俄罗斯古代的长度单位，它代表步枪的口径，1 line相当于2.54毫米。1908年，俄罗斯生产出一种新式子弹后，这种步枪进行了改进，口径为7.62毫米。最初的距离是按照古代长度单位"阿申"（arshin）计算的（1 arshin相当于0.71米），但是1908年后，这些长度单位都改成了米制或英寸。

从整体上看，1891步枪的设计粗糙了一些，但还算合理。它有几处特殊的设计：一是它的弹匣。这种弹匣可装5发子弹。在枪栓装填子弹的过程中，供弹系统顶部的第一发子弹总是不受弹匣弹簧压力的控制。这种系统的优点是供弹时发生卡壳的机会要比原来设想的少，只是在使用一些复杂的机械设置后，才较好地解决了卡壳的问题。双组件枪栓也超出了实际需要，显得过于复杂，虽然在使用中没有出现多大的问题。另一个不寻常的设计是它的刺刀较长，并且有一个螺丝起子，利用它可以把步枪的组件拆卸下来。这种刺刀属于插座式。在第一次世界大战期间，刺刀一直是步枪的必备之物。

卡宾枪类型

1891步枪经得起碰撞摔打，无须细心照料。有一种专门供骑兵和普通的马上步兵使用的"骑兵"卡宾枪型1891步枪。它比1891步枪稍短，同时又比当时生产的卡宾枪稍长。1910年，真正的1910型卡宾枪问世了。

虽然俄罗斯选择了优秀的军用步枪，

规格说明

莫辛—纳甘1891步枪

口径：7.62毫米

重量：4.37千克

枪全长：1350毫米

枪管长：802毫米

子弹初速：812米/秒

供弹：可装5发子弹的盒式弹匣

但问题是这种步枪太少了。这种步枪的生产过程较长,并且必须完全用手工制作。在1914年之前,俄罗斯人的思想中还没有大规模生产的概念。所以,1914年,当俄罗斯从预备役部队挑选人员,大规模组建正规部队的时候,许多士兵常常连步枪也没有。

1891步枪参加了1917年的十月革命。随后,在1918年的内战中再次大显身手。在战争期间,1891步枪被较短的1891/30步枪取代。在第二次世界大战期间,苏联红军的装备中就有这种步枪。甚至在1941年后,有的步枪还在使用。

上图:1916年7月,俄罗斯特遣部队到达希腊的萨洛尼卡市。这是俄罗斯陆军坚持战斗的最后一年。尽管布拉西洛夫将军发动的猛烈攻势沉重打击了奥匈帝国,但仍然无法挽救摇摇欲坠的俄罗斯帝国

上图:这些俄罗斯军队使用的是莫辛—纳甘1891步枪。这种步枪都有一把锥形刺刀。这种刺刀较重,瞄准时可以用来调整视线。刺刀使用了古老的插座式固定方法

No.3 Mk I 步枪

尽管No.1 Mk III步枪最终获得了成功,但是,当它刚刚生产出来的时候,一些军事思想家认为它缺少所需要的设计特点。万一新的SMLE(李-恩菲尔德短弹匣式步枪Short Magazine Lee-Enfield)不能满足要求的话,那么英国就会采用备用设计。它使用新式的7毫米子弹和毛瑟步枪的枪栓击发设置。开始时,它仅作为备用设计。这种步枪直到1913年才出现,人们一般都称之为P.13步枪。由于当时没有考虑进一步的改进,所以新式的7毫米子弹的设计也停下来。到1914年第一次世界大战爆发的时候,P.13步枪已经变成了P.14步枪。

1915年,迅速膨胀起来的英国和英联邦国家的陆军严重缺少步枪,以至于不得不从遥远的日本订购步枪。英国决定从美国订购能够发射7.7毫米标准子弹的P.14步枪。美国的几家公司,包括温彻斯特和雷明顿公司都参与了P.14步枪的生产,英国陆军把这些公司生产的P.14步枪称为No.3 Mk I步枪。这些步枪穿过大西洋被运送到英国。

质量较差的军用步枪

这些步枪一到英国就被匆忙发到士兵们手中,他们随即奔赴战场参加战斗。这种步枪在战场上的表现不佳,因为它是按照比利兹学校使用的步枪来设计和生产的。对于比利兹学校来说,战斗步枪的价值在于能否在较远的距离内准确击中目标。他们认为士兵要在超过915米的距离内击中像人一样大小的射击靶子。如果达不到这个标准,那么这种步枪就不合格。1907年,当SMLE步枪刚刚问世的时候,它招致批评的真正原因也在于此,因为它从来就不是完美的射击用步枪。比利兹学校一直在用完美的射击用步枪的标准来严格要求No.3步枪,当然不用多说,其后果

上图:P.14步枪是毛瑟步枪的一种。如果不是No.1 Mk I步枪未能满足战场的需要,英国就不会从美国订购7.7毫米步枪了。后来美国使用的步枪是7.62毫米M1917步枪。P.14步枪的射击精度较高

规格说明
No.3 Mk I步枪
口径:7.7毫米
重量:4.35千克
枪全长:1175毫米
枪管长:660毫米
子弹初速:762米/秒
供弹:可装5发子弹的盒式弹匣

一定和加拿大的罗斯步枪的倒霉下场差不多。No.3步枪的确不是优秀的军用步枪。它太长了，在作战中不易使用。它的刺刀太长，不容易保持平衡，不够灵巧；并且它的枪栓击发设置过多考虑到维修。当英国拥有足够的No.1 Mk Ⅲ步枪时，No.3步枪就退出了战场。

不过，No.3 MK Ⅰ步枪确实还有挽回脸面的机会，它的精确性确实符合比利兹学校的要求。这样，No.3 Mk Ⅰ步枪可以作为狙击步枪使用，而作为狙击步枪使用，这种步枪获得了很大成功。

No.3 MK Ⅰ步枪在第一次世界大战中还肩负着更重要的任务。1917年，当美国参战的时候，美国对步枪的需求甚至比英国还迫切，美国需要大量的步枪来武装迅速膨胀的大军。由于美国公司的生产线仍在生产No.3步枪，所以稍加改动，使其能够发射美国的7.62毫米子弹。这样，No.3步枪就变成了M1917步枪。大多数美国人都把这种步枪称为恩菲尔德步枪。无论是美国人，还是英国人使用，这种步枪的表现都好不到哪去。所以，1919年，美国把所有的No.3步枪都收回到仓库中封存起来。1940年，这些步枪又从仓库中取出来卖给英国人，供英国的国土警卫队使用。

No.1 Mks Ⅲ & Ⅲ * 步枪

19世纪末，英国陆军使用的弹匣和枪栓系统是由美国工程师詹姆斯·李研制出来的，并且经过长期改进和试验，生产出了一系列步枪。由于生产这种步枪的皇家轻型武器制造厂位于米德尔塞克斯郡的恩菲尔德—洛克。为了纪念詹姆斯·李·恩菲尔德，这种步枪被命名为李·恩菲尔德步枪。

1907年，在李·恩菲尔德系列步枪的基础上，又设计出了一种新式的被人们称为使用小型弹匣的李·恩菲尔德步枪（SMLE）。这种步枪的长度处于正规步枪和卡宾枪的长度之间，所以SMLE步枪有可能成为一种新的武器供步兵和骑兵使用。装备部队的SMLE步枪比较粗糙，不过经过改进和修改，这种缺点得到了修正。1914年，当英国远征军携带SMLE步枪到达法国的时候，这种步枪被称为No.1 Mk Ⅲ步枪。

当时，这种步枪参加了"最佳军用步枪"的比赛。它是一种全枪把式武器。枪口安装了一个扁而略向上翻的刺刀架。这种刺刀架和它使用的长刺刀正好匹配。击发设置是旋转式枪栓设置。它使用的后部闭锁簧片设置和毛瑟步枪使用的前部闭锁簧片设置完全相反。从理论上讲，这意味着李·恩菲尔德步枪的系统没有毛瑟步枪的系统安全。但是，在使用中，李·恩菲尔德步枪从来没有出现过什么问题，并且，它的平滑击发装置使英国的步枪更容易操作。

较大弹匣

这种步枪使用的分离式盒式弹匣可装10发子弹，位于扳机组件的下面，是同时代步枪弹匣容量的两倍。它还有一个自动

上图：No.1 Mk Ⅲ步枪常常被称为SMLE（短弹匣型李·恩菲尔德步枪），是第一次世界大战中最优秀的军用步枪之一。由于它使用了易于操作的枪栓击发设置，所以弹匣能够快速装弹，射速每分钟可达15发以上

左图：澳大利亚军队在1918年10月在弗里库尔调整队形。他们使用的是No.1.Mk Ⅲ步枪。在整个第二次世界大战期间，澳大利亚军队都在使用这种步枪。直到1955年，澳大利亚的利斯戈兵工厂才停止生产这种步枪

规格说明

No.1 Mk Ⅲ*步枪

口径：7.7毫米

重量：3.93千克

枪全长：1133毫米

枪管长：640毫米

子弹初速：634米/秒

供弹：可装10发子弹的盒式弹匣

切断装置。当手工向弹膛内装入单发子弹时，这种自动切断装置可把弹匣内的所有子弹固定在一起。这种设计可以把子弹节约下来，在关键的时候使用。

这种步枪使用了倾斜式的瞄准设置，瞄准距离超过915米。步枪枪托左侧安装了特殊的远程瞄准具，英军经常用它对远距离的某一区域实施火力压制；这种情况只有经过精心组织，对敌实施火力群射时才会使用。

No.1 Mk Ⅲ步枪是一种优秀的军用步枪。它造价昂贵，耗费时间，所有组件必须经过精密加工，或手工精制而成。所以当堑壕战成为战争的主要作战方式时，英军对步枪的需求急剧增加。一些步枪在生产中存在着一定的缺陷——包括取消了它的弹匣切断装置和远距离瞄准设置。

简化后的步枪

简化一些设置后生产的步枪被称为No.1 Mk Ⅲ*步枪。或许，人们也可以把这种步枪当作第一次世界大战中英国的标准步枪。这种步枪的生产数量极其庞大，

不仅英国，而且印度、澳大利亚也生产这种步枪，生产一直持续到1955年。这种步枪设计合理，结实耐用，易于在艰苦的堑壕战中使用。当时新发明的设置，从望远瞄准具到榴弹发射器，它都一一采用。士兵在接受全面训练时，射速必须达到每分钟15发才算合格；而训练有素的士兵每分钟的射速比这还要高。1914年在蒙斯战役中，德国人认为在战役的某些阶段，德国的机关枪输给了这种步枪，其中的奥秘就是英国远征军集中了特级射手，用No.1 Mk Ⅲ步枪实施快速群射，取得了全面的火力优势。

上图：如此轻松的场面表明1918年3月《政府间友善谅解协议》已经生效。照片的拍摄地点应该在战壕的后面，因为在肮脏泥泞的战壕内，No.1 Mk Ⅲ*步枪普遍缺少可以防止脏物进入枪内的遮盖物

左图：1918年3月德军接连突破英军阵地，在1918年5月的战斗中，两名全副武装的英国士兵在马恩河的南岸坚守阵地。他们使用的武器就是No.1 Mk Ⅲ*步枪

斯普林菲尔德1903型步枪

在20世纪初，美国陆军使用的是克拉格—约根森标准步枪。自1892年以来，这种步枪一直是美国陆军的标准军用步枪。然而，大约在19世纪末的时候，步枪和步枪子弹的研制特别迅速，美国人认识到这种步枪的确有美中不足的地方，有待改进。所以，美国陆军决定使用一种更好的步枪。经过集思广益，美国发现毛瑟步枪的基本系统非常有效，经过谈判，美国获得了生产（在毛瑟步枪的基础上）毛瑟步枪的许可证。

改进后的子弹

美国对毛瑟系统进行了改进，然后生产了一种能够发射美国新式子弹的新式步枪。这种新式的扁头子弹一般被称为7.62毫米M1903"鲍尔"子弹。当德国人使用性能更好的尖头子弹时，美国人马上效仿其法，对这种步枪进行适当改进（从而，这种步枪才有可能成为一代名枪）以适应尖头的子弹。事实上，这种步枪在1903年已经研制成功，最早由伊利诺伊州的斯普林菲尔德兵工厂制造。因此，它被称为斯普林菲尔德步枪。

这种步枪从表面上看显然是毛瑟步枪的翻版，但两者的长度有所不同。这种步枪的正式名字是7.62毫米1903型带弹匣步枪，通常简称为1903型步枪或M1903枪。它和同时代的步枪有许多不同之处，由于设计这种步枪的目的是使它成为从骑兵到步兵的所有部队的通用武器，所以它的长度处于步枪和卡宾枪之间。这种折中后的长度极富魅力。其结构平衡，易于操作，深受士兵的欢迎。

翻转式枪栓击发设置

这种步枪使用翻转式枪栓击发设置。它的枪栓操纵杆位置适当，需要时能够快速操作，再加上精美的抛光和严谨细致的设计，从而使这种步枪成为一种极其精确的武器。并且，M1903步枪及其后来的型号还是非常出色的射击专用步枪。

1917年，美国军队刚到法国时使用的就是最初的M1903步枪。但是，不久美国的生产线就生产出包括M1903 Mk Ⅰ在内

上图：美国的M1903斯普林菲尔德步枪是在毛瑟步枪的基础上研制而成的。第一批斯普林菲尔德步枪生产于1903年。在朝鲜战争期间，美军还在使用这种步枪。它是一种优秀的步枪。图中为最早的斯普林菲尔德步枪，刺刀取自早期的克拉格—约根森1896型军用步枪

上图：M1903A4是M1903A3步枪中的狙击型步枪。它安装了望远瞄准具。这种步枪生产于1903年5月，属于M1903A1的简化型。它把M1903步枪的手枪枪把作为枪托使用，效果不错

的各种类型的M1903步枪。M1903 Mk Ⅰ步枪在M1903步枪的基础上，使用了命运不佳的皮德森设置。如果拆卸下枪栓，使用一种新的可发射特殊的7.62毫米手枪子弹（从顶部上的弹匣供弹）的套筒座，那么这种设置就能把这种使用枪栓击发设置的步枪变为一种全自动突击步枪，用正规的步枪枪管发射这种手枪子弹。虽然美国生产出了这种装置，但是等到大范围使用时已经为时已晚。美军原定于在1919年发起进攻时使用这种设置，当时仅仅把它作为预备设置保留下来。等到第一次世界大战结束后，这种设置已无用武之地，所以Mk 1步枪也就恢复到M1903步枪的正常标准了（使用枪栓击发装置）。

后来的类型

1918年后，美国在改进的基础上又生产出各种类型的M1903步枪。这些步枪大多是从更易于生产的方面考虑的，而且，主要作为狙击步枪供美国陆军使用。朝鲜战争时，美军还在使用这种步枪。无论从哪个方面讲，这种步枪都称得上是当时最优秀的步枪之一。有些M1903步枪还成了射击专用步枪。目前这种步枪已成为枪支爱好者的收藏珍品。

上图：斯普林菲尔德M1903步枪制作精良、性能可靠、维修方便。训练有素的射手用它可准确击中远距离目标

规格说明

M1903步枪

口径：7.62毫米
重量：3.94千克
枪全长：1097毫米
枪管长：610毫米
子弹初速：853米/秒
供弹：可装5发子弹的盒式弹匣

下图：美国第一支紧急特遣队于1917年到达英格兰。图中架在一起的步枪就是斯普林菲尔德M1903步枪。这支部队很可能来自著名的"彩虹师"。该师由来自美国各州的士兵组成，是第一支被派往欧洲的美国部队

勒贝尔和波西亚步枪

因为法国从来舍不得淘汰旧的武器,所以到1939年的时候,法国陆军装备的步枪仍然类型繁多,极为混乱。其中甚至有最早的1866卡塞波特步枪和只能单发射击的格拉斯1874步枪(燧发枪)。当1940年德国入侵法国时,法国的一些二线部队仍在使用这种只能单发射击的步枪。

最初的勒贝尔步枪是1886型步枪(步兵用燧发枪),经过改进,于1893年生产出了勒贝尔1886/93步枪(燧发枪)。法国在第一次世界大战中使用的就是这种勒贝尔步枪。另外,法军也使用波西亚卡宾枪—莫斯卡多1890步枪(类似于1892型步枪)。这种卡宾枪是最初的勒贝尔1886步枪的改进型,使用曼利夏步枪的弹匣系统。波西亚步枪使用的弹匣属于传统型盒式弹匣,用弹夹装弹。但是,勒贝尔步枪使用管状弹匣,子弹一发一发地装填,弹匣容量比前者大。

波西亚步枪

第一支波西亚步枪是1907步枪(燧发枪),主要供法国殖民地的军队使用。1915年,法军使用的步枪大部分换成了波西亚07/15步枪(步枪用燧发枪)。随着波西亚07/15步枪的出现,老式勒贝尔步枪的重要性逐渐减弱。步枪生产的重点移向了波西亚步枪。但是,作为军用步枪,勒贝尔步枪从来没有退出部队。法军继续使用这种步枪,直到1939年,士兵们还在使用这种步枪。

最初的波西亚步枪使用的弹匣只能装3发子弹。不久以后,法军意识到它的容量太小,于是出现了波西亚1916步枪(步兵用燧发枪)。这种步枪的弹匣可装5发子弹。问题的复杂之处不仅在于法国拥有卡宾枪,或者上面提到的各类步枪,而且在两次世界大战期间,法国还把这些五花八门的步枪出售或赠送给许多国家,这些国家马上按照自己的需要给这些步枪命名。如此一来,勒贝尔步枪和波西亚步枪不仅遍布法国的殖民地,而且希腊、南斯拉夫、罗马尼亚和其他巴尔干国家也使用这两种步枪。

1934年,法国决定对所有步枪和卡宾枪进行分类整理,使用新式口径的步枪。在此之前,法国的标准步枪的口径为8毫米。1934年,法国标准步枪的口径改为7.5毫米。

同年,法国开始改进老式的波西亚步枪。改进内容包括:使用新的口径、新式的弹匣(仍然装5发子弹)、新式枪管和其他改进项目。这种"新"式步枪就是波西亚 07/15 M34步枪。但是,改进速度极慢,到1939年时,才有一部分步枪的枪托得到改换。不过这样却保证了其他类型的步枪仍能使用。

德国使用的法国步枪

1940年6月法国投降后,德国缴获了法国所有类型的步枪。德军发现有的步枪还能使用,于是就把许多能用的步枪发放给驻守要塞和二线的德国部队,剩下的则入库封存。1945年,为了武装"国民突击队"和其他类似的部队才取出一部分。毫无疑问,德国发现法国的步枪和卡宾枪甚至其他的种类实在是太多了。虽然对于法国的武器德军随手可得,但德军却找不到足够的步枪来装备其日益膨胀的军队。

今天想看到法国的老式步枪真的太难了,除非到博物馆和收藏家那里才能一睹其尊容。

上图:1939年法国预备使用的步枪中还有一些是陈旧不堪的1886型步枪(图中所示)。这种步枪从生产到使用,从来没有进行过变动。法国步枪和其他国家的步枪相比,至少落后了10年

左图:这是维希政府殖民地陆军、摩洛哥—阿尔及利亚第1团的一名阿尔及利亚穆斯林士兵。他手持的是旧式的勒贝尔步枪。注意这名士兵腰带上插着长刺刀

规格说明	
勒贝尔1886/93步枪	**勒贝尔1907/15M34步枪**
口径:8毫米	口径:7.5毫米
重量:4.245千克	重量:3.56千克
枪全长:1303毫米	枪全长:1084毫米
枪管长:798毫米	枪管长:579毫米
子弹初速:725米/秒	子弹初速:823米/秒
供弹:可装8发子弹的管状弹匣	供弹:可装5发子弹的盒式弹匣

MAS 36 步枪

在第一次世界大战结束后的一段时间里，法国陆军决定使用新式的7.5毫米标准军用子弹。

这种新式子弹于1924年投入生产，但随后法国就把它列入非重要项目搁置起来。后来经过长期试验，法国发现这种子弹在一定环境下使用时不太安全，所以1929年法国不得不对这种子弹进行改进。而且同样是在1929年，法国决定研制一种可以发射这种子弹的新式步枪，但是直到1932年，法国才完成这种步枪的基本设计。然后又经过一系列试验，时光就这样被慢慢浪费掉了，直到1936年，法军才装备这种新式步枪。

这种新式步枪就是MAS 36步枪（MAS是圣安东尼武器制造公司的缩写）。这种步枪对毛瑟步枪的击发装置进行了多处改动，枪栓操纵杆以一定的角度向前突出。盒式弹匣可装5发子弹。MAS 36步枪和过去使用枪栓击发装置（世界各国的军用步枪大多采用这种设置，后来的军用步枪也多采用了其中的自动击发设置）的军用步枪相比有一个特殊的区别：从某种角度上看，MAS 36步枪是时代的错误。在其典型的法国风格中，竟然没有保险阻铁，并且其外形沿袭了旧式步枪的模样，因此看上去要比同时代的步枪落后多了。

非常缓慢的过程

生产一种新式步枪是如此缓慢，以至于法国不得不实施一项改进计划，为了发射新式子弹，必须对旧式步枪进行改进。当时，整个法国普遍缺少紧迫感。法国在第一次世界大战中元气大伤，到了936年似乎还没有恢复过来。如此一来，到1939年的时候，只有一部分法国陆军装备了MAS 36步枪，并且主要供前线部队使用。在1940年5月和6月的战斗中，MAS 36步枪几乎没有发挥任何作用。但是对于那些携带MAS 36步枪逃出法国的士兵来说，这些步枪后来都成了流亡海外的自由法国部队的最喜爱的武器。德国也使用了一部分缴获的MAS 36步枪，德国人把这种步枪称为盖威尔242（f）步枪，供驻扎在法国要塞的德军使用。

MAS 36步枪中有一种古怪的型号——MAS36 CR39步枪。这种枪的枪管较短，主要供伞兵使用。它的枪托用铝制成。为了节省存放空间，枪托可以沿枪架向前折叠。这种步枪的生产数量相对较少，而当作军用步枪使用的就更少了。

第二次世界大战结束的时候，新的法国陆军再次使用了MAS 36步枪，而且一用就是许多年。法国军队在北非和印度支那（中南半岛）的战争中都使用过这种步枪。目前法国保留了一些MAS 36步枪，在举行盛大庆典时，作为阅兵式专用武器使用。许多法国前殖民地的军队和警察也使用这种步枪。

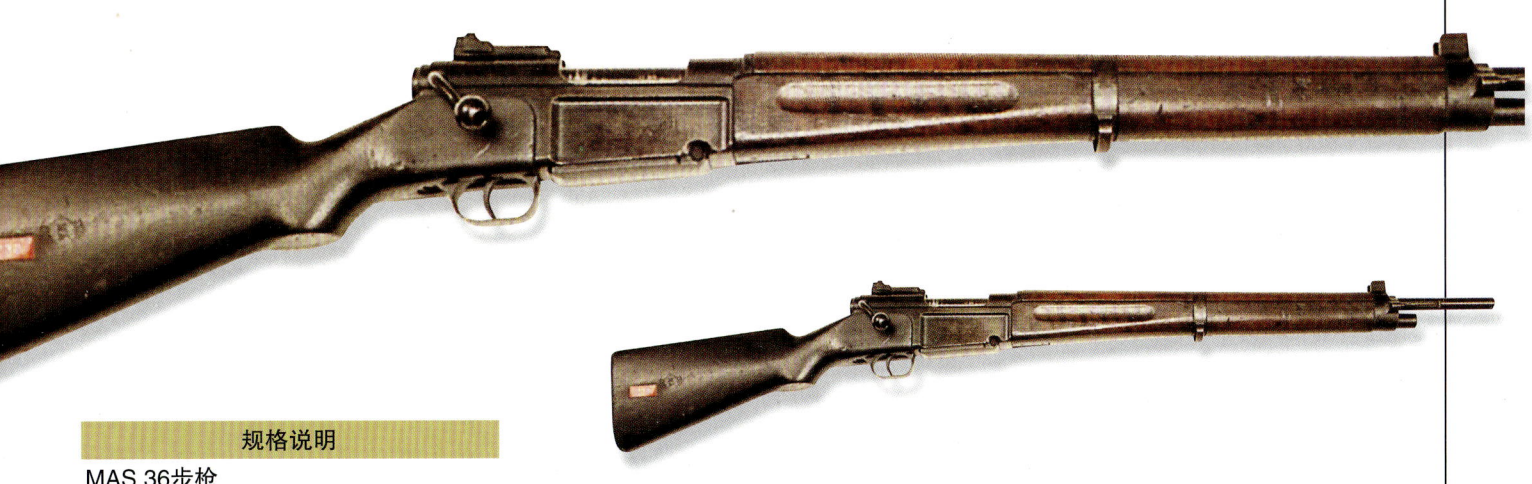

上图：MAS 36步枪是世界上主要国家最后使用枪栓击发装置的步枪。其设计犯了时代性错误。1939年，军用步枪中已极少见到此类设计

规格说明
MAS 36步枪
口径：7.5毫米
重量：3.67千克
枪全长：1019毫米
枪管长：574毫米
子弹初速：823米/秒
供弹：可装5发子弹的盒式弹匣

38式和99式步枪

38式步枪是1905年日本帝国军队使用的军用步枪。它是由一位名叫有坂的日军大佐领导的一个委员会根据他们所挑选的两种步枪研制而成的。日本所有的军用步枪都是以他的名字命名的。38式步枪混合了毛瑟步枪、曼利夏步枪的设计和日本自己的革新成果。这种步枪设计合理,口径为6.5毫米。它的口径相对小一点,子弹威力不大,后坐力也较小。这种设计的确非常适合身材矮小的日本人。

这种步枪还相当长,这更有利于日本人,在近战时,步枪装上刺刀后,日本人能在距离上获得优势。但是步枪太长也给使用带来了不便。这种步枪出口到诸如泰国之类的国家。一些国家的交战双方都使用这种步枪。后来,这种步枪在中国尤其流行。在第一次世界大战期间,38式步枪甚至还出口到英国,当作训练武器使用。

日军曾经广泛使用一种短小的卡宾枪型38式步枪。这种步枪的枪托可以折叠,供空降部队使用。还有一种型号,被称为97式狙击步枪,它安装了望远瞄准具,枪栓的操纵杆也经过了改进。

新式口径的步枪

在20世纪30年代,日本开始使用7.7毫米的新式军用子弹。99式步枪是38式步枪的改进型,它有几大新的设计特点:包括一个原应该在飞机上使用的瞄准具(在飞机上使用效果不错),一个有助于精确射击的折叠式独脚支架。另外,日本还设计了一种能够拆卸为两部分的特殊步枪,但是事实证明这种步枪的性能不够可靠,随后被名为"伞兵"的2式步枪(拆卸型)取代,但这种步枪的生产数量不多。

太平洋战争爆发后,从1942年开始,日本军用步枪和卡宾枪的生产标准迅速下降;能够省去的部件都省去了,简单到可以在生产线上生产就行的程度。后来,这种步枪的整体标准下降到令人吃惊的程度:有的步枪甚至会对步枪的使用者产生致命威胁,因为使用的原材料质量极其低劣。其实道理也很简单,因为盟军的强大空袭和海上封锁,日本已经无法获得所需要的原材料。

致命的海上封锁

到战争末期的时候,日本兵工厂的生产水平已经下降到只能生产原始步枪的程度(单发射击)。这种步枪只能发射8毫米的手枪子弹和黑火药子弹。甚至有人建议使用弓箭发射装有爆炸物的箭头。38式步枪从问世到在东方大范围使用,持续了很长时间。

上图:99式步枪是38式步枪的改进型。它有一个独脚支架,使用新式的7.7毫米子弹。日本人吸收了毛瑟步枪和曼利夏步枪的设计特点。第一支38式步枪制造于1905年

规格说明

38式步枪

口径:6.5毫米
重量:4.2千克
枪全长:1275毫米
枪管长:797.5毫米
子弹初速:731米/秒
供弹:可装5发子弹的盒式弹匣

右图:日本步兵正在向缅甸的仁安羌油田发起猛攻。长条状的"有阪"步枪安上刺刀后更加显眼。这种步枪太长反而不利于操作。但是,在近距离格斗中,长枪和长刺刀非常有利于身材矮小的日本人

G98 和卡拉贝纳尔步枪

上图：第二次世界大战初期，德军正在挖掘战壕。显而易见，以毛瑟步枪设计为基础的卡拉贝纳尔步枪比较长，这样在空间狭小的地方使用起来不太方便。图中为第二次世界大战中的典型的近距离战斗，卡98k步枪所具有的远距离射击能力显得多余了

在第一次世界大战期间，德国使用的军用步枪是7.92毫米G98步枪。这种步枪最早生产于1898年，属于毛瑟步枪，其设计最早可追溯到1888年。

作为军用步枪，事实证明毛瑟步枪结实耐用，性能可靠。但是在1918年之后，德国军队在对大量作战情况进行分析后得出的结论之一是：供前线士兵使用的G98步枪太长、太笨重。德军随后将其余的步枪改进为卡拉贝纳尔98b步枪。德国人把卡拉贝纳尔步枪当作卡宾枪使用，其实它和卡宾枪没有任何关系。它的长度和G98步枪相比也没有什么变化。但它的枪栓操纵杆、枪的旋转叉架和使用改进型弹药的能力与G98步枪都有所不同。不过，G98步枪最初的标记保留了下来。

短小型号

1939年，德国军队仍在使用卡98b步枪（并且在整个第二次世界大战期间都在使用），但是随后出现的标准步枪——卡拉贝纳尔98k要比基本的毛瑟步枪短一些。和最初的毛瑟步枪相比短了一点，但和卡宾枪相比仍然要长一些。字母"k"代表"短小"（kurz）的意思。这种步枪以毛瑟步枪的"标准"型商用步枪为基础。在两次世界大战之间，许多国家，如捷克斯洛伐尼亚、比利时和中国，都曾经大量生产过这种步枪。德国型号的毛瑟枪于1935年投入生产，后来进行了大量生产。

标准下降

开始时，卡98k步枪的生产标准极其严格。但是第二次世界大战爆发后，整个制作和抛光标准都下降了。到第二次世界大战结束时，它的木制组件或内部原料常用金属压制而成，并且有些设置，如刺刀凸架都被省去了。擅长作战的德国人在卡98k步枪上使用了所有最新式的设置，包括发射手榴弹的设置、能向四周环视的瞄准镜具和空降兵专用的折叠式枪托。有的型号可以作狙击步枪使用，有的沿前置式枪托一侧安装了望远镜，有的则在枪栓设置上部安装了大型望远镜。

德国人在第二次世界大战期间使用了所有的革新技术。战争结束时，德国人仍在生产卡98k步枪。除了因战时劳力和原材料短缺造成的粗糙抛光外，它和最初的G98步枪看上去没有太大的区别。到1945年时，德国人不得不控制其他欧洲国家的军队使用毛瑟步枪。大多数毛瑟步枪被用来装备德军的某一个兵种。有些毛瑟枪和G98步枪/卡98k步枪极其相似。这些步枪是1939—1940年之后，利用捷克和比利时的生产线生产出来的产品。在远东地区，中国军队的主要装备就是和卡98k步枪完全一样的毛瑟标准步枪。

作为军用步枪，有关毛瑟步枪是否比恩菲尔德步枪、M1903步枪、斯普林菲尔德步枪和M1伽兰德步枪的性能优越的争论，从来没有停止过。从整体上看，尽管毛瑟步枪和盟军的步枪相比缺少吸引力，但是这种步枪向德军提供了长期而且可靠的服务。虽然目前已极少使用，但多数仍被视为收藏珍品，可以当作优秀射击比赛的专用步枪使用。

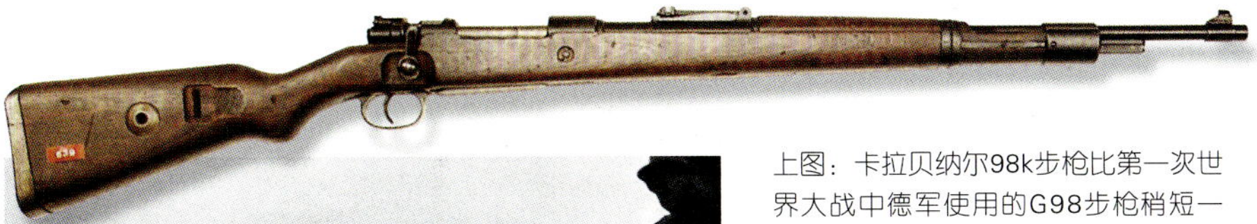

规格说明

盖威尔98步枪

口径：7.92毫米

重量：4.2千克

枪全长：1250毫米

枪管长：740毫米

子弹初速：640米/秒

供弹：可装5发子弹的盒式弹匣

卡拉贝纳尔98k步枪

口径：7.92毫米

重量：3.9千克

枪全长：1107毫米

枪管长：600毫米

子弹初速：755米/秒

供弹：可装5发子弹的盒式弹匣

上图：卡拉贝纳尔98k步枪比第一次世界大战中德军使用的G98步枪稍短一些。尽管这种步枪原应该作为卡宾枪使用，但它和当时大多数的步枪的长度完全一样

左图：德军士兵手持卡98k步枪进行战斗训练。照片拍摄时间可能是在第二次世界大战期间的某个时候。图中可以看出德军戴的钢盔有新旧两个种类

MP43 冲锋枪和 StG44 步枪

尽管阿道夫·希特勒多次命令，但德国陆军仍然决定研制和使用由路易斯·施梅瑟设计的气动操作型突击步枪。这种步枪能发射新式的7.92毫米小型子弹。为了隐瞒实验性工作，德国改头换面，使用了新的名字。最初的新式步枪被命名为卡拉贝纳尔42（H）冲锋枪（H代表哈纳尔制造商）。但是，为了分散人们的注意力，希特勒曾经愚蠢地命令把它的名字改成43冲锋枪或MP43冲锋枪。

这种步枪的研制情况就是这样的，所以德国陆军率先将这种武器投入生产，并且紧急地把第一批产品运往东线。这种步枪在东线投入使用不久就证明具有无与伦比的价值。

最早的突击步枪

MP43步枪是目前所说的突击步枪的鼻祖。在防卫时，它可以选择单发射击；而在实施攻击或近距离作战时，又可以选择全自动射击，能产生惊人的效果。其中的原因是它可以轻松操作，便于自动火力发射。相对来说，它使用的子弹威力较小，但在适当的作战距离内击中目标。从战术上讲，它对步兵的作战方式产生了极大影响。有了它，步兵就不用再依赖机关枪的火力支援了。步兵自己就能够相互提供火力支援。和使用枪栓击发装置的步枪相比，突击步枪的火力更加猛烈。如此一来，德军步兵的战斗力变得更加强大。

这种步枪一经使用，所有人都认识到增强火力的重要性。MP43步枪成为优先生产的武器，越来越多的前线部队要求紧急提供这种步枪。开始，这种步枪主要供德国的精锐部队使用，但大部分都被运往东线，因为那里最需要这种步枪。

战时，德国的做法和别国有所不同——生产优于研制。MP43步枪在设计上只经过一次大的改进。改进后的型号被称为MP43/1步枪。枪口安装了手榴弹发射装置。1944年，出于保密原因，这种步枪的型号被改为MP44步枪。当年下半年，希特勒不再反对这种步枪，这种步枪变得更加精确，而且威力更大，后来被命名为StG 44步枪。这种步枪基本上是按照设计进行生产的。最后生产StG 44步枪的公司有厄玛公司、毛瑟公司和哈纳尔公司。这些大公司至少又找了7个负责零部件的生产和装配的分包商。

不相关的附属设置

有些附件是专门为MP43系列步枪生产的，其中有一种名为"瓦姆皮尔"红外线瞄准仪。但是最古怪的附件是一种名为"克鲁姆洛夫"的弯曲枪管，它可以把子弹射向四方。显然这种专门研制的设置是供装甲车和坦克里的人员对付反坦克步兵使用的，但是，这种奇怪设置的表现从来没有让人满意过，并且耗费了大量的研制力量。当时，德国人应该把研制方向放在更有价值的目标方面。这种弯曲枪管的射击角度在30度到40度之间，为了瞄准目标射击，它还安装了特殊的可以观察四周情况的瞄准镜。这种武器的生产数量很少，能在战斗中使用的就更少了。

战争结束后，有几个国家，如捷克斯洛伐克，曾大量使用MP43步枪。另外，在早期的阿拉伯—以色列冲突中，双方也曾使用这种武器。

右图：MP43步枪是为发射7.92毫米中等威力的短小型子弹而研制的。MP43步枪是最早的突击步枪。德国作战分析人员发现，战斗经常发生在不需要大威力子弹的射程内，随后德国生产出威力较小的子弹

规格说明

StG 44步枪
- 口径：7.92毫米
- 重量：5.22千克
- 枪全长：940毫米
- 枪管长：419毫米
- 子弹初速：650米/秒
- 射速：500发子弹/分钟
- 供弹：可装30发子弹的盒式弹匣

左图：最先使用MP43步枪的部队是德国纳粹党卫队。这种步枪在阿登战役中被大量使用。德军最早使用这种步枪参加的战斗可能是在东线，而且一投入战场就获得了成功

右图：从图中可以看出战争末期东线德军高质量的军事装备。除了携带有革命性的斯图姆盖威尔步枪外（见图中左起第3名士兵），他们还装备了MG42机关枪和豹式坦克

G41（W）步枪和G43步枪

德国陆军在战争期间成立了一个质量控制工作组。该工作组一直在探索增加武器效率的方法。1940年，该工作组认为德军需要一种新式的自动步枪。

有关这种自动步枪的规格、要求，及时下发到德国的各个公司。瓦尔特公司和毛瑟公司分别提出了自己的设计。事实证明两者非常类似。两者都使用了一种为纪念丹麦设计师而命名的"班格"系统。该系统的原理是利用枪口周围卷绕的气体向后驱动活塞，从而完成整个装弹的过程。德军在试验后得出的结果证明毛瑟公司的设计不适合于军队，所以毛瑟公司退出了竞争，瓦尔特公司的设计被德军选中。G41（W）步枪就是这样诞生的。

对德国人来说真的很不幸：G41（W）步枪送到前线军队（主要是东线）手中后，事实证明其距离成功还差一段距离。在作战环境下，军队需要的步枪必须具备可靠的操作性能，而它的"班格"系统太复杂，并且这种步枪太过笨重，使用时很不舒服。似乎这些缺陷还不够，德军在使用时发现这种步枪装弹困难，而且耗时较多。但是，由于这种步枪在当时是德国唯一的自动步枪，所以德军就保留了这种步枪，并且生产了数万支。

多数G41（W）步枪用在了东线。在东线，德国人遇到了苏联的托卡列夫自动步枪。这种步枪使用气动操作系统，利用枪管压出的气体带动机械装置。德国人马上对这种系统进行了研究，德国人认识到可以把这种系统应用于G41（W）步枪中。经过改进，德国生产出了G43步枪，这种步枪和托卡列夫步枪使用的系统一模一样。

迅速停止生产

G43步枪投入生产后，G41（W）步枪的生产马上就停了下来。G43步枪更易于生产，并且马上进入到大规模生产阶段。前线部队非常喜爱这种步枪，因为和以前的步枪相比，这种步枪易于装弹。为了快速生产，德国人使用了一切能够采取捷径的方法，其中包括：有的设置使用木制品，甚至是塑料制品。1944年，德国人甚至生产出了更简单的卡拉贝纳尔43步枪（类似于卡宾枪）。这种步枪的长度甚至减少了50毫米。

G41（W）步枪和后来的G43步枪都使用德国7.92毫米标准子弹。这种子弹和突击步枪使用的7.92毫米小型子弹没有任何关系。使用这种步枪子弹时，G43步枪可以当作有效的狙击步枪使用，并且，所有当作狙击步枪使用的G43步枪都安装了望远镜。作为狙击步枪使用时，G43步枪表现出众。战后，捷克斯洛伐克军队保留了许多G43步枪，并使用了许多年。

上图：使用了托卡列夫步枪的气动操作系统的G41（W）步枪。G43步枪安装了望远镜支架，可当作优秀的狙击步枪使用

规格说明
G41（W）步枪
口径：7.92毫米
重量：5.03千克
枪全长：1124毫米
枪管长：546毫米
子弹初速：776米/秒
供弹：可装10发子弹的盒式弹匣

规格说明
G43步枪
口径：7.92毫米
重量：4.4千克
枪全长：1117毫米
枪管长：549毫米
子弹初速：776米/秒
供弹：可装10发子弹的盒式弹匣

42型伞兵步枪（FG42步枪）

到1942年时，德国空军开始染指德国陆军的禁区，其肆无忌惮的程度令人吃惊，其中的原因仅仅出于双方之间的一些小小的争吵。当德国陆军决定研制一种自动步枪时，德国空军也作出决定，德国空军必须拥有类似的武器。

德国空军一定要和德国陆军对着干。陆军使用小型子弹，空军则决定继续使用标准的7.92毫米步枪子弹，并要求莱茵金属公司设计一种可以装备德国伞兵部队的武器。

莱茵金属公司设计并生产出一种在第二次世界大战中更出色的轻型武器。这就是42型伞兵专用步枪，或称为FG42步枪。这种步枪使用压缩式击发设置。和使用常规枪栓击发设置的步枪相比，这种步枪的火力更为猛烈。

FG42步枪的确与众不同。第一批FG42步枪有一个倾斜的手枪枪把和一个形状怪异的塑料枪托；前置式枪托上有一个突出的双脚架。与之相配的是枪口处有一个较大的附加设置和安装锥形刺刀的刺刀架。盒式弹匣位于枪的左侧，弹匣侧面突起。这种步枪使用气动操作系统。所有这些设置使FG42步枪成为一种较复杂的武器。它虽然综合了当时的多种操作系统，却没有使用革新性的技术。

制造困难

不用说，德国空军欣喜若狂地接受了FG42步枪，并且要求提供更多的FG42步枪。但是，他们的要求没有得到满足，因为不久他们发现，这种新奇的步枪过于复杂，造价昂贵。为了加快生产速度，德军不得不使用一些简化设置。枪托使用更简单的木制枪托，手枪枪把被一种更传统的枪把取代。双脚架向前移到枪口下面，并且其他部件也都进行了简化。即使如此，到战争即将结束的时候，这种步枪也仅仅生产了大约7000支。

战后，FG42步枪的名声如日中天。后来的多种步枪都借鉴了它的设计特点。或许，更为重要的是它所使用的袖珍型气动操作设置。这种设置能从密闭的枪栓处单发射击，或从全裸露的枪栓处全自动射击。

FG42步枪的设计在当时比较先进，并且还使用了其他先进的设计，其中包括从枪托到枪口直线式布局。但是，恰恰因为这些设计，才使这种步枪无法投入大规模生产。甚至到1945年时，德军仍有一些难题未能解决。尽管如此，从整体上看，FG42步枪当之无愧可称得上是步枪设计史上的一大杰作。

上图：图中为早期的FG42步枪。德国空降兵想使用一种能提供像机关枪一样猛烈的火力步枪

左图：训练手册中，处于射击状态中的FG42步枪。它带有一个可折叠的双脚架。FG42步枪是现代概念中突击步枪的先驱

规格说明

FG42步枪

口径：7.92毫米
重量：4.53千克
枪全长：940毫米
枪管长：502毫米
子弹初速：761米/秒
射速：750~800发子弹/分钟
供弹：可装20发子弹的盒式弹匣

托卡列夫步枪

许多年来，苏联人在轻武器的设计和革新方面表现出非凡的天赋。在自动步枪的发展史上，苏联起步较早。最早的自动步枪是由西蒙诺夫于1936年设计的 阿斯卡亚·维托夫卡·西蒙诺夫自动步枪（也称AVS 36自动步枪）。尽管这种步枪的生产数量较多，也装备了部队，但是AVS 36步枪并没有获得太大成功。因为这种枪的枪口产生的冲击波和后坐力太大，并且尘土和脏物特别容易进入复杂的机械设置内部。AVS 36步枪在军中使用的时间很短。

1938年，AVS 36步枪被弗·维·托卡列夫设计的萨莫扎亚丹亚·维托夫卡·托卡列夫（SVT 38）步枪取代。这种步枪最初没有利用AVS 36步枪的设计。这种步枪和AVS 36步枪一样都属于气动操作的武器。为了减轻重量，它的机械设置过于细小，其重力和张力都经不起长期使用。气动操作系统和闭锁装置合并在一起，由一个凸轮向下将其安置在套筒座底部的凹槽内。事实证明这种设计基本上是合理的，但是由于部件容易破裂，所以常会引起麻烦。1940年，SVT 38步枪的生产被迫停止，被性能较好的SVT 40步枪取代。SVT 40步枪保留了SVT 38步枪的基本机械装置，但许多部件都非常结实耐用。

继续存在的问题

即使如此，SVT 40步枪产生的后坐力和枪口冲击波都很大。为了弥补这些缺陷，SVT 40安装了枪口制动器。最初的枪口制动器有6个枪眼，后来改为2个。这种制动器的效果如何，令人怀疑。

为了最有效地利用SVT 40步枪，这种步枪一般只装备给军士或那些训练有素、能快速射击、产生较好效果的士兵。有的SVT 40步枪上还安装了望远镜，作为狙击步枪使用。有一些则改进成AVT 40全自动步枪，但是这种改进型步枪并没有获得成功。另外还有一种卡宾枪型，由于存在严重的后坐力问题，常常引起事故，所以生产数量不大。

德国人的印象

当德国于1941年入侵苏联的时候，发现了SVT 38和SVT 40步枪。缴获这些武器后，德军马上将它们利用起来，并分别命名为塞尔布茨拉德G258（r）步枪和塞尔布茨拉德G259（r）步枪。德国对这种枪的气动装置进行了检查，随后将其设计方法应用于G43步枪中。

苏联直到战争结束时，还在生产AVT 40步枪，而且从来都是供不应求。它对苏联未来的轻武器的发展产生了极其重要的影响，AK-47系列步枪就是在它的基础上研制成功的。由于这种步枪在加强步兵火力上扮演着极为重要的角色，所以它还对苏联的步兵战术产生了重大影响。德国后来生产的MP43步枪在东线的战斗中就强调了这一点。

上图：处于防御状态中的苏联北方舰队的海军陆战队。或许他们正在摩尔曼斯克附近演习。图中最近的士兵使用的是PPSH-41冲锋枪，而其他士兵使用的是托卡列夫SVT 40步枪

上图：SVT40步枪是苏联早期的自动步枪，通常只装备给军士和特等射手。它对后来的步枪产生了重大影响。德国的MP43步枪就借鉴了它的设计，苏联先进的AK-47系列步枪都是在它的基础上研制出来的

规格说明

托卡列夫SVT 40步枪

口径：7.62毫米
重量：3.89千克
枪全长：1222毫米
枪管长：625毫米
子弹初速：830米／秒
供弹：可装10发子弹的盒式弹匣

莫辛－纳甘步枪

19世纪80年代末，俄罗斯决定用弹匣式步枪取代旧式的波丹步枪。它选择了一种集两种最优秀的设计于一体的设计方案。一种由比利时的纳甘兄弟设计，另一种由俄罗斯的莫辛上尉设计。按照这种混合设计生产出来的步枪被称为莫辛-纳甘1891型步枪。直到在1917年的最后战斗中（第一次世界大战期间），俄罗斯陆军还在使用这种步枪。然后，新组建的苏俄红军继续使用1891型步枪，而且使用了许多年。

1891型步枪发射7.62毫米子弹。这种步枪的设计虽然合理，但并不突出。枪栓击发设置相当复杂，并且供弹系统使用了支持设置。在弹簧张力的作用下，这个设置每次只能向枪栓内装填一粒子弹。尽管这种步枪有点长，但总的来说，还是比较合理的。长长的插座式刺刀可以增加刺杀距离，刺刀几乎是这种步枪的永久性装置。刺刀上有一个十字形的尖（螺丝刀），可以用它拆卸步枪。

米制单位的改进

最早的1891型步枪的射程是用"阿申"来表示的。1"阿申"（俄罗斯的旧时长度单位）相当于0.71米。但在1918年后，这种步枪的射程开始用米制单位计算。苏联于1930年实施了一项将武器现代化的计划，所有生产的新式步枪都以1891/30型新式步枪为标准。这种步枪和原型相比短了一些。为了易于生产，有几个地方作了改动。在第二次世界大战期间，1891/30是红军的主要军用步枪。

卡宾枪类型

莫辛-纳甘步枪中还生产出了卡宾枪型号。最早的卡宾枪型号是1910型步枪，后来还有1938型步枪（相当于1891/30型）。1944年，又出现了一种1944型步枪，但是只有1938型步枪才安装了永久性固定式折叠刺刀。

芬兰人也使用莫辛-纳甘步枪（m/27步枪，比1891型步枪短；m/28/30步枪的射程各有不同，m/39步枪带有枪托；波兰人还生产了卡宾枪型的wz91/98/25步枪），并且德国人也把他们从苏联人手中缴获的这种步枪装备给驻守在要塞的二线部队和民兵。德国把1891/30步枪命名为Gewehr254（r）步枪。到1945年时，有的1891型步枪甚至还被德国命名为Gewehr252（r）步枪。

第二次世界大战之后，随着自动步枪的出现，苏联红军不久就淘汰了剩下的莫辛和纳甘步枪。

右图：图中为1940年苏芬"冬季战争"中的红军士兵。他手持的步枪就是莫辛-纳甘1930型步枪。其长度有点像过去俄罗斯龙骑兵使用的步枪

规格说明	
1891／30型步枪	**1938型卡宾枪**
口径：7.62毫米	口径：7.62毫米
重量：4千克	重量：3.47千克
枪全长：1232毫米	枪全长：1016毫米
枪管长：729毫米	枪管长：508毫米
子弹初速：811米/秒	子弹初速：766米/秒
弹匣：可装5发子弹的盒式弹匣	弹匣：可装5发子弹的盒式弹匣

No.4 Mk I 步枪

尽管恩菲尔德No.1 Mk III步枪在整个第一次世界大战期间表现不凡,但是由于这种步枪都是由手工制作的,所以造价昂贵,而且耗费时间较长。在1919年后的几年里,英国为了大规模生产的需要,对它的基本设计进行了改进,并在1931年经过一系列试验后,生产出了No.1 Mk VI步枪。这种步枪比较适合作军用步枪使用,当时由于缺少迅速投入生产的资金,所以这种步枪直到1939年11月才投入生产,生产出来的步枪被命名为No.4 Mk Ⅰ步枪。

No.4 MK Ⅰ步枪的问世标志着步枪的大规模生产的开始,并且它和最初的No.1 Mk Ⅲ步枪在许多地方都有所区别:No.4 Mk Ⅰ步枪的枪管较重,这样可提高射击的精度;枪口从前置式枪托处向前突出,非常容易和其他步枪分别出来;瞄准具向后移到了套筒座的上面,这样更易于使用。另外,它有一个用于远距离瞄准的底座,可以帮助提高射击的精度。

不受欢迎的刺刀

No.4 Mk I步枪还有许多小的变化,大多都是为利于生产而设计的。但是,对于士兵们来说最大的变化莫过于它的枪口了。不同之处是它的刺刀变了,这种新式刺刀非常简单,很轻,呈锥形,没有枪把或类似设置,所以前线士兵不怎么喜欢它。但由于它设计简单,易于生产,所以一直被使用了许多年。

和No.1步枪共存

第一批No.4 Mk I步枪于1940年下半年装备英国部队,并且随后成为No.1 Mk Ⅲ步枪的替代性步枪。但是,在第二次世界大战期间,No.1 Mk Ⅲ步枪从来没有全部被取代。其中原因不是生产能力不够,而是No.4 Mk I步枪的生产数量实在惊人,整个英国,甚至还有美国的轻武器公司都生产这种步枪。这些"美国"步枪都是在朗布兰奇的史蒂文斯-萨维奇兵工厂制造的,其产品被命名为No.4 Mk I *步枪。它们和英国的No.4 Mk I步枪有所不同,前者的枪栓可以取下来进行清洁。这些"美国"步枪和英国的No.4 Mk I步枪还有一些小的区别,主要是为了适应美国的车间和按照美国的加工方法更易于生产制造。

作为军用步枪,事实证明No.4 Mk I步枪是一种非常优秀的武器,以至于目前许多人都认为,在枪栓击发设置时代,它是所有军用步枪中最优秀的步枪之一。能够在最严酷的环境下操作,并且能长时间地精确射击。拆卸和清理也非常方便。枪托套里装有枪膛擦拭布、油瓶和著名的"四除二"清洁布。

另外,No.4步枪中还有一种特殊的狙

上图:在1943—1944年卡西诺战役中,新西兰步兵携带装有固定刺刀的No.1步枪冲进楼房

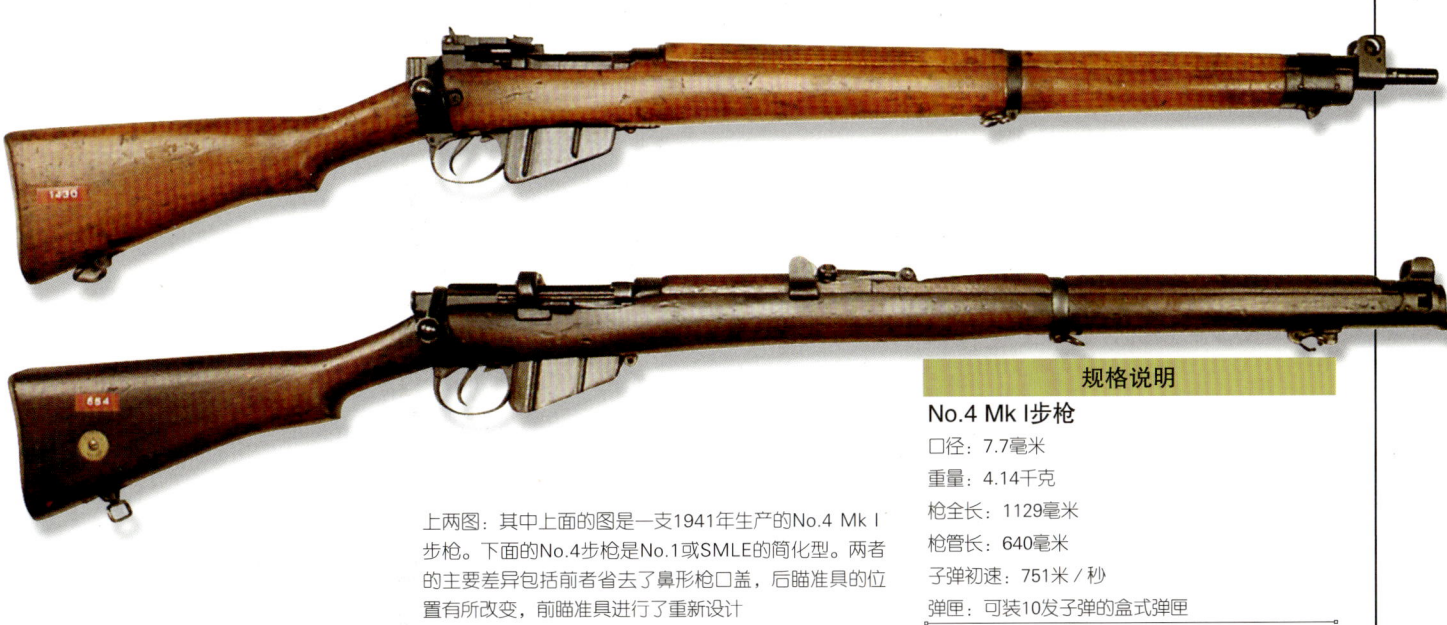

上两图:其中上面的图是一支1941年生产的No.4 Mk I步枪。下面的No.4步枪是No.1或SMLE的简化型。两者的主要差异包括前者省去了鼻形枪口盖,后瞄准具的位置有所改变,前瞄准具进行了重新设计

规格说明

No.4 Mk I步枪

口径:7.7毫米
重量:4.14千克
枪全长:1129毫米
枪管长:640毫米
子弹初速:751米/秒
弹匣:可装10发子弹的盒式弹匣

击型步枪。这种步枪的套筒座上安装有各种类型的望远镜和特殊的枪托托板。这种步枪通常从刚生产出来的步枪中挑选出来,然后在使用前进行重新加工、重新安装枪托。这种狙击步枪被命名为No.4MKI（T）步枪。

目前，世界上仍在使用的No.4 Mk I步枪已经不多了。其中许多都经过了改进，枪管换成了新式的7.62毫米枪管，有的则被改装为比赛或打猎专用步枪。

上图：英军廓尔喀兵团的士兵在缅甸的丛林中发动袭击前听一名军官介绍情况。他们携带的就是No.4步枪。相对于身材矮小的廓尔喀人来说，这种步枪显得有点大，在丛林战中使用时有些笨拙，不太方便

上图：在法国卡昂地区的诺曼底市的废墟中，英国步兵必须加倍小心，他们可能成为狙击手的目标。图中英军士兵携带的就是No.4步枪

No.5 Mk I 步枪

到1943年的时候，战斗在缅甸丛林和其他远东地区的英国和英联邦的军队开始对又长又笨重的No.1和No.4恩菲尔德步枪的适应能力提出了质疑。1944年9月，英国批准生产新式的No.5 Mk I步枪。和No.4 Mk I步枪相比，除了枪管、枪托和瞄准具作了改进外，其他完全一样。No.5 Mk I步枪的枪管缩短了，并且为了适应新的枪管，它的前置式枪托也进行了改进。这种短枪管步枪的瞄准具经过改进可以发现射程内的目标。

消焰罩

另外还有两处和它的短枪管有关的改动：一个是圆锥形的枪口附加装置，这个装置起到了消焰罩的作用；另一个是枪托处的橡皮衬垫。介绍这两个装置的原因是枪管缩短会带来两个有害的后果：短枪管的步枪发射正常的步枪子弹时，枪口会产生强烈的闪光，还会产生强大的后坐力。

正规长度的步枪枪管在射击时所产生的闪光大部分都被限制在枪管内部，后坐力也是如此。而短枪管在射击后，子弹离开枪口时产生的大多数推进气体都没有被利用起来，因此，会相应增加后坐力向后的冲力。

令人缺乏热情的步枪

战士们不喜欢这种新式步枪，但他们不得不承认，在丛林战中，No.5 Mk I步枪携带和使用起来非常方便。他们还对这种步枪的叶片状刺刀赞不绝口。这种刺刀可以安装在枪口下的凸棱上。事实上，1944年，这种步枪的第一次生产订单数量就达到了100000支。尽管存在枪口闪光和后坐力的问题，许多人都认为在第二次世界大战后的几年内，这种步枪将成为标准的军用步枪，但事实并非如此。

No.5 Mk I步枪存在一个与生俱来的问题，人们发现如此不精确的武器，即使经过长时间的零位调整，它的精度也会逐渐偏离，最后竟然会完全消失。英国使用了所有的改进方法，但该问题从没有得到根除，并且其真正的原因也从未被找到。这样，No.5步枪就无法成为标准的军用步枪，而No.4步枪则保留下来。到20世纪50年代，英国把比利时的FN步枪作为军用步枪。英国保留了大多数No.5步枪，供在远东和非洲执行任务的专业人员使用。在这些地区，有些国家的军队仍在使用这种步枪。

规格说明
No.5 Mk I步枪
口径：7.7毫米
重量：3.25千克
枪全长：1003毫米
枪管长：476毫米
子弹初速：大约730米/秒
弹匣：可装10发子弹的盒式弹匣

右图：专门为丛林战而研制的No.5步枪。由于其后坐力太大，所以取得的成就受到了限制。在第二次世界大战末期，英国军队在肯尼亚和马来西亚（如图）都使用过这种步枪

7.62毫米1903型步枪

1903年，美国陆军决定在毛瑟步枪的基础上研制一种新式步枪来取代它正在使用的克拉格-约根森步枪。这种步枪的正式名字是口径为7.62毫米的1903型美国弹匣式步枪（或M1903步枪）。这种步枪最先由著名的斯普林菲尔德兵工厂生产，后来几乎成了斯普林菲尔德步枪的专有名词。这种步枪供步兵和骑兵使用，所以和同时期的大部分步枪相比，要短一些，但是其设计极为合理，富有魅力。不久，事实证明它的确是一种优秀的军用步枪。

改进弹药

M1903步枪投入生产后不久，一种较新的"尖头"式子弹取代了原来的"扁头"式子弹。这种尖头式子弹（称为7.62毫米子弹）目前和1906年生产的口径为7.62毫米子弹的称呼一样。它作为美国军用步枪的标准子弹使用了许多年。在整个第一次世界大战期间，美军一直在使用M1903步枪。1929年，经过改进，这种步枪变成了M1903A1标准步枪。为了提高瞄准能力，增加了手枪枪把。M1903A2步枪是作为小口径武器生产的，为了节省训练费用，还作了一些改动。

1941年，当美国参加第二次世界大战的时候，新式的M1伽兰德步枪还没有按要求大批量生产出来，所以M1903步枪又大规模恢复了生产。不过，这一次生产出来的步枪被命名为M1903A3步枪。这种步枪经过改进后，能够适应大规模的生产方法，而且制造精良。一些部件使用了冲压制品，原来的加工制品被取代。而且它的瞄准具从枪管的上面移到了枪栓击发设置的上面。

狙击型

其他类型的军用步枪是M1903A4步枪。这是一种专用狙击步枪。它装有一个"维瓦"望远镜，而没有常规的"烙铁"瞄准具。在20世纪50年代的朝鲜战争中，美军仍在使用M1903A4步枪。

1940年，这种步枪被运到英国，装备英国的国土警卫队。为了满足英国的订单，有的类型甚至重新投入生产。美国参战后，美国接过了订单，转而供美国军队使用。第二次世界大战期间，几个盟国的军队也使用M1903步枪。在1944年6月的进攻日，在诺曼底登陆的美国军队装备的仍是斯普林菲尔德步枪。

M1903步枪及其改进型在今天一些小国的军队中仍然能够看到，但多数都被当作射击或打猎专用步枪保留下来。M1903斯普林菲尔德步枪仍被视为经典步枪之一。即使在今天，操作这种步枪进行射击都是一种享受。目前，出于各种原因，许多M1903步枪被武器爱好者收藏。

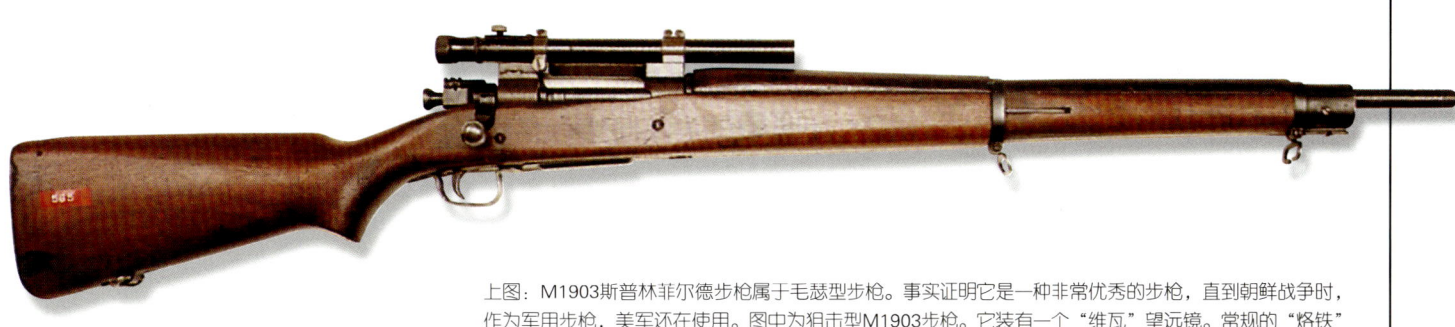

上图：M1903斯普林菲尔德步枪属于毛瑟型步枪。事实证明它是一种非常优秀的步枪，直到朝鲜战争时，作为军用步枪，美军还在使用。图中为狙击型M1903步枪。它装有一个"维瓦"望远镜。常规的"烙铁"瞄准具被取消了

规格说明
M1903A1步枪
口径：7.62毫米
重量：4.1千克
枪全长：1105毫米
枪管长：610毫米
子弹初速：855米/秒
弹匣：可装5发子弹的盒式弹匣

左图：M1903步枪的精确性使它成为神枪手最喜爱使用的步枪。使用这种步枪单发瞄准射击，几乎是百发百中。这种步枪使用小型盒式弹匣，可装5发子弹

7.62毫米M1（伽兰德）步枪

大名鼎鼎的"伽兰德"步枪——口径为7.62毫米的M1步枪是美国最早接受的军用自动步枪。美军于1932年开始使用这种步枪。但进入军队之前，明显有一个时间差。其原因是：按照设计要求，它的制造过程比较复杂，所以需要时间来准备机床等生产设备。它的发明者是约翰·C.伽兰德。伽兰德花费了大量时间才把这种枪研制成功。这种步枪投入生产后，马上就获得了巨大利润。人们发现这种步枪几乎无须任何改动。最后生产的M1步枪和最早生产的M1步枪相差无几。

声名显赫的步枪

如上所说，M1是一种制造程序复杂、造价昂贵的武器。很大程度上是因为它的大多数零部件需要大量加工。从整体上看，伽兰德步枪非常结实，并且在使用时也证明它极其耐用。然而，和其他使用枪栓击发装置的步枪相比，这种步枪比较重。

M1步枪是气动操作的武器，所以气体从枪口附近流出，向后驱动活塞，活塞通过开锁循环系统来驱动操作系统，最后带动枪栓。当枪栓机械装置向后部运动时，空弹壳被挤出，再被弹出枪外；直到主弹簧再次被阻止，然后向前驱动，新的一发子弹被送入弹膛；当子弹进入弹膛前部之前，弹膛被再次锁定。这样，当射手再次射击时，只需扣动扳机即可发射。

美国于1941年12月初参加第二次世界大战时，大多数美国正规部队都装备了M1步枪。然而，由于美军人数迅速扩充，M1步枪的加工程序复杂，所以要想在短期内源源不断地从生产线上制造出M1步枪是不可能的。这就意味着M1903斯普林菲尔德步枪不得不重新投入生产。而M1步枪的制造速度也逐步快了起来，到第二次世界大战末期，美国大约生产了550万支M1步枪。甚至在20世纪50年代初的朝鲜战争期间，美国又恢复了这种步枪的生产。

真正的战争赢家

对于美国部队来说，M1伽兰德步枪是战争中克敌制胜的法宝。它结构坚固，士兵们对它充满了敬意。但是在作战中，它有一个重大缺陷，那就是它的供弹系统。首先，弹药用一个8发子弹的弹夹装入步枪。它的装填系统是这样安排的：可以装满8发子弹，也可以一发不装。其次，当最后一发子弹发射出去后，从套筒座中弹出空弹夹会发出尖锐的声音。这等于告诉附近的敌人，射手使用的步枪子弹已经打光。这个问题从M1步枪问世开始到1957年都没有解决。1957年后，美国陆军使用的M14步枪完全是M1的再版，不过它的弹药容量增加了。

另外，美国还生产出许多M1步枪的派生类型，但很少有像M1基本型步枪那样用途广泛的类型。有两种特殊型号——M1C和M1D狙击步枪。1944年，这两种步枪生产了一定数量，并且都安装了可以当作枪口消焰罩和枪托托板使用的附加设置。

德国使用的M1步枪

每当缴获到M1步枪，德国人都会将其利用起来。德国把M1步枪命名为塞尔布斯拉德G251（a）步枪，并且日本人也生产了M1步枪的仿制品——口径为7.7毫米的5式步枪。不过到战争结束时，日本人才完成这种步枪的定型。

战后，M1步枪作为美国的标准军用步枪又被使用了许多年，并且有些M1步枪还装备了国民警卫队和其他类似的部队，直到最近几年才停止使用。目前有几个国家仍在使用M1步枪。许多国家的设计人员都以M1步枪为基础设计出他们自己的步枪。意大利的贝瑞塔步枪就使用了伽兰德步枪的系统，美国的5.56毫米卢格"迷你"14步枪亦是如此。

上图：伽兰德步枪是美军最早使用的标准军用自动步枪。它结构牢固，结实耐用。气动操作的M1步枪和它的前任——使用枪栓装置的M1903斯普林菲尔德步枪相比重了一些

规格说明

M1步枪

口径：7.62毫米

重量：4.313千克

枪全长：1107毫米

枪管长：609毫米

子弹初速：855米/秒

弹匣：可装8发子弹的盒式弹匣

上图：一名美军步枪手在冲绳战役中冒着日军的射击快速冲向一个弹坑。在对付使用枪栓击发设置的步枪的日军时，美军使用伽兰德自动步枪，在子弹的射速上占有优势

上图：1944年末和1945年初，美国第4装甲师向巴斯东市迅速挺进，解救被德军包围的美军第101空降师。图中为在阿登战役中的美国第4装甲师的士兵。他们使用的是伽兰德步枪

7.62毫米 M1/ M1A1/ M2/M3 卡宾枪

二线部队和机关枪射手之类的专业人员传统上装备的个人武器都是手枪。然而，在1940年，美国陆军考察过这些部队人员的装备后，决定为他们装备一种卡宾枪式武器。这种武器易于操作，而且在他们经常使用的车辆中不会占用太大的空间。

经过竞争，几家制造商递交了他们的有关这种武器的设计方案。这种武器一旦选中，就有可能获得大批量的订单，从中获得丰厚的利润。最后，温彻斯特公司提出的设计方案胜出。这就是标准口径为7.62毫米的M1军用卡宾枪。

中等威力

M1卡宾枪使用了与众不同的气动操作系统，发射一种特殊的子弹。这种子弹的威力中等，介于手枪子弹和步枪子弹之间。

该系统是这样操作的：从枪管内部喷出的推进气体，通过一个非常小的洞眼进入密闭的汽缸；然后撞击活塞状操作滑座的顶部，滑座向后运动，启动枪栓开锁程序，挤出空弹壳，压缩复进弹簧，新的一

上图：M1轻型卡宾枪最初由温彻斯特公司生产。后来有10多家公司都进行了生产。其生产数量超过了600万支

规格说明
M1卡宾枪
口径：7.62毫米
重量：2.36千克
枪全长：904毫米
枪管长：457毫米
子弹初速：600米/秒
弹匣：可15或30发子弹的盒式弹匣

颗子弹进入弹膛。最后，枪栓被再次锁定。

M1卡宾枪一装备部队就受到士兵们的欢迎。由于这种武器轻巧、易于操作，以至于出现了这样的情况：这种新式武器迅速从理应装备这种卡宾枪的二线部队扩展到前线部队的军官和武器分队手中。

为了加快向部队发放M1卡宾枪的速度，M1卡宾枪被制造成一种可以单发射击的武器。并且还有一种专门供空降部队使用的特别型号的M1A1卡宾枪。这种卡宾枪的枪托可以折叠。

在第二次世界大战后期，一种能够增强自动射击能力的新式卡宾枪M2问世了。M2卡宾枪的射速大约是每分钟750~775发子弹。它使用弯曲状盒式弹匣。这种弹匣可装30发子弹。M1卡宾枪也可以使用这种弹匣。

M3是一个特殊的夜战型卡宾枪，大约生产了2100支。它是M1卡宾枪系列的一种，由于当时战争已近尾声，所以未能批量生产。整个M1系列武器到战争结束时已经生产了633万支，成为整个第二次世界大战期间武器系列中生产数量最庞大的单兵武器。

尽管M1系列卡宾枪轻巧、易于操作，但它有一个主要缺陷，那就是按照原来的设计而使用的步枪子弹。这种子弹的威力仅属中等，缺少阻挡性威力，甚至在近战中也是如此。另外，它的射程有限，有效射程只有100米左右。当然，所有这些缺陷都被它的轻巧抵消了。M1及其派生卡宾枪在车辆或飞机上易于装运；带有折叠式枪托的M1A1卡宾枪甚至比M1卡宾枪还要小。这种武器使用时非常舒适。在第二次世界大战后期的欧洲战场上，德军非常喜爱从盟军手中缴获的M1A1卡宾枪，并将其命名为塞尔布斯拉德·卡拉贝纳尔455（a）卡宾枪。

快速消失

虽然经过了大规模生产，并且战争中也获得了巨大成功，但是，目前世界上却没有哪个国家的军队使用这种武器。不过，许多国家的警察仍在使用这种武器。其中的原因主要是它使用中等威力的子弹，与使用大威力的子弹相比，可以尽可能减少对行人或其他人员造成的间接伤亡，尤其在城市战中更是如此。最典型的使用者当数英国在北爱尔兰的皇家警察。他们使用M1卡宾枪的主要目的是为了对付爱尔兰共和军中极端的分离主义分子及其对手——反对爱尔兰独立的极端分子。这些恐怖分子经常使用威力更大的阿玛莱特步枪。

关于M1卡宾枪还有一个小小的插曲：目前的M1卡宾枪使用的中等威力的子弹极其缺乏。虽然在战争年代，这种子弹的生产数量多得难以计算，但现在这种子弹极少被使用，并且其他类型的步枪也极少使用这种子弹。

下图：在太平洋战场上，美国海军陆战队的一名机关枪组士兵右手握的就是M1卡宾枪，左手握的是勃朗宁7.62毫米机关枪使用的子弹带。他在等待同伴投掷手榴弹

上图：在水上或丛林中行军比较困难，前线士兵马上发现M1卡宾枪和步枪相比更轻巧、更易于操作。图中为美国海军陆战队前线部队刚刚得到M1卡宾枪时的情景

赛特迈58型突击步枪

赛特迈58型突击步枪的历史悠久，可以追溯到德国第二次世界大战时的StG45步枪。毛瑟公司的设计人员试图生产出一种造价低廉的突击步枪。这种步枪使用了一种新奇的系统——在射击的瞬间，使用滚筒和凸轮将枪栓锁定。第二次世界大战结束后，StG45步枪设计组的核心人员转移到西班牙，在位于马德里郊外的赛特迈公司的支持下成立了一个设计小组。

随着赛特迈公司的滚筒闭锁系统的逐步完善，一种新的突击步枪即将问世。这种新式突击步枪和StG45步枪乍看上去没有什么区别，但最初想节省费用的目的却达到了。赛特迈公司生产的突击步枪是用劣质钢和钢板及冲压品制成的。这种步枪具有自动射击能力。从整体上看，这种武器设计简单，制作标准不高。

初期德国销售

1956年，在第一批赛特迈公司生产的突击步枪运到联邦德国销售之前，这种枪仅生产了400支。德国人决定对这种步枪进行一些改进，以满足他们的需要。在签订一系列的许可证生产协议（赛特迈公司允许在丹麦和德国的赫克勒和科赫有限公司生产）之后，赛特迈步枪就变成了赫克勒和科赫有限公司的G3步枪。西班牙从这笔交易中几乎未捞到任何好处。

1958年，西班牙陆军决定使用一种B型的赛特迈步枪。这种步枪就是58型步枪。这种步枪使用一种特殊的子弹。这种子弹从外表上看和北约的7.62毫米标准子弹一模一样，但是重量更轻，使用的是推进剂火药。这样，这种步枪射击就变得更加容易（减小了后坐力）。不过这也使这种子弹的标准和北约其他国家使用的子弹标准相距更远。在1964年，西班牙决定使用北约的标准子弹，不再使用它自己的威力较小的子弹，并且对它使用的步枪也进行了改进。改进后的西班牙步枪能够发射北约的标准步枪子弹，被称为C型步枪。

58型步枪自生产以来生产了多种型号，有的带有双脚架，有的带有半自动机械设置，有的带有折叠式枪托，有的上面还装有望远镜。最新式的型号是L型步枪。这种步枪可以发射5.56毫米子弹，但最基本的58型步枪仍由赛特迈公司生产。

上图：在第二次世界大战后，曾研制出德国StG45步枪的毛瑟公司的核心人员逃到了西班牙。在西班牙的庇护下，他们在StG45步枪的基础上，研制出一种新式的突击步枪——58型突击步枪。58型突击步枪是用低劣的钢材制成。制作的侧重点放在了低廉的造价和可靠的性能方面，而对枪的外貌考虑不多

上图：1958年，西班牙陆军把赛特迈步枪确定为该国的标准军用步枪。最初订购的是可以发射独特口径——7.62毫米子弹的赛特迈B型步枪。这种子弹的重量较轻。1964年，西班牙决定使用北约的威力更大的7.62毫米子弹。赛特迈公司对B型步枪经过适当改进后，又制造出C型步枪

规格说明

C型步枪

口径：7.62毫米

重量：4.49千克

枪全长：1016毫米

枪管长：450毫米

子弹初速：780米/秒

射速：600发子弹/分钟

供弹：可装20发子弹的垂直状盒式弹匣

瑞士工业集团的突击步枪

瑞士在突击步枪的研制方面发展相当缓慢，但一旦研制成功，却一鸣惊人。瑞士最初的突击步枪是StUG57步枪。这种步枪枪使用了最先由西班牙赛特迈步枪使用的延迟式后坐力滚筒闭锁系统。该型步枪由瑞士工业集团生产，使用了赛特迈步枪的凹槽式弹膛，发射瑞士陆军的7.5毫米步枪子弹。

一流的操作

刚看到StUG57突击步枪时，会感到这种步枪模样古怪和笨拙。但是使用起来感觉极佳。瑞士工业集团一贯的高标准制作使这种步枪非常易于操作。瑞士士兵非常喜欢它的双脚架和榴弹发射器。由于瑞士政府限制这种步枪的子弹向外销售，所以瑞士工业集团就研制出了可以发射国际上通用子弹的SG510系列步枪。从许多方面看，SG510步枪和StUG57步枪非常类似。它的制作工艺极为精致。这意味着，获得这种步枪是各国士兵的最大梦想。这种步枪价格昂贵，所以销售量很小。瑞士陆军订购了一部分，有些则被出售到非洲和南美的一些国家。

多种类型

瑞士工业集团的设计人员没有想到这种步枪会生产出好多种型号。最早的一种是SG510-1步枪。这种步枪发射北约的7.62毫米子弹。SG510-2步枪比SG510-1步枪轻。SG510-3步枪是为了发射苏联AK-47突击步枪使用的7.62毫米（小型）子弹而生产的。SG510-4步枪是突击步枪，可以发射北约另外一种口径为7.62毫米的子弹。另外，还有一种仅能单发射击的运动型SG-AMT步枪。瑞士的射击爱好者购买了大量的SG-AMT步枪。

SG510-3步枪和SG510-4步枪有一些额外的附加设置。一是它们的弹匣上有可以显示弹匣内剩余子弹数量的指示器，二是折叠式冬季使用型扳机。这两种步枪不仅保留了原有的双脚架（可以向上折叠到枪管的上面），而且都安装了可用于夜间使用的和狙击时使用的光学瞄准具。

今天仍有许多StuG57步枪和SG510步枪悬挂在瑞士陆军预备役士兵家的墙上。玻利维亚和智利的军队仍在使用SG510步枪。

右图：瑞士工业集团生产的StUG57突击步枪是第二次世界大战后最与众不同的步枪之一。这种步枪使用固定枪栓和可移动枪管，从整体上减少了枪的长度。这种步枪在操作中存在的缺陷是有时会因为弹膛过热发生爆炸或走火。另外，这种步枪还容易出现卡壳

规格说明

SG510—4步枪

口径：7.62毫米

重量：4.45千克

枪全长：1016毫米

枪管长：505毫米

子弹初速：790米/秒

射速：600发子弹/分钟

供弹：可装20发子弹的盒式弹匣

贝瑞塔 BM59 步枪

1945年，贝瑞塔公司获得了为意大利军队生产美国M1伽兰德半自动步枪的许可证。到1961年的时候，该公司大约生产了100000支，其中有一部分出口到丹麦和印度尼西亚。由于这些步枪只能发射美国在第二次世界大战时期的7.62毫米子弹，北约标准口径——7.62毫米子弹的出现意味着这些步枪将被另一种步枪取代。对意大利军队使用的伽兰德步枪的口径的重新设计意味着意大利在步枪设计方面已经落后了许多年。

"改进型"伽兰德

在1961年之前，意大利一直在考虑对基本型号的伽兰德步枪进行改进，在尽可能保留原有机械原理的基础上，生产出具有选择射击功能的步枪。改进后的步枪被命名为贝瑞塔BM59步枪。它使用了伽兰德步枪的核心设置，但改进后可以根据需要选择所需要的射击方式。它使用北约的7.62毫米的标准子弹。它使用的新式弹匣为分离式盒式弹匣，可装20发子弹。只能装8发子弹的老式盒式弹匣被淘汰。虽然BM59步枪的其他设置也有轻微改动，但基本上仍以伽兰德步枪的设置为主。

特殊地位的类型

几乎在BM59步枪投入生产的同时，不同类型的BM59步枪出现了。它的基本型号是BM59 Mk 1，主要供意大利陆军使用；然后是BM59 Mk 2。这种步枪带有一个手枪枪把和轻型双脚架。接下来的两个种类完全相同：BM59 Mk 3 "帕拉库迪斯蒂"步枪和BM59 Mk 3 "阿尔皮尼"步枪。前者供空降部队使用，枪口有移动式榴弹发射器；后者供山地部队使用，有固定式榴弹发射器。这两种步枪都有折叠式枪托和轻型双脚架。而BM59 Mk 4步枪出现的时候，双脚架变得更加坚固和结实。因为这种步枪是作为班火力支援武器而研制的，带有较重的枪管和枪托带。射击时，使用枪托带有助于提供支援火力。

事实证明，BM59步枪的改进非常成功。目前意大利军队仍在使用这种步枪。摩洛哥和印度尼西亚获得生产许可证后也开始生产这种步枪。尽管为此（西非）爆发了比夫拉战争，但尼日利亚仍在考虑生产这种步枪。

BM59步枪和其他同时代的步枪相比有两大缺陷：一是它太重，二是在制造时加工程序繁琐。但总的来说，它牢固结实，性能可靠。目前仍有一些国家的军队使用这种步枪。

规格说明
BM59 Mk 1步枪
口径：7.62毫米
重量：4.6千克（未装弹）
枪全长：1095毫米
枪管长：490毫米
子弹初速：823米／秒
射速：750发子弹／分钟
供弹：可装20发子弹的弯曲状弹匣

上图：BM59步枪是以美国的M1伽兰德自动步枪为基础制造出来的。当北约使用7.62毫米×51毫米子弹时，贝瑞塔公司获得了生产这种步枪的许可证。为了发射新式子弹，贝瑞塔公司对M1步枪的设计进行了改进

49型自动步枪

49型自动步枪是由比利时埃斯塔勒的国家武器制造厂制造的。这种步枪还有几个名字：有人称之为"赛弗"步枪；还有人称之为SAFN步枪（FN赛弗自动步枪）；更多的人称之为ABL步枪（比利时"莱格里"步枪）。这种步枪的准确设计时间是在第二次世界大战之前。但是，在战争爆发后，比利时暂时中断了它的研制计划。当和平再次到来的时候，比利时人开始重新设计。这种步枪是由比利时人D.J.赛弗设计的。1940年，当德国人侵占比利时时，他逃到了英国。在战争期间，他一直在英国从事轻武器的设计。1945年，他把在战前的设计提供给英国人，但是英国人经过试验，又将其退还。

返回比利时

赛弗带着这种新式步枪的设计回到比利时后，这种步枪就投入生产。制造商是FN公司。在20世纪40年代后期，FN公司生意兴隆，新式步枪产销两旺，一派繁荣景象。

合理的设计

无论它的名字如何，从其设计的基本原理看，49型步枪属于气动系统操作的自动步枪。枪栓的闭锁装置是靠套筒座侧面内的凸轮运转的；凸轮运转后，枪栓向上翘起，瞬间进入锁定位置。击发设置极其坚固结实，能够经得起有力的击打。但是，这就意味着它的整个机械装置必须用高质量的经过精加工的材料制成。

高质量的原料和精细的加工使这种步枪的造价极为昂贵。1949年，49型步枪公开上市销售，销量之好令人吃惊，其中的部分原因是49型步枪拥有多种类型的口径，从7毫米和7.65毫米（这两种口径都是欧洲大陆各国使用步枪的标准口径）到7.92毫米（德国在第二次世界大战期间控制的欧洲国家使用的步枪口径）以及美国的7.62毫米。无论哪种口径，49型步枪使用的都是大威力的步枪子弹。

49型步枪不仅在欧洲出售，而且还出口到南美洲的委内瑞拉和哥伦比亚，以及东南亚的印度尼西亚。这种步枪的最大买主是埃及。49型步枪在埃及使用了很长时间。

或许这些并不重要，ABL步枪所产生的最重要的影响莫过于它开启了FN FAL步枪（"莱格里"自动步枪）设计的新时代。在随后的几十年里，无论北约，还是世界其他地方，FN FAL步枪注定成为世界上最重要的步枪之一。

规格说明
49型自动步枪
口径：7毫米、7.65毫米、7.92毫米和7.62毫米
重量：4.31千克
枪全长：1116米
枪管长：590毫米
子弹初速：取决于所发射的子弹
供弹：可装10发子弹的盒式弹匣

上图：49型步枪是FN FAL步枪的鼻祖。这种步枪是由比利时的迪多恩·赛弗在第二次世界大战爆发前设计的。德国侵占比利时后，他逃到了英国。在英国期间，赛弗继续研制他的新式步枪。战后，49型步枪销售到埃及和拉丁美洲

右图：高标准制造的武器常会败给造价低廉的武器，但是FN公司却成功地把这种步枪销售到许多国家。这种步枪拥有不同的口径。这名埃及人携带的是口径为7.92毫米的mle 49步枪

EM-2 突击步枪

EM-2步枪的故事确实是政治考虑优先于军事需要的实例之一,尽管它属于优秀步枪之列,但未能为军方接受。

英国陆军在第二次世界大战期间经受了惨痛的教训。其中之一就是它曾引以为荣的口径为7.7毫米的使用无烟火药的威力极大的子弹已经落伍。无烟火药已经被能量更高的推进剂超越。1945年后,英国陆军倡议进行一系列试验,从中找出性能更好的步枪。英国希望使用这种步枪来发射7.2毫米(实际为7毫米)的短壳子弹。这种步枪开始时被称为EM-1步枪,但是由于英国人认为这种设计过于复杂,所以并没有完全研制出来。

无托结构

随后,一个新的设计小组提出了EM-2步枪(恩菲尔德2型步枪)的设计。从当时的情况看,EM-2步枪是个新鲜货,因为它采用了无托结构,弹匣位于扳机组件的后部。这样在不减少枪管长度的情况下,就可以制造出短小的便于操作的步枪。它的套筒座位于枪托内部。它使用了气动系统操作原理,从密闭式弹膛发射子弹。它还使用了可选择发射方式的机械装置,安装了全新的固定式光学瞄准具。

试验证明,EM-2步枪的性能极其稳定。1951年,英国宣布EM-2步枪即将被陆军选中,命名为No.9 Mk I步枪,口径为7毫米。在政治介入之前,事情进展得一帆风顺。但是美国认为英国的子弹威力不够大,而且刚刚成立不久的北约组织理应使用标准化的武器。为此,北约盟国召开了一次会议,在会议上决定,在新式的北约子弹被选中之前,所有国家都不应该再研制新式的步枪和子弹。最后,美国的7.62毫米子弹被选中,成为北约步枪使用的标准子弹。

如此一来,EM-2步枪无论怎样改进都无法适应美国的威力更大的子弹,所以使用EM-2步枪的努力就付诸东流。英国陆军只好采用比利时的FN FAL步枪。英国把这种步枪称为L1自动步枪。

EM-2步枪被保留了一段时间,作为一种实验工具来判断子弹的优劣。尽管北约决定将其保留下来供实验用,但最终英国的计划还是停了下来。有一部分EM-2步枪的口径重新进行了设计,以适应一些古怪的子弹(有的甚至能发射美国M1卡宾枪使用的7.62毫米低威力子弹)。那些未被销毁的EM-2步枪逐渐被送到了博物馆。今天,我们在博物馆仍能看到它们,它们已经被看作"原应该成为军用步枪"之类的轻型武器,以此来吸引观众的好奇心。

上图:第二次世界大战后期,英国对突击步枪寄予厚望。EM-2原应该成为理想的突击步枪,但由于对它的无托结构存在怀疑,又加上美国的反对(美国认为它的口径太小),所以英国的希望最后落空了

规格说明

EM-2突击步枪

口径:7毫米

重量:4.78千克(装弹后连枪带)

枪全长:889毫米;带刺刀时长1092毫米

枪管长:622毫米

子弹初速:771米/秒

射速:600~650发子弹/分钟

供弹:可装20发子弹的盒式弹匣

萨蒙纳比杰克特·普斯卡 vz 52 步枪

在第二次世界大战结束后的几年里，捷克斯洛伐克是一个完全独立的国家，其武器制造业也逐步恢复到战前水平。第二次世界大战前，捷克是欧洲武器制造业中的佼佼者。

第二次世界大战

在第二次世界大战期间，德国全面利用了捷克的武器制造业。捷克拥有经验丰富的轻型武器设计人员和各种生产设施。

在战后初期阶段，捷克最先研制的轻型武器是口径为7.62毫米的萨蒙纳比杰克特·普斯卡 vz 52 自动步枪（vz指vzor，模型的意思），这种步枪沿袭了第二次世界大战后期德国自动步枪设计中的许多特点。

新式子弹

捷克从德国新式步枪中使用小型子弹的经验中得到启发，研制出供突击步枪使用的新式小型子弹。德国作战分析人员认为，对多数步兵参加的战斗来讲，精度达到千米或千米以上的标准步枪子弹的威力太大了。因为步兵战斗的距离很少有超过300米的，甚至许多战斗发生在不到100米的距离内。随后，德国步枪使用了威力较小的子弹。

捷克武器的特点

捷克和过去一样继续沿自己的设计道路前进。vz 52步枪设计独特，绝非仅给枪栓增加一种附加的锁定装置而已。

另外，这种步枪还带有固定式刺刀。它使用的盒式弹匣可装10发子弹。它的气动操作设置使用了气动活塞系统，卷绕在枪管周围。扳机设置则没有什么革新，直接使用了美国M1（伽兰德）步枪的扳机设置。

从整体上讲，vz 52步枪相当重。但是由于射击时产生的后坐力受到限制，所以射击时就轻松多了；尽管vz 52步枪在很大程度上发挥了设计潜力，但在当时，这种设计的确太复杂了。

由于随即又出现了其他性能更好的武器（如vz 58突击步枪），所以捷克军队使用vz 52步枪的时间很短。vz 52退出捷克军队后，被出口到许多国家。

在华约内被迫转型

vz 52步枪被取代时，捷克已经被苏联牢牢控制，成为苏联的势力范围。捷克的口径为7.62毫米的vz 52步枪子弹和苏联的步枪子弹毫无共同之处，尽管两国的步枪子弹都是从同一起跑线上开始研制的。为了把东欧各国的军队控制在自己手中，苏联军方非常重视其控制的势力范围内的武器的标准化问题，所以捷克被迫放弃自己的子弹，转而使用苏联的子弹。由于捷克的子弹和苏联的小型子弹相距甚远，无法兼容。这就意味着vz 52步枪必须进行改进。改进后，使用苏联子弹的vz 52步枪被称为vz 52/57步枪。

出口的vz 52步枪

许多vz 52步枪被捷克封存起来。后来大多数都被出口到苏联和苏联在第三世界的盟友，主要是古巴和埃及。相当一部分vz 52步枪落到游击队手中。

上图：虽然看上去很像战时的标准步枪，但vz 52步枪的性能却远远超过了战时的标准步枪。事实上，它就是早期的突击步枪。它使用威力较小的7.62毫米子弹

规格说明

vz 52步枪

口径：7.62毫米

重量：4.281千克（装弹前）；4.5千克（装弹后）

枪长：1003毫米（刺刀折叠后）；长1204毫米（刺刀伸展后）

枪管长：523毫米

子弹初速：大约744米/秒

供弹：可装10发子弹的盒式弹匣

49型军用步枪（MAS 49步枪）

由圣安东尼武器制造公司设计的49型军用步枪（MAS 49步枪）是第二次世界大战后最早被军队采用的半自动步枪之一。虽然它使用了类似于MAS 36步枪的枪栓击发设置，并且在研制时也没有被当作自动步枪对待，但却是一种全新的设计。它的重量超过了4.5千克，令人难以承受。但是，在20世纪50年代和60年代期间法国参加的印度支那（中南半岛）和阿尔及利亚的战争中，事实证明，这种步枪坚固结实，使法军受益匪浅。从1979年开始，法军中的MAS 49步枪被FA MAS突击步枪取代。

气动操作

MAS 49步枪是根据20世纪初期的"直接冲击操作系统"设计的，其原型源自20世纪20年代和30年代。1944年，德国人被赶出法国后，法国生产出了少量MAS 44步枪供军队试验。MAS 49步枪是一种气动系统操作的步枪，但没有使用气缸或活塞。根据这个系统，推进气体从枪管中流出，然后被输送到一根管子内，管子指向枪栓承载器的正面。气体扩张后，承载器被迫向后移动。由于这种系统产生的污垢太多，所以许多步枪常避免使用这种系统，但MAS 49步枪却没有出现过什么太大的问题。弹膛的锁定方法和FN mle 49步枪的原理一样，只需简单地使闭锁装置向上翘起就可以锁定弹膛。

新式弹匣

虽然MAS 49步枪源自MAS 44步枪，但两者之间有许多不同的地方。前者使用了分离式盒式弹匣，而后者使用整体式盒式弹匣。这种新式弹匣可装10发子弹，子弹打光时可以更换弹匣。在枪栓承载器的前面有拆卸器的弹夹指示杆，两个分别装有5发子弹的弹夹可以垂直地装入弹匣。与众不同的是，MAS 49步枪还安装了完整的榴弹发射器，在枪的左侧安装了固定瞄准具。

1956年，MAS 49步枪经改进后变成了MAS 49/56步枪。后来这种步枪被FA MAS突击步枪取代。MAS 49/56步枪和早期的MAS 49步枪非常易于区别：它的前置式枪托更短，枪管的前准星突起，枪口制动器和榴弹发射器合二为一。枪全长减少了99毫米；枪管长减少了60毫米；锥形的刺刀带有附加装置。MAS 49/56步枪和MAS 49步枪共同的地方有：MAS 49/56步枪套筒座的左侧有一个突起的横杆，上面装有可放大3.85倍的APX L mle 1953望远镜。它们的标准射程是1200米。在前置式枪托的镶边处有一个带盖罩的前瞄准具；套筒座上面有一个（后）觇孔瞄准具。

过时的子弹

法国不合时宜地使用了过时的7.5毫米×54毫米 mle 1929子弹，而且能发射北约7.62毫米标准子弹的MAS 49/56突击步枪非常少，并且，法国也没有对MAS 49/56突击步枪进行实验性改进。虽然法国还生产了穿甲弹，但事实证明这种子弹根本不能适应MAS 49/56突击步枪的枪管。

上图：MAS 49/56自动步枪是气动系统操作的武器。在FA MAS突击步枪出现之前，它一直是法国的标准军用步枪。在西方盟国中，MAS 49/56是最早成为军用步枪的半自动步枪

规格说明

MAS 49/56步枪

口径：7.5毫米

重量：3.9千克（装弹前）；4.34千克（装弹后）

枪全长：1010毫米

枪管长：521毫米

子弹初速：817米/秒

供弹：可装10发子弹的盒式弹匣

上图：图中为手持MAT 49冲锋枪（左）和MAS 49/56步枪（右）的法国第2军团士兵。这种步枪发射标准的7.5毫米×54毫米"鲍尔"子弹。另外，它还能发射穿甲弹和曳光弹

上图：在法国前殖民地的某国内，法国士兵谨慎地靠近一名"自由战士"。法军士兵的MAS 49/56步枪正指向这名男子

M14 步枪

在20世纪50年代末和60年代初，美国使用的标准军用步枪是M14步枪。早在20世纪50年代，美国就简单地研制出了这种步枪的原型。当美国军方领导人完全把美国的7.62毫米子弹强加给北约盟国的时候，美国不得不加快研制步伐，以找到能发射这种子弹的新式步枪（M14步枪）。

美国综合了各方面的考虑才决定对现有的M1"伽兰德"步枪进行改进，并且增加了一个选择发射方式的机械装置。不幸的是，事实证明这些革新很难实现，因为M1的改进必须经过一系列适当的"T"试验才能完成。

两种预计的模型

美国在1957年宣布新式步枪的模型的型号为T44步枪，但投入生产后却被命名为M14步枪。原计划还要生产一种重枪管型号的步枪，但最后未能成功。M14步枪投入批量生产后，曾在4个不同的制造中心进行生产。

改进后的伽兰德步枪

M14步枪基本上沿袭了M1半自动步枪的设计。它使用新式的盒式弹匣（可装20发子弹）和选择式射击的击发设置。虽然M14步枪较长，比M1步枪重，但制作精良，使用了当时制造业中先进的加工和处理技术，而其他国家的步枪设计人员却偏离了类似的设计方法。但是，美国财大气粗，资金和技术都能得到充分保证，并且士兵也都很喜爱这种步枪。这种步枪在使用中极少出现问题。由于这种步枪的选择式射击系统需要大量的研制时间，最终被

上图：在马科斯统治的最后日子里，菲律宾叛军和忠于政府的军队展开激战。注意从M14步枪（上面士兵使用的）中弹出的空弹壳

规格说明

M14步枪

口径：7.62毫米

重量：3.88千克

枪全长：1120毫米

枪管长：559毫米

子弹初速：853米/秒

射速：（M14A1）700~750发子弹/分钟

供弹：可装20发子弹的盒式弹匣

上图：使用美国的7.62毫米子弹后，多数北约国家选择了比利时的FAL步枪。而美国对此耿耿于怀，称这种步枪"缺少创意"，很想让北约各国使用美国的M14步枪。M14步枪是在M1步枪的基础上研制的，两者的口径有所不同。和M1步枪的弹匣相比，M14步枪使用的弹匣较大

下图：M14A1步枪是M14步枪中的一个类型，专门作为班火力支援武器而研制。它有自动射击装置、双脚架。手枪枪把与前置式枪把则被合并在一起

取消了，所以这种步枪没有全自动射击能力。这种步枪投入生产后不久，美国陆军就发现了一个问题，连续射击时会导致枪管过热，而无意义的连续射击简直是浪费弹药。

主要生产

1964年，美国停止了M14步枪的生产。这种步枪总共生产了1380346支。

美国于1968年研制出一种新的步枪——M14A1步枪。这种步枪带有手枪枪把和双脚架，并且还有其他一些变化，主要用作班火力支援武器，可全自动射击，但连续射击的时间较短。枪管过热影响连续射击的问题仍未得到解决。另外，美国还生产一种试验性的带有折叠式枪托的型号和M21狙击步枪。

接着M14步枪被M16步枪取代。美国的一线部队不再使用M14步枪，只有国民警卫队和预备役部队才使用这种步枪。许多M14步枪被卖给其他国家，如以色列。以色列国防军使用了许多年，直到被加利尔突击步枪取代。

斯通纳63系统

尤金·斯通纳是20世纪50年代和60年代期间最有影响力和创新精神的武器设计者之一，时至今日，许多轻武器的设计者还在使用他的设计技巧。他的革命性思维是使用了一种模块式武器系统——斯通纳63系统。

这种系统是斯通纳在20世纪50年代后期离开阿玛莱特公司不久后生产的。斯通纳63系统共有17个模块。这些模块可以按照一定的方式排列和组装，可以组装出一系列的轻武器。该系统的基础是旋转式闭锁装置。AR-10步枪最先使用了这种装置，后来的AR-15步枪和M16步枪也都使用了这种装置。然而，斯通纳使用了不同的气动操作方法。它的气动操作系统的活塞移动距离比较长。

系列组件

斯通纳63系统中唯一相同的组件是它的套筒座、枪栓和活塞、复位弹簧和扳机设置。除了这些核心设置外，还有一些附加设置：枪托、供弹设置、各种类型的枪管和包括双脚架或三脚架在内的其他设置。这些设置可在不同战术条件下根据射击人员的需要进行组装。最初研制的斯通纳63系统发射北约的7.62毫米子弹，但是这种子弹注定要被口径为5.56毫米的子弹取代。斯通纳对该系统进行了改进，使之能适应轻型子弹。发射轻型子弹（5.56毫米子弹）的最大好处是可以减少该系统的许多组件的重量，并且这种武器本身也变得更加轻便，从而在战术上具有许多优势。

该系统的基本武器是带有折叠式枪托的卡宾枪；然后是突击步枪；接着又可以组装出使用双脚架的（轻型）机关枪（使用弹匣和子弹带）；再加上重枪管、子弹带和三脚架，则可以组装出（中型）机关枪。如果使用装甲车的合轴，甚至可以组

装出螺管式射击的重型机关枪。

斯通纳武器系统

由于斯通纳63系统所具有的显著优势，一经问世就引起了人们的极大关注。取得斯通纳的同意后，凯迪拉克·盖奇公司开始将其小批量地投入生产。荷兰的一家公司在获得生产许可证后也计划生产这种系统，但此举并未引起美国军方的关注。美国海军陆战队进行了一系列试验，以色列也对它进行了反复试验。该系统顺利通过了所有试验，但是美国和以色列却没有大批量订购这种系统。个中原因实在难以确定，最主要的原因或许是它需要生产的零部件太多，不同的零部件作用各不相同；而且生产这么多不同的零部件又得作出某些妥协。如此一来，对照原定的设计，组装后的武器系统成功的可能性会小一些。由于没有公司愿意生产斯通纳系统，所以这种系统渐渐退出了历史舞台。

规格说明
斯通纳63系统（突击步枪）
口径：5.56毫米
重量：4.39千克（装弹后）
枪全长：1022毫米
枪管长：508毫米
子弹初速：大约1000米/秒
射速：660发子弹/分钟
供弹：可装30发子弹的弯曲状盒式弹匣

上图：图中为斯通纳63系统（突击步枪）所安装的一个供美国海军陆战队评估的三脚架。这是用斯通纳63系统组装出来的一支（中型）机关枪

下图：斯通纳63系统组装出的（轻型）机关枪。一般情况下，组装时要安装一个双脚架。从图中可以看出它的供弹特点：多个弹匣链接在一起，组成一个向上开口的弹药盒。

上图：这是斯通纳63系统系列武器中带有固定枪托的突击步枪。它使用的弹匣可装30发子弹。枪口处的附加装置混合了火焰抑制器和榴弹发射器的双重功能

左图：美国海军"海豹"小队在越南战争中使用斯通纳63系统武器。这是一支使用子弹带供弹的轻型机关枪。塑料弹匣组成的弹药盒可装100发子弹

阿玛莱特 AR-10 突击步枪

AR-10突击步枪是M16步枪的鼻祖。它是一种优秀的步枪，优于其他大多数参加北约步枪试验的步枪，按道理应该长期使用。然而，它生不逢时，虽然具有雄厚的实力，却未能参加北约的步枪试验。

1954年，费尔柴尔德发动机/飞机公司的子公司——阿玛莱特公司开始研制一种能够发射第二次世界大战时的口径为7.62毫米的步枪子弹的突击步枪。1955年尤金·斯通纳加盟后，研制工作开始朝向使用北约的新式的口径为7.62毫米的子弹的方向发展。尽管阿玛莱特公司研制组深受斯通纳的影响，但并没有局限于斯通纳一贯采用的设计思想，他们在步枪瞄准具中创新地使用了"整体式"结构原理。这种原理对轻武器研制的最大贡献是：在突击步枪的设计中再次使用了旋转式枪栓闭锁装置，而这种装置目前已经成为世界上所有突击步枪设计的标准。

重量较轻的步枪

1955年，名为"阿玛莱特"AR-10的新式步枪出现了。这种步枪的原材料以铝为主。只有枪管、枪栓和枪栓承载器是用钢材制造的。这种结构可以减轻枪的重量。或许是太轻了，在射击时，这种步枪枪容易产生后坐力，这意味着必须在枪口安装抑制器才能克服这一缺陷。击发杆位于套筒座的顶部，受到装有后瞄准具的承载把手的保护。按照原来的计划，AR-10的基本型号是冲锋枪和轻机关枪，但该公司仅生产出了它们的原型。

阿玛莱特研制组发现在市场上推销这种产品要比设计困难多了，所以这种步枪的生产速度很慢，而且在AR-10步枪问世的时候，北约已经决定自己生产新式步枪，所以AR-10步枪的销量并不理想。虽然和荷兰的NWM公司达成了协议，该公司同意在获得这种步枪的生产许可证后，在市场上销售这种武器，尽管做了大量的准备性工作，但计划最终不了了之。

虽然AR-10步枪从设计、性能到操作等方面都比北约使用的步枪优秀强劲，遗憾的是，如此具有市场潜力的步枪，总的来说，销量不大。它最大的一笔交易是和苏丹达成的。葡萄牙订购了1500支样品。其他买主有缅甸和尼加拉瓜。

对于AR-10步枪来说，或许最重要的是它在1961年停止了生产，为AR-15（M16）步枪的生产铺平了道路。

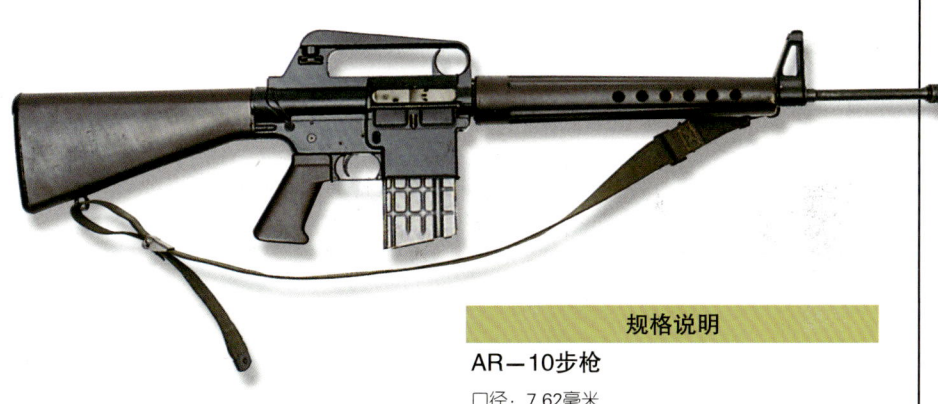

上图：AR-10步枪的创新性设计是，除了枪管、枪栓和枪栓承载器是用钢材制成的，其余部件都是用铝合金制成的。枪的重量较轻意味着枪口在射击时会向上抬升，然而只需安装上枪口抑制器就可以解决这个问题

规格说明
AR－10步枪
口径：7.62毫米
重量：4.82千克（装弹后）
枪全长：1029毫米
枪管长：508毫米
子弹初速：845米/秒
射速：700发子弹/分钟
供弹：可装20发子弹的盒式弹匣

右图：AR-10步枪是M16步枪的鼻祖。这种步枪是一种优秀的步枪，性能要优于参加北约试验的其他步枪，理应长期使用。然而，它生不逢时，未能参加北约的试验

瓦尔米特/萨科 Rk.60 和 Rk.62 突击步枪

尽管芬兰不是华约组织的成员国,但是在20世纪后半个世纪的大多数时间里,芬兰政府一直采取亲苏政策。芬兰对外采取中立的外交政策,但在一些问题的看法上不可避免地站在了苏联一方。如此看来,在20世纪50年代末期,芬兰决定使用新式军用步枪时,使用了苏联的AK-47突击步枪及其弹药也就没什么奇怪的了。经过谈判,芬兰获得了生产AK-47突击步枪及其弹药的许可证。AK-47突击步枪一到手,芬兰瓦尔米特公司的轻武器设计人员便决心进行改动,生产出自己的瓦尔米特m/60步枪。后来,这种步枪被命名为Rk.60步枪。

源自于AK-47突击步枪

从Rk.60步枪的身上很容易找到AK-47步枪影子。但是,经过改进,这种步枪在各个方面都超过了AK-47步枪。Rk.60步枪的结构中没有木制配件,AK-47步枪中的木制品被塑料或金属管取代。Rk.60步枪的管状枪托易于生产,而且更加坚固,便于携带和清理。手枪枪把和前置式枪把是用坚硬的塑料制成。扳机没有护柄,戴手套也可以使用。

其他不同于AK-47步枪的设计包括:瞄准具有轻微改变;枪口处的消焰罩呈三叉状;刺刀架改动后可以安装芬兰的刺刀。除了加工时采取的应急方法之外,Rk.60步枪的内部结构和AK-47步枪没什么两样。为了使用AK-47步枪的弹匣,弯曲状的弹匣和弹槽没有任何改动。

后来的m/62或Rk.62步枪除了在前置式枪托上钻了几个额外的冷却孔和使用了简单的扳机护柄之外,其余和Rk.60步枪完全相同。另外,该公司还生产了口径为5.56毫米的出口型号。

改进后的类型

瓦尔米特公司和萨科公司合并后,成立了一个轻武器研制小组。Rk.60步枪经过改进就变成了Rk.76步枪和Rk.95TP步枪。前者有一个冲压而非加工而成的套筒座,枪的重量变轻了,并且枪托用4种不同的原料制成(Rk.76W步枪、Rk.76P步枪、Rk.76T步枪和Rk.76TP步枪分别使用了固定式木制枪托、固定式塑料枪托、固定式管状枪托和折叠式管状枪托)。后来被命名为萨科Rk.75步枪的套筒座是加工制成的,枪托用折叠式钢丝架制成,并且使用的是新式护手盘,消焰罩也经过了改进。

上图:Rk.62步枪是芬兰在苏联AK-47步枪的基础上经过改进而研制的芬兰式步枪。它将芬兰的机械加工能力和芬兰的作战环境完美地结合在一起

规格说明

Rk.62步枪

口径:7.62毫米

重量:4.7千克(装弹后)

枪全长:914毫米

枪管长:420毫米

子弹初速:719米/秒

射速:650发子弹/分钟

供弹:可装30发子弹的弯曲状盒式弹匣

上图:m/60步枪事实上是m/62步枪的原型。人们所熟知的Rk.62步枪就是m/62步枪。图中的步枪是非标准的m/60步枪,带有扳机护柄

右图:Rk.62步枪有专门设计的扳机护柄。扳机护柄较大,即使在冬季,士兵戴上手套也可以使用

SKS 步枪

SKS步枪（又称西蒙诺夫1945式自动卡宾枪）是在第二次世界大战中研制而成的半自动步枪，但是直到战争结束后的一段时间里才投入生产。它是由萨吉·加维里洛维奇·西蒙诺夫设计出来的。苏联的许多重要的轻武器都是由他负责研制的。在研制SKS步枪时，西蒙诺夫决定把设计重点放在安全上。事实上，从设计上看，这样生产出来的产品相对来说缺少创新和灵感。

SKS步枪是最先使用苏联新式的7.62毫米子弹的武器。这种新式子弹源自德国第二次世界大战时的口径为7.92毫米的子弹（短小型）。

SKS步枪以气动操作装置和简单的枪栓闭锁系统为基础研制而成，所以从整体上看比较保守。从外观上看，甚至和传统的使用枪栓击发装置的步枪没什么两样。它大量采用木质结构。枪口下面安装了固定的折叠式刺刀。盒式弹匣固定在套筒座内，从外面几乎看不到。这种弹匣只能装10发子弹。向弹匣内装填子弹时，可以使用子弹夹，也可以一发一发地装填。需要拆卸时，打开弹匣底盖，把子弹倒出。SKS步枪具有典型的苏联风格——非常坚固结实，所以西方的许多观察家嘲笑这种步枪过于沉重（相对于它所使用的轻型子弹来说）。然而，SKS步枪能经受住可能遇到的任何摔打和碰撞，并且成为华约组织多年使用的标准军用步枪。直到华约国家装备了大量的AK-47突击步枪和后来能够发射较小口径的子弹的AKM步枪后，SKS步枪才退出军队。

分阶段地退出军队

到20世纪80年代中期，华约组织已经停止使用SKS步枪，SKS步枪仅在阅兵式或仪仗队中作为仪式性武器使用。然而，由于这种步枪的生产数量极其庞大，所以世界上的其他地区都能看到这种步枪。除苏联外，民主德国和南斯拉夫都生产过这种步枪。民主德国和南斯拉夫分别称之为卡拉贝纳尔-S步枪和m/59步枪。从m/59步枪中还演变出了m/59/66步枪。m/59/66步枪的枪口安装有套管式永久性榴弹发射器。中国对SKS步枪进行轻微改动后生产出来的步枪被称为56式步枪。56式步枪安装的是锥形刺刀，而不是叶片状刺刀。

由于SKS步枪的生产数量极其庞大，所以中东和远东地区的许多国家使用这种步枪就不足为奇了。最近几年，这种步枪才有所减少。在越南战争期间，美国和南越的部队在战场上遇到了大量的SKS步枪。这些步枪随后又从越南流入到非正规力量手中。稍加训练即可使用这种步枪。在未来的相当长的时间内，SKS步枪是不会消失的。

规格说明

SKS步枪

口径：7.62毫米

重量：3.85千克（装弹前）

枪全长：1021毫米

枪管长：521毫米

子弹初速：735米/秒

供弹：可装20发子弹的盒式弹匣

上图：SKS步枪和使用枪栓击发装置的步枪在外观上几乎没什么差异。但事实上，它使用的是气动操作系统，弹匣可装20发子弹

上图：56式步枪是中国制造的SKS步枪。从许多方面看，这种步枪和苏联的SKS步枪几乎一模一样。56式步枪使用了锥形刺刀

突击步枪的发展

事实证明,突击步枪不是随着战术变化而变化的,而是紧随技术的进步而发展起来的武器。它一直是步兵、突击队和游击队的核心武器。

1939—1940年,德国陆军经过分析发现:大多数的步兵战斗都发生在距离相对较短的范围内——400米左右,而不是如卡98k步枪之类的步枪的射击范围——400~800/1000米的范围内。所以瓦尔特公司根据这样的作战范围研制出口径为7.92毫米的短小型子弹。这种短小型子弹的初速每秒可达650米,其威力比口径为9毫米的冲锋枪的子弹还大,而冲锋枪的子弹的初速是每秒365米。这种子弹更小,是自动武器的理想子弹。它为战后突击步枪的研制奠定了基础。

新的订单

德国陆军向哈纳尔公司和瓦尔特公司公布了新式卡宾枪的规格。两个公司各自递交了它们的设计。这两种设计极为类似,都使用了气动系统操作;并且使用了同样的直线式枪托、枪管、手枪把和可装30发子弹的弯曲状盒式弹匣。哈纳尔公司设计的武器名为卡拉贝纳尔卡宾枪或称为MKb42(H);瓦尔特公司设计的武器名为MKb42(W)。设计这两种枪的目的都是为了能够使用塑料部件、冲压和压铸的金属部件快速而又廉价地投入生产。

MKb42(H)步枪由路易斯·施迈瑟设计。枪长940毫米,重4.9千克,每分钟子弹的射速是550发子弹。德国大约生产了8000支。在东线的战斗中,事实证明,这种步枪极为成功。

尽管MKb(H)步枪获得了成功,希特勒却下令停止对突击步枪的研制。对于那些在战场上拼杀的士兵们来说,幸运的是德国陆军和哈纳尔公司把改进后的MKb42(H)的名字改成了MP43步枪,并且说明书上公开说,要把这种武器制造成自动枪或冲锋枪。以此为幌子,MP43步枪投入了大规模生产。德军又对它作了进一步的改进,包括增加一个可以发射榴弹的设置,改进后的MP43步枪被称为MP44步枪。MP44步枪和MKb42(H)步枪的长度和每分钟子弹的射速完全一样。MP44步枪重5.22千克。1944年下半年,希特勒回心转意,同意研制突击步枪,他把这种步枪命名为斯图姆盖威尔44(StG44)——突击枪44。StG44步枪为战后苏联集团研

上图:AK-47步枪是第二次世界大战以来最成功的军用步枪,或许也是世界上自第二次世界大战以来制造最多的步枪。图中民主德国的边防警卫队正挎着AK-47步枪巡逻,监视着对面(联邦德国)的情况

制AK-47系列突击步枪奠定了基础。民主德国边防警卫队和后来发生的"非洲解放运动"都使用了AK-47步枪。

StG44步枪安装了GwZf 4-fach望远镜,并且在1945年初又安装了富有创意的

下图:M16步枪在越战中被美国步兵称为"信号"枪。事实证明,M16是丛林战中最受欢迎的武器。它重量轻、后坐力小,有助于提高射击的精度

上图:由于采用无托结构,SA80突击步枪的全长减少了许多。弹匣安装在手枪把的后面。望远镜能将目标放大4倍,帮助射手准确地瞄准目标

音，所以罗得西亚（前南非地区）的特种作战部队和美国在东南亚的特种部队都使用这种武器。在穿越边界的突袭中，AK步枪的子弹很容易从缴获的弹药中得到补充。在越南战争中的某一阶段，美国为他们的特种部队生产了一种"无菌"7.62毫米×39毫米子弹。这种子弹的弹壳底座没有冲压。整个华约组织的各个成员国都生产AK系列步枪。另外，中国和朝鲜也生产过这种步枪。

早期的M16步枪

在西方，美国研制出了柯尔特AR-15突击步枪。1964年，美国陆军在越南使用了柯尔特AR-15（后来成了M16）步枪。相对来说，这种步枪属于一种革命性武器。它是用合金和塑料制成的，使用5.56毫米子弹（比M14步枪使用的大口径——7.62毫米子弹要轻一些）。目前美国军队使用的是M16A1/2步枪。这种步枪的套筒座右侧有手动枪栓关闭设置，如果有脏物进入弹膛，或出现子弹卡壳，它可以施加额外的压力。M16A2步枪的枪管较重，带有弹壳转向仪。有了它，左撇子射手也可以使用这种步枪。M16A3步枪就是在把手处装上望远镜的M16A2步枪。M16步枪最先使用的子弹是5.59毫米M193子弹。目前，许多突击步枪都使用这种子弹，而北约使用的是5.59毫米×45毫米子弹。

"扎尔格拉特"1229"瓦姆皮尔"红外线夜视仪。其中，最不同凡响的发明是"克鲁姆洛夫"曲线式轨道。射击时，子弹沿曲线式轨道冲向枪口，然后以大约30度的弧度射出。尽管子弹受弯曲枪管的影响有点轻微扭曲，且子弹的使用期限相对很短，但当子弹从枪管中射出时，它的排气系统可以减少气体的压力。

卡拉什尼科夫突击步枪

AK-47突击步枪种类繁多，可能是世界上使用最广泛的武器了。最初的AK-47突击步枪是由米哈伊·卡拉什尼科夫在第二次世界大战结束时设计成的，1951年装备苏联陆军。它使用的子弹的口径为7.62毫米×39毫米，子弹重122谷（一种重量单位）。AK-47步枪和改进后的AKM步枪的有效射程是400米。AK系列突击步枪设计完美，易于使用，甚至不熟练的人也能操作。它使用的工作部件极少。由于AK-47系列步枪都不是"信号"枪，它们在射击时，不会发出像M16那样的尖锐声

上图：1967年6月，在越南的德寿市附近，美国巡逻队正在搜寻北越的武装人员。这两名美军士兵携带的就是M16步枪。前面的士兵还携带供巡逻分队的M60机枪使用的7.62毫米子弹带

上图：华约组织的精锐的伞兵部队和特种部队都喜欢使用常规的带有木制枪托的AK突击步枪。伞兵尤其喜爱携带"伞兵"AK突击步枪。这种步枪带有可分离的折叠式金属枪托

右图：MP43步枪获得了极大成功。在MP43基础上研制出来的MP44步枪有一个可以发射榴弹的设置。后来的AK-47步枪就是在它的基础上研制出来的

上图：这名阿尔卑斯山地士兵装备的是法国的FA MAS步枪。这种步枪是现代突击步枪中最小巧的一种。携带把手的上面是瞄准具，下面是击发杆

右图：英国的登陆舰正在靠近海岸。两栖战演习中的英国皇家海军陆战队在登陆舰内整装待发，准备抢滩登陆。前排士兵携带的是SA80步枪。其他人携带的是轻型支援武器（LSW）

施泰尔 AUG 突击步枪

在所有现代突击步枪中，长了一副"星球大战"外表的AUG突击步枪可能是最令人惊奇的突击步枪了。作为军用步枪，其使用时间之长令人吃惊，奥地利陆军从1977年就开始使用这种突击步枪。

无托结构（Bullpup）设计

AUG突击步枪由历史长久的施泰尔公司制造。它采取了无托结构设计——扳机设置位于弹匣前面，这使这种步枪成为一种灵巧、轻便的武器。由于使用了尼龙和非金属材料，所以这种步枪显得非常时尚。

使用金属制成的部件只有枪管、套筒座和它的内部设置，甚至套筒座也是用铝合金压铸成的。所有的原材料的质量都非常高。弹匣用坚硬的透明塑料制成。这种弹匣具有一大优点：士兵们只要瞥一眼就能知道弹匣内还剩下多少子弹。

武器系统

施泰尔AUG突击步枪的核心是一个模块式武器系统。通过改换枪管、工作部件或弹匣，就可以把它改换成一支冲锋枪、卡宾枪、狙击专用步枪或轻型机关枪。通过改换套筒座上的装置，AUG步枪能安装各种类型的夜视仪或瞄准专用望远镜。但是，普通的瞄准具是简单的供正常作战范围内使用的光学望远镜，这种光学望远镜带有计数的格线。

AUG步枪需要清理时，拆卸极为快速简单。枪管内部镀有铬合金。修理非常简便，只需改换整个模块就能轻易完成。

AUG步枪于1978年全面投入生产。自那之后，施泰尔AUG突击步枪不仅供奥地利军队使用，还出口到中东、非洲和南美各国。另外，澳大利亚、新西兰和爱尔兰等国的军队也使用这种突击步枪。

AUG突击步枪也是世界各国特种部队的常规武器。英国特别空勤团和德国第9边防大队的人质营救分队一直使用这种步枪。

许多国家的执法部门也都非常喜爱AUG突击步枪。这种步枪在美国的商业市场上也获得了极大成功。

规格说明

施泰尔AUG（突击步枪）

口径：5.56毫米

重量：4.09千克（装弹后）

枪长：790毫米

枪管长：508毫米

供弹：可装30发子弹的盒式弹匣

子弹射速：650发子弹／分钟

上图：施泰尔AUG–A1步枪
事实证明，在作战部队中，最初的AUG突击步枪极其坚固，能经受住各种类型的试验，其中有一个事例：一辆10吨重的卡车碾过后，它还能进行射击，唯一损坏的只是塑料制的套筒座盖子

上图：尽管AUG突击步枪长着一副太空时代的模样，但是奥地利军队已经使用这种突击步枪很久了

左图：施泰尔AUG–P步枪
它是AUG突击步枪中的警用型号。它的枪管比突击步枪的枪管短，并且常用黑色塑料制成。许多执法部门使用的AUG–P步枪是半自动步枪，只能单发射击

FN FAL 突击步枪

"莱格里"自动步枪,又称FN FAL步枪(轻型自动步枪),是由比利时著名的武器制造商法布里克·纳森纳尔公司(FN公司)生产的。这种步枪最早可追溯到1948年。最初的FN FAL步枪是为了发射第二次世界大战时德国的7.92毫米×33毫米(短小型)子弹而研制的。北约弹药实行标准化之后,FN公司对FN FAL步枪进行了重新设计。重新设计的FN FAL步枪可以发射北约新式的7.62毫米×51毫米标准子弹。

作战一流的步枪

重新设计的FN FAL步枪质量一流。它坚固结实、性能稳定、经得起实战考验,并且在作战距离内极其精确。在它长期的军旅生涯中,有90多个国家使用过这种步枪。许多国家,如英国、以色列、加拿大、墨西哥、印度和南非获得了它的生产许可证。这些海外生产的FAL步枪和FN公司生产的正宗FAL步枪有所差异,但从外表上看完全相同。

FAL步枪非常坚固。它使用了20世纪中出现的多种制造方法。所有部件都用优质的原材料制成,精密的加工足以使其达到最大的使用期限。它使用气动操作的击发装置。它有一个气动校正系统,助推气体从枪管的上方流出,从而使活塞运动起来。活塞向后推动枪栓设置,打开弹膛的闭锁装置。它的解锁装置中有一个可以加强安全功能的延迟设置。FAL步枪的多数型号都具有自动射击功能。

FAL步枪种类繁多、型号齐全,多数都有固体的木制或尼龙枪托和其他装饰部件。有些型号常常供空降部队使用。这类步枪通常都带有特殊的枪托。这种枪托非常坚固,可以折叠。坚固性是FAL步枪的一大特点。事实证明,这种步枪能够经受住各种环境的考验,无论是沙漠,还是丛林,甚至是冰天雪地的北极地区。

英国的L1A1步枪

提到FAL步枪的生产型号,不能不说说英国的L1A1步枪。英国武装部队在经过长期的系列试验和改进后才选中了L1A1步枪。改进后的L1A1步枪取消了FAL步枪的自动射击设置。另外,它和FAL步枪还有其他一些区别。包括印度在内的许多国家都使用L1A1步枪,印度直到20世纪90年代还在生产这种步枪。澳大利亚不仅使用L1A1步枪,为了适合身材矮小的新几内亚军队的需要,甚至还生产了一种短小的型号——L1A1-F1步枪。

FAL步枪和L1A1步枪都安装有榴弹发射器,但是目前使用的极少,通常都安装了刺刀。有的FAL步枪使用重枪管,安装双脚架后就可以当作轻型机关枪使用。这两种步枪也可以根据需要安装夜视仪。

尽管作为军事步枪,口径为7.62毫米的FAL步枪已不再大规模生产,但是世界各国的军队和预备役仍在使用这种步枪。自从20世纪80年代以来,突击步枪的发展趋势已经朝着小口径的方向发展,多数军事大国重新研制的突击步枪,口径都是5.56毫米。

上图:在挪威参加军事演习的荷兰海军陆战队正在使用他们的FAL步枪瞄准射击。人们对这种步枪的喜爱说明它具有出众的性能,能够在任何气候/地形条件下使用

下图:多数FAL步枪具有自动射击功能。安装了重枪管和双脚架的FAL步枪,操作方便。这支重枪管型号的FAL步枪(上)和带有折叠式枪托的伞兵专用步枪(下)都是英军在马尔维纳斯群岛战争中缴获的战利品

规格说明

FN FAL突击步枪

口径:7.62毫米

重量:5千克(装弹后)

枪长:1143毫米

枪管长:554毫米

子弹射速:650~700发子弹/分钟(FAL,连发);30~40发子弹/分钟(单发)

子弹初速:838米/秒

弹匣:可装20发子弹的盒式弹匣

FN FAL、L1 和 FNC 突击步枪

由比利时FN公司生产的FN FAL步枪（莱格里自动步枪，又称轻型自动步枪）最初是在1948年生产的。它使用德国的7.92毫米子弹（小型），但后来为了适应北约武器标准化的要求，FAL步枪经过改进后，可发射北约7.62毫米的标准子弹。不仅北约所有的成员国，而且其他许多国家也大量使用这种步枪。许多国家还获得了它的生产许可证，如南非和墨西哥。海外生产的FAL步枪和正宗的FAL步枪有所不同，但是，从外形上看一模一样。

FAL步枪非常坚固。所有部件都是用优质的原材料经过精密加工制成的。击发装置使用了气动操作系统。它有一个气体调节器，助推气体可从枪管上方流出，从而使活塞运动起来。活塞向后推动枪栓设置，启动弹膛的解锁装置；解锁装置中有一个为增加安全而安装的延迟设置。多数型号的FAL步枪都在扳机组件附近安装了选择式击发设置。

FAL步枪的种类繁多，型号齐全。多数都有固体的木制或尼龙枪托和其他装饰部件。有的型号（常常供空降部队使用）还安装了折叠式枪托。坚固性是FAL步枪的一大特点。

英国的型号

目前，突击步枪的设计潮流正朝着口径为5.56毫米的方向发展，并且目前使用这种口径的新式FN卡宾枪已经投入生产。

FNC步枪最先出现在1978年。自那之后，比利时、印度尼西亚和瑞典一直使用这种步枪，并且印度尼西亚和瑞典还得到了这种步枪的生产许可证。这两个国家生产的FNC步枪分别被命名为"博福斯"AK-5步枪和"宾达德"SS1步枪。FNC步枪使用的是旋转式枪栓。由于套筒座上部使用的是冲压钢材，下面使用的是铝合金；手枪枪把，枪把前端使用了塑料，钢制的折叠式枪托表面的涂料也使用了塑料，所以这种步枪很轻。这种步枪也可以使用固定式枪托。FNC步枪既可以单发射击、3发子弹点射，也可以全自动连发射击。

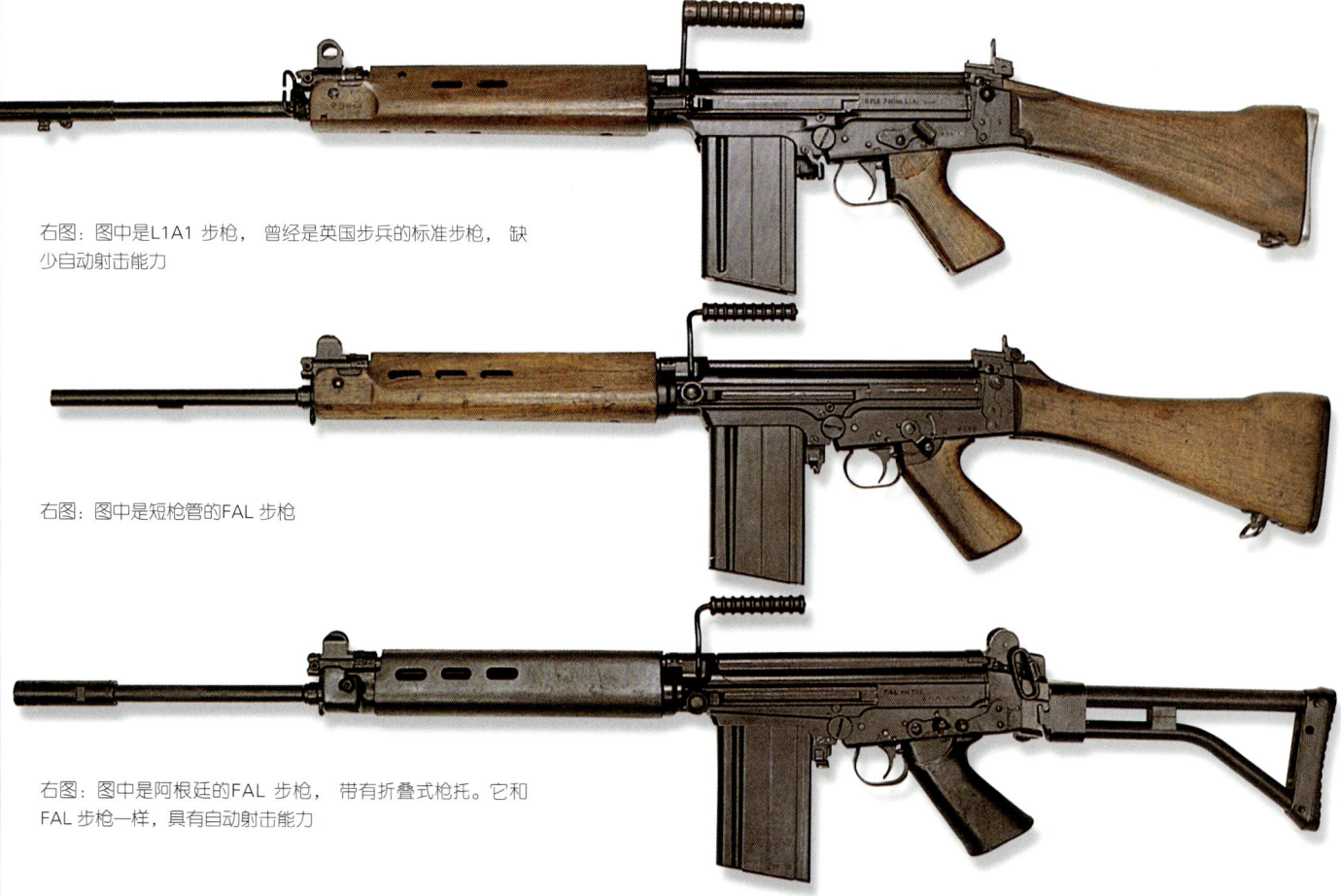

右图：图中是L1A1步枪，曾经是英国步兵的标准步枪，缺少自动射击能力

右图：图中是短枪管的FAL步枪

右图：图中是阿根廷的FAL步枪，带有折叠式枪托。它和FAL步枪一样，具有自动射击能力

规格说明

FNC步枪

口径：5.56毫米

重量：4.06千克（装弹前）

枪全长：997毫米

枪管长：449毫米

子弹射速：大约650发子弹/分钟

子弹初速：不详

弹匣：可装30发子弹的弯曲状盒式弹匣

上图：FNC步枪从以前的突击步枪，如AK–47、M16和加利尔的设计中汲取了丰富的想象。它属于气动系统操作的武器，使用了旋转式枪栓。FNC步枪是标准的武器，带有折叠式枪托。其中有一种专门供空降部队使用的短小的"帕拉"型FNC步枪

下图：澳大利亚步兵使用的是他们自己生产的L1A1突击步枪。这种步枪是在澳大利亚新南威尔士州的利斯戈制造的。澳大利亚还生产了一种小型的L1A1–F1步枪，供新几内亚当地的军队使用。另外，他们还使用M16A1步枪

FA MAS 突击步枪

在第二次世界大战后的几年时间里，法国军工企业在轻型武器设计方面落后于其他国家。为了弥补差距，法国生产了FA MAS突击步枪。这种步枪的全名是圣·安东尼武器制造公司制造的突击步枪。FA MAS完全属于现代型的突击步枪，效果显著。它也采用了无托结构设计而且获得成功。这种设计方法虽然简洁，却极为合理。虽然最初的设计在当时看来显得有些异端，但目前来看，一切都顺理成章，极其平常。这种设计是把扳机组件安装在弹匣前面，目的是从整体上减小枪的长度，使这种枪制作得非常精巧。即使按照缩小的标准，FA MAS突击步枪看上去也是又短又小，在所有的军用突击步枪中，其体积一定属于最小的一种。

体积小、能力强

FA MAS突击步枪是从1972年开始研制的。1978年，FA MAS F1的基本型号被指定为法国武装部队的标准军用步枪。这

样，在圣·安东尼工厂进行长期生产就得到了保证。

第一批FA MAS F1步枪装备了一些伞兵和特种部队。1983年，法国军队首次使用这种步枪参加了在乍得和黎巴嫩的战斗。

FA MAS F1突击步枪易于射击。其外形和其他突击步枪不太一样。它发射美国的5.56毫米M193子弹。套筒座上面有一个长柄，可以当作前后瞄准具的底座使用。枪托又矮又短，向前突出。枪管短小，从枪架的前面向前突出，上面安装有榴弹发射装置。

三种射击方法的选择设置

这种步枪安装了标准的小型刺刀和折叠式双脚架。射击选择器有三个位置，分别供单发射击、3发点射和全自动射击时使用。自动射击的控制设置安装在枪托内，和复杂的扳机设置相连。FA MAS F1步枪的操作系统属于延迟式后坐力。枪的零部件的原料尽可能用塑料制成，最后的制造程序——抛光并没有得到特殊重视，例如，钢制的枪管没有镀铬。

尽管其外形与众不同，使用FA MAS F1步枪操作和射击都非常舒适、方便，并且也没有出现过什么问题。这种步枪最引人注目的是榴弹发射器的瞄准设置。在使用时，这种瞄准设置极易瞄准。事实证明，这种步枪易于操作。还有一种型号可以使用小型的火花气缸来推动惰性弹球进行射击训练的专用枪，效果极佳，可大大节省训练费用。这种型号的FA MAS步枪和军用型FA MAS步枪看上去完全一样。

在FA MAS F1步枪之后研制而成的是过渡型FAS MAS F2步枪。接下来的型号是FA MAS G2步枪。FA MAS G2步枪的双脚架的功能被枪背带取代（尽管这个双脚架还在）。原来的榴弹发射器不见了。扳机护柄延长后可以盖住整个枪把。弹匣槽改进后，既可以使用FA MAS步枪的弹匣，也可以使用北约的标准弹匣。

左图：法国的口径为5.56毫米的FA MAS F1步枪是现代突击步枪中体积最小、设计最为简洁的突击步枪之一。FA MAS F1步枪（图中）的弹匣被拆卸下来，但是请注意，携带把手的上面装有瞄准具，下面是击发杆。它的双脚架可以折叠

规格说明

FA MAS F1突击步枪

口径：5.56毫米

重量：4.59千克（装弹后带枪背带）

枪全长：757毫米

枪管长：488毫米

子弹射速：1000发子弹／分钟

子弹初速：960米／秒

弹匣：可装25发子弹的垂直状盒式弹匣

上图：这支FA MAS F1突击步枪的枪口下安装了一个TN21红外线夜视聚光灯。这种聚光灯的有效范围是150米。这名士兵可以根据眼上戴的夜视仪中形成的图像迅速作出反应。法国陆军使用这种夜视仪

左图：榴弹发射器在战场上已经不如过去那样受到士兵的欢迎，但是海军或海岸警卫队在执行任务，如阻拦小型船只、进行搜查时，有时还会使用这种武器

赫克勒和科赫有限公司的 G3 突击步枪

赫克勒和科赫有限公司的G3突击步枪是由西班牙的赛特迈设计小组研制出来的。该设计小组的绝大多数成员是德国的轻武器设计专家。1959年，这种步枪被联邦德国国防军采用。从多个方面来看，事实都证明G3突击步枪的确是第二次世界大战之后德国最成功的一种设计。这种突击步枪投入生产后，不仅供德国本国的军队使用，而且许多国家的军队都使用这种武器。许多国家获得生产许可证后，也制造出他们自己的G3突击步枪。这样的国家共有13个，其中包括希腊、墨西哥、挪威、巴基斯坦、葡萄牙、沙特阿拉伯和土耳其。世界上有60多个国家的军队都使用过这种突击步枪。

低廉的造价

制造商可能不太喜欢说出来，人们可以把G3突击步枪视为最接近轻武器设计人员所设想的武器——"用过就扔"的步枪。G3步枪从一开始就是为大规模生产而设计的。其设计思想是尽可能减少加工程序，越简单越好，这样就能大大地减少加工设备和加工流程的费用。在赛特迈公司设计的基础上，赫克勒和科赫有限公司又对这种设计进行了改进——尽可能地使用廉价和易于找到的原材料，如塑料和冲压钢材。赫克勒和科赫有限公司保留了赛特迈公司研制的闭锁滚筒系统。射击后，该系统以延迟式后坐力操作的方式开始运作。从整个结构上看，G3步枪和FN FAL步枪非常类似，但是两者有许多不同之处。G3步枪比FN FAL步枪整整早了一个时代。从G3突击步枪及其研制出的一系列步枪来看，无论是它的整体结构，还是它所使用的原材料，以及它的设计思想都体现了这一重要事实：G3突击步枪种类繁多、型号齐全。有一些是卡宾枪类，枪管很短，完全是合格的冲锋枪；有一些是狙击步枪类；有一些是带有重枪管和双脚架的轻型机关枪类；还有专门供空降部队或其他特种部队使用的类型——G3A4步枪。G3A4步枪带有枪托，望远镜可以安装在套筒座的任意一侧。

特殊的设计

虽然从整体上看，G3步枪的设计比较简单，然而它却使用了许多与众不同的设计。例如它的枪栓位于弹膛上方，和枪身的前半部分相连接。当闭锁装置被打开时，可以当作枪身的额外部分使用。拆卸非常简单，只需移动少量的零部件就可以轻松拆卸。赫克勒和科赫有限公司对G3步枪的口径稍加改动就生产出口径为5.56毫米的HK33步枪。

许多国家的军队使用G3突击步枪，从中也可以看出G3步枪的设计是非常成功的。1979年，伊朗爆发伊斯兰革命，在推翻伊朗国王的战斗中，G3突击步枪功勋卓著。津巴布韦在独立之前，尽管面临着罗得西亚的制裁，但是津巴布韦仍然得到大量的G3突击步枪，从而爆发了罗得西亚（白人建立的津巴布韦共和国）战争，战争最终导致了津巴布韦的独立。一些国家发现生产G3突击步枪有利可图，就购买了生产G3突击步枪的许可证。这些国家生产G3突击步枪的主要目的是出口，而不是供自己国家的军队使用。法国和英国就属于此类国家。

规格说明
赫克勒和科赫有限公司G3A3突击步枪
口径：7.62毫米
重量：5.025千克（装弹后）
枪全长：1025毫米
枪管长：450毫米
子弹射速：500~600发子弹/分钟
子弹初速：780~800米/秒
供弹：可装20发子弹的盒式弹匣

上图：赫克勒和科赫有限公司的HK21轻型机关枪的口径为7.62毫米。它是在G3突击步枪的基础上改进的又一种类型的G3武器。它使用子弹带供弹，也可以根据需要使用可装20发子弹的盒式弹匣。这种武器是由葡萄牙生产的，多数都出口到了非洲

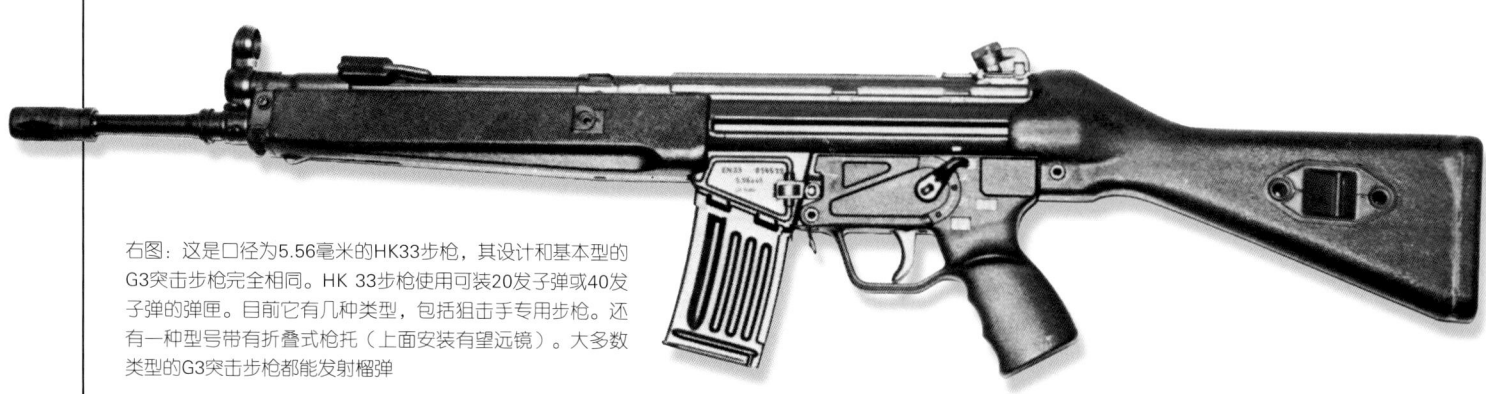

右图：这是口径为5.56毫米的HK33步枪，其设计和基本型的G3突击步枪完全相同。HK 33步枪使用可装20发子弹或40发子弹的弹匣。目前它有几种类型，包括狙击手专用步枪。还有一种型号带有折叠式枪托（上面安装有望远镜）。大多数类型的G3突击步枪都能发射榴弹

流行的武器

无论从哪个方面来讲，在所有现代突击步枪中，G3突击步枪都可以被看作是最重要的突击步枪之一。它使用北约的大威力7.62毫米×51毫米子弹。从设计上看，它和FAL突击步枪非常类似。它是最受欢迎的步枪之一。在未来的相当长时间内，许多国家的军队仍会使用这种步枪。

左图：这名德军士兵使用的单兵武器是G3突击步枪。G3突击步枪的枪托上装有望远镜。他背上的背包内装有反坦克武器——发射火箭弹的火箭筒

赫克勒和科赫有限公司的HK53突击步枪

赫克勒和科赫有限公司的HK53突击步枪是一种高性能的武器，其功能介于冲锋枪和突击步枪之间。根据它所使用的子弹，大多数军事评论员都把它划入到突击步枪的范畴。

HK53突击步枪是口径为7.62毫米的G3突击步枪的系列武器之一。制造商在研制G3突击步枪时使用了气动操作系统。它使用了延迟式后坐力装置，该装置以由两部分组成的枪栓为基础。枪栓由枪栓头和后面较重的枪栓栓体构成。枪栓头有两个垂直连接的滚筒，当该武器准备开火时，楔形的枪栓栓体把滚筒驱入到枪管内的凹槽内；在子弹进入弹膛的过程中，枪栓体向前移动，将滚筒从凹槽内挤出。当子弹射出时，枪管内的气压会迫使枪栓头向后移动，滚筒朝向凹槽的槽壁移动，进入凹槽内后，枪栓头就不再向后移动。在复位弹簧的帮助下，楔形的枪栓栓体会进一步限制滚筒向内运动。在滚筒被向内挤压时，枪栓栓体会加速移动，进入到枪管的后部；在滚筒推动楔形枪栓栓体向后运动的时候，由于枪栓头仍然受到限制，枪栓栓体的移动速度加快，所以能够承受得住后坐力产生的气压。此时，滚筒完全被挤进枪管内，子弹离开枪口，随后枪栓的两部分在剩余气压的压力下，开始一起向后移动。当复位弹簧受到压缩时，空弹壳被挤出并被弹射出去，然后枪栓被迫向前移动，新的一发子弹进入弹膛，当滚筒被再次挤出时，枪栓进入锁定状态。

选择式射击

如果把射击选择杆指向"自动射击"，扣压扳机，放下击锤，子弹就可射向目标。但是，如果选择杆指向"单发射击"，有一个分离器可以在射击之间向扳机施加压力。这就意味着这种武器是从密闭式弹膛内射击的，一方面它会引起连贯性的操作；另一方面，如果刚刚进行过点射，弹膛过热，弹膛内的子弹就可能爆炸或走火。

相关的类型

HK 53突击步枪和20世纪60年代中期研制的HK 33突击步枪的关系极其密切。HK 33突击步枪从1968年开始投入生产。这种突击步枪是G3突击步枪按比例缩小后的型号。研制HK 33突击步枪的目的是使用后来的新式的5.56毫米×45毫米雷明顿子弹。HK 33突击步枪被出口到智利、

马来西亚和泰国等许多国家。自1999年以来，土耳其也获得了HK 33突击步枪的生产许可证。HK 33突击步枪仍在德国生产，并且以它为基础，又研制出G41突击步枪和HK53袖珍型突击步枪。制造商生产HK 53袖珍型突击步枪时，是把它当作冲锋枪生产的。

HK 53是HK 33的超级袖珍型。由于HK 33使用的子弹是中等威力的子弹，所以人们把HK 33划入袖珍型（小型）突击步枪的范畴。HK 53是在20世纪70年代中期研制成功的。

HK 33突击步枪是可选择性射击的步枪。套筒座用冲压的钢材制成，并且带有固定式塑料枪托（HK 33A2）或可收缩的金属枪托（HK 33A3）。有一种HK33卡宾枪型被称为HK 33k。HK 33k的枪管又短又小，带有类似的固定枪托（HK 33kA2）或可收缩的金属枪托（HK 33kA3）。HK 33突击步枪的不同型号有不同的扳机组件，有的具有3发点射功能，有的没有这种功能。

从内部结构上看，HK 53突击步枪和HK 33突击步枪非常类似。但是它不能发射步枪榴弹，也不能在枪管下40毫米处安装榴弹发射器或刺刀。这种突击步枪有一个长长的、带有四个叉的消焰罩。HK 33突击步枪和HK53突击步枪都使用可装25发、30发和40发子弹的盒式弹匣，但是最后一种弹匣目前已经停止生产。

上图：这是HK53突击步枪中非常罕见的一种型号。它是专门为在装甲车辆内向外射击而设计的。前瞄准具被取消了。为了防止空弹壳在装甲车内部弹射出去时发生危险，在空弹壳弹射处安装了一个袋子

规格说明

赫克勒和科赫有限公司HK53突击步枪

口径：5.56毫米

重量：3千克（装弹前）

枪全长：780毫米（枪托伸展后）；
　　　　565毫米（枪托折叠后）

枪管长：211毫米

子弹射速：750发子弹/分钟

子弹初速：不详

供弹：可装20发、30发或40发子弹的盒式弹匣

左图：为了研制出适应现代化战争的武器，HK 33突击步枪和HK 53突击步枪系列步枪的研制重点放在了减轻枪的重量和减小枪的体积上。使用较大的弹匣和安装多功能的射击选择装置，可以最大程度地发挥火力的灵活性

右图：HK53突击步枪介于冲锋枪和步枪之间，和MP5步枪相比略大一些。HK53突击步枪发射北约的5.56毫米子弹。使用这种子弹射击时，突击步枪不易控制，只有经验丰富的射手才能发挥它的最大效能

赫克勒和科赫有限公司的 G36 突击步枪

20世纪60年代后期，当联邦德国陆军作出使用一种重量较轻、命中率更高的武器来取代G3步枪的决定后，赫克勒和科赫有限公司开始研制G11步枪。该公司在最初研究成果的基础上，采用了一种新的设计原理，使用一种可以发射无壳弹药（戴纳米特·诺贝尔发明）的小口径步枪。这种子弹的射速较高，尽管这种步枪使用的子弹口径较小，但如果具备3发点射能力和使用较大的弹匣，仍能提供猛烈的阻挡火力。

G11突击步枪的设计原理极为先进，并且20世纪80年代后期的官方评估证明它确实是一种出色的武器。但是，由于经济和北约武器标准化等原因，赫克勒和科赫有限公司最终被迫取消了整个研制计划。

供二线部队使用的步枪

就在对G11步枪的设计进行修改，准备装备给德国一线部队的时候，按照计划，G41步枪也在研制中。德国准备生产G41步枪供德国的二线部队使用。G41步枪是从20世纪80年代初在HK-33E突击步枪的基础上开始研制的。G11步枪的研制计划被取消后，G41步枪也遭到相同的命运。事实上，G41步枪只是G3步枪的进一步研制型号而已。它们都使用了相同的滚筒延迟式后坐力装置，发射5.56毫米子弹。

目前的武器

G36突击步枪是20世纪90年代初期德国实施HK 50计划时研制而成的。1999年，G36突击步枪被德国陆军采用，取代了G3突击步枪，成为德军继G3突击步枪之后的新一代军用突击步枪。G36突击步枪和早期的赫克勒和科赫有限公司的突击步枪有所不同，它使用气动操作系统，旋转枪栓被锁进枪管内部。套筒座是用钢和硬塑料制成的，扳机组件设在塑料手枪枪把的内部。有的型号具有3发点射能力，有的型号则没有这种功能。装弹杆装在枪栓承载器的顶部，可以左右转动。

G36突击步枪的弹匣是用复合材料制成的。弹匣四壁呈半透明状。为了加快装弹速度，可以使用嵌入式弹夹把弹匣一个一个连接起来。塑料枪托可以向左右折叠。套筒座的上面有一个较大的携带把手，携带把手的内部装有嵌入式瞄准具。标准的G36突击步枪安装了两个瞄准具：一个可放大3.5倍的袖珍瞄准镜和一个可放大1倍的"红点"瞄准镜。使用瞄准具可以快速瞄准近距离内的射击目标。G36E突击步枪是为了出口而生产的。G36K卡宾枪只有一个可放大1.5倍的瞄准镜。G36突击步枪安装了北约标准的枪口制动器，可以发射步枪榴弹，还可以安装刺刀或口径为40毫米的榴弹发射器。

另外，还有一种更小的G36C近距离突击步枪。这种突击步枪主要是为特种部队及类似部队而研制的。

规格说明

赫克勒和科赫有限公司的G36突击步枪

口径：5.56毫米

重量：3.6千克（装弹前）

枪全长：998毫米（枪托伸展后）

枪管长：480毫米

子弹射速：750发子弹/分钟

子弹初速：不详

弹匣：可装30发子弹的弯曲状盒式弹匣

下图：G36突击步枪制作精湛、性能可靠，其生产水平已经达到艺术化的境界。它重量轻、弹匣容量大、射速高、精度高，作用无法估量，被誉为"射手之友"

加利尔和 R4 突击步枪

以色列的加利尔突击步枪究竟源自何处一直是一个谜,尽管以色列声称是依靠自己的努力而研制成功的。这种步枪明显和芬兰的瓦尔米特突击步枪有些相似的地方。瓦尔米特突击步枪生产有各种类型和口径。如此一来,事情变得更加扑朔迷离了。因为瓦尔米特突击步枪是在苏联AK-47设计的基础上使用了芬兰自己的加工方法,而不是苏联的钢制冲压套筒座部件。虽然它们在操作上(常用的旋转枪栓)和整体设计上有类似的地方,但要说加利尔突击步枪就是AK-47突击步枪的派生类型,那就过于简单了。因为目前多数突击步枪的设计都具有这些特点。以色列最初制造加利尔突击步枪的加工设备是由瓦尔米特公司提供的,而且是按照瓦尔米特公司的加工说明书制造的,所以事情变得更加复杂了。

加利尔突击步枪生产有两种口径:5.56毫米和7.62毫米。以色列武装部队装备了各种类型的加利尔突击步枪。这种突击步枪目前是世界上使用最广泛的武器之一。它主要有三种类型。一种是加利尔ARM突击步枪,带有双脚架和携带把手,属于多用途突击步枪。第二种是加利尔AR突击步枪,没有双脚架和携带把手。第三种是加利尔SAR突击步枪,它的枪管较短,也没有双脚架和携带把手。这三种类型的突击步枪都有折叠式枪托。ARM突击步枪的双脚架可以当作剪铁丝网的工具使用。为了防止士兵使用类似于瓶子开口器(如弹匣的夹子)的武器部件,这三种型号的突击步枪都安装了标准的瓶盖开口器。另外,枪口上面都安装了可当作榴弹发射架使用的设置。

三种规格的弹匣

加利尔ARM突击步枪可当作轻型机关枪使用。它有两种弹匣可供选用:一种可装35发子弹,另一种可装50发子弹。另外,加利尔ARM突击步枪还有一种特殊的弹匣,可装10发子弹。这种弹匣可以装发射枪榴弹的特殊子弹。这种突击步枪一般都装有刺刀。

事实证明,加利尔突击步枪的效果极其显著,引起了海外的极大关注。一部分加利尔突击步枪已出口到国外,并且有的国家还进行了仿制,瑞典的口径为5.56毫米的FFV 890C突击步枪显然就是在加利尔突击步枪的基础上研制出来的。

通过谈判获得生产许可证,在当地进行生产的国家是南非。南非生产的加利尔突击步枪被称为R4突击步枪。R4突击步枪是南非国防军前线部队的标准军用步枪。R4突击步枪的口径为5.56毫米。R4突击步枪和以色列的加利尔突击步枪相比略有不同。南非根据在纳米比亚地面长满低矮树丛中取得的作战经验,对加利尔突击步枪作了适当改进。R4突击步枪也被出口到许多国家。

上图:"加利尔"ARM突击步枪的主要设计特点包括"直入式"设计,枪管上面的气动操作系统,嵌入式双脚架可以向前置式枪把下面折叠,弹匣位于扳机组件的前面。

规格说明

加利尔ARM(7.62毫米)突击步枪

口径:7.62毫米

重量:4.67千克(装弹后)

枪长:1050毫米

枪管长:533毫米

子弹射速:650发子弹 / 分钟

子弹初速:850米 / 秒

弹匣:可装20发子弹的弯曲状盒式弹匣

规格说明

加利尔ARM(5.56毫米)突击步枪

口径:5.56毫米

重量:4.62千克(使用可装35发子弹的弹匣装弹后)

枪全长:979毫米

枪管长:460毫米

子弹射速:650发子弹 / 分钟

子弹初速:980米

弹匣:可装35发或50发子弹的盒式弹匣

左图:这支以色列加利尔ARM突击步枪带有金属枪托,可以向前折叠以减少枪的长度。它不能发射枪榴弹,也没有双脚架,可以使用5.56毫米和7.62毫米子弹

贝瑞塔 AR70 和 AR90 突击步枪

AR70突击步枪是贝瑞塔公司在公司内部经过一系列试验后才研制成功的武器。试验的方法虽然简单，但使用了包括气动操作系统到旋转枪栓闭锁装置在内的多种突击步枪的设计原理。为了增加安全性能，贝瑞塔公司决定在枪膛的周围增加额外的金属，从而达到加固闭锁系统的目的。这种突击步枪功能齐全、制作精良、易于拆卸成几个操作部件。

正常的选择

AR70突击步枪有三种生产型号：AR70（普通型）突击步枪，带有尼龙枪托和枪托附件设置；SC70突击步枪，带有用管状钢材制成的折叠式枪托；SC70（短小型）突击步枪和SC70突击步枪相同，但枪管较短，专门供特种部队使用。AR70突击步枪和SC70突击步枪可发射口径为40毫米的枪榴弹，而SC70（短小型）突击步枪则没有这种功能。

AR70突击步枪可以和国际市场上的任何一种突击步枪相媲美，高标准的制作使它成为与众不同的武器。制作精良是贝瑞塔公司所有轻型武器设计和制造的一大特点。

AR70突击步枪确实对国际轻型武器市场产生了一定冲击。意大利特种部队订购了一部分，还有一部分出口到约旦和马来西亚，但交易量都不大。贝瑞塔公司不仅在设计和制作上极其精巧细心，而且更为神奇的是，AR70系列突击步枪的精度极高，如果需要，标准型号的AR70突击步枪还可以安装上望远镜。

在20世纪80年代初期，意大利陆军要求贝瑞塔公司提供一种新式的5.56毫米步枪，AR70突击步枪的派生枪——AR90突击步枪正好能满足这一要求。于是，在20世纪90年代，AR90突击步枪成为意大利的军用步枪。这种步枪有携带把手，套筒座上面有固定的瞄准具。标准的AR90突击步枪的枪管较长，使用固定式枪托。但有的型号的枪管有长有短。所有型号的AR90突击步枪都带有双脚架和折叠式枪托。

上图：AR70突击步枪有几种装备可供选择：其中包括夜视仪、刺刀或MECAR枪榴弹发射器。它的枪托很容易拆卸下来，换上折叠式枪托后，就转换成了SC70标准突击步枪

左图：这是一支贝瑞塔AR70突击步枪。从其可装20发子弹的弹匣就可以看出这种步枪线条清晰、抛光精美。意大利对付游击队的特种部队就使用这种突击步枪。虽然有一些出口到了约旦和马来西亚，但出口量较小

下图：这是在马来西亚丛林中使用的贝瑞塔 AR70突击步枪。注意枪身涂有伪装颜色。AR70突击步枪使用可装30发子弹的弹匣时，仅重4.15千克，所以这种武器非常适合身材矮小的亚洲军队使用

规格说明

AR70突击步枪

口径：5.56毫米

重量：4.15千克（装弹后）

枪全长：955毫米

枪管长：450毫米

子弹射速：650发子弹/分钟

子弹初速：950米/秒

弹匣：可装30发子弹的弯曲状盒式弹匣

ST 动力公司的 5.56 毫米系列步枪

新加坡特许工业公司（现在被称为新加坡技术动能公司，或ST 动力公司）生产的第一支突击步枪是口径为5.56毫米的SAR80突击步枪。这种突击步枪是英国斯特林公司设计的。新加坡公司和斯特林公司签订合同后获得了SAR80突击步枪的生产权。第一批SAR80突击步枪生产于1978年。

在设计中，SAR80突击步枪使用了气动操作系统和旋转枪栓设置，重点突出了易于生产的特点。它是在美国M16突击枪的基础上研制出来的。新加坡早已获得了M16突击步枪的生产许可证。新加坡生产的M16突击步枪主要供新加坡军队使用。虽然订单数量较大，但SAR80突击步枪在新加坡并没有完全取代美国的M16突击步枪，结果造成除了新加坡军队使用一部分外，剩余的SAR80突击步枪都未能销售出去。

逐渐演化

新加坡公司再次向国际轻武器市场发起冲击的武器是它的5.56毫米SR88突击步枪及随后的SR88A突击步枪。从设计上看，SR88突击步枪被认为是SAR80的改进型。和SAR80突击步枪相比，SR88突击步枪在设计上进行了多处改动，其目的主要是提高出口能力。另外，还有一种被称为SR88A的卡宾枪型。不过，SR88A仍然未能销售出去，最终被迫收回。

继SR88突击步枪和SR88A突击步枪之后，新加坡又生产出了5.56毫米的SAR21突击步枪。这种突击步枪和前两种突击步枪相比，销售情况似乎要好多了，引起人们的极大兴趣。这种突击步枪大约从1995年开始研制。该公司研制这种步枪的目的是想用它来取代新加坡军队使用的所有军用步枪。1999年，这种突击步枪第一次公开亮相后投入系列生产。SAR21突击步枪采用了无托结构——为了保证做到制作精巧和使用方便，弹匣设在了扳机组件的后面。为了提高操作效能，制作时使用了大量的复合材料和塑料。

模块式结构有助于维修。这种突击步枪拆卸后只有5大部分，其中之一就是可装30发子弹的盒式弹匣。SAR21突击步枪继续使用早期步枪设计中的气动操作系统和旋转式枪栓设置。套筒座上安装了永久性的可放大1.5倍的望远镜。

派生类型

SAR21突击步枪仅仅是系列突击步枪中的一种，其中的SAR21 P-Rail突击步枪用"皮卡蒂尼瑞尔"设置取代了突击步枪中普通使用的瞄准设置。这种设置可以安装各种类型的光学瞄准镜或夜视仪。

SAR21/40mm突击步枪的枪管下可以安装40毫米的榴弹发射器。SAR21"精明射手"有一个专门供神射手使用的可放大3倍的光学瞄准镜。另外，还有一种轻型机关枪型的SAR21，这种突击步枪的枪管很重，带有双脚架，只能选择自动射击。而其他型号的突击步枪，如果需要，都可以选择单发射击。SAR21突击步枪的射速每分钟可达450~650发子弹。

上图：SAR21突击步枪是使用无托结构设计的现代突击步枪。这种突击步枪有几大组成部分：枪管、枪栓、上套筒座、下套筒座组件和弹匣

规格说明

SAR80突击步枪

口径：5.56毫米

重量：3.7千克（装弹前）

枪长：970毫米

枪管长：459毫米

子弹射速：600~800发子弹 / 分钟

弹匣容量：可装30发子弹

SR88A突击步枪

口径：5.56毫米

重量：3.68千克（装弹前）

枪长：960毫米

枪管长：460毫米

子弹射速：700~900发子弹 / 分钟

弹匣容量：可装30发子弹

SAR21突击步枪

口径：5.56毫米

重量：3.82千克（装弹前）

枪长：805毫米

枪管长：508毫米

子弹射速：450~650发子弹 / 分钟

弹匣容量：可装30发子弹

上图：SAR80突击步枪是由英国斯特林公司设计，新加坡特许工业公司（后来称为ST 动力公司）生产的。生产SAR80突击步枪是新加坡试图进军有利可图但又困难重重的国际轻武器市场的第一次尝试

西班牙赛特迈公司生产的 L/LC 型 5.56 毫米突击步枪

广为人知的赛特迈系列突击步枪，由于使用了另一家生产商圣·巴巴拉（目前被通用动力公司收购）的名字，所以以赛特迈命名而生产的突击步枪也就结束了。赛特迈步枪最初是从1945年开始设计的。它使用了德国人发明的延迟式后坐力闭锁设置（以气动操作系统为基础）。在射击的瞬间，滚筒进入套筒座壁内的槽沟。西班牙在把注意力转向生产5.56毫米步枪之前，使用这种系统生产出了7.62毫米和7.92毫米赛特迈系列步枪（并且德国的赫克勒-科赫有限公司也生产了这种步枪）。

CETME是赛特迈系列步枪设计局（Compania de Estudios Tecnicos de Materiales Especiales）的缩写。该设计局把7.62毫米步枪改进成为一种重量轻、体积小、使用更加方便的5.56毫米突击步枪。改进后生产出来的5.56毫米突击步枪有两种型号：一种是L型，另一种是LC型。前者带有固定枪托，后者枪托上安装有望远镜。后者的枪托可以伸展，从整体上看，要比L型突击步枪短。由于它的枪管较短，所以子弹射速较快。

西班牙生产

1986—1991年，L型和LC型突击步枪开始投入生产并装备西班牙部队。这种武器的主要设计特点是：步枪的外部部件是用大量的复合材料浇铸而成的。早期型号使用可装20发子弹的盒式弹匣，后来改为M16突击步枪使用的可装30发子弹的弹匣。后来，可装30发子弹的弹匣成为标准弹匣，尽管偶尔也会见到可装10发子弹的盒式弹匣。

生产中的一大变化是它的瞄准设置。原来使用的四阵位瞄准设置，瞄准距离为400米。改进后则使用更为简单的"翻转"式瞄准设置，瞄准距离为200米。另一大变化是射击控制杆：最初生产的步枪除了保险、单发射击和全自动射击选择器之外，还有一个3发点射的限制器，事实表明这个限制器没有安装的必要，所以后来生产的突击步枪中取消了这一设置。

赛特迈5.56毫米步枪只出售给西班牙武装部队。在使用中，事实证明它容易损坏，需要精心维护。要想解决这个问题，一劳永逸的方法就是用新式突击步枪取而代之，所以在1998年6月，西班牙将用德国赫克勒和科赫有限公司的G36步枪取而代之。西班牙预计需要115000支G36突击步枪。为此西班牙购买了G36突击步枪的生产许可证，并已建立生产G36突击步枪的工厂。

上图：LC型突击步枪和它的孪生兄弟L型突击步枪可以从装有望远镜的枪托中分辨出来。尽管从总体上讲，这两种突击步枪的设计是成功的，但L系列突击步枪暴露出了容易损坏的缺陷

左图：赛特迈5.56毫米选择性射击突击步枪生产有两种型号：一种为标准型号（L型），带有固定枪托；另一种为LC型，枪管较短，枪托可以安装望远镜。最初设计弹匣可装20发子弹

规格说明

L型突击步枪

口径：5.56毫米

重量：3.4千克（装弹前）

枪长：925毫米

枪管长：400毫米

子弹射速：600~750发子弹/分钟

弹匣容量：可装30发子弹

LC型突击步枪

口径：5.56毫米

重量：3.4千克（装弹前）

枪长：860毫米或665毫米

枪管长：320毫米

子弹射速：650~800发子弹/分钟

弹匣容量：可装30发子弹

瑞士工业集团的 SG550 突击步枪

SG550系列5.56毫米突击步枪的研制是为了满足瑞士陆军的需要，取代瑞士陆军所使用的7.5毫米斯图姆盖威尔57步枪（Stgw57步枪，又称SG510-4步枪）。瑞士工业集团最初研制出的两种基本型号是SG550和SG551突击步枪。瑞士陆军把SG550命名为斯图姆盖威尔90突击步枪（Stgw 90突击步枪），同时瑞士陆军也使用SG551突击步枪。不过和SG550突击步枪相比，SG551突击步枪短一些，没有双脚架。1984年，这两种突击步枪开始装备瑞士陆军，并且继续投入生产。

自那之后，出现了许多相关类型的突击步枪。SG550 SP和SG551 SP属于半自动运动步枪，主要供应瑞士射击专用步枪市场。SG551 SWAT和SG551突击步枪几乎完全一样，主要供特种部队或特种执法机构使用，并且安装有光学瞄准具，枪管下安装了40毫米榴弹发射器。SG550"狙击手"步枪具有特殊用途，它的枪管较长，安装有光学瞄准具和其他许多相关的精密仪器。约旦警察也使用SG550"狙击手"步枪。SG552"突击队"步枪生产于1998年6月，重量轻、体积小，属于袖珍型步枪，也带有折叠式枪托和有多种光学瞄准仪，主要供特种部队使用。

高规格的步枪

SG550系列步枪做工精美，价格昂贵。整个制造标准之高和操作之简便都是前所未有的。在制作中，为了减轻重量，在选择制作的原材料时，尽可能多地使用塑料制品。其操作方法为常见的气动操作装置和旋转式闭锁枪栓。

SG550系列步枪的最引人注目的设计是它的透明塑料弹匣。这种弹匣可以保证射手一眼就可以判断出弹匣内的子弹的数量。弹匣可以装20或30发子弹。弹匣的侧面有许多螺丝和连线，可以把多个弹匣连接在一起。当某一个弹匣没有子弹时，射手可以抽出空弹匣，然后再把装满子弹的弹匣装进去。显然，如果一次供应60甚至90发子弹，射手就可以在战术上获得明显优势。另外，还有一种可装5发子弹的弹匣，这种弹匣也可以装发射枪榴弹的子弹。

在携带或存放时，为了减少枪的长度，它的枪托可以向套筒座右侧折叠。据说使用折叠式枪托的突击步枪平衡性较好，在作战范围内能够更准确地瞄准射击。瞄准镜特别易于使用：夜间射击时，瞄准镜带有发光设置。另外，这种突击步枪还带有望远镜架和3发点射的限制器。

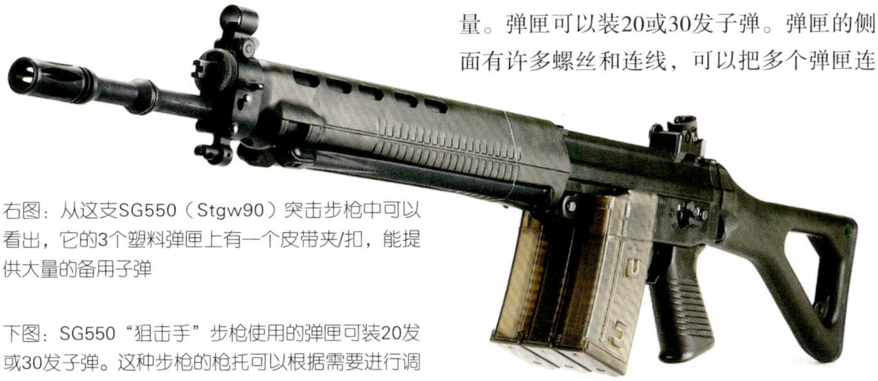

右图：从这支SG550（Stgw90）突击步枪中可以看出，它的3个塑料弹匣上有一个皮带夹/扣，能提供大量的备用子弹

下图：SG550"狙击手"步枪使用的弹匣可装20发或30发子弹。这种步枪的枪托可以根据需要进行调整，加上望远镜，在较远的距离内，可以最大程度地发挥精确射击的优势。这种步枪和大多数SG550突击步枪相比，在设计上有许多差异

规格说明

SG550突击步枪

口径：5.56毫米

重量：4.1千克（装弹前）

枪长：998毫米

枪管长：528毫米

子弹射速：700发子弹 / 分钟

弹匣容量：可装20发或30发子弹

SG551突击步枪

口径：5.56毫米

重量：3.4千克（装弹前）

枪长：827毫米

枪管长：372毫米

子弹射速：700发子弹 / 分钟

弹匣容量：可装20或30发子弹

卡拉什尼科夫 AK-47 突击步枪

阿维托马特·卡拉什尼科夫AK-47是自轻武器生产以来设计最成功、应用最广泛的轻武器之一。其应用遍及世界,甚至时过半个多世纪之后,许多国家仍在以不同的方式生产各种类型的AK-47突击步枪。

最早的AK-47突击步枪是根据一种小型的、口径为7.62毫米的子弹设计出来的。苏联人在很大程度上参考了德国的7.92毫米小型子弹。苏联红军常常在缴获德国的系列突击步枪(MP43,MP44和StuG44)之后,生产出自己的(类似于德国的)突击步枪。结果就出现了7.62毫米×39毫米子弹和AK-47突击步枪。这种突击步枪的设计者是米哈伊尔·卡拉什尼科夫,所以这种步枪通常被称为卡拉什尼科夫突击步枪。

第一批试验性AK-47突击步枪于1947

上图:最初的AK-47突击步枪
最受欢迎的卡拉什尼科夫系列突击步枪之一,它安装了可折叠的金属枪托

上图:现代AKM突击步枪
从不同的枪口制动器附件设置和前置式枪托上面的把手上可以分辨出它和AK-47突击步枪的区别

上图:中国的56式突击步枪
中国型号的AK-47突击步枪。它有自己完整的刺刀设置,见图中前置式枪托下面折叠的刺刀

本页图:卡拉什尼科夫突击步枪的生产数量超过了历史上任何一种轻武器。在20世纪下半期发生的任何一场战争中几乎都能见到它的身影

年发放到红军手中,但当时还没有大规模装备部队。直到20世纪50年代,苏联红军才大规模地装备AK-47突击步枪。后来,AK-47突击步枪逐渐成为华约组织的标准武器。苏联的AK-47突击步枪的生产线极其庞大,但是,华约组织对这种步枪的需求更大,多数华约组织成员国都建立了自己的生产线。从那以后,又派生出各种类型的AK-47突击步枪。直到今天,许多枪支爱好者仍对它痴迷不已。

可靠的质量

基本型的AK-47突击步枪设计合理、制作精良,和德国战时的突击步枪一样,未能大规模投入生产。AK-47突击步枪的套筒座经过了精密加工,使用的原材料都是优质钢材和优质木材,生产出来的AK-47突击步枪结实耐用,经得起任何条件的考验。

由于它的移动部件较少,所以拆卸起来极为简单,维修也很简单,接受短时间的训练就能使用。

多年来,在基本型号的基础上又出现了多种类型的AK-47突击步枪。这些AK-47突击步枪有一个共同的特征:都带有可折叠的枪托。

所有不同型号的AK-47突击步枪使用的机械原理完全相同:简单的旋转枪栓设置。在枪栓凸轮的推动下,枪栓进入套筒座内相对应的槽沟内。操作系统是根据枪管中流出的气体通过一个气孔,然后带动其他机械设置进行的。

世界制造

生产AK-47突击步枪的国家有中国、波兰和民主德国。还有一些国家模仿了AK-47突击步枪的操作系统,如芬兰的瓦尔米特突击步枪和以色列的加利尔突击步枪。

苏联于20世纪50年代末承认:苏联在生产AK-47突击步枪的时候,使用了多种制造设施。苏联人经过改进,又生产出了改进型卡拉什尼科夫突击步枪(又称AKM突击步枪)。虽然从外观上看,AKM突击步枪和早期的AK-47突击步枪很像,但是为了能大规模投入生产,AKM突击步枪已经作了多处改动。

外部最明显的变化是它的套筒座。AKM突击步枪的套筒座用钢板冲压而成,而早期的套筒座是精密加工而成的,而且在内部结构上也作了很大改动,闭锁系统变得更加简单。另外还有其他变化,但整体上看,变化最大的还是它的制造方法。

AKM突击步枪并没有立即取代AK-47突击步枪。为了弥补AKM突击步枪数量上的不足,仍有许多AK-47突击步枪留在军中。其他华约组织的成员国逐渐调整了它们的生产线,使之能够生产AKM突击步枪。一些国家(如匈牙利)甚至走得更远,对AKM突击步枪的设计进行了改进,生产出自己的型号。这些突击步枪通常和最初的AKM突击步枪在许多方面存在差异。匈牙利的AKM-63突击步枪和苏联的AKM突击步枪从外表上看差别极大,但保留了AKM突击步枪的基本机械设置。有一种型号是AKMS突击步枪,它带有可以折叠的钢制枪托。

庞大的生产数量

AK-47系列突击步枪的生产数量超过了5000万支,并且AK-47和AKM突击步枪一直在军队中使用,顺利地迈进21世纪。如果没有其他理由的话,它们的使用期限如此之长,部分原因在于它们的使用范围,这两种突击步枪随处都能见到;另外还有一个原因是它们惊人的生产数量。但是,最根本的原因是这两种突击步枪设计合理,结实耐用,而且易于使用和维修。

上图:图中为埃及军队在1973年赎罪日战争(第4次中东战争)期间所拍的照片。他们使用的武器是AKM突击步枪。它的枪口附属设置比较独特,并且枪托上有凹槽沟,可以当作把手使用。AKM突击步枪作为埃及的标准军用步枪长达20多年

规格说明

AK-47突击步枪

口径:7.62毫米

重量:5.13千克(装弹后)

枪长:869毫米

枪管长:414毫米

子弹射速:600发子弹/分钟

子弹初速:710米/秒

弹匣:可装30发子弹的盒式弹匣

AKM突击步枪

口径:7.62毫米

重量:3.98千克(装弹后)

枪长:876毫米

枪管长:414毫米

子弹射速:600发子弹/分钟

子弹初速:710米/秒

弹匣:可装30发子弹了盒式弹匣

左图:AK-47、AKM和华约组织各成员国生产的各种类型的突击步枪。图中民主德国步兵手持的是民主德国制造的MpiKM突击步枪

卡拉什尼科夫 AK-74 突击步枪

西方在步枪设计中采用小口径子弹后,苏联在这方面的进展速度却非常缓慢,实在令人吃惊。或许是因为苏联军中已经使用了大量的AK-47和AKM突击步枪,使其无法在设计上作出重大改变,从而使小口径子弹未被列入优先研制项目。所以直到20世纪70年代初期,华约组织才宣布使用新式子弹。此时,出现了一个问题,要想发射口径为5.45毫米×39毫米的新式子弹,就需要研制出一种新式步枪。

这个时候,AK-74突击步枪出现了。为了满足苏联红军的需要,AK-74马上进入全速生产状态。和早期的AK-47突击步枪一样,华约组织的其他成员国也制造了各种类型的AK-74突击步枪。

AK-74突击步枪基本上是AKM突击步枪的改进型。改进目的是为了发射小口径的新式子弹。它的外形、重量和整体规格与AKM突击步枪几乎一模一样。它和AKM突击步枪不同的地方是:它使用的是塑料弹匣;有一个突出的枪口制动器;有的型号带有木制枪托和折叠式金属枪托。

和AK-74突击步枪有关的一件事应该特别注意,那就是它使用的子弹。为了在发射口径为5.45毫米子弹时获得最大的初速度,苏联设计人员采取了一种非常有效但却违反国际法的设计,使用以钢为核心的子弹,子弹头是空心的,所以子弹的重心向后偏移。它所产生的效果是,当弹头击中目标后,弹头就会发生变形。随后子弹的重心向后偏移,子弹的推动力会持续向前运动,这样,子弹就会发生翻滚。使用这种方法,小口径子弹对较远目标产生的效果更加显著。一些高速飞行(初速)的子弹常常能产生惊人的效果。有的子弹如西方的5.56毫米M193子弹,虽然也会产生这种效果,但它不是故意设计的,只是子弹射击时的附带效果而已。而苏联的5.45毫米子弹的射击效果则是故意设计的。

新式的卡拉什尼科夫突击步枪

苏联解体后,卡拉什尼科夫突击步枪的改进只是表面现象而已。事实上,它并没有什么实质性的改进。目前供出口的卡拉什尼科夫突击步枪是根据"AK-100系列"命名的。AK-101突击步枪使用的是北约5.56毫米×45毫米子弹。AK-102突击步枪的枪管又短又小。AK-103突击步枪使用的是AK-47最初使用的7.62毫米×39毫米子弹。AK-105突击步枪是AK-74突击步枪的改进型,它的枪管也是又短又小,它使用的子弹是初速度极快的5.45毫米×39毫米子弹。

上图:AK-74突击步枪在阿富汗战场上首次亮相。在阿富汗,被缴获的AK-74突击步枪马上落到游击队手中。从此之后,从车臣到刚果的武装冲突中,人们都能看到AK-74突击步枪的身影

左图:图中可能是1988年的一名苏联步枪射手。他身穿树叶类的迷彩服,戴有防毒面罩和核生化过滤器。他使用的就是标准的AK-74突击步枪。到这个时候(1988年),苏联前线部队的AK-47突击步枪已经全部被AK-74突击步枪取代

规格说明

AK-74突击步枪

口径：5.45毫米

重量：3.6千克（装弹前）

枪长：930毫米

枪管长：400毫米

子弹射速：650发子弹／分钟

子弹初速：900米／秒

弹匣：可装30发子弹的盒式弹匣

右图：AK-74（上）和AK-47（下）相比较，AK-74突击步枪有一个钢架做成的枪托。但是，请注意它突出的枪口制动器和棕色的塑料弹匣。另外，还要注意两种子弹规格上的差异

阿玛莱特 AR-15/M16 突击步枪

M16突击步枪是著名的设计大师尤金·斯通纳发明的，起源于阿玛莱特AR-10步枪。AR-10突击步枪是20世纪50年代中期最具有创新意识的大威力军用步枪。这种步枪使用5.56毫米子弹后被命名为阿玛莱特AR-15突击步枪。

AR-15步枪参加了美国陆军为挑选新的标准军用步枪而举办的轻武器试验大赛。在大赛之前，英国陆军订购了10000支，成为大批量订购这种新式步枪的第一个客户。1961年之后不久，美国空军也订购了一批AR-15步枪。

标准步枪

经过角逐，AR-15步枪被美国陆军选中，成为美国陆军新的标准军用步枪——M16步枪。然而美国陆军却把M16步枪交给了柯尔特武器公司生产，并和阿玛莱特公司签订了销售协议。

1966年，根据在越南战场上获得的经验，美国为M16步枪增加了一个枪栓关闭设置。于是，M16步枪就变成了M16A1步枪。M16A1最初装备部队时，尤其在战场上，出现了许多问题。然而，它的设计经过几处改动，再加上良好的训练和预防性维修，这些问题得到了解决。M16A1成为美国陆军的标准军用步枪。

此后，M16系列步枪的生产数量超过了300万支，应用非常广泛，并且还被出售到世界上许多国家和地区。经过大量改进和试验，出现了不同类型、不同型号的M16步枪。其中有一种轻机关枪类型，它的枪管较重，带有双脚架。而短枪管型号的M16则供特种部队使用。

操作

M16步枪是气动系统操作的武器。它使用了旋转枪栓闭锁装置。套筒座上的携带把手可以当作前瞄准具的底座使用。所有的附件设置都用尼龙制成。M16步枪大量使用了塑料制品。这对于那些已经习惯使用上一代军用步枪，如M14步枪使用的是沉重的木制品的士兵来讲，手持M16步枪时，则有一种把玩玩具的感觉。但是M16步枪可不是小玩具。M16步枪发射的是口径为5.56毫米的子弹。和以前相比，这意味着士兵可以携带更多子弹，子弹威力的降低意味着普通士兵能够首次使用全自动武器进行射击。

M16A2步枪

在20世纪80年代，出现了一种改进型的M16步枪。最显著的变化是它的手柄经过了重新设计，轮廓较粗，呈环状，可以当作较好的枪把使用。它的枪管较重，其中有7英寸缠度（一种长度单位）的螺旋状枪管，很不显眼，不注意还真不容易看出来。这种枪管可发射北约标准的SS109（M855）子弹。M249自动武器（SAW）也可以发射这种子弹。使用这种子弹可以

增大射程，增强子弹的穿透能力。

M16A2步枪还可以发射旧式的M193子弹，这种子弹是为12英寸缠度的螺旋状枪管设计的。它还增加了一个点射控制装置。这种装置可以把自动射击限制在3发点射的范围内，这样既能节省子弹，又能增强射击精度。

M4/M4A1卡宾枪

M16A2步枪的卡宾枪型号被称为5.56毫米M4/M4A1卡宾枪。它是专门为那些在近距离和狭小空间内执行任务的单个士兵提供火力掩护而设计的。

M4卡宾枪和M16A2的许多零部件（超过80%）可以互相交换。M4卡宾枪已经取代了口径为0.45英寸的冲锋枪和如装甲车乘员和特种作战部队之类部队使用的手枪。

右图：最初的M16突击步枪是借助越战而名闻天下的。它是数以万计的步兵使用的标准军用步枪。但是短枪管、枪托倾斜的"柯尔特突击队"突击步枪主要供特种作战部队使用

左图：21世纪美国陆军的"陆地勇士"系统中使用的步枪就是M4卡宾枪。M4卡宾枪是M16突击步枪的一种（卡宾枪型号）

规格说明

M16A2突击步枪

口径：5.56毫米

重量：3.99千克（装弹后）

枪长：1006毫米

枪管长：508毫米

射程：最大射程3600米；有效射程550米；正常作战范围200米之内

子弹射速：800发子弹／分钟（循环）；45发子弹／分钟（半自动）；90发子弹／分钟（点射）

子弹初速：853米／秒

弹匣容量：可装30发子弹

左图：在"霍索恩行动"中，装备M16步枪的美国第101空降师士兵正在德寿附近参加战斗。M16步枪是美国于1966年越南战争期间研制成功的

M16步枪的使用

M16出人意外地使用了清洁子弹，并且作为"免清洁"步枪迅速名闻天下。然而，军用弹药带来了更多污垢。这对于那些不经常清洁武器、缺少经验的新兵来说，使用M16步枪时，经常会发生阻塞问题，而职业军队则很少遇到这种问题。

右图：**子弹**
如M16之类的小口径步枪（右边是它的子弹和弹匣）主要有下列优势：装备M16步枪的士兵和装备大口径——7.62毫米步枪的士兵相比，前者携带的子弹量是后者的两倍

5发子弹的弹夹
5.56毫米×45毫米 M193子弹
10发子弹的弹夹
北约的7.62毫米×51毫米子弹
弹匣排
弹药排
可装20发子弹的弹匣
可装40发子弹的弹匣

左图：AR-15突击步枪（图中右边的一支）是美国于20世纪50年代在AR-10步枪（图中左边的一支）的基础上研制而成的。AR-10步枪发射北约的7.62毫米子弹，是最早大量使用塑料和铝合金部件的步枪之一

阿玛莱特 AR-15/M16 突击步枪剖面图

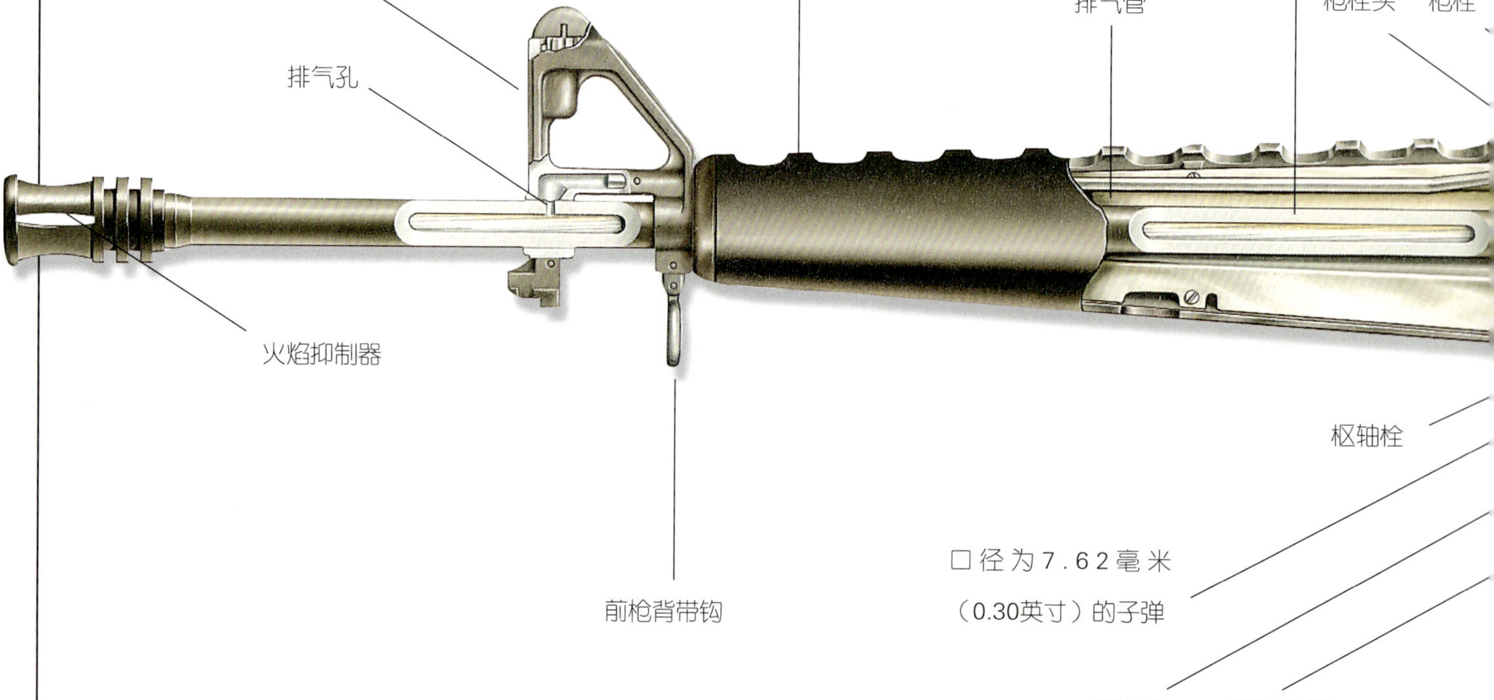

左图：松动拆卸栓，转动枢轴栓的前端，M16步枪随时都可以拆卸。清洁、维护或修理非常方便

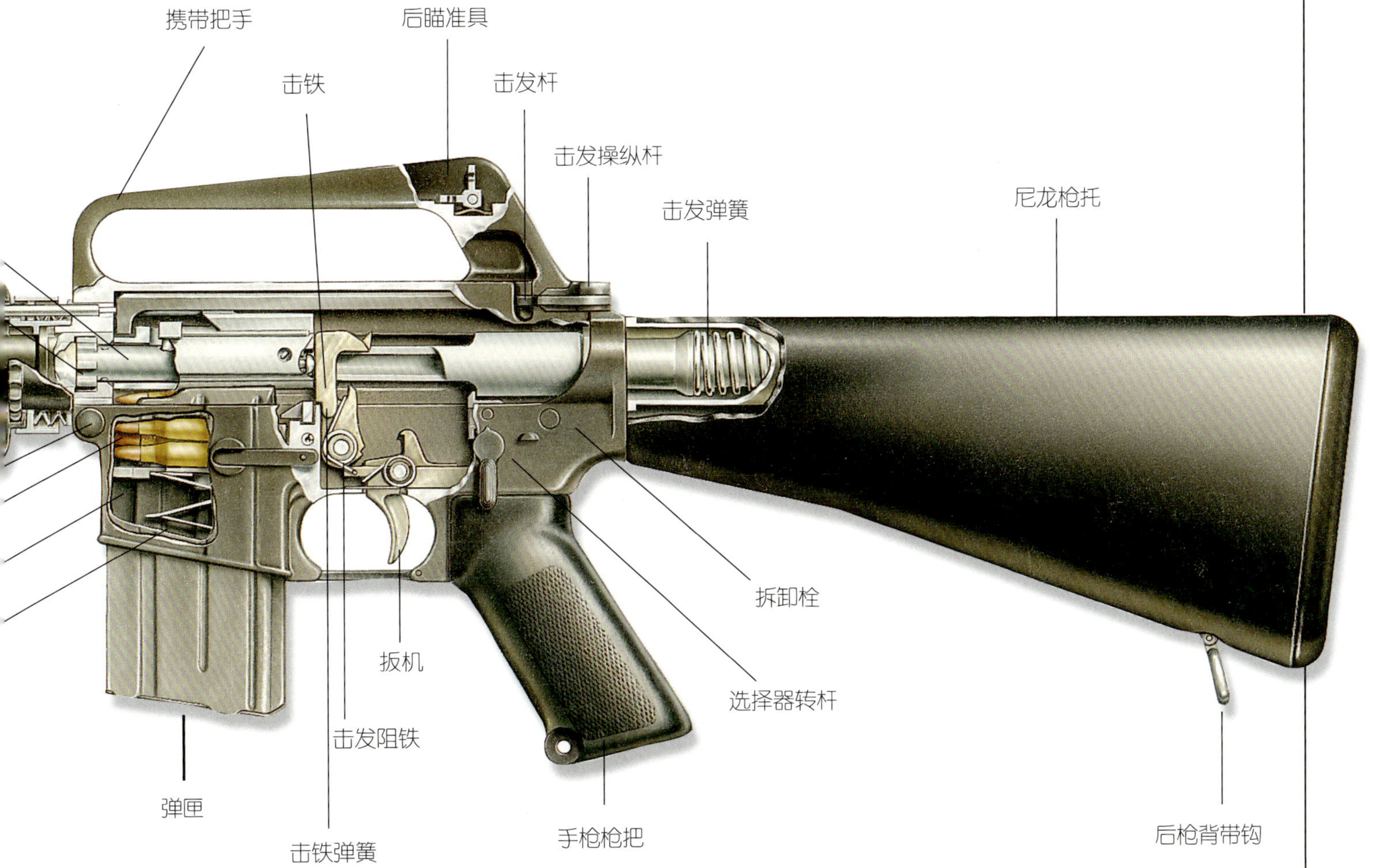

- 携带把手
- 后瞄准具
- 击铁
- 击发杆
- 击发操纵杆
- 击发弹簧
- 尼龙枪托
- 拆卸栓
- 选择器转杆
- 扳机
- 击发阻铁
- 手枪枪把
- 击铁弹簧
- 弹匣
- 后枪背带钩

英国的 SA80 突击步枪

英国陆军的标准军用步枪是SA80突击步枪，不过人们更熟悉的却是它的最初设计型号——L85A1突击步枪。SA80突击步枪非常精确。从理论上讲，更易于维护，并且非常易于射击。它的后坐力较轻，出现问题的可能性降到了最小程度，使射手尽可能放松地瞄准目标。它安装有特殊的光学瞄准具，即使在最微弱的光线下，射手也能清楚地发现目标。SA80突击步枪的最引人注目的地方是它极其精巧。采用无托结构意味着弹匣位于扳机组件的后部，这样对于规格较小的步枪来说可以使用较长的枪管。虽然SA80突击步枪的枪管和它所取代的SLR步枪（自动装填步枪）的枪管相比短了一点，但是，从整个枪的长度相比，SA80却比SLR短30%。这样，尤其在狭小的空间，如装甲车内，使用SA80突击步枪就显得更加方便。

SA80突击步枪体积小，这一点对于英国士兵来说非常重要，对于乘坐装甲车辆作战的部队来说，SA80突击步枪是最理想的武器。英国步兵在"沙漠风暴"中就使用了这种步枪。

在巷战中，SA80突击步枪表现突出。事实证明，它的枪背带设置的作用明显，SA80枪背带可以从背后挎在胸前，士兵双手持枪，前后左右，运用自如；枪背带可以从顶部松开，需要时可迅速投入战斗。

由于SA80突击步枪采用的是无托结构，空弹壳会从射手正面的洞孔中向外弹出，所以它只适合于右手持枪的人使用。

SUSAT 瞄准设置

SA80突击步枪是最早使用望远镜的作战步枪之一，望远镜是它的标准设置。这种"特里鲁克斯"轻武器瞄准设置（SUSAT）望远镜可以把目标放大4倍。借助非常舒适的橡皮目镜，士兵可以在指示器（白天发暗，夜晚光线很差时，"特里鲁克斯"辐射灯会自动发出光亮）上清楚地发现并瞄准目标。

射击方式选择杆放置在R（循环）处时，表示士兵可以单发射击；放置在A（自动）处时，表示士兵只要连续扣动扳机，弹匣内的子弹得到保证时，就可以持续不停地射击。

SA80突击步枪使用的是口径为5.56毫米的子弹。这种子弹的重量较轻，每个士兵可以携带8个弹匣和一个子弹带。因为子弹较轻，所以它的有效射程可达500米。尽管在实战中轻武器极少在300米射程之外射击，因为风向会影响子弹的飞行。然而，在瞄准远距离的目标时，士兵需要不断调整，从而达到准确击中目标的目的。

SA80突击步枪取代了三种步兵武器：自动装填步枪（SLR）、口径为9毫米的斯特林冲锋枪和口径为7.62毫米的通用机关枪。为了取代通用机关枪，SA80突击步枪还有一种轻型支援武器的型号。这种轻型支援武器被称为L86A1，使用重枪管，带有双脚架。它和SA80突击步枪几乎一模一样，所以士兵只需熟悉一种武器，就可以熟练地使用其他两种武器。

事实证明，SA80突击步枪在军中并没

上图：SA80突击步枪使用了仿生设计，非常适合现代战争的要求。它携带方便，利于机动，随时都可以进入射击状态

规格说明

L85A1（SA80）突击步枪

口径：5.56毫米×45毫米（北约标准）

重量：3.80千克（无弹匣和光学瞄准镜）；4.98千克（装弹后）

枪长：850毫米

枪管长：518毫米

射程：有效射程500米；正常射程300米

子弹射速：610~775发子弹/分钟

子弹初速：940米/秒

弹匣：可装30发子弹的盒式弹匣

有受到士兵们的青睐。一线部队使用时，士兵们发现了许多问题。所以赫克勒和科赫有限公司对SA80突击步枪的许多机械设置进行了重新设计，从而研制出L85A2突击步枪。和SA80突击步枪相比，L85A2突击步枪的性能更加可靠，但士兵们仍然抱怨说，在尘土飞扬和高温条件下，其性能仍然存在不少问题。

上图：轻武器的设计人员面临的一个问题是，研制出能够在任何环境下，包括可能需要穿上核生化防护服的典型高技术战争，都可以使用的武器

左图：SA80突击步枪体积很小，非常适合那些在诸如装甲车之类的狭小的空间内参加战斗的部队使用

下图：如图所示，手持SA80突击步枪的步兵正在巡逻。SA80突击步枪已经成为北爱尔兰冲突的标志性武器

阿玛莱特 AR-18 准军事步枪

阿玛莱特公司得知其设计的AR-15步枪被美国陆军选中并交给柯尔特武器公司生产（产品被称为M16系列步枪）的消息后，马上决定把注意力转向未来的新式步枪。由于口径为5.56毫米的子弹已经被各国普遍接受，于是阿玛莱特公司认为，当务之急是生产出一种设计简单而又性能可靠，并且易于生产的能够发射这种子弹的新式步枪。AR-15突击步枪的设计非常合理，没有精密的加工设备很难生产。放眼世界，能够生产这种加工设备的公司找不到几家。第三世界的国家只能进行简单生产，而它们对新式步枪的需求又非常迫切，所以阿玛莱特公司决定对AR-15步枪的设计进行修改。

修改后生产出来的步枪就是阿玛莱特AR-18步枪。它使用了AR-15突击步枪的基本设计原理，改进后更适宜用目前所熟悉的方法（使用冲压钢板、塑料制品和浇铸产品）进行制造。这些制造方法使AR-18步枪更易于生产、维护和使用。无论是从外形上，还是从设计上看，AR-18步枪都类似于AR-15突击步枪，但是由于它的套筒座是用冲压钢板制成的，所以它的轮廓要比AR-15突击步枪的轮廓大一些。在存放或从枪后部射击时，它的塑料枪托可以沿套筒座一侧折叠。

完成设计

完成AR-18步枪的设计后，阿玛莱特公司开始寻找买主，但是由于AK-47和M16A1突击步枪已经泛滥成灾，世界武器市场已趋于饱和，所以买者寥寥无几。虽然该公司和日本达成了一项生产协议，但事情一波三折，经过几年，最后还是不了了之。后来，英国的斯特林武器公司购买了这种步枪的生产许可证，生产了一些AR-18突击步枪，而且还一度把生产转到了新加坡。一些国家采取了先购买，然后由本地生产的方法。更为重要的是一些国家以AR-18突击步枪的设计为基础，设计出了它们自己的突击步枪，所以目前世界上的AR-18突击步枪都是打着各种幌子或贴上不同的商标出现的。

左图：AR-18突击步枪最初是在日本制造的，但公开亮相却是在贝尔法斯特武器展览会上。标准的AR-18突击步枪都带有折叠式枪托

规格说明

AR-18突击步枪

口径：5.56毫米

重量：3.48千克（装弹后带20发子弹）

枪长：940毫米（枪托伸展后）；
737毫米（枪托折叠后）

子弹射速：800发子弹/分钟

子弹初速：1000米/秒

弹匣：可装20发、30发和40发子弹的盒式弹匣

卢格"迷你"14准军事和特种部队步枪

卢格"迷你"14步枪最早生产于1973年。它的出现标志着自第二次世界大战期间使用的大规模生产方式开始转变，又回归到第二次世界大战前讲究精密加工和艺术性制造武器的制作方向。"迷你"14步枪无疑是使用过去（第二次世界大战之前）的制作方式生产出来的优秀武器。在冲压钢板和合金浇铸的方法出现之前，步枪都是用精密加工方式生产出来的。

类型

从设计上看，"迷你"14步枪是第二次世界大战时期的7.62毫米伽兰德M1军用步枪的5.56毫米型。卢格公司采用了伽兰德步枪的击发设置，把周密合理的设计与使用新技术生产的弹药完美结合在一起。精美的制造艺术和故意的渲染对于那些渴望求新求变的人们来说，可能会产生一定的吸引力。大名鼎鼎的"迷你"14步枪就是这样诞生的。

从外形上看，"迷你"14步枪具有第二次世界大战前的步枪的特点。所有原材料都质量一流。当时在步枪生产中已经开始大量使用塑料制品，但"迷你"14步枪的许多装饰都是用优质的桃木经过精密加工制成的。"迷你"14步枪不仅重视视觉上的吸引力，而且对步枪的安全要求丝毫没有放松。为了防止尘土和脏物进入击发设置内部，"迷你"14步枪经过了精心设计。为了使抛光带给人们视觉上的吸引力，整个步枪都仔细地涂上了蓝色，所以"迷你"14步枪在市场上颇受欢迎，在中东地区甚至带有不锈钢装饰物的"迷你"14步枪出现了供不应求的现象。

出口

虽然几个主要军事大国都没有使用"迷你"14突击步枪，但是"迷你"14步枪已经销售给许多国家的警察部队、私人保镖、安全机构以及特种部队。和许多时髦的现代突击步枪相比，他们更喜欢使用制造精良、性能稳定的"迷你"14突击步枪。为了满足一些国家军队的需要，卢格公司后来又研制出一种特殊的型号——"迷你"14/20GB突击步枪。士兵们应该喜欢这种突击步枪，因为它带有刺刀凸座。警察则会喜欢带有玻璃纤维装饰的AC-566突击步枪。另一大创新型号是AC556GF突击步枪，它使用了折叠式枪托和短枪管。这两种AC-556都是多用途突击步枪，既可以单发射击，也可以全自动射击，而标准的"迷你"14突击步枪只能单发射击。

规格说明

"迷你"14突击步枪

口径：5.56毫米

重量：3.1千克（装弹后带20发子弹）

枪全长：946毫米

子弹射速：40发子弹/分钟

子弹初速：1005米/秒

弹匣：5发、20发或30发子弹的盒式弹匣

上图：看到"迷你"14突击步枪，人们马上就会想到第二次世界大战时美国的M1步枪。但是，它和M1步枪不同。它进行了重新设计，口径也作了修改

左图："迷你"14和包括军用的"迷你"14/20GB在内的其他相关突击步枪的主要特点是有选择地使用了不锈钢装饰物，最大可能地使用了高质量的原材料和精密的加工方法

左图：AC556GF突击步枪是"迷你"14突击步枪中的一个类型，它安装了选择性射击装置，主要供警察和准军事部队使用。它使用了折叠式枪托和后置式手枪枪把

卢格步枪

美国康涅迪格州绍斯波特市的斯特姆·卢格公司在众多设施齐全的标准武器制造商中确实算个新手,然而,该公司却从左轮手枪、半自动手枪、霰弹枪,一直到突击步枪等轻型武器的研制中一步步壮大起来,开发研制出一系列可供民事部门、警察、保安和准军事部队使用的武器。卢格武器的特点是采用了现有的最好的原材料、精良的做工和出色的抛光技术。

警察、准军事部队和军事部队使用的最简单武器是卢格77步枪。该种步枪是在德国G98步枪(使用了枪栓击发装置)的基础上研制而成的。目前所能见到的在军事上有限使用的是卢格77V"狐鼠"狙击步枪。一般情况下,它发射北约标准的7.62毫米×51毫米子弹,尽管这种步枪也能使用其他类型的子弹。它的弹匣可装5发子弹。枪栓后部有一个手工操作的保险。这种步枪重4.08千克,于1968年投入生产,全长1118毫米,枪管长610毫米。卢格77V步枪的枪管较重,没有"烙铁"瞄准具,但可以安装望远瞄准具。

事实证明极为出色的击发装置

"迷你"14步枪于20世纪70年代初研制成功,并于1975年之前投入生产。枪如其名,这种气动系统操作的步枪在研制中吸收了M14步枪(M1伽兰德就是根据这种操作系统研制出来的)的研制成果,但是枪的体积按照比例进行了缩小。它发射5.56毫米×45毫米M193北约子弹。研制这种枪的目的是要制造出一种既结实耐用又轻便的步枪。为了减轻枪的重量,它使用了高强度钢。和原来使用的原材料相比,使用高强度钢制成的零部件体积小、重量轻,但更结实。

这种武器开始时主要作为猎枪使用。由于重量轻,它使用的子弹的用途极为广

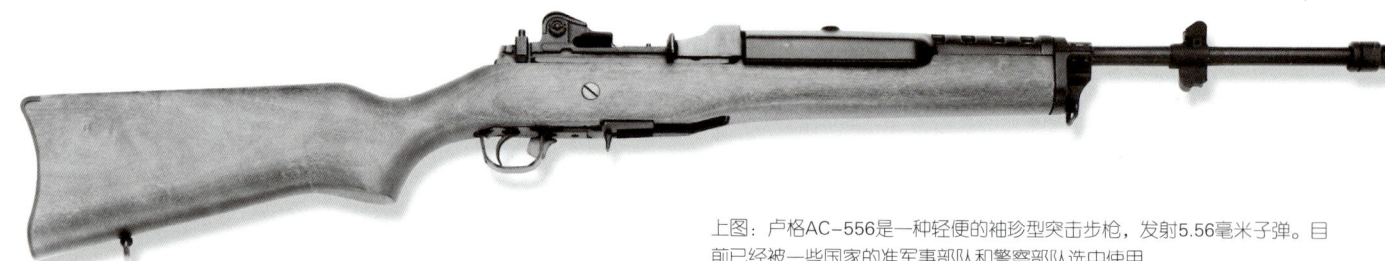

上图:卢格AC-556是一种轻便的袖珍型突击步枪,发射5.56毫米子弹。目前已经被一些国家的准军事部队和警察部队选中使用

规格说明

卢格AC—556突击步枪

口径:5.56毫米

重量:2.9千克

枪全长:946毫米

枪管长:470毫米

射速:750发子弹/分钟

子弹初速:不详

供弹:可装5发、20发或30发子弹的垂直状盒式弹匣

卢格"迷你"30步枪

口径:7.62毫米

重量:3.26千克

枪长:948毫米

枪管长:470毫米

子弹初速:不详

供弹:可装5发子弹的盒式弹匣

上图:"迷你"14及其改进型能够使用各种规格的弹匣。为了提高射击精度,在步枪上部的瞄准架(卢格公司的专利产品)上安装了望远瞄准具

泛。它的可装5发、20发甚至30发子弹的弹匣，逐渐为警察和准军事部队接受。在这种情况下，制造商专门生产了一种用于军事用途的K-"迷你"14-20GB步枪，枪口装有刺刀设置和火焰抑制器，有耐/抗热的玻璃纤维手柄。并且，该公司还生产了一种特殊型号，这种型号带有手枪枪把和折叠式枪托。在同样原理的基础上，经过进一步研发，该公司又生产出了AC-556突击步枪。这种枪专门为准军事和军事目的而设计。它带有自动射击选择装置，射速可达每分钟750发子弹。

为了拓宽客户来源，扩大销售量，卢格公司于1987年又推出了"迷你"30步枪。"迷你"30步枪实质上就是改变了口径的"迷你"14步枪，可以发射苏联的7.62毫米×39毫米 M1943子弹。在捕猎时，这种子弹的性能比美国的M193子弹还要好。事实上，这种步枪瞄准捕猎市场的原因是使用了只能装5发子弹的弹匣。这种步枪重3.26千克，全长948毫米。有的警察部队使用"迷你"30半自动步枪，这种步枪的性能极为可靠，瞄准架（卢格公司的专利产品）上安装了望远瞄准具。和其他同类型的步枪相比，它的射击精度更高。

上图：图中前面的英国士兵携带的是标准军用步枪，但是，"陆地漫游者"（一种越野车的名字）边上的英国北爱尔兰皇家警察装备的却是"迷你"14步枪

4 狙击步枪

令正规军队头痛的问题很多，纵横交错的江河水道、陡峭险峻的高山大川以及变化无常的气候等恶劣环境便是其中之一。但恶劣的环境可能远没有狙击手带来的麻烦大，它能够将正规军队遇到的困难提升到极致，让整个军事系统难以正常运转。

左图：L42A1 步枪是旧式 7.7 毫米李·恩菲尔德步枪的改进型。L42A1 步枪的口径为 7.62 毫米，作为英国的军用步枪使用了许多年。在马岛战争中（又称福克兰群岛战争），英国陆军和皇家海军陆战队都使用过这种步枪。图中的步枪和射手都使用了用棉麻制成的伪装网

人们对狙击手的普遍印象是一名士兵躲藏在精心伪装的地方瞄准远处的敌人。但是，在现代化机动性极强的战场上，即使狙击手想一展身手，显示一下他神奇的技能，可惜他几乎找不到这样的机会。那么，狙击手在现代化的战争中将扮演什么样的角色？

简洁的回答是：当战斗平息下来，双方重新调兵遣将，为下一轮攻势做准备的时候，狙击手大显身手的机会就会出现。当然，这需要一定的时间，在此期间，狙击手可以重操旧业，一展身手。这和过去几乎没有什么变化，狙击手将成为战场上敌对双方对弈的主角。

观察角色

狙击手不仅仅是一个在远距离外挑选猎杀目标的杀手，还是一个训练有素的观察员，能够在不被敌人察觉的情况下，穿过两军对垒的区域，到达出乎敌人预料的地方。一旦到达目的地，他们必须节省子弹，等待重要目标出现。经过仔细准备和周密的计划之后，在严格的控制下，狙击手才会射杀所选定的目标。

两人结伴的狙击小组

狙击手极少单独行动。一般情况下，任何一支部队的每一个步兵营都有一个大约由8名狙击手组成的狙击小队，他们常常是两人一组执行任务。理想的安排是一人集中精力观察和选定目标，另一人负责射击。当然，这并不是严格或仓促的规定，因为担负观察任务的狙击手在观察期间，什么意外情况都可能发生，而狙击手除非在万不得已的情况下，或在发现重要目标的时候，否则绝不会使用他们的武器。

在机动性很强的战争间隙所带来的片刻寂静中，狙击手能够做的事很多。他们可以渗透到敌占区，观察敌人的兵力调动情况。并且，他们还能瓦解和骚扰敌人进攻或维持现状的企图。如果隐藏在安全地点，他们还能密切监视敌人，采取同样的渗透方法，防止敌人的狙击手渗透到己方阵地。通过预测敌人可能行走的路线和可能建立的伏击点，他们还能阻止敌人在靠近己方阵地的区域内巡逻。

在机动性较强的战场上，狙击手仍然有大显身手的机会。步兵在狭小的装甲车内是无法随时展开行动的，要想靠近敌人，他们必须离开战车，徒步作战。这样他们就会遇到过去徒步战斗的步兵在战场上所遇到的可能发生的所有危险，机关枪或其他武器的火力常常会从他们所未发现的地方将他们打倒在地。

下图：像这种使用枪栓击发装置的狙击手专用步枪——"帕克-黑尔"需要精心维护才能发挥最大效果。对于每一位神射手来说，细心呵护狙击步枪和装备是一项至关重要的任务。

隐形狙击

在此类环境下，在部队实施攻击之前，狙击手可以渗透到敌人的阵地。狙击手小队可以使用伪装和隐形方法，穿过敌人的防线，躲藏起来等待同伴的到来；然后在部队进攻的时候，从敌人的后方，寻找和打击敌人的火力点。这种方法和过去一样，狙击手所要袭击的目标是敌人的火力点，而非人员。

在过去的冲突中，狙击手常常只需一发穿甲（子）弹，就能准确地击中敌人的机关枪或迫击炮，使其失去作用，和打击敌人火力组的每一个成员的方法相比，后者费时、费力而且难以确定效果，而前者则干脆利索，效果突出。在对付敌人的导弹发射架时，狙击手的战果尤其显著。无

上图：狙击手最重要的技能就是善于利用周围的环境。图中的狙击手除了使用迷彩服之外，还利用了当地的植被和烂渔网碎片

上图：狙击手的最重要的装备就是瞄准具。英国陆军的L96A1步枪安装了一个能放大6倍的"施米特和本德尔"望远镜。反恐专用步枪安装的瞄准具则带有2.5~10倍的不同规格的放大镜

上图：尽管在战场上，使用枪栓击发装置的步枪已经被自动步枪取代很长时间了，但由于这种步枪精度高，易于使用，性能可靠，所以狙击手仍然对它们偏爱有加

疑，在作战中可以派遣一些狙击手小队渗透到敌人后方的炮兵阵地附近，伺机将其消灭，或者使其瘫痪，无法发挥火炮的作用。

打击敌人的武器——火力点并不是狙击手的唯一目标。通常，敌人的指挥官和军士也是他们猎杀的主要目标。尽管目前多数军官甚至高级军官和普通士兵的穿着和携带的武器没什么区别，但是训练有素的狙击手仍然能从他们的言行举止中把他们和普通士兵分辨开来。

狙击手还可以用来对付敌人的狙击手。在许多现代化军队中，提前进入隐藏地点的狙击手会周密安排狙击计划，唯一的目的就是破坏和阻止敌人在己方阵地前的调动。狙击手的位置是固定的，并且狙击手还要对付敌方的狙击手。这一点在林木覆盖的地方或地形复杂的地区尤其真实。因为这些地方可能隐藏着包括狙击手在内的许多敌人。

观察策略

和侦察兵相比，现代狙击手的作用更为重要。狙击手只有接受必要的训练才能成为优秀的观察员——他可以渗透到敌方阵地，并发回有关敌方阵地部署和敌人活动的报告。此类情报对于己方的指挥官来说价值非凡，并且指挥官也明白他的观察员有能力干掉敌人的重要武器和重要人物。

对于担任观察任务的狙击手来说，攻击能力或许还是次要的，并且训练有素的狙击手极少消灭射程超过800米以外的目标，因为常会出现出乎意料的情况，并且狙击手可能要冒着被迫离开狙击阵地的风险。

无论狙击手携带什么样的武器，他们只要发现目标就必须在瞬间内一发命中。如果战场呈流动状态，那么狙击手必须保持镇静，仔细观察，等待目标出现，并且仍然要注意隐藏好自己，心中坚信：只要隐藏好自己，综合运用自己的观察技能和熟练的射击能力，就有可能获得最大收获。

SSG 69：非常规的狙击手专用步枪

奥地利的7.62毫米SSG 69狙击步枪综合使用了非同寻常的设计，它使用了曼恩·李奇枪栓击发装置。这种击发装置使用的是后部闭锁，而不是更常用的前凸式闭锁。另外，它还使用了可装5发子弹的曼恩·李奇旋转弹匣，这一设计可以追溯到第一次世界大战之前。SSG 69步枪的精度极高。试验表明在800米的射程内，发射10发子弹，10发子弹之间的距离不超过400毫米；如果射程再近一些，那么子弹之间的距离会更小。在北约标准的瞄准架上可以安装各种电子和光学瞄准具。奥地利陆军目前正在使用SSG 69步枪，而且许多国家的警察和军队也在使用这种步枪。

神射技能

狙击手的任务就是用一发子弹击中目标。要做到这一点,他既要熟练掌握作战技术,又要熟练掌握射击本领。在接受任务之前,他必须准备好两件事:调整好自己的心态,进入最佳狙击状态和准备好自己的武器。或许这需要经过多年的艰苦训练才能做到。具备这些素质之后,他所面临的第一个问题是,他应该在哪儿找到藏身之地?然后是他所要狙击的目标会在哪儿出现?

狙击手有四种基本的射击姿势:卧势、坐势、跪势和站势。使用哪一种姿势取决于个人身边的环境。无论采取何种姿势,其目的就是使用既稳定又可靠的姿势,这样既有利于隐蔽自己,又有利于猎杀目标。

在选择射击姿势时有5大要素必须注意。

自然瞄准点

第一大要素就是要确保狙击手找到自然瞄准点。要做到这一点,秘密在于经常使用武器,使之成为狙击手身体的一部分。无论何时何地,狙击手无须有意识地考虑即可指向他想要射击的目标。狙击手可以通过如下方法锻炼他的能力:把步枪抬到肩部,瞄准一个目标,然后闭上眼睛,放松10秒钟。如果睁开眼睛时,步枪仍然指着目标,那么射手就找到了自然瞄准点。

骨骼支持

一种稳定、可靠的射击姿势需要来自人体骨骼而非肌肉的支持。卧倒时,左手向前伸出,手掌向上,正好放置于步枪的前枪背带后面。手腕伸直,固定。手掌放松后,握住步枪。左手前臂和肘关节在枪管下伸直。

如果肘部在枪管下不能伸直,那么,握枪的力量就得由前臂的肌肉承受,这样握枪就不会稳定。步枪枪托要紧贴于肩部。右臂和肘部形成一定角度,帮助左臂形成一个"肩袋"。注意支撑力要保持平衡。

右手枪把

右手必须紧握枪托。大拇指向上,扣扳机的手指正好触到扳机。如果不握紧枪托,枪托就会直接向后倾斜,可能会影响瞄准。要紧扣扳机,在最后一瞬间,如果扣扳机太松,则可能使扳机发生颠簸。

大拇指和颧骨之间的接触点被称为"点焊"。脸颊应该紧贴大拇指,这样,才能保证头、臂、手和武器成为一体,在射击前和射击后,眼睛应该盯着瞄准具。

呼吸

瞄准时,正常的呼吸会引起胸部的起伏,从而会导致射击失败。相反,瞄准和射击前,先放松呼吸一下,然后在瞄准和射击时屏住呼吸。屏住呼吸的时间不能太长,超过10秒钟,就会引起肌肉紧张,出现无意识的动作。

扣压扳机

对扳机的控制可能成为神射手最重要的一个因素。在保持步枪和射击的目标在同一直线的时候,能否控制好扳机对射击来说是至关重要的。

手指扣压扳机时,扳机应该处于指尖和第二个手指节之间;具体位置应该视个人情况而定,它取决于射手的手的大小和步枪枪托的大小。做到这一点,要想正确握枪仍然存在一定困难。因为狙击手必须做到精力集中、手和眼完美结合。

除非子弹在最恰当的时刻——目标正对瞄准十字线的时候射出,否则就会失去猎杀目标的机会。这种事听起来似乎很容易,但对于神射手来说,他所要做的一切就是如何找到最恰当的时刻。在万事俱备的时候,最佳的射击通常是瞬间完成的,容不得瞬间的疏忽。即使如此,最重要的事情莫过于扣压扳机了。有一个较好的训练方法:在枪口上放一枚硬币,模拟射击时,看一看硬币在枪口上是如何停留的。

左图:成功的神射手是天赋和训练的创造物。射手的天赋必须保证他具备适当的身体素质和心理素质;然后,射手经过严格训练,掌握必要的射击技能——如精确射击——使两者完美结合在一起,这样才能训练出一名合格的远距离杀手

风和其他天气条件也会对子弹击中目标的位置产生极大影响，同时，还会对狙击手本人产生影响，除非他使用卧式射击姿势。光线会影响狙击手对目标的观察。一般情况下，在明亮、光线较好的白天，命中率要低一些，而在阴天或黑暗中则命中率要高一些。

缓慢和低效

潮湿的空气要比干燥的空气密度大，所以当子弹射向目标时，空气对子弹的阻力也要大一些；和正常情况相比，子弹飞行速度放慢，子弹下降的速度要快一些，所以命中率就降低了。

高温天气也会对狙击效果产生相反的作用。热空气比冷空气稀薄，所以空气对子弹的阻力小一些，命中率也就高一些。

步枪不应该竖置在太阳下曝晒。步枪一侧比另一侧热会引起枪管弯曲变形，甚至断裂，此时要把枪扔掉，和枪保持适当的距离。

气候对弹药也有影响。优秀的狙击手会保护好步枪和子弹，使其处于干燥状态。潮湿的子弹比干燥的子弹温度低。干燥的子弹和潮湿的子弹相比效果要好一些，命中率也较高。如果使用的子弹有的潮湿、有的干燥，那么不同的子弹会产生不同的效果，所以说如果狙击手不能保证所使用的子弹都处于干燥状态，最好能保证把所有的子弹弄湿，这样在射击时会减少子弹之间的射角误差。

右图：狙击时能否成功取决于一个重要因素——伪装，既可以利用自然环境，也可以使用人为的设备，如涂料和棉线、破渔网等，减少皮肤的反射面积，不能让别人看出有类似人的轮廓

射击的姿势

最佳射击姿势是由多种因素决定的，包括射击时采用的姿势和这种姿势与目标区域的关系，以及步枪所需要的支持，这样射手才能更好地控制他手中的武器，射击时也会更精确。和时下流行的看法相反，狙击手不一定是"天生的"神射手，但他必须具备内在的射击技能，而这种技能只有经过大量训练和练习才能掌握。

上图：卧式射击姿势。这种姿势可以保证在稳定状态下瞄准目标，并且隐蔽性好，因为只有射手的头和肩面对目标

上图：单膝跪地的射击姿势有助于保持肩部和步枪的稳定性。然而，这种姿势支撑的时间不能持久，所以要在肌肉颤动之前射击，否则会影响射击效果

上图：坐式射击姿势。使用这种姿势射击时，射手的背部和伸开的两个膝盖结合在一起时可以增强持枪的稳定性

SSG 69 狙击手专用步枪

SSG 69是奥地利陆军1969年使用的施泰尔-曼利夏狙击步枪的名字。SSG是Scharfschutzengewehr（神枪手的步枪）的缩写。许多国家军队和警察中的神枪手都使用这种狙击步枪。这种狙击步枪有各种型号，从带有超重枪管和超大型枪栓把手的警用步枪到最新式的SSG P11狙击/运动步枪，样样齐全。

然而，SSG步枪的基本型号的设计要追溯到20世纪初期由施泰尔公司为希腊军队生产的曼利夏-斯科诺尔1903型步枪。它的枪栓和弹匣变化不大。枪栓用手工操作，由6个对称地装在闭锁装置后部的凸起的簧片将其锁定。

著名的李·恩菲尔德步枪最先成功地使用了后部闭锁簧片。从理论上讲，这是非常危险的，因为射击时，承受压缩力的是整个枪栓，而不是枪栓头。但在实践中，无论是曼利夏步枪，还是李·恩菲尔德步枪都没有出现过严重问题，而且许多射手还从中受益匪浅，子弹直接进入弹膛，无须为向前突出的闭锁簧片留下来回移动的空间。和使用并排式弹簧装填的弹匣装弹方法相比，使用线轴式弹匣装弹不仅平稳而且快捷，而且能够做到连续性装弹。另一方面，有些射手认为多簧片的闭锁系统不够精确，会给空弹匣再次装弹带来难度。

它的枪管长650毫米，轮廓线比较密集，带有一个射击帽。膛线有4条阳膛线和槽纹。弯曲率是305毫米为一个转数。枪管经过冷铸处理，枪管的金属管被放置于心轴（钢条/棒，向上带有膛线）上面，并且使用了旋转击锤，从内到外和枪管铸在一起。当膛线排列时，击锤会从里到外加固枪管。

螺旋形枪管

螺旋形枪管是由施泰尔公司研制成功的，此后，其他制造商纷纷仿效。螺旋形枪管富有奇特的外形，并且从后膛到枪膛有一个不太好辨认的拔梢，有57毫米的枪管连接到套筒座内，而其他步枪在套筒座内的枪管则没有这么长；枪管进入适当位置后，枪管和套筒座之间的接合部就会受到同轴压缩机所施加的强大压力，从而快速向前运动。根据这种设计制造的枪管无法更换，只能送回工厂重新加工。

SSG 69步枪的枪栓击发设置非常平稳。现在，涂上特氟隆后则变得更加平稳。它带有击发指示器。对称式保险装置为滑动式保险阻铁，位于套筒座右侧。这种设置利弊兼有。当保险显示"打开"时，枪栓不能运行。然而，保险可不会说话，当射手开枪射击时，它也不会说"发射"。无论这种步枪是否射击，保险都能发挥作用。

P11步枪使用的是双排式扳机。这种扳机非常适合于手小的射手使用。步枪的模块式组件使改变扳机组件变得更加简单，尽管第二次组装需要一定的费用。

SSG 69步枪使用的标准弹匣是用塑料制成的，可装5发子弹，弹匣内有透明的挡板，射手能看清弹匣内的子弹的数量。和其他带有分离式平板挡板的弹匣不同的是，每粒子弹直接排列在另一粒子弹的上面，用弹夹固定在一起，按照这样的方式排列，射击时，子弹尖不会受到破坏。另外，这种步枪还使用一种可装10发子弹的弹匣，使用时这种弹匣看上去向前突出。

SSG 69狙击步枪的射击精度堪称现代狙击步枪的典范。在100码的射程内，使用商业公司如雷明顿·温彻斯特公司生产的168格令（一种单位）子弹，5发子弹连续射击，弹洞之间的距离不超过15毫米。如果使用手工装填子弹，则弹洞之间的距离会更小。

上图：施泰尔SSG 69步枪使用的是"卡勒斯"ZF69望远镜，可对800米（875码）内的目标进行仔细观察。这种步枪没有安装普通的机械瞄准具。SSG 69步枪使用的是与众不同的旋转式弹匣，但也可以使用可装10发子弹的盒式弹匣

规格说明
SSG 69狙击步枪

口径：7.62毫米

重量：4.6千克（装弹前，带瞄准具）

枪全长：1140毫米

枪管长：650毫米

子弹初速：860米/秒

弹匣容量：可装5发或10发子弹

右图：施泰尔SSG 69步枪是奥地利军队标准的狙击手专用步枪。山地部队的狙击手在对付沿山道前进的部队时，使用这种步枪可以封锁山道

FN 30-11型狙击步枪

FN 30型步枪完全是使用毛瑟式击发装置的传统型步枪。比利时陆军和其他国家的军队、执法机构都把它当作狙击步枪使用。

毛瑟步枪和FN步枪的关系可追溯到1891年。FN公司获得毛瑟步枪的生产许可证后，开始为比利时军队制造毛瑟步枪。FN公司和毛瑟公司就以后的产品出口问题达成协议后，开始向中国和南美洲出口毛瑟步枪。如果后来不发生战争，两公司就会彻底贯彻它们之间所达成的协议。从1897年到1940年，比利时制造了50多万支带有毛瑟击发装置的步枪，出售给世界上许多国家的军队。在第二次世界大战期间，由于德国占领了比利时，这种步枪的生产被迫中断。1946年，比利时又恢复了这种步枪的生产。由于在第二次世界大战后，战争剩余物资数量庞大，唾手可得，所以生产的使用新式枪栓击发装置的步枪除了特别的客户之外，很难找到买主。于是，该公司开始生产运动/狙击型步枪。

宝刀未老的步枪

30型步枪最初生产于1930年。这种步枪源自1898型毛瑟步枪，经过轻微改进就变成了24型步枪。1950年比利时恢复了30型步枪的生产。狙击型步枪主要以标准的G98步枪为主。G98步枪的制作标准要高于同类步枪。军用狙击步枪使用北约的7.62毫米×51毫米子弹，并且也能发射高质量的商用子弹。所出售的步枪大多数都使用可装5发子弹的内置式弹匣，少数也可以使用可装10发子弹的分离式盒式弹匣。

30-11型狙击步枪的设计特点是：枪管较重，使用了毛瑟枪栓击发装置。它的闭锁系统安装于枪栓击发装置的前面。有的射手认为这是最安全和最精确的设置。30-11型狙击步枪的枪托有一个垫圈，射手可以根据自己的需要进行调整。它所安装的标准瞄准系统是FN公司的28毫米望远镜和可以放大4倍的合成孔径放大镜。附属设置包括双脚架（和世界上著名的FN MAG 7.62毫米通用机关枪使用的支架相同）和枪托垫圈挡板、枪背带和携带箱。瞄准架可以安装包括北约IR夜视仪在内的各种标准瞄准具材。

下图：比利时的FN 30-11步枪最初是供警察和准军事部队使用的，但是这种步枪有许多都落到了军队手中。图中的FN 30-11步枪安装了目标瞄准具。形状古怪的枪托可以根据射手个人的情况进行调整

左图：FN 30-11狙击步枪可以安装大量的附属设置。图中的大号瞄准具是北约标准的红外线夜视仪。它安装的这种双脚架，FN MAG机关枪也可以使用

规格说明

30—11型狙击步枪

口径：7.62毫米

重量：4.85千克（装弹前）

枪全长：1117毫米

枪管：502毫米

子弹初速：850米/秒

供弹：可装5发子弹的盒式弹匣

MAS FR-F1 和 F2 狙击步枪

MAS公司（圣·安东尼武器制造公司）目前是法国陆地武器工业集团（GIAT）的一部分。从20世纪20年代开始，法国陆军的轻武器大部分都是由该公司生产的。法国目前使用的狙击步枪是在第二次世界大战期间法军标准军用步枪的基础上研制而成的。虽然法军使用的狙击步枪的种类和大多数西方国家的军队使用的狙击步枪的种类相比要多得多，但是法军的每一个营装备的狙击步枪并不多。法军（像苏联陆军一样）的每一个步枪分排（美国称为一个班）中有一个专门的狙击手。每个分排由8名装备5.56毫米FA-MAS突击步枪的士兵、1挺AA-52轻型机关枪手和1名狙击手组成。

证明极为合理的设计原理

FR-F1步枪是1964年由MAS公司的总设计师吉恩·福内尔在MAS军用步枪的基础上研制成功的，于1966年投入生产。F1步枪和MAS 36军用步枪一样，使用法国陆军的7.55毫米×54毫米标准子弹，但也可以使用北约的7.62毫米×51毫米标准子弹。F1步枪的枪管可以自由浮动，从木制枪托的中部伸出；它使用了一个与众不同的手枪枪把。手枪枪把位于扳机的后面。F1步枪安装有标准的枪口制动器和双脚架。木制的间隔器可以调整枪托的长度，如果需要，还可以增加一个脸颊衬垫。它使用的望远镜是1953 L.806型望远镜。这种望远镜属于军用型装备，但只能放大3.8倍，不适宜狙击手使用，从而招致人们的批评。另一方面，法国有些部队，如著名的法国军团尤其以善于射击而名扬四海。法国执法机构使用的FR-F1步枪安装了"蔡斯·戴瓦里"及其他类型的望远镜。这些望远镜的放大率为1.5~6倍。

FR-F2步枪于1984年投入生产。这种步枪只能发射北约7.62毫米的标准子弹。这样一来，法军步枪分排使用的步枪中就有三种彼此不可互换的子弹。F2步枪枪管的前部有一个连接轭，上面可以安装坚固的双脚架。枪管外被塑料套管包裹。连续射击后，枪管温度上升，这个塑料套管有助于降低枪管的温度，产生"神奇"的效果。

F1步枪中还有供射击运动员使用的运动型步枪（或称B型步枪）。这种步枪没有双脚架，套筒座上面的支架杆上也没有安装合成孔径瞄准具。这种步枪属于射击专用枪。另外，还有一种安装有望远镜的猎枪。

规格说明
FR-F1狙击步枪
口径：7.62毫米或7.5毫米
重量：5.42千克（装弹前）
枪全长：1138毫米
枪管：552毫米
子弹初速：852米/秒
供弹：可装10发子弹的盒式弹匣

左图：图中法国狙击手正在使用他的FR-F1步枪上面的望远镜进行观察，枪管放在树枝上。狙击手从来不使用这样的姿势射击，这种姿势射击精度最差

毛瑟SP 66和SP 86狙击步枪

联邦德国奥伯多夫的毛瑟-沃克公司在手工操作（或枪栓击发设置）步枪的设计和生产上有着悠久的历史和不凡的背景。目前这种步枪被称作"毛瑟"步枪。

该公司发明的前置式闭锁枪栓击发设置仍然为许多设计者所采用。毛瑟-沃克公司甚至还生产了自己的击发装置类型，其中有一种设置把枪栓把手从枪栓的后部转移到枪栓前部。对于大多数类型步枪来说，这样做并没有什么意义，但是对于专业性极强的狙击步枪来说，则意味着在枪栓自身相对缩小的情况下，射手无须向前移动头部就可以操作枪栓的击发设置；并且这还意味着枪管的长度相对较长，有利于提高射击的精度。用这种方法制造的"毛瑟-沃克"狙击步枪被称为SP 66狙击步枪。这种改进后的枪栓击发设置只不过是这种价值非凡的步枪的一个事例而已。其他改进有：使用重型枪管，枪托上有一个精心设计的大拇指孔，脸颊/枪托衬垫间可调整设置和特殊的枪口设置。枪口设置是专门为解决射击时枪口火焰的移动方向而设计的，它可以把射击时产生的火焰从射手的视线中移开，并且还可当作枪口制动器使用，减少射击时产生的后坐力对射手的影响。这两种功能非常重要，它可以使射手精确和快捷地发射第二发或第三发子弹。

精良的制作

SP 66步枪的制作标准从开始到出厂都非常高。甚至步枪表面，为了防止滑动，都经过仔细的处理。它的扳机特别宽，适合于戴手套时使用。

瞄准具的选择同样经过了仔细的挑选。这种步枪没有固定的瞄准具。它使用的标准望远镜是"蔡斯-戴瓦里"ZA型，它的放大能力为1.5~6倍。SP66步枪可以安装夜视仪。为了满足一些人的特殊需要，他们曾经建议制造商对SP 66步枪的口径进行仔细挑选。和一些步枪专门使用的子弹一样，SP 66狙击步枪使用的子弹也经过了仔细挑选。它使用北约的7.62毫米子弹。这种子弹专门供北约的狙击手使用。

尽管SP 66狙击步枪仅根据订单制造，但仍然获得了极大成功。除了供联邦德国武装部队使用外，还出口到12个或更多国家。出于安全上的考虑，这些国家的购买者都不愿意透露自己的名字。

SP 86狙击步枪和SP 66狙击步枪相比，价格要便宜一些，主要供警察使用。这种步枪使用新式枪栓和冷铸枪管，弹匣可装9发子弹。火焰抑制器和枪口制动器合二为一。另外，SP 86狙击步枪还有一个木制装饰物。为了防止弯曲变形，上面还带有通气孔。

左图：这种SP 66步枪被称为86 SR狙击步枪，它装备有各种瞄准具和双脚架。这种支架可用于高精度的射击比赛。军用型号的86 SR狙击步枪基本上都装有望远镜，但没有前置式双脚架

上图：这支"毛瑟"SP 86狙击步枪安装了夜视仪。射手们建议制造商对这种型号的每一支狙击步枪的瞄准设置都进行严格的挑选和校正

上图：远距离精确射击取决于性能优越的子弹。毛瑟公司选中了北约的7.62毫米子弹。这支"毛瑟"狙击步枪安装了激光测距仪

上图："毛瑟"SP 86狙击步枪使用的是密闭的双排式可分离弹匣。这种弹匣可装9发子弹。这种狙击步枪是在SP 66狙击步枪的基础上改进而成的

瓦尔特 WA2000 狙击步枪

WA2000狙击步枪是由德国瓦尔特公司生产制造的。它应该出现在"星球大战"时代。因为和标准的轻武器相比,它独特的外形更像电影中使用的武器。这种步枪专门供狙击手使用,并且瓦尔特公司有意舍弃了所有已知轻武器的设计规律,在对客户的要求作出全面评估之后,独辟蹊径,开始了独特的设计。

步枪设计中最重要的部分非枪管莫属。瓦尔特公司决定在枪管的前部和后部使用钳型构造,确保子弹穿过枪膛时传送的扭矩不会抬高枪口、偏离瞄准点。整个枪管刻有凹槽。这些凹槽不仅能提供更多的制冷空间,而且还可以减少射击引起的振动。振动会使子弹的方向发生偏离。为了减少单发射击之间子弹对枪栓的影响,设计组还使用了一种气动操作机械设置。为了减少后坐力,枪管和射手的肩部应该保持在同一条直线上,这样射击后枪口就不会向上抬升。

如此一来,外形奇特的WA2000步枪从理论上就有了一定的道理。但是,对于WA2000步枪来说,更为奇特的是它采用了无托结构——气动操作的枪栓设置设在扳机组件的后面。这种布局非常简洁,不用考虑减少枪管长度的问题,操作更加简单。这意味着射手和弹射孔之间的距离较近,所以该公司设计出一种特殊的左手操作的狙击步枪。

WA2000狙击步枪的制作标准令人难以想象。枪托衬垫和脸颊衬垫可以根据射手的需要调整。为了增加瞄准时的稳定性,手枪枪托的形状经过精雕细琢。它使用的是标准的"施米特和本德尔"望远镜。这种望远镜的放大倍数为2.5~10倍不等。它还可以安装其他类型的望远镜。

瓦尔特公司决定使用最好的狙击手专用子弹。目前WA2000狙击步枪使用的是温彻斯特公司生产的(7.62毫米)马格南子弹;同时,WA2000狙击步枪也可以使用其他类型的子弹,如北约的7.62毫米子弹,或者是狙击手比较喜爱的由瑞士生产的7.5毫米子弹。当然使用后两种子弹时,需要改换枪栓和膛线。

规格说明

WA2000狙击步枪

口径:多种口径

重量:8.31千克(装弹后)

枪长:905毫米

枪管:650毫米

子弹初速:不详

弹匣:可装6发子弹的盒式弹匣

上图:这就是大名鼎鼎的瓦尔特WA2000狙击步枪。它安装了"施米特和本德尔"望远镜。它使用的是温彻斯特公司生产的马格南7.62毫米子弹

左图:WA2000狙击步枪是专门为狙击任务而设计的。除了在精度和射手有效使用这种步枪的能力方面,其他都进行了特殊设计

赫克勒和科赫有限公司的狙击步枪

赫克勒和科赫有限公司的步枪种类繁多，几乎可以满足军队的所有要求。该公司一直没有忽视狙击步枪的研制，但是和标准武器相比，狙击步枪的设计要复杂得多，这类武器的生产需要额外的呵护。为了准确击中远距离的目标，望远镜的支架和其他各种附属设置都是狙击步枪不可缺少的设置，而且这些设置又不能影响狙击步枪的适用性或效能。事实上，该公司的许多步枪和其他步枪相比，适应野战条件的能力更强一些，而其他步枪则更偏重于射击的精确性，而对步枪在实际运用中的适应能力重视不够。

赫克勒和科赫有限公司生产的狙击武器中，最有代表性的武器是7.62毫米的G3A3ZF狙击步枪和G3 SG/1狙击步枪。联邦德国警察就使用这两种步枪。后一种带有轻型双脚架。这两种狙击步枪的共同之处是性能优异，基本上都属于"经典"型的标准武器，最初都是为了满足大规模生产的需要而设计的，其设计目的并不是为了执行专门任务。

20世纪80年代中期，赫克勒和科赫有限公司调整了研制方向，生产出一种特殊的PSG1步枪。据说在设计这种步枪之前，该公司征求了许多潜在客户（各国的特种部队）的意见，如德国第9边防大队、英国的特别空勤团和以色列的多支特种部队。

PSG1步枪仍然是以赫克勒和科赫有限公司标准的旋转式闭锁装置为基础设计的，但是在设计中，它还使用了半自动操作系统和高精度的重型枪管。这种枪管的枪膛带有多边形的膛线。G3步枪的影响仍然可以从PSG1步枪套筒座的轮廓和可装5发或20发子弹的弹匣槽（可以手工一发一发地装填子弹）看出。其他部分则焕然一新。弹匣槽的前部是新式的前置式枪托和长长的枪管，枪托结构经过了重新设计，射手可以根据个人的特殊情况进行调整。

精确的瞄准设置

最初生产的PSG1步枪使用的是可放大6倍的"汉索尔德特"望远镜，它有6个可以在100~600米射程内的调整设置。但是，后来生产的PSG1步枪都带有可以安装各种望远镜的爪式装置。据说这种步枪极其精确，但是出于显而易见的原因，这些说法从来也没有得到过证实。

已经提到过这种7.62毫米步枪有一个特殊用途的三脚架，在射击时可以精确瞄准。但它的类型（如果有的话）仍然不太清楚，或许是赫克勒和科赫有限公司生产的机关枪支架的改进型（PSG1步枪的枪托就是HK21机关枪枪托的改进型）。PSG1狙击步枪是目前所有狙击步枪中价格最昂贵的一种，每支订购价为9000多美元。

1990年，该公司又生产出一种新式的HK狙击步枪——MSG90（军用狙击枪）。（MSG是Militarisch Scharfshutzen Gewehr的缩写，后缀"90"指这种步枪生产的时间）为了吸引更多客户，扩大市场销售量，在PSG1系列步枪中，这种新式的狙击步枪的价格最低，它的设计完全以G3步枪为主。MSG90和PSG1的扳机组件一模一样，它的枪管较轻，枪托又小又轻，枪全长只有1165毫米，重6.4千克。

上图：MSG 90狙击步枪和PSG1狙击步枪相比，价格低廉，MSG 90狙击步枪引人注目的设计有：轻型枪管和枪托，在前置式枪托前端的下面有一个折叠式双脚架

规格说明
PSG1狙击步枪
口径：7.62毫米
重量：8.1千克（装弹前）
枪长：1208毫米
枪管：650毫米
子弹初速：860米／秒
弹匣：可装5发或20发子弹的垂直状盒式弹匣

加利尔狙击步枪（战斗狙击步枪）

自1948年以色列建国以来，狙击手在以色列武装部队中一直占据着重要地位，并且多年来，以色列军队的狙击手使用的狙击步枪来自世界多个国家和地区。为了生产出自己的狙击手专用步枪，以色列进行了多次尝试。以色列陆军的狙击手曾经使用了一种以色列自行研制的7.62毫米M26狙击步枪。这种步枪完全是手工制作，使用了苏联的AKM和比利时的FAL步枪的设计。但是，由于多种原因，M26狙击步枪未能获得成功。随后以色列选中了以色列军工公司生产的标准军用步枪——7.62毫米加利尔突击步枪，以这种突击步枪为基础研制新式的狙击步枪。

因此，以色列研制出来的加利尔狙击步枪和最初的加利尔突击步枪在外形上极其相似，但它的确是一种新式武器。它的几乎每一个零部件都经过了重新设计，并且在制造中每一个部件都非常接近设计中规定的承受限度。它使用的是新式枪管，双脚架可以任意调整。固体枪托（可以向前折叠以减少携带和装运时占用的面积）带有一个枪托衬垫和脸颊衬垫，可以根据个人需要进行调整。套筒座的左侧有一个凸起的支架，上面安装了可放大6倍的"尼姆罗德"望远镜。

新式的机械装置

目前的机械装置仅用于单发射击，最初可装20发子弹的"加利尔"弹匣保留了下来。枪口装有枪口制动器/枪口抑制器，射击时，可以减少后坐力和枪管向上抬升的幅度。枪口可以安装消音器，但是必须使用亚音速子弹。正如人们希望的那样，它还可以安装各种类型的夜视器材。另外，这种狙击步枪还保留了它的机械战斗瞄准具。

加利尔狙击步枪的适用性非常强，和目前的高精度狙击步枪相比，它更适合于艰苦的军旅条件。尽管其基本设计经过多次改进，但借助于双脚架，在600米的射程内，子弹之间的间距直径不会超过300毫米。这种双脚架用途广泛，可以执行多种狙击任务。

上图：加利尔狙击步枪是根据以色列国防军的大量实战经验而设计的，所以，其设计更重视在作战中的可靠性能，而不是在理想条件下追求超乎寻常的精确性。这对于以色列来说没什么好奇怪的

规格说明

加利尔狙击步枪

口径：7.62毫米

重量：6.4千克（包括双脚架和枪背带）

枪全长：1115毫米

枪管：508毫米

子弹初速：815米/秒

弹匣容量：可装20发子弹

左图：加利尔狙击步枪不用时，可以和它的望远镜一起装在一个特殊的包裹内。使用光学瞄准具时，光学过滤器可以减轻太阳的照射强度。它有一个既可以携带又可以射击的枪背带、两个弹匣和一套与其他装备一样重要的清洁工具

贝瑞塔"狙击手"战斗狙击步枪

当高精度的狙击步枪在20世纪70年代风行国际市场的时候,几乎所有的轻武器制造商都开始设计它们认为能满足国际市场需要的武器。有些狙击步枪要比市场上的狙击步枪优秀多了,但是有一种狙击步枪被大多数人忽视了,这就是口径为7.62毫米的贝瑞塔"狙击手"狙击步枪。这种步枪没有使用数字进行命名。另外,说到它的军事用途,一些意大利准军事警察部队在国内执行特殊的安全任务时,可能使用这种狙击步枪。

传统的设计

和许多新潮的"太空时代"狙击步枪的设计相比,贝瑞塔"狙击手"狙击步枪除了该公司一贯的高标准设计和制作的特点之外,给人印象最深的还是它传统的设计特点。

"狙击手"步枪使用了手工操作的旋转式枪栓击发装置,枪管为普通的重型枪管。最引人注目的设计是它的优质木制枪托上刻有一个形状古怪的洞孔,这种枪托可以当作手枪枪把的扳机使用。

先进的设计

尽管从整体上看,贝瑞塔的设计比较传统,但"狙击手"还是有几处比较先进的设计。木制的前置式枪托内隐藏着一个向前突出的平衡物,在自由浮动式枪管的下面,可以起到减震器的作用,射击时,它可以减少枪管震动的幅度。在前置式枪托的前端,可以安装轻型双脚架(可以根据需要进行调整)。射击时,使用这种支架有助于狙击手握枪的稳定性。前置式枪托下面有一个槽沟,可以供射手调整手(前面握枪的手)的位置。如果需要的话,槽沟的前端还可以当作枪背带的支撑点。枪托和脸颊衬垫可以根据需要调整,枪口安装有标准的消焰罩。

和其他现代狙击步枪的不同之处是,贝瑞塔"狙击手"有一套完整的可以根据需要调整的精密瞄准具,尽管在正常情况下可能用不到。它的套筒座上面有一个安装北约光学或夜视瞄准具的标准设置。几乎所有的军用光学或电子—光学瞄准系统都可以使用这种设置。正常情况下,贝瑞塔"狙击手"使用的是通用的"蔡斯-戴瓦里"Z型望远镜,其放大能力为1.5~6倍,许多狙击步枪都使用这种放大镜。另外,它还可以安装其他类型的望远镜。

上图:虽然从整体上看,贝瑞塔"狙击手"狙击步枪的设计比较传统,但有些设计确实非常先进,从而使它成为一种精度高、性能可靠的狙击步枪

德拉古诺夫 SVD 战斗狙击步枪

任何熟悉"伟大的卫国战争"的人都不会忘记苏联陆军狙击手在第二次世界大战中扮演的重要角色。战后,狙击手的地位并没有降低;为了加强狙击手在军中的重要作用,苏联研制出的SVD狙击步枪(有时被称为德拉古诺夫狙击步枪)被公认为是同时期狙击步枪中最优秀的狙击步枪之一。

一流的武器

SVD狙击步枪最早出现于1963年,并且此后一直是最优秀的步兵武器之一。它是一种半自动武器。虽然使用了和AK-47突击步枪同样的操作原理,但它的气动操作系统经过了改进。和AK-47不同的是,AK-47使用7.62毫米×39毫米短小型子弹,而SVD步枪使用的则是老式的7.62毫米×54毫米R有缘式子弹。这种有缘式子弹最初是19世纪90年代生产的,供莫辛-纳甘步枪使用。这种子弹一直是狙击步枪较为理想的子弹,并且目前俄罗斯的一些机关枪仍在使用这种子弹,其性能相当可靠。

SVD步枪的枪管较长,而且平衡性能极佳,便于操作,后坐力也不大。正常情况下,在射击时,它的枪背带可以帮助射手瞄准,而其他国家则比较喜欢使用双脚架。套筒座的左侧安装了一个有4倍放大能力的PSO-1望远镜。PSO-1望远镜的设计与众不同,它有一个内置式红外线探测器。有了这种探测器,PSO-1望远镜可以作为被动式夜视仪使用。尽管在正常情况下它是和一个独立的红外线目标照明设置一起使用的。如果光学瞄准具失灵,它还可以安装一个基本型的作战瞄准具。

或许,对于狙击步枪来说,最奇怪的设计是SVP狙击步枪居然安装了刺刀。至于为什么要安装刺刀,谁也说不清楚。它使用的弹匣可装10发子弹。

远距离的精确武器

试验表明,SVD狙击步枪能够准确击中射程在800米以上的目标。虽然这种步枪的枪管较长,但操作和射击时却非常舒适。华约组织和其他国家都装备了这种步枪。苏军在阿富汗战场就使用了这种步枪。其中有一些SVD狙击步枪落到穆斯林游击队手中。据推测目前俄罗斯和前苏联控制的一些国家仍然使用这种步枪。

上图:"德拉古诺夫"狙击步枪使用的枪栓系统和AK-47及其AK-47系列步枪的枪栓系统非常类似,但是经过改进,更适宜发射特殊的7.62毫米×54毫米R有缘式子弹。SVD狙击步枪和AK-47突击步枪的机械装置不能互换使用

上图:如果德拉古诺夫的长枪管还不太好辨认的话,那么它的削边式枪托一定会令人过目难忘。SVD狙击步枪保留了AK-47突击步枪在战场上抗撞击、耐磨损的优点

左图:苏联一贯重视狙击手在战场上所起的重要作用,并且一直向狙击手提供最优秀的武器。德拉古诺夫SVD狙击步枪是冷战时期著名的狙击步枪,并且俄罗斯军队很可能也保留了这种步枪。尽管它的枪管比较长,体积比较大,精度不如L42步枪,但是,它的性能非常可靠。它使用的是改进型AK-47突击步枪的气动操作系统和半自动击发装置。它使用的弹匣较大

规格说明

SVD狙击步枪

口径:7.62毫米

重量:4.39千克(未装弹)

枪全长:1225毫米(不包括刺刀)

枪管:547毫米

子弹初速:830米/秒

弹匣容量:可装10发子弹

L42 狙击步枪

李·恩菲尔德步枪在英国军队的悠久历史可以追溯到19世纪90年代。虽然经过了百年历史的风云变幻，但它基本的手工枪栓机械设置没有发生太大变化。英国军队保留的是L42A1狙击步枪。最近，L42A1步枪被精密国际公司生产的L96狙击步枪取代。这两种步枪的口径均为7.62毫米。L42A1步枪只能当作狙击步枪使用，是第二次世界大战期间7.7毫米No.4 Mk 1（T）或Mk 1*（T）步枪的转换型。在转换（或称为重新设计）时，它使用了新式的枪管、弹匣、扳机设置、固定瞄准具和前置式枪托。第二次世界大战时的No.32 Mk 3望远镜（重新命名为L1A1）和套筒座上的支架都保留下来。改进后的狙击步枪性能可靠，结实耐用，而且适用性较强，不仅英国陆军使用，而且英国皇家海军陆战队也使用。

用现在的观点看，L42A1狙击步枪完全是上一代的产品，但在800多米的射程内仍能保持一发命中目标的功能，当然，这在很大程度上取决于射手的技能和使用子弹的类型。正常情况下，射手都选择由拉德韦·格林的英国皇家兵工厂生产的"绿斑"子弹。这种特殊的子弹精度较高。

L42A1步枪需要细心的照顾、经常性的校正和保养。不用时，要装在特殊的箱子里保存和运输，步枪要和光学瞄准具、清洁工具、射击背带或许还有一些备用部件（如额外的弹匣）一起存放。L42A1步枪保留了7.7毫米步枪使用的弹匣。这种弹匣可装10发子弹。但是，弹匣的形状经过了改进，可以使用新式的无缘式子弹。常常为人所忽视的武器记录本也要保存在箱子内。

L42A1并不是唯一的7.62毫米李·恩菲尔德步枪。李·恩菲尔德步枪中有一种被称为特殊的L39A1比赛/射击专用步枪，这种步枪可用于射击比赛。另外，它还有两种型号："特使"步枪和"强制者"步枪。前者可以看成是L39A1步枪的民用比赛步枪。后者为专门定制的L42A1型步枪。这种步枪的枪管较重，枪托轮廓经过了改进。这种步枪专门供警察使用。

下图：老式的No.4李·恩菲尔德经过重新设计后，改进成口径为7.62毫米的L42A1狙击步枪。L42A1使用了新式的重型枪管、可装10发子弹的新盒式弹匣，并且枪管上面的前置式枪托经过了切磨。枪托上增加了脸颊衬垫。扳机和望远镜的支架都进行了改动

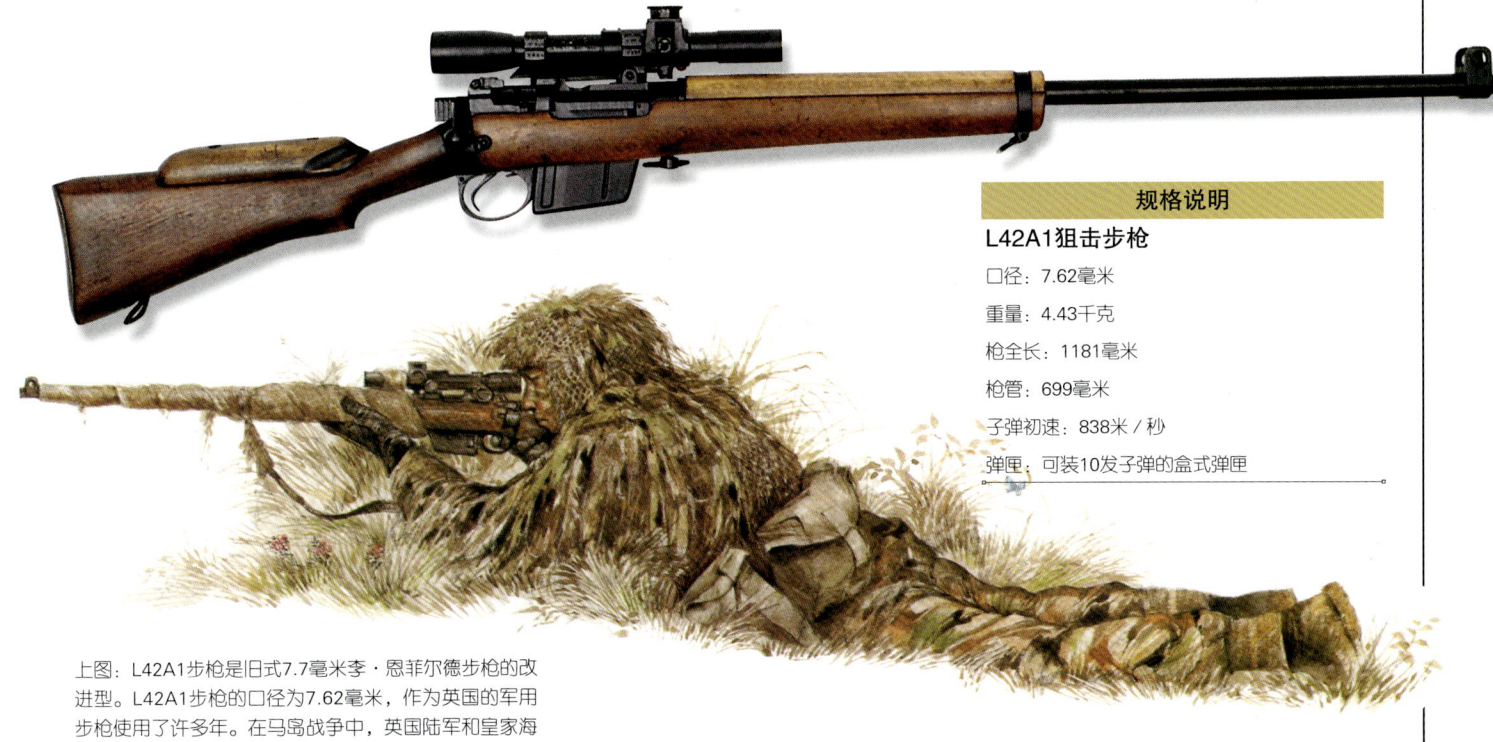

规格说明

L42A1狙击步枪

口径：7.62毫米

重量：4.43千克

枪全长：1181毫米

枪管：699毫米

子弹初速：838米/秒

弹匣：可装10发子弹的盒式弹匣

上图：L42A1步枪是旧式7.7毫米李·恩菲尔德步枪的改进型。L42A1步枪的口径为7.62毫米，作为英国的军用步枪使用了许多年。在马岛战争中，英国陆军和皇家海军陆战队都使用过这种步枪。图中的步枪和射手都使用了用棉麻制成的伪装网

L96 狙击步枪

L42A1狙击步枪是以李·恩菲尔德军用步枪为基础研制的。李·恩菲尔德步枪使用的是枪栓击发装置，早在19世纪90年代就开始使用了，并且在随后的半个多世纪里，进行了多次改进。作为军用步枪，在经过多年可靠、有效的使用后，已经被英国陆军的标准的L96A1狙击步枪取代。L96A1步枪是为专门用途而设计的。L96A1狙击步枪是由精密国际公司设计和制造的。它和L42A1狙击步枪不同的是，它不是由久经沙场、值得信赖的军用步枪改进而成的，它更类似于在体育比赛——如奥运会——中特别使用的射击专用步枪，所以在远距离射程内它把射击精度发挥到了极致，而射程远、精度高正是现代化战场作战的一大特点。

No.4 Mk（T）和L42A1步枪都属于李·恩菲尔德系列步枪。No.4步枪作为英国军队标准的狙击步枪已经使用了许多年，但是这两种步枪都是在标准军用步枪的基础上改进而成的。作为狙击步枪，则缺少创新性改动。L42A1步枪从精度上看相当不错，但是，时代在前进，技术在发展，这意味着英国可以把更新的技术应用于狙击步枪的研制上。曾经有一段时间，由于资金限制，英国陆军要求采购新式狙击步枪的提议被否决，但是在1984年，峰回路转，英国陆军的愿望终于得到了满足。

传统的设计原理

非常有趣的是，最终被选中参加试验的三种步枪没有一种是超精确的"太空时代"型步枪。相反它们的设计都相当传统，但使用的都是现代化的复合材料，并且设计极其精密和细致。被选中的参赛步枪是由帕克—黑尔公司设计的帕克—黑尔85型步枪；由国际武器公司设计的一种型号；精密国际公司的PM型步枪（由奥运会金牌得主马尔科姆·库柏设计）。威尔特郡的沃明斯特轻武器技术学校的技术人员对这三种型号的步枪反复进行试验。尽管三者之间并没有明显的差异，但是最后，PM型步枪被选中。在作出这个决定的过程中，评估小组可能在某种程度上受到英国特别空勤团的影响。因为英国特别空勤团采购了一部分PM型步枪的样品，并且获得了一定经验。

尽管PM型步枪完全属于传统型设计，但仅看表面难免有失偏颇。PM型步枪使用的是不锈钢重型枪管，枪管固定在铝制的枪栓底座上。枪管口径为7.62毫米。它的部件有双脚架、前置式枪托、击发装置和后枪托。这些部件的形状都经过了特殊处理，可以和步枪的其他部件装在一个塑料箱内。尽管前置式枪托看上去卷绕着枪管，但事实上，它和枪管一点也没有接触。

使用前置式闭锁设置的枪栓

PM型步枪使用是"塔斯科"望远镜和带有手工操作的枪栓击发设置（使用前置式闭锁）。这样设计是为了枪栓后移时不会碰到射手的脸部。双脚架是用轻型合金材料制成的，可以和枪托下面的一个可回收的独脚"锥"一起使用。当射手长时间瞄准射击时（射手在射击的区域内瞄准时，步枪的重量都落在双脚架和独脚"锥"上），独脚"锥"可以当作支撑物。盒式弹匣可装5发子弹。扳机设置可以调整和移动。

PM型步枪至少有四种类型。已经装备部队的有两种：一种名为"反恐"的狙击步枪，已经供英国陆军部队使用；另一种首批1212支名为"步兵"的狙击步枪，从1986年开始陆续装备部队。后者有一个6×42非放大式望远镜和比赛专用瞄准具，有效距离900多米。另外两种类型是：一种是"中等"狙击步枪，带有完整的瞄准具，只能单发射击；另一种是"远距离"狙击步枪，使用雷明顿公司生产的7毫米马格南子弹或温彻斯特公司生产的7.62毫米马格南子弹。

上图：PM"反恐"型狙击步枪的枪口有一个螺旋状设置。这种设置不适合"步兵"型狙击步枪。弹匣可装10发子弹，安装有机械瞄准具和枪背带环

左图：狙击的艺术包括射手对周围环境的利用能力，避免在移动时被敌人发现行踪。这名狙击手和他的狙击步枪经过了艺术性伪装，人们很难发现他们的（人和枪）轮廓

规格说明

L96A1狙击步枪

口径：7.62毫米

重量：6.5千克

枪全长：1124毫米

枪管：654毫米

子弹初速：不详

弹匣：可装10发子弹的盒式弹匣

帕克—黑尔 82 狙击手专用步枪

英国伯明翰的帕克—黑尔有限公司多年来一直从事各种专用比赛步枪和相关瞄准具的制造，并且也从事一种特殊工作——负责狙击步枪的设计和制造。该公司最著名的产品是口径为7.62毫米的帕克—黑尔82型步枪（又称帕克—黑尔1200TX狙击步枪）。已经有几个国家的军队和警察接受了这种狙击步枪。

82型狙击步枪的外形和设计都非常传统。它使用了和经典的毛瑟G98步枪使用的击发设置非常类似的手工操作的枪栓击发设置和自由浮动式重型枪管。枪管重1.98千克，用冷铸过的铬钼合金制成。整体式弹匣可装4发子弹。扳机设置为完全独立的部件，能够根据需要进行调整。

为了满足客户的特殊要求，82型狙击步枪有多种类型。如果需要，它的脸颊衬垫可以调整；通过增减厚度不同的衬垫可以改变枪托的长度。瞄准具也有多种类型，但正常情况下使用的是比赛型机械瞄准具；如果想安装光学望远镜，必须卸去后瞄准具后，才可以使用后瞄准具的支架。前瞄准具的支架经过加工设在套筒座的内部，可以安装各种类型的机械前瞄准具或光学夜视仪。

军用狙击步枪

澳大利亚陆军使用的82型狙击步枪带有一个"卡赫拉斯·赫利亚"ZF 69望远镜。加拿大陆军为了当地的需要，使用的是82型/1200TX狙击步枪的改进型——C3狙击步枪。新西兰军队也使用82型狙击步枪。

帕克—黑尔公司生产了一种可以用于特殊训练的82型狙击步枪。这种步枪只能单发射击，安装了比赛专用型瞄准具，没有安装望远镜。英国国防部把这种步枪称为"L81A1学员训练步枪"。这种步枪的前后枪托都比较短。

后来，82型步枪的改进型被称为85型步枪。和82型步枪的枪托外形相比，85型步枪的枪托外形改动较大。85型步枪使用可装10发子弹的盒式弹匣，并且安装了标准的双脚架（82型步枪也可以使用）。

85型步枪加上瞄准具后重5.7千克。这种步枪曾参加了英国为寻找新式狙击步枪而举行的武器比赛。在比赛中，精密国际公司设计的步枪获胜。于是，帕克—黑尔公司停止了这种步枪的生产，并在1990年把这种步枪的制造权（包括各种类型的设计权）出售给美国吉布斯步枪公司。该公司以帕克—黑尔公司的名义继续生产这种步枪。

上图：澳大利亚、加拿大和新西兰军队使用的狙击步枪是帕克—黑尔82型军用步枪。在视线良好的条件下，使用这种步枪能够击中射程在400米以内的点状目标。如果使用瞄准具，它的有效射程会更远

右图：加拿大武装部队的狙击步枪是帕克—黑尔82型步枪。图中为穿着冬季伪装服、携带82型步枪的加拿大士兵。这种步枪使用毛瑟型枪栓击发设置。它的盒式弹匣可装4发子弹

规格说明

82型狙击步枪

口径：7.62毫米
重量：4.8千克
枪全长：1162毫米
枪管：660毫米
子弹初速：大约840米/秒
弹匣：可装4发子弹

M21 狙击手专用步枪

在20世纪60年代末，美国武装部队开始把北约标准的7.62毫米子弹改为5.56毫米子弹。其中的道理比较简单，自开始设计之日起，在狙击步枪的正常射程内，小口径子弹要比大口径子弹的射击效果好。同时，也保留了供狙击步枪使用的大口径子弹。这意味着当时美国军队使用的7.62毫米M14"联赛"型狙击步枪（又称"精确"型狙击步枪）需要保留下来。目前这种步枪被称为M21步枪。

M21步枪是口径为7.62毫米的M14步枪的特殊型号。作为标准的军用步枪，M14步枪在美军中服役了许多年。M21保留了最初型号的基本形状和机械设置，而其他设置在制造期间都作了改动。

值得注意的设计细节

首先是挑选枪管。只有那些最接近承受限度的枪管才有资格接受挑选，为了减少可能出现的制造误差，那些枪膛内没有正常镀铬的枪管是没有资格中选的。为了确保连接正确，它安装了新式的枪口抑制器，并且抑制器一直扩大到枪管。扳机设置是手工组装的。经过调整，当扳机推力达到2~2.15千克时，扳机处于释放状态；这种步枪还安装了含有玻璃纤维的桃木枪托。枪托经过了环氧树脂浸泡。它的气动操作装置同样与众不同。为了确保操作时尽可能平滑，所有操作装置都经过手工削磨，并且都是用手工组装的。

M21步枪保留了全自动射击的功能，但正常情况下，只能半自动（单发）射击。

组件中的主要变化是安装了可放大3倍的望远镜。除了正常使用的瞄准十字线外，它还安装了一个方格坐标系统，可以帮助射手准确地判断出人体状目标的距离，并能自动设置射击角度。使用这种瞄准具，在300米的射程内，M21步枪发射10发子弹，每发子弹弹洞之间的距离不会超过152毫米。

M21步枪还有一个非同寻常的设置——声音抑制器。这种声音抑制器不同于世界上普通使用的消音器，它属于缓冲器之类的设置。它不会影响子弹的运动速度，并且有助于子弹在平滑的弹道上运动；但是，它可以把射击时产生气体的运动速度减小到音速以下。这样就起到了消音器的作用，射击时没有尖锐的声音，所以敌人很难发现声音的来源。

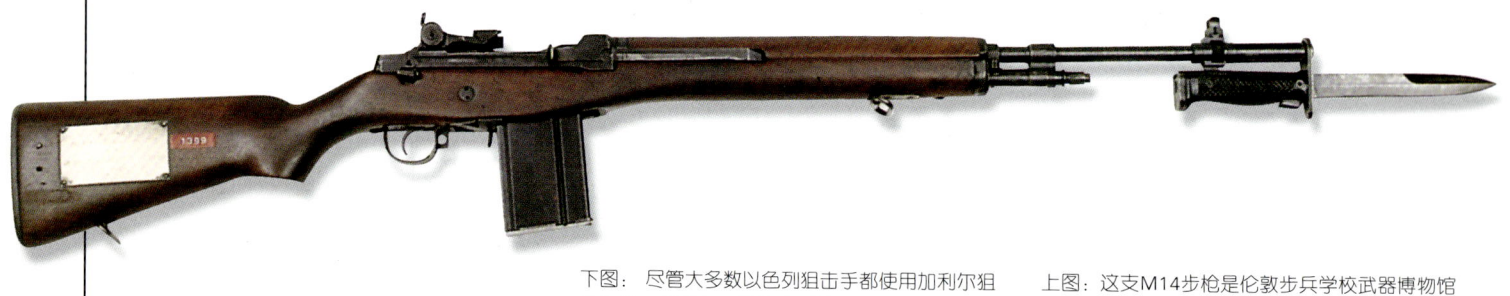

下图：尽管大多数以色列狙击手都使用加利尔狙击步枪，但仍有一些狙击手使用M14步枪的改进型——美国的M21"精确"型狙击步枪。以色列在入侵黎巴嫩期间和1982年8月打击巴勒斯坦解放组织的行动中使用了这两种步枪

上图：这支M14步枪是伦敦步兵学校武器博物馆的收藏品。M21步枪是M14步枪的特殊改进型，它的零部件都经过了高水平的加工。它装有枪口抑制器和可放大3倍的望远镜

规格说明
M21狙击步枪
口径：7.62毫米
重量：5.55千克（装弹后）
枪全长：1120毫米
枪管：559毫米
子弹初速：853米/秒
供弹：可装20发子弹的盒式弹匣

巴雷特 M82 和 M95 狙击手专用步枪

1981年，26岁的罗尼·巴雷特在勃朗宁短后坐力操作系统的基础上设计并制造出一种口径为12.7毫米的半自动步枪——M82步枪。这种步枪可以发射勃朗宁M2重型机关枪使用的M33子弹。

这种步枪后坐力中等，射程远，精度高。一问世就得到了美国军方的关注。美国驻黎巴嫩贝鲁特的军队因恐怖袭击而遭受重大损失后，美国军方开始寻找一种能够穿透车辆薄层装甲的武器。一些北约军队也对这种步枪表现出极大兴趣。于是，M82A1作为军用武器投入生产。

在1991年"沙漠风暴"行动期间，M82A1的优越性能在战场上得到了验证：美国军队用它成功地击毁/击毙了伊拉克装甲车和有价值的人物。美国海军陆战队大力提倡使用M82A1步枪，并且和巴雷特公司合作，实施一项旨在改进M82A1步枪的计划。这种武器的最新改进包括：可以移动的携带把手、双脚架、轻型部件和新式的光学瞄准具。这种瞄准具可以在白天和黑夜使用，不久就会装备部队。

弹药

目前，标准的穿甲燃烧弹是新式的"拉弗斯"Mk 211子弹，它的穿透弹头含有金属锆，击中目标后爆炸，能够点燃弹药中的燃烧物质。

M82步枪主要有两种类型：M82A1步枪制造于1983—1992年；M82A2步枪于1990年投入生产，改进了M82A1步枪中笨重的无托结构设置。为了把整个枪的长度减少到1409毫米，重量减少到12.24千克，它的击发装置和弹匣都设在了扳机组件的后部。

最新式的巴雷特12.7毫米狙击手专用步枪是M95步枪。它的射程和使用的弹药和M82A2步枪非常类似。它和M82A2步枪的枪栓击发设置基本相同。M95步枪枪长1143毫米，重11.2千克，盒式弹匣可装5发子弹，使用可放大10倍的标准望远镜，有效射程大约是1830米。

右图：M33"鲍尔"子弹是专门为勃朗宁M2重型机关枪而研制的。这是在M33"鲍尔"子弹的基础上而研制的第一批狙击步枪之———约翰逊·艾维尔500，它是300型狙击步枪的改进型

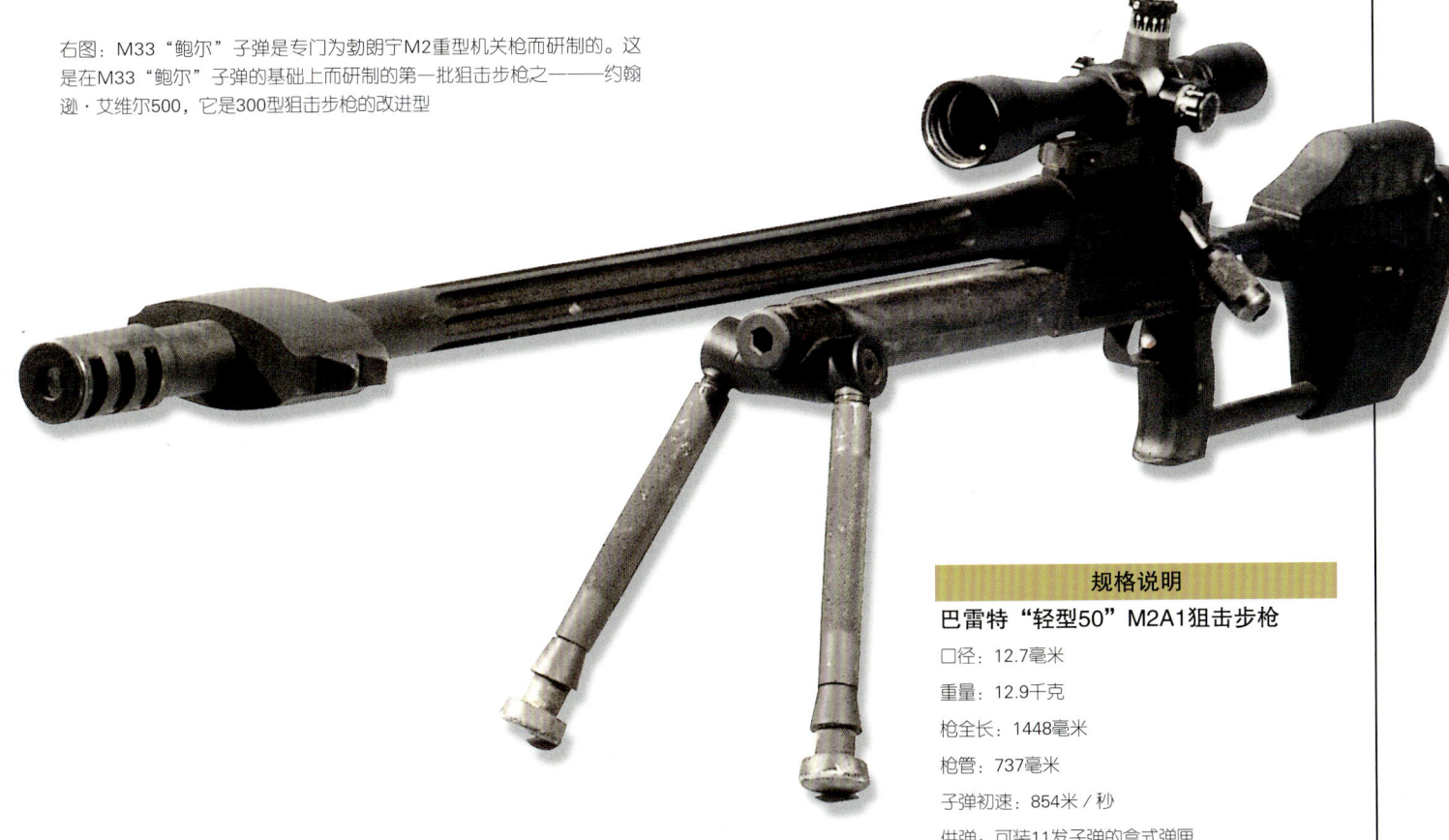

规格说明

巴雷特"轻型50"M2A1狙击步枪

口径：12.7毫米

重量：12.9千克

枪全长：1448毫米

枪管：737毫米

子弹初速：854米/秒

供弹：可装11发子弹的盒式弹匣

M40 狙击手专用步枪

美国海军陆战队一直拥有自己的装备采购渠道，并且美国官方长期以来也承认海军陆战队在遂行两栖战中享有特殊的权利。海军陆战队有权要求采购和使用特殊设备以满足自己的需要。如此一来，海军陆战队非常乐意选择一种新式的狙击步枪来取代M1C和M1D步枪，这两种步枪是在M1伽兰德步枪的基础上改进而成的。为了应付苛刻的实战环境，海军陆战队对这种新式狙击步枪提出了自己的要求。

以狙击手为重

对于美国海军陆战队来说，狙击手一直享有特殊的地位。和其他地面部队相比，他们常会提前获得有关作为远程杀手所要杀死的敌人指挥官或重要人物的信息。在越南战争期间，美国海军陆战队希望获得类似于美国陆军使用的M14和M21狙击手专用步枪，于是决定要为他们的陆战队士兵装备比这两种步枪的性能还要好的步枪。在公开市场，美国海军陆战队确实找不到想要的武器，但是它发现有一种商用步枪的设计非常接近要求。这种商用步枪就是雷明顿700步枪。它是雷明顿公司按照客户订单的要求，作为射击专用步枪生产的。这种步枪的枪管较重，使用40×B型射击步枪的击发装置。美国海军陆战队决定把这种步枪改进成标准化的军用步枪，1966年这种步枪被定型为M40步枪。海军陆战队最初订购了800支，后来增加到995支。M40狙击步枪带有木制枪托，是在雷明顿700BDL型商用步枪的基础上改进而成的。

M40步枪使用了毛瑟式手工操作的枪栓击发设置和重型枪管。正常情况下，有一个可放大3~9倍的"莱德菲尔德"望远镜。弹匣可装5发子弹。从整体上看，M40步枪的设计极为传统，但是质量极高。

战场表现

海军陆战队装备M40步枪之后，事实证明M40步枪一点也没有让人失望。但是，海军陆战队根据战场上获取的作战经验，本着精益求精的精神，认为它的基本设计仍有潜能可挖。于是海军陆战队要求雷明顿武器公司进行进一步的改进，其中包括用新式的不锈钢组件取代它的旧式枪管，用玻璃纤维制品（由麦克米伦兄弟公司提供）取代它的旧式枪托，并且要使用新式瞄准具。乌内特尔望远镜完全是为了满足美国海军陆战队的需要而生产的，这种望远镜有10倍的放大功能。而供选择使用的机械瞄准具则被淘汰出局。

经过这些大的变化，M40步枪就变成了M40A1步枪。M40A1步枪是在弗吉尼亚州奎蒂科市雷明顿公司的车间内生产的，仅供美国海军陆战队使用。这种步枪的零部件分别由雷明顿公司（击发装置）、温彻斯特公司（弹匣底板）、麦克米伦兄弟公司和其他承包公司提供。

从总的情况看，自狙击步枪生产以来，M40A1步枪算得上是最精确的"传统"型狙击步枪，尽管还没有确切的数字来证实这种说法。它精确的主要原因是使用了重型不锈钢枪管和一流的光学瞄准

具。尽管这种瞄准具可能会出现失真和变形现象,但是与同类瞄准具相比,它的放大功能要大得多。射手使用它可以清楚地发现目标的形状,而且这种瞄准具还可以根据需要进行调整。

精度极高的步枪

和其他类型的狙击步枪一样,狙击步枪的精度还取决于选用子弹的性能,当然还有射手的技能。然而,从过去的情况来看,美国海军陆战队对狙击手的要求极其严格,狙击手要花费大量时间参加经常性训练。总的来说,M40A1步枪是一种"狙击手都想拥有"的武器。

规格说明

M40A1狙击步枪

口径:7.62毫米

重量:6.57千克

枪全长:1117毫米

枪管:610毫米

子弹初速:777米/秒

供弹:可装5发子弹的盒式弹匣

上图:美国海军陆战队决定选择自己的狙击步枪后,订购了雷明顿公司生产的700型商用步枪。当时这种步枪仍然使用机械瞄准具(如图)。M40军用狙击枪是700商用步枪的改进型,尽管后来生产出新式的M40A1狙击步枪,但M40狙击步枪仍在使用。这种狙击步枪只有美国海军陆战队使用

上图:美国海军陆战队于1966年选中了雷明顿公司的700型步枪。这种步枪经过改进可以满足陆战队的特殊需求。M40A1步枪和M40步枪的不同之处是,M40A1步枪使用的是又重又短的不锈钢枪管,枪托用玻璃纤维制成,它使用的望远镜功率更大

5 机枪

自第一次世界大战以来，机枪一直是步兵作战的主力。其类型和口径几十年来变化极大。尽管机枪在提供持续性火力时面临着弹药需求过大的问题，但在现代战场上，它仍然扮演着极为重要的角色。

自第一次世界大战以来，机枪一直是步兵作战的最重要的武器。在现代军队中，最小的战术单位是班（或组）。从20世纪30年代开始，班或组又被划分为一个机枪组（轻型机枪）和一个步枪组，两者交替前进，一方提供火力掩护，压制敌人的火力，同时另一方快速向前进攻。

机枪的分类

机枪一般可划分为"轻型""中型"和"重型"三类。但是这些称呼都是第一次世界大战时期的术语。20世纪50年代以来，由于出现了通用型机枪和自动步枪，所以机枪的分类变得非常模糊，难以划分。第一支现代机枪是由一位名叫希拉姆·S.马克西姆的美国人发明的。他发明了一种后坐力操作的机枪，只要不停地按住按钮，在保证子弹带不停送弹的情况下，每分钟可以发射600发子弹。也可以发射英国陆军标准的7.7毫米步枪子弹。重27千克，需要使用三脚架才能发射。这种机枪和它的支架需要几个人才能携带。

约翰·M.勃朗宁对机枪所做的贡献不小。他使用的是气动操作系统。射击时产生的气体可以带来强大的推动力。许多种机枪的设计都使用了气动操作系统。

机枪的作用

在1914—1918年的西线的战斗中，机枪、铁丝网和大炮构成了可怕的三位一体防御网，双方士兵血流成河，战争陷入僵局状态。带有三脚架的机枪藏在密闭的用钢筋水泥堆砌而成的堡垒内，大炮很难击中。在进攻前的火力准备期间，只要少数机枪幸存下来，就会将无数冲锋的敌人射倒在地。

如何在堑壕战中使用机枪？解决这个战术性问题的答案是：减轻机枪的重量。这样才能便于携带，保护刚刚从敌人手中夺取的阵地，对付敌人发起的一次又一次冲锋。英国陆军使用的是刘易斯机枪，这是第一种真正成功的轻型机枪。在现代战术"火力和机动"刚刚兴起时，步兵使用刘易斯轻型机枪斩关夺隘，积累了丰富的经验。

在第一次世界大战和第二次世界大战期间，机枪按"轻型""中型"和"重型"的划分方法被正式确定下来。英国陆军后来取代刘易斯机枪的布伦机枪在这方面最为成功。这种机枪经过冷浸处理，重量轻，一名士兵就能携带，另一名或几名士兵可以携带更多子弹带或盒式弹匣。每个弹匣可装30发子弹。一般情况下，中型机枪都经过冷浸处理，能够连续发射上万发子弹。重型机枪和中型机枪有很多相似之处，但是中型机枪使用的是步枪口径的子弹，而重型机枪使用的子弹的口径较大。典型的重型机枪的子弹口径为12.7毫米，这种子弹具有一定的防空和穿甲能力。

上图：德国在通用型机枪的研制方面走在了前列。德国的MG34机枪（见图）和造价更为低廉的MG42机枪都装置了空气冷却设置，重量轻，性能可靠，并且子弹射速极快

德国处于领先地位

在第二次世界大战期间，盟国军队与日本和意大利军队都大量使用这三种机枪。德国人不仅使用这三种机枪，而且在通用型机枪的应用方面也走到了前列。通用型机枪使用子弹带或盒式弹匣供弹，安装了双脚架。MG34机枪非常轻，由两名或三名士兵组成的小组操作，并且能够提供在正常情况下由中型机枪提供的持续火力。使用三脚架的通用型机枪有大量的备用枪管，它发射的火力几乎可以和重型机枪相媲美。MG34机枪和后来的MG42机枪在战场上给盟军留下了深刻印象，所以在战后，各国纷纷仿效。事实上，美国陆军的M60通用型机枪和德国的MG42机枪在设计上非常接近，而比利时的FN MAG机枪在性能上要更胜一筹。

轻型机枪

在各国竞相使用中等口径的步枪（北约的5.56毫米或苏联的7.62毫米×39毫米以及后来的5.45毫米）时，为了避免步兵因使用两种不同口径的弹药而带来的后勤供应问题，一些国家的军队开始使用轻型机枪。事实证明，有些轻型机枪，如

下图：美国部队标准的通用型机枪是M60机枪。图中为越南战争中的一张照片，从中可以看出M60机枪的口径较大，射击时需要有足够的弹药

FN"米尼米"轻型机枪，获得了极大成功。

当20世纪末慢慢临近的时候，所谓的重型机枪进行了改头换面。比利时和东欧国家的重型机枪的口径达到了14.5毫米或15毫米，能够远距离精确射击，并且还能穿透轻型装甲。有了这种武器，步兵就有能力伏击装备轻型装甲的机械化部队。

左图：第一次世界大战期间，盟军最优秀的机枪是维克斯机枪。它使用水冷浸处理，性能极其可靠。只要弹药充足，就能持续不停地射击

机枪：战场之王

战场上，步兵必须携带大量弹药。为了减小弹药重量，各国都作了大量研究。北约国家使用5.56毫米的小口径子弹取代了过去的7.62毫米标准子弹。然而，使用小口径子弹也带来了负面影响，由于其口径小，所以重量轻，射程近，威力也不够大。出于这方面的考虑，许多国家都保留了大口径的通用型机枪，如FN MAG机枪，能够在较远的射程内提供强大的火力。在近距离内作战时，可以使用FN"米尼米"和L86轻型支援武器之类的5.56毫米轻型机枪。它们的枪管可以替换，射击时使用子弹带或盒式弹匣。它们都是真正的轻型机枪。以L86机枪为例，它是真正的班用轻型支援武器。L86机枪有固定的枪管，只能使用盒式弹匣。

右图：从上到下分别为FN MAG机枪、FN"米尼米"机枪和L86轻型支援武器。从中可以看出，由于子弹口径变小了，因此机枪的体积（和重量）也在减小

下图：苏联军队使用的是施瓦茨劳斯重型机枪。这种机枪有几种类型，多数看起来和图中这挺M07/12机枪相差无几。它使用后坐力操作原理，性能非常可靠。早期型号的施瓦茨劳斯机枪有一个给子弹加润滑油的油泵

施瓦茨劳斯机枪

奥匈帝国最早的机枪是由安德列斯·施瓦茨劳斯于1902年设计、由施泰尔兵工厂制造的，最早的型号被称为施瓦茨劳斯07型机枪，不久又制造出了08型机枪，最后被定型为12型机枪。后来奥匈帝国武装部队把早期的两种型号都改进为12型机枪。这几种机枪的差别很小，它们的制造方法和操作原理都完全相同。

施瓦茨劳斯机枪属于重型子弹带供弹和水冷浸处理的武器。它使用了非同寻常的操作原理，这种原理目前被称为延迟式后坐力原理。根据这种原理，射击时后坐力向后运动，在控制装置的作用下，后膛闭锁装置进入到适当位置（此时，空弹壳仍在弹膛内）。仅仅经过一小段时间后，控制装置的控制杆就会操纵闭锁装置向后移动到枪管后部。子弹足够在这段时间内离开枪口，枪管压力下降到安全范围。这种系统意味着枪管长度会受到一定限制，枪管太长会造成闭锁装置在子弹离开枪口之前张开。所以这种操作系统必须在子弹助推力、枪管长度和延迟式击发装置的操纵杆之间取得平衡。

短枪管

在实践中，施瓦茨劳斯机枪的性能相当不错，但是相对于当时奥匈帝国军队使用的8毫米标准子弹来说，它的枪管实在是太短了，并且枪口会产生大量光焰，所以它使用了标准的长型消焰罩。这种消焰罩是施瓦茨劳斯机枪最为著名的设计之一。它的另一大设计特点是它的供弹系统。它最先使用了驱动链轮。这种驱动链轮可以非常精确地把子弹送入弹膛，从而使这种机枪的综合性能更加可靠。

有限出口

在1914—1918年期间，施瓦茨劳斯机枪的主要用户是奥匈帝国的军队。但是在战争后期，意大利军队也成了它的主要用户——大部分都是从奥匈帝国军队手中缴获而来的。荷兰是这种机枪的主要购买者，但是该国在第一次世界大战期间保持中立。到1914年时，施瓦茨劳斯07/12、08/12和12机枪在战场上几乎都可以看到。07/12和08/12型机枪使用的子弹都经过了润滑，但12型机枪则取消了这种设计。另外，还有一种07/16型机枪，主要供防空时使用。07/16型机枪使用一种简单的空气冷却系统，但很不成功。

施瓦茨劳斯机枪又大又重，制作精良，结实耐用，使用中很少会受到损坏，所以1945年意大利和匈牙利的军队仍在使用这种机枪。不过，仿制它使用的延迟式后坐力系统的国家却不是很多。

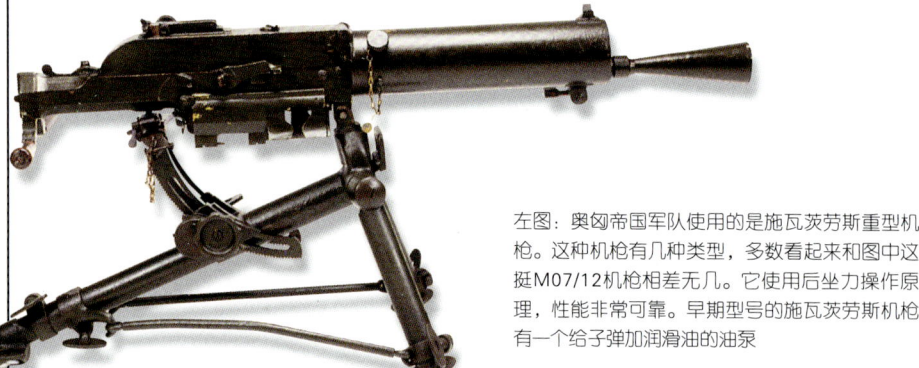

左图：奥匈帝国军队使用的是施瓦茨劳斯重型机枪。这种机枪有几种类型，多数看起来和图中这挺M07/12机枪相差无几。它使用后坐力操作原理，性能非常可靠。早期型号的施瓦茨劳斯机枪有一个给子弹加润滑油的油泵

规格说明
施瓦茨劳斯07／12型机枪
口径：8毫米
重量：19.9千克（枪）；19.8千克（三脚架）
枪全长：1066毫米
枪管：526毫米
子弹初速：620米／秒
射速：400发子弹／分钟
供弹：可装250发子弹的子弹带

左图：使用重型三脚架时，施瓦茨劳斯机枪可以担负起夜间火力支援任务，但是，由于它在射击时会发出耀眼的火焰，所以在打击敌人的同时，也暴露了自己的阵地

右图：奥匈帝国军队使用的施瓦茨劳斯机枪的另一大任务是保护友邻军队，防止低空飞行的敌机靠近他们

麦德森机枪

丹麦的第一批麦德森机枪是由丹麦的赛恩迪卡特工业公司于1904年生产出来的,直到1950年,丹麦才停止生产这种机枪。麦德森系列机枪虽然从类型上看都非常接近,但是有多种口径,可以满足世界上许多国家军队的需要。

不过,当时人们没有意识到刚生产出来的8毫米麦德森M1903机枪居然会是世界上最早的轻型机枪之一,甚至还是世界上最先使用顶部盒式弹匣的机枪。

这种机枪使用了其他机枪从没有使用过的独特操作系统。当时,这种系统的费用昂贵,结构复杂并且难以制造。这就是"皮波迪—马蒂尼"铰链式后膛闭锁击发装置。这种装置在小口径专用比赛步枪中使用较多。麦德森所要做的就是把这种手工操作的击发装置转换成全自动操作装置。这种枪在凸轮和控制杆上增加了一个可以随后坐力一起移动的金属板,由击发装置来控制铰链式后膛的张开和闭合。但是,由于枪膛没有完整的枪栓击发装置(和正常的闭锁装置一样),因此必须使用一个单独的带有撞锤和退弹簧的机械设置。这种操作太复杂了,就是一大优点,

在多种条件下,操作性能非常可靠,可以使用各种弹药,如英国的7.7毫米有缘式子弹,尽管使用这种子弹并不太成功。

为了满足不同客户的需要,麦德森机枪生产有多种口径。这种机枪远销到泰国;并且还制造有多种类型。它的枪管是空气冷却式,不适合于连续射击。虽然也生产了各种类型的三脚架,但大多数机枪的枪口下都安装了双脚架。有一些型号,包括丹麦武装部队使用的机枪,枪管下有一个短小的底座。当士兵在室内或要塞内时,可以把枪靠在墙上。这种枪普遍都安装了携带把手。麦德森机枪的性能可靠的一大原因是它尽可能多地使用了当时最好的原材料,当然,这也增加了它的制造费用。

多国非正式使用的机枪

在第一次世界大战期间,主要的交战国谁也没有把麦德森机枪当作自己的正式武器使用,但是,几乎每个欧洲国家的军队都曾经使用过这种机枪。在第一次世界大战初期,麦德森机枪成为交战双方最先在飞机上使用的武器之一,尽管不久就换成了其他武器。德军东线的"突击队"在战术上实验性地使用过这种机枪,但数量有限。中欧一些国家的军队也使用过这种武器,但是数量不大。当轻型机枪的观念被多数国家接受以后,许多国家纷纷对麦德森机枪进行了研究,英国甚至还想用这种机枪发射它的7.7毫米子弹。但这种子弹为有缘式子弹,不适合于麦德森机枪的机械装置。随后,这种机枪在英国被束之高阁了。直到1940年,英国才再次使用这种机枪,供刚成立不久的国土警卫队使用。

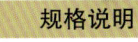
规格说明
麦德森M1903机枪
口径:8毫米
重量:10千克
枪全长:1145毫米
枪管:596毫米
子弹初速:825米/秒
射速:450发子弹/分钟
供弹:可装20发子弹的盒式弹匣

上图:麦德森机枪是最早的轻型机枪之一。它使用了一种非常复杂的下降式后膛闭锁系统。类型繁多,有多种口径,可以发射英国的7.7毫米子弹,在第一次世界大战期间曾被广泛应用。英国陆军曾经长期使用这种机枪

哈奇开斯1909型机枪

在1914年之前，法国陆军的训练原则是：攻击（或进攻）是胜利的关键。法国步兵和骑兵一直在接受进攻的训练。法国人认为依靠部队的反复攻击和坚强的意志就能击败敌人。依据这种乐观的作战方案，机枪几乎失去了作用。在20世纪初期，人们认为轻型机枪对骑兵部队有很大帮助，或许使用轻型机枪能够对付冲锋的步兵。

于是法国就生产出了哈奇开斯1909型军用机枪。它使用了大型哈奇开斯机枪基本的气动操作设置。由于它使用的子弹带是倒置式设置，所以供弹系统非常复杂。当这种武器生产出来时，骑兵部队根本不想接受它。事实证明这种机枪太重，只适合于步兵使用，所以生产出来的产品只好交给驻守要塞的部队使用，或者干脆库存起来。由于美国陆军使用这种机枪，所以它的出口情况相当不错。美国人使用的这种机枪被称为贝内–莫西1909型机枪，主要供骑兵部队使用。

因战争而暂缓生产

第一次世界大战爆发后，法国人再次把1909型机枪从仓库中取出来，甚至英国军队也使用这种机枪（英国称之为7.7毫米哈奇开斯Mk 1机枪）。英国希望得到更多机枪。英国生产的1909型机枪可以使用英国的7.7毫米子弹，并且在英国，这种机枪大多数都安装了枪托和双脚架。原来安装在枪架中心位置下面的小型三脚架被淘汰了。

然而，1909型机枪注定不能在堑壕战中使用，因为它的供弹系统经常出现问题。这种机枪逐渐退出了前线，转到了其他部队中。有几种类型的1909型机枪成为飞机上使用的武器，并且成为早期坦克中最主要的武器。例如，英国的"妇人"坦克和法国的"雷诺"FT–17轻型坦克都装备了这种机枪。

有限的方向转动

由于坦克内部空间狭小，有时机枪的方向转换会受到一定限制，所以许多机枪，尤其是英国的机枪，都转而使用大型哈奇开斯1914型机枪使用的由三发子弹连接而成的子弹带。英国陆军直到1939年仍在使用这些机枪，并且后来又从仓库中取出一部分供机场防空和商船武装护航使用。

1909型机枪属于第一代轻型机枪。尽管它的使用数量很大，但是并没有产生太大影响。它的主要缺陷与其说是技术上的困难，倒不如说是战术上的问题更为确切。因为从战术上讲，它在堑壕中使用的时间有限，并且对它的潜力缺少正确的评价，历史从来没有给它一个大显身手的机会。作为坦克武器，它在历史上留下了自己的烙印，但作为在飞机上使用的武器，并没有获得太大成功。在露天的飞机驾驶舱内，它的供弹系统明显存在缺陷。

上图：1918年5月，英军兰开夏郡第7步枪团的一名鼓手正在向刚刚到达法国的美国士兵演示如何使用哈奇开斯Mk1机枪

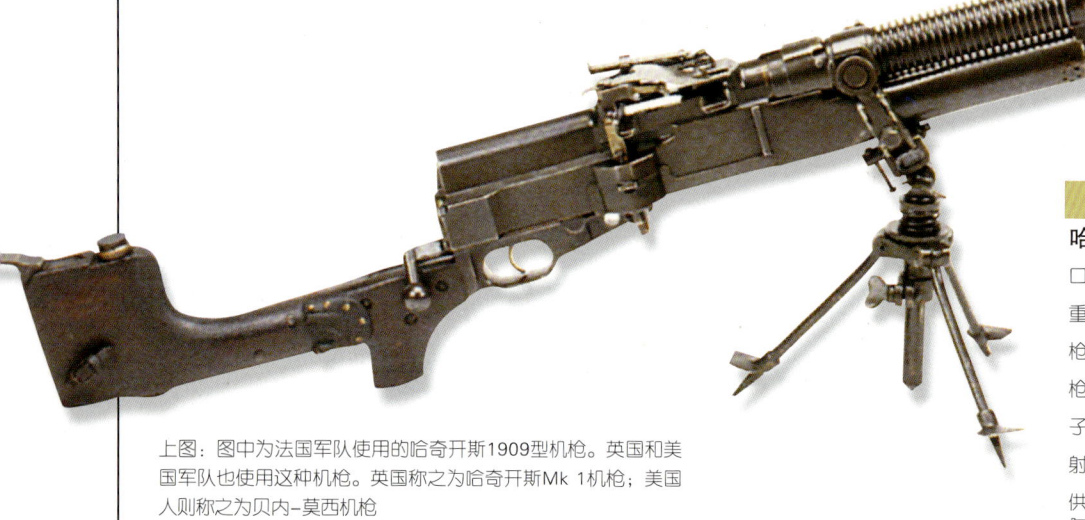

上图：图中为法国军队使用的哈奇开斯1909型机枪。英国和美国军队也使用这种机枪。英国称之为哈奇开斯Mk 1机枪；美国人则称之为贝内–莫西机枪

规格说明

哈奇开斯1909型军用机枪

口径：8毫米

重量：11.7千克

枪全长：1190毫米

枪管长：600毫米

子弹初速：740米／秒

射速：500发子弹／分钟

供弹：可装30发子弹的金属子弹带

哈奇开斯中型机枪

在19世纪90年代,唯一可行的机枪是由马克西姆和勃朗宁发明的。为了防止有人窃取他们的发明成果,他们申请了严格的商标保护,商标专利权像一堵围墙一样严密地将他们的产品保护起来。包括法国的哈奇开斯公司在内的许多武器公司,围绕在他们的专利墙周围,极力想搞清楚他们的秘密。当时,有一名奥地利的发明家描述了新奇的气动操作方法,这种操作方法可以产生强大的动力,供机枪使用。哈奇开斯公司马上购买了这种发明,并将其投入生产。

新颖的原理

第一种哈奇开斯机枪是哈奇开斯1897型军用机枪。虽然它几乎不能投入使用,但却是最早使用气动系统操作的机枪。后来的1900型和1914型机枪使用的都是这种操作系统,并且1914型机枪成为第一次世界大战期间的主要机枪。这几种机枪都使用了空气冷却型枪管,但是为了防止枪管温度过热,哈奇开斯公司马上使用了一种设计,这种设计成为这种机枪的商标:围绕在接近套筒座的枪管底端,有5个突出的环状套管。这些环状套管(有时是铜制品,有时是钢制品)在枪管达到最热程度时,能够增大枪管的表面面积,起到散热作用。

气动操作系统

自动射击时,气体从枪管流出,向后运动时推动活塞,从而带动所有的挤压和装填系统。这种气动操作系统运行可靠,不久就被其他机枪的设计者(以一种形式或另一种形式)采用。这种机枪最早出现在1904—1905年爆发的日俄战争。在战争中,虽然它的设计确实存在问题,但表现还是不错的。这个问题就是它的供弹系统。哈奇开斯机枪的供弹系统使用金属子弹带供应子弹。开始时使用黄铜制成的子弹带,后来用钢制的子弹带。这些子弹带只有24发或30发子弹,严重限制了机枪连续射击的能力。而1914型机枪的供弹系统经过重新设计,这个问题部分得到了解决。它的子弹带由3粒子弹的子弹带互相连接在一起,形成可以装249发子弹的子弹"带"。这种子弹带容易受损,上面的任何脏物都有可能导致卡壳。

根据这种系统而设计出来的机枪有多种类型。驻扎在要塞的部队使用的型号的枪口有一个向下呈Y形的设置,它可以起到消焰罩的作用。另外,在第一次世界大战期间使用的三脚架也有好几种类型,包括1897型机枪的支架,这种支架没有上下或左右转动的设置。

在第一次世界大战期间,法国军队大量使用哈奇开斯机枪。但是在1917年,许多哈奇开斯机枪都转交给了刚刚到达法国的美国远征军。美国远征军的每个师都装备了这种机枪,直到战争结束。

上图:1918年期间参加马恩河战役的法国和英国步兵。他们使用的是哈奇开斯1900型机枪。发射时使用1916型机枪的三脚架。机枪射手的身后是弹药箱。机枪左边有两名士兵负责帮助装弹

上图:根据围绕在枪管周围较大的环形冷却套管,人们很容易辨认出这就是哈奇开斯1914型机枪。它成为法国军队在第一次世界大战期间标准的重型机枪。虽然它非常沉重,但制作精良,性能可靠。不过它的子弹带时常出现问题。它发射的是口径为8毫米的子弹

规格说明

哈奇开斯1914型军用机枪

口径:8毫米

重量:23.6千克(枪)

枪全长:1270毫米

枪管长:775毫米

子弹初速:725米/秒

射速:400~600发子弹/分钟

供弹:可装24或30发子弹的子弹带或由每3发子弹连接而成有249发子弹的子弹带

绍沙轻型机枪

绍沙或CSRG机枪的正式名称为1915型军用机枪。这种机枪是第一次世界大战期间最不受欢迎的武器之一。1914年，法国设计委员会（主要设计人员有绍沙、苏特里、里布罗勒和格拉迪特。为了纪念他们，这种机枪以他们的名字命名为CSRG机枪）把它当作轻型机枪进行设计。这种枪比较长，显得有点笨重，使用长后坐力机械设置。射击后，枪管和闭锁装置向后移动到后部，然后再向前移动，同时枪栓被固定住；然后枪栓松开，开始供应另一发子弹。这种机械设置运行起来比较复杂，部件在枪内运动的面积太大，给瞄准造成了一定难度。

绍沙机枪主要是为了便于生产而设计的。但是，由于它是在1915年匆忙投入生产的，并且由多家公司负责制造，有的公司甚至根本没有制造武器的经验。许多公司只是把生产绍沙机枪当作赚取最大利润的工具，他们使用廉价和不适当的原材料，这样生产出来的产品实在是太可怕了。这些机枪要么没用几天就出现了严重磨损，要么刚刚使用就出现了断裂，再也无法使用。即使使用合适的原材料生产出来的产品，质量也同样很差，不是使用不便，就是操作稍有不当就会发生卡壳。它的半月形弹匣位于枪身下面，携带时极不便利；它的双脚架又轻又脆，非常容易弯曲。法国士兵非常讨厌这种机枪。后来，许多士兵愤怒地说："战场上导致许多士兵牺牲的罪魁祸首正是那些贪婪成性、疯狂追求利润的制造商。"事实的确如此。

上当的美国人

不幸的是，法国制造商不单单是为了追求武器生产的利润，当美国参战时，一些法国政治家极力劝说美国陆军使用绍沙机枪，毫无防备的美国人接受了法国人的建议。开始时，美国人接受了16000支，后来为了发射美国的7.62毫米子弹，又订购了19000支。不过，这种型号的绍沙机枪使用的是垂直式盒式弹匣，而不是法国的半月形弹匣。

事实证明，无论是美国人使用，还是法国人使用，所有绍沙机枪的表现都一样糟糕。一旦这种武器发生卡壳，美国人常把它一扔了事，转而使用步枪，尤其是那些能使用美国子弹的步枪。美国的子弹威力比法国的8毫米子弹威力大，所以这种机枪的零部件更容易发生损坏。

不了了之的调查

最后，正在执行的合同继续进行，但生产出来的产品却被扔进了仓库。战后，法国居然把这些机枪投放到国际武器市场上。法国的一些议员开始对绍沙事件进行调查，试图查清事件的真相——合同是如何分包的？制造商从中榨取了多少利润？但是，由于牵涉许多国会议员和企业界的领导人，最后整个事件不了了之。

许多资料表明，从各个方面来说，绍沙机枪都是第一次世界大战期间最糟糕的机枪。它的设计、制造、原材料的使用都很糟糕。它真的是一场灾难。但是目前来看，这件事的错误在于它的整个计划完全失去了控制，结果让少数人大发横财，满足了他们贪婪的欲望，同时却让许多士兵失去了宝贵的生命。

规格说明

绍沙机枪

口径：8毫米

重量：9.2千克

枪全长：1143毫米

枪管长：470毫米

子弹初速：700米/秒

射速：250~300发子弹/分钟

供弹：可装20发子弹的弯曲状盒式弹匣

上图：自有机枪以来，1915型机枪（或称为绍沙机枪）是最糟糕的机枪之一。不得不使用这种机枪的士兵没有不咒骂它的

右图：一名身穿水平花纹制服和大衣的法国士兵手持绍沙机枪，呈进攻姿势

圣埃蒂内 1907 型军用中型机枪

哈奇开斯机枪的设计属于商业范畴，法国军方希望设计出自己的机枪。不幸的是，军方的努力没有成功。事实上，哈奇开斯公司的气动操作系统受到严格的专利保护，谁都不可能逾越专利的保护而得到它。

愚蠢的设计

法国军方生产机枪的决心是无法阻止的，最终生产出的机枪被称为1905型机枪。这种机枪很糟糕，使用不到两年就被收回了。军方使用它的基本设计又生产出一种1907型军用机枪或称为圣埃蒂内机枪（为了纪念它的生产地，以制造厂的名字命名）。

设计人员决心在哈奇开斯公司设计的基础上，使用气动机械装置，但改变了它的操作程序——没有使用向后推动活塞的分流气体。圣埃蒂内机枪使用的操作系统是：气体向前分流，推动前面的活塞，活塞下有一个压缩弹簧，压缩弹簧伸缩时产生机械设置运行所需要的动力。从理论上讲，这种操作系统是切实可行的，但比较复杂，需要较多的部件，而这些部件容易断裂或发生故障。如此一来，在实践中，整个设计中好的方面少，出现问题的方面却很多。1907型机枪自身有多处容易发生堵塞的地方。它的供弹系统设在枪内。其他部件所需要的动力都是由复位弹簧提供的，复位弹簧温度过高会破坏韧性，难以运行，甚至断裂。最后，设计人员也束手无策，只好把复位弹簧设在冷却装置的正面，虽然它有助于制冷，但脏物容易进入，所以更容易出现阻塞。

被迫服役

尽管1907型机枪本身存在许多问题，在第一次世界大战期间，法国军队还是使用了这种机枪。道理很简单，法国陆军急需武器，能搞到手已属万幸，哪里还顾得上好坏。1907型机枪注定命运多舛。1916年，法国试图解决它所存在的几处明显缺陷，但改进后的机枪没有用上。后来，这种机枪渐渐退出了战场，被性能更加可靠的哈奇开斯机枪取代。1907型机枪被运到法国的殖民地，供当地军队和警察使用。剩余的则送给了驻守要塞的部队使用。

总而言之，圣埃蒂内机枪是一种失败的武器。事实上，这些问题在其他型号的机枪中就已存在。1905型普特乌克斯机枪已经预示出1907型机枪的一些设计不切合实际，甚至法国人早已知道应该使用更好的供弹方法来取代哈奇开斯机枪本身存在问题的供弹方法。在西线恶劣的堑壕中，圣埃蒂内机关枪常常因出现问题而无法使用。

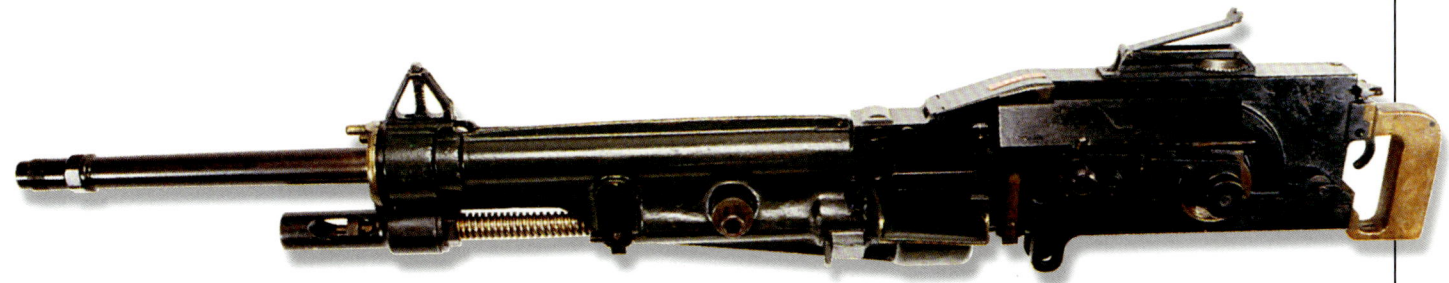

规格说明

圣埃蒂内1907型军用机枪

口径：8毫米
重量：25.4千克
枪全长：1180毫米
枪管长：710毫米
子弹初速：700米/秒
射速：400~600发子弹/分钟
供弹：可装24或30发子弹的金属子弹带

上图：法国1907型机枪是在哈奇开斯机枪的基础上经过改进而生产出来的武器，在战场上表现较差，大部分被送到法国殖民地，供当地军队和警察或驻守要塞的部队使用

右图：一个圣埃蒂内1907型机枪小组在巴黎埃菲尔铁塔上拍摄的照片。法国人试图证明巴黎能够对付德国的空袭。但是，事实证明再没有比1907型机枪更糟糕的武器了

MG 08 机枪

右图：1914年，德军使用的重型机枪带有沉重的三脚架。前进时必须拆卸为几部分。图中是1914年的一名轻步兵，他肩上背的是沉重的sMG 08机枪（一部分）

19世纪90年代，当海勒姆·马克西姆开始在欧洲各国首都演示他的机枪时，和大家所想象的正好相反，德国陆军并没有对这种机枪表现出太大热情。他们的机枪虽然引起了各国的极大兴趣，但销量却很少。德国陆军的第一支机枪是由德皇威廉二世私人出资制造的。后来事情有了转机，马克西姆和德国陆军达成了生产许可证协议。根据协议，不久，德国的商业公司和德国柏林附近的瓦冯和法布里克兵工厂（DWM）开始生产马克西姆机枪。德国在1908年之前生产出了几种型号的马克西姆机枪。1908年，德国生产出了sMG 08机枪。这种机枪是德国的第一种标准机枪。sMG 08机枪发射当时标准的7.92毫米步枪子弹。

由于sMG 08机枪和其他类型的马克西姆机枪的差别很小，使用的马克西姆后坐力操作装置完全相同，并且这种枪非常结实。在军中，事实证明DWM生产的机枪的性能非常可靠，经得起战场的考验。sMG 08机枪和当时其他型号的马克西姆机枪的差别主要在于它们使用的支架不同。

德国早期的马克西姆机枪使用的支架是"雪橇"式支架。折叠起来时，上面架着机枪，可以拉着穿过原野。虽然它是一种担架式枪架，但只需两名士兵就可携带。这种支架被称为"雪橇08"。支架很重，可以当作稳定的射击平台使用。1916年，德国又生产出一种名为"德瑞福斯16"的三脚架。

冷酷的收割机

第一次世界大战期间，sMG 08机枪夺去了协约国无数士兵的生命。德国陆军从1914年开始大范围使用机枪。1914—1917年，sMG 08机枪负责摧毁协约国发起的大规模步兵进攻，并且更重要的是德国人学会了使用机枪的方法，在开阔地域成对使用，而不是像过去那样，在双方之间的无人地域的正面摆放一支机枪；德国学会了使用机枪打击冲锋部队的两翼的方法，这意味着机枪摆放在两翼的位置更能有效地挫败敌人的进攻；同时，这种战术为机枪组提供更强大的压制性火力创造了机会。德国机枪的枪手都经过了严格筛选，战斗中，他们常常坚持到最后一刻。他们不仅熟悉所要承担的任务，而且熟悉sMG 08机枪的优劣。在修理和使用方面，他们都接受过全面训练。因为在前线，什么情况都有可能出现。

决定性火力

当时，每个机枪组由一支sMG 08机枪和两名或三名士兵组成。一旦协约国士兵离开战壕，发起冲锋，他们就负责阻拦或摧毁整个协约国步兵营发起的攻击。如此一来，在新沙佩勒、卢斯、索姆河大屠杀，以及第一次世界大战期间西线的其他所有的大规模战役中，无数士兵惨遭杀戮，而凶手就是sMG 08机枪和德国意志坚定的机枪组士兵。协约国士兵的面前弹坑遍地，到处是德军布下的铁丝网，这些障碍物可以迟滞协约国士兵的冲锋，德军机枪组的士兵有足够的时间夺去他们的生命。

在1918年之后，德国军队保留了sMG 08机枪，而且，德国的二线部队在1939年仍在使用这种机枪。

上图：在战斗中，比利时的机枪组使用的是马克西姆1908型机枪。这种机枪是从英国的维克斯公司采购的。这种机枪发射8毫米子弹。它和德国的sMG 08机枪非常类似

规格说明

sMG 08机枪

口径：7.92毫米

重量：62千克（枪和备用零件）；37.65千克（"雪橇"式支架）

枪长：1175毫米

枪管长：719毫米

子弹初速：900米/秒

射速：300~450发子弹/分钟

供弹：可装250发子弹的子弹带

上图：sMG 08机枪是第一次世界大战时德国的标准机枪。这种机枪使用了马克西姆机枪的操作系统。这种机枪非常重，火力猛烈。在精心构筑的防空壕内，在稠密铁丝网的保护下，德军使用这种机枪夺去了无数协约国士兵的生命

MG08/15 机枪

到1915年时，德国陆军发现前线的德军士兵非常需要轻型机枪。sMG机枪是一种优秀的重型机枪。从快速机动的战术方面看，这种机枪太重了。为了寻找能满足快速机动的轻型机枪，德军进行了一系列试验。接受试验的有丹麦的麦德森、伯格曼和德雷赛轻型机枪，但是最后德军却选中了sMG 08机枪中的一种较轻型号——MG 08/15。1916年，德国生产并装备了首批MG 08/15机枪。

MG 08/15机枪保留了sMG 08机枪的基本设置和水冷浸系统，但枪管上的水管套比较小。其他的变化有：套筒座四周的筒壁变薄了，有些部件被取消，重型的"雪橇"支架被双脚架取代。另外，增加了手枪枪把和枪托，瞄准具经过了改进。然而，德国人无论如何发挥想象力也难以把这种枪称为轻型机枪，因为它有18千克重。但是，这种机枪属于便携式武器，使用枪背带时，可以选择站立姿势射击。它的子弹带比较短，使用非常方便。为了防止子弹带陷入泥土里，枪的一侧安装了一个皮带筒。

无须额外的训练

选择sMG 08机枪的基本机械设置意味着使用MG 08/15机枪时，士兵无须接受其他训练，并且它的零部件有较好的兼容性。后来，在战争中，设计人员又作了进一步改进。它使用的水管套被取消了。这样，MG 08/15机枪就变成了MG 08/18机枪。到第一次世界大战结束时，这种轻型机枪并未能大范围使用。德国只生产了少量MG 08/18轻型机枪供德国机动能力较强的部队使用。事实上，前线步兵使用得极少。

另外，MG 08/15机枪还有一种类型。这就是纳粹空军使用的LMG 08/15机枪（L代表空军）。这种机枪使用空气冷却式枪管和固定式支架，主要供德国航空兵使用。它和基本型号的MG 08/15机枪差不多，保留了水管套，而且枪管上有许多有助于空气制冷的洞孔。这种机枪使用缆绳发射，它的机械设置和推进器同步运行，这样推进器的刃片和子弹就处于同一直线上。这种机枪使用鼓式弹匣。另外，为了防止子弹供弹时发生偏移，在靠近子弹带的地方，还使用了一个弹簧装填的弹鼓。

德国早期在飞机上使用的马克西姆机枪就是轻型的sMG 08型机枪，这种机枪被称为LMG 08机枪。LMG 08/15出现后，LMG 08机枪就被淘汰了。

毁灭性的能力

地面部队使用的MG 08/15机枪装备到连或连以下的前线部队，同时，营级部队或特殊的重型机枪连仍然保留（甚至使用）了较重的sMG 08机枪。由于MG 08/15机枪便于携带，所以在1917年和1918年，德军突击队开始大量使用这种机枪。但是，这种机枪从来也算不上是简单、方便的武器，和当时其他类型的轻型机枪相比，它的体积和重量都比较大。但是性能和重型的MG 08/15机枪一样可靠，并且德国军队都接受过如何使用这种机枪的训练。或许MG 08/15机枪使用效果最好的时候是在1918年战争的最后阶段，德军在大部队撤退的时候，常常留下小型的MG 08/15机枪组担负掩护任务，有时只需一支机枪就可以掩护一个营撤退，并且能够有效地阻止协约国骑兵的活动。

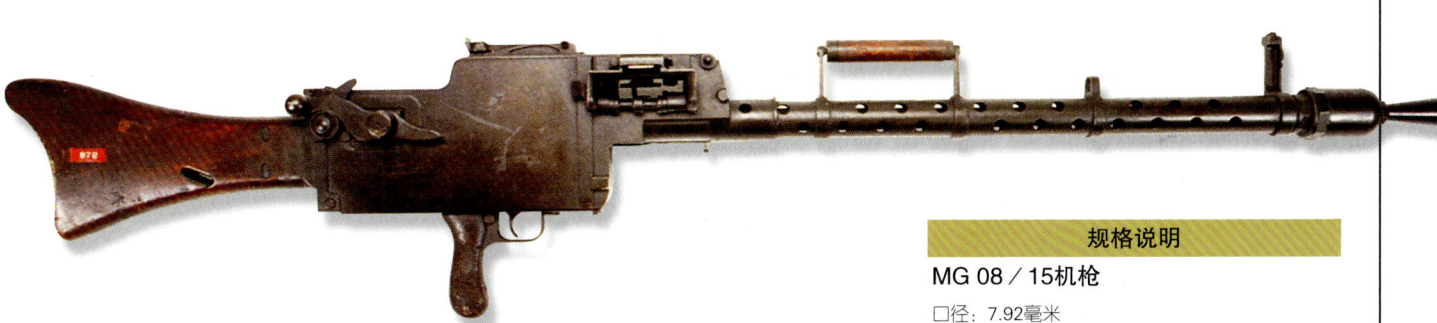

上图：MG 08/18机枪是第一次世界大战末期出现的sMG 08机枪的一种类型。它使用的是空气冷却式枪管，枪管上没有sMG 08机枪上较大的套管。德军非常需要一种空气冷却式轻型机枪，供机动性较强的部队使用

规格说明
MG 08／15机枪
口径：7.92毫米
重量：18千克
枪全长：1398毫米
枪管长：719毫米
子弹初速：900米／秒
射速：450发子弹／分钟
供弹：可装50发、100发或250发子弹的子弹带

PM 1910 机枪

俄国军队使用的第一批马克西姆机枪是20世纪初俄国直接从维克斯公司订购的,但是,不久以后,俄国就在图拉国家兵工厂生产出了自己的机枪。这种机枪就是PM 1905机枪(马克西姆1905型机枪)。它基本上是马克西姆机枪的仿制品,但是,生产时增添了典型的俄国水管套(用青铜制成)。1910年,这种青铜制成的水管套被钢制水管套取代。使用钢制水管套的机枪被称为1910型机枪或PM 1910机枪。

军中寿星

PM 1910机枪注定成为马克西姆机枪所有类型中生产时间最长的机枪,因为直到1943年,苏联仍在全面生产。虽然历时多年,它的类型发生了很大变化,但基本型号的PM 1910机枪一直都是俄军(包括后来的红军)的固定装备,即使情况变化无常和在极端的天气条件下,它也能正常操作,这对于庞大的俄国来说,真是一件合适的武器。当然它的可靠性能需要付出一定的代价,这就是它的重量。PM 1910机枪及相关设备都非常重,它平时使用的马车和小型的炮车差不多。它使用的马车通常有一种被称为"索科洛夫"的支架,平时这种机枪上面有一个有保护作用的移动式护罩。它有一个大转盘,可以调整射击的方向,还有一个大的轮式螺丝,可以上下调整射击的高度。转盘下面有两个钢制车轮,使用U形把手可以推着机枪(连附属设置)前进。早期的索科洛夫支架有两条腿,可以向前伸展,整个设备可以架在墙上或栏杆上射击。后来的型号取消了这些设置。

PM 1910机枪加上支架共重74千克。这意味着至少需要两个人才能拉动这种机枪。如果地面不平,需要的人手还会更多,所以它备有拖拉时使用的绳子。在冬季,它还备有雪橇式支架。它也可以用俄国人常用的农用大车进行装运。

虽然PM 1910机枪较重,但是,只要它的子弹带不缺少子弹,就能连续不停地射击。这种机枪几乎不需要维修,对于整日忙于训练的俄军来说,无须提供日常服务(如日常清洁)。

有限改变

PM 1910机枪在1917年之前生产的数量极为庞大,到1917年时,生产制造中心已经不仅仅局限于图拉一个地方。在第一次世界大战期间,这种机枪的唯一变化是为了增加枪管表面的散热面积,提高冷却能力,用波纹状套管代替了光滑的旧式水冷浸套管。为了减轻重量,沉重的防护罩也取消了。在第一次世界大战期间,俄国军队使用的PM 1910机枪之多,堪称世界之最,以至于德国人在缴获这种武器的时候,有一种取之不尽、用之不竭的感觉,而且这还仅仅是在东线。

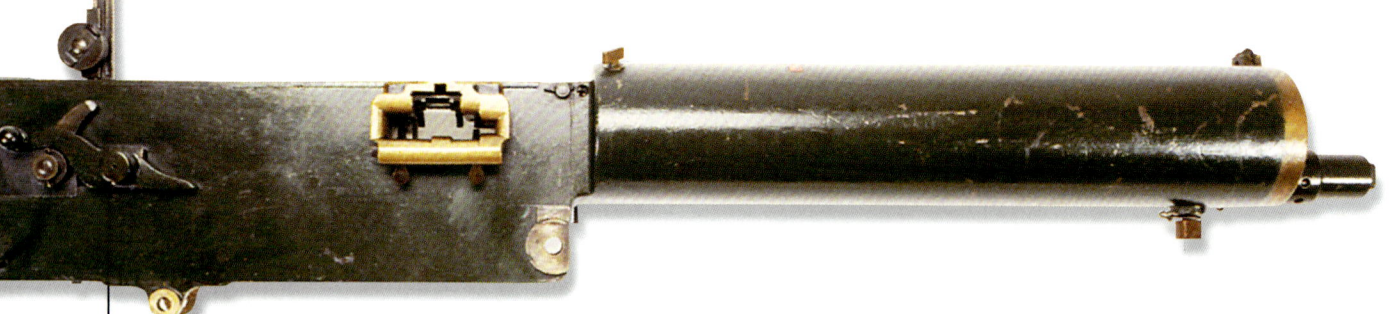

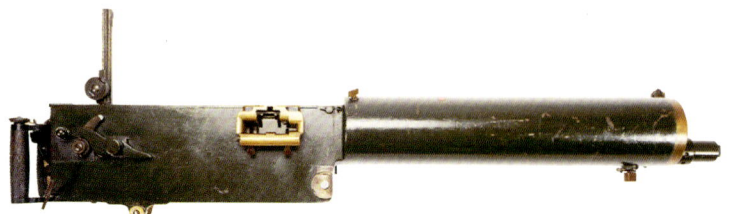

上图:这种机枪最初是由维克斯公司为俄国陆军制造的。不久,莫斯科郊外的图拉兵工厂开始生产马克西姆机枪。直到1943年,这种机枪仍在全面生产

规格说明

PM 1910机枪

口径:7.62毫米

重量:23.8千克(枪);
　　　45.2千克(带防护罩的支架)

枪全长:1107毫米

枪管长:720毫米

子弹初速:863米/秒

射速:520~600发子弹/分钟

供弹:可装250发子弹的子弹带

刘易斯

刘易斯机枪一般都被称为刘易斯枪。它是一种国际性武器。虽然它的原产地在美国，但是，最先出现和制造的地方却是欧洲。它的发明者是塞缪尔·麦克林。但是，艾萨克·刘易斯上校对它的基本设计原理作了进一步改良，并且把它出售到世界其他地方。由于美国军方对他没有流露出太大兴趣，所以刘易斯把他的设计带到比利时。在比利时，刘易斯机枪投入生产，供比利时军队使用。在1913年以及后来的时间里，生产又转到了英国。英国伯明翰轻武器公司（BSA）负责这种机枪的生产。

英国接管

BSA公司生产的刘易斯机枪被称为刘易斯Mk 1机枪。这种机枪是专门为英国军队生产的。当时只生产了5支或6支。道理很简单，因为英国陆军想生产维克斯机枪。事实上，刘易斯机枪重量轻，便于携带，但这在当时是次要的。事实证明，这种机枪一装备部队就受到了前线士兵的欢迎。有了它，士兵就可以实施机动灵活的战术。它是最早的具有真正意义的轻型机枪之一。它的弹匣与众不同，鼓式弹匣位于枪的上面。不久，西线驻有英国军队的地方都能看到这种武器。

气动操作装置

刘易斯机枪属于气动操作武器，在射击时，气体从枪管分流出来，向后推动活塞，活塞向后推动闭锁装置、机械装置，压缩枪下面的卷缩弹簧，然后弹簧反弹，把一切装置都反弹到开始的位置。这种机械装置相当复杂，需要细心维修，即使如此，也容易发生卡壳和阻塞。它使用的鼓式弹匣也常引起麻烦，尤其是弹匣，如果有轻微损坏，更是如此。它的枪管卷绕了一层特殊的空气冷却套管（按道理应该使用被动式气流制冷系统），但经验表明这种套管式冷却装置的效果被估计过高了。其实没有它，机枪的性能照样稳定。例如，装在飞机上的刘易斯机枪就没有这种装置。

返回美国

当刘易斯机枪在欧洲大批量投入生产后，美国才意识到这种武器的潜在价值，并且马上为美国陆军订购了一部分。这种机枪发射美国陆军的7.62毫米子弹。

早期的坦克和许多海军舰船上都使用了刘易斯机枪。在第二次世界大战期间，它又发挥了类似作用。许多库存的刘易斯机关枪被安装在商船上当作武装护航的武器。另外，英国国土警卫队和英国皇家空军机场防卫部队也使用这种武器。

下图：英国陆军使用刘易斯机枪最为广泛，但是，这种机枪最初的生产地却是比利时。从大块头的空气冷却套管和平底的鼓式弹匣很容易把它和其他机枪区分开来。这种弹匣可装47发子弹

规格说明

刘易斯Mk 1机枪

口径：7.7毫米

重量：12.25千克

枪全长：1250毫米

枪管长：661毫米

子弹初速：744米／秒

射速：450~500发子弹／分钟

供弹：可装47发或97发的过顶状鼓式弹匣

上图：战斗中的刘易斯机枪小组。图中表明，它的弹匣仍在弹药箱内。图中可以看到弹匣盘下面空气冷却套管的散热片。这些散热片理应迫使空气沿枪管运动，但事实证明它们都是多余的装置

上图：一名刘易斯机枪射手正在射击。这种机枪看起来像一支步枪。显然，这名射手瞄准目标时有些匆促。一般情况下，用这种姿势射击精度较低。因为这种枪比较重，难以持久射击；并且，后坐力马上就会使已经瞄准的目标发生偏移

维克斯机枪

1887年,在马克西姆在欧洲各国巡回演示他的机枪后,英国成为第一个使用马克西姆机枪的国家。英国一家公司在坎特郡的克雷福德建立了一条生产线。从这家公司的车间里,马克西姆机枪被源源不断地送到英国武装部队。其他国家的军队也开始使用这种武器。维克斯公司的工程师们意识到这种机枪的优点,但认为需要重新设计才能减轻它的重量。对许多机械设置的应力进行一番研究后,维克斯机枪的许多设置的重量减轻了,而且它基本的击发设置也经过了改动,以至于连马克西姆发明的开关式闭锁装置的重量也减轻了。

慢慢被人接受

改进后生产出来的机枪被称为维克斯机枪。相对而言,它并不比马克西姆机枪轻多少,不过它的操作原理更加完善,制造效率得到了提高。1912年11月,英国陆军正式接受了这种武器,称之为7.7毫米"维克斯"Mk 1机枪。开始时生产的产品供英国陆军使用。由于大家仍对这种机枪心存疑虑,所以每个步兵营只装备了2挺。

第一次世界大战爆发后,人们对维克斯机枪的看法迅速发生了转变。不久,英国又建立了新的制造中心。有的制造中心就建在英国的皇家兵工厂。在长期的生产过程中,虽然它的各个部件发生了很大变化,但这种机枪的基本设计却没有改变。

特殊的技能

和当时的其他类型的机枪一样,维克斯机枪也容易卡壳,并且发生卡壳的原因多数是由弹药引起的。士兵们想出了许多能够快速清洁武器的办法。这些技能需要经过一定的学习才能掌握。当时英国陆军成立了新的机枪部队,所以这些经验和技能只能局限于相对较小的范围内,未能普及到所有部队当中。当时英国陆军正在急剧扩增,许多步兵团都刚组建不久。英国机枪部队在战斗中树立了自己的团队精神,其队徽是两支互相交叉的维克斯机枪。

性能全面而且可靠

只要弹药供应及时,维克斯机枪就能持续不停地射击。冷却管内的水要从上面添加。英军早期获得的经验是,添加水时,水会从套管中流出,流到机枪的下面。后来,他们使用了一个特殊的冷凝系统(水罐中放入一根软管),可以堵住缝口,过一会儿水就会流到套管内。

维克斯机枪射击时需要放置在重型三脚架上。维克斯机枪有多种型号,包括在飞机上使用的机枪(使用空气冷却枪管)。通常这些机枪需要安装在固定设备上。在两次世界大战期间,维克斯机枪的型号就更多了,直到20世纪70年代英国军队还在使用。

许多权威专家认为维克斯机枪是第一次世界大战期间所有机枪中最优秀的一种。即使是在今天,它仍不失为一种非常有用的武器,有些国家的军队还在使用。

上图:维克斯机枪只要进行适当维护,在弹药充足、枪管保证有冷却水的时候,能持续不停地射击。这种机枪还具有间接瞄准射击的功能

上图:英国设计了一种面罩,在德国投放毒气时,包裹在头上可以保护士兵的生命。由两名士兵组成的维克斯机枪小组正在严密监视德军步兵的攻击。德军常常在攻击前施放毒气

规格说明

维克斯机枪
口径:7.7毫米
重量:18.14千克(枪);22.0千克(三角架)
枪全长:1156毫米
枪管长:721毫米
子弹初速:744米/秒
射速:450~500发子弹/分钟
供弹:可装250发子弹的子弹带

左图:这挺维克斯机枪是美国制造的,使用的是英国生产的Mk 4B三脚架。它是英国军队标准的机枪,甚至还成了英国机枪部队的队徽。在第一次世界大战期间,为了发挥机枪在战斗中的重要作用,英国组建了机枪部队

柯尔特—勃朗宁 1895 型机枪

早在1889年，约翰·勃朗宁就开始设计机枪。当时美国人仍在使用手工操作的格林机枪，虽然马克西姆发明的使用后坐力操作系统的机枪已经获得了专利。

这样勃朗宁就把研制的方向转向了气动操作的机械设置。经过努力，他逐渐完善了这种设计。柯尔特公司根据他的设计制造出一些样品，其中有的为美国海军做了演示。1895年，美国海军决定订购一批，这些机枪可发射7.62毫米的格拉格—约根森子弹，但是后来改为7.62~7.66毫米子弹。在两次世界大战中，美军一直使用这种子弹。

土豆挖掘机

柯尔特—勃朗宁1895型机枪是气动操作武器，它利用从枪管流出的气体推动活塞运动。活塞推动枪机下面呈摆动状态的长杆，从而使枪的整个机械装置运行起来。正是由于这根长杆，所以人们给这种枪起了个绰号——"土豆挖掘机"。因为机枪架起后离地面较近，所以要在地面挖掘一个小坑，供这个长杆摆动时使用，否则，就会撞击地面，引起阻塞。不过，好在它的一大缺陷被如下事实所弥补：当它的机械装置运行时，长杆摆动非常精确，只有这样，才能保证击发装置不会出现故障。它使用的子弹带可装300发子弹。

1898年的使用情况

在1898年古巴战役期间，美国海军陆战队首次使用1895型机枪，但使用的数量不多。有一些1895型机枪被出售到比利时和俄国。到第一次世界大战爆发时，1895型机枪已属明日黄花，但是由于美国陆军严重缺少采购更加先进武器的资金，所以美国陆军还是保留了大量的1895型机枪，供训练使用。在1917年和1918年，有一部分1895型机枪甚至还远涉重洋，随美军一起到了法国。不过能使用的的确不多，无奈美国人只好大量使用法国和英国制造的机枪。

在第一次世界大战期间，美国仍在生产1895型机枪，不过生产转给了马林和罗克威尔公司。该公司对这种机枪进行了改进，使用更传统的气动活塞系统取代了长杆状击发装置。改进后的机枪被称为马林机枪。它和1895型机枪非常类似，但重量轻了一些，而且整体性能要优于1895型机枪。美国陆军航空兵把这种机枪当作飞机上的武器使用，并且这种机枪还成了美国坦克的标准武器。战争结束时，大量的马林机枪还没有运到前线，所以美国只好把这些机枪入库封存起来。1940年，为了防御英国本土，英国紧急采购了这种机枪。

比利时和俄国在第一次世界大战期间都使用1895型机枪。1917年，在俄国动荡不安的政治变革中，1895型机枪发挥了重要作用。甚至在1941年，苏联还在使用一些1895型机枪。

上图：尽管射击时枪身下面的支杆向下不停地摆动，但柯尔特1895型机枪仍被选中，成为早期飞机上的武器。原因是它比较轻，枪管为空气冷却。但是这种型号的机枪的使用时间很短

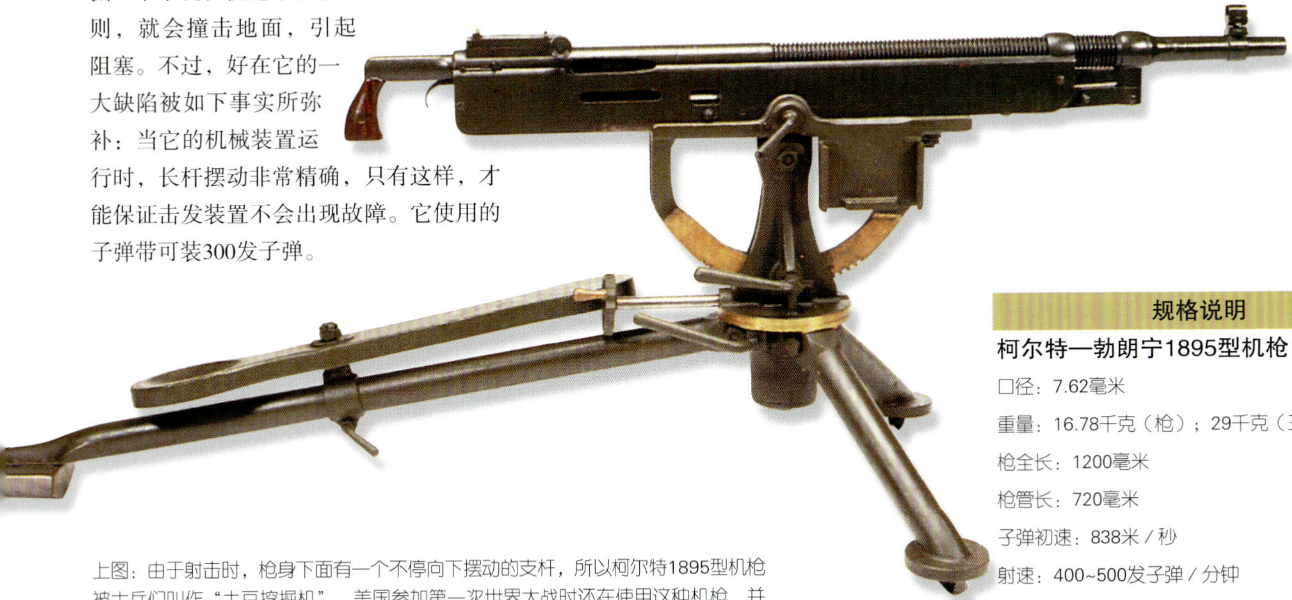

上图：由于射击时，枪身下面有一个不停向下摆动的支杆，所以柯尔特1895型机枪被士兵们叫作"土豆挖掘机"。美国参加第一次世界大战时还在使用这种机枪，并且美军到达法国时，仍能看到这种机枪

规格说明

柯尔特—勃朗宁1895型机枪

口径：7.62毫米

重量：16.78千克（枪）；29千克（三角架）

枪全长：1200毫米

枪管长：720毫米

子弹初速：838米/秒

射速：400~500发子弹/分钟

供弹：可装300发子弹的子弹带

勃朗宁M1917机枪

几乎就在柯尔特—勃朗宁1895型机枪（气动操作）投入生产的同时，勃朗宁开始研制使用后坐力操作的武器。不幸的是，美国军方当时没有兴趣采购其他类型的机枪。他们认为只采购1895型机枪就足够了，而且要采购其他类型的机枪，资金也有一定困难。这样，采购另一类型的机枪的事也就推迟了，直到1917年美国参战时，才发现美军普遍缺少先进的武器，尤其是机枪更为稀缺。

在极短的时间内，美国军方订购了大量的新式勃朗宁机枪。这种枪被称为M1917机枪（口径为7.62毫米）。

如果简单地从外观上看，M1917和其他类型的机枪非常类似，尤其是和维克斯机枪更是相近。但是事实上，M1917机枪和它们都不相同，它使用的是一种被称为短后坐力的操作系统。射击时产生的后坐力向后，把枪管和闭锁装置推到枪后部，枪管和枪栓一起向后移动一小段距离后开始分离，并且枪管停止运动；有加速器作用的摆动杆推动枪栓向后移动，并且带动一系列凸轮运动，从而带动供弹系统，把新的一粒子弹送入弹膛。枪栓向后移动时，压缩的复位弹簧开始反弹，向前推动枪栓；枪栓朝向枪管的方向运动，于是整个设置恢复到原来的状态。后来所有类型的勃朗宁机枪，无论是空气冷却的7.62毫米机枪，还是较大口径的12.7毫米机枪，它们的设计都保留了这种基本设置。

手枪枪把

除了内部机械设置完全不同之外，M1917机枪和维克斯机枪还有一个完全不同的部件——射击枪把。维克斯机枪使用的是两个铲子式枪把，扳机设置（射击时要向前推动）位于这两个枪把之间；而M1917机枪使用的是手枪枪把和传统式扳机（推动扳机才能射击）。如果仔细检查，还会发现其他不同之处，手枪枪把的差异只不过太明显而已。

没出现问题

M1917机枪是仓促中在几个制造中心投入生产的，并且生产数量极大。到第一次世界大战结束时，至少制造了68000支。

并不是所有的M1917机枪都送到了驻扎在法国的美国士兵手中。在1918年之后，M1917已成为美国能够持续射击的标准机枪，而且直到第二次世界大战结束时，美国军队仍在使用这种机枪。在1918年之后，美国根据战场上取得的经验对它进行了改动，但改动很小；后来，当取消水冷浸套管时，才进行了大范围改动。改进后的产品就是M1917轻型机枪。

重要的军用机枪

相对来说，事实证明M1917机枪在战斗中没有出现过什么问题，尽管它是在仓促间投入生产并装备部队的。显然，它所出现的问题都曾记录在案。当时运到法国供美国军队使用的武器的种类繁杂，其中M1917机枪的数量有限，而且都被发放到美国军队。在M1917机枪装备美国部队之前，美国军队使用的武器都是斯普林菲尔德步枪和其他陈旧的装备。

上图：美国完全没有作好应付大规模冲突的准备，所以美国陆军不得不依赖英国和法国制造的武器来装备美国的远征军。使用过法国的低劣武器后，勃朗宁M1917机枪成为美军最喜爱的武器。它的可靠的性能和精良的制作，使它注定成为美军长期使用的武器

规格说明

M1917机枪

口径：7.62毫米

重量：14.79千克（不带水时枪重）；24.1千克（三角架）

枪长：981毫米

枪管：607毫米

子弹初速：853米／秒

射速：450~600发子弹／分钟

供弹：可装250发子弹的子弹带

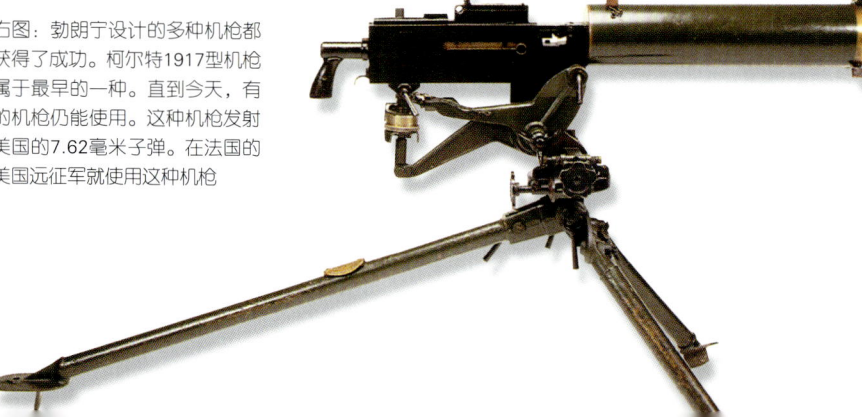

右图：勃朗宁设计的多种机枪都获得了成功。柯尔特1917型机枪属于最早的一种。直到今天，有的机枪仍能使用。这种机枪发射美国的7.62毫米子弹。在法国的美国远征军就使用这种机枪

勃朗宁自动步枪（BAR）——轻型机枪

在1917年，勃朗宁在华盛顿向国会演示了他设计的两种新式自动武器：一种是重型机枪，即后来的M1917机枪；另一种则被许多人视为混合型武器，后来称之为BAR或勃朗宁自动步枪。BAR是一种非常古怪的武器，因为对多数人来说，它是一种轻型机枪，而对于美国陆军来说，它却是一种自动步枪。从某种程度上讲，它属于早期的突击步枪。它不仅重量轻，而且便于携带，既可单发射击，也可以自动射击，并且一个人就可以携带和使用。

到1918年初期，BAR在几个制造中心投入生产，但是由于柯尔特公司已经获得了勃朗宁的专利权，因此由它负责生产制图和测量，供其他制造中心使用。1918年9月，BAR M1918投入战场，这种武器给美军士兵留下了深刻印象，他们对这种步枪的评价很高，以至于在20世纪50年代的朝鲜战争期间，美军仍然使用这种武器。至于美国人为什么对BAR如此着迷，个中原因实在难以说清。最早的BAR机枪在第一次世界大战期间使用时还是手工操作的武器，没有双脚架，也没有其他任何支撑物，需要采取卧姿才能射击。弹匣只能装20发子弹，持续射击的能力受到了限制。BAR作为机枪，真是太轻了，但是作为自动步枪，它又太大、太重了。

瞬间命中

但是美国士兵却对BAR钟爱有加。毫无疑问，对于刚刚使用过最糟糕的绍沙机枪的美军士兵来说，他们把BAR视为一种最好的武器。除了使用过的斯普林菲尔德步枪之外，BAR是他们使用过的第一种"全美国造"的武器之一。显然，他们想向世人展示一下美国轻武器的质量。

BAR的确给人留下了深刻印象。它制作精良，木制部件都经过了经心雕琢，并且能经得起破坏性撞击。它的机械装置是气动操作，布局合理。射击时枪栓马上将机械设置锁定。枪栓和套筒座顶部的槽口相联接。槽口是凸出物的源头；而这个凸出物正好位于枪的顶部和后瞄准具的前面。需要维修和修理时，BAR可以被快速拆卸成70个零部件，并且组装也极方便。

在战场上使用BAR时，美军发明了几种作战技能，其中的一种技能是射击时间不能持续太长，每发射一发子弹时，左脚接触一下地面。事实上，在1918年之后，美国士兵对大多数BAR的作战技能进行了明确规定。每经过几个月的战斗，美国士兵都会对BAR的使用情况进行分析和总结。

改进后，使用双脚架和肩背带的BAR被称为BAR M1918A1步枪。这种步枪可以作为支援武器使用，可以向步枪手提供自动支援火力。在第二次世界大战期间，美军使用的是BAR M1919A2步枪。这种步枪带有单脚式枪托，虽然没有选择性射击能力，但是在自动射击时，可以使用两种方法射击。

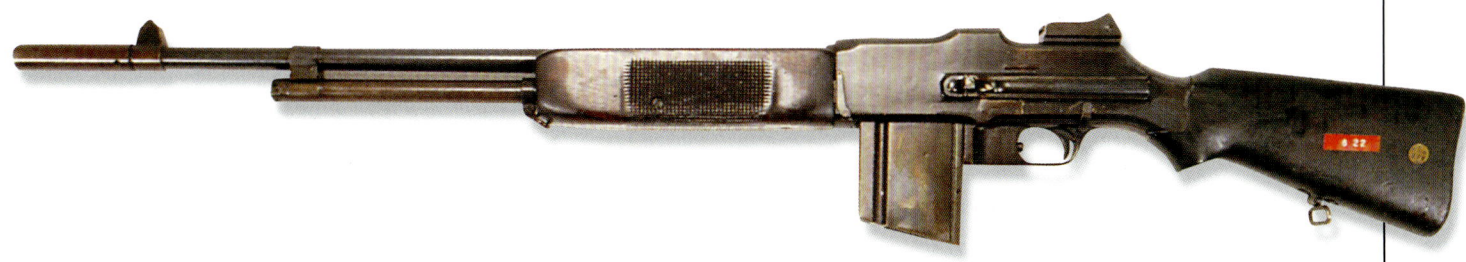

规格说明
勃朗宁自动步枪（BAR）
- 口径：7.62毫米
- 重量：7.26千克
- 枪全长：1194毫米
- 枪管长：610毫米
- 子弹初速：853米/秒
- 射速：550发子弹/分钟
- 供弹：可装20发子弹的垂直状盒式弹匣

上图：勃朗宁自动步枪（或称为BAR）兼具重型步枪和轻型机枪的功能。它的弹匣能装20发子弹。早期的BAR没有双脚架。美国陆军发现它非常有用，所以曾经大量使用

ZB vz 26 和 vz 30 轻型机枪

1919年后，捷克斯洛伐克成为一个独立的国家。当时捷克斯洛伐克保留了生活在该国的各方面人才，其中就有许多轻型武器的设计专家。20世纪20年代初期，捷克斯洛伐克在布尔诺建立了一个名为塞斯科斯洛文斯卡·兹布罗约维卡的公司，由该公司负责所有类型的轻武器的设计和生产。捷克斯洛伐克早期生产的机枪被称为ZBvz 24。这种枪使用盒式弹匣。因为它的枪托设计较为出色，所以捷克斯洛伐克保留了它的样品。在此基础上，经过重新设计，捷克斯洛伐克又生产出了ZB vz 26机枪。

这种轻型机枪立即获得了成功。它是自有机枪以来最富有灵感的设计之一。ZBvz 26轻型机枪属于气动操作型武器。枪管下有一个较长的气动活塞，枪管中分流出来的气体沿带有散热片的枪管向下运动。在气体的推动下，活塞向后运动带动，闭锁系统的一个简单装置。闭锁装置的坡道上装有铰链，构成了射击和关机的基础设置。弹药从稍微倾斜的盒式弹匣向下供给。整个设计重点突出了易于拆卸和维修、使用方便等特点。为了便于散热，枪管周围安装了突出的散热片；另外，它还使用了简单、快速的枪管更换方法。

ZBvz 26机枪装备捷克斯洛伐克部队后不久，就在武器出口市场上获得了巨大成功。包括南斯拉夫和西班牙在内的许多国家都使用过这种机枪。随后，经过轻微改进，捷克又生产出新式的ZB vz 30机枪。但对于外行人来说，它们一模一样。ZBvz 30机枪和ZBvz 26机枪只是在制造方法和内部设计上有所不同。它和ZBvz 26机枪一样，在出口市场上也获得了很大成功。采购它的国家有波斯（现在的伊朗）和罗马尼亚等国。许多国家获得生产许可证后，建立了自己的生产线。到1939年时，这两种轻型机枪已经成为世界上众多轻型机枪中的佼佼者。

德国使用

捷克斯洛伐克是德国占领的第一个国家，并以此为起点占领了欧洲大多数国家。占领捷克斯洛伐克后，ZBvz 26和ZBvz 30机枪成了德国的武器。德国人把这两种武器分别命名为MG 26（t）机枪和MG 30（t）机枪。为了满足德军的需要，布尔诺兵工厂一直在生产这两种机枪。这两种机枪遍布世界各地，甚至德国的民事警察和宪兵也把它们当作标准机枪使用。

或许，ZBvz 26和ZBvz 30机枪最持久的魅力是它们对其他类型的机枪产生的影响。日本人直接仿制了这两种机枪，西班牙也如法炮制，其产品被称为FAO机枪；英国的布伦机枪就是以ZBvz 26机枪为起点研制成功的；南斯拉夫甚至还生产出自己的和ZBvz 26机枪一样的机枪。

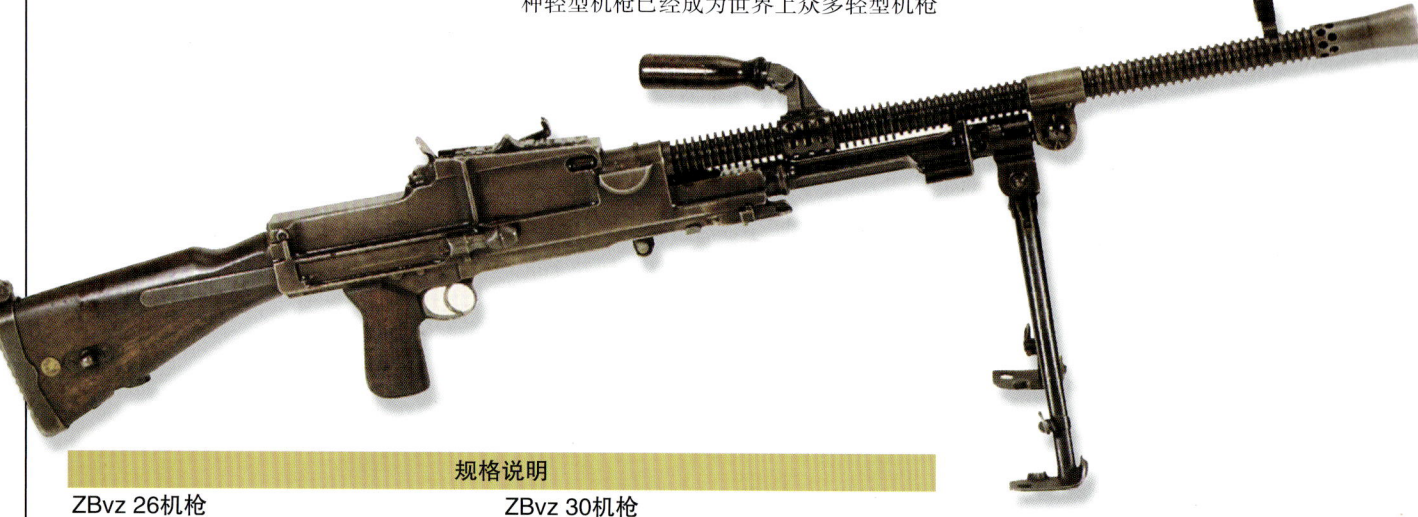

上图：这是捷克斯洛伐克的ZBvz 26机枪，是当时影响最深远的设计之一，英国的布伦机枪就是以它为基础设计的。这支机枪安装盒式弹匣。这种弹匣可装20发或30发子弹

规格说明	
ZBvz 26机枪	**ZBvz 30机枪**
口径：7.92毫米	口径：7.92毫米
重量：9.65千克	重量：10.04千克
枪全长：1161毫米	枪全长：1161毫米
枪管长：672毫米	枪管长：672毫米
子弹初速：762米/秒	子弹初速：762米/秒
射速：500发子弹/分钟	射速：500发子弹/分钟
供弹：可装20或30发倾斜状盒式弹匣	供弹：可装30发子弹的倾斜状盒式弹匣

1924/29型和1931型军用机枪

第一次世界大战后,法国极力想研制出一种有效的轻武器。它使用了BAR步枪的击发设置,但是,为了发射法国新式的7.5毫米子弹,法国对BAR步枪的击发设置进行了改进。在此基础上生产出来的第一批机枪被称为1924型机枪(M1924自动步枪)。这种武器的设计比较先进,使用可装25或26发子弹的头顶状盒式弹匣。分离式扳机可以供射手选择单发射击或自动射击。

存在的问题

在交付军队使用之前,法国并没有对枪和子弹进行全面研究,所以出现枪管爆炸的问题。法国想出的解决办法是减少子弹的威力,增加一些部件。这样,生产出来的产品被称为1924/29型机枪。1924/29型机枪中有一种特殊的型号,最初供马其诺防线的防御部队使用,但是后来也供坦克和其他装甲车使用。这种型号的机枪被称为1931型机枪。这种枪有一个形状非常奇特的枪托。它的鼓式弹匣可装150发子弹,从枪的一侧向外突出。尽管枪和枪管的长度都增加了,但内部设置和1924/29型机枪则完全一样。在静态防御中,枪重量的增加倒也无关紧要。法国生产了大量1931型机枪。

德国使用

1940年6月,法国战败投降,德军缴获了大量的1924/29型机枪和1931型机枪。德国分别把它们命名为MG 116(f)轻型机枪和Kpfw MG 331(f)机枪。法国人手中只保留了一小部分,主要供法国驻中东和北非的部队使用。1945年后,法国又恢复了1924/29型机枪的生产,而且法军又使用了很长时间。

德国在1940年缴获了大量战利品。这意味着它可以把大量的1924/29型机枪和1931型机枪投入到后来的"大西洋壁垒"防御上,并且德国人特别喜爱把1931型机枪当作防空武器使用。但是,这些1924/29型机枪和1931型机枪在使用中常常出现事故,并且它们的子弹威力小,射程近,最大射程只有500~550米,而当时的多数机枪的射程都有600米或600米以上。

规格说明	
1924／29型机枪	**1931型机枪**
口径:7.5毫米	口径:7.5毫米
重量:8.93千克	重量:11.8千克
枪全长:1007毫米	枪全长:1030毫米
枪管长:500毫米	枪管长:600毫米
子弹初速:820米／秒	子弹初速:850米／秒
射速:450~600发子弹／分钟	射速:750发子弹／分钟
供弹:可装25发子弹的盒式弹匣	供弹:可装150发子弹的鼓式弹匣

上图:1924/29型机枪是1940年法军使用的标准轻型机枪;它的口径为7.5毫米。它使用了两个扳机,一个用于自动射击,另一个用于单发射击

布雷达机枪

在第一次世界大战期间,意大利军队使用的标准机枪是水冷浸式菲亚特1914型机枪。战后,经过改进,生产出了空气冷却式菲亚特1914/35型机枪。这种枪比较重,使用新式空气冷却方法,由布雷达公司生产,是一种新式的轻型机枪。该公司利用早期在1924年、1928年和1929年的生产经验生产出了布雷达30型机枪。这种机关枪后来成为意大利的标准轻型机枪。

众多设计缺陷

意大利设计过好几种机枪,但都不能令人满意。30型机枪只是其中的一种。从外观上看,它的形状和凸出部分非常奇怪。这些凸出物容易钩住衣服或其他装备,毫无疑问,任何携带它的人都会感到极不方便;除此之外,设计人员还使用了一种新奇的供弹系统(装20发子弹),这种系统非常脆弱,常出现问题。当子弹进入折叠式弹匣时,弹匣的铰链非常脆弱,如果弹匣或铰链受到损坏,枪也就无法使用了。

这些麻烦还不够,挤压空弹壳的设置是整个气动操作系统中最脆弱的一部分。为了使枪正常使用,枪内设有一个油泵,可以润滑空弹壳,使其顺利弹出。这种理论是可以成立的,但增加的润滑油马上会吸附许多尘土和脏物,阻塞机械设置,而且北非的沙粒也是一种前所未有的威胁。问题已经够多的了,不过,意大利人似乎嫌麻烦还不够多,它的枪管虽然可以更换,却没有安装枪管柄(这样也就没有携带把手),所以更换枪管时操作人员必须戴上手套,所以再也找不到比30型机枪更令人无法忍受的武器了,即使是后来的7.35毫米38型机枪也要比它好一些。

其他两种布雷达机枪要比30型机枪好一些。其中一种是布雷达RM 31型机枪。这种机枪是为意大利陆军的轻型坦克而生产的。它的口径为12.7毫米,使用较大的弯曲式盒式弹匣。这种弹匣在装甲车内禁止使用。

重型机枪

该公司生产的布雷达37型机枪是一种重型机枪。从整体上看,这种机枪算得上是一种成功的武器。但是,从战术上看,由于它使用了一种与众不同的供弹设置,所以使用时极不方便,它使用的是平底的盘状弹匣,可装20发子弹。弹匣要穿过套筒座才能接到空弹壳。为什么要使用这么复杂而且麻烦不断的设置,其中的原因现在已无法考证。因为在新一粒子弹装进弹膛之前,空弹壳必须从弹匣中取出。该公司保留了油泵挤压的方法,所以又把30型轻型机枪中的阻塞问题"遗传"给了37型重型机枪。如此一来,尽管37型机枪成为意大利陆军的标准重型机枪,但其整体性能也不过如此。

另外,还有一种供坦克使用的37型机枪被称为布雷达38型机枪。

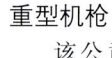

上图:口径为6.5毫米的布雷达30型轻型机枪是自发明机枪以来最不成功的机枪之一。尽管它存在着一大堆问题,但整个第二次世界大战时期,意大利军队都在使用这种武器

规格说明	
30型机枪	**37型机枪**
口径:6.5毫米	口径:8毫米
重量:10.32千克	重量:19.4千克(枪);18.7千克(三角架)
枪长:1232毫米	枪全长:1270毫米
枪管:520毫米	枪管长:740毫米
子弹初速:629米/秒	子弹初速:790米/秒
射速:450~500发子弹/分钟	射速:450~500发子弹/分钟
供弹:20发子弹	供弹:可装20发子弹的盘状弹匣

11式和96式轻型机枪

1941—1945年，日本人使用的两种重型机枪和法国的哈奇开斯机枪非常相似。哈奇开斯机枪刚问世时是一种轻型机枪。在它的基础上，日本人设计出了自己的机枪。第一批机枪使用了与哈奇开斯机枪类似的原理，但是增加了日本的特色。

日本的第一种机枪是口径为6.5毫米的11式轻型机枪。这种枪于1922年装备部队，直到1945年日军还在使用。从其沉重的带有棱条的枪管中就能看出哈奇开斯机枪的痕迹，其内部设置则不太明显。这种枪是由南部麒次郎负责设计的，而盟军仍把它称为南部机枪。

11式机枪的供弹系统非常独特。它使用了其他机枪都没有使用过的"漏斗式系统"。设计人员认为，套筒座左边一个较小的漏斗能够装满由日本步兵班所发射的子弹。子弹进入漏斗时仍然保持5发弹夹的形式，这样就不需要特殊的弹匣或子弹带。但在实践中，这种优势在事实面前难以成立，它的内部机械设置非常脆弱和复杂，以至于在发射步枪子弹时容易引起问题。这样它就不得不使用一种特殊的、威力较小的子弹，而且还必须使用子弹润滑系统。如此一来麻烦就更大了，因为润滑系统吸附了大量尘土脏物，常会导致机械设置阻塞。

只能自动射击

11式机枪只能自动射击。射击时，子弹的漏斗很难保持整个供弹系统的平衡，这给射击带来了一定麻烦。另外，日本还生产了一种特殊的坦克用型号——91式坦克机枪。这种机枪的漏斗可装50发子弹。

20世纪30年代初期，在与中国的战斗中，11式机枪的缺点暴露无遗。于是，在1936年，日本又生产了一种新式的96式轻型机枪。96式确实是在11式的基础上改进而成的。由于日本的军工企业从来没有生产出足够的机枪供日军使用，所以早期的型号（11式机枪）并没有退出军队。

96式机枪使用的是混合型设计。它吸收了哈奇开斯机枪和捷克斯洛伐克的ZB vz 26机枪的设计特点。后者使用头顶状盒式弹匣，11式机枪的漏斗式弹匣被取代，但它的内部子弹加油系统却保留下来（仍会带来阻塞）。96式机枪的枪管可以快速更换，并且枪后部还安装了望远镜。不久，望远镜被取消了，但是手工操作的弹匣装填设置却保留下来。96式机枪和其他类型的机枪相比，有一个非常独特的附属部件，枪口安装了刺刀。

规格说明	
11式轻型机枪	**96式轻型机枪**
口径：6.5毫米	口径：6.5毫米
重量：10.2千克	重量：9.07千克
枪全长：1105毫米	枪全长：1054毫米
枪管长：483毫米	枪管：552毫米
子弹初速：700米/秒	子弹初速：730米/秒
射速：500发子弹/分钟	射速：550发子弹/分钟
供弹：可装30发子弹的漏斗	供弹：可装30发子弹的盒式弹匣

上图：日本口径为6.5毫米的96式轻型机枪非常罕见地安装了刺刀。这种机枪综合了捷克斯洛伐克和法国的设计

勃朗宁自动步枪

正如大家熟知的那样,勃朗宁自动步枪(又称BAR)属于那种奇怪的、类型难以确定的武器。它既可以称作重型突击步枪,也可以说是一种轻型机枪。不过,在战场上,它常常被看作轻型机枪。

正如名字一样,BAR是约翰·勃朗宁的富有发明创意的产品。在1917年,勃朗宁就生产出了这种机枪的样品。在演示时,立即被美国陆军所采用。1918年,又被美军带到法国投入战场。但是,当时生产的数量并不多,几乎没有人把它当作重型步枪使用。这没什么奇怪的,因为最早的勃朗宁自动步枪是BAR M1918步枪。这种步枪没有双脚架,并且只能从枪后部或肩部发射。直到1937年,BAR M1918A1和M1918A2轻型机枪才正式使用改进过的双脚架。另外,还有一个独脚式枪托,可以增加枪的稳定性。M1918A1和M1918A2轻型机枪后来成为美国军队的主要作战武器。

最初生产的M1918自动步枪在第二次世界大战中起到了重要作用,因为这种武器在1940年被运到了英国,供英国的国土警卫队使用。它可以提供强大的火力,而且英国的二线部队也使用过这种武器。后来又生产了大量的M1918步枪供军队使用,成为士兵们必不可少的武器。

子弹不充足

这并不是说BAR没有缺陷,因为它的弹匣只能装20发子弹,这就大大限制了步兵的作战行动。由于它是临时生产的武器,原本从战术理论上讲,没有多少人会推崇这种武器,但士兵们却为之着迷,他们希望得到更多的BAR。

BAR在20世纪50年代初期的朝鲜战争中再次一展身手,并且直到1957年才被取代。

比利时制造

很少有人知道,在1939年之前,比利时的FN公司也生产了一种名为30型的BAR机枪。该公司以BAR为基础,后来又生产了多种口径的BAR机枪,许多国家的军队都使用过这些武器。波兰建立了BAR机枪的装配线,不过波兰组装的BAR机枪使用7.92毫米子弹,而比利时生产的BAR机枪使用7.65毫米子弹。

许多波兰生产的BAR机枪在1939年后都落到了苏联人手中,甚至德国人也使用过他们缴获的BAR机枪。波兰人非常重视BAR的生产,甚至还专门为BAR生产了一种结构复杂的非常沉重的三脚架。另外,波兰还有一种特殊的防空型BAR机枪。

上图:图中为1944年美国士兵使用的勃朗宁自动步枪

上图:勃朗宁自动步枪兼具突击步枪和轻型机枪的能力,在两次世界大战中,受到士兵们的普遍欢迎。它的不足之处是弹匣只能装20发子弹

下图:勃朗宁自动步枪M1918A2。这是最后一批BAR轻型机枪(或称为自动突击步枪)。它使用的弹匣只能装20发子弹,和其他更为先进的轻型机枪相比,它的枪管不能快速更换

规格说明

BAR M1918A2机枪

口径:7.62毫米

重量:8.8千克

枪长:1214毫米

枪管:610毫米

子弹初速:808米/秒

射速:500~600发子弹/分钟(快速);
或者300~450发子弹/分钟(慢速)

供弹:可装20发子弹的盒式弹匣

左图:BAR M1918A2机枪是在第二次世界大战爆发前投入生产的。在生产过程中,有许多地方经过了改进。大多数M1918A2机枪的圆柱状消焰罩的上面可以安装双脚架

勃朗宁 M1919 机枪

勃朗宁M1919机枪和M1917步枪有所不同。M1917步枪使用的是水冷却枪管，而M1919使用的是空气冷却枪管。M1919最初是供美国当时计划生产的坦克使用的，但是，战争结束后，生产坦克的合同被取消了，所以最初的M1919生产也被取消了。虽然如此，它的空气冷却枪管却被保留下来。M1919A1、M1919A2（美国骑兵使用）、M1919A3机枪都使用这种枪管。早期的这些M1919型机枪的生产数量都很少，但是，M1919A4机枪的生产数量却很多。到1945年时，M1919A4的生产总量达到了438971支，并且后来生产的数量更多。

M1919A4主要供步兵使用。事实证明它是一流的重型机枪，能够发射雨点般密集的子弹，并且结实耐用，经得起任何作战条件的考验。作为M1919A4机枪的伴随武器，还有一种特殊的供坦克使用的M1919A5机枪。另外还有一种机枪——美国陆军航空兵使用的M2机枪，既可以安装在固定设施上使用，也可以在训练时使用。美国海军在M1919A4机枪的基础上也生产出了自己的AN-M2机枪。

所有这些M1919机枪，在漫长的生产过程中，或多或少都经过了改进，但M1919机枪的最基本设计却一直保留下来。M1919机枪使用的子弹带是用纺织品或金属链制成的。正常情况下需要使用三脚架，并且这些支架的种类繁多，有正规步兵使用的三脚架，也有较大而且复杂的供防空部队使用的支架。从吉普车到坦克等各种车辆使用的是环形和圆形的支架。另外，还有多种特殊的供小型飞机使用的支架。

轻型机枪

或许M1919系列机枪中最奇怪的类型还得数M1919A6机枪。这种枪是作为向步兵提供火力支援的轻型机枪生产的。在此之前，步兵不得不依赖BAR步枪提供的火力。M1919A6机枪发明于1943年，它和M1919A4机枪非常相似，但安装了看上去有些笨拙的肩部枪托、双脚架、携带把手和轻型枪管。其实，这种轻型机枪相当重，但至少具有一定的优点，就是在当时的生产线上能够快速生产。它的缺点是看上去有点笨拙，枪管变热后，换枪管时需要戴上手套。尽管如此，M1919A6机枪还是大批量投入了生产（到战争结束时，已经生产了43479挺）。由于其性能优于BAR步枪，士兵们只好接受了它的缺点。

从整体上看，M1919系列机枪的性能和承受作战环境的能力，其他类型的机枪（或许维克斯机枪除外）都无法企及。M1919系列机枪使用的是相同的后坐力操作系统，枪口气体向后推动枪管和闭锁装置，当枪栓加速器继续向后运动到一定位置时，复位弹簧把所有的机械装置送回到原来的位置，整个机械运行过程重新开始。

目前，M1919系列机枪（包括不太可爱的M1919A6机枪）仍在大范围使用。但使用M1919A6机枪的国家仅限于南美洲几个国家。

上图：这是勃朗宁M1919A4机枪在正常情况下使用的三脚架，从照片中可以清楚地看到带有洞孔的枪管冷却管和方形套筒座。这种机枪的生产数量极大，现在有的国家仍在使用

规格说明	
勃朗宁M1919A4机枪	**勃朗宁M1919A6机枪**
口径：7.62毫米	口径：7.62毫米
重量：14.06千克	重量：14.74千克
枪长：1041毫米	枪长：1346毫米
枪管：610毫米	枪管：610毫米
子弹初速：854米／秒	子弹初速：854米／秒
射速：400~500发子弹／分钟	射速：400~500发子弹／分钟
供弹：可装250发子弹的子弹带（棉布或金属制成）	供弹：可装250发子弹的子弹带（棉布或金属制成）

上图：一种名为"远程沙漠大队"的吉普车装备了维克斯—波西亚G.O机枪（气动操作）和勃朗宁M1919A4（带支架）机枪（见后面）。M1919A4机枪也可以安装在飞机的支架上使用

左图：尽管勃朗宁M1919A4机枪是一种空气冷却而非水冷浸的武器，但是，它同样具有持续射击能力。它使用的子弹带可以装在箱子里。子弹带是用纺织品或金属链制成的

勃朗宁12.7毫米重型机枪

自从1921年第一批勃朗宁12.7毫米重型机枪的样品问世以来，这种重型机枪一直是步兵最畏惧的武器之一。它发射的子弹威力大，足以阻拦敌人的冲锋，并且还可以对付车辆或轻型装甲车，尤其是使用穿甲弹的时候。子弹确实是机枪的最重要的部分，早期生产的勃朗宁重型机枪的失败原因就是缺少合适的子弹。

德国子弹

直到对缴获的德国毛瑟T-G反坦克步枪发射的13毫米子弹进行检查后，美国才找到解决问题的方案。随后，事情就变得顺利多了。尽管后来使用的助推火药和子弹类型发生了较大变化，但重型机枪的子弹设计基本上没有什么变化。

经过一系列演化，从最初的勃朗宁M1921重型机枪到勃朗宁M2机枪，勃朗宁重型机枪的机械设置和M1917机枪使用的机械设置基本上没什么区别。它们之间的差别在于使用的枪管和支架有所不同。

M2系列机枪中生产数量最多的是M2HB重型机枪。HB是重型枪管的意思。使用HB型枪管的M2机枪在所有军事设施（基地和要塞）中都能用，并且过去一直作为步兵使用的机枪、防空机枪和飞机上使用的固定式或训练型机枪使用。步兵使用的M2HB重型机枪通常安装在重型三脚架上，也可以安装在车辆的舵栓、环形支架和枢轴上。其他类型的M2机枪，有的也使用水冷浸枪管，这种M2机枪通常用作防空武器，尤其是在美国海军的舰船上。在第二次世界大战中，这些机枪都装在固定的支架上，可以对付低空飞行的飞机。海岸部队常把水冷浸式机枪当作防空武器使用。

枪管长度

地面和空中使用的勃朗宁机枪的主要区别是：飞机上使用的机枪的枪管长914毫米，而地面上使用的机枪的枪管长1143毫米。除了枪管差异之外，它们使用的支架也有所不同。M1921机枪和M2机枪的许多部件可以互换使用。

美国生产的12.7毫米勃朗宁机枪要比

其他类型的勃朗宁机枪的数量多,其数量超过了数百万支,并且在20世纪70年代,有两家美国公司发现这种机枪还有使用价值,又恢复了它的生产。比利时的FN公司也生产了这种机枪。

世界上许多公司发现提供M2机枪使用的零部件和其他附属设置是一件有利可图的事,并且弹药生产商也常常生产出新型的子弹;许多经销商发现仅仅靠出售或购买此类武器就能大赚一笔,所以M2机枪风行世界几十年,毫无退出江湖的迹象。公平地说,自机枪问世以来,M2重型机枪确实称得上是最成功的机枪之一。

规格说明

勃朗宁M2HB机枪

口径:12.7毫米

重量:38.1千克(枪); 19.96千克(M3型三脚架)

枪全长:1654毫米

枪管长:1143毫米

子弹初速:884米/秒

射速:450~575发子弹/分钟

供弹:可装110发子弹的子弹带

上图:这是一种名为M45"麦克森"的防空型支架,它可以安装4挺勃朗宁M2HB机枪

左图:安装在常用型三脚架上的著名的勃朗宁机枪。这种机枪于1921年首次投入生产,后来美国还在继续生产这种武器。自机枪问世以来,它是最优秀的武器之一。另外,它还有对付车辆和轻型装甲车的能力

下图:战场上,美国陆军的勃朗宁M2重型机枪组,三脚架离地面较近,毫无疑问它身边有充足的弹药供应

布伦轻型机枪

布伦机枪是从捷克斯洛伐克的ZB vz 26轻型机枪演化而来的,但是在研制过程中,它综合了英国和捷克斯洛伐克的技术。在20世纪20年代期间,为了取代刘易斯机枪,英国陆军到处寻找新式的轻型机枪。英国士兵普遍对刘易斯机枪不满。英国陆军从各种渠道费尽心机地搜索到多种机枪的设计。1930年,经过一系列的试验,捷克斯洛伐克的vz 26的改进型——vz 27轻型机枪成为试验的优胜者。虽然vz 27轻型机枪使用7.92毫米子弹,但是英国却想继续使用它的7.7毫米子弹。这种子弹使用的是已经过时的无烟火药推进剂和笨拙的有缘式弹壳。

英国开始试验性使用的机枪是vz 27,接下来是vz 30,然后是临时性的vz 32,最后是vz 33机枪,在这些机枪的基础上,英国恩菲尔德·洛克皇家轻武器厂生产出了布伦机枪[布伦(Bren)取自于Brno的"Br"和Enfield Lock的"en"]。1937年,经过加工,最终生产出了第一支布伦 Mk 1机枪。后来,恩菲尔德和其他地方继续生产这种机枪,直到1945年才停止生产。到1940年,英国已经生产了30000支布伦机枪,不过仅限于英国军队使用。但是敦刻尔克大撤退后,德国人缴获了一大批库存的布伦机枪和弹药,德国人把这种机枪命名为MG 138(e)轻型机枪。这样,为了重新装备英国陆军,英国对新式布伦机枪的需求变得更为迫切了。

简化后的布伦机枪

为了加快布伦机枪的生产,英国对最初的设计进行了改进,并且建立了新的生产线。英国保留了最初ZB机枪设计中的气动操作装置、闭锁装置系统和它的基本形状。但是,复杂的鼓式瞄准具和枪托下面的手柄之类的附属设置都经过了简化,这样就生产出了布伦Mk2机枪。它的双脚架变得更加简单,但7.7毫米布伦机枪使用的弯曲状盒式弹匣却保留下来。经过进一步简化,英国还生产出了使用短型枪管的布伦 Mk 3机枪和使用改进型枪托的布伦 Mk 4机枪,并且,在加拿大制造的机枪中,还出现了一种口径为7.92毫米的布伦机枪。

一流的机枪

布伦机枪非常出色,它结实耐用,性能可靠,易于操作和维修,重量较轻。当时它使用了一整套的支架和附属设置,包括一些相当复杂的防空型支架。虽然英国研制出了可装200发子弹的鼓式弹匣,却极少使用。英国还研制出各种可以安装在车辆上的支架。布伦机枪要比它的所有附属设置的寿命长多了,因为在1945年后,许多战时使用的设置已经不适合"高科技"的现代化战场,而且维修还需要费用,所以都被取消了,但是布伦机枪却被保留下来。

虽然布伦机枪和它使用的基本型双脚架也难免被历史淘汰,然而,有些国家的军队仍然在使用它,不过它已经变成了布伦L4系列机枪。经过改进,布伦L4机枪可以发射北约的7.62毫米标准子弹。为了减少磨损,它的枪管镀了金属铬。需要延长射击时,只需使用简单的枪管转换装置就可轻易替换枪管。

规格说明

布伦 Mk 1轻型机枪

口径:7.7毫米
重量:10.03千克
枪长:1156毫米
枪管:635毫米
子弹初速:744米/秒
射速:500发子弹/分钟
供弹:可装20发子弹的弯曲状盒式弹匣

右图:这款布伦机枪是最早生产的型号,它带有一个鼓式后瞄准具,它的双脚架可以调整。后来的型号中,为了易于制造和使用,这些都被更简单的设置所取代

上图：美国和澳大利亚的步兵在新几内亚丛林中实施联合攻击时，使用双脚架的布伦轻型机枪提供的火力支援让他们受益匪浅

上图：借助棕榈树的掩护和一辆"斯图亚特"轻型坦克的支援，澳大利亚士兵向日本在新几内亚的一个战略要地发起猛攻。前面的士兵使用的就是布伦轻型机枪

维克斯机枪

维克斯系列机枪源自19世纪末的马克西姆机枪，除了维克斯机枪逆向使用了马克西姆机枪的闭锁开关设计外，其他方面都没有太大变化。维克斯Mk 1机枪在第一次世界大战中发挥了重要作用，各种表现几乎都超过了同时代的机枪。所以1918年后，作为标准的重型机枪被保留下来，供英国和英联邦的军队使用。虽然维克斯机枪出口到世界各地，但是，由于在坎特郡克雷福德市的维克斯的主要生产厂的生产速度极慢，所以多数维克斯机枪都被送进了仓库。

然而，在1939年之前，维克斯机枪使用了创新性设计。坦克的出现全面改变了维克斯机枪的设计，英国需要装备新式的战斗机枪。1939年，维克斯公司生产出两种特殊的坦克专用机枪。

两种口径

这些坦克专用机枪有两种口径：口径为7.7毫米的维克斯 Mks 4B、6、6*和7机枪；口径为12.7毫米，可以发射特殊子弹的维克斯Mks 4和5机枪。开始时，这两种机枪可应用于各类坦克，但是自从多数重型坦克使用"贝萨"空气冷却式机枪后，这两种维克斯机枪只能安装在轻型坦克或类似于"马蒂尔达"1和2之类的步兵坦克上。另外，该公司还为英国皇家海军生产了维克斯Mk 3机枪。这种机枪的口径为12.7毫米，有各种类型和支架，可以安装在舰船和海岸基地上，防御来自空中的威胁。舰船上使用的支架包括四重支架。由于这种机枪使用的子弹威力较小，所以防空效果不佳。然而，当时又别无选择，这种机枪仍然大批量投入了生产，后来被口

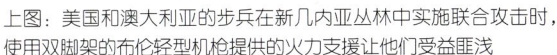
左图：从图中可以看出，后来生产的7.7毫米维克斯机枪的枪管套管上没有波纹。它的枪口设置比较简单，并且还安装了可以间接射击的瞄准具

规格说明
维克斯Mk 1机枪
口径：7.7毫米
重量：18.1千克（枪带水）；22千克（三脚架）
枪全长：1156毫米
枪管长：721毫米
子弹初速：744米/秒
射速：450~500发子弹/分钟
供弹：可装250发子弹的子弹带（棉布制成）

径为20毫米的加农炮和其他类似的武器取代。

1939年，英国军队仍然有大量的维克斯机枪。到1940时，为了加强英国本土的防御力量，肩负起保卫英国的重任，许多库存的包括紧急防空使用的各种支架在内的旧式机枪也被从仓库中取了出来；而且，这些旧式机枪被迅速地大规模投入了生产。英军对武器的需求非常急迫，因为敦刻尔克大撤退之前或其间，英国陆军的大多数军用仓库已经空空如也，所以必须采取快速生产的捷径。最明显的就是使用比较简单的平滑套管取代围绕在枪管周围的波纹状水冷浸套管。接着又使用了一种新式的枪口助推设置。到1943年时，英国军队已经开始使用新式的Mk 8Z船尾状子弹。这种子弹的有效射程可达4115米。这样，只要把迫击炮的瞄准具安装在维克斯机枪上，这种机枪就具备了间接射击能力。

第二次世界大战后，许多国家的军队，如印度和巴基斯坦，都使用过维克斯机枪。英国陆军在1968年才淘汰这种武器。英国皇家海军陆战队直到20世纪70年代还在使用这种武器。

上图：图中的机枪不是普通的7.7毫米维克斯机枪。这是一支口径为12.7毫米的重型机枪。这种机枪最初供轻型坦克使用

右图：大约在1940年，柴郡团的士兵正在使用他们的维克斯机枪射击；注意它使用的水罐可以防止加入枪管套管中的水流出

维克斯—波西亚轻型机枪

维克斯—波西亚系列轻型机枪是从第一次世界大战前法国设计的机枪中演化而来的。尽管法国的设计很有前途，但使用这种设计的国家却没有几个。1925年，英国维克斯公司购买了这种设计的专利权，主要供英国的克雷福德工厂使用。该公司希望生产一种能取代维克斯机枪的新式机枪。经过一系列试验，这种设计被印度陆军采用，成为印度标准的轻型机枪，并在印度的伊沙波尔建立了生产线。这种轻型机枪被称为维克斯—波西亚Mk 3轻型机枪。

和布伦机枪相似的武器

从设计和大致的外观上看，维克斯—波西亚轻型机枪和布伦机枪非常相似，但是从内部设置上看，两者间有许多不同之处。即使这样，当时的许多观察家都把维克斯—波西亚机枪看成了布伦机枪。

除了和印度陆军签订一笔较大的合同外，只有波罗的海和南美洲的几个国家购买了这种轻型机枪，并且直到今天，维克斯—波西亚轻型机枪也是整个第二次世界大战期间所有机枪中鲜为人知的武器之一。其中的原因并不是这种枪本身有什么缺点。它的设计相当合理，性能也不错。真正的原因是新闻对它的报道太少了，又加上布伦机枪的生产数量远远超过了它。但是印度的预备役部队一直还在使用这种机枪。

然而，有一种维克斯—波西亚机枪的派生枪却得到了较好的出头机会。它属于维克斯—波西亚机枪的改进型，使用较大的是鼓式弹匣，弹匣位于套筒座的上面。枪的后部，正常情况下安装枪托的地方，安装了一个铲子式的枪把。它有一个特殊的设计——"斯卡福"环形支架，可以安装在飞机敞口的驾驶舱内，供观察员和机枪射手使用。

飞机使用

这种机枪生产的数量较多，主要供英国皇家空军使用。它的名称是维克斯G.O机枪（G.O代表气动操作），或称为维克斯K机枪。但是，这种机枪使用不久，就出现了速度更快的飞机，飞机使用敞口驾驶舱的时代迅速结束了。事实证明，在狭小的坐舱内，G.O机枪很难使用，而且要想在机翼中使用则是不可能的，所以几乎在一夜之间，这种枪又被送进了仓库。海军航空兵的飞机也使用这种机枪，并且一直使用到1945年，但数量相对较少。

1940年，为了加强英国机场及相关设施的防御，英国又把许多G.O机枪从仓库中取出来。在北非，散布在敌后作战的非正规部队，曾经广泛使用这种机枪。他们把这种枪安装在有重型装备的吉普车和卡车上。事实证明，效果非常显著。最初的维克斯—波西亚机枪的性能不错，可惜没有崭露头角的机会。在第二次世界大战结束前，意大利和其他战区仍在使用G.O机枪。战后，这种枪就没人使用了。

下图：维克斯—波西亚 Mk 3B机枪是为印度陆军生产的。从整个形状和线条上看，它和布伦机枪非常类似。这挺机枪没有安装弹匣。它的弹匣可装30发子弹

规格说明	
维克斯—波西亚Mk 3轻型机枪	**维克斯 G.O机枪**
口径：7.7毫米	口径：7.7毫米
重量：11.1千克	重量：9.5千克
枪全长：1156毫米	枪全长：1016毫米
枪管长：600毫米	枪管长：529毫米
子弹初速：745米/秒	子弹初速：745米/秒
射速：450~600发子弹/分钟	射速：1000发子弹/分钟
供弹：可装30发子弹的盒式弹匣	供弹：可装96发子弹的鼓式弹匣

左图：1943年，新成立的英国特别空勤团巡逻队在北非执行任务。巡逻队的吉普车上装有维克斯—波西亚G.O机枪。它的弹匣可装96发子弹

右图：这名印度士兵携带的是维克斯—波西亚 Mk 3机枪。他穿着标准的制服，背带中装有两个较大的备用弹匣。维克斯—波西亚机枪的主要用户是印度陆军

MG 34 通用型机枪

1919年签订的《凡尔赛和约》中的有关条款特别规定：禁止德国研制任何形式的有持续射击能力的武器。然而，德国的莱茵金属公司—波西格武器公司在20世纪20年代初期巧妙地绕过了条约的限制，该公司在和瑞士交界的索洛图恩建立了一个由它控制的影子公司。

该公司通过不断的探索，设计出一种空气冷却的机枪。在这些设计的基础上最终演化成索洛图恩型机枪。这种机枪的设计相当先进，它的许多设计被后来的机枪采用。虽然当时该公司收到了几份订单，但德国人认为他们还能设计出更好的机枪。这样，1929型机枪的生产时间较短。后来德国飞机开始使用这种机枪（被称为莱茵金属公司MG 15机枪）。MG 15机枪的生产时间较长，主要供纳粹空军使用。

第一支通用型机枪（GPMG）

自机枪问世以来，根据莱茵金属公司的设计而制造出的MG34机枪，长期以来一直被认为是最优秀的机枪之一。奥伯多夫制造厂的毛瑟设计人员以1929型机枪和MG 15机枪为基础，设计出一种新式的通用型机枪。这种机枪从双脚架处射击，供步兵携带和使用。安装在较重的三脚架上射击时，这种机枪能长时间提供持续和有效的火力。

选择性射击

持续射击时，MG34机枪的机械设置属于通用类型，枪管可以快速更换。弹药可以用马鞍状鼓式弹匣提供，也可以用子弹带提供。这种鼓式弹匣是从MG 15机枪中继承下来的，可装75发子弹。MG 34机枪使用了当时的所有革新技术，子弹的射速快，能有效地打击低飞的飞机。

MG34机枪还是第一种装有选择性射击装置的武器。扳机设置链接在枪的中心位置，按压扳机的上部可以单发射击，按压扳机的下部可以全自动射击。

MG 34机枪一问世就获得了极大成功，并且直接投入了生产，供德国军队和警察使用。一直到1945年，这种机枪供不应求，它所需要的支架和其他配件的供应也很紧张。

MG 34机枪使用的重型三脚架和双脚架非常昂贵和复杂。这些支架和坦克上使用的支架不同。MG 34机枪装有望远镜，可以从堑壕中射击。这些附属设置耗费了大量生产潜能，影响了机枪的正常生产，虽然MG 34机枪非常适合军用，但终究于事无补，无法挽救德国灭亡的命运。

MG 34机枪的制造时间长，并且涉及许多昂贵和复杂的加工程序，所以造出的MG 34机枪确实卓绝超群，令其他类型的机枪难以匹敌。但是，虽然MG 34机枪性能超群，但制造费用极其昂贵，在战场上使用这种武器就像把名车当作出租车使用一样。

MG 34机枪的基本型号包括MG34m、MG34s和MG34/41机枪。MG34m的枪管套管较重，可以在装甲车内使用。MG34s和MG34/41机枪较短，只能自动射击。这两种枪的长度和枪管的长度分别为1 170毫米和560毫米。

上图：这是一支安装在三脚架上的MG 34机枪。这种机枪性能稳定，效果显著。相对来说，它的重量轻，火力猛。这意味着安装在双脚架上射击时，枪的稳定性难以得到保证，从而会影响射击的精度

右图：MG 34机枪是第一种使用子弹带供弹的轻型机枪。和同时期的机枪相比，MG34机枪的火力猛烈得多。当时所有的机枪几乎都使用弹匣供弹

规格说明

MG 34机枪

口径：7.92毫米

重量：11.5千克（带双脚架）

枪长：1219毫米

枪管：627毫米

子弹初速：755米/秒

射速：800~900发子弹/分钟

供弹：可装250发子弹的子弹带或75发子弹的马鞍状鼓式弹匣

有效射程：700米（直射）；3500米（间接射击）

右图：这是一支安装在三脚架上的呈持续射击状的MG 34机枪。它安装有间接射击的瞄准具。这种瞄准具是为了攻击射程在3000米之外的目标而设计的，长时间射击时，这种瞄准具和枪把式扳机非常容易操作

图中三脚架的三根支杆可以伸展，在要塞中可以抬高，架在墙上。三脚架折叠起来后，它前面的支杆上装有衬垫，携带人员可以把三脚架背在背上

由于间接射击瞄准具和扳机可以随时拆除，所以MG 34机枪可以在短时间内从三脚架上拆卸下来。它的双脚架和枪管是连在一起的，所以短时间内就可以把它转换成一支轻型机枪

MG 42 通用型机枪

MG 34机枪确实太优秀了，但是以它执行的任务和所需的成本以及高标准的生产要求相比实在是大材小用。为了满足部队的需求，德国建立了MG 34机枪的全面生产设施。到1940年时，毛瑟公司的设计人员开始考虑使用简单的生产方法，9毫米MP 40冲锋枪的制造商在这方面已经作出了示范，为了降低成本，生产要尽可能简单。毛瑟公司的设计人员随之仿效MP 40冲锋枪的制造方法，使用新的生产方法，尽可能多地使用新的加工设备，减少加工费用和程序。

混合型设计

新的机械装置取材于多种设计。MG34机枪的研制经验表明它的供弹系统是可以改进的。1939年占领波兰后，德国人从波兰的兵工厂中发现了一种全新的后膛闭锁系统，并且还从捷克斯洛伐克人那里获得了新的设计观念。在这些设计的基础上，德国人设计出一种具有创新思想的武器——MG 39/41机枪。经过一系列试验，这种武器最终被命名为MG 42机枪。这种机枪是历史上效果最显著、影响最深远的武器之一。

MG 42机枪使用了大规模生产的制造技术。早期的MG 42机枪使用了一些简单的钢板冲压制品，提高了生产速度，但是由于MG 42机枪承受的环境极其苛刻，所以成功的机会很少。

MG 42机枪和早期机枪的不同之处是它的制造成本比较低廉，因此立即获得了成功。钢板冲压制品被广泛应用于套筒座和枪管槽的制作。它独创性地使用了枪管更换系统。方便和快捷地更换枪管至关重要，因为MG 42机枪的射速每分钟高达1400发，几乎是盟军机枪射速的两倍。

射速

MG 42机枪的射速如此之快是因为它使用了新式的闭锁系统。这种系统是设计人员借鉴了多种设计经验才研制成功的。这种系统简单而有效。

有了这些设计，设计人员才最终成功地研制出这种极为有效的通用型机枪，它能够和多种支架与附属设置一起使用。

1942年，MG 42机枪首次投入战场，几乎同时出现在苏联和北非战场。后来，德军在各条战线上都使用了这种机枪。一般情况下，它只装备德军的前线部队。尽管德国研制这种机枪的本意是为了完全取代MG 34机枪，但事实上，它只弥补了MG 34机枪数量上的不足。

虽然这种机枪是自有机枪以来最优秀的机枪之一，但是毛瑟公司设计小组的工作人员并不满意，他们想精益求精，甚至希望它的射速赶上或高过MG 45机枪。虽然第二次世界大战结束后，德国暂时停止了MG 42机枪的改进工作，但是MG 42机枪及其后来的MG系列机枪一直驰骋于世界各地，并且在21世纪，许多国家的军队还把它当作重要的武器。

规格说明

MG 42机枪

口径：7.92毫米

重量：11.5千克（带双脚架）

枪长：1220毫米

枪管：533毫米

子弹初速：755米/秒

射速：1550发子弹/分钟

供弹：可装50发子弹的子弹带

有效射程：600米（直射）；3000米（间接射击）

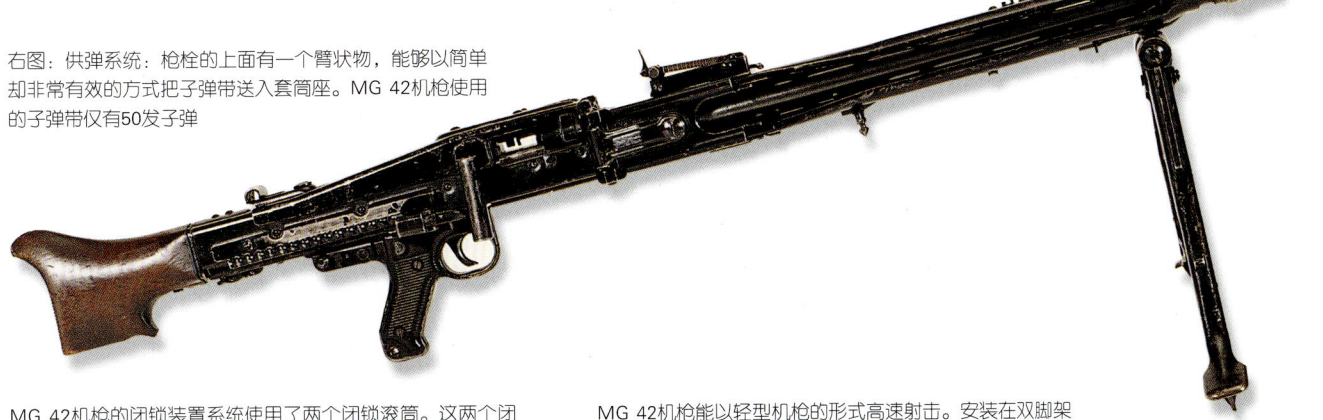

右图：供弹系统：枪栓的上面有一个臂状物，能够以简单却非常有效的方式把子弹带送入套筒座。MG 42机枪使用的子弹带仅有50发子弹

MG 42机枪的闭锁装置系统使用了两个闭锁滚筒。这两个闭锁滚筒沿着系统内部的斜面上下移动：移动到上部时，利用技术上的优势将弹膛有效地锁定；沿斜面下滑时，则解除锁定状态

MG 42机枪能以轻型机枪的形式高速射击。安装在双脚架上，甚至比它的前款MG 34机枪还难以瞄准。然而，德国国防军却反其道而行之，牺牲武器的精度，换来了拥有绝对优势的火力

上图：手持MG 42机枪的德国山地部队士兵。这种机枪在射击时，雨点般密集的子弹会发出一种撕裂油布般的声音，这种声音与众不同，令盟军士兵毛骨悚然

上图：MG 42机枪是德国军队步兵的主要武器。在部队行军时，士兵各有分工，射手扛着MG 42机枪，第二个士兵扛着三脚架，其他人携带备用部件和弹药

DShK 1938、SG 43 和其他重型机枪

如何区分俄罗斯/苏联设计的机枪和其他国家的机枪之间的差异？有一种简单的方法就是看它们的重量。俄罗斯/苏联许多年来制造的机枪都是标准的结实耐用型——把重量作为增加机枪实力的一种方式。最好的例子就是古老的马克西姆M1910机枪，加上它的车轮和带有遮盖物的马车，几乎和一门小型火炮的重量相当。后来，在部队机动性成为军事谋略的重点时，这种本可避免的特点却又被苏联红军继承下来。到20世纪30年代中期，苏联对新式重型机枪的需求越来越大，最后，苏联把研制的重点更多放在了实力方面，而这一点通过设计就可实现，而依靠大规模生产却未必能够实现。

苏联打算生产一种和美国的12.7毫米勃朗宁机枪的级别相同的新式重型机枪，但最后制造出来的新式机枪比美国的机枪稍微轻了一些。苏联机枪发射12.7毫米子弹，并且有各种类型。这种新式机枪的名字很长，简称为DShK1938机枪。事实证明它几乎和勃朗宁机枪一样成功。它的生产期限很长，第二次世界大战后，改进型被称为DShK1938/46机枪，时至今日，仍被广泛使用。

大块头的车架

如果说DShK1938机枪要比勃朗宁机枪稍轻一点的话，那么它们的支架可就另当别论了。因为DShK1938属于步兵用机枪，所以保留了M1910机枪的旧的轮式车架。另外，苏联也生产并且仍在使用一种特殊的防空用三脚架，苏联大多数坦克（从IS-2重型坦克之前）几乎都安装了这种三脚架，捷克斯洛伐克也生产了一种四重支架，供DShK 1938机枪防空用，甚至还有

规格说明
DShK 1938机枪
口径：12.7毫米
重量：33.3千克
枪全长：1602毫米
枪管长：1002毫米
子弹初速：843米/秒
射速：550-600发子弹/分钟
供弹：可装50发子弹的金属链子弹带
SG 43机枪
口径：7.62毫米
重量：13.8千克
枪全长：1120毫米
枪管长：719毫米
子弹初速：863米/秒
射速：500~640发子弹/分钟
供弹：可装50发子弹的子弹带

一种专门供装甲车辎重队使用的特殊支架。

1943年，为了取代较早的7.62毫米机枪和古老的M1910机枪，苏联生产出一种较小口径的SG 43机枪。在德国入侵苏联的初期阶段，苏军遭受了包括机枪在内的巨大物质损失。如果想弥补这些损失，苏联必须尽可能多地使用先进的设计。这样，SG 43机枪问世了。它使用气动操作系统和空气冷却设计，综合了多种机枪的操作原理（包括已经证明非常成功的勃朗宁机枪的操作原理），整个设计非常新颖，并且不久事实就证明了这种设计非常合理。SG 43机枪开始大批量装备部队，甚至直到今天，还有许多SG 43机枪的改进型——SGM机枪被广泛使用。

SG 43机枪和较大的DShK 1938机枪在操作上有一个共同点，那就是它们的简单性，制造时，它们的操作性部件的体积减到了最小程度，非常方便和简单，而且，几乎不需要日常维修。它们都能在极端气温下操作，尘土和脏物几乎对它们的操作没什么影响。换句话说，这两种机枪确实适合苏联的作战环境。

下图：为了取代旧式的马克西姆M1910机枪，苏联于1942年由P.M.格尔鸟诺夫设计出了SG 43机枪。不过，SG42机枪保留了马克西姆M1910机枪的古老的轮式车架

下图：DShK 1938/46机枪和口径为12.7毫米的勃朗宁 M2机枪的性能不相上下。这种机枪目前仍被大量使用

DP/DPM/DT/DTM 轻型机枪

在1921年，瓦西里·阿列克谢耶维奇·德格特耶夫开始设计第一支苏联造的机枪。在1926年正式投入生产之前的两年多时间里，苏联进行了一系列的试验。这种武器就是DP机枪（德格特耶夫步兵用自动武器）。这种机枪设计简单，但结构合理，仅有65个部件，其中只有6个部件可以移动。这种机枪有一些缺陷，尤其是许多部件在使用时有多余的摩擦，容易进入尘土，并且枪管更换时，费力，从而造成枪管过热（由于没有备用枪管，所以替换也没什么用处）。第一批DP机枪的枪管装有散热片，可以帮助散热。在1936—1939年西班牙内战期间，交战双方曾使用过这种机枪，随后苏联对它进行了改进。

这种机枪属于气动操作武器。相对来说，它的闭锁装置与众不同。枪栓每一侧的凹槽内有一个链接的簧片。枪栓停止移动时，枪栓的正面紧紧贴住弹膛内子弹的底座，但这时，活塞仍在轻微运动，带动滑座进入撞针所在的位置。在最后运动期间，撞针的凸轮把闭锁的簧片送入套筒座侧壁的凹槽内，射击时，后膛机械设置被锁定。

鼓式弹匣

这种机枪的供弹设置比较合理，有缘式子弹在轻型自动武器中常会引起麻烦，并且在使用盒式弹匣的机枪中情况一般都不太好。较大的平底、单层的鼓形弹匣受钟表结构的机械设置驱动，而不是受机枪的击发设置驱动，至少消除了重复装弹的问题。最初的弹匣可装49发子弹。后来，为了减少卡壳的机会，一般使用可装47发子弹的弹匣。

1944年，又出现了一种DPM机枪。它的枪管可以拆卸，但是需要借助特殊的扳手，花费点力气才行，并且它的主弹簧靠近枪管下面的弯管时，可以解决过去容易出现的枪管过热问题。

在坦克上使用的DP和DPM机枪分别被称为DT和DTM机枪。尽管从技术上讲，它们都已陈旧过时，但在目前世界上某些地区仍能发现这两种武器。

下图：从这支轻型机枪突出的特点中，人们能够较好地了解DP机枪的设计，气缸位于枪管下面，主弹簧卷绕在枪管下的活塞周围。前置式双脚架和由钟表结构的机械设置驱动的鼓形弹匣。根据这种布局，射击时会增加热量，容易损伤枪管的韧性

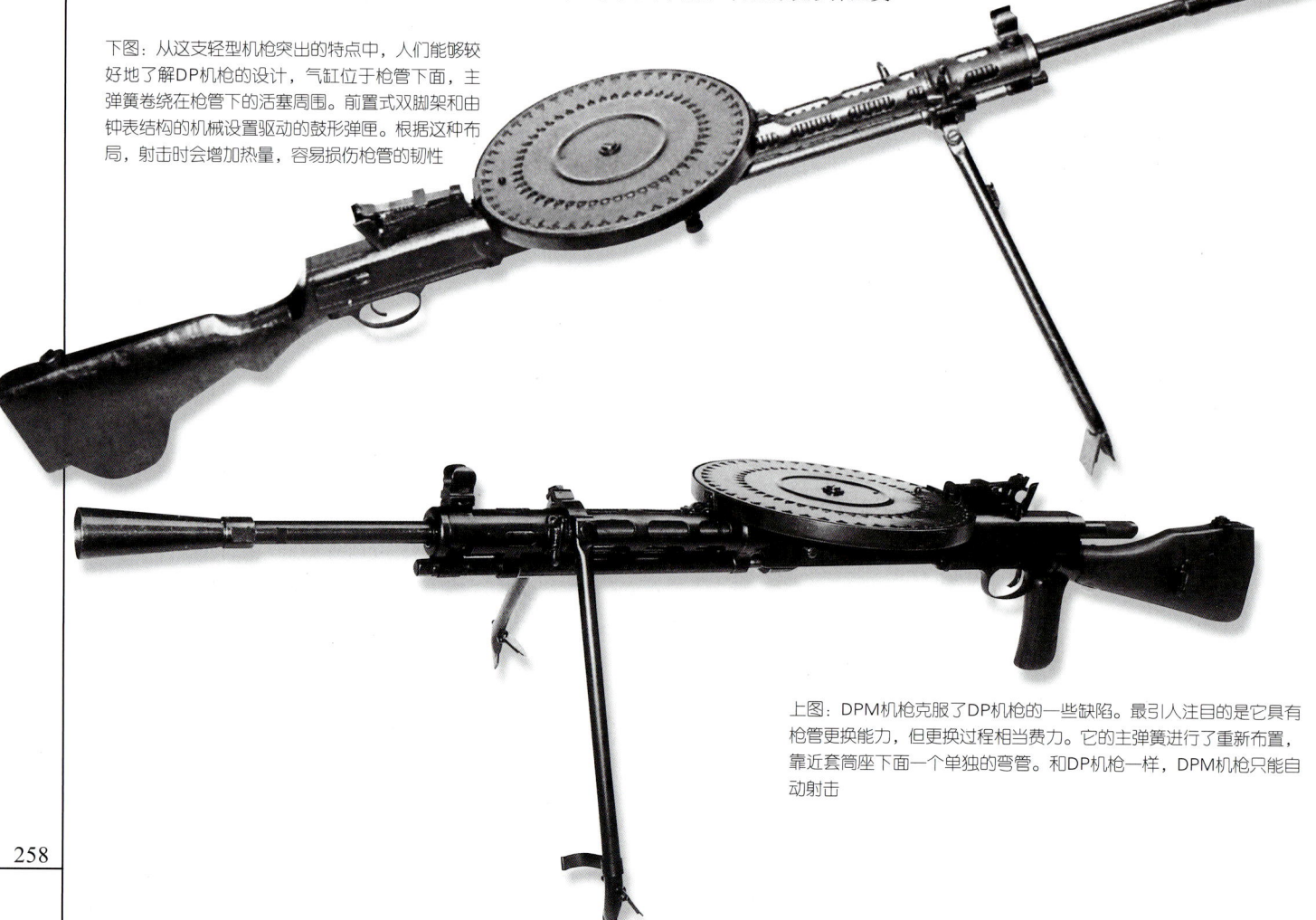

上图：DPM机枪克服了DP机枪的一些缺陷。最引人注目的是它具有枪管更换能力，但更换过程相当费力。它的主弹簧进行了重新布置，靠近套筒座下面一个单独的弯管。和DP机枪一样，DPM机枪只能自动射击

左图：和所有苏联成功设计和制造的战术性武器一样，DP机枪最引人注目的特点是在多种复杂的地形和气候条件下，操作性能不受影响

上图：DP机枪的成本低廉，易于制造。只需使用无关紧要的原材料和半熟练的劳动力即可。尽管作战性能有一定的局限性，但是，苏联人对它非常满意

规格说明
德格特耶夫DP机枪
口径：7.62毫米
重量：11.9千克
枪全长：1265毫米
枪管长：605毫米
子弹初速：845米/秒
射速：520~580发子弹/分钟
供弹：可装47发子弹的鼓式弹匣
德格特耶夫DTM机枪
口径：7.62毫米
重量：12.9千克
枪全长：1181毫米
枪管长：597毫米
子弹初速：840米/秒
射速：600发子弹/分钟
供弹：可装60发子弹的鼓式弹匣

FN MAG 中型机枪

事实证明，第二次世界大战期间成功研制的通用型机枪的确是一种重要武器，使用轻型双脚架时，可以当作攻击性武器射击；而使用重型三脚架时，又可以充当防御性或连续性武器持续不停地射击。在1945年后，许多国家的设计人员都试图利用通用型机枪的原理，生产出自己的通用型机枪。在20世纪50年代初期，比利时的FN公司成功生产出一种通用型机枪。这种枪被称为FN通用型机枪，或简称为MAG机枪。不久，这种机枪被许多国家的军队采用。今天，所有现代机枪中应用最广泛的非它莫属。

MAG机枪发射北约的7.62毫米标准子弹。它使用常规的气动操作机械设置。根据这种设置，当子弹射出时，从枪管中流出的气体会把闭锁装置和其他部件推送到枪的后部。FN MAG机枪优于其他机枪的是在枪管下面的气体排出孔处有一个管理装置，可以使射手控制气体的流量，并且根据气体流量的大小来决定发射不同射速的弹药。连续射击时，枪管可以快速更换。

上图：比利时的FN MAG是第二次世界大战后通用型机枪应用最为广泛的武器之一。它使用的固体金属都按照一定的规格经过了精密的加工。虽然它比较重，但结实耐用，目前世界上仍有许多国家在生产这种武器

高级别的武器

在结构上，MAG非常结实。为了便于运输，它所使用的一些钢材冲压制品都用铆钉固定在一起，而且，许多零部件都用固体金属加工而成。这样生产出来的武器虽然有些重，但这种结构使它具有所有结实耐用的优点，而且在长期使用时，除了枪管过热时需要更换枪管外，不需要任何维修。这种机枪射击时需要随时携带长的子弹带，而这种子弹带从进弹处向下悬挂时，常会钩住附近的东西。

在当作轻型机枪（LMG）使用时，MAG使用枪托和简单的双脚架；当作持续性射击武器时（枪托常要拆卸掉），需要安装在沉重的三脚架上，通常还要使用缓冲器来减少部分后坐力。MAG机枪也可以安装在其他类型的支架上，常安装在装甲车上当作同轴武器使用，或安装在球形支架上当作车辆的防御性武器使用，也可以安装在三角形或车辆顶盖上的支架上，当作防空武器使用。海军的许多轻型舰船上也使用这种机枪。

英国的MAG机枪

根据生产许可证，许多国家都生产过MAG机枪。其中较为人熟知的就是英国。英国把MAG称作L7A2机枪，生产了一些改进型MAG机枪，并且远销海外。在未来可预知的一段时间内，英国陆军仍会继续使用和生产这种机枪。生产MAG机枪供自己使用的国家有许多，其中包括以色列、南非、新加坡和阿根廷。而使用MAG机枪的国家就更多了，有瑞典、爱尔兰、希腊、加拿大、新西兰和荷兰等。MAG机枪几乎从无过时之虞。

上图：1982年马尔维纳斯群岛战争期间，L7A1机枪仓促间被安装在临时准备的防空支架上，防范阿根廷的飞机对停泊在圣卡洛斯港口的英国军舰发动袭击

右图：以色列军工公司获得了FN MAG的生产许可证。以色列武装部队的各个军兵种都使用FN MAG机枪

规格说明

FN MAG机枪

口径：7.62毫米

重量：10.1千克（枪）；10.5千克（三脚架）；3千克（枪管）

枪全长：1260毫米

枪管长：545毫米

子弹初速：840米/秒

射速：600~1000发子弹/分钟

供弹：可装50发子弹的金属链子弹带

下图：荷兰陆军装备的德国坦克炮塔上安装了FN MAG机枪。照片摄于1984年9月举行的军事演习。这支MAG机枪安装了空弹射击的调节器

FN "米尼米"轻型机枪

随着北约多数成员国和其他许多国家的军队的标准步枪子弹口径的转变——由原来较重的7.62毫米子弹转变为较轻的5.56毫米子弹,各国普遍需要一种小口径的轻型机枪。FN公司因此设计出一种新式的机枪。这就是后来广为人知的FN"米尼米"轻型机枪。这种枪最先亮相的时间是1974年。

古老和新潮设计的混合物

"米尼米"使用了早期FN MAG机枪的一些设计,包括可以快速更换的枪管和气体调整器,但是它的闭锁装置系统使用了新式的旋转式闭锁设置,它内部的套筒座沿两条导向轨道运动,可确保运动的平稳和顺畅。这些变化使"米尼米"的性能更加可靠,并且它的供弹系统会进一步巩固闭锁设置的性能。这是"米尼米"机枪对现代轻型机枪设计的最大贡献,因为其他类型的机枪使用的都是翼动式子弹带,这种子弹带长长地悬挂着,使用时显得比较笨拙,而"米尼米"只需要一个简单的盒子(安装在枪身下面),子弹带整齐地折叠在盒子内。使用双脚架射击时,这个盒子的放置不会影响子弹的正常使用;而且不用时,可以把盒子从子弹架上取下来。"米尼米"机枪的绝妙之处并未到此结束。如果需要,它还可以使用弹匣供弹系统。

FN公司敏锐地预测出美国的M16步枪将很快成为同类步枪中的标准武器,于是它果断地决定改进"米尼米"机枪,改进后的"米尼米"机枪能够使用M16步枪的可装30发子弹的弹匣。只需把"米尼米"机枪的子弹带取下,把M16的弹匣沿子弹带的方向插入套筒座即可使用。

进入美国军队

和M16步枪的结合让FN公司受益匪浅。因为美国陆军不仅看中了"米尼米"机枪,而且还把它当作美国陆军的火力支援武器。美国人把这种武器称为M249自动武器。这种自动武器发射北约标准的新式SS109子弹,早期的M193子弹被淘汰。SS109子弹比M193子弹长和重。"米尼米"机枪的枪管虽然使用了不同的膛线,但这种子弹和美国的子弹非常接近。

"米尼米"轻型机枪可能有两种型号:一种是使用短枪管和可变枪托的机枪;另一种是安装在装甲车支架上的短枪托式机枪。"米尼米"轻型机枪自身有许多独特的地方:扳机护柄可以移动;射手可以在冬季或核生化战争中戴上专用的手套;护手柄前面有清洁设置;弹匣盒上有简洁的指示器,可表明内部所剩子弹的数量,等等。

上图:"米尼米"机枪安装了标准的双脚架。在近距离或中程距离提供支援火力时,非常需要这种支架,它有助于射手控制枪的稳定性

规格说明

FN"米尼米"机枪

口径:5.56毫米

重量:6.5千克(含双脚架);
　　　9.7千克(带200发子弹)

枪全长:1050毫米

枪管长:465毫米

子弹初速:915米/秒(SS109子弹)

射速:750~1000发子弹/分钟

供弹:可装100发或200发子弹的子弹带;
　　　或可装30发子弹的盒式弹匣

上图:FN"米尼米"被美国陆军选中,当作M249自动武器使用;并且作为军用武器,还首次被空降师选中。空降师在组建快速部署联合特遣部队时,选中了这种机枪

上图:"米尼米"机枪重量轻,便于携带和使用。枪上部有一个手柄,既方便了这种武器的携带,又可以帮助更换枪管

上图:"米尼米"机枪的子弹带可以整齐地折叠在枪身下面的盒子里。作战时,甚至射手采取卧姿射击,这个盒子都不会影响射手的活动

上图:现代化武器必须经受住世界上任何环境的考验,在任何情况下,都能保持有效和稳定的性能

vz 59 机枪

捷克斯洛伐克技术人员在机枪的设计方面获得了极大成功。捷克设计机枪的历史可追溯到1926年生产的vz 26机枪(vzor代表型号)。著名的布伦机枪就是在vz 26机枪的基础上研制而成的。在20世纪50年代初期,捷克斯洛伐克继承了过去的光荣设计历史,又生产出一种新式的vz 52机枪。这种机枪基本上是旧式设计的改进型,它使用子弹带的供弹系统。但这种机枪并没有像早期的武器那样获得成功。目前,除了在"自由战士"和类似的武装组织手中,已经很少能看到这种武器。接着,它就被vz 59机枪取代。

虽然vz 59机枪比vz 52机枪还要简单,但是在外观和操作上完全一样。事实上,vz 59机枪使用了vz 52机枪包括气动操作设置在内的许多操作原理。它的弹药供应系统也汲取了vz 52机枪的设计特点,许多人认为这种系统是vz 52机枪唯一成功的设计。在这种系统中,凸轮系统引导枪栓进入套筒座内,推动子弹向前运动,穿过子弹带的链接处进入枪内。苏联的PK系列武器就仿制了这种系统。但是,vz 59机枪的子弹带是从一个金属盒中传入的。vz 59机枪的另一大变化是它使用的是苏联的7.62毫米×54子弹。这种子弹的威力更大,取代了vz 52系列武器中使用的同等口径但体积较小的子弹。

在vz 59系列武器中,使用轻型枪管的被称为vz 59L机枪。它有一个弹匣盒从枪

规格说明

vz 59机枪

口径:7.62毫米

重量:8.67千克(带双脚架,使用轻型枪管);
19.24千克(带三脚架,使用重型枪管)

枪全长:1116毫米(使用轻型枪管);
1215毫米(使用重型枪管)

枪管长:593毫米(轻型枪管);
693毫米(重型枪管)

子弹初速:810米/秒(使用轻型枪管);
830米/秒(使用重型枪管)

射速:700~800发子弹/分钟

供弹:可装50或250发子弹的金属链子弹带

下图:捷克斯洛伐克的口径为7.62毫米的vz 59机枪是捷克斯洛伐克早期vz 52/57机枪的改进型,但是它更易于生产。这种武器主要是为了瞄准国际武器出口市场而生产的。vz 59机枪研制成功不久就开始供捷克斯洛伐克的武装部队使用,vz 59系列机枪在世界各个角落都能看到

的右侧向下悬挂着，看上去很不协调。使用双脚架和三脚架时，可以当作轻型机枪使用。

重型枪管

在持续性射击时，vz 59机枪使用的是重型枪管。使用重型枪管的机枪被称为vz 59机枪；但是，如果它带有螺线枪管并被安装在装甲车的共用轴或类似的支架上，则被称为vz 59T机枪。vz 59系列武器不仅仅就这几种。看看捷克斯洛伐克对外销售的vz 59系列武器，其中有一种型号能够发射北约的7.62毫米标准子弹。这种枪被称为vz 59N，后来被称为vz 68通用型机枪。现在，维塞卡·兹布罗约维卡兵工厂仍在生产这种武器。

望远镜

vz 59机枪有一个非同寻常的设计——可放大4倍的望远镜，这种望远镜可以安装在双脚架和三脚架上使用，内部有发光设置，可以在夜晚使用，也可以在防空射击时使用。在防空射击时，vz 59机枪可以安装在正常三脚架顶部的一个管状的伸展设置上。

过去，在世界武器市场上出现最多的捷克斯洛伐克武器就是它的轻武器，今天捷克的轻武器仍然深受许多采购商的欢迎。所以在20世纪70年代和80年代期间，

上图：vz 59机枪用途广泛，安装上短小的轻枪管，使用装在盒内的子弹带，可以当作轻型机枪使用；安装上重枪管，使用子弹带则可以当作重型机枪使用。这种武器的扳机安装在手枪枪把上

在中东地区，尤其是黎巴嫩，随处都可以看到捷克斯洛伐克制造的机枪。在一些战乱频繁的地区，人们时常也能遇到vz 52系列机枪。

MAS AAT 52 机枪

目前被称为MAS AAT 52的机枪是20世纪50年代"印度支那独立运动"时法国研制的武器。当时，法国陆军装备了来自美国、英国和德国的大量武器及其各种支援设施和零部件。由于种类繁杂，法国决定使用一种通用型机枪。这就是口径为7.5毫米的AAT 52机枪。这种机枪设计的初衷是为了易于生产，所以它使用了多种冲压和焊接部件。

延迟式后坐力

AAT 52机枪和现代机枪的不同之处是它使用了一种延迟式后坐力操作系统，它利用射击时子弹所产生的力量向后把闭锁装置推回到原来的位置，并且还能向供弹系统提供动力。这种系统在使用手枪子弹的冲锋枪中运行良好，但是，机枪使用步枪子弹时，如果想得到安全保证的话，就

下图：法国AAT 52机枪使用的是延迟式后坐力设置。弹膛内的凹槽利于空弹壳弹出。也许我们还会遇到口径为7.62毫米的AAT 52机枪，这种型号的AAT 52被称为AAT F1机枪。AAT 52使用双脚架和三脚架，装甲车上使用的AAT 52机枪也带有各种支架。目前AAT 52机枪已经停止生产

规格说明
MAS AAT 52机枪
口径：7.5毫米
重量：9.97千克（带双脚架，使用轻型枪管）； 11.37千克（带双脚架，使用重型枪管）； 10.6千克（三脚架）
枪全长：1145毫米（枪托伸展后，使用轻型枪管）；1245毫米（使用重型枪管）
枪管长：500毫米（轻型枪管）； 600毫米（重型枪管）
子弹初速：840米／秒
射速：700发子弹／分钟
供弹：可装50发子弹的金属链子弹带

需要增添更多的设置。AAT 52机枪中使用了两片装闭锁设置。控制杆设置控制闭锁的前半部分，同时后半部分开始向后移动。只有当控制杆按照预定的设计移动一段距离后，闭锁装置的前半部分才开始向后移动。为了使空弹壳轻松地从弹膛中弹出，防止出现卡壳，子弹弹壳颈处刻有凹沟，这样可以使气体进入到弹膛的膛壁和发射的子弹之间。AAT 52机枪发射的子弹很好辨认，弹壳的颈部有凹沟。

双脚架和三脚架

AAT 52机枪能够从双脚架和三脚架上射击，不过使用三脚架持续射击时，需要安装重型枪管。当作轻型机枪使用时，AAT 52机枪相当笨拙，不利于携带，尤其是当它左侧装有一个可装50发子弹的弹药箱时。因为这个原因，这个弹药箱常被拆卸下来，子弹带向下随意悬挂起来。AAT 52机枪有一个独特的设计，作为轻型机枪使用时，它的枪托下安装了独腿支架。虽然看上去有点笨拙，但便于枪管的更换——枪管可随时拆卸下来。如果换成双脚架，由于双脚架和枪管联接在了一起，这样会给更换枪管带来极大难度，尤其是AAT 52机枪的枪管。为了降低枪管的温度，周围没有包裹金属套。

AAT 52机枪的最初设计是为了发射口径为7.5毫米的子弹。这种子弹最初是供1929型轻型机枪的使用而研制的，它的威力相当大，但是转换成北约的7.62毫米子弹后，法国就没有标准的子弹使用了，因此，AAT 52机枪的出口量也降低了。经过改进，可发射北约子弹的AAT 52机枪被称为AAT F1机枪。法国陆军的一些部队装备了这种机枪，但这种机枪的出口情况并不理想。

从整体上看，AAT 52机枪相当不错。但其本身仍然存在一些缺点，使一部分人不愿意使用它。在一些人眼中，它自身存在着不安全因素。这种机枪虽然已经停止生产，但有些国家的军队仍在使用。

上图：法国外籍军团和法国陆军其他部队使用的武器完全相同，所以外籍军团也使用AAT 52机枪。图中是一支轻型的AAT 52机枪。外籍军团走到哪里，哪里就会有AAT 52机枪

赫克勒和科赫有限公司的机枪

德国轻武器设计和制造公司——赫克勒和科赫有限公司的总部位于奥伯多夫—内卡。目前被英国的BAE系统公司收购。它是世界上所有现代轻武器设计公司中最成功的公司之一。它不仅成功地生产出系列突击步枪和冲锋枪，而且还生产出了种类繁多的空气冷却式机枪。

这样谈论赫克勒和科赫有限公司的产品未免过于简单。该公司的机枪基本上都是在该公司的G3突击步枪和相关突击步枪的基础上经过改进研制成功的。它们的两片装闭锁装置系统都使用了相同的延迟式滚筒设置，而且有些轻型机枪和使用重型枪管和双脚架的突击步枪几乎没什么差别。

更令人难以区别它们之间的差异的是：几乎该公司生产的每一种机枪的供弹系统都可以使用子弹带和弹匣；它们的口径要么是7.62毫米，要么是5.56毫米；前一种型号可以使用美国旧式的M193子弹，后一种型号可以使用新式的SS109子弹；使用弹匣供弹的型号都有一个特点，既可以使用标准的盒式弹匣（可装20发或30发子弹），也可以使用双层的鼓式塑料弹匣（可装80发子弹）。

基本型号

口径为7.62毫米的HK-21A1机枪就是

"基本"型号中的一种。它是在最初的HK-21机枪的基础上改进而成的。HK-21机枪于1970年投入生产,目前已停止生产。HK-21A1只能使用子弹带供弹系统,使用双脚架时,可当作轻型机枪使用;使用三脚架时,可当作中型机枪(持续射击)使用。这种机枪具有枪管更换能力,枪管过热时,可迅速更换。

目前,只有希腊和葡萄牙根据生产许可证还在生产HK-21A1机枪。从赫克勒和科赫有限公司生产的系列武器中可以看到G3步枪的影子。HK-21机枪就是G3突击步枪的改进型。HK-23E机枪是在HK-21机枪的基础上的改进型,它的瞄准距离更远,有3发子弹点射的装置。它的枪管较长,子弹供弹系统可以改换。另外,还有一种口径为5.56毫米的名为HK-23E的同类型机枪。

上面所提到的几种型号的机枪都使用子弹带供弹系统。另外,还有一种弹匣供弹系统的型号:和HK-21A1机枪对应的使用弹匣供弹系统的是HK-11A1机枪;同时和HK-21E和HK-23E机枪对应的使用弹匣供弹系统的是HK-11E和HK-13E机枪。HK-13系列武器于1972年投入生产,其设计目的是为了弥补口径为5.56毫米的HK-33系列突击步枪的不足。和突击步枪一样,赫克勒和科赫有限公司的系列机枪首先打开了东南亚市场。20世纪70年代初,东南亚地区对各种体积小、重量轻、后坐力适当、使用口径为5.56毫米子弹的机枪非常欢迎。当时口径为5.56毫米的子弹已经被各国普遍接受。

极大的灵活性

所有这些听起来可能会让人迷惑不解,但是从这些各种口径、各类子弹供弹系统、各类支架中可归纳出一个根本原因,就是赫克勒和科赫有限公司生产机枪的能力。该公司的武器几乎可以满足部队的所有战术需要。子弹带供弹的型号或许可以被看成是通用型机枪,尽管口径为5.56毫米的机枪在持续射击时或许确实太轻了,并且使用弹匣供弹的型号或许可以被视为真正的轻型机枪。而令人吃惊的是所有这些武器的零部件都具有兼容性,可以互换使用;并且通常情况下,它们的弹匣和同类的支援武器——突击步枪的弹匣也完全一样。

赫克勒和科赫有限公司推出的最新式轻型机枪是5.56毫米MG 36机枪。这种机枪使用了最先进的技术。枪全长998毫米,枪管长480毫米,重量3.57千克,使用双脚架,没有弹匣。MG 36机枪反映了现代突击步枪的设计特点:体积小,尽量使用复合材料,携带把手上有嵌入式瞄准设置,使用盒式弹匣(可装30发子弹)或双层的鼓式"贝塔-C"弹匣(可装100发子弹)。

规格说明

HK-21A1机枪

口径:7.62毫米

重量:8.3千克(带双脚架)

枪全长:1030毫米

枪管长:450毫米

子弹初速:800米/秒

射速:900发子弹/分钟

供弹:可装100发子弹的金属链子弹带

上图:赫克勒和科赫有限公司的HK-11机枪是HK-21机枪的盒式弹匣供弹的同种型号。它的口径为7.62毫米

上图:赫克勒和科赫有限公司的HK-13机枪有多种型号。这种型号使用的盒式弹匣,可装40发子弹

下图：赫克勒和科赫有限公司的HK-13E机枪具有3发子弹点射的能力，也可作为全自动武器射击

上图：赫克勒和科赫有限公司的HK-21机枪在德国已经停止生产，但有些国家仍在使用，如葡萄牙

上图：HK-21A1机枪是早期HK-21机枪的改进型。它只能使用子弹带供弹系统。它的子弹带可以悬挂在套筒座下面的盒子内

MG 3 机枪

右图：这支MG 3机枪安装在双脚架上。它由两名士兵操作，一人担任射手，另一人负责装弹。它使用的金属链子弹带可以装在便携式箱子内

第二次世界大战期间，最突出的机枪非MG 42莫属。和德国长期以来一直使用的传统加工方法相比，这种空气冷却式武器具有极大的优势。传统型加工方法需要耗费大量时间和费用，高质量的零部件都是用固体金属加工成的。而MG 42机枪开创了大规模生产的新时代，其结构可以使用冲压和焊接组件组装，这种优秀的设计引起了各国的普遍关注。

旧瓶装新酒

当德意志联邦共和国（联邦德国）成为北约成员国后，立即获得了重新武装的权利。联邦德国开始生产一系列武器来装备新成立的武装部队。MG 42机枪成为联邦德国优先考虑重新设计的武器之一。

最初的MG 42机枪的设计目的是为了发射第二次世界大战末期的德国的7.92毫米标准子弹。但是因为联邦德国使用的是北约的7.62毫米标准轻型子弹，所以必须对MG 42进行重新设计才能适应7.62毫米的轻型子弹。开始时，联邦德国只是把库存的MG 42机枪进行简单改进，使之适应7.62毫米子弹。改进后的MG 42机枪被命名为MG 2机枪；与此同时，联邦德国莱茵金属公司制订了生产7.62毫米新式武器的计划。该公司生产出几种型号的机枪，最后都命名为MG 1机枪。因为其目的只不过是为了适应7.62毫米子弹，所以改动较小。

目前型号

目前型号是MG 3机枪，仍然由莱茵金属公司制造。

从外观上看，第二次世界大战时的MG 42机枪和MG 3机枪除了有细小的差异外，基本上一模一样，外行人很难发现其中的差异。MG 1机枪和MG 3机枪之间则有很大差异。然而，从整体上看，MG 3机枪保留了最初型号的所有特征，它使用的多种支架都是在第二次世界大战时的原型枪的基础上进行调整或简单改进而成的。有一种三脚架和最初的三脚架完全一样，并且它使用的防空型连体支架仍然适合于MG 42机枪。目前的MG 3机枪有多种支架。

如上所述，MG 42机枪是为了大规模生产而设计的；同样，MG 3也具有这一特征。这样一来，这种武器非常适合世界上许多工业欠发达的国家/地区制造。事实证明，对这些不发达国家来说，制造MG 3之类的武器相对来说比较容易。有许多国家已经或正在试图获得它的生产许可证，如智利、巴基斯坦、西班牙和土耳其。应该注意的是，这些国家有的是仿制MG 1（而不是MG 3）机枪。南斯拉夫也生产过MG武器——直接仿制MG 42机枪，仍然使用7.92毫米的口径。这种机枪被命名为SARAC M1953。

广泛使用

北约成员国内使用MG 3机枪或同类型武器的国家有德国和意大利，并且丹麦、挪威等国的军队也使用这种武器。葡萄牙不仅使用MG 3机枪，而且还将其出口到国外。如此一来，旧式MG 42机枪的生产国就不仅局限于德国。和MG 3机枪相比，MG 42机枪并不逊色多少，任何试图对MG 42的最初设计的改进或提高显然都是毫无意义的。

上图：MG 3机枪的可靠性能和多种支架大大增强了这种武器在整体战术上的灵活性

规格说明

MG 3机枪

口径：7.62毫米

重量：10.5千克（枪）；0.55千克（双脚架）

枪全长：1225毫米

枪管长：531毫米

子弹初速：820米/秒

射速：700~1300发子弹/分钟

供弹：可装50发子弹的金属链子弹带

上图：联邦德国的MG 3机枪是第二次世界大战时期著名的MG 42机枪的现代改进型。目前是北约最优秀的机枪之一。MG 3机枪的射速快，枪管可在极短的时间内更换，既可以使用双脚架射击，也可以使用较重的三脚架持续射击，能够提供强大的支援火力

PK 机枪

苏联的轻武器设计中有一个非常显著的特点，就是把创新和保守两种完全相反的设计奇怪地混合在一起，似乎从苏联的每一代武器中都可发现这一特征。AK-47突击步枪家族使用新奇的7.62毫米×39毫米子弹给人留下了深刻印象。后来，苏联的机枪继续使用威力更大、带有有缘式底座的7.62毫米×54毫米R子弹。当初的莫辛—纳甘系列步枪使用这种有缘式子弹的目的是为了射击后子弹能顺利弹出，所以PK通用型机枪也使用了这种子弹。

PK机枪家族有几大成员。PK为基本型号，它使用重型枪管，枪管内部刻有凹沟。这种机枪最先出现于1946年，后来经过改进，IKM机枪登上了历史舞台，与PK机枪相比，IKM机枪更轻，结构更简单。PKS机枪是PK机枪的地面防空型号，装在三脚架上。PKT机枪是装甲车内使用的PK型号；PKM机枪则是带有双脚架的PK型号。当PKM机枪安装在三脚架上使用时，就变成了PKMS机枪。PKB机枪的枪托比较普通，它的扳机设置被铲子式的枪把和"蝴蝶"式扳机设置取代。

PK机枪显然适用于所有人。对苏联红军来说，它是真正的多用途武器，既可以作为步兵火力支援武器，使用特殊支架时，又可以在装甲车内使用。

PK机枪是在卡拉什尼科夫旋转枪栓系统的基础上研制而成的，它使用的机械原理和卡拉什尼科夫步枪的原理相同。PK机枪内部使用的部件出奇的少，枪栓/闭锁设置、活塞、几片弹簧以及和子弹供弹系统相关的几个部件，就这么多，所以PK机枪很少会出现部件断裂或阻塞事故。当作轻型机枪使用时，它使用的子弹通常装在金属盒内，这个盒子悬挂在枪下；安装在三脚架上射击时，可以使用不同长度的子弹带；为了减少磨损和帮助散热，它的枪管内镀有金属铬，但是作为重型机枪使用时，必须定期更换枪管。

最新研制的PKM机枪名为"帕克纳格"。这种机枪和PKM机枪的80%的零部件相同，但它使用的是新式固定枪管。枪管安装了被动式通风制冷系统，射速每分钟高达1000发子弹；40/50发子弹齐射时，每分钟可发射600发子弹。

在种类繁多的现代机枪中，PK系列武器当仁不让要占有一席之地。不仅苏联和华约组织以及它们的继承者使用，而且还大量出口到许多国家。

上图：安装在三脚架上持续性射击时，PKM机枪就变成了PKMS机枪。枪管下面的双脚架可以向后折叠

规格说明

PK机枪

口径：7.62毫米

重量：9千克（枪未装弹）；
　　　7.5千克（三脚架）；
　　　2.44千克（可装100发子弹的子弹带）

枪全长：1160毫米

枪管长：658毫米

子弹初速：825米/秒

射速：690~720发子弹/分钟

供弹：可装100发、200发或250发子弹的金属链子弹带

下图：图中为苏联的7.62毫米PK系列机枪中的PKM轻型机枪。这种机枪设计简单，结实耐用，能移动的零部件极少。华约组织和世界其他国家曾大量使用

RPK 机枪

PK系列机枪是作为通用型机枪研制的，但口径为7.62毫米的RPK机枪却是专门作为轻型机枪或支援武器研制的。RPK机枪第一次出现的时间是1966年，当时，人们只是把它看成AKM突击步枪的扩大型。除了它的枪管比AKM突击步枪的枪管长和重以及有轻型支架外，其他和AKM突击步枪的确没什么区别。

两者之间的共性很多。它们都发射相同口径的7.62毫米×39毫米子弹，而且许多零部件彼此兼容，会用AKM突击步枪，同样就会用RPK机枪。如果身边没有特殊的鼓式弹匣（可装75发子弹），RPK机枪也可以使用AKM突击步枪的盒式弹匣。然而，两者也有不同之处，RPK机枪没有安装刺刀底座。

固定式枪管

虽然RPK是作为轻型机枪研制的，但令人吃惊的是，当枪管过热时，RPK机枪竟然没有枪管更换设置。为了保证枪管不会太热，新兵接受训练时，每分钟射击不能超过80发子弹。由于战术用途越来越广，显然，RPK的射速太低，如果在作战中使用，射速会成为它的一大缺陷。除了上面已经提到的可装75发子弹的鼓式弹匣，它还使用弯曲状盒式弹匣（可装30发或40发子弹）。人们还看到过安装有红外线夜视仪的RPK机枪。

20世纪70年代初期，苏联红军把他们的标准步枪子弹改换成口径为5.54毫米×18毫米的子弹；为了发射这种子弹，AK-47突击步枪经过改进就变成了AK-74突击步枪。显然，新式的RPK机枪也经过了类似改进。改进后的RPK被称为RPK-74机枪。除了缩小一些部件的体积，使之适应较小口径外，RPK-74和RPK机枪没什么区别。

流行武器——RPK机枪

苏联和华约组织的许多成员国都使用RPK机枪。民主德国显然也生产过这种武器，并且有些独联体国家仍在生产这种武器。这种武器被运送到许多同情苏联的国家，不用说，它们肯定会落入许多"自由战士"的手中。在20世纪70年代和80年代黎巴嫩内战期间，人们就看到过RPK机枪，并且在安哥拉和葡萄牙之间的战争以及随后发生的安哥拉内战中，这种武器也曾大量使用。尽管它的射速有限，但在未来许多年内，无疑许多国家还会使用这种武器。虽然有的国家还在生产RPK-74机枪，但是，俄罗斯及其盟友仍然保留了大量RPK机枪。

规格说明

RPK机枪

口径：7.62毫米

重量：5千克（枪）；
　　　2.1千克（75发子弹鼓式弹匣）

枪全长：1035毫米

枪管长：591毫米

子弹初速：732米/秒

射速：660发子弹/分钟

供弹：可装75子弹的鼓式弹匣，或可装30发或40发子弹的盒式弹匣

上图：苏联的RPK机枪是华约组织标准的火力支援武器。它使用的是固定式枪管，不可更换，也没有持续射击能力。它可能会被人视为AKM突击步枪的改进型。它和RPK机枪一样，都使用7.62毫米子弹。中国制造的RPK机枪被称为74式机枪

苏联的重型机枪

世界上大规模使用的威力最大的机枪是苏联的KPV机枪。这种武器是苏联于1944年设计的。它使用苏联的14.5毫米×115毫米子弹。它的API（穿甲燃烧弹）和HEIT（杀伤曳光燃烧弹）子弹的装药量几乎是口径为12.7毫米的子弹的两倍。

KPV机枪是在20世纪40年代末装备苏联军队的。这种机枪有轮式支架，常用轻型车辆牵引。它的标准支架是ZPU-1/2/4型，分别供1/2/4支KPV机枪使用。另外，苏联的装甲车内也大量使用这种机枪。KPV机枪重49.1千克，使用ZPU-1支架时重量达到161.5千克。它的枪管为空气冷却型，镀有金属铬。这种机枪使用带有气动操作的短后坐力系统。枪栓为旋转式。可以从左右两侧供弹，使用40发子弹的子弹带，射速为每分钟600发子弹；枪口初速每秒达1000米；射程是2000米；枪全长2006毫米，枪管长1346毫米。枪管可以更换。

接下来，苏联的重型机枪是口径为12.7毫米的NSV。这种机枪是为弥补DShK机枪的不足而设计的。NSV机枪是为了纪念这种机枪设计组的尼克廷、索科洛夫和沃尔克霍夫而命名的。这种机枪为空气冷却型，子弹带供弹。在500米的射程内，弹头能够穿透16毫米厚的装甲。这种机枪使用了气动操作系统和倾斜式闭锁装置。为了保证击发装置能够顺利运行，它的套筒座内安装了后坐力缓冲器。标准的NSV机枪安装有可放大3~6倍的SPP望远镜。装甲车内使用的NSV机枪被称为NSVT机枪。

21世纪初，NSV机枪将被同样口径、重25.5千克的"科尔德"机枪取代。"科尔德"机枪也属于气动操作型武器，枪口也镀上了金属铬，但它使用了不同的闭锁装置。据说这种机枪比NSV机枪更精确，尤其是安装了选择性望远镜或夜视仪之后。目前尚无"科尔德"机枪长度的数据。它安装在三脚架上和使用子弹带（50发子弹）时，重量可达41.5千克；这种武器的其他数据是，枪口初速为每秒820~860米，射速为每分钟650~750发子弹。

上图：这是一支NSV重型机枪。它安装了肩套和望远镜，使用6T7三脚架。在地对地作战中，能够提供毁灭性火力，既可以打击步兵，也可以打击车辆

规格说明

NSV机枪

口径：12.7毫米

重量：25千克（枪）；41千克（枪、三脚架和50发子弹的子弹带）

枪全长：1560毫米

枪管长：不详

子弹初速：845米/秒

射速：700~800发子弹/分钟

供弹：可装50发子弹的金属链子弹带

上图：安装在牵引式四轮车架上，ZPU-4机枪能发射密集的火力，可以当作轻型防空武器使用。它安装了简单的车载瞄准系统，但缺少动力操作系统

上图：苏联的装甲车上安装有机枪，可以作为装甲车的次要武器使用。这种安装在炮塔上的机枪既可防空，也可以用于自身防御。图中是口径为12.7毫米的DShK-38/46机枪

以色列军工公司的"内格夫"机枪

以色列军工企业生产的"内格夫"机枪是以色列国防军标准的轻型自动武器之一,它和比利时同级别的武器——FN"米尼米"机枪非常相似。相似程度并不仅限于它们的外观,以色列和比利时的机枪在性能、精度、可靠程度和重量等方面都有着惊人的相似之处。

替代性武器

恰恰像"米尼米"机枪在许多国家的军队中部分取代了FN MAG机枪一样,以色列也计划用"内格夫"机枪部分取代以色列的MAG 58武器。"内格夫"不仅可以作为步兵携带的武器使用,还可以安装在装甲车和直升机上使用。另外,以色列还计划用"内格夫"取代"米尼米"、缴获的苏制PK和RPD机枪。以色列军队的"米尼米"机枪并不多,而且以色列士兵也不太喜欢这种武器。

"内格夫"机枪是根据现代原理和结构制造而成的气动操作型武器。它有两种型号:一种是标准的"内格夫"轻型机枪;另一种是"内格夫突击队"机枪。后者和前者相比,长度短,重量轻。枪托伸展后,枪全长890毫米;枪托折叠后,枪全长680毫米;枪管长330毫米;枪重6.95千克。

为了安装ITL AIM1/D激光瞄准具,"内格夫突击队"机枪没有安装标准型"内格夫"机枪使用的轨道调节器。"内格夫突击队"机枪一般都安装一个向前突出的攻击柄,而标准型"内格夫"机枪一般情况下都安装双脚架。两者之间的共同之处是它们都使用软式子弹带(可装150发子弹)。另外,"内格夫"机枪能使用步枪弹匣。

规格说明

IMI"内格夫"机枪

口径:5.56毫米

重量:7.6千克(带双脚架,但不装子弹)

枪全长:1020毫米(穴枪托伸展后);
　　　　780毫米(枪托折叠后)

枪管长:460毫米

子弹初速:不详

射速:700~850发或850~1000子弹/分钟

供弹:可装150发子弹的金属链子弹带,或者M16或"加利尔"突击步枪的弹匣

上图:标准的"内格夫"轻型机枪安装了双脚架,使用分离式金属链子弹带供弹

CIS 阿尔蒂马克斯 100 机枪

相对来说，新加坡是一个小国家，但是最近几年，它却逐渐成为国际武器市场上的重要一员。该国的武器生产几乎是从一穷二白的基础上发展起来的。在短短的时间内，新加坡建立起了自己的国防制造工业体系，特别是生产出一种阿尔蒂马克斯100轻型机枪（或3U-100），在众多武器中尤为引人注目。

要想知道阿尔蒂马克斯100机枪的来历，还得从1978年说起。为了奠定未来新加坡武器生产的基础，新成立的新加坡特许工业公司（目前称作ST动力公司）获得美国5.56毫米AR-18和M16A1步枪的生产许可证后，开始生产这两种武器。后来，该公司决定走自己的路，设计出自己的武器。阿尔蒂马克斯100轻型机枪就是在这样的背景下研制出来的。在克服早期研制中出现的问题后，阿尔蒂马克斯100机枪目前已成为众多机枪中的佼佼者。

弹药

阿尔蒂马克斯100机枪使用口径为5.56毫米的M193子弹，并且改进后也可以发射新式的SS109子弹，它才是真正意义上的轻型机枪。该公司非常清楚，它出产的这种机枪必须适合身材相对矮小的亚洲人使用。

出于这方面的考虑，该公司生产的阿尔蒂马克斯100机枪操作时和突击步枪非常类似。为了把后坐力减小到最小程度，该公司费尽心机，甚至采用了"持续性后坐力"设计，根据这种设计，闭锁装置不必把套筒座的后挡板当作缓冲器使用，而许多类似设计中都把它当作缓冲器使用。该公司使用了一种弹簧系统，把后坐力控制在一定范围内，从而使武器能顺畅运行。阿尔蒂马克斯100机枪从肩部射击时，没有任何不适感。

和突击步枪的近似之处还有它的供弹系统。阿尔蒂马克斯100机枪使用可装100发子弹的鼓式弹匣。射击时弹匣位于枪的下面。另外，它也可以使用常规的盒式弹匣。鼓式弹匣可以装在特制的网状盒内。为了便于在运动中射击，这种机枪安装了前置式枪把；并且为了便于携带，它的枪托可以拆卸；为了保证射击的精度，它有一个固定的双脚架。在很短的时间内，它的枪管就能轻松更换。如果需要，它还可以用M16A1突击步枪的盒式弹匣（可装20发或30发子弹）取代鼓式弹匣。

阿尔蒂马克斯100机枪可以使用各种附属设置。或许，最与众不同的设置应该是它的消音器。使用这种消音器时要安装特别的枪管。它还有许多常用设置，包括一种特殊的连体式支架。这种支架的两侧可以各安装一支阿尔蒂马克斯100机枪，使用向前突出的鼓式弹匣射击。另一个与众不同的设置是它可以安装刺刀，这一设置在其他类型的机枪中很少见到。而且，它安装有榴弹发射器，无须特别准备就可以从枪口发射枪榴弹（步枪榴弹）。

最新式的阿尔蒂马克斯100机枪有两种型号：带有固定枪管的阿尔蒂马克斯100 Mk 2机枪；枪管可以快速更换的阿尔蒂马克斯100 Mk 3机枪。当然，肯定还会有更多型号出现。因为该机枪的前途极为光明：新加坡军队已经装备了这种武器，其他国家也对这种武器表现出极大兴趣。在众多的轻型机枪中，它确实是最便于携带和最富有魅力的机枪之一。

规格说明

阿尔蒂马克斯100机枪

口径：5.56毫米

重量：6.5千克（含100发子弹的鼓式弹匣）

枪全长：1030毫米

枪管长：508毫米

子弹初速：990米/秒

射速：400~600发子弹/分钟

供弹：可装100发子弹的鼓式弹匣，或可装20发或30发子弹的弯曲状盒式弹匣

上图：阿尔蒂马克斯100 Mk 3轻型机枪是一种非常理想的轻武器。它体积小，重量轻，易于操作和携带，适合大多数东南亚国家的军队使用。在克服早期研制中出现的问题后，新加坡已经全面投产这种武器

"阿梅利"机枪

尽管看上去赛特迈公司的"阿梅利"机枪和第二次世界大战期间的MG 42机枪及其现代型MG 3机枪有着惊人的相似之处,但它确实属于一种全新的武器。它使用的滚筒延迟式后坐力击发装置(半钢性的枪栓)和赫克勒和科赫有限公司的突击步枪和机枪的击发设置完全一样,并且赛特迈公司生产的L型突击步枪也使用了这种设置。目前赛特迈公司由美国通用动力公司的子公司桑塔·巴巴拉军工公司控制。"阿梅利"和L型机枪的关系相当亲近,这两种武器的零部件具有一定的兼容性,相互之间可以互换使用。

快速更换的枪管

为了保证领先于其他类型的机枪,"阿梅利"机枪使用了许多时尚的设计。"阿梅利"机枪从敞口的枪栓处射击。为了提高持续射击能力,它的枪管可以快速更换。在持续射击时,枪管过热是一个比较重要的问题。它具有较好的战术通用性能,使用双脚架时,可作为轻型机枪使用;使用三脚架时,可以当作重型机枪使用,提供持续性的强大火力。"阿梅利"机枪使用北约的5.56毫米标准子弹,供弹系统为子弹带送弹。子弹带有100发或200发子弹,可以装在分离式的塑料盒内。它有两种射速可供选择:使用重型枪栓时,射速每分钟在850~900发子弹之间;使用轻型枪栓时,射速每分钟增加到1200子弹左右。

毫无疑问,"阿梅利"机枪是目前所有5.56毫米轻/重型机枪中最优秀的一种。它的作战效果极为显著,因此成为恐怖分子和游击队最喜爱的武器。从政治角度讲,这的确令人痛心,其中的原因是"阿梅利"机枪可以拆卸成相对较小的几部分,装在手提箱之类的箱子内就可以自由携带。恐怖分子极有可能把这种武器携带到平民生活区或工作区周围。也正是出于这个原因,许多国家一直禁止进口这种武器。

规格说明

"阿梅利"机枪

口径:5.56毫米

重量:5.3千克(未装弹)

枪全长:900毫米

枪管长:400毫米

子弹初速:不详

射速:850~900发子弹/分钟(重型枪栓)1200发子弹/分钟(轻型枪栓)

供弹:可装100发或200发子弹的子弹带

左图:"阿梅利"机枪的效果显著,既可以当作轻型机枪使用,也可以当作重型机枪使用,能够提供强大的持续性火力。它的子弹带可以装在枪身左侧的分离式塑料盒内

瑞士工业集团的 710-3 机枪

瑞士工业集团的7.62毫米710-3机枪在开始设计时就显示出了名枪的风范。它的整体设计、结构和性能非常完美,预示着它一旦问世,必将成为枪中之翘楚。但是,事实上,这一切都没有发生。目前这种本来极有前途的机枪已经停止生产,并且只能在诸如玻利维亚、布隆迪和智利之类的国家才能发现这种武器。

最高水平的武器

之所以出现这种奇怪的事情,还得从头说起。瑞士无论设计什么武器,总是坚持至精至美的原则。瑞士生产的武器都讲究精密和完美。在国际市场上,人们情愿出高价购买瑞士的手表,却未必愿意出高价购买瑞士生产的机枪,尤其是当这类武器可以用简单的加工工具和金属冲压制品制造时,更是如此。

瑞士工业集团的710-3机枪是瑞士生产的第三代机枪。瑞士工业集团的第一代710机枪生产于第二次世界大战后不久。简单的说,瑞士工业集团的第一代710机枪是StG 57型机枪(1957型突击步枪),并且这种机枪使用了与赛特迈公司和赫克勒和科赫有限公司的步枪同样的延迟式滚筒和闭锁装置系统。在瑞士工业集团的710机枪中,这种系统是以延迟式后坐力系统的形式使用的,它的弹膛刻有凹沟,可以防止空弹壳卡壳。瑞士工业集团的第一代710机枪完全用手工制成。虽然对这种机枪的关注者云集,但订购者寥寥。为了便于生产,瑞士工业集团的710-3机枪使用了一些金属冲压制品。

瑞士在机枪设计方面深受德国的MG 42机枪的影响。在第二次世界大战结束后的几年时间里,瑞士根据MG 42的设计生产出了几种类型的机枪。瑞士工业集团的710-3机枪的扳机设置和MG 42机枪的扳机设置完全一样,它们的供弹系统也完全相同。这种机枪的效率相当高,以至于可以毫不费力地使用美国和德国的子弹。它的闭锁设置和StG 45机枪使用的设置完全相同。由于德国在1945年5月战败投降,所以StG 45机枪未能装备部队。

然而,瑞士工业集团的710-3机枪确实使用了瑞士自己的设计,这不仅限于使用可以快速更换的枪管设置。另外,瑞士还研制了供这种武器使用的多种设置,包括当作重型机枪持续射击时使用的三脚架(起缓冲作用)。它还使用了瞄准盘和望远镜等特殊设置。有了这些设置,在世界各种类型的机枪中,瑞士工业集团的710-3机枪应该称得上是最先进的机枪。然而,殊荣并未降临到这种机枪身上。由于这种机枪的研制和生产费用太高(另外,瑞士政府对轻武器的出口有严格的限制),最终导致这种机枪早早停止了生产。

规格说明

瑞士工业集团的710—3机枪

口径:7.62毫米

重量:9.25千克(枪);2.5千克(重型枪管);2.04千克(轻型枪管)

枪全长:1143毫米

枪管长:559毫米

子弹初速:790米/秒

射速:800~950发子弹/分钟

供弹:子弹带

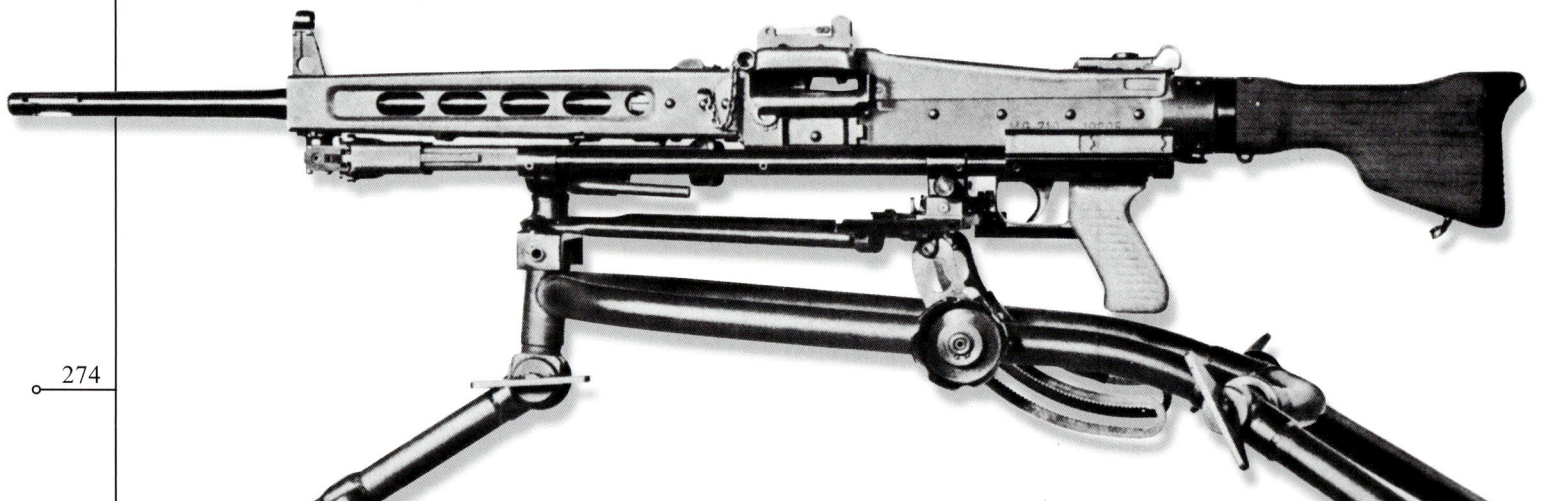

下图:瑞士工业集团的7.62毫米710-3通用型机枪是在第二次世界大战期间德国研制的MG 42机枪的基础上改进而成的,按道理应该成为世界上最优秀的机枪之一,但结果是刚生产不久就停止了生产

L4 布伦机枪

谈到机枪时，我们一定要把像布伦机枪那样古老的武器包括在内，这事听起来似乎有点离奇。尤其令人吃惊的是，这种古典名枪的起源甚至可以追溯到20世纪30年代上半期。最初的布伦机枪使用7.7毫米的有缘式子弹。当时英国陆军的标准步枪和机枪都使用这种子弹。20世纪50年代，当英国决定转而使用北约的7.62毫米新式标准子弹时，英国的武器库中仍然保存了大量布伦机枪。在这种情况下，出于经济利益上的考虑，英国决定把这种古老但效果依旧的武器改进成能使用新式子弹的武器。随后英国制订了一项计划，由恩菲尔德·洛克皇家轻武器厂负责这种武器的改进工作。

简单演化

转换为新的口径需要对布伦机枪进行全面检修，而这个任务执行起来没什么困难。因为第二次世界大战期间加拿大有家公司为中国生产了大量7.92毫米的布伦机枪。这种机枪使用的是无缘式子弹。英国人发现这种为中国制造的布伦机枪的闭锁装置非常适合于口径7.62毫米的新式子弹。这样最初的布伦机枪的闭锁装置得到了改换，并且使用了内部镀有金属铬的新式枪管，这样不仅可以减少枪管磨损，而且可以减少枪管更换的次数。第二次世界大战时期生产的机枪的枪管经常需要更换。这样仅更换一支新枪管，布伦机枪就完成了改型。

英国陆军使用的机枪被L7机枪（英国型号，相当于比利时的FN MAG通用型机枪）取代之前，使用的最后一种布伦机枪是L4A4。L4A4是布伦Mk Ⅲ机枪的改进型，英国的前线部队并没有使用过，相反却被运送到其他需要机枪的军兵种手中。英国皇家炮兵把L4A4机枪当作防空和保护炮兵阵地的武器使用；英国皇家通信兵在战场上使用它来保护通信设施；英国保卫本土的部队也曾使用过这种机枪；而且英国皇家空军也曾使用这种机枪。

有一种名为L4A5的机枪，是在布伦Mk Ⅱ的基础上改进而成的。英国皇家海军使用过这种机枪。这种机枪有两个钢制枪管，而且还镀有金属铬。其他类型的布伦机枪只有一个枪管。

其他次要类型

还有一种被命名为L4A3的机枪，由于是老式布伦Mk Ⅱ机枪的改进型，所以生产数量极少，非常罕见。另外，很少遇到的型号有L4A1（最初为X10E1）机枪。它是标准的布伦Mk Ⅲ机枪（有两个钢制枪管）的改进型，主要是为研制L4系列武器而生产的。L4A2（又称X10E2）机枪是标准的布伦Mk Ⅲ（有两个钢制枪管和一个双脚架）的改进型。L4A6机枪是标准L4A1（枪管镀有金属铬）的改进型。L4A7机枪主要是为了满足印度陆军的需要而研制的，并且仅研制到绘制出图纸的阶段就停止了。印度希望在对标准的布伦Mk Ⅰ机枪（枪管镀有金属铬）改进的基础上生产出更先进的机枪。

在所有L4系列机枪中，最初的0.303英寸的布伦机枪使用的气动操作设置没有任何改变。虽然布伦机枪的口径进行了改动，但气动操作设置没有什么大的变化。有一点值得注意，7.62毫米L4系列机枪使用的是垂直状弹匣，而7.7毫米布伦机枪使用的是弯曲状弹匣。L4系列机枪没有使

规格说明

L4A4机枪

口径：7.62毫米

重量：9.53千克（未装弹）

枪全长：1133毫米

枪管长：536毫米

初速：823米/秒

射速：500发子弹/分钟

供弹：可装30发子弹的盒式弹匣

上图：提起第二次世界大战时期的布伦机枪，人们对它的敬意会油然而生。最新式的布伦机枪是L4A4。它使用北约的7.62毫米子弹。它使用了新式枪管、闭锁装置和可装30发子弹的垂直状盒式弹匣。目前L4A4机枪已经退出了英国军队

上图： 在第二次世界大战期间，布伦机枪随处可以遇到，而且有时还可以当作轻型的防空武器使用。后来虽然经过改进，但遇到飞机和直升机的快速攻击时，却无可奈何，毫无还手之力

上图：尽管L4系列武器已经被一线部队淘汰，但许多二线部队仍在大量使用。 二线部队中的管理人员和专业技术人员一般不会直接参加战斗

用老式布伦系列机枪使用的凸出状锥形枪口。

L4A4机枪作为防空武器使用时，安装了相当精密的瞄准设置。和老式的布伦机枪一样，它不是被安装在三脚架上，而是被安装在自行火炮和榴弹炮以及其他装甲车的顶部或舱口处。

改头换面后的老布伦机枪再次装备部队。在一定时间内，似乎还没有完全退出军队的迹象。有几个英联邦成员国仍然使用布伦机枪，有的甚至还使用最初的7.7毫米布伦机枪。布伦机枪仍被认为是最有效的武器之一。L4A4机枪与其他先进的机枪相比并不逊色。

L86 机枪

许多年来，英国陆军一直把安装双脚架的英国FN MAG-L7A2机枪当作标准的轻型机枪使用。L7A2机枪相当优秀，但步兵携带时略显笨重。作为支援武器，目前人们普遍认为它使用的子弹威力太大。随着恩菲尔德武器系统的出现（又称轻型武器80，或SA80和L85），L7A2机枪作为支援武器的日子快要结束了，它将被一种新式武器取代。这种武器在研制阶段被称为XL73E2轻型支援武器。英国决定保留军队中的L7A2机枪，作为可提供持续支援火力的重型机枪使用，而且一用就是许多年。

英国军队装备了L86A1轻型支援武器。它综合了恩菲尔德武器系统和L85A1标准突击步枪的特点。由于有共同的背景，所以这两种武器有许多共同之处，并且很容易辨认出来。轻型支援武器的枪管较重，使用的双脚架较轻，位于枪管下面，但位置比较靠前；另外，它还使用后置式枪把，或许人们会把它当作枪托，在持续射击时，它可以帮助射手较好地保持枪的稳定性。

术语"枪托"可能会引起人们的误会，因为轻型支援武器是根据无托结构布局设计的。根据这种设计，它的扳机组件位于弹匣前面。和传统武器相比，这种安排使轻型支援武器更加精巧。轻型支援武器的许多部件是用钢制成的，但它的前置式枪把和装有扳机设置的手枪枪把都是用坚硬的尼龙制成的。轻型支援武器和单兵武器使用的弹匣一样——M16A1使用的标准盒式弹匣，可装30发子弹。

口径变化

自从第一次提出轻型支援武器的设计方案供专家讨论以来，它的口径已经过多次修改。最初它的口径是根据英国实验时使用的4.85毫米子弹设计的，但是在选中美国的5.56毫米M193子弹后，4.85毫米的子弹就被淘汰了。而选中北约标准的5.56毫米SS109子弹后，M193子弹也遭遇了同样的命运。最初的轻型支援武器使用的是SS109子弹，而且还有一种光学瞄准镜，安装在套筒座上面凸起的支架上。

计划中的附属设置

被称为L86A1的轻型支援武器于1985年投入生产后，研究人员开始计划为它生产各种附属设置。一旦轻型支援武器装备部队，马上就可以使用。它有一个供训练时使用的调节器，可以发射低威力的子弹；另一个是它的空包弹射击设置。另外，它还有一套多用途工具，可以快速拆卸和修理，这种工具可以装在枪背带里。枪口设置非常有利于从枪口发射枪榴弹。虽然人们还没有正视这个问题，但发射枪榴弹肯定是轻型支援武器的一大功能，并且可能会被广泛使用。

轻型支援武器的研制过程较长。由于北约的标准口径的改变和其他方面的考虑，英国延长了轻型支援武器的研制过程。等到轻型支援武器装备到士兵手中时，按道理轻型支援武器应该成为一种无可挑剔的优秀武器，但事实正好相反，它和当年的L85A1机枪遇到的问题完全一样。

上图：图中的通用型机枪的前面是最初的4.85毫米轻型支援武器。英国生产轻型支援武器的目的是为了补充4.85毫米步枪火力的不足。当北约选中比利时的5.56毫米子弹时，尽管4.85毫米步枪的性能优异，但最终仍被淘汰出局

上图：L86A1轻型支援武器和5.56毫米L85步枪的许多零部件彼此兼容，可以互换使用。它们的明显区别是轻型支援武器使用的枪管较重，双脚架较轻，并且有后置式枪把。轻型支援武器和单兵武器使用的弹匣完全一样

规格说明

L86A1机枪

口径：5.56毫米

重量：6.88千克（装弹后）

枪全长：900毫米

枪管长：646毫米

初速：970米/秒

射速：700~850发子弹/分钟

供弹：可装30发子弹的弯曲状盒式弹匣

右图：当L1A1步枪被5.56毫米的L85步枪取代时，英国陆军使用了同样口径的支援武器取代了L7通用型机枪。作为重型机枪，L7通用型机枪被保留了下来

勃朗宁 M2HB 重机枪

勃朗宁M2机枪是由约翰·勃朗宁设计成的。它是目前仍在生产而且大规模装备部队的最古老的一种机枪。最初它是作为飞机上使用的机枪而设计的，但投入使用后就变成了在地面使用的1921型机枪。经过改进，它在1932年成为标准的M2机枪，最后被定型为M2HB重型机枪。这种武器能够持续不停地射击，射速高，子弹密集。它使用重型枪管，射击时可以更换。更换枪管需要一定时间，而且要把握好时机。这种机枪射击时产生的后坐力适度，再加上优秀的表现和优异的性能，深受士兵的喜爱。最近几年，美国的武器制造公司——拉莫防卫公司生产了一种适用于所有M2系列机枪的QCB（快速更换枪管）成套工具后，一种新式的M2机枪出现了。这就是M2HB-QCB机枪（或称M2HQB机枪）。

M2机枪重量较其他机枪相比，略显笨重，这是M2机枪在使用中的一个缺陷，所以拉莫防卫公司推出了M2轻型机枪。这种机枪仍然使用M2的后坐力操作系统，和M2机枪75%的零部件完全一样，但它比M2轻11千克，仅重27千克。该公司抓住良机，再次改进这种武器，使用一种可调整的缓冲器后，它的射速每分钟可调整到550~750发子弹之间；轻型枪管可在短时间内更换，枪管内镀有钨铬合金，安装了火焰抑制器和扳机保险开关。

弹药类型

M2机枪之所以能长期生产并装备部队，其中的奥秘不仅在于它拥有可靠的性能和精确的远程射击能力，而且还在于专为这种武器设计的高性能子弹。M2机枪使用的标准子弹有M2 AP（穿甲弹）、FN169 APEI、M8 API（穿甲燃烧弹）、M20 API-T（穿甲燃烧弹—曳光弹）、M2和M33"鲍尔"（燃烧信号弹或实心弹）、M1和M23燃烧弹，以及M10、M17和M21曳光弹。这些子弹中，有的子弹长138.4毫米，有的重达120克。它发射的子弹的重量一般在39.7~46.8克之间；子弹初速每秒钟在850~920米之间；最大有效射程约3000米。

如果发射其他类型的先进子弹，它还有其他能力。它使用挪威纳莫公司生产的子弹时，能发挥最佳效果。纳莫公司收购了罗弗斯公司——M2子弹的最初制造商。该公司研制新式弹药的目的是为了探索M2机枪安装在"软式支架"上射击时的作战性能。使用这种"软式支架"可以把它的重量再减少18千克，而且能将射击精度精确到最佳程度。据称，在这种情况下，它发射弹药的能力和口径为20毫米的加农炮相差无几。

相匹配的子弹

所有这三类弹药都有相同的规格和重量。发射的子弹重量在43~47克之间；枪口初速为每秒钟915米。在1000米射程内，MP NM140子弹能以45度角穿透11毫米厚的装甲；在击中2毫米厚的硬物后，一般可分裂为20个碎片。MP-T NM160属于精度稍差一点的曳光弹；AP-S NM173子弹和MP NM140子弹一样精确，在1500米的射程内，能以30度角穿透11毫米厚的装甲。

规格说明

勃朗宁M2HB机枪

口径：12.7毫米

重量：38千克（枪）；20千克（M3三脚架）

枪全长：1650毫米

枪管长：1143毫米

子弹初速：930米/秒

射速：450~600发子弹/分钟

供弹：可装100发子弹的金属链子弹带

左图：虽然M2机枪已经使用了许多年，但是时至今日，它仍是西方国家最优秀的重型机枪。它的性能优越，能够有效地打击轻型装甲车、装甲车和直升机。

上图：（图中）在实验性装甲车的炮塔上架设M2轻型机枪。虽然它的重量轻，但具有机枪的所有能力。它的射速可以根据需要进行调整，有较大的灵活性

上图：在机动作战中，M2HB机枪被安装在车辆上，具有卓越的进攻和防御能力。在车辆上使用时，可以在它周围垒起沙袋，构筑成掩体后，可有效对付敌人的机枪

M60 中型机枪

说到美国的M60通用型机枪，寻根溯源，还得从第二次世界大战后期说起。当时美国设计的通用机枪的型号是T44机枪，美国的设计显然受到当时德国优秀机枪的影响：它的供弹系统直接取自MG42机枪，活塞和枪栓组件则仿制具有创新精神的7.92毫米"伞兵"G42机枪（又称FG42机枪）。M60是T44机枪的生产型号，在制作时使用了大量的钢材冲压和塑料制品。20世纪50年代末期，美国陆军首次装备M60机枪。

首批M60机枪没有获得成功。这种枪操作困难，有些设计不太理想，如果想更换枪管，就必须拆卸半个武器。经过改进，这些问题得到了解决。虽然目前美军使用的M60机枪性能优越、效果显著，但是许多美军士兵并不喜欢这种武器，因为它的操作不够灵活。M60机枪是美国陆军第一代通用型机枪，目前在军中扮演着多种角色。

多种角色

M60机枪的基本作用是支援武器。它的双脚架是用钢材冲压而成的，正好位于枪口后方。为了便于携带，枪上面安装了一个小型的手柄，对于它所承载的重量而言，这个手柄有点单薄；而且它的平衡点完全放错了位置。许多士兵更喜欢使用枪背带。使用枪背带时，这种武器可以在运动中射击。作为轻型机枪使用时，M60机枪显得有些沉重。美国陆军的M60机枪目前正逐步被5.56毫米M249"米尼"机枪取代。作为重型机枪使用时，M60机枪可以安装在三脚架上，也可以安装在车辆底座上。

特别用途的机枪

M60机枪也有一些特殊的型号。M60C机枪可以装在直升机的外部支架上，从远处射击。M60D机枪没有枪托，使用枢轴支架，可以安装在武装直升机或一些车辆上。M60E2机枪的改动较大，可以安装在装甲车上，当作共轴式机枪使用。

在漫长的生产过程中，M60机枪的生产一直由马里蒙特集团的萨科防御系统部负责。该公司时刻关注M60机枪暴露出来的缺点，尤其是作为轻型机枪使用时暴露出来的缺点。

因此，该公司研制出一种"马里蒙特"轻机枪。为了减轻重量，便于操作，对M60机枪进行了较大改动：双脚架向后移到了套筒座下面，增加了前置式枪把，气动操作装置经过了简化，并且还安装了一个在冬季时使用的扳机。这样，新式

的M60轻型机枪和原来的M60轻型机枪相比，重量轻，更易于操作。当然，这种枪目前仅作为轻型机枪使用。有几个国家的军队对改进后的M60轻型机枪给予了较高评价。

目前除美国外，还有一些国家和地区的军队装备了这种武器。中国台湾不仅使用而且还能生产M60机枪。韩国也使用M60机枪。另外，澳大利亚陆军也装备了M60机枪。

规格说明

M60机枪

口径：7.62毫米

重量：10.51千克（枪）；3.74千克（枪管）

枪全长：1105毫米

枪管长：559毫米

子弹初速：855米/秒

射速：550发子弹/分钟

供弹：可装50发子弹的金属链子弹带

右图：一旦安装在双脚架或三脚架上，M60机枪将如虎添翼，威力倍增。M60机枪的主要缺陷是更换枪管费时、费力。这就意味着，空气冷却型的M60机枪需要足够的冷却时间才能长时间持续射击

下图：M60机枪又大又重，不易操作。最早的M60机枪生产于20世纪40年代末期，在20世纪50年代末期装备部队之前经历了较长的研制阶段，自20世纪60年代以来被广泛使用。目前的M60机枪性能可靠，效果显著，许多国家和地区的军队都在使用

上图：作为全口径武器，M60机枪可以发射北约的7.62毫米标准子弹。M60机枪非常适合用作远距离火力支援武器。在这种情况下，M60机枪要装在坚固的三脚架上，这个支架可以提供稳固的射击平台。枪口附近的轻型双脚架可以沿枪的气缸一侧向后折叠

6 支援武器

步兵营的支援连都装备有标准的重型武器。包括迫击炮和各种反坦克武器等简单但仍具毁灭性的近程武器,还有那些防空和反坦克导弹一类的复杂的远程武器。许多武器都具有一专多能的本领。

现代化的步兵营可以分为3个步枪连（有时是4个步枪连）和一个支援连，具体划分方法要取决于各国的实际情况。支援连一般装备有如下武器：迫击炮、反坦克武器、防空武器，有时还装备其他特殊武器，如榴弹自动发射器或被称为"碉堡/掩体炸弹"的火箭筒。

到1914年时，由于面临德国入侵的威胁，为了保卫边界地区，比利时、法国和俄国都修筑了大量堡垒和要塞。为了对付这些堡垒和要塞，德国军队装备了各种类型的火炮，从人力携带、射程较近的迫击炮，到著名的420毫米大口径的绰号为"大贝尔莎"的榴弹炮。然而，真正阻止德军前进的并不是这些堡垒和要塞。尽管德军在各类火炮、弹药和兵力等方面占有优势，但长长的堑壕却令德军一筹莫展。到1914年11月的时候，这些堑壕已经从瑞士延伸到了北海。

德军的迫击炮令协约国士兵又恨又怕。这种迫击炮能把炮弹直接射进堑壕内。如果把它放置在离堑壕几百米的范围内，其射击精度还会更高。然后，协约国研制出自己的迫击炮。在战争期间，为了便于携带，迫击炮变得越来越轻。迫击炮成为德军攻击部队装备中的重要组成部分。在1918年3月德军发起的大规模进攻中，德军的先锋攻击部队就装备了大量迫击炮。

德国迫击炮的领先地位

在两次世界大战期间，虽然英国和法国提高了对迫击炮的认识，但德国仍然处于领先地位。德军步兵营装备了大量令人生畏的迫击炮。从轻便、手工操作的50毫米迫击炮到优秀的81.4毫米迫击炮，种类齐全，应有尽有。1940年，德军的火力明显优于对手。事实上，德军每个步兵团都有一个完整的炮兵连，由6门口径为150毫米的榴弹炮组成。这样，和英国部队相比（同为一个团的兵力），德军的组织更完善，火力更集中和强大，独立作战能力优于英国军队。苏联红军也在迫击炮上不惜血本，加大投资力度，苏联典型的武器是口径为120毫米的重型迫击炮。这种重型迫击炮给德军留下了深刻印象，以至于德国不仅使用它所缴获的迫击炮，而且还生产这种迫击炮。1944年，在诺曼底战役期间，德军部署了大量的120毫米重型迫击炮，给盟军士兵造成了重大伤亡。

自1945年以来，迫击炮一直是步兵武器的中流砥柱，尤其是在不利于使用重炮的地形中，例如越南的山地丛林地形。法国军队以及后来的美国军队在对付越南的游击队时，都强调了迫击炮的重要性。

反坦克武器

坦克首次出现的第一年内就出现了步兵使用的反坦克武器，并且从此以后，反坦克武器成了步兵支援连武器的重要组成部分。这些反坦克武器常有双重用途：在马尔维纳斯群岛战争期间，英国军队使用"米兰"反坦克制导武器摧毁了阿根廷军队的大量碉堡和掩体；在1942年的迪耶普战役期间，英国突击队把一种反坦克步枪当作狙击步枪使用，专门猎杀德国观察哨所的观察人员。苏联红军在整个第二次世界大战期间一直使用反坦克步枪，尽管这种步枪无法穿透德国的大多数坦克装甲，但是这些步枪密集射击时能够击断重型装甲车的履带，并且能够有效地打击敌人的步兵据点。

在第二次世界大战期间，交战双方都研制了无后座力炮，并把它当作反坦克武器使用。开始时是作为轻型的坦克杀手，供空降部队使用；第二次世界大战之后，无后座力炮成为标准的反坦克武器。它所担负的任务还包括摧毁碉堡/掩体，在马尔维纳斯群岛战争中，英国还使用反坦克炮击沉了阿根廷的一艘军舰。从20世纪50年代至1975年，越南部队常使用82毫米和107毫米无后坐力炮密集射击，袭击美国军队。美国军队则使用90毫米和106毫米的无后坐力炮还以颜色。美军常发射一种名为"蜂窝"的杀伤性子弹。

双重作用的防空武器（AA）

机关枪的研制和发展以及它在提供持

上图：在火控系统的有效管理下，迫击炮可以担负起夜间支援任务（图中为第二次世界大战期间的意大利战役中，加拿大士兵正在使用迫击炮射击）

下图：正在使用口径为37毫米防空机关枪的德国军队。这种防空机关枪按照设计可以把子弹快速发射到飞机飞行的高度。这类武器的子弹初速极快，也可以打击装甲车辆

续性强大火力中所发挥的重要作用，应该另当别论。但是防空武器常具有双重作用，它同样也可以当作反坦克武器使用。到1939年时，军队中条件较好的步兵团开始装备40毫米的大口径防空火炮。随着德国空军威胁的减弱，盟军的步兵部队开始把他们的高射炮应用于地面战斗。盟军把"博福斯"式40毫米高射炮安装在车辆上，实施火力压制，掩护地面部队的进攻。

自20世纪60年代以来，支援连已经装备了肩扛式防空导弹。早期的防空导弹，像美国的"蝮蛇"和苏联的SA-7的射程近，性能差，只具有跟踪航向攻击的能力。美国的"毒刺"导弹的各项指标较为优秀，事实证明它的攻击能力相当强大，可有效对付直升机和低空飞行的攻击机。

有几种地面武器已经成功地担负起防空重任。阿富汗穆斯林游击队使用RPG-7反坦克火箭弹，从高山的一侧，利用多发齐射，曾成功地击落苏联的直升机。

在20世纪，支援武器把步兵营的火力发挥到了极致。有了这些支援武器，步兵营既能打击敌人的装甲车辆和飞机，有效地保卫自己，又能一路斩将夺隘，奋勇向前。他们使用步兵营的火炮（迫击炮和榴弹发射器）、机关枪、"碉堡/掩体炸弹"（反坦克武器或专门的火箭发射器），给予敌人/据点以毁灭性的打击。这些武器的不足之处是，在缺少车辆运输的情况下，意味着不得不依靠士兵们手拉肩扛。虽然自罗马时代以来，军事技术已经发生了天翻地覆的变化，但是，和两千年前相比，平均每个士兵的负重能力却没有什么进步。

上图：在第二次世界大战中，一名美国士兵背着7.62毫米M1卡宾枪，肩扛火箭筒，正在瞄准德国的步兵据点

摧毁碉堡和掩体的武器

用钢筋水泥或木材和泥土精心构筑的永久性防御阵地，能够提高自然防御态势。有了这些阵地，即使不能完全击溃机动状态中的敌人，也能将敌人的攻势控制在适当范围内，并且有时还能将敌人的攻击部队引到预定的炮击区和密布地雷的雷区。如此一来，各国军队都必须拥有能有效摧毁敌人碉堡/掩体的能力。在第二次世界大战期间，这一任务开始时是由火炮和坦克火力负责的，摧毁碉堡和掩体的最佳状态就是这些碉堡和掩体处于火炮和坦克的直射范围内，而且在战斗技术人员的努力下，又发明了诸如爆破筒和炸药包之类的武器。后来，摧毁碉堡和掩体的武器又增加了新的生力军——火焰喷射器、反坦克火箭筒和特制的作战工程车。这种特制的工程车装载一个巨型炸药包，在工程车后退之前，把炸药包放置在目标上，并引爆炸药包。这些战术目前仍然有效，但是，最初由无后坐力步枪实施的任务，目前已经由装有空心穿甲弹头的反坦克导弹实施了。

上图：如欧洲"霍特"（HOT）之类的导弹系统，不仅可以有效地打击重型坦克，而且还可以在远距离的射程内摧毁敌人的据点、碉堡和掩体

左图：在第二次世界大战期间，要想摧毁敌人精心准备的防御阵地，进攻中的士兵常常肩负着复杂和危险的任务。火焰喷射器就是他们最常用的武器之一。火焰喷射器能够摧毁敌人用水泥筑成的碉堡和掩体

285

轻型反坦克火箭筒（绰号"铁拳"）

1941年，当苏联优秀的坦克出现在德军面前时，令德军惊恐不已，德军的反坦克武器只有在近距离平射的状态下，才能将其击毁。从此，各国竞相开始研制步兵反坦克武器，生产出各种大口径的火炮，但是这些火炮体积太大，需要大量人员和车辆才能牵引得动。1941年6月，德军首次在格罗德诺附近遇到苏联的T34坦克，并且发现这种坦克要远远优于他们自己的PzKpfw Ⅳ坦克。当时德国依赖反坦克步枪和小口径火炮（德军常常在攻击中使用，而英国的战术却与此相反，英国人只在防御时才使用反坦克火炮），令德国人畏惧的是他们发现对付T34坦克的唯一有效武器是口径为88毫米的高射炮。1941年底，苏联的一辆KV-1坦克掩藏在一座桥梁附近的掩体内，将德军的一个整编师整整阻挡了两个小时，直到德军调来一门高射炮才将其击毁；即使如此，发射了7发炮弹，而真正穿透坦克的仅有两发。在缺少高射炮的情况下，对付T34坦克的标准防御方法只能靠士兵冲向坦克，把"泰勒"手雷塞到坦克的履带下或坦克的炮塔下面。

德国的反应

德国对T34坦克的强烈反应是生产出了轻型反坦克火箭筒（绰号为"铁拳"）。这种分离式火箭筒可以发射一种威力巨大的小型炸弹。这种武器有效地阻挡了T34坦克的进攻。但它的作用并不仅限于对付T34坦克，在诺曼底登陆日之后，所有的德国"国民自卫队"在没有其他装备的情况下，用事实证明了"铁拳"的威力。1945年3月29日，在盟军攻势最凌厉的一天，德国"国民自卫队"的一个小分队使用"铁拳"火箭筒挡住了英国皇家第一坦克团的一个中队的攻击！

聚能效应

研制"铁拳"火箭筒的计划是由雨果·施内德尔AG公司的兰吉特博士倡议发起的。他提议研制一种能够发射新式炸弹或射弹的系统，这种炸弹或射弹能够有效地对付重装甲坦克。这种炸弹利用了门罗效应，生产出来的高爆炸弹带有锥形的空心弹头，弹头底端由黄铜包裹，向前突出，这样当弹头在距离装甲钢板最恰当的距离爆炸时，爆炸力继续向前；同时，一股细小、集中的融化金属和超高温的气体以每秒钟6000米的速度直扑向装甲钢板。在击中坦克时，这股热流能够击穿装甲，超高温气体和融化金属进入到坦克内部，从而引起坦克内部的弹药爆炸。一般情况下，坦克内的乘员很难幸免于难，问题的难点是炸弹如何投送。火炮的炮弹速度太快，威力太大，无法达到最恰当的距离，这种炮弹要么从坦克上反弹出去，要么是在坦克前面爆炸，却不能穿透装甲。虽然误差常以毫米计算，但这已经足以让弹头失去效力。兰吉特博士的方法是使用一种一次性火箭发射器。这种武器由大众·沃克公司制造。到1943年时，该公司每月能

左图：纳粹德国组建了"国民自卫队"，妄图阻挡盟军的前进。以前那些被认为不适宜于到前线参加战斗的人员装备了"铁拳"火箭筒之后，几乎没有经过训练就被赶到了前线参加战斗

规格说明

"铁拳30"轻型火箭筒

射程：30米

重量：1.475千克（全重）；0.68千克（射弹）

射弹直径：100毫米

初速：30米/秒

穿甲能力：140毫米

"铁拳30"火箭筒

射程：60米

重量：6.8千克（全重）；3千克（射弹）

射弹直径：150毫米

初速：45米/秒

穿甲能力：200毫米

够生产200000枚这种炸弹。

最初，这种武器被称作"喷气式空心装药反坦克榴弹"。按照设计，这种武器在发射时要以直角瞄准坦克的装甲。但是，后来发现这样瞄准相当困难，除非离T34很近才能瞄准。这就是德国研制的第一代"铁拳"轻型反坦克火箭筒。

这种武器被正式命名为"铁拳"30轻型火箭筒。它是一根76.2厘米长的管子，发射的炸弹重1.5千克，发射速度为每秒30米，有效射程为30米；炸弹直径为100毫米，爆炸的弹药能以30度角穿透140毫米的装甲。

这种炸弹的助推力来自管底部的弹药，后来的火箭弹就是根据它而研制的。"铁拳"30轻型火箭筒后来被"铁拳"60和"铁拳"100火箭筒（数字代表它的有效射程）代替。它们发射的炸弹重3千克，射速分别为每秒钟45和62米。每发炸弹能够以30度角穿透200毫米的装甲。

上图：从装有更复杂的瞄准设置中可以看出这是一支"铁拳"60型火箭筒。它发射的炸弹重3千克，弹头能够穿透200毫米厚的装甲

上图：德军大范围投入使用的第一种"铁拳"火箭筒被称为"铁拳"30火箭筒。数字30代表了它的有效射程是30米。据德军宣称，这种武器的最后一种（"铁拳"100火箭筒）的有效射程增加到了100米

"铁拳"火箭筒

"铁拳"火箭筒是苏联红军和盟军坦克的克星。在第二次世界大战末期，事实证明在欧洲战区它是一种非常重要的武器。希特勒的"国民自卫队"在柏林战役中，使用这种武器取得了重大战果。从这种武器的图解中可以看出，它的最重要的特点是作战中操作极其简单。

右图："铁拳"30火箭筒的瞄准具非常简单，呈叶片状，装有扳机设置。射手稍稍抬高火箭筒，使用瞄准具和炸弹上的标记配合就能瞄准坦克。炸弹发射后，有多个折叠式垂直尾翼可以使炸弹在飞行中保持稳定状态

上图：到1944年6月时，德国的所有前线部队大量装备了"铁拳"火箭筒。这名倒霉的德军士兵在1944年7月30日的诺曼底登陆战役中被盟军击毙。他身边就是"铁拳"30火箭筒

上图：在1943—1945年期间，"铁拳"火箭筒确实适合德军的防御战术。盟军坦克乘员非常害怕这种武器。德国生产了大量"铁拳"火箭筒。如果在适当的距离内瞄准，那么每名德军士兵至少能击毁一辆盟军坦克

"铁拳"火箭筒的使用说明（图解）

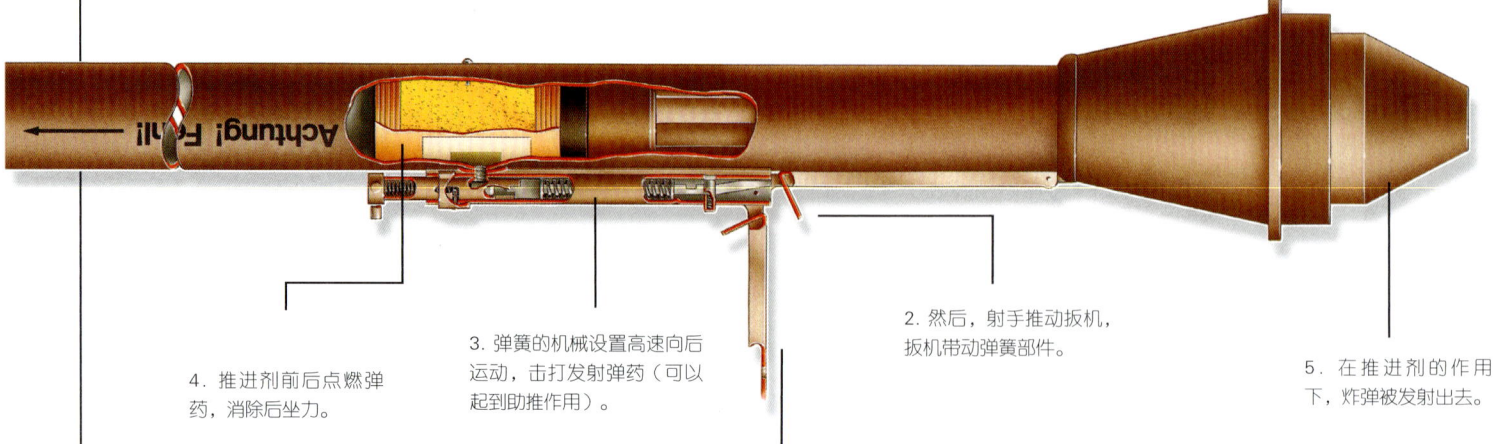

4. 推进剂前后点燃弹药，消除后坐力。

3. 弹簧的机械设置高速向后运动，击打发射弹药（可以起到助推作用）。

2. 然后，射手推动扳机，扳机带动弹簧部件。

5. 在推进剂的作用下，炸弹被发射出去。

1. 射手使用"冒出"式瞄准具瞄准目标。

重型反坦克火箭筒

在1943年1月,德军在阻止盟军挺进突尼斯时缴获了美国的一些口径为60毫米的M1"巴祖卡"反坦克火箭筒,这些火箭筒被迅速送到德国,由作战专家进行检查和评估。他们非常欣赏这种武器,认为这种武器结构简单,造价低廉,非常适合德国军队。这样德国马上就生产出了自己的"巴祖卡"火箭筒。

德国火箭筒发射的火箭弹和"洋娃娃"反坦克火炮发射的火箭弹非常类似,但是经过改进,它使用了电点火发射装置。最早的火箭筒被称为88毫米反坦克火箭筒43(通常简称为88毫米 RPzB 43)。这种武器比一根两头开口的管子的结构复杂不了多少,火箭弹从后尾装进去,从前端发射出去。射手把瞄准具的光点放在肩部,装上火箭弹后,在扣动扳机之前操作控制杆,给小型电机充电,它和火箭弹的电机有一根电线相连。使用简单的瞄准系统就可以操作这种武器。

RPzB 43火箭筒立即获得了成功。它发射的火箭弹比"巴祖卡"的火箭弹大。由于穿透装甲的能力和弹头的直径大小有直接关系,再加上它使用空心装药的弹头,热流和融化金属能够从弹着点处穿透装甲,进入坦克内部,所以这种火箭弹的穿甲能力更强大。但它的射程有限,大约为150米。它的另一大缺陷是,当火箭弹离开"炮口"时,火箭弹的电机仍在燃烧,这意味着射手必须穿上防护服和口罩,以免烧伤。火箭弹的废气非常危险,射击时可对射管后4米内的物体(人)造成伤害,并且这种废气还会带起尘土和脏物,暴露射手所在的位置,迅速招致对手的打击。所以,尽管这种火箭筒弹头的穿甲能力较强,但射手一般都不太喜欢这种武器。

改进型号

经过对火箭筒的基本原理的进一步研究,德国又生产出了RPzB 54火箭筒。这种火箭筒有一个保护射手的盾牌,所以射

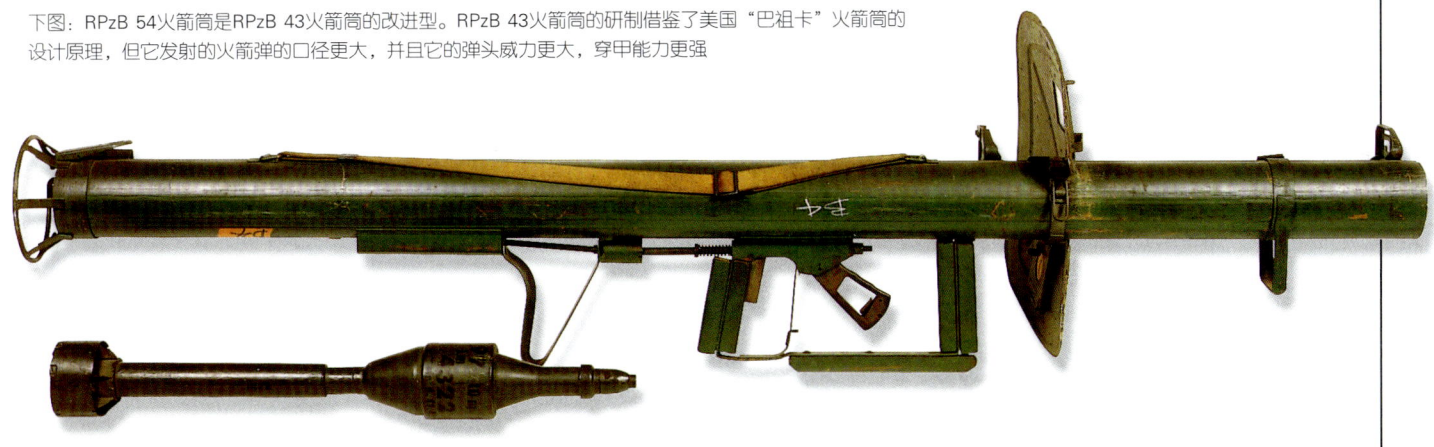

下图:RPzB 54火箭筒是RPzB 43火箭筒的改进型。RPzB 43火箭筒的研制借鉴了美国"巴祖卡"火箭筒的设计原理,但它发射的火箭弹的口径更大,并且它的弹头威力更大,穿甲能力更强

规格说明

RPzB 43火箭筒
口径:88毫米
长度:1638毫米
发射器重量:9.2千克
火箭弹重量:3.27千克(RPGr 4322榴弹);
0.65千克(榴弹弹头)
最大射程:150米
穿甲能力:210毫米

RPzB 54火箭筒
口径:88毫米
长度:1638毫米(RPzB 54,带盾牌);
1333毫米(RPzB 54/1)
发射器重量:11千克(RPzB 54,带盾牌);
9.45千克(RPzB 54/1,带盾牌)
火箭弹重量:3.25千克(RPGr 4992榴弹,榴弹弹头重量不详)
最大射程:200米
穿甲能力:160毫米

手不必再穿防护服。改进型被称为RPzB 54/1火箭筒。这种武器发射的火箭弹经过了进一步改进，它需要的发射管较短，射程为180米，和前者相比增加的幅度不大。RPzB 54和RPzB 54/1火箭筒取代了早期的RPzB 43火箭筒，剩余的RPzB 43火箭筒则被送到二线部队和预备役部队中。

不久，德国陆军开始大量装备并使用RPzB 54和RPzB 54/1火箭筒，以至于在每条战线上，盟军都会遇到这种武器。RPzB 54/1火箭筒能够击穿160毫米厚的坦克装甲。这些火箭筒基本上都属于近距离武器，使用时需要精心操作才能发挥效能。而且，要特别注意射击时产生的向后冲击力，这种冲击力可能产生危险的后果。一般使用这种武器需要两名士兵，一名士兵负责瞄准，另一名士兵负责装弹和联接发射器的电源线。要想成功击毁坦克，需要悄悄接近坦克，在有效射程内瞄准坦克。只要瞄准了坦克，一般情况下，坦克必毁无疑。对付RPzB系列武器的办法是增加防护，如在坦克外挂上沙袋，给坦克履带加挂链子，或使用外挂式装甲，并且还可以在坦克后紧跟特殊的步兵班，他们也可以对坦克提供保护。

RPzB系列武器有多种绰号，其中两种被称作"烟囱炉"和"坦克煞星"。

上图：RPzB 54火箭筒使用了防护性盾牌，并且盾牌上有瞄准窗。当火箭弹从发射器的前端射出时，会向后产生一股强大的冲击力，盾牌可有效地保护射手的脸部，以免被冲击力烧伤

左图：图中为教科书中RPzB 54火箭筒的操作姿势。它由两名士兵负责。发射器后面受到很大的冲击力。装弹手先把火箭弹装入发射器，然后连接上电源线

"巨人"爆破车

1940年，法国凯格里塞公司研制的一种小型爆破车沉到了塞纳河里，但是被德国人打捞了出来。德国人对这种小型机器进行检查后，于1940年11月，德国政府和博格瓦德公司签订合同，要求该公司研制出一种能够至少装载50千克炸药的小型全履带式遥控车，在完全接近目标时引爆。德国计划用这种名为"巨人"的武器由作战工程兵从安全的地方遥控操纵，摧毁敌人的碉堡、掩体和据点，甚至坦克。

SdKfz 302型爆破车的两侧有四个较大的轮子，动能由两个电机提供，每个电机装两节电池。它反映出德国人已经提高了装有叶片式弹簧的小型车轮的应用标准。履带两侧留有一定的向外突出的空间，每个空间可以安装一节电池，这样内部的大量空间就可以装满60千克炸药。两侧的惰轮呈圆形，为固体结构，并且还有三个履带返向滚轮。

首次投入生产

这种武器最初的生产型号为SdKfz 302 E-Motor。一般都称之为"巨人"67爆破车。在1942年4月至1944年1月期间，博格瓦德公司和尊达普公司共生产这类武器约2650件。这种武器用5毫米厚的钢材制成，有两个履带轮。车后是一个圆鼓，内

装指挥用的电线。电线为三股线，其中两股用于车辆控制，另一股用于引爆炸药。

第一批SdKfz 302爆破车送到了德军第600机械化先锋营的第811—815装甲先锋连。使用这种武器的另一支部队是德军第627先锋突击旅。但是有两种原因限制了这种武器的使用：一种原因是从战术上讲装入的HE（烈性炸药）弹药量太少；另一个原因是它的造价过于昂贵。

费用昂贵

1944年1月，由于造价太高，所以SdKfz 302爆破车停止了生产，德国计划制造一种更廉价、能力更强的爆破车。这种车内部有一个发动机，所以速度更快。1945年3月，在德国即将失败之际，德军仍有2527辆SdKfz 302没有使用。

早在1942年11月，德国急需制造一种行程更远、威力更大的武装爆破车。尊达普公司和扎切茨公司研制出SdKfz 302的替代型——SdKfz 303 V-Motor爆破车。尊达普公司的产品被称为SdKfz 303a爆破车。扎切茨公司的产品被称为SdKfz 303b爆破车。在1943年4月至1944年9月，尊达普公司共生产SdKfz 303a爆破车4604辆，每辆可装75千克炸药。这种爆破车用10毫米厚的钢板制成。使用有辐条的车轮，而不是固体的圆形车轮，并且每侧只有两个滚筒轮。其他区别还有外壳的顶部有一个突出的通风口，车轮内装有弹簧臂和盘卷式弹簧。

作战用途不广泛

从1944年9月到战争结束时，扎切茨公司共生产SdKfz 303b爆破车325辆。它能装载100千克炸药，尽管和SdKfz 303a爆破车相比，它的重量大，速度快，体积也稍大了一点。它的侧部的突出空间装有两节电池、控制设置和空气过滤器。弹药装在外壳的前面，发动机装在中心位置。另外，后部还有一个容量为6升的燃料箱和一个圆鼓，圆鼓内装有650毫米的电线。

每辆SdKfz 303爆破车大约需要542千克铁和10千克钢。每辆SdKfz 303爆破车大约花费1000德国马克，而每辆SdKfz 302爆破车大约需要3000德国马克。即使如此，SdKfz 303爆破车也极不成功，所以使用的机会并不是太多。在1945年1月期间，德国仍有3797辆小型爆破车没有使用。

规格说明

SdKfz 302爆破车

重量：370千克

规格：长1.5米；宽0.85米；高0.56米

动力装置：两个"博施"MM／RQL 2500／24 RL2电动机，每个电动机各有一个2.5kW（3.35马力）电池

性能：最大速度10千米／小时；最大距离1500米（公路）；800米（土路）；0.6米（穿越堑壕）

载弹量：60千克烈性炸药（HE）

SdKfz 303a 爆破车

重量：370千克

规格：长1.62米；宽0.84米；高0.6米

动力装置：一个由尊达普公司生产的SZ7双缸双冲程汽油发动机，带有一节9.3kW（12.5制动马力）电池

性能：最大速度10千米／小时；最大距离12千米（公路）；6~8千米（土路）；穿越堑壕：不详

载弹量：70千克烈性炸药（HE）雪

上图：一名德国作战工程兵正在准备发射他的"巨人"SdKfz 302爆破车。这种爆破车使用电动设置，造价昂贵

上图："巨人"爆破车虽然从理论上讲非常吸引人，但从战术上讲，由于它的攻击距离较近，载弹量也相对较少，所以作战用途并不广泛

反坦克手榴弹（轻型）

德国研制反坦克手榴弹（轻型）的主要目的是向德军特殊的"坦克杀手"提供一种防区外单兵武器。这是一种专门的反坦克手榴弹，它带有空心装药弹头，能够击穿坦克装甲，并且在击中坦克时，能够保证弹头正对着坦克装甲。这种手榴弹有一个鳍状尾翼，能起到稳定和制导的作用。

反坦克手榴弹以一种特殊的方式投向目标。手榴弹弹头的后面是一种带有木柄的钢棒，使用人员握紧木柄，在背后举起，弹头垂直向上；准备完毕后，手臂向前挥动，木柄脱离手掌。在榴弹向前飞行的过程中，四个帆布做成的鳍状尾翼自动打开，这些鳍状尾翼起到风向标的效果，能保证弹头沿着正确的飞行方向前进，在击中目标时发挥最佳作战效果。但在实践中，反坦克手榴弹在使用时并不那么有效。从一开始，它的最大使用距离就受到投掷者的个人力量和能力的限制，常常只有30米或不到30米，只有使用训练弹反复练习才能保证投掷的准确性。

尽管存在这些缺陷，但是和其他德国近距离反坦克武器相比，一些德国反坦克士兵还是更喜爱反坦克手榴弹。这种武器相对较小，轻便，易于使用。它的弹头重0.52千克，装有旋风炸药（RDX）和梯恩梯炸药（TNT），而且使用空心装药的原理，因此威力较大，甚至能击穿最厚的坦克装甲。它的另一大优势是使用者不用靠近坦克，更不需要把榴弹放在坦克上；另外，弹头保险只有在飞行时才完全打开，所以使用者的安全得到了进一步保证。

尽管反坦克手榴弹获得了成功，但是盟军中没有一个国家仿制这种武器。盟军缴获这种武器后，盟军士兵有时也使用这种武器，尤其是苏联红军；但是美国人一直对它重视不够，美国人刚看到它时，还以为是一种大号飞镖，差一点没把它扔到一边去。1945年后，这种原理被华约组织的一些成员国采用。在20世纪70年代，埃及成功仿制了这种武器，把它当成本国军火工业取得的又一大成就。埃及人发现此类反坦克武器非常适合埃及步兵的反坦克战术。据报道，埃及生产的这种武器能够摧毁现代化的坦克。

规格说明

反坦克手榴弹（轻型）

弹体直径：114.3毫米

长度：533毫米（全长）；
　　　228.6毫米（弹体长）；
　　　279.4毫米（尾翼长）

重量：1.35千克；
　　　0.52千克（弹头重）

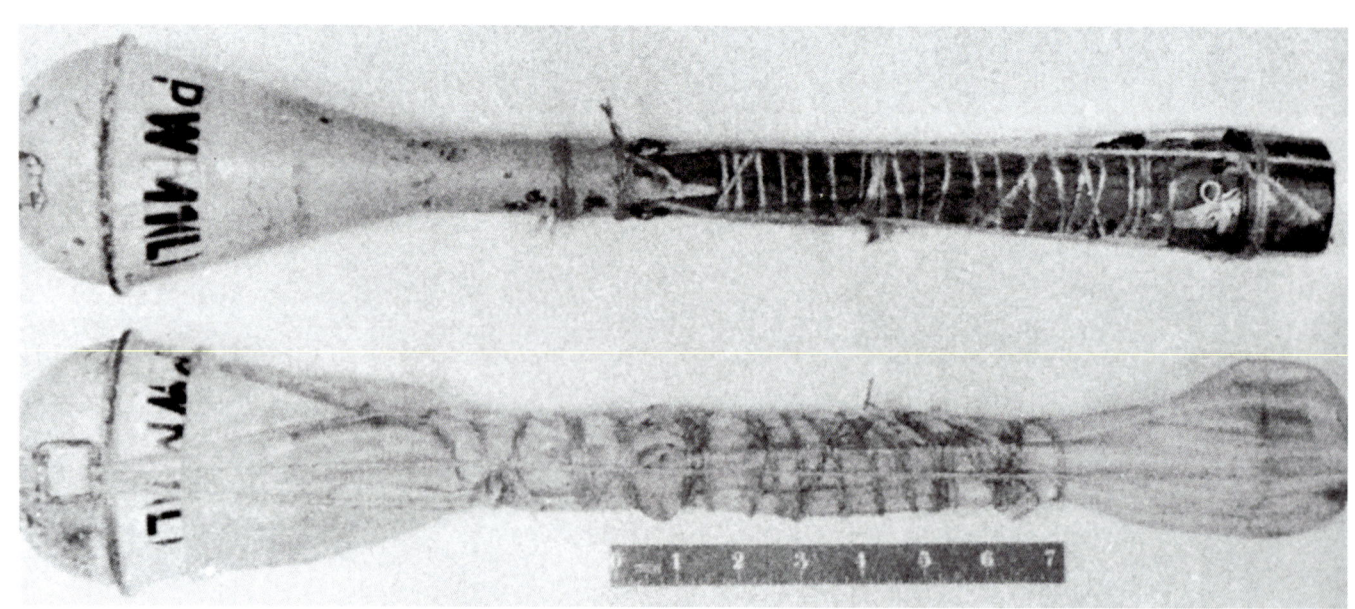

上图：图中为德军使用的两枚反坦克手榴弹（轻型）。和投掷柄相连接的尾翼起着稳定作用。这两种反坦克武器不能随便使用，它们需要经过反复训练才能发挥最大效能，所以这两种反坦克武器主要供德军的"坦克杀手"使用。他们都经过专门训练，只有在靠近坦克时，才会投掷这两种反坦克武器

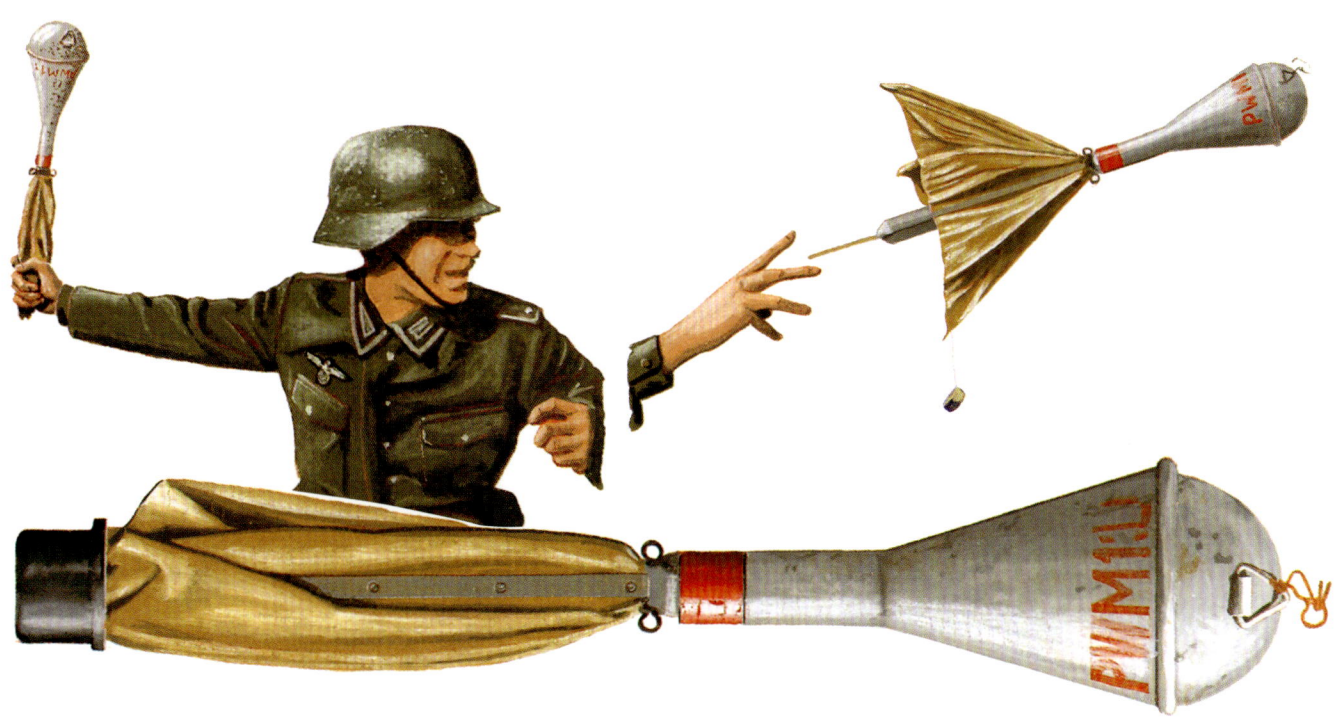

上图:"坦克杀手"更喜爱使用轻型反坦克手榴弹。虽然它是一种近距离武器,但是它的弹头长114.3毫米,可以击毁盟军最重的坦克。图中为投掷的标准姿势,这样可以保证装有空心弹药的弹头正面向前

"洋娃娃"火箭筒

德国发现大炮并不是发射空心装药弹头、击毁装甲目标最有效的工具后(空心装药弹头如果运动速度太快,就难以发挥最大威力),开始把火箭看做是一种发射系统,随后生产出一种小型的88毫米火箭,这种火箭携带的空心装药弹头,可以击穿盟军的任何一种坦克的装甲。

德国的设计人员当时显然不知道火箭筒究竟应该是什么样子。最后他们生产出了一种可以发射火箭的小型火炮。这种设备的名字叫"洋娃娃",或者更正式一些的名字叫反坦克炮43。从外形上看,它和一门小型火炮没什么区别。它装有一个盾牌,发射器装在轮子上可以移动;进入阵地后,可以把轮子拆卸下来,把发射器的位置降低一些,靠在摇杆上。然后装上火箭,使用常规的闭锁装置。"洋娃娃"和火炮的区别是它没有安装后坐力机械设置。发射时产生的后坐力被一个大车架吸收。瞄准员使用一个双柄把手,控制发射管的方向,沿炮管方向进行瞄准。

"洋娃娃"火箭筒于1943年投入生产并装备部队。虽然它的最大射程约为700米,但打击坦克的有效射程大约在230米左右。它的瞄准系统相当简单,并且火箭的飞行时间能够以秒计算。每分钟大约能发射10枚火箭。"洋娃娃"火箭筒的其他特点是能够拆卸成7个模块,打包装运,而且冬天可以装在雪橇上运送。它的盾牌上甚至印有说明书,供那些在战场上未接受过训练的士兵使用。

分阶段退出

"洋娃娃"火箭筒没有生产太长时间。它刚刚装备德军时,德国就在突尼斯缴获了美国的"巴祖卡"火箭筒,德国技术人员检查后发现,只需一根简单的管子就能发射他们的88毫米火箭,根本不需要"洋娃娃"火箭筒这么复杂的设置。然后,德国就把生产的重心转向了简单的RPzB系列武器。那些已经制造和装备部队的"洋娃娃"火箭筒也没浪费,德军继续使用它们直到战争结束。尤其是在意大利战场,盟军缴获了不少这种武器,并且对它们进行了细致检查。

德国人似乎还想把改进后的"洋娃娃"火箭筒安装在装甲车上,但没有成功。

规格说明
"洋娃娃"火箭筒（反坦克炮）

口径：88毫米

长度：2.87米（全长）；1.60米（炮管长）

重量：146千克（移动时）；100千克（发射时）；2.66千克（火箭）

射击角度：-18°~+50°

方向转动角度：660度

射程：最大700米；有效射程230米

上图：1943年，在突尼斯战场，一名英国士兵演示从德军手中缴获而来的"洋娃娃"火箭筒。图中显示这种武器非常低矮。它的火箭筒没有后坐力设置，使用的炮管比较简单，但是和RP 43系列武器相比，结构却要复杂一些，而且造价昂贵。降低这种武器的高度时要先卸去它的车轮

上图：口径为88毫米的火箭筒（或称"洋娃娃"反坦克炮）。图中为美军士兵正在检查这种武器。1943年，它刚装备部队不久就被RP43系列武器取代。RP43系列反坦克火箭筒发射的火箭弹和"洋娃娃"发射的火箭弹非常相似。和"洋娃娃"相比，RP43系列武器造价低，生产速度快

反坦克火箭筒

1943年，德军在突尼斯缴获了美国的口径为60毫米的M1"巴祖卡"火箭筒，德国的技术人员马上对它进行了检查，迅速肯定了它的优点，即结构简单而且造价低廉。不久德国就生产出了同类型的武器。这种火箭筒发射的火箭和"洋娃娃"火箭筒发射的火箭非常相似，但是这种武器经过了改进，使用电动射击。

德国的第一支火箭筒是口径为88毫米的反坦克火箭筒43（RPzB 43），结构极其简单，除使用一根两头开口的管子外，其他实在没有多少东西。射手把瞄准具的光点靠在肩部，然后操纵控制杆，给小型电机充电，随后释放扳机，这样电源通过电线和火箭的电机相连接。再加上简单的瞄准系统，就构成了整个武器的设置。

迅速成功

RPzB 43反坦克火箭筒立即获得了成功。它发射较大口径的火箭弹。反装甲能力要优于美国的"巴祖卡"火箭筒。但是它的射程有限，大约为150米。它的另一大缺陷是，当火箭弹离开"炮口"时，火箭弹的电机仍在燃烧，这意味着射手必须穿上防护服和面罩，以免烧伤。火箭弹的废气非常危险，射击时可对射管后4米内的物体（人员）造成伤害，并且这种废气还会带起尘土和脏物，暴露出射手所在的位置。这一缺陷真让RPzB 43的使用人员讨厌至极。

经过进一步研制，德国人生产出了RPzB 54反坦克火箭筒。这种火箭筒有一个保护射手的盾牌，所以射手不必再穿防

上图：德国的RP 43 火箭筒借鉴了美国"巴祖卡"火箭筒的原理，但它使用的是大口径的88 毫米火箭弹。RP 43 火箭筒有时被称为重型反坦克火箭筒，它的射程是150 米，能够击毁盟军所有类型的坦克

上图：1944 年7 月，英国士兵正在检查他们在诺曼底战役中缴获的一支RPzB 54 火箭筒。图中能看到它的盾牌和射击时使用的电机控制杆，位于发射管的下面，看起来像一个较大的扳机。RPzB 54/1 和RPzB 54 相比，结构基本相同，但RPzB 54/1 的发射管较短

护服。后来，德国人又生产出了它的改进型——RPzB 54/1反坦克火箭筒。虽然它的发射管较短，但是射程却达到了180米。RPzB 54和RPzB 54/1反坦克火箭筒取代了早期的RPzB 43反坦克火箭筒，剩余的RPzB 43反坦克火箭筒都被送到了二线部队和预备役部队的中。

军中利器

这些反坦克武器马上被分发到德军手中。后来的火箭弹能够击穿160毫米厚的装甲。不过，它们都属于近距离武器，这意味着射手必须悄悄地接近目标。通常情况下，这种武器需要两名士兵操作，一名士兵负责瞄准和射击；另一名士兵负责装弹和联接电源。RPzB系列武器有多种绰号，其中有"烟囱炉""坦克煞星"等。

规格说明
RPzB 43反坦克火箭筒
口径：88毫米
长度：1.638米
重量：9.2千克（发射器）；3.27千克（火箭弹）；0.65千克（弹头）
射程：最大射程150米

规格说明
RPzB 54反坦克火箭筒
口径：88毫米
长度：1.638米
重量：11千克（发射器）；3.25千克（火箭弹）
射程：最大射程150米
射速：4–5发火箭弹/分钟

反坦克步枪

苏联红军在第二次世界大战期间使用两种反坦克步枪。这两种步枪非常容易辨认，它们都比较长，使用14.5毫米子弹。当其他国家开始使用反坦克步枪的时候，苏联并没有意识到反坦克步枪的重要性；而在其他国家开始放弃反坦克步枪，转而使用其他武器的时候，苏联人才开始使用这种武器。虽然如此，我们不得不承认，和当时其他类型的反坦克步枪相比，苏联的反坦克步枪毫不逊色。

苏军使用的第一种反坦克步枪是PTRD 1941（或称PTRD-41）步枪。这种步枪是由德格特雅罗夫设计局研制的。这种步枪在1941年6月投入生产时，正好赶上德军入侵苏联。这种步枪特别长，枪管几乎占了整个枪的长度。它的后膛为半自动设置。在500米的射程内，它的钢/钨芯子弹能够穿透25毫米的装甲。它安装了一个较大的枪口制动器和双脚架。

苏军使用的另一种反坦克步枪是西蒙诺夫设计局研制的PTRS 1941（或称PTRS-41）步枪。和PTRD-41步枪相比，PTRS-41步枪要重一些，结构也更为复杂。但两者在外表上完全一样。PTRS-41步枪的主要变化是使用了气动操作系统和可装5发子弹的弹匣，和简单轻便的PTRD-41步枪相比，更容易出现故障，其中有一个设计使PTRS-41步枪更加复杂，为了便于携带，它的枪管更容易拆卸。

这两种步枪送到红军手中时，德国人已经加厚了他们的坦克装甲，从而降低了这两种步枪的反装甲能力。尽管如此，直到1945年苏联红军还在使用这两种步枪。红军发现这两种步枪的用处极多：在对付如车辆之类的软装甲目标时，效果明显；在逐屋争夺的战斗中，虽然使用时不太方便，但威力强大；如果有机会，它们还能对付低空飞行的飞机。苏联红军的一些轻型装甲车常常配备这两种步枪。根据《租借法案》，从美国运到苏联的通用汽车上常常装备这两种步枪。

苏联红军并不是唯一使用这两种步枪的国家，德国也使用这两种步枪（从苏联红军中缴获而来）。1943年，德国分别把PTRD-41和PTRS-41步枪命名为14.5毫米反坦克步枪783（r）和14.5毫米Pab 784（r）反坦克步枪。

德国陆军使用的反坦克步枪主要有两种，但德国人一直想研制出更多的反坦克步枪。德国的第一种反坦克步枪是口径为7.92毫米的38式反坦克步枪，这种步枪由莱茵金属—波西格公司生产。它的设计比较复杂，并且造价昂贵。它的后膛有一个小型的滑动式闭锁装置。自动弹射器可以把空弹壳弹出枪外。德国陆军大约订购了1600支，虽然德军保留了这种步枪，但这种步枪却未能成为德国军队的标准武器。在战争的前几年，这种步枪发射13毫米的低颈口子弹。这种子弹在100米的射程内，以60°角命中目标时，能够穿透30毫米的装甲。

德国的标准反坦克步枪是口径为7.92毫米的39式反坦克步枪，由古斯特洛夫—沃克公司制造。这种步枪比38式反坦克步枪简单，但两者有相同的穿甲能力。尽管它也使用了滑动式闭锁装置，但是通过向下推压手枪枪把来操作的。和早期的步枪一样，它属于单发射击武器。为了便于携带，它的枪托可以折叠。多余的子弹可以装在弹膛两侧的小盒内。

这两种反坦克步枪使用相同的子弹。这种子弹开始时使用坚硬的钢芯。在1939年，德国人缴获了波兰的马罗斯科兹克反坦克步枪，检查后发现波兰的步枪子弹使用了钨芯，穿甲能力更强。德国人利用这种原理改进了自己的反坦克步枪,提高了它们的作战性能。由于坦克装甲厚度的增加,德国过去的步枪已经过时。

为了取代Pzb 39反坦克步枪,德国研制了多种类型的反坦克步枪,数量之多令人吃惊。尽管几家制造商生产出了多种样枪,所有样枪的口径都是7.92毫米,但没有一种通过试验。德国甚至还制订了研制反坦克机枪——MG141的计划,但同样也没有成功。

德军使用的另一种反坦克步枪是瑞士生产的产品。这种步枪的名字是7.92毫米M SS 41,是由索洛图恩武器制造公司按照德国的说明生产的,但是,显然制造或交付的数量不多(有些在北非战场上使用过)。索洛图恩公司还制造出一种更精确的武器——口径为20毫米的Pab 785(s)反坦克炮,是一种反坦克加农炮。它体积庞大,需要两轮支架牵引。德国订购这种武器的数量很有限,其他则出售给了意大利。在意大利,它被命名为"福西尔"反坦克炮。它属于自动武器,使用可装5发或10发炮弹的弹匣,有时也有人称它为s18-1100;荷兰在1939—1940年也使用过这种武器,荷兰人称之为tp 181110。

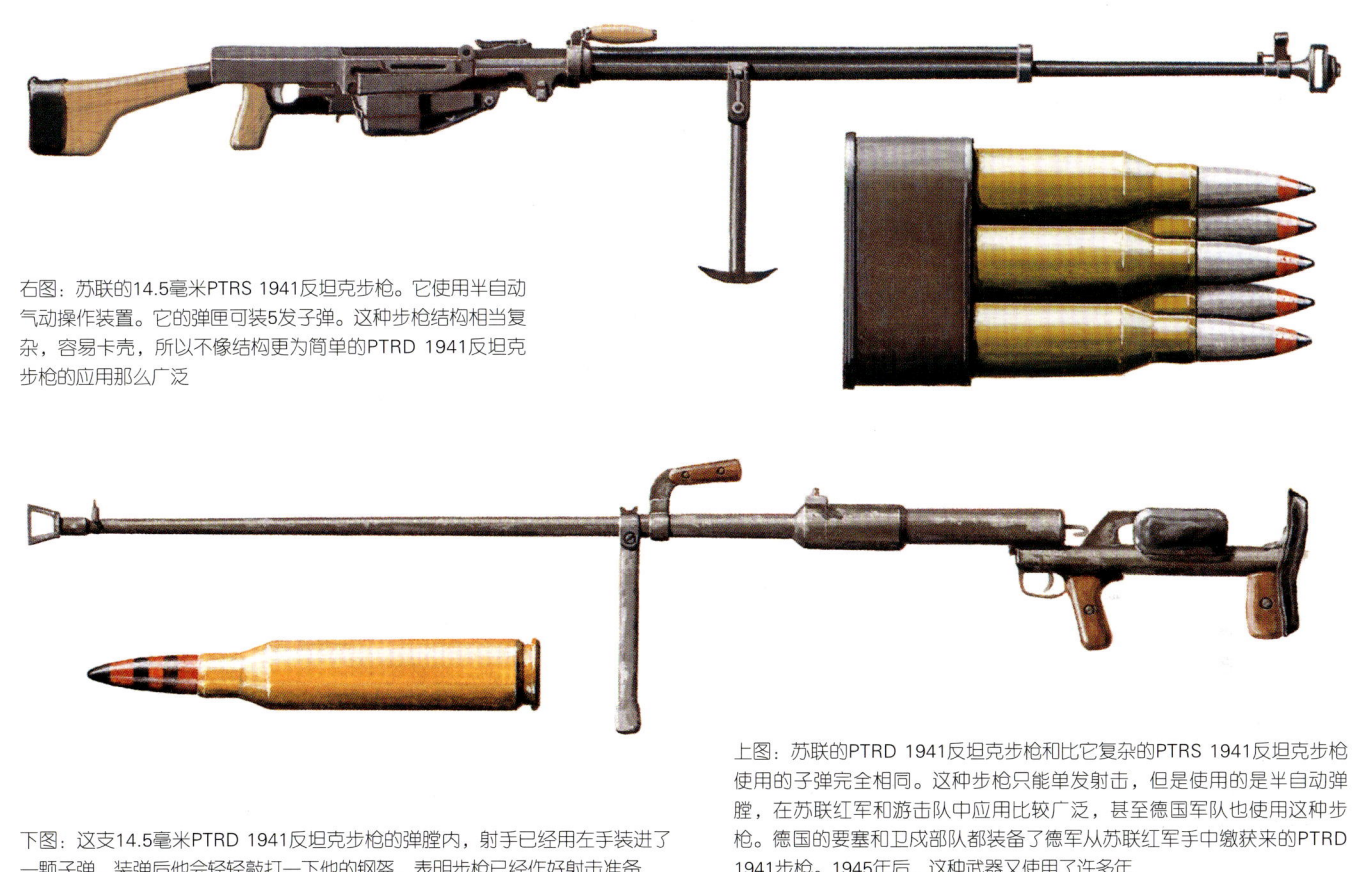

右图:苏联的14.5毫米PTRS 1941反坦克步枪。它使用半自动气动操作装置。它的弹匣可装5发子弹。这种步枪结构相当复杂,容易卡壳,所以不像结构更为简单的PTRD 1941反坦克步枪的应用那么广泛

上图:苏联的PTRD 1941反坦克步枪和比它复杂的PTRS 1941反坦克步枪使用的子弹完全相同。这种步枪只能单发射击,但是使用的是半自动弹膛,在苏联红军和游击队中应用比较广泛,甚至德国军队也使用这种步枪。德国的要塞和卫戍部队都装备了德军从苏联红军手中缴获来的PTRD 1941步枪。1945年后,这种武器又使用了许多年

下图:这支14.5毫米PTRD 1941反坦克步枪的弹膛内,射手已经用左手装进了一颗子弹,装弹后他会轻轻敲打一下他的钢盔,表明步枪已经作好射击准备

右图：这是一支行军状态中的39式反坦克步枪（下图）。这支反坦克步枪的双脚架放低，枪托伸展后，表明已进入射击状态（上图）。由于坦克装甲厚度不断增加，所以德国的反坦克步枪已经过时

下图：德国的39式反坦克步枪是Pzb 39反坦克步枪的改进型。它的枪口安装了"施塞斯贝克尔"榴弹发射器的发射罩。这种武器发射的榴弹类型较多，其中有小型的空心装药反坦克榴弹（见剖视图）。在125米的射程内，这种榴弹仅能对付较薄的装甲

下图：图中为北非战场上，一名德军士兵和他的7.92毫米39式反坦克步枪。这种步枪只能单发射击，它发射一种射弹（有时是钨芯弹），穿甲能力有限。1940年之后，这种步枪除了能对付轻型坦克之外，其他作用极少

简易反坦克武器

"莫洛托夫鸡尾酒"燃烧弹易于制造，便于使用。最早使用于1936—1939年期间的西班牙内战，当时西班牙共和国的军队使用这种武器对付叛乱的佛朗哥军队的坦克。

这种武器的基本结构是简单地使用一个装有汽油（或其他类似的可燃物）的玻璃瓶，瓶口包裹有用油浸过的布条或其他类似物。在瓶子被扔向目标前，立即点燃这根布条，当它击中目标时，瓶子破裂点燃瓶内的可燃物。这种武器极其简单，便于使用，但缺陷是效果太差，而且人们还发现单用汽油对付坦克效果极差，因为即使汽油在坦克上燃烧，也容易从坦克侧部流下去。为了产生一种混合的黏合物，汽油内必须添加有更高浓度的如柴油、石油或其他橡胶之类的易燃物质。

含磷榴弹

含磷榴弹可以弥补汽油弹的不足。有几个国家使用过这种武器。这种武器是作为发烟的枪榴弹而设计的。白磷是一种和空气接触后就会自动燃烧的物质。在反步兵和反装甲作战时，含磷榴弹是一种非常有用的武器。这些榴弹有多种类型，但典型的是英国的No.76磷自燃榴弹。玻璃瓶内装有磷、水和汽油的混合物，主要当作反坦克武器使用，既可以用手投掷，也可以使用发射器发射。它有一块发烟的橡皮，可以逐渐溶解里面的混合物，使之变黏变稠，更好地"黏贴"在目标上。每枚No.76榴弹大约重0.535千克。

"博伊兹"反坦克步枪

"博伊兹"13.97毫米Mk 1反坦克步枪最初的名字叫"支柱枪"。它是作为英国陆军的标准反坦克步枪而设计的。这种武器在20世纪30年代末期首次装备部队，但到1942年时，这种步枪已经落伍了。

"博伊兹"反坦克步枪的口径为13.97毫米，发射的子弹威力较大。在300米的射程内，弹头能够穿透21毫米的装甲。同样，这种子弹产生的后坐力也比较大。为了减少后坐力，它的细长枪管上安装了枪口制动器。它使用头顶式弹匣，可以装5发子弹，从枪栓击发装置内供弹。"博伊兹"步枪又长又重，所以常常需要安装在舰船、通用汽车或轻型装甲车上，作为它们的主要武器。

最初的"博伊兹"反坦克步枪使用了前置式独脚支架，枪的托板处有一个手柄。敦刻尔克大撤退后，为了加快这种步枪的生产，英国对它的多处装置进行了修改。其中包括，用布伦机枪的双脚架替代了原来的独脚形支架；新式的索洛图恩枪口制动器替代了原来的圆形枪口制动器。新式制动器的边缘部分钻有多个洞孔。和原来的步枪相比，改进后的"博伊兹"步枪更易于生产。由于在1940年下半年时，人们认为"博伊兹"步枪的反装甲能力有限，所以它在军中的时间并不太长。但是，在1941—1942年北非战役期间，人们发现它是一种非常出色的反步兵武器，在北非，用它打击隐藏在岩石后及岩石附近的敌人时，它所击碎的岩石碎片对敌人造成了较大伤害。在1942年初进行的菲律宾战役期间，"博伊兹"在美国海军陆战队中也发挥了较大作用。美国士兵使用这种步枪非常有效地打击隐藏在掩体内的日军。另外，德国人也曾使用过这种武器。敦刻尔克战役后，德国把他们从盟军手中缴获的这种武器命名为13.9毫米 782（e）

上图：这名法国军官可能受到了"博伊兹"反坦克步枪后坐力的撞击。1940年，法国陆军使用了许多由英国提供的"博伊兹"反坦克步枪；作为交换，法国向英国提供了许多口径为25毫米的"哈奇开斯"反坦克加农炮。这名军官使用的是最初的Mk 1反坦克步枪。这种步枪使用独腿支架

上图："莫洛托夫鸡尾酒"是一种国际性的反坦克武器。图中所示从左向右：苏联的"莫洛托夫鸡尾酒"（第二个是苏联红军使用的"标准"型），英国（使用的是牛奶瓶）以及日本和芬兰。所有这些武器都使用了相同的原理：汽油混合物，汽油浸过的布条起到导火索的作用

反坦克步枪。

在1940年，英国曾经计划生产"博伊兹"Mk 2步枪。这种步枪比"博伊兹"Mk 1步枪短，重量也较轻，主要供空降部队使用，但是没过多久，英国就终止了该计划。

"诺斯欧瓦"发射器

敦刻尔克大撤退后，英国陆军两手空空，反坦克武器丢得一干二净。当时德国入侵迫在眉睫，英国急需易于生产的武器来装备英国陆军和新组建的地方防御部队（即后来的国土警卫队）。"诺斯欧瓦"迫击炮就是英国在匆忙中投入生产的一种武器，也有人称之为瓶式迫击炮，后来命名为"诺斯欧瓦"发射器。这种武器的结构极其简单，只有一根钢管，末端有一个简单的弹膛。弹药由老式的手榴弹和枪榴弹组成。助推力来自位于枪口处的一发小型黑火药子弹；后来发射的是No.76含磷榴弹（这就是瓶式迫击炮的来历）。它的后坐力没有进行过评估。它的瞄准具比较简单，但在90米的射程内相当精确。它的最大射程大约是275米。

1940年以后有一段时间，"诺斯欧瓦"发射器成为英国国土警卫队的标准武器，并且许多陆军部队也曾使用。在实际应用中，"诺斯欧瓦"和它发射的子弹所起的作用差不了多少，因为这些手榴弹和榴弹不仅陈旧而且极其简单，所以它们的反装甲能力实在令人不敢恭维。使用白磷的榴弹无疑效果要好多了，但发射人员不喜欢这种武器，其中的道理非常简单，射击时，这种玻璃瓶常常在枪管内就破裂了。一般情况下，发射组由两名士兵组成，有时也会增加一名（负责弹药和指示目标）。国土警卫队的许多部队在当地进行了改进，改进后的"诺斯欧瓦"发射器更易于移动。

这种发射器使用的四条腿车架（正规的）的操作相当复杂。为了简化操作程序，1941年，英国生产出了较轻的"诺斯欧瓦"Mk 2发射器。但相对来说，生产的数量较少。

规格说明

"诺斯欧瓦"发射器

口径：63.5毫米

重量：发射器重27.2千克；支架重33.6千克

射程：有效射程90米；最大射程275米

"博伊兹"反坦克步枪Mk 1

口径：13.97毫米

全长：1625毫米

枪管长：914毫米

重量：16.33千克

子弹初速：991米/秒

穿甲能力：在300米的射程内能击穿21毫米的装甲

上图：一名军械人员正在修理"博伊兹"Mk 1反坦克步枪。这种步枪很容易辨认，它使用独腿支架和圆形枪口制动器。1941年之后，这种步枪就极少使用了。因为它只能击穿最薄的装甲，并且不便于携带，射击时后坐力较大。士兵们视之为一种令人恐惧的武器

上图：1940年，英国军队在接受如何使用"莫洛托夫鸡尾酒"的训练。英国陆军把这种武器称为"瓶子炸弹"，甚至还建立了这种武器的生产线。这种瓶子炸弹内通常装有汽油和白磷

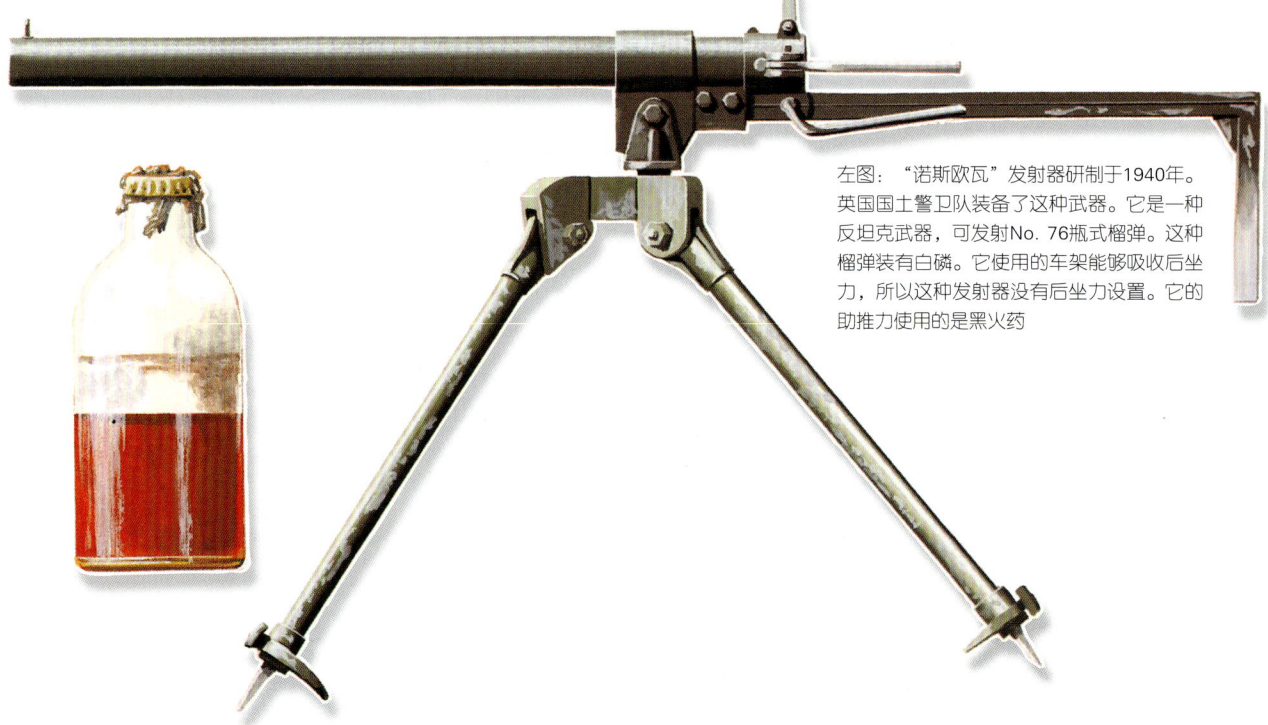

左图："诺斯欧瓦"发射器研制于1940年。英国国土警卫队装备了这种武器。它是一种反坦克武器，可发射No. 76瓶式榴弹。这种榴弹装有白磷。它使用的车架能够吸收后坐力，所以这种发射器没有后坐力设置。它的助推力使用的是黑火药

反坦克榴弹

英国陆军使用的反装甲手榴弹有三种类型。第一种是No.73反坦克手榴弹。由于外形和体积像个大热水瓶,所以被称为"热水瓶"炸弹。它纯属于冲击力武器,对装甲没有什么效果,所以主要用于爆破。在第二次世界大战的前几年时间里,使用最多的还是No.74(ST)反坦克手榴弹。这种"黏性"炸弹,外层涂有黏合剂,击中坦克后就能黏在坦克上,粘贴面一般有两个半弹壳那么大,在扔出去之前被撕下。

这种武器很不受欢迎,因为它的黏性物质碰到什么都会粘贴在一起,甚至在扔出去之前就粘贴住了,所以士兵们尽可能不使用这种武器。

英国最优秀的反坦克手榴弹是No.75反坦克手榴弹,又称"霍金斯"手榴弹。这种手榴弹既可以用手投掷,也可以当作地雷埋在地下,炸毁坦克的履带。它有一个碾压式导火索。这种手榴弹重1.02千克,其中一半都是爆炸物。这种手榴弹常成串地使用,效果最佳。德国人在敦刻尔克战役之前缴获了这种武器,后来在修筑"大西洋壁垒"时当作地雷使用。德国人称之为429/1(e)反坦克地雷。

No.68反坦克枪榴弹是一种使用No.1 Mk III步枪发射的榴弹。这种步枪的枪口安装有一个可发射榴弹的榴弹罩。在1941年后,这种枪榴弹除了对付特别薄的装甲之外,实在没有什么用处,所以很快就退出了军队。这种榴弹重0.79千克,也可以使用"诺斯欧瓦"发射器发射。

美国的榴弹

美国使用的类似于No.68的榴弹是M9A1反坦克枪榴弹。这种榴弹和英国的榴弹相比成功多了,用安装在"伽兰德"M1步枪上的M7发射器和安装在M1卡宾枪上的M8发射器都可以发射。M9A1重0.59千克,弹头重0.113千克,弹头前面的薄钢环有一个触发引信。这种榴弹对付坦克的作用有限,但是在军中一直使用了很长时间,因为它在对付碉堡之类的目标时效果极为显著。为了保持飞行的稳定性,它有一个环形尾翼。

苏联的榴弹

和反坦克步枪一样,苏联人一开始也忽视了反坦克榴弹的作用。在1940年,苏联不得不紧急生产这种武器。第一种榴弹被命名为RPG 1940。这种榴弹和短小的粘贴性榴弹非常类似,主要依赖于炸药的冲击力。但不太成功,很快被别的榴弹所取代。同时期的VPGS 1940是一种枪榴弹。在射击之前,需要在步枪的枪管上安装一个长杆。这种榴弹也没有获得成功。苏联最好的战时反坦克榴弹是1943年生产的RPG 1943。这是一种用手投掷的武器,在某种程度上是德国反坦克手榴弹的仿制品,但是它使用了尾翼设置,尾翼处有两条帆布带,有助于装有空心装药的弹头瞄准目标。RPG 1943重1.247千克,投掷时有点困难,但由于装药多,所以效果甚佳。1945年后,苏联军队还在使用这种榴弹。

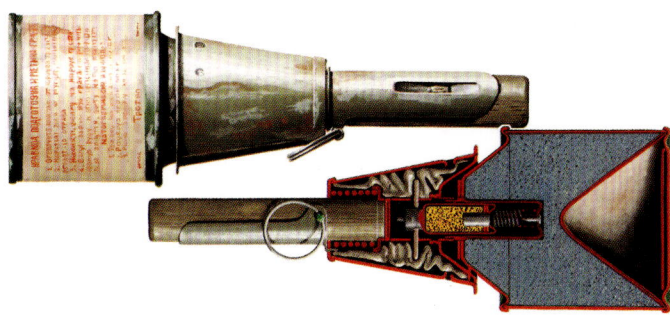

上图:苏联制造的RPG 1943榴弹类似于德国的反坦克手榴弹。榴弹的尾翼有保持榴弹稳定飞行的帆布条,从而能保证空心装药的弹头击中坦克。榴弹被抛出时保险销自动卸除,然后尾翼从投掷柄中自动弹出

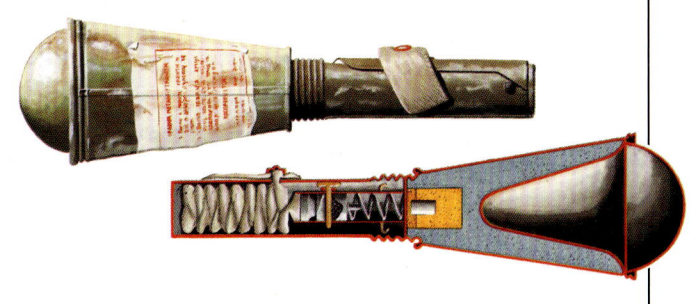

上图:苏联的RPG-6榴弹是RPG 1943榴弹的战后改进型。它的弹头经过改进后,有四条帆布条,可以稳定弹头飞行。这种改进型的弹头能爆炸出许多碎片,是较好的反步兵武器。1945年后,苏联军队仍在使用这种武器

上图:"伽兰德"M1步枪上的枪口装置可以发射美国的M9A1反坦克枪榴弹,射程大约是100米。它使用的是空心装药弹头,能够穿透102毫米厚的装甲。M1卡宾枪上的M8发射器也可以发射这种榴弹

步兵反坦克发射器（PIAT）

Mk 1步兵反坦克发射器（PIAT）是英国的一种反坦克武器。虽然它不太符合英国战争办公室的武器生产程序，但它是由一个与众不同的部门特许生产的。这个部门一般称为"温斯顿·丘吉尔的玩具店"。研制这种武器的目的是为了探索空心装药弹头的穿甲效果。这种武器能发射一种极为有用的榴弹，这种榴弹几乎能穿透当时所有类型的坦克装甲，其性能和同时期美国的"巴祖卡"火箭筒和德国的"铁拳"火箭筒不相上下。

然而，步兵反坦克发射器发射榴弹使用的是压缩弹簧而不是化学能量。它使用了管式迫击炮的原理，使用槽轨发射方法，在一个中心栓的作用下，榴弹开始移动，然后从裸露的弹槽中弹出。推压扳机，功率强大的主弹簧开始运行，在弹簧力量的作用下，中心栓从弹槽中撞击榴弹的助推火药，在火药助推力的作用下，榴弹被射出弹槽。同时，助推火药的反作用力撞击主弹簧，从而把第二颗榴弹装入弹槽。

多用途武器

步兵反坦克发射器主要是作为反坦克武器研制的，但是它也能发射高爆炸药（HE）和烟幕弹，所以和同时期的反坦克武器相比，用途更为广泛。由于它使用的前置式独腿支架能够伸展，在狭小的空间中，射击角度容易控制，所以在逐屋争夺和城市战中用途较大。

步兵反坦克发射器取代"博伊兹"反坦克步枪后，成为英国步兵的标准反坦克武器，在整个英国军队和英联邦军队中应用极为广泛。然而，这样并不能说明士兵们都喜爱这种武器，这种武器太大，需要两人一组才能操纵。它不受欢迎的主要原因在于它的主弹簧。这种弹簧功率强大，一般两个人才能推动。如果榴弹发射失败，这种武器也就失去了作用，因为敌人就在附近，想再次发射，就会面临极大的危险。英国所有的步兵部队都使用这种武器，它是轻型装甲车辆如轻型装甲车的主要武器。汽车也可以使用这种武器，在多用途支架上安装14个步兵反坦克发射器，其威力不亚于一个机动的迫击炮连。

第二次世界大战后，英国陆军还在使用这种武器。虽然它是有效的坦克杀手，然而其他国家的设计人员并没有使用它的发射原理。不过它确实有许多优点：能够大批量地投入生产，而且相对来说造价低廉，尤其是在当时急需反坦克武器的情况下。

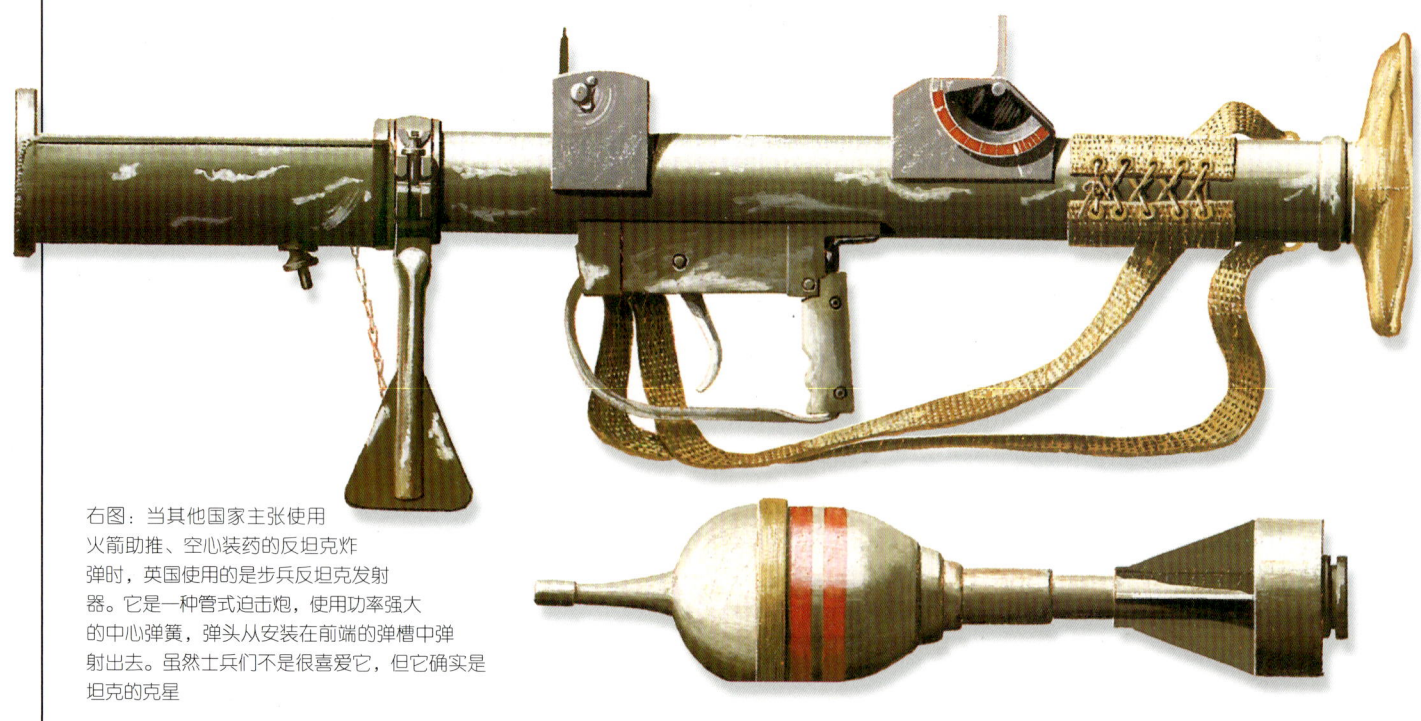

右图：当其他国家主张使用火箭助推、空心装药的反坦克炸弹时，英国使用的是步兵反坦克发射器。它是一种管式迫击炮，使用功率强大的中心弹簧，弹头从安装在前端的弹槽中弹射出去。虽然士兵们不是很喜爱它，但它确实是坦克的克星

规格说明
步兵反坦克发射器（PIAT）
长度：全长990毫米
重量：发射器重14.51千克；
榴弹重1.36千克
初速：76~137米／秒
射程：有效射程100米；
最大射程340米

下图：1944年7月，一辆英国坦克被击中后，坦克乘员使用步兵反坦克发射器保护阵地，等待求援车的到来。他们是第13和第18轻骑兵团的士兵，地点位于法国北部的潘松山附近。注意No. 4步枪附近就是步兵反坦克发射器

上图：1941年之后，步兵反坦克发射器成为英国陆军标准的反坦克武器，大多数作战部队和勤务部队都使用这种武器。这种武器在装弹时相当费劲，但是在近距离内能够击穿大多数坦克的装甲，而且它还能发射高爆炸药（HE）和烟幕弹

"巴祖卡"反坦克火箭筒

美国的"巴祖卡"火箭筒是第二次世界大战中资历最老的武器之一，它是在对基本的火箭原理进行研究之后研制出来的武器。从1933年，马里兰州的阿伯丁实验场一直在研究火箭的基本原理。1942年年初，美国现役部队才开始研制这种武器。1942年11月，盟军发动代号为"火炬"的军事行动，在非洲西北部登陆。最早生产出来的"巴祖卡"火箭筒被直接送到北非战场。然而，真正投入使用，对付纳粹德国的坦克，是在1943年。

最早的"巴祖卡"火箭筒的全名是60毫米M1火箭发射器／火箭筒，能够发射60毫米火箭弹的管式发射器是M6A3火箭筒。它使用的靶弹被称为M7A3。

"巴祖卡"火箭筒结构极为简单。它只有一根两头开口的钢管和发射火箭的助推火药、一个肩衬垫或木制枪托，外加两个可以用于炮管瞄准的手柄。它的后手柄上安装了扳机设置。火箭装入后，由电动发射。然而，并不是所有的助推火药都能

在火箭离开发射管之前被消耗掉,而未消耗尽的火药会冲向射手的脸部。为了防止类似事情发生,炮口的后面装了一个小型的圆铁丝网罩。在战斗中,"巴祖卡"火箭筒能够打击射程在274米以内的目标。由于火箭在飞行中的精度不够,所以一般都限定在90米的射程内。

改进型

"巴祖卡"M1火箭筒投入军队后不久就被和它类似的M1A1火箭筒取代。M1A1火箭筒比较受士兵的欢迎,能够击毁任何类型的坦克。正常情况下,由两人组成的小组操作,一个负责瞄准,另一个负责装火箭弹和连接电源导线。M1A1火箭筒具有多种功能,这意味着它在战场上不仅能担负反坦克的任务,而且还能够担负更多任务,由于火箭弹使用的是空心装弹弹头,可以轻松地击毁各种类型的碉堡,甚至可以把用铁丝网构筑的障碍物炸开一个大洞,还可以用来打击区域目标,如能在595米的射程内攻击停车场。有时还可以在雷场上开辟一条安全通道。

坦克杀手

在猎杀坦克的战场上,"巴祖卡"火箭筒战果辉煌,成效极为显著,以至于德国人在1943年初期,在突尼斯缴获了M1火箭筒后,经过检查,利用它的设计原理,设计出了他们自己的反坦克火箭筒系列武器。尽管德国人设计的反坦克武器的口径较大,但美国人一直坚持用自己的60毫米口径,直到战争结束也没有改变。

到战争结束时,美国已经生产出一种新式型号的M9火箭筒。它和M1火箭筒有较大的区别,可以拆卸为两部分,携带比较方便。在1945年之前,美国研制并使用了烟幕弹和燃烧弹,大多数都是在太平洋战区使用。在战争即将结束之际,美国又生产出一种全铝结构的M18火箭筒。

规格说明

M1A1反坦克火箭筒

口径:60毫米

长度:1384毫米

重量:发射器重6.01千克;
　　　火箭弹1.54千克

射程:最大射程594米

初速:82.3米/秒

穿甲能力:(零度角)119.4毫米

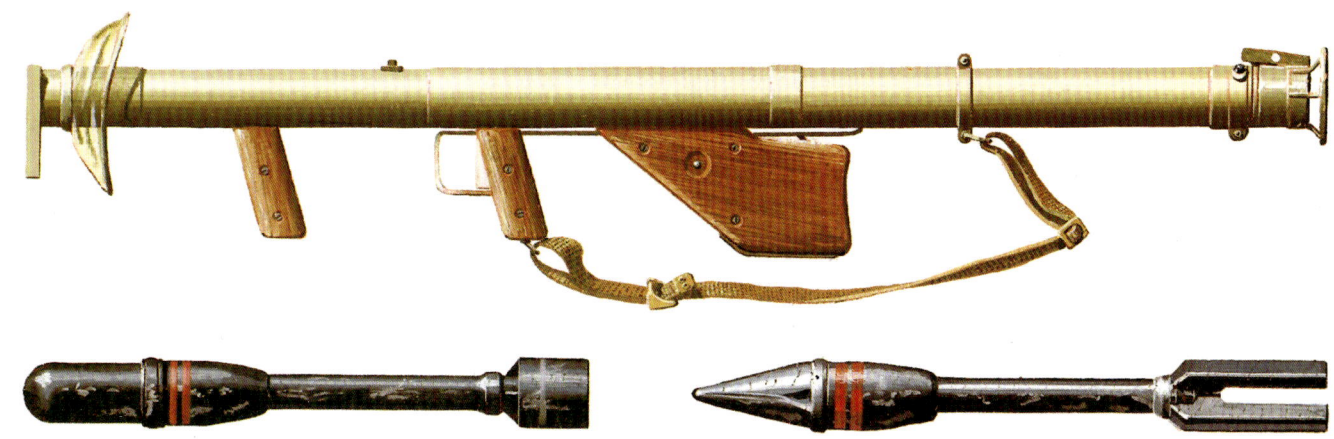

上图:美国(60毫米)M1火箭筒是"巴祖卡"系列武器的第一种型号。德国利用它的设计原理生产出了自己的第一种RP火箭筒。M1火箭筒使用完整的炮管,不能折叠,并且早期的型号(如图)的炮口周围有一个铁丝网状的盾牌,可以保护射手免遭火箭筒冲击力的伤害。

左图:美国的"巴祖卡"火箭筒发射的火箭弹装有鳍状的稳定翼。火箭弹重1.53千克,最大射程640米,但只有在较近的距离内其精度才能得到保证

右图:图中左侧就是最初的"巴祖卡"M1火箭筒,右侧是M9火箭筒。M9火箭筒可以拆卸为两部分,利于装在车内携带和储存。到战争结束时,为了减轻重量,M9火箭筒改为全铝结构,这就是新式的M18火箭筒

德国的火焰喷射器

德国人最早使用火焰喷射器的时间是1914年。当时德国人在阿戈讷地区的战斗中,为了对付法国人首次使用了这种武器;在1916年的凡尔登战役中,德国人第一次大规模地使用火焰喷射器,而且这次交战的对手还是法国人。这些早期的火焰喷射器体积太大,需要三个人才能操作。后来德国人又研制出了新的火焰喷射器。这种火焰喷射器的重量较轻,重35.8千克。

纳粹扩张

在20世纪30年代,德国军事力量迅速膨胀。德国在1918年生产的火焰喷射器的基础上生产出新式的火焰喷射器——35型火焰喷射器,德国新组建的部队都装备了这种武器。从设计上看,35火焰喷射器和第一次世界大战时的装备没有多大区别,这种武器直到1940年还在生产。

持续演化

从1941年开始,为了弥补35型火焰喷射器的不足,德国人又生产出一系列的火焰喷射器,最早的一种是40型火焰喷射器。这是一种较轻的类似于"救生衣"型的火焰喷射器,装载的燃烧物较少。接着德国又研制出新的41型火焰喷射器,所以这种型号的火焰喷射器的生产数量较少。41型火焰喷射器重新使用了35型火焰喷射器的设置,装有燃料和助推压缩气体的并列式燃料箱。直到战争结束,德军一直使用这样的火焰喷射器。1941—1942年冬季格外寒冷,当时德国的许多火焰喷射器的正常燃料点火系统都无法操作,于是德国进行了一次重要改进,用火药点火设置取代了燃料点火系统。这种设置的性能更加可靠,在寒冷的天气中也可以操作。这种型号被称为安装火药信管的41型火焰喷射器。它和标准的41型火焰喷射器从外观上看完全一样,重18.14千克,最大射程为32米。

单发武器

这些武器都能够连续喷射。为了弥补它们的不足,德国还生产了一种古怪的型号,专门供空降部队和攻击部队使用。这种火焰喷射器是一种单发喷射的型号,能够在0.5秒内把火焰喷射到27米内的任何地方。不过,这种型号的火焰喷射器的生产数量不多。

虽然如此,不要以为德国人只使用以上类型的火焰喷射装备。事实证明,德国

上图:图中为德军的一个攻击小组正在发起冲锋,其中一名士兵携带又大又重的35型火焰喷射器,一个人使用这种装备极不方便,尤其在进攻时更是如此。这种装备直到1941年还在生产

规格说明
35型火焰喷射器
重量: 35.8千克
燃料容量: 11.8升
射程: 25.6~30米
持续发射时间: 10秒

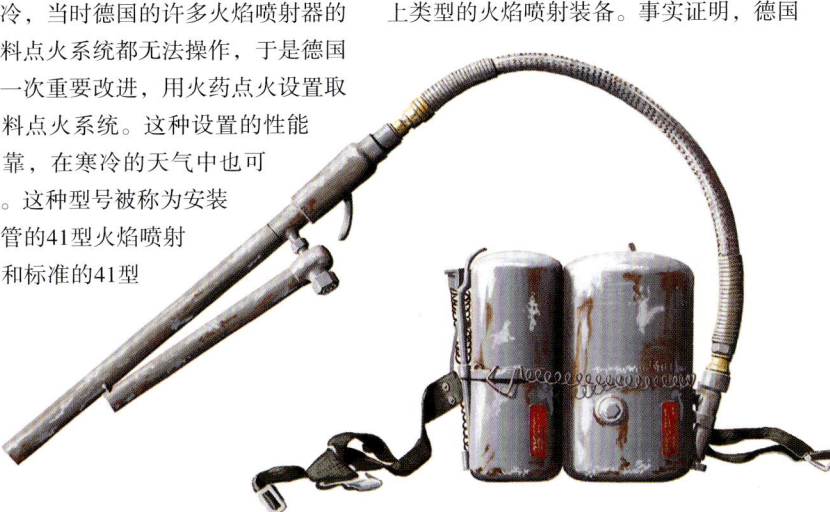

上图:41型火焰喷射器(如图)处于放置状态。它使用的是氢气点火系统。事实证明在东线寒冷的冬季,其性能极不可靠。后来被火药点火系统取代。两个较大的燃料箱中较大的一个装燃料,另一个装压缩后的氮推进剂

左图:1939年波兰战役打响后,德军使用35型火焰喷射器攻击波兰的一个混凝土炮台(如图)。35型火焰喷射器的射程在25.6~30米之间。它携带的燃料可以使用10秒钟。它的重量为35.8千克,常常需要两个人才能携带和操作

人的喷火武器种类繁多。事实上，德国几乎使用了所拥有的所有类型的喷火武器。无论是在旧式武器的基础上研制的新式武器，还是单独发明的喷火武器，这些武器或多或少都具有较强的实用性。除了35型火焰喷射器之外，德国还有一种需要两人操作的中型火焰喷射器。它的主燃料箱装在小型推车上，这种设备的容量是30升，而41型火焰喷射器只能装7升燃料。德国人似乎并不满足，他们还制造了一种容量更大的型号，可以装在拖车上，由一辆轻型车辆牵引。它的燃料足够使用24秒。最后，德国还有一种单发火焰喷射器，可以埋藏在地下，仅把喷射器的喷管露出地面，指向某一目标区域，当敌人接近时，可以遥控发射。

德国人还从盟军手中缴获了各种类型的喷火武器。毫无疑问，德国人最大可能地利用了这些武器。

上图：图中为斯大林格勒战役中德军在夜间使用火焰喷射器发起攻击。火焰喷射器发出的火舌令人恐惧。因为使用火焰喷射器作战的成员在使用火焰喷射器进攻时容易遭到对方的袭击，所以附近的步兵必须向他们提供火力掩护

德国的喷火坦克

在第二次世界大战中，德国人并不太热衷于使用喷火坦克，尽管德军装备喷火坦克的时间最早，当时其他国家还没有使用过这种武器。这事发生在1941年，经过一段试验之后，德国人用40火焰喷射器取代了PzKpfw I型轻型坦克炮塔上的机枪。这种轻型坦克经过改装变成了标准的 I 型喷火坦克。德国非洲军团在北非首次使用了这种坦克。

两支喷火枪

这种喷火坦克只不过是德国人的权宜之计。不久，它就被新式的II型喷火坦克取代。这种新式的喷火坦克是PzKpfw II Ausf D 或E型坦克的改进型。德军平时极少使用这种坦克。它有两个燃料发射器，安装在坦克前面的两侧。每个发射器的射程大约为36.5米。德国人把这种改进型的坦克大多都投入到东线战场，但是效果并不理想。

德国最多的喷火坦克是PzKpfw III Ausf H或M型的改进型——III型喷火坦克。至少有100辆坦克的主炮换成了喷火枪。燃料容量高达1000升。这种喷火坦克的效果奇佳，但是在战斗中使用的数量明显不多，原因可能是在遇到盟军坦克时，缺少自卫武器。偶尔在需要的时候，它们必须在装有"火炮"的坦克的保护下投入战斗。

左图：安装在II型喷火坦克上的火焰喷射器。这支火焰喷射器安装在坦克的前面。它主要在东线使用，尽管生产数量不多。这种火焰喷射器喷出一束束燃料，燃料接触地面后会燃烧

除了古怪的试验型喷火坦克外，德国人从来没有把它的PzKpfw Ⅳ型坦克改装为喷火坦克。显然，德国曾经制订了把各种"豹式"和"虎式"坦克改装为喷火坦克的计划，但都没有成功。

体积虽小却性能出众的武器

在1944年，38（t）喷火坦克作为德国的标准喷火坦克投入生产。其实这是一种名为"追猎者"的反坦克装甲车，非常适合于充当喷火型武器。这种装甲车车身低，容易隐藏，是在老式PzKpfw 38（t）坦克的基础上研制而成的，主炮再次被喷火枪取代，并且它的内部空间全部充当装纳燃料的燃料箱，供燃料发射器使用。

半履带式火焰喷射器

德国还把一些从盟军手中缴获的坦克改装成了喷火坦克，例如，较大的Char B坦克。这种坦克是德国人于1940年从法国人手中缴获来的，改装的数量很少，大约有10辆。

在战争中，德国陆军主要依赖于半履带式SdKfz 251/16喷火装甲车。1942年德国首次使用这种武器，它装有两个燃料箱，每个可装700升燃料，可以喷射80次，每次时间为2秒钟，每个燃料箱向自己的发射器提供燃料。火焰喷射器安装在装甲车后部的两侧。有的还在装甲车前面装上了第三个火焰喷射器，但体积较小。大多数装甲车前面的位置是用来安装机枪的。这些装在装甲车上的火焰喷射器的射程一般为35米。

规格说明

bF1ammpanzer Ⅲ型喷火坦克

乘员：3人

重量：21.13吨

规格：长6.55米；宽2.97米；高2.50米

动力装置：一台"梅贝奇"HL 120发动机224kW（300马力）

下图：这是一种Ⅲ型喷火装甲车。它的火炮被火焰喷射器取代。这种装甲车后来使用了PkKpfw Ⅲ型坦克的底盘，机枪装在承轴上，内部有两个油箱可以装燃料，足够发射70~80次，每次2~3秒钟。一般情况下，这种装甲车需要3名乘员

35型和40型火焰喷射器

正如其名所示，意大利的35型火焰喷射器是1935年装备部队的，当时正赶上意大利入侵阿比西尼亚（今天的埃塞俄比亚）。这种武器在作战中获得了成功。从设计上看，35型火焰喷射器实在没什么特别的地方。相对来说，它属于一种便携式双缸背囊设备，它的火焰喷射器相当笨重。发射器被一个较大的环槽状机架固定在点火系统的末端。由于多种原因，这种点火系统的性能极不可靠，所以经过改进，意大利又生产出40型火焰喷射器。其外形、使用方法和35型火焰喷射器完全相同。

这些火焰喷射器专门供意大利的特种部队或攻击部队使用。他们必须穿上厚厚的防护服，脸上戴着标准的军用呼吸器。这样的穿着大大限制了他们的作战机动性和视线范围，所以常常需要步兵小队提供支援和保护。这些装备移动时要装在卡车的特殊支架上，如果不能有序地放置在车辆上，就要给它们套上特殊的护具。火焰喷射器的燃料都装在一种贴有标识的特殊容器内。

非洲和俄罗斯

在非洲战区和东线战场上，意大利军队大量使用这两种类型的火焰喷射器。在

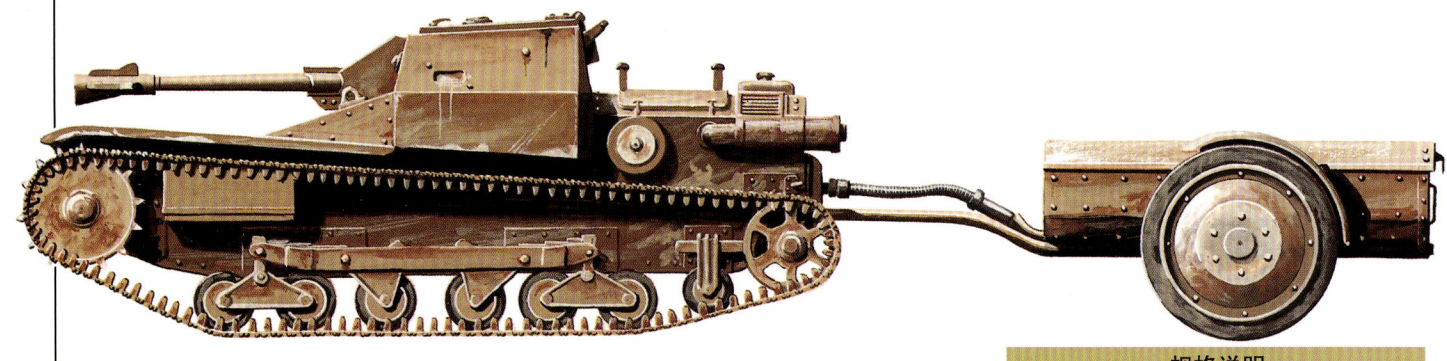

规格说明

35型火焰喷射器

重量：27千克

燃料容量：11.8升

射程：大约25米

发射持续时间：20秒钟

上图：意大利的L3喷火坦克使用的燃料装在喷火坦克后面的拖车内，有一根比较灵活的软管和喷火的炮管相连接。底盘后部有一个气缸，内有助推气体。但是后来的喷火坦克的外部有两个燃料箱和一个气体箱。在机动性作战中，L3喷火坦克是意大利应用最广泛的喷火武器

这两个战区的战斗中，35型和40型火焰喷射器都发挥了应有的作用，但有一个问题越来越值得人们关注，和同时期的火焰喷射器，尤其是德国后来的火焰喷射器相比，意大利的这两种火焰喷射器的射程太近。

火焰喷射器在阿比西尼亚的成功促使意大利当局决定生产一种更大的非单兵携带的火焰喷射器——L3喷火坦克。由于L3-35Lf装甲车的外壳较低，所以它的内部空间有限，这样L3喷火坦克的燃料箱就放在外部一辆有轻型装甲保护的拖车内。

燃料通过波纹管从拖车输送到发射器内。另外，还有一种配有拖车的喷火坦克，在喷火坦克后面的顶部有一个较小的平底燃料箱。虽然意大利军队制造了不少，但是这两种喷火坦克却极少使用。

上图：L3喷火坦克的火焰喷射器安装在L3坦克的机枪处。意大利的这些喷火坦克的战术价值有限，因为它们的装甲太薄，仅有两名乘员

便携式 93 式和 100 式火焰喷射器

日本人在第二次世界大战期间生产的第一种火焰喷射器是便携93式火焰喷射器。这种武器最早生产于1933年。其设计比较传统，很大程度上利用了德国在第一次世界大战中的经验。它使用了三个圆筒，背在背上相当笨重，两个圆筒装燃料，中间一个（较小）装压缩的气体推进剂。从1939年开始，每个火焰喷射器都安装了用汽油驱动的小型空气压缩机。

这种火焰喷射器非常糟糕，让人无法恭维，1940年，被外形与它类似的便携式100式火焰喷射器取代。这种新式的火焰喷射器长0.9米，而93式火焰喷射器长1.2米。它的喷嘴更换非常容易，而93式火焰喷射器的喷嘴是固定的。

日本步兵在战斗中使用过火焰喷射器，而日本的坦克部队却极少使用。显然日本人也曾尝试生产喷火坦克：1944年在菲律宾的吕宋岛上，日军的一支小规模部队曾经使用过喷火坦克。这些喷火坦克没有炮塔，外壳的前面装有障碍清除装备和一支向前突出的火焰喷射器，内外都有燃料箱。显然这种喷火坦克是用日本的98式中型坦克改装成的；另外，这种坦克上还安装了机枪。

左图：如果战时宣传值得相信的话，那么可以肯定日本陆军和海军陆战队在第二次世界大战期间曾经大规模使用火焰喷射器。这种看法可以从日本拍摄的一系列照片中得到佐证。这张照片拍摄于中国抗日战争期间。在战场上，此类武器会产生强大的心理效果，其作用远远超过了作为作战武器的真正用途

规格说明
便携式100式火焰喷射器
重量：25千克
燃料容量：14.77升
射程：在23~27米之间
喷火持续时间：10~12秒钟

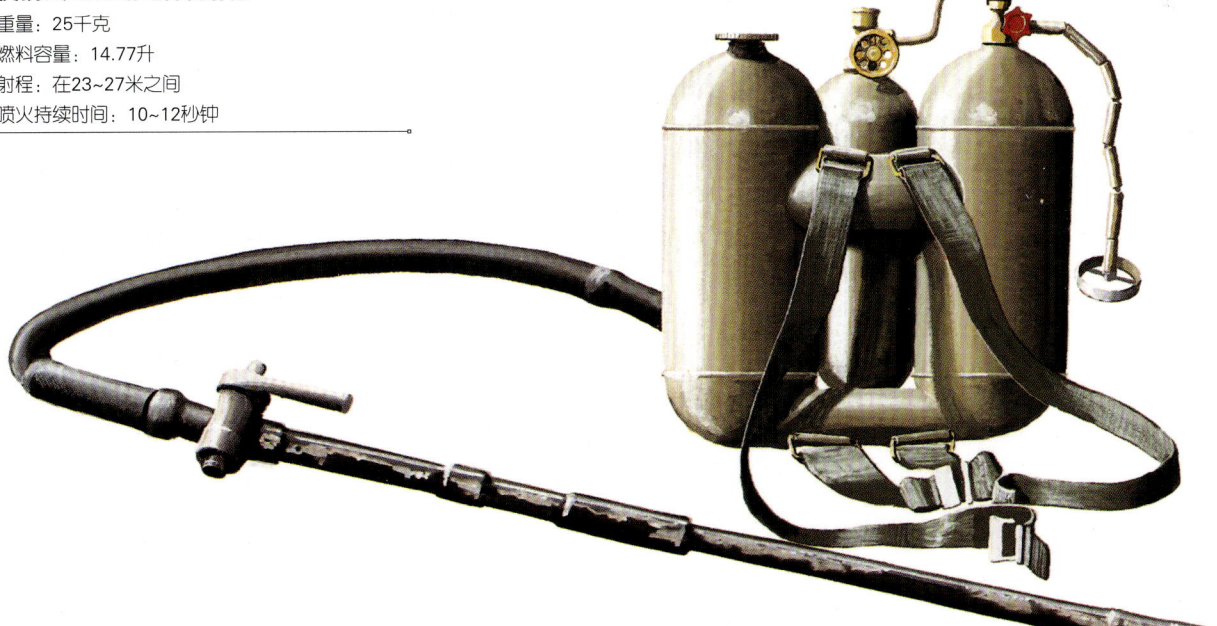

上图：如果战时宣传值得相信的话，那么可以肯定日本陆军的93式和100式便携式火焰喷射器几乎一模一样。这是93式火焰喷射器（如图）。它和火焰枪的区别仅限于形状和其他较小部分。两个圆筒装燃料，另一个是筒装氮压筒。喷火时间为10~12秒钟

苏联的火焰喷射器

在1941年，苏联使用的是ROKS-2便携式火焰喷射器。从设计上看，除了它的外形值得注意外，其他并没什么特别之处。从外形上看，它像一支普通的步枪武器，燃料箱和士兵的背包非常类似，火焰喷射器则像一支步枪，唯一突出的设计是它的"背包"下有一个小型的气压瓶。有一根软管通向发射器，枪口安装了与众不同的点火装置。

1940年6月德国入侵之后，苏联对武器的需求急剧增长。为了满足生产的需要，经过简化，苏联生产出了ROKS-3火焰喷射器，背包上的两个圆筒装在一个框内。它的外形仍然像一支步枪，但操作时简单多了。

黏稠燃料能提高火焰喷射器的效果和射程。苏联人发现使燃料变得黏稠的方法后，在ROKS-2和ROKS-3火焰喷射器上使用了这种方法，使它们的最大射程增加到45米。苏联人还生产出一种能埋在地下的火焰喷射器，只有喷嘴指向目标区域。没有人知道这种火焰喷射器的型号，但德国仿制后，生产出自己的42型火焰喷射器。

喷火坦克

苏联还研制出了喷火坦克。开始时使用的是T-26坦克，但没有成功。从1941年

右图：ROKS-2火焰喷射器可以像背包一样背在后背上。它的燃料箱呈圆柱状，向下垂直。为了隐藏它的功能，它的喷火管类似于步枪的枪管。敌人会特别注意操作火焰喷射器的士兵，并且这些士兵还常会成为敌人射击的目标。较大的箱子所装的燃料足够使用8次，每次喷射时间为2秒钟

规格说明

ROKS-2

重量：22.7千克

燃料容量：9升

射程：36.5~45米

喷火持续时间：6~8秒钟

1941型"管炮"

口径：127毫米

全长：1020毫米

重量：26千克

射角：0°~12°

旋转角度：360°

初速：50米/秒

最大射程：250米

火箭弹（弹头）重：15或18千克

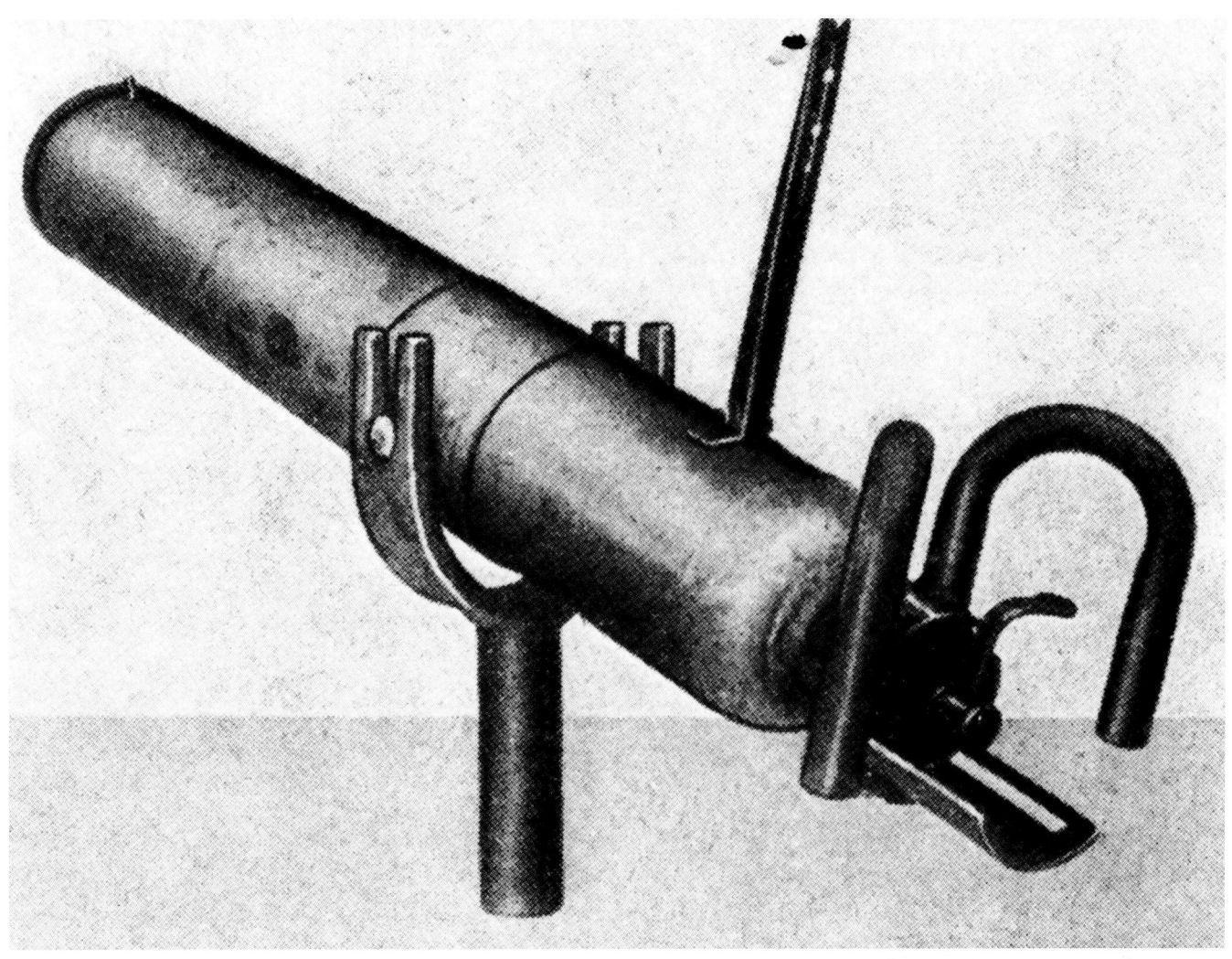

上图：苏联的一种简单的"管式"火炮，发射一种火箭弹，它的弹膛内装有黑火药的小型弹药。生产这种武器只是苏联在1941年紧急情况下的权宜之计。它的最大射程是250米

开始，苏联人把ATO-41火焰喷射器安装在KV重型坦克的主炮处。这样改装出来的产品就是KV-8喷火坦克；用ATO-41火焰喷射器代替T-34/76坦克上的机枪，T34/76坦克就变成了OT-34喷火坦克。这些早期的喷火坦克只能装100升燃料。后来ATO-41火焰喷射器被能喷射更多燃料的ATO-42取代。KV-1S重型坦克安装上这些火焰喷射器后就变成了KV-8S喷火坦克。但是，苏联人改装更多的是T34/85坦克，这种坦克上的机枪被ATO-42火焰喷射器取代后，T34/85坦克就变成了TO-34喷火坦克。ATO-42火焰喷射器在10秒钟内可喷射4~5次火焰，使用黏稠燃料时，最大射程是120米。

发射器

与其把1941型"管炮"称作火焰喷射器，倒不如说它是一种能够发射燃烧弹的发射器更合适一些。它是一种非常简单的"管炮"式武器，长长的钢管一端密闭，装有最简单的火控装置，钢管上有螺帽，可以把钢管安装在固定的设置上。发射器从炮口装弹，使用的助推火药可能是黑火药。击中目标时，火箭弹才喷射出火焰，然后在目标区域内扩散，烧毁附近的物体。直到1942年，它使用的发射管可能都是从"卡图科夫"火炮上拆卸下来的炮管。

"救生圈"火焰喷射器

英国于1941年开始研制火焰喷射器，后来被正式命名为No.2 Mk I便携式火焰喷射器。英国的设计显然受到德国40火焰喷射器的影响。但是，英国的基本设计标准是，这种武器可以用松紧带固定起来，内部使用高压充气，所以最有可能采用的式样应为环状物，有限的空间内应该尽可能多地装填燃料。这些标准意味着这种火焰喷射器应制造成环状物，形状像油炸圈一样的燃料箱位于中心，内部充有高压气体。由于它与众不同的外形，人们给它起了个绰号"救生圈"，此名真是名副其实，逼真极了。

匆忙中投入生产

1942年6月，在军队和其他单位对这种武器进行的试验结束前，英国已经做好了生产Mk I火焰喷射器的准备，并且生产订单都下发了。这种火焰喷射器太不幸了，装备部队后就暴露出了许多严重问题，其中多数问题都是由于它的燃料箱外形过于复杂并且制作过程太匆忙引起的，点火后性能极不可靠，而且燃料箱下面的燃料阀的位置也不便于操作。这样，Mk I火焰喷射器的生产就草草结束了。从1943年6月开始，这种火焰喷射器仅在训练时使用。

改进型

1943年，改进型火焰喷射器No.2 Mk Ⅱ出现了。英国陆军直到战争结束一直使用这种火焰喷射器，并且在战后又使用了许多年。Mk Ⅱ和Mk Ⅰ火焰喷射器的形状差别不大。Mk Ⅰ火焰喷射器于1944年6月停止生产。在诺曼底登陆期间和随后的战斗中，以及英军在远东的战斗中，英国陆军都使用了这种武器。虽然如此，英国陆军从来没有真正喜爱过这种便携式火焰喷射器，并且决定限制这种武器的生产数量，到1944年7月初，Mk Ⅱ的生产结束了，总共生产了7500件。事实证明，从整体上看，由于Mk Ⅱ依赖一节小型电池才能点燃燃料，所以它的性能并不可靠，并且，电池容易受潮，使用时间有限。为了减轻重量，英国研制了一种小型的火焰喷射器，这种火焰喷射器重21.8千克。英军有可能在远东战场上使用过这种武器。由于这种火焰喷射器的研制速度太慢，直到战争结束还没有生产出来。

规格说明

"救生圈"火焰喷射器
重量：29千克
燃料容量：18.2升
射程：27.4~36.5米
喷火持续时间：10秒钟

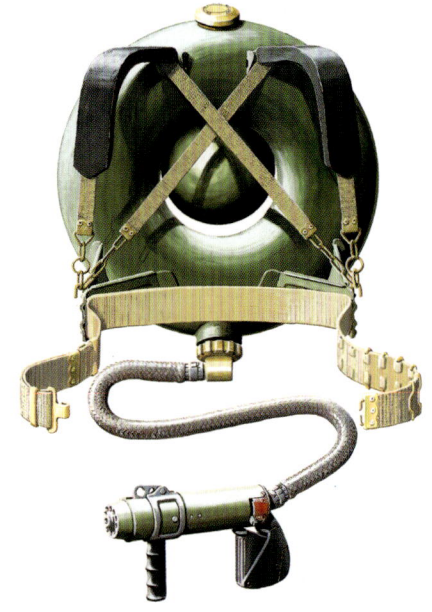

上图：Mk Ⅱ"救生圈"从1944年上半年成为英国军队的标准火焰喷射器，但英国士兵从来没有喜爱过这种武器。选择这种形状的目的是为了内部能尽可能多地装填燃料，这种武器在战斗中使用的数量非常有限

上图：人们根据Mk Ⅰ和Mk Ⅱ火焰喷射器的外形，通常把它们称为"救生圈"。这种武器不太成功。英军在战斗中极少使用MkⅠ火焰喷射器。在1944年下半年的战斗中，英军使用了MkⅡ火焰喷射器

上图：英国步兵列队前进，奔赴欧洲西北部的某前线。注意队伍后面的士兵，背后背的就是"救生圈"火焰喷射器

"黄蜂"和"哈维"火焰喷射器

英国最早在机动作战中使用火焰喷射器的时间是1940年。当时新成立的化学战部研制出一种名为"朗森"的火焰发喷器。它的射程较短,安装在一辆通用汽车上,燃料和压缩气箱装在车后端的上部。出于各种考虑,英国陆军决定不再使用"朗森"火焰喷射器,而是要求提供射程更远的火焰喷射器,但是加拿大人却保留了这种设计,后来在战争中被美国人采用,美国人把这种火焰喷射器命名为"撒旦"。

到1942年的时候,美国公共工程处研制的"朗森"火焰喷射器射程已经达到了73~91.5米,改进后型号被命名为"黄蜂"Mk I投入生产。1942年9月,英军订购了1000件,1943年11月份之前,英国得到了全部定货。"黄蜂"Mk I的发射管较大,安装在车的顶部,和车内的两个燃料箱相连接。美军认为"黄蜂"Mk I不太合适,

上图:"黄蜂"Mk IIC 是加拿大的火焰喷射器,相当于英国的"黄蜂"火焰喷射器,其后部带有一个单独的燃料箱,而英国的"黄蜂"Mk II 内部有两个燃料箱。它经过改装后变成了"黄蜂"喷火坦克。这种喷火坦克于1943年首次进行了试验

规格说明	
"哈维"火焰喷射器	
重量:	不详
燃料容量:	127.3升
射程:	大约在46~55米之间
喷火持续时间:	12秒钟

上图:"黄蜂"Mk I和早期的Mk I有所不同,前者安装在装甲车前面,火焰发射器较小。英国的"黄蜂"喷火坦克有两名乘员,而加拿大的"黄蜂"喷火坦克有三名乘员,其中一人负责操纵机枪或迫击炮

上图：这是"哈维"火焰喷射器喷出的火舌。这种静止式防御性武器是1940年生产的，主要供英国国土警卫队使用。尽管这意味着它必须在静止状态下才能发射，但是它可以安装在两轮式车辆上。这种武器的造价低廉，制作粗糙

随后又出现了"黄蜂"Mk Ⅱ，它的发射管较小，操作更加方便，安装在原来机枪的位置。这种新式的火焰喷射器和Mk I 相比有了很大进步，尽管射程没有增加，但是其性能相当可靠；"鳄鱼"装甲车也使用了同类型的发射器。这种发射器易于瞄准，使用相当安全。

"黄蜂"Mk Ⅱ在1944年7月的诺曼底战役中首次投入战场，它的主要用途是支援步兵作战。在诺曼底战役中，"鳄鱼"也和英国的装甲部队一起参加了战斗。在战场上它们的效果极佳，德军士兵畏之如虎，这些倒霉的家伙终于遭到了应有的惩罚。

加拿大的"黄蜂"

就在"黄蜂" Mk Ⅱ问世之际，又有一种"黄蜂"类型的火焰喷射器出现了。这就是加拿大的"黄蜂" Mk IIC 火焰喷射器。由于它是加拿大自己的"黄蜂"，所以缩写中多了一个字母"C"。"C"代表"加拿大"。他们认为把一个运载工具当作火焰喷射器使用真是太浪费了，所以进行了重新设计。重新设计的"黄蜂"既可以当作火焰喷射器使用，如果需要也可以当作正常车辆使用。它的燃料箱移到了车的外部；修改后的燃料箱是一个单独的箱子（原来有两个较小的燃料箱），能装341升燃料。这样车内空间就增大了，能容纳三名乘员（原来只能容纳两人），增加的这名乘员能携带一支轻型机枪。这样，改进后的"黄蜂"Mk IIC 在战术上灵活性较强，并且逐渐成为士兵们最喜爱的一种火焰喷射器。1944年6月，所有"黄蜂"都使用了Mk IIC 火焰喷射器的生产标准，并且原来的"黄蜂"也都进行了改装——使用的燃料箱可装Mk II272.2升燃料。作战经验表明，"黄蜂"需要更厚的前置装甲，许多Mk IIC 火焰喷射器前面的挡板都安装了塑钢。

冒烟的黄蜂

有些"黄蜂"安装了投放烟幕的设置，为了两栖作战的需要，有的还安装了防水屏。加拿大对喷火坦克很感兴趣，其"獾"式喷火坦克就是"黄蜂"火焰喷射器和老式的"拉姆"坦克相结合的产物。加拿大陆军第一军在英国将其进行了改装。早期的"獾式"坦克没有炮塔（后来的"獾式"坦克安装了炮塔），没有炮塔的"獾式"坦克都是根据"拉姆·袋鼠"装甲车设计的。加拿大军队从1945年2月开始使用这些武器。

1945年初，有三辆"黄蜂"和大量供它们使用的黏稠燃料被运送到了苏联，至于它们的后续情况就不得而知了。

进入"哈维"时代

还有一个值得注意的问题是，英国从1940年夏天开始研制火焰喷射器，只是由于担心德国入侵而采取的权宜之计。这种武器的正式名称为No.1 Mk I便携式火焰喷射器，但英国军队称之为"哈维"火焰喷射器。按照计划，它们并不是由人力携带的武器。"便携式"指它们能够装在车辆（有两个农用车轮）上到处移动。它的主燃料箱易于制造，压缩气体装在一个商用的压缩气缸内。火焰发射器和燃料箱之间有一条长9.14米的软管，并且发射器本身就属于安装在独腿支架上的设置。英国人的想法是把"哈维"运送到预定地方，发射器和盖子下面的燃料箱联接后，就可以瞄准目标区域射击了。

英国的正规军队装备了第一代"哈维"火焰喷射器，不久，英国的国土警卫队也装备了这种武器。这种武器相当笨重，士兵们普遍不喜爱这种武器，而且它的性能也不完善。虽然有些在中东派上了用场，但只不过投放了几枚烟幕弹而已。

M1 和 M2 火焰喷射器

当1940年7月美国陆军要求提供一种便携式火焰喷射器的时候，美国化学军务处还不知道该从何处入手。化学战部在E1便携式火焰喷射器的基础上设计出一种供部队试验用的E1R1火焰喷射器，有些被送到了巴布亚战场接受试验。E1R1火焰喷射器容易破裂，使用时较难控制，但是美国陆军却接受了一种更为粗糙的型号———M1火焰喷射器。它和E1R1火焰喷射器有许多相似之处，有两个圆筒，一个装燃料，另一个装压缩的氢气。

1942年3月，M1火焰喷射器投入生产。在1942年6月的瓜达尔卡纳尔战役中投入战场使用，其表现令人失望，它的点火线路使用电池供电，而电池在战场上常常不能供电。燃料箱容易被腐蚀，气体会从燃料箱的细缝向外泄露。

改进后仍有缺陷

到1943年6月时，新式的M1A1火焰喷射器装备了部队。这种武器共生产了14000件。它是M1火焰喷射器的改进型，使用的燃料使用添加剂后变得更为黏稠，效果较好。它的射程达到46米，而M1的最大射程是27.5米。不幸的是，它的点火系统仍然没有任何改进。

到1943年6月，化学战部已经找到满足军队需要的方法，根据E3火焰喷射器的实验设计，在设计中对M2-2进行了多处改进。M2-2使用新式的黏稠状燃料，但制作更为粗糙，这种武器可以装在一个背包式框架内（和过去的弹药箱类似），使用火药式点火系统。它使用一种类似于左轮手枪的机械设置，在装入新的一发子弹前可以喷射6次。

1944年7月，M2-2火焰喷射器在关岛战役中首次投入使用，此时，这种武器已经生产了25000件。其他国家的军队也使用这种武器。

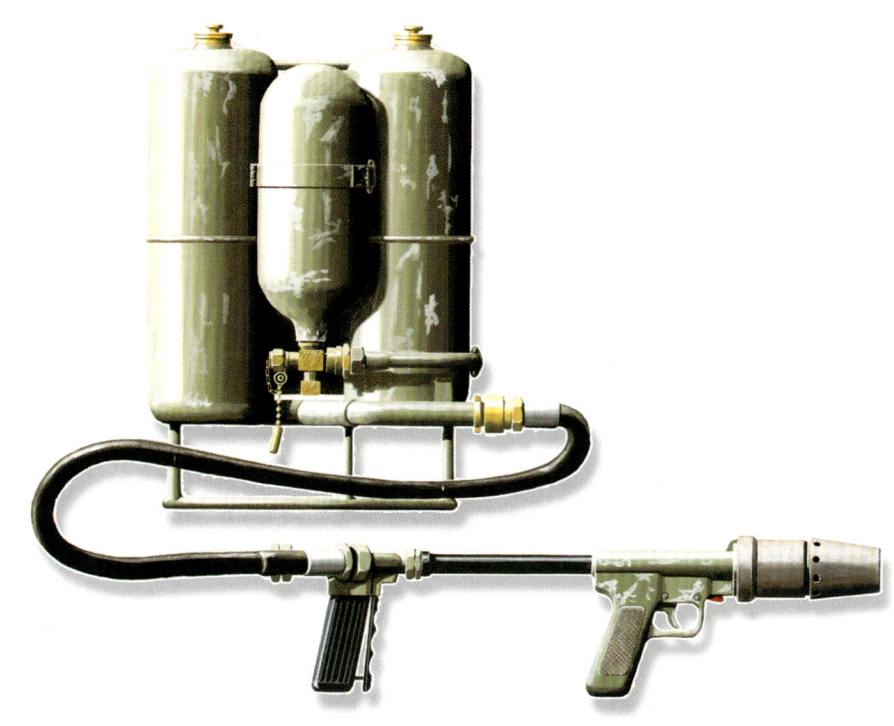

上图：便携式M2-2火焰喷射器是由美国生产的武器。它是世界上火焰喷射器生产数量最多的一种，1944年7月在关岛战役中首次投入战场。1945年后的许多年里，它一直是美军的标准火焰喷射器。在朝鲜战争期间，美军也曾使用这种武器。在条件合适的情况下，它的最大射程为36.5米

上图：美国的M1火焰喷射器是在早期E1R1火焰喷射器的基础上研制而成的。从技术上讲，它属于实验性武器，在1943年投入使用。在瓜达尔卡纳尔战役期间，M1火焰喷射器首次参加战斗，它使用的是最初的"稀薄型"燃料

继续进步

尽管M2-2和M1/M1A1火焰喷射器的性能相比改进了许多,但美国陆军仍然认为这不是其真正想要的东西。于是,为了寻找一种更为完善和轻便的武器,改进工作继续进行。在战争即将结束之际,经过努力,美国设计出一种单发式火焰喷射器,使用后就可以扔掉。它使用一种易燃的火药,火药产生的压力可以从燃料箱中一次喷射出9升黏稠燃料(主要原料是气油)。战争结束后,美国停止了该计划。这种火焰喷射器的射程预计为27.5米。

规格说明
M1A1火焰喷射器
重量:31.8千克
燃料容量:18.2升
射程:41~45.5米
喷火持续时间:6~10秒钟

规格说明
M2-2火焰喷射器
重量:28.1~32.7千克
燃料容量:18.2升
射程:22.9~36.5米
喷火持续时间:8~9秒钟

下图:除了发出刺耳的噪音外,火焰喷射器在战场上还会产生强大的视觉效果,从而摧毁敌人的士气。只要看一眼它喷射的火舌,即使是最勇敢的士兵也会毛骨悚然,不寒而栗。在1945年6月的伊江岛战役中,美国的M2-2火焰喷射器大显神威

美国的喷火坦克

美国的第一辆喷火坦克生产于1940年。它是E2火焰发射器和M2中型坦克的结合物。美国陆军的坦克专家在1940年6月观看了它的表演。他们对此并没有留下什么印象,计划也就搁浅了。但不久,他们又改变了主意,因为此时陆军化学战部的设计人员不得不重新开始喷火坦克的设计。在此之前,化学战部曾把一个油泵操作的E3火焰发射器安装在M3中型坦克的炮塔上。这种油泵容易破坏燃料的结构,从而降低了燃料的威力和射程。美国人使用了压缩气体系统取代了油泵之后,这个问题得到解决。根据另一项代号为"Q"(速成)的计划,美国陆军想尽快生产出一种军用武器(指喷火坦克)。美国从加拿大手中得到了英国/加拿大的"朗森"喷火系统。当时由于手头没有坦克,最初试验时,美国陆军不得不把这种系统安装在卡车后部。"Q"计划继续进行,直到"朗森"喷火系统安装在M5A1轻型坦克的炮塔上才告一段落。由于计划安排混乱,化学战部没有分配到坦克,所以计划不得不再次推迟。直到1945年年初,化学战部才得到了M5-4坦克。这样化学战部才做好了改装喷火坦克的准备。在菲律宾战役中,美国陆军使用了四辆喷火坦克。

地方性设计

就在美国大陆研制喷火武器的同时,美国驻夏威夷部队也在忙着生产真正的喷火武器。他们以"朗森"火焰喷射器为基础,把这种系统安装在老式M3A1轻型坦克的炮塔上,命名为"撒旦"。"撒旦"

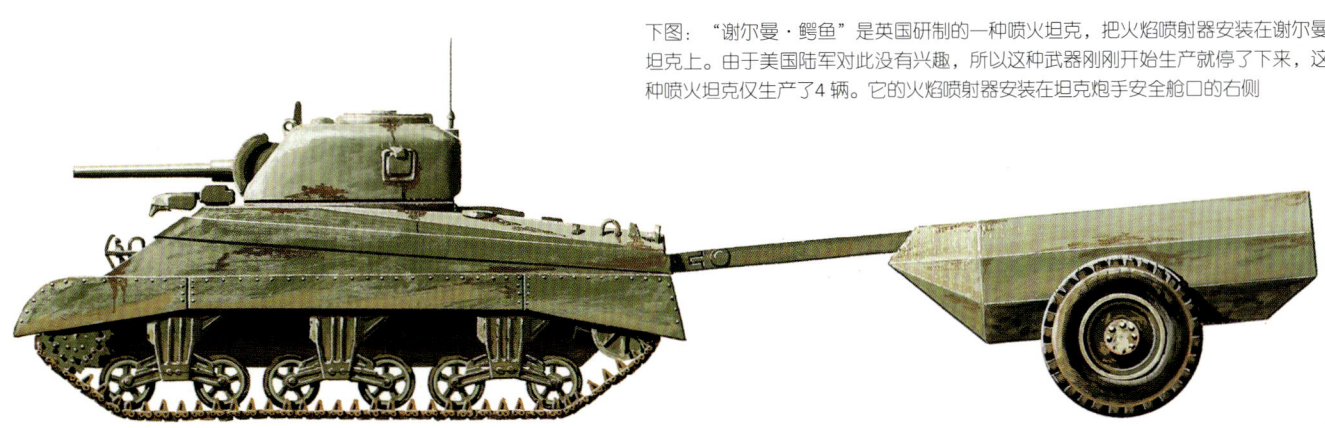

下图:"谢尔曼·鳄鱼"是英国研制的一种喷火坦克,把火焰喷射器安装在谢尔曼坦克上。由于美国陆军对此没有兴趣,所以这种武器刚刚开始生产就停了下来,这种喷火坦克仅生产了4辆。它的火焰喷射器安装在坦克炮手安全舱口的右侧

使用的推进剂是压缩的二氧化碳,能够把黏稠的燃料发射到73米远的地方,每辆喷火坦克能携带773升燃料。第一批"撒旦"有24辆,它们在1944年6月参加了攻克塞班岛的战斗。

临时定型

"撒旦"喷火坦克的成功促使前线指挥官决心把类似的设置安装在M4中型坦克上。M4中型坦克上的老式75毫米坦克炮被"朗森"火焰喷射器所取代。这种新式喷火坦克被命名为POA-CWS75HI。在琉球群岛战役以及后来的冲绳战役中,美军都使用了这种喷火坦克。在冲绳战役中,这种喷火坦克有一种特殊的用途———喷射火焰,把日本士兵从洞穴中赶出来。

有两种喷火坦克的火焰喷射器完全取代了坦克的主要武器(坦克炮),这一设计引起了"坦克"手的极大不满,他们想保留这种有效的自卫武器。于是,美国开始尝试在M4喷火坦克上把火焰喷射器和坦克主炮安装在一起。在后来的研制阶段中,一些M4坦克上安装了口径为75毫米的坦克火炮或口径为105毫米的榴弹炮,同时共轴系统上也安装了火焰喷射器,但是由于零部件匮乏,所以改装速度受到了限制。美国早期的其他尝试还有:把便携式火焰喷射器安装在坦克前面的枪眼处,从枪眼处向外喷射,但大多数尝试都失败了。1943年10月,化学战部受命生产一种火焰喷射器,这种火焰喷射器能够安装在M3、M4和M5坦克上的机枪的位置。如果需要,这些坦克可以重新安装机枪。结果美国陆军生产的火焰喷射器中,有1784件M3-4-3火焰喷射器能安装在M4坦克上,有300件E5R2-M3火焰喷射器可以安装在M3和M5轻型坦克上。这些火焰喷射器大多数都参加了欧洲战区和太平洋战区的战斗。

许多坦克指挥官不喜欢用火焰喷射器取代机枪,所以美国陆军研制出了一种选择性装置,安装在炮塔顶部,紧靠指挥官使用的望远镜。其中有一种型号为M3-4-E6R3的火焰喷射器投入了生产,但是生产时间太晚了,未能送到前线,战争就结束了。驻扎在夏威夷的美军不等火焰喷射器从美国大陆运到,就开始生产他们的辅助性火焰喷射器。他们生产的火焰喷射器以M1A1便携式火焰喷射器为基础,可以安装在M4坦克机枪的位置。大约有176辆坦克完成改装后被送到前线,参加了攻克冲绳和硫磺岛的战役,但是这些喷火坦克的使用不是太多,因为前线士兵更喜欢使用就地改装的坦克,把火焰喷射器安装在标准的M4中型坦克的炮塔上。

另外,我们不得不提一提"Q"计划中的M5-4火焰喷射器。这种火焰喷射器被安装在LVT4履带式两栖登陆舰上。尽管它们的性能相当不错,但事实证明它们的作战能力太弱,因为它们的装甲太轻,无法胜任攻击任务。

上图:"撒旦"火焰喷射器可以安装在美国海军陆军队M3A1轻型坦克的主炮塔处。1944年7月,"撒旦"喷火坦克(图中)参加了攻克塞班岛的战斗,由于它在战斗中突出表现,许多老式M3A1轻型坦克都被改装成这种喷火坦克

规格说明

ROA-CWS75HI

乘员:5人

重量:31.55吨

规格:全长6.27米;宽2.67米;高3.38米

武器:一支MK1火焰喷射器(使用口径为75毫米坦克炮的炮管);两支7.62毫米勃朗宁机枪(一支装在共轴上,另一支装在坦克外部);一支12.7毫米勃朗宁AA机枪

装甲:38~51毫米

动力设置:一台福特GAA液体制冷的V-8汽油发动机,功率373KW(500马力)

时速:42千米/小时

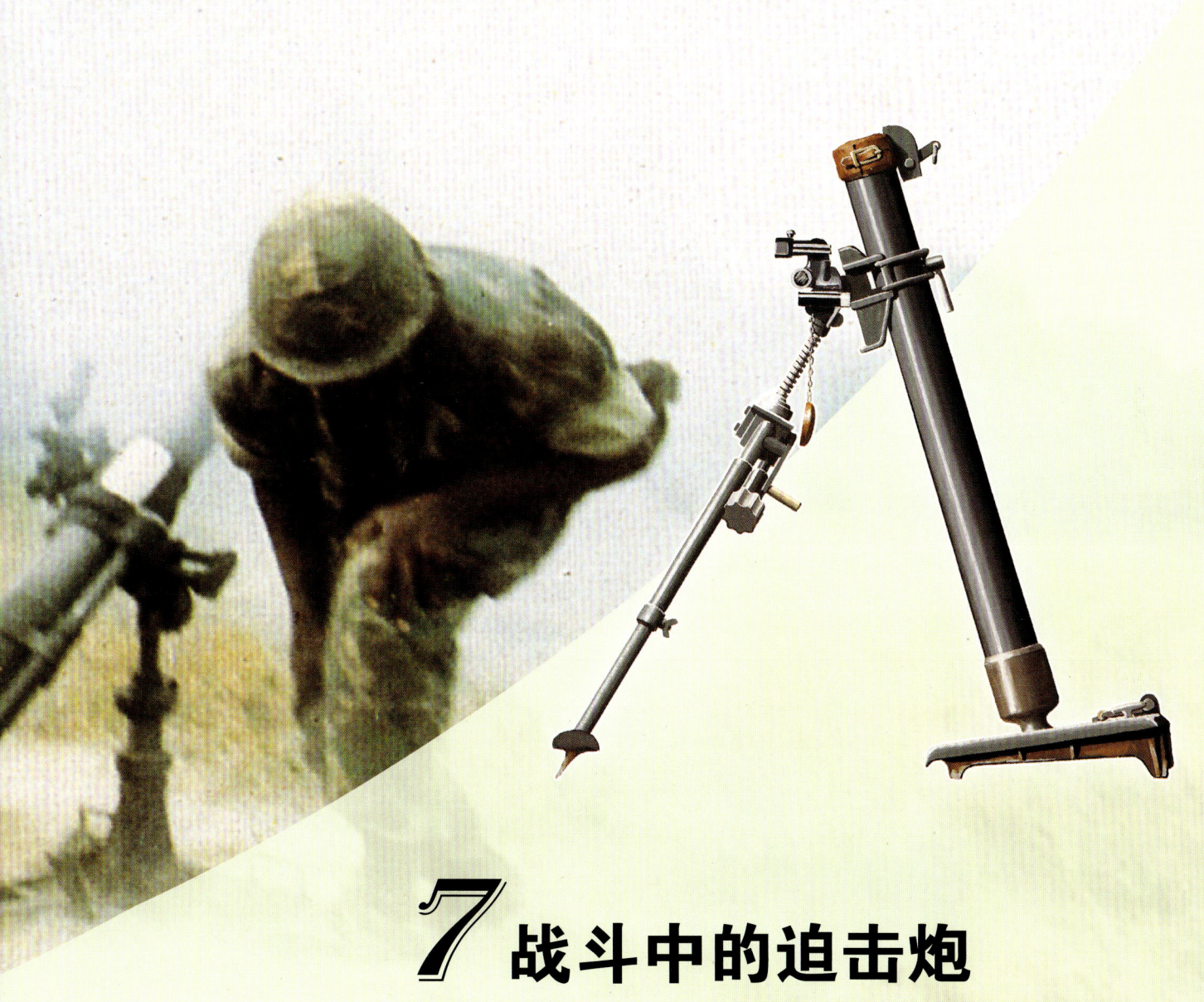

7 战斗中的迫击炮

迫击炮的主要优势是无论白天和黑夜都能准确地击中目标,只要事前把目标的位置确定下来,烟幕、薄雾或浓雾都不会影响它的射击精度。迫击炮是一流的近距离间接瞄准武器。

中型迫击炮是一种极其有效的武器，它比常规火炮具有更强的灵活性。它能够在最短的时间内，对不同射程内的分散目标实施毁灭性打击。和地面上的其他优秀武器相比，在使用相同助推火药和射击角度的情况下，迫击炮的炮弹击中的地区（一般称为落弹区）的范围相对来说较小。

无须移动迫击炮的底座或起支撑作用的双脚架，它有一个螺丝和螺纹系统，只需移动炮管，就能校正射击的角度。

俯射

迫击炮的炮弹的弹道较高，所以迫击炮尤其善于摧毁小山或高楼林立地区的背后的目标。这些目标在一般情况下，使用常规火炮极难击中。迫击炮可以从大视野地区，如山坡、悬崖峭壁和建筑群的后面，进行迷盲射击（指不使用雷达或瞄准具射击）。

中型步兵迫击炮的另一个至关重要的优势是它的重量相对较轻，士兵携带这种武器，可以快速移动，进可战，退可守，尤其适合直升机攻击作战，它在地面上的机动能力特别强，既可以用轻型的4×4车辆运送到作战区域，从地面上开炮，也可以用装甲车运送到作战区域，直接从车内开炮。

当然，迫击炮也存在缺陷。它的炮弹初速度较低，炮管发射角度较高，这意味着炮弹在空中停留的时间较长，大风也会降低它的射击精度。迫击炮的炮管如果受潮或有水，会严重减少步兵迫击炮的射程，并且它内部没有常规火炮内部安装的后坐力系统，所以射击后会产生强大的冲击力。迫击炮能够在多种不利条件下发挥作用，但是射击精度会受到影响。最后，迫击炮容易遭受敌人的攻击。迫击炮射击时，敌人可以根据它发出的声音或使用雷达定位系统测出它所在的位置，使用迫击炮方格坐标线也能计算出它的位置，所以，如果可能的话，迫击炮应该从敌人野战炮射击不到的射击死角开炮。

英国经验

英国陆军是典型的使用口径为81毫米的迫击炮的部队。英国的迫击炮排被划分为一个指挥中心和四个分部，每个分部有两门迫击炮小分队，由指挥员下达口令。

每个迫击炮小分队由四人组成：1号负责小分队的指挥和正确摆放迫击炮的方向和角度；2号负责向迫击炮内放置正确

下图：事实上，迫击炮射出的炮弹能够准确地落在友邻部队的前面，所以迫击炮在战斗中必须强调准确地了解敌人和友邻部队之间的确切位置

的炮弹和引信；3号负责准备并向2号传递正确的炮弹；4号负责发射。

另外，还有两名迫击炮火力控制员（MFC），他们是机动操作人员，炮连或班需要支援时，由他们提供支援。他们用无线电台对迫击炮所要射击的目标的情况实施观察和控制。

上图：中型迫击炮较轻，只要距离适当，士兵凭借个人的力量就能携带。由于迫击炮能够快速投入战斗，在最短的时间内炮弹就能像雨点一样从目标上空落下，所以迫击炮是理想的步兵支援武器

上图：迫击炮小组的三名主要人员正在准备发射L16迫击炮。1号正在按照方位角和射角调整迫击炮；2号准备装填炮弹；3号准备更多的炮弹

迫击炮排在作战时可以作为一个排（8门迫击炮）、半个排（4门迫击炮）或者4个单独的分队，每个分队有2门迫击炮。如果这些分队单独部署，火力能够同时射向4个单独的目标（每个分队各负责一个目标）；或者，经过协调后有选择地从4个独立的迫击炮队形（即阵地）射向同一目标，或者从同一方向射向同一目标。分成4个独立的迫击炮队形的优点是：敌人很难确定哪一个阵地是主要阵地。而且，选择4个相对较小的分队的迫击炮队形要比选择较大的迫击炮队形容易得多。

一旦选定了迫击炮队形，就要对迫击炮进行摆放或瞄准。射击命令由迫击炮火力控制员根据战场情况发布。所有迫击炮必须有一个供迫击炮火力控制员或指挥所控制员参考的参照点。这有点像同步观察。为了做到这一点，他们要把前面的迫击炮瞄准十字线和在地面上的迫击炮标准标杆调整到同一直线；接下来，迫击炮平行排列，如果排列混乱，地面上的各种类型的炮弹就无法分清，从而失去作战效力；最后，使用瞄准具和简单的几何学原理，每门迫击炮就能精确地排列起来。

迫击炮的火力控制员下达有关目标方位和距离的射击命令。指挥所控制员把这些数字转换成迫击炮队形和目标之间的方向和距离。发射命令下达前还要上下或左右移动迫击炮的炮管，调整好迫击炮的射击角度和方位。

校正射击

只要迫击炮的火力控制员给出的信息准确无误，指挥所控制员就不会计算错误，那么炮弹就能准确地击中目标。而第一次射击就能准确击中目标是很少见的，所以在发出有效的射击命令之前，常常需要校正。

口径为81毫米的迫击炮可以有效地应用于部队的防御、攻击或撤退。它是营长的"私人火炮"，哪里需要，营长就命令它打向哪里，迫击炮比任何火炮的火力支援都要迅速和快捷；并且营长也明白，其他地方也有火力（指迫击炮）可以随时支援自己，或许火炮（指迫击炮）已经确定好了优先打击的目标。

左图：迫击炮非常简单和轻便，它的主要组成部分有炮盘、炮管、双脚架、瞄准仪和瞄准装备，以及清洁和维修工具

迫击炮的炮弹

大多数步兵迫击炮使用的炮弹主要是装有高爆炸药（HE）的杀伤弹（碎片），这种炸弹对弹着点40米范围内的目标具有致命性的杀伤力，并且对弹着点190米或更远距离的目标具有一定的杀伤力。如果装上白磷（WP）炮弹，还能有效地投放烟幕；如果使用伞降照明弹，即使是漆黑的夜晚，在大面积范围内也会亮如白昼。

上图：迫击炮的炮弹上都印有不同颜色的编码和斑纹线。根据这些可以区分炮弹的类型，以免在射击时发生混淆

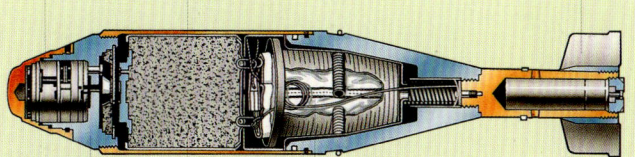

引信　　照明弹的弹体　　　　　　　　鱼鳍状的尾翼

鼻锥　照明火药　降落伞

"布朗特"81毫米27/31型迫击炮

尽管第一次世界大战期间的"斯托克斯"迫击炮已经初步展现出迫击炮的完整的形状和式样,但它仍然是一种非常简陋的武器。"斯托克斯"迫击炮除了一根炮管、一个简单的框架和一个可以吸收后坐力的底盘之外,几乎就没什么东西了。第一次世界大战结束后,法国布朗特公司细心地重新设计,几乎改变了"斯托克斯"迫击炮的一切,炮弹类型得到迅速改进。当第一眼看到它的时候,很难把它和老式的"斯托克斯"迫击炮联系在一起。虽然它保留了老式"斯托克斯"迫击炮的整个式样,但改进几乎无所不在。首先,从整体上看,它比较轻巧,更易于操作。这一点,新式的布朗特迫击炮体现得最明显。1927年,这种新式的布朗特迫击炮投入生产,它的正式名称为布朗特81毫米27型迫击炮。1931年,它的弹药进行了改进,改进后被称为27/31型迫击炮。

最初的"斯托克斯"迫击炮常需要一定时间才能架设完毕,但是重新设计的双脚架能够在任何地面上架设,使用双脚架时,仅需调整支架的一条腿,瞄准具的水平仪就很容易架设起来。瞄准具被紧紧夹在距离炮口很近的位置,这样瞄准员无须站在武器上面,很容易和武器保持同等高度;瞄准具的托架上有一个螺旋设置,这样炮管转换方向就容易多了。不过它的主要变化是弹药。早期的"斯托克斯"迫击炮的炮弹被外形优美的炮弹取代,新炮弹不仅装载的炸药多,而且射程更远。事实上,布朗特公司为它的mle 27/31迫击炮生产了各种类型的炮弹。其中,主要有三种类型。第一种弹头带有高爆炸药,是27/31型迫击炮的标准炮弹。第二种炮弹比第一种标准炸弹重两倍,但射程较近。第三种炮弹为烟幕弹。这三种炮弹上面印有各种各样的标记或小标记。如烟幕弹就印有各种颜色。

影响深远的设计

从布朗特公司宣布重新设计的那一年(1931年)开始,27/31型迫击炮对其他国家迫击炮的设计产生了极大影响。几年内,整个欧洲国家要么购买了它的生产许可证,要么完全抄袭了它的设计。它使用的81.4毫米口径也成了各国步兵迫击炮的通用标准,并且在第二次世界大战期间,几乎所有迫击炮都或多或少地借鉴了27/31型迫击炮的设计,影响极其深远,在德国、美国、荷兰,甚至苏联的标准迫击炮中都可以看到它的影子。所有这些国家虽然根据自己的需要进行了改进和革新,但核心设计基本上都取材于27/31型迫击炮。

布朗特迫击炮的影响至今尚未消除。尽管当前81毫米迫击炮的射程几乎是27/31型迫击炮的6倍,但27/31型迫击炮相当完美,在整个第二次世界大战期间和战后的许多年内,各国仍在以各种形式使用这种武器。

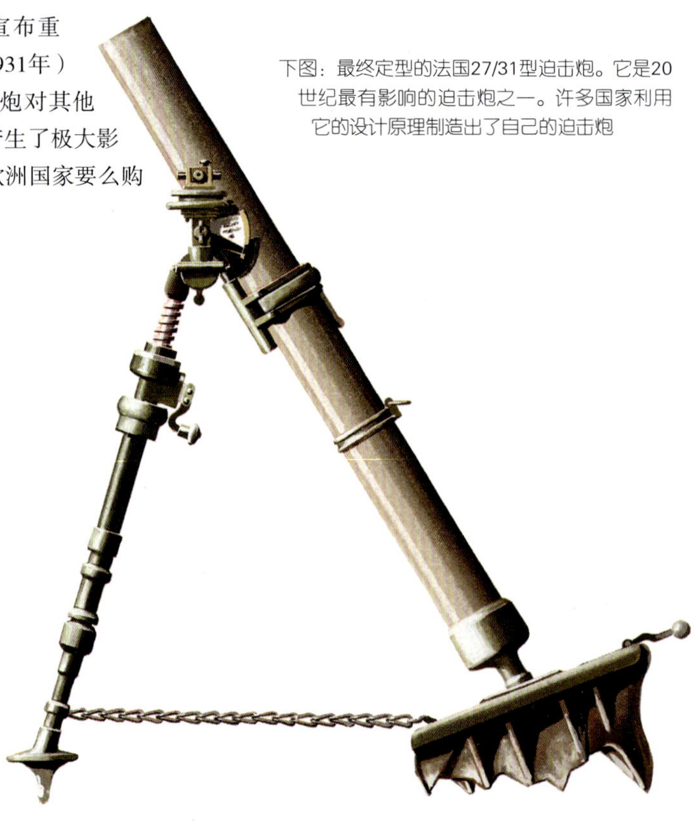

下图:最终定型的法国27/31型迫击炮。它是20世纪最有影响的迫击炮之一。许多国家利用它的设计原理制造出了自己的迫击炮

规格说明

布朗特81毫米27/31型迫击炮

口径:81.4毫米

长度:炮管长1.2675米;炮膛长1.167米

重量:作战时重59.7千克;双脚架重18.5千克;底盘重20.5千克

射击角度:45°~80°

方向转动角度:8°~12°(根据射角的变化调整)

最大射程:标准炮弹1900米;重型炮弹1000米

炮弹重量:标准3.25千克;重型6.9千克

45/5型35"布里夏"迫击炮

对于45/5型35"布里夏"小型迫击炮来说，无论是设计还是制造水平都远远超过了其他类型的迫击炮，因此说它是第二次世界大战期间最优秀的武器毫不为过。至于为什么设计人员下了这么大力气，一一道来只会增加不必要的麻烦。由于这种轻型支援武器的使用非常有限，而且它的炮弹效果相对较差，所以现在要探究其中的原因实在太困难。不过，这种武器生产后就装备了意大利军队。

从这种迫击炮的名字可以看出45/5指这种武器的口径是45毫米，炮管长度为5×45，尽管事实上要比这长一点。如此小的口径只能发射较轻的炮弹，炮弹重量仅有0.465千克，相应来说，它装载的炸药也比较少。炮管为后膛装弹型，操纵控制杆，打开后膛，装弹后关闭。它的弹匣可装10发子弹。炮弹用扳机发射。为了调节射程，它有一个可以打开或关闭的气孔，打开时助推气体进入。另外，它还有一些复杂的射角和方向转换控制设置。

个人携带的武器

35型迫击炮的炮管位于一个可以折叠的框架式设置内。这个设置紧靠在携带者的后背。为了减少对携带者后背的压力，紧挨身体处有一个软垫。使用时，框架不能折叠，如果需要的话，射手需要骑跨在武器的框架上。在战斗中，35型迫击炮的射速大约是每分钟10发炮弹。如果射手经过训练，这种迫击炮相当精确。但是即使瞄准了目标，由于它的炮弹较小，所以效果很不理想，主要原因是这种炮弹的装药量太少，常会导致炮弹的弹道偏移，炮弹碎片的杀伤力较小。

意大利军队普遍使用35型迫击炮。所有意大利士兵都接受过如何使用这种迫击炮的训练。其中意大利的青年运动组织也装备了一部分35型迫击炮，虽然这种迫击炮相当复杂，但效果较差，口径只有35毫米。这些迫击炮只能用于训练，一般情况使用靶弹训练。

意大利并不是35型迫击炮的唯一使用者。在北非战役中，德国非洲军团也使用过这种迫击炮。由于后勤供应不及时，德国军队不得不和意大利军队一起"分享"这种迫击炮，德军士兵甚至还有它的使用说明书。德国人称之为45毫米176（i）迫击炮。

35型迫击炮的作用有限，让意大利士兵付出了血的代价，可是意大利军队却继续使用这种迫击炮。要解释这个原因，唯一的理由就是意大利的工业能力有限，在可预见的时间内，意大利几乎没有机会生产出比这更好的武器。把35型迫击炮送到士兵手中就花费了这么多时间和精力，要是再设计、研发和生产新式迫击炮，就会需要更多时间和精力，所以意大利士兵只能无可奈何地继续使用手中的35型迫击炮。事实上，许多意大利士兵还嫌这种迫击炮太少。

规格说明
45／5型35"布里夏"迫击炮
口径：45毫米
长度：炮管0.26米；炮腔0.241米
重量：作战时重15.5千克
射击角度：10°~90°
方向转换角度：20°
最大射程：536米
炮弹重量：0.465千克

左图：意大利的45/5型35"布里夏"迫击炮是有史以来最复杂的迫击炮之一。它以操纵杆操作的闭锁设置为基础。它发射的炮弹重0.465千克，装药量少，在战术上缺乏实用性

50毫米轻型迫击炮

在第二次世界大战期间，日本陆军使用的50毫米迫击炮主要有两种。它们并不是真正的迫击炮，其实说它们是枪榴弹应该更合适一些。因为它们使用的弹头比带尾翼的榴弹还小，专门用于提供支援性火力。

最先装备部队的是1921年生产的10式迫击炮。它属于简单的平滑弹膛类武器，使用扳机设置发射榴弹，射程通过可调整的气体出口控制。10式迫击炮最初发射HE（烈性炸药）榴弹，但是后来的迫击炮可以发射曳光弹，用于目标照明或类似的目的。10式迫击炮的最大缺陷是射程有限，只有160米，也正是因为这个原因，日本才开始研制同级别的第二种武器——89式迫击炮。

军中通用型武器

到1941年的时候，日军中89式迫击炮已经完全取代了10式迫击炮。和10式迫击炮相比，89式迫击炮有许多不同之处：一是它的炮管设有膛线，而不是平滑弹膛；另一个主要变化是10式迫击炮的气体入口系统被取消了，它带有撞针，能够在枪管中上下移动，撞针在枪管上部时，射程远；撞针在枪管下部时，射程近。89式迫击炮能够发射一系列榴弹，有效射程为650米，和10式发射器相比，射程增加了许多。为89式迫击炮研制的榴弹包括常用的高爆炸弹、烟幕弹、信号弹和燃烧弹。而且，日本还研制出一种特殊的供空降部队使用的迫击炮。正常情况下，10式和89式迫击炮拆卸后都可以装在一个特殊的皮箱内。

89式迫击炮

盟军在战场上遇到的主要是89式迫击炮。盟军部队都把这种武器称之为"膝上"迫击炮。这个称呼实在让人困惑不解。事实上，这种完全错误的称呼到底导致多少未经训练的士兵大腿骨折，目前已经无法查清。但是，如果发射时大腿靠在它的底盘上，那么大腿立即就会受伤。这种武器虽小，但它的后坐力相当大，它的底盘必须紧靠在地面上或其他结实的物体上。它的瞄准具相当简陋，除了枪管上涂有标线之外，其他什么也没有。但是这种迫击炮非常容易操作，很短时间内，几乎每一个士兵都能学会如何正确地操作和使用。它轻便，灵巧，便于携带。它使用的榴弹有点小，难以发挥真正的威力。但是，重要的是，士兵扛起迫击炮，仍然能够携带一发炮弹，这无疑能够增强火力，尤其是使用89式远程炮弹时，更是如此。

上图：如何避免做出这样的傻事？不知为什么，美国人竟然错误地认为发射89式迫击炮时，大腿或膝盖要靠在这种小型的铲式底盘上（"膝上"迫击炮的名字由此而来）

规格说明
89式迫击炮
口径：50毫米
长度：0.61米（全长）；0.54米（炮管）
重量：4.65千克
最大射程：650米
榴弹重量：0.79千克

上图：日本的50毫米10式迫击炮最早生产于1921年，后来被改进的89式迫击炮取代。10式迫击炮的射程极为有限，仅160米。这种迫击炮非常轻巧，便于携带。它能发射装有烈性炸药（HE）的炮弹、烟幕弹和燃烧弹

苏联的轻型迫击炮

在第二次世界大战期间，红军大量使用迫击炮。通常苏联使用的迫击炮的性能不错，和同时期的其他国家使用的迫击炮相比，苏联的迫击炮比较重，结实耐用。

在20世纪30年代，苏联的武器设计人员研制出几种轻型的步兵迫击炮。最小的一种相当古怪，口径只有37毫米。它的炮管由一个独腿支架支撑，支架和炮管后部的底盘可以当作挖掘战壕的工具。德国人把这类迫击炮称为37毫米迫击炮。

苏联的标准轻型迫击炮的口径为50毫米。50毫米系列迫击炮是从50-PM 38迫击炮开始的。德国把它从苏联军队手中缴获的这种迫击炮命名为50毫米205/1（r）迫击炮。它的设计比较传统，射程由位于炮管底部的气体入口控制。炮管被夹在双脚架的两个固定角之间。这种型号的迫击炮的生产比较困难，所以被50-PM 39迫击炮取代。德国把50-PM 39称为50毫米205/2（r）迫击炮。这种迫击炮没有气体入口，但它使用了标准的双脚架，这种支架可以调整射击的角度。这种迫击炮同样难以生产，所以不久被50-PM 40迫击炮取代。德国人称为50毫米205/3（r）迫击炮。

大规模生产

50-PM 40迫击炮是为了大规模生产而设计的。它的双脚架和底盘都是简单的钢材冲压制品。事实证明这种迫击炮的性能可靠，适于战场的需要，尽管它的射程有限。苏联50毫米口径的迫击炮还有一个型号——50-PM 41迫击炮。德国人将其称为50毫米200（r）迫击炮。它的双脚架被一个和大型底盘相连的炮管套取代，另外，它也使用了气体入口系统，但这种型号的迫击炮的生产数量不多。苏联的生产重点是50-PM 40迫击炮。

苏联的连和班级部队都使用50毫米迫击炮，同时苏联的营级部队开始使用口径为82毫米的迫击炮。82毫米迫击炮系列主要有三种型号。82-PM 36迫击炮直接仿制了法国布朗特公司的27/31迫击炮。德国人称为82毫米274/1（r）迫击炮。它的改进型被称为82-PM37迫击炮。这种迫击炮带有后坐力弹簧，射击时可以减少双脚架的负荷。德国人称之为82毫米274/2（r）迫击炮。为了便于大规模生产，简化后的82-PM41迫击炮大量使用了钢材冲压制品，而且为了便于手工拖拉，它的短小的支架底部安装了轮子。德国将这种迫击炮称为82毫米274/3（r）迫击炮。82-PM41迫击炮的改进型是82-PM 43迫击炮，不仅支架底部安装了轮子，而且连支架都做了进一步简化。

山地迫击炮

苏联还有一种值得一提的轻型迫击炮。这就是口径为107毫米的107-PBHM 38迫击炮。这是一种专门用于山地作战的迫击炮，德国人称之为107毫米328（r）迫击炮。它是82-PM 37迫击炮的扩大型，可以用骡马牵引，也可以拆卸成几部分，打包运送，既可以用正常的"下降高度"的方法发射，也可以用扳机设置发射。在第二次世界大战期间和第二次世界大战后，这种迫击炮的应用比较广泛。

规格说明

50—PM 40迫击炮

口径：50毫米
长度：炮管长630毫米；炮膛长533毫米
重量：9.3千克
射角：45°~75°　方向转换角：9°~16°
最大射程：800米
炮弹重量：0.85千克

82—PM 41迫击炮

口径：82毫米
长度：炮管长1320毫米；炮膛长1225毫米
重量：45千克
射角：45°~85°　方向转换角：5°~10°
最大射程：3100米
炮弹重量：3.4千克

107—PBHM 38迫击炮

口径：107毫米
长度：炮管长1570毫米；炮膛长1400毫米
重量：170.7千克
射角：45°~80°　方向转换角：6°
最大射程：6315米
炮弹重量：8千克

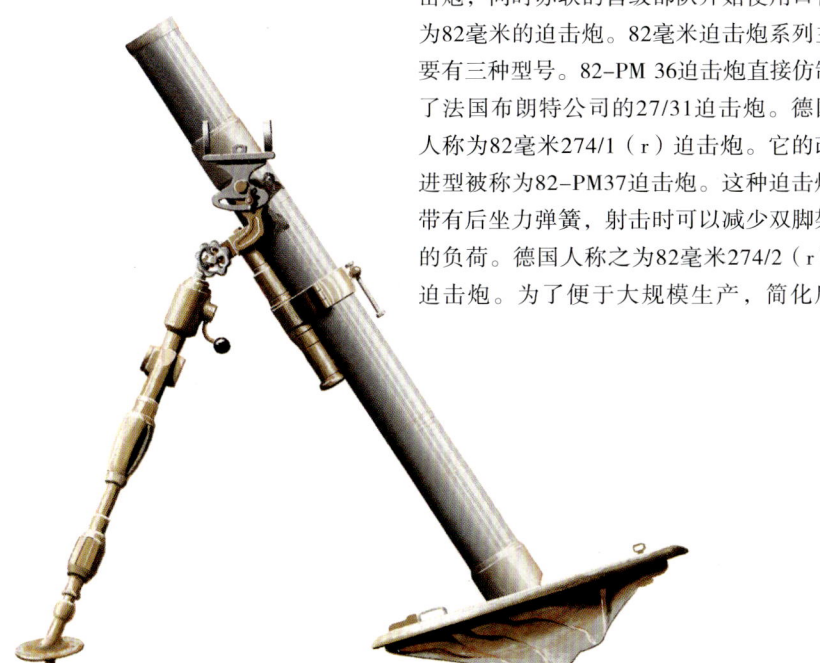

上图：82-PM 37迫击炮和法国"布朗特"系列迫击炮关系极为密切。它们的口径都是82毫米。为了降低后坐力对瞄准系统的影响，苏联生产的这种迫击炮在炮管和双脚架之间使用了圆形底盘和后坐力弹簧

上图:苏联一线部队大量使用82毫米迫击炮。步兵在发起冲锋之前,使用这种迫击炮可以消灭敌人的火力

上图:苏联陆军发现50毫米迫击炮之类的武器非常适合城市战。它的弹道较高,能够越过楼房击中目标

上图:迫击炮和管式大炮相比有一个突出的优点,如果需要,能够击中非常小的目标

120-HM 38 迫击炮

苏联的口径为120毫米的120-HM 38迫击炮是自有迫击炮以来成效最为显著的迫击炮之一。它是1938年装备部队的，直到今天仍在大范围使用。这种武器的使用期限如此长的一个主要原因是它具备了炮弹重、机动能力强、射程远等多种优点。在生产这种武器时，它被认为是一种供团级部队使用的迫击炮，在提供支援火力时可以取代管式火炮。在第二次世界大战期间，由于它的生产数量较多，所以苏联军队的营级部队也装备了这种武器。

从设计上看，120-HM 38迫击炮没有特别显著之处，但事实证明它的较大的圆形底盘非常有用，因为它无须挖掘地面就可以迅速改变射角，调整好新的射击方向；而传统的矩形底盘在调整射击方向时，常常需要不少时间。在武器和底盘相连的情况下，装在轮式的支架上就可以运送到其他地方。安装在炮口的弧形窗可以当作牵引环使用，并且可以装在小型的107-PBHM 38迫击炮使用的车架上。一般情况下，这种车架内部有一个铝盒，可装20发炮弹，既可以用车辆牵引，也可以用骡马拖拉。

高度的机动性能

120-HM 38迫击炮投入和撤出战斗的速度相对较为迅速，所以在射击后，常在德国人开始报复性射击之前就迅速撤出阵地。

1941年和1942年，当德国军队席卷苏联大片国土的时候，德军对苏联的120-HM 38迫击炮的强大的火力和机动性的印象颇深。由于德军多次领教了它的效力，所以德军有充分的理由对它使用的炮弹弹头进行深入检查，随后，德国决定以此为基础，设计出自己的迫击炮炮弹。在短期内，作为权宜之计，德军大量使用从苏军手中缴获的炮弹。德军把这种迫击炮命名为120毫米378（r）迫击炮。随后，德国人进一步研究，并在德国进行了仿制。德国人把仿制的迫击炮称之为120毫米42迫击炮，并且广泛应用于一些步兵部队，甚至取代了提供支援火力的短管火炮。这样，在东线的战斗中，交战双方使用的迫击炮竟然完全一样。

有效的炸弹

苏联和德国双方的120-HM 38迫击炮所发射的炮弹一般都是高爆炸弹，但是也能发射烟幕弹和化学弹（尽管化学弹从来没在战场上使用过）。炮弹射速为每分钟10发，所以在极短的时间内，一个由4门120-HM 38迫击炮组成的炮连就能把大量炮弹倾泻到敌人的阵地上。经过战斗，它的底盘需要重新固定炮位。但是120-HM 43迫击炮部分解决了这个问题。它和120-HM 42迫击炮不同，它的炮管和双脚架使用了弹簧装填的后坐力吸收设置。从那之后，这种型号就没有太大的变化，而且今天人们仍有可能遇到这种武器。时光飞逝，多少年过去了，它所使用的炮弹已发生了很大变化，并且它的射程和战时相比已经提高了许多；它的另一大变化是，现代型的迫击炮都可以装在各类机动式车辆上。

苏联还研制和使用了更大口径的160毫米的120-HM 38迫击炮。这种迫击炮的名字是160-HM 43。它使用的炮膛装填和扳机发射设置供师级炮兵部队使用。它能发射41.14千克装有烈性炸药的炮弹，最小射程是750米，最大射程是5150米，射速为每分钟3发。

规格说明

120—HM 38迫击炮

口径：120毫米

长度：炮管长1862毫米；
　　　炮膛长1536毫米

重量：280.1千克（战斗中）

射角：45°~80°

方向转换角：6°

最大射程：6000米

炮弹重量：16千克

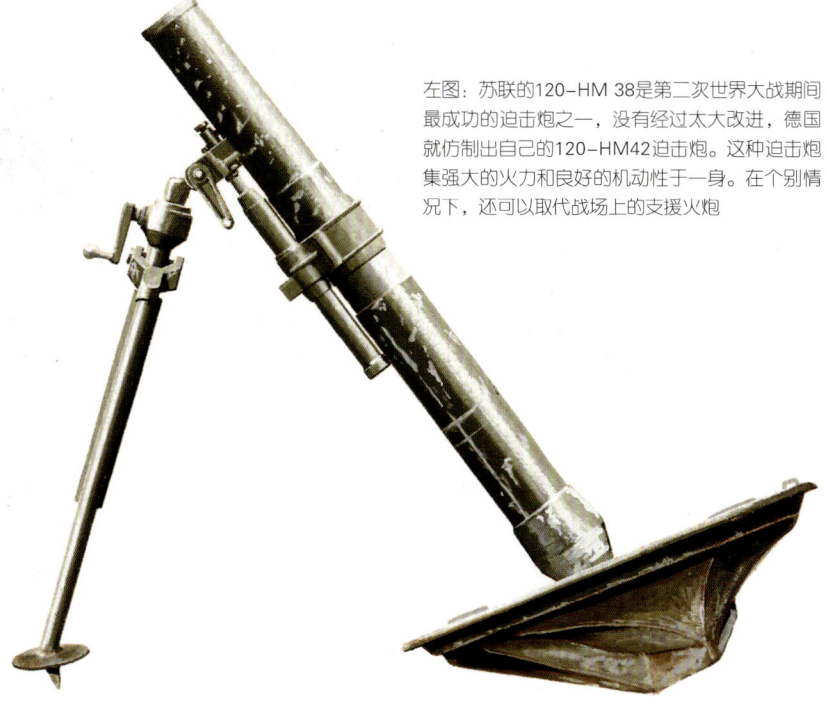

左图：苏联的120-HM 38是第二次世界大战期间最成功的迫击炮之一，没有经过太大改进，德国就仿制出自己的120-HM42迫击炮。这种迫击炮集强大的火力和良好的机动性于一身。在个别情况下，还可以取代战场上的支援火炮

德国的迫击炮

右图：这是一张80毫米 sGrW 34迫击炮在战斗中的宣传照片。从图中可以清楚地看出安装在双脚架上的射角、方向转换和水平控制设置。支架托起迫击炮的前部。右边士兵正在握紧支架，由于迫击炮已经进入发射状态，这样做有助于保持迫击炮的稳定

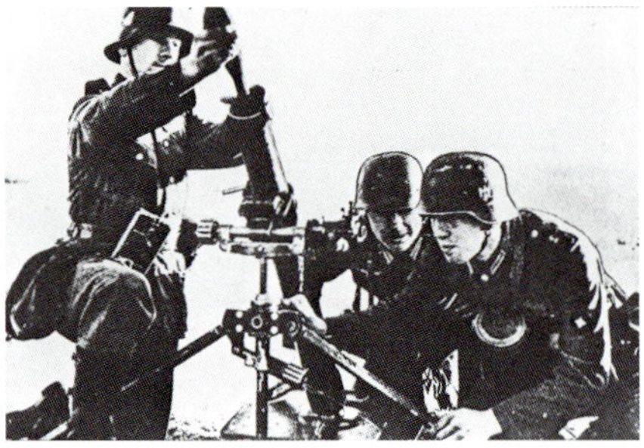

在两次世界大战期间，德国的武器设计人员在迫击炮的设计方面没有任何准备，这样，当德国需要轻型步兵迫击炮时，莱茵金属公司波西格厂的设计组在迫击炮的设计中，没有因循守旧去采用普通的炮管/底盘/双脚架，而是设计出了一种迫击炮，它的炮管和底盘永久性地连接在一起，没有双脚架，使用的是固定在底盘上的独腿支架。这种小口径迫击炮就是50毫米的1936型轻型榴弹发射器（leGrW 36），1936年生产并装备部队。

德国人普遍喜爱自己设计的武器，leGrW 36就是一个极好的例子。从设在底盘上的转向控制到非常复杂而完全多余的望远镜，德国的设计人员费尽心机。他们希望安装上望远镜能够使这种武器尽可能地达到完美的程度，确保它的精确性，但是这种设置极少使用，因为只需在炮管上涂一条简单的直线，一切问题都迎刃而解了。1938年，这种设置被拆卸下来。

炮管底座有一个手柄，利用它，一名士兵就可以携带这种武器。虽然它比较小，但重量可不轻，有14千克。这样一名士兵负责携带迫击炮，另一名士兵负责背装在一个钢盒内的弹药（它仅能发射装有烈性炸药的炮弹）。在作战中，底盘置于地面上，炮管可以使用控制旋钮进行调整。控制旋钮虽然粗糙，但相当好用，可以使用扳机设置射击。

就在德国的设计人员为他们的"杰作"而自豪的时候，前线的德军对这种武器并不满意。他们认为leGrW 36不仅太重，而且结构太复杂，使用的炮弹也不理想。它的炮弹仅重0.9千克，最大射程只有520米。

制造费用昂贵

从整体上看，虽然德国的设计人员费尽心机，但leGrW 36并没有成为优秀的武器，他们把一件小型的武器搞得太复杂了，而且要想纠正又需要一笔不小的费用，德国陆军敏锐地察觉到这个问题，所以断然采用了其他更先进的武器。

1941年，这种武器停止了生产。已经发送到前线士兵手中的leGrW 36则逐渐被性能更好的武器代替。那些被前线淘汰的leGrW 36则供二线部队和要塞部队使用，许多都被送到了西线，作为海滩防御武器的一部分，供构筑"大西洋壁垒"的部队使用，有些则送给了意大利军队。

沿着口径的阶梯前进

德国陆军的80毫米sGrW 34榴弹发射器（又称1934型重型榴弹发射器）因其出色的精度和射速令盟军前线士兵羡慕不已。只要有德国作战的地方，就一定会有这种武器。因为从1939年到1945年5月战争结束的最后几天时间内，它一直是德军的标准武器。名义上它是德国莱茵金属—波西格公司重新设计而成的，事实上，它更像法国的布朗特27/31迫击炮。它们的口径都是81.4毫米。

尽管它作为高质量的武器，名声日盛，但是它的设计并没有特别突出的地方。作为战场上使用的武器，它之所以获得盟军士兵的厚爱，实则受益于使用它的德军士兵，德军士兵经过了严格的训练，从而发挥了它的最大效能。在整个战争期间，德军的迫击炮人员一直优于对手。他们成为操纵sGrW 34迫击炮的行家里手，既能快速投入战场，又能迅速撤出战斗，而且善于使用标航线盘和其他火控设置，从而把精确射击发挥到出神入化的程度。

sGrW 34迫击炮的设计简单，制作精良（后期制造更注重结实耐用）。它可以拆卸成三部分供士兵携带，其余人携带弹药。另外，还有一种型号可以装在SdKfz 250/7半履带车辆后部的支

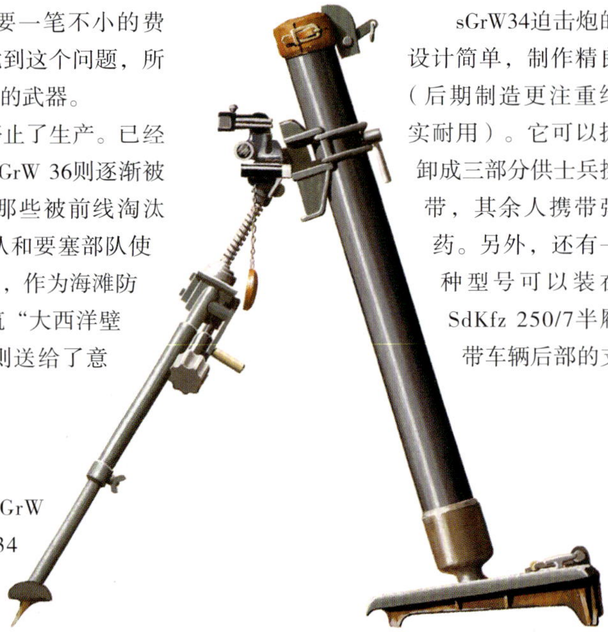

上图：sGrw 34迫击炮一出现在战场上就赢得了盟军士兵的极大关注。这种迫击炮精度高，射速快。虽然这种迫击炮的性能优越，但它成功的主要原因要归功于训练有素的德军迫击炮兵

规格说明

LeGrW 36迫击炮
口径：50毫米
长度：0.465米（炮管）；0.35米（炮膛）
重量：14千克（战斗中）
射角：42°~90°　方向转换角：34°
最大射程：520米
炮弹重量：0.9千克

sGrW 34迫击炮
口径：81.4毫米
长度：1.143米（炮管）；1.033米（炮膛）
重量：56.7千克（战斗中）
射角：40°~90°　方向转换角：9°~15°
最大射程：2400米
炮弹重量：3.5千克

leIG 18迫击炮
口径：75毫米
长度：0.9米（炮全长）；0.884米（炮管长）
重量：400千克（战斗中）
射角：10°~73°　方向转换角：12°
初速：210米/秒
最大射程：3550米
炮弹重量：HE 5.45或6千克；空心装药炮弹3千克

架上。

生产sGrW34迫击炮的厂商有好几家，而生产弹药的厂商就更多了。sGrW34迫击炮使用的弹药的种类繁多，其中包括通用的高爆炮弹、烟幕弹等，而且经过革新，德国又生产出了照明弹和能够帮助飞机对地攻击的目标指向炮弹。德国人甚至还研制出一种特殊的80毫米的39型的"反弹炮弹"，击中地面后反弹到空中，飞到预定高度后爆炸。使用小型火箭发射器就能发射这种炮弹。这种炮弹和常规炮弹相比，炮弹碎片的覆盖范围大，杀伤力更强。不过这种典型的德式炮弹真的太昂贵了，并且一般情况下，性能也不太可靠，所以生产数量有限。SGrW34迫击炮还有一个额外的优点，它能发射各种德国所缴获的（迫击炮）炮弹。不过使用这些炮弹时，它的射程会受到一定影响。

德国在1940年还研制出一种供空降部队使用的特殊sGrW34迫击炮——kGrw42迫击炮。这种迫击炮的炮管较短，大约从1942年起，开始批量生产。但是空降部队并没有得到多少，大部分都取代了小型的50毫米 leGrW36迫击炮。它和sGrW34使用的炸弹相同，但最大射程却减少了一半还多。

步兵火炮

在第一次世界大战中，德国陆军在战术上获得了许多经验，其中之一就是德军希望能够向每一个步兵营提供炮火支援，所以德军要求每一个步兵营装备轻型火炮。在20世纪20年代，德国武器工业受到了严格限制，研制一种新式的轻型步兵火炮成为德军研制的重点。早在1927年，莱茵金属公司波西格厂生产出了一种口径为75毫米的迫击炮，并且在1932年装备部队。这种迫击炮被命名为75毫米 leIG 18迫击炮。

第一批75毫米IeIG 18迫击炮使用了木制辐轮，后来供摩托化部队使用的迫击炮则使用了带有橡胶轮胎的金属轮。IeIG 18迫击炮使用了非同寻常的弹药装填设置：控制杆运行时，弹膛并没有打开，而是等到整个炮管区向上移动到方形制动器时，炮弹才进入炮膛。这一系统是德国的又一大创新，而且只有德国自己使用这种系统。这种系统和常规系统相比并没有真正的优势可言。这种迫击炮的其他部件都属于传统设计，结实耐用而且性能可靠。它的炮管较短，射程有限。

两种类型

leIG 18迫击炮有两种类型。一种供山地作战的部队使用。这种迫击炮是18型轻型山地步兵火炮，于1935年开始研制。它可以拆卸成10部分，可以用骡马或轻型车辆打包装运。为了节省重量，原来普遍使用的箱式炮架被管式钢铁支架代替，并且盾牌可根据需要使用。leGebIG 18迫击炮比最初的IeIG 18迫击炮重得多，但是由于可以打包装运，所以更适合于作为机动火炮使用。这意味着它属于过渡性武器，但直到1945年，德军还在使用这种迫击炮。

另外，德国还生产了一种供空降部队使用的leIG 18F迫击炮，其中F代表伞兵。这种武器可以被拆卸为4部分，装在特制的箱子内。它的轮子较小，没有盾牌，也没有管式钢制支架。作为无后坐力火炮，制造商在接受任务之前仅生产了6门。

上图：作战中的80毫米sGrW 34迫击炮手。他正把梨形的炮弹装进炮口。炮弹从炮口沿炮管下降到固定的撞针位置处，击发助推药，炮弹就会飞向远方。它的最大射程是2400米

上图：从图中可以清楚地看到80毫米sGrW34迫击炮的炮弹形状。这枚炮弹正在装入炮口。这种炮弹重3.5千克。弹尾有几个鳍状的尾翼，有助于炮弹飞行的稳定性。一名士兵正在使用安装在双脚架上的简单的瞄准具调整方位角

上图：1940年，炮兵正在接受75毫米 IeIG 18迫击炮的操作训练。注意：正在递送给装炮手的炮弹的体积较小，一名士兵正跪在炮架后部，这样做可以起到稳定迫击炮的作用

右图：50毫米leGrW迫击炮是第二次世界大战初期德国陆军的标准轻型迫击炮。它发射的炮弹较小，并且设计过于复杂，因此，从1941年开始就逐渐退出了前线

英国的迫击炮

英国的迫击炮生产于1918年第一次世界大战即将结束之际,但是没有使用多久,在1919年就被废弃了。直至20世纪30年代,英国军队再也没有使用过轻型迫击炮。20世纪30年代,班、排级部队使用轻型迫击炮的观念再次盛行起来。当时英国还没有研制小型迫击炮的历史,所以英国决定举行一次选拔赛,从各个武器制造公司的设计方案中挑选。英国首先从各公司采购了一些模型,经过一系列试验后从中选中了一种设计。

获胜的设计

优胜者是来自西班牙ECIA制造公司的设计。英军认为该公司的最初模型需要改进。英国完成改进工作后,于1938年全面投入生产。最初的型号被称为Mk II ML迫击炮(使用口径为50.8毫米的炮弹)(ML代表炮口装弹)。这种迫击炮有一长串的标记和小标记。在基本设计中,口径为50.8毫米的迫击炮有两种类型。一种是纯步兵使用型号,只有一根简单的炮管、一个较小的底盘和装弹后发射炮弹的扳机设置。第二种安装在轻型履带车上,它的底盘较大,瞄准系统更加复杂。如果需要,使用手柄就可以从车辆上拆卸下来,在地面上使用。然而这两种迫击炮至少有14处不同的地方,它们的炮管长度、瞄准设置和生产方法各有不同。另外,英国还生产了供印度陆军和英国空降师使用的特殊型号。

炮弹类型

为了和迫击炮的类型相适应,英国开发出一系列不同类型的炮弹。50.8毫米迫击炮常用的是高爆炮弹,但有时也使用烟幕弹和照明弹,后者主要用于夜间目标照明。它使用扳机设置射击,射击角度接近零度。在逐屋争夺战中,这种设置尤为重要。正常情况下,它的炮弹装在管子内,每根管子可装3发炮弹,三根管子为一包。正常情况下,50.8毫米迫击炮小组由两名士兵组成,一名士兵负责携带迫击炮,另一名士兵负责携带弹药。

76.2毫米迫击炮

英国陆军最早使用76.2毫米迫击炮的时间是1917年3月。这种迫击炮最初的型号是"斯托克斯"迫击炮,英军在第一次世界大战后一直使用。在两次世界大战之间——经济萧条的20世纪20年代,英军的

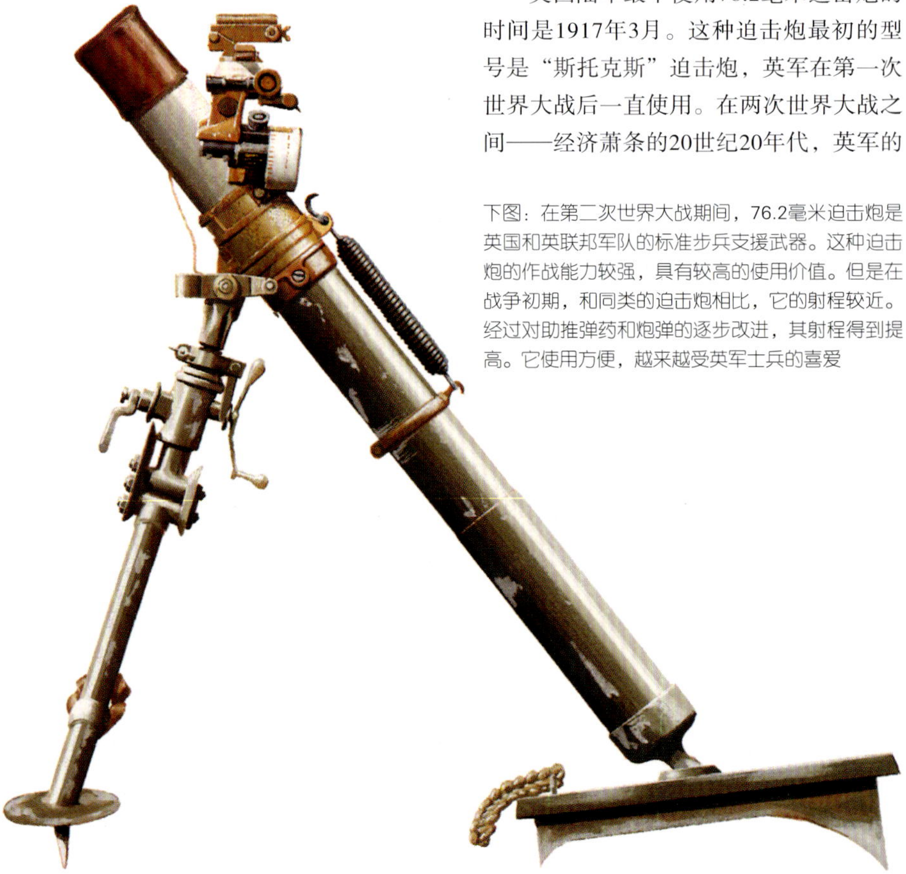

规格说明

50.8毫米Mk II迫击炮

口径:50.8毫米

长度:炮管长665毫米;炮膛长506.5毫米

重量:4.1千克(战斗中)

最大射程:455米

炮弹重量:1.02千克(HE炮弹)

76.2毫米Mk II迫击炮

口径:76.2毫米

全长:1295毫米

炮管长:1190毫米

重量:57.2千克(战斗中)

射角:45°~80°　方向转换角:11°

最大射程:2515米

炮弹重量:4.54千克(HE炮弹)

106.7毫米迫击炮

口径:106.7毫米

长度:炮管长1730毫米;炮膛长1565米

重量:599千克(战斗中)

射角:45°~80°

方向转换角:10°

最大射程:3750米

炮弹重量:9.07千克

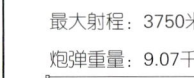

下图:在第二次世界大战期间,76.2毫米迫击炮是英国和英联邦军队的标准步兵支援武器。这种迫击炮的作战能力较强,具有较高的使用价值。但是在战争初期,和同类的迫击炮相比,它的射程较近。经过对助推弹药和炮弹的逐步改进,其射程得到提高。它使用方便,越来越受英军士兵的喜爱

上图：图中士兵正在表演给50.8毫米迫击炮装弹。这种迫击炮使用较大的"卡里亚"底盘

上图：英国汉普郡团第1营的士兵在西西里的战斗中使用了50.8毫米迫击炮。图中炮手扣动扳机后，他的战友正在观察炮弹下落情况

上图：在1943年西西里战役中，盟军使用106.7毫米迫击炮攻击埃特纳山下的德军阵地。炮兵手捂耳朵，以免遭炮口风的伤害

武器研制费用少得可怜，所以"斯托克斯"迫击炮虽然使用多年，却没有任何改进。然而，在20世纪30年代初期，英国对它的基本设计进行改进后，1932年，决定用76.2毫米迫击炮取代94毫米榴弹炮，并把76.2毫米ML迫击炮定为英军一线部队的标准步兵支援武器。标准的迫击炮并不是最初的76.2毫米Mk I ML迫击炮，而是76.2毫米Mk II ML迫击炮。1939年9月第二次世界大战爆发后，英国军队使用的就是这种迫击炮。它和第一次世界大战中使用的Mk I迫击炮有许多不同之处，尤其是弹药。Mk II迫击炮的炮弹使用了法国布朗特武器公司发明的多项创新性设计。

需要更远的射程

战争爆发后，事情变得一清二楚，尽管Mk II迫击炮结实耐用，性能可靠，但和同类型的迫击炮相比，它的射程太近。早期的Mk II迫击炮的射程只有1465米，而德国的80毫米sGrW34迫击炮的射程却高达2400米。使用新式助推弹药后，经过一系列试验，Mk II迫击炮克服了早期的缺陷，射程增加到2515米，但要把新式炮弹送到前线士兵手中，还需要一些时间，所以有时，英国军队使用许多从德军手中缴获来的迫击炮，尤其是在北非战役期间。

除了弹药上的差异外，英国还进行了其他改动。后来的Mk IV迫击炮采用了各种研制成果。这种迫击炮装备了新式底盘（这种底盘较重），瞄准设置也得到了改进。另外，英国还生产了一种特殊的型号——Mk V轻型迫击炮。这种迫击炮只生产了5000门，主要在远东使用，并且出于显而易见的原因，一部分送给了英国的空降师。

运输方式

迫击炮投入战斗时常用的方法是拆卸成三部分，由人力携带。但英国机械化营的迫击炮都装在特殊的通用运输车辆上。有些迫击炮是用车辆运输的，然后在地面组装供地面作战使用，迫击炮本身不能从车辆上射击。车辆还可以存放迫击炮的弹药。运送迫击炮时，先把炮管和双脚架放在一个箱子内，然后再把底盘放在另一个箱子内，第三个箱子装运弹药。

最短的射程

英军的迫击炮主要使用高爆炮弹和烟幕弹，尽管英国也研制了其他类型的炮弹，如照明弹。通过增加助推弹药和调整炮管射角，可以把炮弹发射到115米的地方。在近距离作战中，迫击炮是一种非常有用的武器。

从某种程度上讲，76.2毫米迫击炮从来没有赢得士兵们的敬意。相反，英国军队士兵对敌人的迫击炮却羡慕不已。但是，不可否认，在克服最初射程较近的缺陷后，事实证明，76.2毫米迫击炮已经成为相当不错的武器。英国陆军直到20世纪60年代还在使用这种迫击炮。事实上，英联邦国家中有些小国的军队也使用过这种迫击炮。

106.7毫米迫击炮

到1941年时，英国陆军参谋部的决策人员发现英军迫切需要一种能够发射烟幕弹和其他用途炮弹的迫击炮。在战场上投放烟幕弹能起到遮蔽、掩护或其他目的。在这种情况下，英国陆军领导人无疑非常重视来自前线部队的报告。英国前线部队特别重视德国投放烟幕的部队的作战能力。德军的烟幕部队使用100毫米Nebelwerfer迫击炮。

根据前线部队的报告，英国研制出新式的106.7毫米重型迫击炮。但是就在准备装备给英国工程兵投放烟幕的部队时，英国改变了决定——把这种迫击炮改装成能够发射常规高爆炮弹的重型迫击炮，供英国皇家炮兵（连）使用。这样，这种新式迫击炮就变成了SB 106.7毫米迫击炮（SB代表平滑炮膛）。

106.7毫米迫击炮投入生产之际，正赶上英国国防工业全面展开之时，当时的所有生产设施都存在原料供应不足的情况。尤其值得注意的是它的炮弹生产，为了减轻重量，设计人员想使用铸钢材料制造炮弹的弹体，这样炮弹的弹道会更加合理，当时由于缺少所需的锻压设施，所以无法使用这种弹体。这种新式迫击炮的最大射程只有3020米，而不是所需要的4025米。

别无选择

由于当时的新式流线型炮弹尚未投入生产,所以英军只好使用这些短射程炮弹。新式炮弹是用铸钢制造而成的,它们的射程达到3660米。那个时候,迫击炮主要使用高爆炮弹,但仍然保留了最初投放烟幕弹的功能,所以英国也生产了一部分烟幕弹。

沉重的装备

想用人力移动106.7毫米迫击炮可不是一件易事,所以一般情况下,投入战场时,这种迫击炮需要使用吉普车或其他轻型车辆牵引。它的底盘和炮管/双脚架设计比较合理,无须花费太大的力气就可以安放在轮式支架上,炮管和双脚架可以快速组装。甚至用通用汽车装运时比这还要简单,从背后放下底盘,插入炮管,夹好双脚架,基本上就可以发射了。撤出战斗和投入战斗一样快捷。这样它就引起了那些火力支援部队的疑虑。他们对106.7毫米迫击炮进行评估的时候发现:一个106.7毫米迫击炮连射击后,在敌人的防炮兵火力到来之前,已经撤出阵地。而在106.7毫米迫击炮连撤出一段距离后,靠近迫击炮连原来阵地的部队正好会遭到敌人炮火的打击,而敌人的炮火本来是想报复迫击炮连的。

106.7毫米迫击炮在英国皇家炮兵中使用较为广泛,许多野战团都装备了机枪或106.7毫米迫击炮。从1942年下半年开始,所有现役的英国军队都使用106.7毫米迫击炮。在朝鲜战争期间,英国军队仍在使用这种迫击炮。英军使用这种迫击炮攻击位于山后或山谷后坡的目标。

上图:图中是1944年6月下旬的诺曼底战役中英国皇家苏格兰步枪团的一个50.8毫米迫击炮小组。这种迫击炮的体积小,便于携带,使用方便

上图:在1945年1月的残酷战斗中,盟军士兵使用76.2毫米迫击炮攻击马斯河对岸的德军阵地。从他们堆放的备用炮弹可以看出,这个炮兵小组执行任务的时间较长

下图:图中是1944年6月的诺曼底战役中,使用76.2毫米迫击炮的是苏格兰高地警卫团的士兵。这门迫击炮放置在一个挖掘的坑内,并且使用了伪装网

美国的迫击炮

美国的迫击炮小组一直把他们的迫击炮称为"加农炮"。在第二次世界大战期间，美军使用了大量的迫击炮。美军使用的小型迫击炮——60毫米M2迫击炮并非源自美国，而是购买了法国布朗特公司的生产许可证后制造的。1938年，美国购买了8门"布朗特"迫击炮供评估之用。美国人称之为60毫米M1迫击炮。美国人马上意识到它的能力，并购买了它的生产许可证。不久，美国开始生产这种迫击炮。这种迫击炮被命名为60毫米M2迫击炮，后来成为美国陆军的标准迫击炮，供连级部队使用。美国生产了包括标准的M49A2HE炮弹在内各种类型的炮弹。另外，美国还生产了一种古怪的M83炮弹，这种炸弹可以在夜晚照明，帮助发现低空飞行的飞机，这样，地面部队使用轻型防空武器就可以对付敌人低空飞行的飞机。

尽管M2迫击炮的性能不错，提高了美国陆军战场的支援能力——小规模部队也能提供火力支援，但美国陆军决策者不久就意识到，可以使用美国的技术改进这种先进的迫击炮。改进的内容主要和减少重量、提高机动能力有关。

表现不佳

在M2迫击炮的基础上，美国研制出自己的60毫米M19迫击炮。它和英国的50.8毫米迫击炮非常相似，美国人认为它们是同级别的迫击炮。M19迫击炮和60毫米M2迫击炮相比，主要变化是它没有支撑炮管前部的双脚架，它使用的大型方形底盘（带有圆角）被小型的矩形底盘所取代。新底盘也有圆角，底盘的四个角向下弯曲和底盘的中心线相连，这样射击时底盘各边可以互相支撑。

M19迫击炮的生产数量不多，因为装备部队后不久，人们发现它的射程和精度存在着一定的缺陷。由于空降部队的伞兵和滑翔机部队需要轻型支援武器，所以大多数的M19迫击炮都落到了他们的手中。M19和M2迫击炮的射程相同，但每次只能装助推火药一次；而M2迫击炮则可以装助推火药五次。M2迫击炮的数据包括：口径为60.5毫米，全长0.726米，战斗重量为9千克；由于它安装在通用型接口上，所以射角和方向转换角度不受限制；最小射程68米，最大射程为750米。高爆炸弹重1.36千克，初速为89米/秒，有效射程为320米。

重型火力

美国陆军标准的营级部队使用的迫击炮是布朗特公司的另一种迫击炮（根据许可证生产），它更接近于27/31迫击炮的设计。美国自己生产的这种迫击炮被命名为81毫米M1迫击炮。为了适应本国生产，美国对它进行了轻微改动。第二次世界大战期间，这种迫击炮全面投入生产。第二次世界大战的每一个战区，凡是有美军战斗的地方，一定会有M1迫击炮。这种迫击炮的炮弹有多种类型，其中至少包括两种高爆炸弹和一种烟幕弹。从战术上讲，它的射程校正托架制造得非常灵活，它的助推火药可以使用6次。

美国人使用了一种古怪的装置，可以把迫击炮和炮弹装在小型手推车上，两名士兵就可以推动。这种设置被称为M6A1"手推车"。另外还有一种手推车可以用骡子拉运，骡子使用的工具经过了特别的改装。不过，使用最多的还是M21半履带式车辆，M1迫击炮无须从车上拆卸下来就可以射击。

轻微改进

在整个使用期间，M1迫击炮基本上没有什么变化。它使用了特殊的T1炮管延伸管，可以延长炮弹的射程，但使用的机会

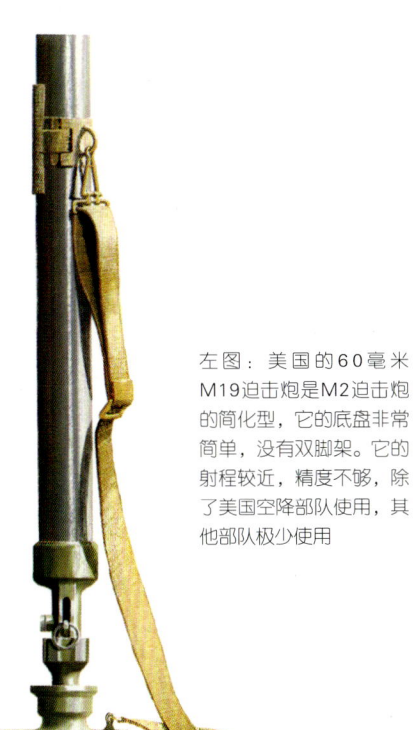

左图：美国的60毫米M19迫击炮是M2迫击炮的简化型，它的底盘非常简单，没有双脚架。它的射程较近，精度不够，除了美国空降部队使用，其他部队极少使用

规格说明

60毫米M2迫击炮

口径：60毫米
长度：0.726米（炮管长）
重量：19.05千克（战斗中）
射角：40°~85°　方向转换角：14°
最大射程：1815米
炮弹重量：1.36千克

81毫米 M1迫击炮

口径：81.4毫米
长度：1.257米（炮管长）
重量：61.7千克（战斗中）
射角：40°~85°　方向转换角：14°
最大射程：3008米
炮弹重量：3.12千克

106.7毫米化学迫击炮

口径：106.7毫米
长度：1.019米（炮管长）
重量：149.7千克（战斗中）
射角：45°~59°　方向转换角：7°
最大射程：4023米
炮弹重量：14.5千克

不多。另外，它还有一种缩短的型号，名为T27"通用"型迫击炮。人们对它寄予了厚望，但在使用期间，并没有被士兵接受。

或许在整个第二次世界大战期间，美国最著名的迫击炮还要数106.7毫米化学迫击炮。其名声如此显赫的主要原因是，直到最近几年美军还在使用。和同类型的英国迫击炮一样，它是用来发射烟幕弹的（因此被定名为化学迫击炮），但是不久后就发现用它发射高爆炸弹效果也非常有效。这种迫击炮又大又笨，底盘又大又重（后来被轻型底盘代替）。它的炮管有膛线，发射的炮弹和常规火炮的炮弹极其类似。由于炮管带有膛线，所以106.7毫米化学迫击炮极为精确，它的炮弹也比平滑炮膛使用的炮弹要重一些。在作战中，这种迫击炮常用作步兵支援武器，但投放烟幕弹的部队也使用这种迫击炮。106.7毫米化学迫击炮的主要缺陷是体积和重量，部署起来相当困难。为了装运这种迫击炮，美国发明了各种自行牵引车辆。

特殊用途的迫击炮

美国还制造了口径为105毫米的T13迫击炮和口径为6.1英寸的155毫米T25迫击炮，但这两种迫击炮的使用极其有限。T13迫击炮生产于1944年，它的主要用途是：在两栖部队登陆而重型武器没有到达时，使用T13迫击炮能够提供迅速的炮火支援。这种迫击炮重86.4千克，发射的炮弹重15.9千克，最大射程为3660米。然而，106.7毫米化学迫击炮的实用性更强，它的炮弹类型繁多，许多种类型的炮弹对T13迫击炮来说根本不能使用，而且，少数刚刚制造和发放的T13迫击炮，在第二次世界大战结束后就被立即收回了。

和T13迫击炮同时期的T25迫击炮主要用于向两栖部队提供重型火力支援。在西南太平洋战区，美国曾少量使用。大多数都用于作战评估了。T25迫击炮重259.2千克，发射的炮弹重28.83千克，最大射程为2285米。

上图：图中为在所罗门战役中，美军在阿伦德尔岛使用的106.7毫米化学迫击炮。注意这门迫击炮使用的一堆炮弹。这些炮弹的形状和常规火炮的炮弹极为相似

上图：81毫米M1迫击炮（图中）在这种地形中正好发挥它的特长。在高射击角度的情况下，它的炮弹可以穿过如树林之类的障碍物，把炮弹投送到敌人的阵地上

上图：60毫米M2轻型迫击炮是一种比较理想的武器。它可以向前线的小规模部队提供火力支援。炮弹离开炮口时，初速度是158米/秒

上图：迫击炮的炮管顶端可以上下移动，也可以使用炮管设置下的螺丝转换射击方向

上图：81毫米M1迫击炮之类的武器在步兵作战中具有极高的价值。因为在近距离的战场上，迫击炮的炮弹能够迅速、准确地落到敌人头上

轻型迫击炮

一般情况下,轻型迫击炮是这样定义的:口径最大不超过60毫米,重量(拆卸成几大部分时)要轻到足以使人力携带。

奥地利的SMI公司在迫击炮的生产中使用了多种金属原料及加工方法,对迫击炮的设计、开发和制造产生了重大影响,但迫击炮仅是该公司生产的武器之一。该公司生产的许多轻型迫击炮的性能都非常先进。

三种类型

从口径上看,该公司生产的最小口径的迫击炮是60毫米M6。它有三种类型:M6/214标准迫击炮、M6/314远程迫击炮和M6/530轻型迫击炮。其中设计最传统的是M6/314迫击炮,它的炮管较长。M6/530迫击炮又被称为M6/530"突击队"迫击炮,它的炮管较轻,没有双脚架,仅有一个小型底盘,主要供单兵使用,可以装上扳机设置。这三种迫击炮都可以发射60毫米迫击炮的炮弹,但是SMI公司自己生产的HE-80炮弹重1.6千克,M6/314远程迫击炮发射这种炮弹,射程能达到4200米。

先进的武器

英国研制51毫米迫击炮是为了取代第二次世界大战前设计的51毫米迫击炮。研制这种新式迫击炮的工作始于20世纪70年代初期,主要由皇家武器研究所负责。经过大量工作,该研究所研制出一种新式迫击炮。这种迫击炮有一个独腿支架,但最后由于没有成功而放弃了。

英国陆军排级部队使用51毫米迫击炮。这种迫击炮从外观上看和其他国家的突击队使用的迫击炮非常相似,但它的结构更为复杂。它主要由炮管和底盘组成,但设计更为精细。迫击炮使用了一种系索操作式扳机设置。它使用的瞄准具非常复杂,带有可以在夜间使用的嵌入式照明设置。英国设计这种迫击炮主要强调了它的近距离作战能力,它的射程可以近到50米。它使用了一种近距离嵌入设置(SRI),正常情况下,可以装在炮管内部的炮口罩内。使用时,把SRI插入到炮管底部,起到延长的撞针的作用,同时,围绕SRI的助推气体可以减小低处炮管的压力,这样可以减小炮口的初速度和射程。

正常情况下,迫击炮的最小射程为150米,最大射程为800米。单兵使用网式背带就可以携带,并且在战斗中,炮管绑上网式橡胶带有助于瞄准和炮管的稳定。炮弹装在帆布包和蛛网状的包内,清洁工具和其他辅助性工具可以装在网状的皮夹内。

弹药种类有高爆炮弹、照明弹和烟幕弹。高爆炮弹内装有锯齿状的防步兵碎片。它有一个较细密的设计是,在战斗最激烈的时候,不能重复装弹,如果重复装弹,第二发炮弹就会从炮口向外突出。高爆炮弹装有防步兵碎片,它产生的致命性杀伤面积相当于老式的50.8毫米迫击炮炮弹杀伤面积的5倍。

上图:在韩国举行的一次演习中,一名美军步兵肩扛81毫米M29迫击炮的重型三脚架。由于这种迫击炮太重,无法满足现代战场上的需要,所以美军研制出了60毫米M224迫击炮

左图:这是美国陆军的M224轻型连用迫击炮。它安装在最简单的辅助性底盘上,没有双脚架。M224迫击炮的性能优越。它的炮弹安装了先进的引信系统

英军使用的51毫米迫击炮的用途之一是向"米兰"反坦克导弹小组在夜间作战时提供照明；烟幕弹可以应用于所有步兵作战类型，而高爆炮弹的使用已久。

基本的人力携带包可以装5发炮弹。在不影响正常作战载重能力的情况下，每个步兵能携带一门迫击炮和一个弹药包。

瑞典军工企业虽然规模小，但技术却相当先进。它生产的"莱兰"迫击炮是一种特殊的步兵支援武器。它只能发射照明弹。使用步兵支援武器发射照明弹并不是什么新鲜玩意，但是它的用途却越来越重要。很久以来，各国军队在战场上都使用迫击炮发射特殊的炮弹，这种炮弹可以把小型降落伞弹射到很远的目标上空，然后起爆大威力的照明药，光亮把地面照射得如同白昼，利用光亮，导弹小组能够找到所要攻击的敌人或装甲目标。照明弹只有这两种用途。

上图：一名英军步兵正准备把炮弹装进2英寸迫击炮的炮口。这种迫击炮供班级部队使用，除了能大量发射高爆炮弹之外，还能发射照明弹和烟幕弹

单兵携带能力

"莱兰"迫击炮是由博福斯公司设计、研制和生产的。它的步兵型号（还有一种型号专门供作战车辆使用）可以装在两个塑料包内。一个包装炮管和两颗照明弹；另一个包装4颗照明弹。需要时，从包内取出炮管，用螺丝螺进塑料包上面的弹槽内。射手坐在包上，使用水平仪把炮管调整到47度角。然后，取出照明弹，弹头引信上贴有各种标记，注明它的射程——400米或800米。然后，把炮弹放在炮管底部，正常状态下即可发射。降落伞打开前，射击高度在200~300米之间，降落伞打开后，照明时间大约为25秒。在160米的高空，照明面积大约为630米（直径范围）。

多年来，美国陆军一直把81毫米M29迫击炮当作标准武器使用。虽然开始时这种迫击炮非常成功，但是后来在越南战争期间，随着标准的提高，美军认为这种迫击炮的射程不够，而且太重，所以美国陆军决定转而使用第二次世界大战时的60毫米迫击炮。20世纪60年代，改进后的60毫米迫击炮的射程增加了许多。经过长期研制，美国又生产出60毫米M224轻型连用迫击炮。这种迫击炮的炮管较长，供步兵、空降部队和空中机动步兵部队使用。它安装了"突击队"型迫击炮中使用的常规双脚架或简单的底盘。底盘之类的组件是用铝合金制造成的，整个武器可以被拆卸为两部分，供人力携带，也可以安装在车辆上使用。

M224迫击炮的主要组成部分有：6.53千克的M225加农炮组件；6.9千克M170双脚架组件；6.53千克M14底盘组件和1.63M8l辅助性底盘，以及如M64瞄准具之类的设置。M224迫击炮每分钟能发射30发炮弹，持续性射速为每分钟20发炮弹。

先进引信

或许，M224迫击炮的最重要的设计是发射的弹药，尤其是它使用的多用途引信。M224迫击炮可以发射高爆照明弹、烟幕弹和训练弹。它的多用途引信被称为M734。它是美军最先使用的一种电子元件。M734有四种引爆设置可供选择：高空空炸引信、低空空炸引信、弹头引信和延迟引信。这四种引信嵌入炮弹的弹头处，如果所选择的引信没有起动，那么它会自动选择下一种引信。例如，如果选中了低空空炸引信，而它却没有起动，那么炮弹就会自动选中弹头引信，如此类推。当炮弹击中地面时，如果炮弹还未爆炸，那么

规格说明

M6／314迫击炮

口径：60毫米

长度：1.082米

重量：18.3千克（迫击炮）；1.6千克（炮弹）

最大射程：4200米

51毫米迫击炮

口径：51毫米

长度：0.75米

重量：6.28千克（迫击炮）；0.92千克（HE炮弹）；

0.8千克（照明弹）；0.9千克（烟幕弹）

最大射程：800米

"莱兰"迫击炮

口径：71毫米

重量：9千克（炮管包）；8千克（弹药包）

最大射程：800米

M224轻型连用迫击炮

口径：60毫米

长度：1.106米

重量：21.11千克

最大射程：3475米

"哈奇开斯—布朗特"60毫米轻型迫击炮

口径：60毫米

长度：0.724米（炮管和后膛）

重量：全重14.8千克；1.65千克（炮弹）

最大射程：2000米

60毫米"索尔塔姆"迫击炮

口径：60.75毫米

长度：0.74米

重量：14.3千克（射击位置边双脚架）；1.59千克（炮弹）

最大射程：2555米

它就会自动转为延迟引信。炮弹飞行时，空气穿过一个微型涡轮，连通弹头内部的微型线路，这样，引信需要的电能就产生了。

这种炮弹的高空空炸引信或低空空炸引信相当可靠。为了提高炮弹的毁灭效果，引信会按照选中的引爆方式运行，而且弹内碎片的扩散面积接近于81毫米炮弹的杀伤效果。这种电子引信的造价昂贵。为了把费用降到合理的水平，武器公司一

般都采用大批量生产。

激光帮助

为了和M224迫击炮与它的电子引信炮弹相匹配，美国陆军使用了能精确计算出目标距离的激光测距仪，使第一发炮弹就能准确地落在敌人头上，从而达到最大的作战效果。这样，M224轻型连用迫击炮一下就从最初的一种微不足道的武器成为一种不可或缺的武器系统。

当然，还有其他类型的轻型迫击炮，比较典型的有法国三种60毫米"哈奇开斯–布朗特"迫击炮；以色列52毫米和60毫米"索尔塔姆"迫击炮；西班牙两种ECIA60毫米迫击炮；苏联（目前俄罗斯）各种类型的50毫米迫击炮；南斯拉夫50毫米M8迫击炮。

上图："莱兰"系统的组装模式表明这种非常有用的照明系统的设计极为简单。发射器可以安装在携带箱上。箱内还可以装两颗照明弹。另一个箱子内装有四颗炮弹

右图：这名瑞典士兵携带一套完整的"莱兰"系统，右手中是管炮和两颗照明弹，左手中有四颗炮弹。所有这些可以装在两个塑料箱内。"莱兰"系统仅用于夜间目标照明

中型迫击炮

人们对中型迫击炮的普遍定义是：口径在60~102毫米之间，重量在35~70千克之间，发射炮弹重量在3.5~7千克之间，射程在1850~5500米之间。

轻型迫击炮可以向连级小规模部队提供战术火力支援，而中型迫击炮是一种威力更大的武器。中型迫击炮一般装备到营或团级部队，用车辆运输。它的实用性和致命性更强，射程更远。

奥地利的SMI公司设计、开发和制造的中型迫击炮是81.4毫米的M8迫击炮。这种迫击炮深受英国中型迫击炮的影响，它的底盘大部分用铝合金制成，炮管用优质钢制成。和SMI公司的M6轻型迫击炮一样，M8迫击炮也分为几种类型：M8/122标准迫击炮和M8/222远程迫击炮。后者较重，炮管较长。和连级部队使用的轻型迫击炮一样，为了取得最好的战斗效果，它也使用了一种特殊的炮弹。M8/222远程迫击炮发射HE-70炮弹时，射程高达6500米。奥地利研制这种迫击炮的目的是为了取代奥地利陆军使用的英制81毫米迫击炮，并且SMI公司研制的系列中型迫击炮还打入了国际武器市场。另外，该公司还生产出一种口径为82毫米的迫击炮，这种迫击炮可以发射华约组织研制的炮弹。

优秀的英国迫击炮

L16迫击炮是第二次世界大战后由英国研制最成功的武器之一，不仅英国陆军，而且包括美国军队在内的许多国家的军队都使用这种迫击炮。美国陆军把这种迫击炮称为M252迫击炮。81.4毫米L16迫击炮获得成功的主要原因之一是它能够发射一种装有强大助推火药的炮弹。正常情况下，这种炮弹持续射击时，会使炮管的温度升高。L16迫击炮的炮管比正常迫击炮的炮管薄，炮管下半部分的周围装有冷却作用的散热片。这样发射炮弹速度较快，射程明显提高，有些类型的炮弹可以发射到6000米甚至更远。这种优势同样会带来一些不利因素，如炮口风。

先进的设计

和炮管相比，L16迫击炮的其他设计就逊色多了。它的支架因外形像字母"K"，所以被称为"K"形支架，使用这种支架可以快速、方便地调整射角。底盘和瞄准具由加拿大设计。底盘经过了特殊加工，铝合金浇铸在模具内，模具的膨胀度可以控制。底盘可以360度角转换，无须离开地面重新放置。

L16迫击炮使用了不同类型的铝合金。这种迫击炮能发射北约军队的所有类型的81毫米炮弹。和其他武器一样，迫击炮使用与之相匹配的炮弹，会达到最佳的射击效果。最新型的高爆杀伤炸弹是L36A2，重4.2千克，最大射程为5650米。其他炮弹包括烟幕弹、近程训练弹和"布朗特"照明弹。

L16迫击炮在马岛战争和海湾战争中都有不俗的表现。在马岛战争中，其表现可以从阿根廷的一些报道中看出，L16迫击炮的炮弹安装有热导的制导系统，炮弹能丝毫不差地落在阿根廷士兵头上，攻击的精确程度实属罕见。

L16迫击炮使用特殊的支架时，可以安装在FV432之类的装甲车上。虽然英国已经研制出M113系列迫击炮，但是正常情况下，英军仍然使用L16迫击炮，它可以分解成许多部件打包，靠人力携带到战场上，投入战斗。

一流的设计

自从第一次世界大战以来，布朗特的名字一直和迫击炮的设计、研制和制造密切相连。两次世界大战之间的设计成果大多被法国的斯托科斯·布朗特公司所继承。该公司已经成为布朗特武器制造公司的一部分。今天，该公司生产的迫击炮种类从轻型、中型和重型无所不包，应有尽有。布朗特中型迫击炮的口径为81毫米，它有多种型号，范围从基本的MO 81-61C迫击炮到有较长炮管的特殊型号，如MO 81-61L迫击炮，该迫击炮的射程较远。

结实耐用、效果显著

这些迫击炮的设计比较传统。世界上许多国家的军队都购买了这种武器。为了与之相匹配，布朗特公司还生产了大量炮弹和与此相关的助推火药。炮弹类型包括高爆炮弹、高爆杀伤弹、烟幕弹、照明弹和目标指示炸弹。目标指示炸弹主要为飞机指示目标。

苏联解体后，苏联陆军被俄罗斯联邦和其他多个较小国家瓜分。许多年来，苏联陆军研制了大量的各种类型的迫击炮。

令人吃惊的是，自第二次世界大战结束后，苏联就保留了大量的轻型、中型和重型迫击炮。这些迫击炮的标准口径有50毫米、82毫米、107毫米、120毫米和160毫米。

后来，虽然苏联军队把研制重点放在了口径为107毫米以上的重型迫击炮上，但是苏联确实使用过中型迫击炮。苏联最早的中型迫击炮是1936年生产的82-PM 36，它直接模仿了布朗特迫击炮的炮口装弹和平滑炮膛设计。随后的82-PM 37和82-PM 36迫击炮的主要区别是它们使用的炮弹不同（不是正方形底盘），而且在炮管和双脚架之间，82-PM 37迫击炮使用了后坐力弹簧。82-PM 41迫击炮主要是为了提高机动性能而设计的，它的双脚架带

上图：长期以来，各国都担心在战场上会遇到核生化武器的威胁。（图中）L16迫击炮炮兵身穿核生化防护服，正在接受核生化条件下的作战训练

上图：标准的车辆携带型L16迫击炮。它使用的FV432装甲运兵车。车内存放了多发炮弹

上图：图为朝鲜战争中，美军的一个迫击炮小组。此类战斗经常发生在夜间，迫击炮的位置容易暴露，所以为了保护阵地，迫击炮周围要用沙袋加固，或者借助周围自然环境来保护阵地的安全

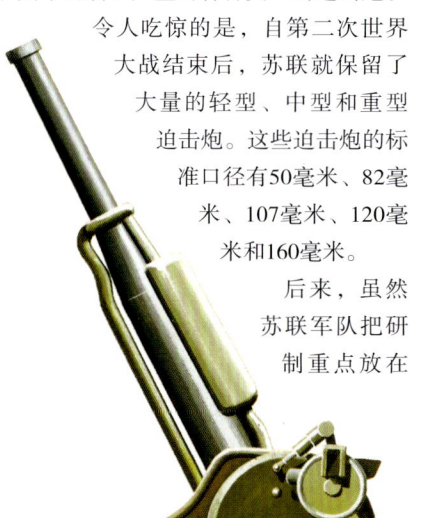

上图：苏联20世纪60年代研制的"瓦西里"迫击炮的重量相对较轻，但用途广泛。它可以安装在包括射击平台在内的大型炮架上，既可以直接射击也可以间接射击。和同类型的迫击炮相比，它的射速较高

规格说明

L16迫击炮

口径：81.4毫米

长度：1.28米（炮管）

重量：37.85千克（迫击炮）；4.2千克（HE炮弹）

最大射程：5650米

布朗特MO 82-61L迫击炮

口径：81.4毫米

长度：1.45米（炮管）

重量：41.5千克（迫击炮）；4.325千克（HE炮弹）

最大射程：5000米

82-PM 41迫击炮

口径：82毫米

长度：1.22米（炮管）

重量：52千克（迫击炮）

最大射程：2550米

有转向轴设置,并带有两个冲压而成的轮子,中心处有升降杆。82-PM 43和82-PM 41迫击炮的区别仅在于它有固定式轮子,而82-PM 41迫击炮使用的是分离式轮子。

最后,在82-PM 37迫击炮的基础上,苏联又生产出了新式的82-PM 37迫击炮。为了提高战场上的机动能力,它使用了轻型底盘和三脚架。

固执而又怪异的设计

在众多的迫击炮中,苏联有一种非常怪异的名为"瓦西里"的小型自动迫击炮。这种迫击炮生产于1971年。它还有一个名字叫2B9迫击炮。它的口径为82毫米,可以安装在一种山地的炮架上,使用轻型车辆牵引。架设完毕后,既可以像传统火炮那样直接射击,也可以以较大射角射击。在战斗中,炮架的轮子可以拆卸下来,放置在地面上,迫击炮则放置在底盘上。这种迫击炮可以手工从炮口装弹,也可以使用4发炮弹的弹夹从弹膛处自动供弹。高爆炮弹重3.23千克,最大射程为4750米。

安装在轻型装甲车上的"瓦西里"迫击炮有几种类型,通常安装在炮塔上使用。苏联(独联体)陆军的每一个步兵营都装备了6门"瓦西里"迫击炮。但是事实上,或许只有一线师的摩托化或机械化营才会配备齐全。

由于81毫米迫击炮的重量适当,能够提供较好的火力,而且费用也能支付得起,所以许多国家的军队都使用这种口径的迫击炮。值得注意的是,有许多国家虽然和上述情况不同,但也制造和装备了这种类型的迫击炮。芬兰塔米拉公司生产了两种迫击炮:M-38和M56。和塔米拉公司一样,以色列另一家火炮制造商——索尔塔姆公司也挤进了迫击炮市场。该公司生产的主要武器是81毫米M-64中型迫击炮。这种迫击炮有各种型号:短小炮管型、长炮管型和双炮管型。西班牙的ECIA公司则生产了81毫米L-N型和L-L型迫击炮。

右图:迫击炮射击时,炮口产生强大的高压波会损伤操作人员的耳朵。所以图中美军迫击炮的炮兵手捂耳朵,至少能起到一定的保护作用。目前炮兵已经普遍使用耳朵保护装置

上图:照片拍摄于越南战争期间。这支美国的迫击炮小组使用的中型迫击炮在战斗中能提供猛烈的火力支援。虽然如此,在战场上,美军仍需要轻型迫击炮

上图:奥地利的81毫米迫击炮的两名炮兵正在做发射准备。一名士兵正在校正武器和检查瞄准设置;另一名士兵正在检查双脚架的锥形腿摆放是否牢固

重型迫击炮

重型迫击炮是一种口径超过102毫米、发射炮弹重于7千克、射程超过6000米的武器。此类武器一般距离战场较远，炮火猛烈，而且从战术上讲，机动性较好。

奥地利的SMI公司生产的迫击炮的规格齐全，种类繁多。最大的一种是120毫米M12迫击炮。这种武器既供奥地利军队使用，也出口到其他国家。和其他同口径的迫击炮一样，这种迫击炮是在苏联的120-HM 38迫击炮的基础上设计出来的，但它使用了更多的特殊金属，既减轻了重量，又增加了炮弹的装药量和射程。

M12迫击炮使用了特殊的双脚架，这种支架安装了后坐力吸引设置，所以易于操作；它使用的HE-78炮弹也是特殊制造而成的。这种炮弹重14.5千克，包括2.2千克的战斗部装药，射程高达8500米。

法国处于领先地位

法国的布朗特公司生产的迫击炮有口径为60毫米和81.4毫米的轻型和中型迫击炮，但是该公司最著名的武器还是120毫米的重型迫击炮，从而使迫击炮真正成为常规火炮的多用途助手。许多国家的军队干脆用120毫米迫击炮取代了火炮。常规的迫击炮和小口径迫击炮一样，采用平滑炮膛设计，而使用膛线的迫击炮要复杂多了。从许多方面看，它和常规的大角度火炮非常类似。使用这种有膛线的迫击炮发射原来的炮弹，在炮弹弹道处于最高状态时，插入辅助性的火箭设置，能够提高炮弹的射程。在火箭设置的帮助下，重18.7千克高爆炮弹的射程高达13000米。虽然这种带有膛线的布朗特迫击炮的体积和重量较大，但它确实用途广泛，性能卓越。120毫米系列迫击炮主要有：MO-120-60轻型迫击炮、MO-120-M65加强迫击炮、MO-120-AM 50重型迫击炮、MO120-LT迫击炮和MO-120-RT-61膛线迫击炮。

美国106.7毫米迫击炮是在第二次世界大战前最先研制出来的，是能够最早发射烟幕弹的武器，这种迫击炮在世界上已经使用了很多年。自从第二次世界大战之后，这种迫击炮一直是各种改进计划的中心议题。这种迫击炮和它使用的弹药经过多次改进后，以至于作为106.7毫米迫击炮使用时，已没有人能说得出它原来的名字了（除了使用过的士兵），目前，这种迫击炮被称为107毫米M30迫击炮。这是一种膛线式迫击炮，能发射旋转式稳定弹头。目前的M30迫击炮没有使用最初的矩形底盘，现在它使用较重的圆形底盘，炮管用一根单独的圆柱支撑。炮管可以在底盘上旋转，并且装有后坐力系统。这种系统可

上图："索尔塔姆"120毫米标准迫击炮是一种重型迫击炮。图中的迫击炮正准备装运。注意它的炮口处于保护状态。装载车上还有工具、零部件和其他设备。图中的IMI照明弹内部装有6颗推进弹

以吸收射击时产生的强大后坐力。有了这些附属性设置，这种迫击炮的全部重量至少有305千克。这么重的迫击炮，要在匆忙中投入或撤出战斗，真有些困难，所以这种迫击炮需要的人手较多，装载的车辆较大。事实上，大多数M30迫击炮根本没有地面支架，它们在M113装甲车内有特殊的支架，直接从装甲车顶部的舱口射击。

性能出众的炮弹

M30迫击炮使用的炮弹与其说是迫击炮炮弹，不如说是火炮炮弹更确切一些。这种炮弹的类型是半固定式，因为弹药组成可以根据需要进行增减。炮弹的类型逐年都在增加，目前至少有三种高爆炮弹、两种烟幕弹、一种照明弹和两种化学弹。

以色列的索尔塔姆公司生产了各种类型的迫击炮，但只有它的重型迫击炮是以该公司的名字命名的。索尔塔姆公司生产了两种大口径——120毫米迫击炮和160毫米迫击炮。这两种类型的迫击炮的体积相当大，需要专门的轮式运输车才能运送。这两种120毫米迫击炮中，一种被称为轻型迫击炮，另一种被称为M-65标准迫击炮。

供步兵使用而设计的轻型迫击炮投入战斗时需要用轮式运输车运送，然后由人力拖拉。标准迫击炮的体积更大，需要用车辆牵引到战场才能参加战斗。两种120毫米"索尔塔姆"迫击炮的射程几乎没什么差异：标准迫击炮的边棱较为平缓，但两者使用的炮弹相同，如果需要，都可以安装在装甲车上。该公司生产的120毫米炮弹重12.9千克，其中高爆炮弹的弹头重2.3千克。

超重型迫击炮

索尔塔姆公司生产出160毫米M-66重型迫击炮之后，迫击炮就超出了步兵支援武器与火炮之间的界线。每门M-66迫击炮有6~8名炮兵。它的炮管太长，以至于炮口不得不安装后膛装填系统。M-66迫击炮的炮弹重40千克，射程为9300米。M-66迫击炮全重1700千克，这意味着它常常要用改装过的坦克才能装运。

苏联陆军从第二次世界大战之前以及大战期间，就开始大量使用包括107毫米107-PBHM 38迫击炮、120毫米120-HM 38迫击炮、120-43型迫击炮和160-毫米1943型迫击炮等在内的多种重型迫击炮。苏联生产的巨型160毫米迫击炮取代了常规的火炮，成为师炮兵支援连的武器。这种重型迫击炮属于后膛装填式武器，长度和重量极为惊人。最新的一种型号是M-160迫击炮，它的长度达到240毫米。这种令人生畏的迫击炮最初出现于1953年。使用两轮车辆装运时，长6.51米。从许多方面看，M-240迫击炮和160毫米M-160迫击炮都非常相似，所以M-240也是后膛装填式武器。炮管链接在支撑点的周围，所以炮口能够降低，露出炮膛后，装填炮弹。在炮口升起前，塞入助推弹药，炮膛在被锁定之前就已闭合。

M-240迫击炮非常庞大，炮管长5.34米。在射击状态下，M-240迫击炮全重3610千克。如此大的体积和重量，威力自然非常惊人，它发射的高爆炮弹重100千克，最大射程为9700米，炮口初速为每秒362米。

这种战场上的庞然大物需要9个士兵才能操作，最大射速为每分钟1发炮弹。

生产重型迫击炮的国家还有芬兰、西班牙、瑞典和瑞士。芬兰的塔姆帕拉公司制造的重型迫击炮有120毫米M-40和160毫米M-58迫击炮。西班牙的ECIA公司研制

规格说明

M12迫击炮

口径：120毫米

长度：2.015米（炮管）

重量：305千克（迫击炮）；
　　　14.5千克（HE炮弹）

最大射程：8500米

布朗特MO-120-RT-61迫击炮

口径：120毫米

长度：2.08米（炮管）

重量：582千克（迫击炮）；
　　　18.7千克（高爆炮弹）

最大射程：13000米（使用火箭助推炮弹）

M30迫击炮

口径：107.7毫米

长度：1.524米（炮管）

重量：305千克（迫击炮）；12.2千克（高爆炮弹）；11.32千克（烟幕弹）

最大射程：6800米

上图："索尔塔姆"160毫米迫击炮的重量惊人，所以不可避免地需要用车辆装运。图中车辆的前部使用的是改装后的M4谢尔曼坦克的底盘。M4谢尔曼是第二次世界大战期间的著名的坦克

出了105毫米L型迫击炮、120毫米L型迫击炮和SL型迫击炮。瑞典的博福斯公司生产有120毫米M/41C迫击炮。瑞士的瓦冯法布里克公司制造出了120毫米64型和74型迫击炮。

上图：苏联的160毫米1943型迫击炮是一种老式的大型迫击炮，在战场上具有较强的火力支援能力，常常取代常规火炮。它发射的高爆杀伤性炮弹重40.8千克

上图：要增加或减少射程时，迫击炮无须改变射角，相反，炮兵可以通过增减助推弹药来增加或减少迫击炮的射程。图中是美国的106.7毫米迫击炮。它的炮管上永久性地刻有助推弹药和射程之间相对应的数据

上图：布朗特120毫米膛线型迫击炮的炮膛放在底盘上，并且炮管中心部分装在轮式车辆上。这种迫击炮从炮口装弹，炮弹重18.7千克

规格说明

"索尔塔姆"120毫米标准迫击炮

口径：120毫米

长度：2.154米（炮管）

重量：245千克（战斗中迫击炮的重量）；
12.9千克（高爆炮弹）

最大射程：8500米

"索尔塔姆"M-66迫击炮

口径：160毫米

长度：3.066米（炮管）

重量：1700千克（战斗中迫击炮的重量）；
40千克（高爆炮弹）

最大射程：9600米

120毫米1943型迫击炮

口径：120毫米

长度：1.854米（炮管）

重量：275千克（迫击炮）；
16千克（高爆杀伤炮弹）

最大射程：5700米

上图：图中的布朗特迫击炮的口径为120毫米，属于典型的重型迫击炮，其性能极其先进。由于这种迫击炮的体积和重量惊人，所以只有使用车辆运载才能保证它在战场上的机动能力

加农迫击炮

布朗特公司不仅生产加农迫击炮，而且还专门生产了供加农迫击炮使用的炮弹，这在世界上是绝无仅有的。为了发明出一种多用途的近距离支援武器，布朗特公司结合了高射角的迫击炮和常规火炮的优点，生产出了加农迫击炮。它的原理相当简单，炮膛/炮口装填式迫击炮是这样设置的：低弹道射击时，炮弹从炮膛装填；高射角射击时，炮弹从炮口装填。

最初研制时，这种武器安装在轻型装甲车上，但是事实证明加农迫击的炮魅力无穷：经过演化，它还有其他用途。这种武器没有双脚架或其他地面支架。

两种武器类型

布朗特加农迫击炮有口径60毫米和81.4毫米两种类型。60毫米加农迫击炮主要用于步兵支援，而81毫米加农迫击炮一般安装在带有装甲的大型车辆或装甲车上（60毫米加农迫击炮也可以安装在轻型装甲车的炮塔上，有时还可以安装在轻型巡逻艇上）。这些炮塔式支架是为了向步兵提供近距离支援而设计的。

使用平滑弹膛的炮管，炮管周围的弹簧能够吸收大部分后坐力，这样可以把炮耳的冲击力减到最低程度。这种加农迫击炮既可以发射常规的迫击炮炮弹，也可以使用特殊的霰弹或空心装药的穿甲弹。以低弹道模式发射时，标准的60毫米加农迫击炮的射程大约为500米；使用常规模式发射时，射程可以增加到2050米。作为迫击炮使用时，从炮口装填炮弹，炮弹下落后撞击固定式撞针；但是作为低弹道的加农炮使用时，炮弹则通过炮膛的设置装填。布朗特公司还生产了一种特殊的60毫米远程加农迫击炮，它的直接射击和间接射击的射程分别为500米和5000米，后者需要使用特殊的炮弹。

更强的能力

81毫米加农迫击炮的设计更加复杂。由于这种加农迫击炮主要供装甲车使用，所以安装了一套后坐力设置，其重量远远超过了60毫米加农迫击炮。然而，大型加农迫击炮能够发射口径为81毫米的所有炮弹，它甚至还有独特的炮弹。这是一种名为"箭式"的穿甲弹，装有特殊的炸药，只能用于直接射击。在1000米的射程内，能够穿透50毫米厚的装甲。

这两种加农迫击炮的改进工作仍在继续，并且世界上许多国家的军队已经开始大规模地使用这两种武器，尤其是那些欠发达国家更是如此。

上图：布朗特60毫米LR型加农迫击炮，它集中了加农炮和平滑弹膛式迫击炮的优点，既可以从炮口装弹，也可以在狭小的车辆内从弹膛装弹。这种远程武器能把一种特殊的炮弹发射到5000米远的地方

上图：这是一辆SIBMAS 6×6装甲车。它的炮塔上安装了一门布朗特60毫米加农迫击炮。为了增加射程，它的炮管比较长。在正常情况下，这种加农迫击炮从弹膛装弹，使用击发扳机发射

上图：轻型车辆的炮塔上安装加农迫击炮后，具有强大的作战能力。直接射击可以对付近距离的敌人，间接射击可以攻击较远距离的敌人。这辆SIBMAS装甲车上，60毫米加农迫击炮取代了20毫米加农炮

上图：这是一门安装在充气巡逻艇上的布朗特60毫米加农迫击炮，明显属于低炮耳装填式武器。加农迫击炮既可以从弹膛装填炮弹，也可以从炮口装填炮弹。而安装在巡逻艇上的加农迫击炮只能从弹膛装填炮弹

规格说明

布朗特60毫米加农迫击炮（标准型）

口径：60毫米

长度：1.21米

重量：42千克（加农迫击炮）；
1.72千克（高爆炮弹）

最大射程：500米（直接射击）；
2050米（间接射击）

布朗特81毫米加农迫击炮（标准型）

口径：81.4毫米

长度：2.3米（炮管）

重量：500千克（加农迫击炮）；
4.45千克（高爆炮弹）

最大射程：1000米（直接射击）；
8000米（间接射击）

榴弹发射器

目前仍有使用步枪发射榴弹的军队，但是出于多种原因，使用者已寥寥无几。其中有两个原因：步枪发射榴弹产生的后坐力较强，常常会给步枪带来损害，并且精确瞄准相当困难。最近几年，步枪榴弹的后尾使用了一种子弹圈，这种子弹圈部分取代了发射榴弹时使用的特殊助推子弹，它可以吸收子弹发射时产生的后坐力，榴弹的助推力来自于这种子弹圈。

意大利研制出一种名为AP/AV700的特殊步枪支援武器。事实上，它是一种安装在共用底盘或发射器上的并排式三列枪榴弹筒。枪榴弹筒的套管安装了散热片，使用标准的球形子弹发射。球形子弹装在套管底部的弹膛设置内，子弹直接射中榴弹尾部。点火闪光可以点燃延迟性设置，延迟性设置又点燃小型火箭推进装置，从而可以把榴弹的射程增加到700米。它还可以精确和连续瞄准，因为在飞行中，榴弹靠尾翼和火箭发出的气体保持稳定。火箭发出的气体有助于增加榴弹的旋转速度。

发射榴弹可以使用北约标准的7.62毫米子弹或5.56毫米子弹，但是枪管的套管只能接受其中一种。常规的步枪发射器也可以发射榴弹。

榴弹有空心装药的弹头，所以能穿透120毫米的装甲，并且能产生强大的冲击力，具有较好的效果。三管式发射器既可以发射一发榴弹，也可以三发榴弹齐射。每分钟能够连续发射6次或7次。

多种用途

这种榴弹发射器的用途有：步兵部队可以用它替代传统的轻型迫击炮，也可以安装在轻型装甲或软装甲车辆上，轻型巡逻艇或登陆艇上、外围阵地或碉堡/地堡也可以使用这种武器。这种发射器可以装在特殊的包/箱内，榴弹装在另一个包/箱内。

30毫米AGS-17"照明弹"是一种自动榴弹发射器，1975年最先出现于苏联。目前俄罗斯的连级部队已经开始广泛使用这种武器。AGS-17榴弹发射器一露面，立即在西方武器设计人员中引起了轰动，因为它和西方的榴弹发射装置有较大区别。当然，随后西方各国也开始了研制这种榴弹发射器的工作。

AGS-17榴弹发射器发射的高爆榴弹较小，射速为每秒钟一发。装弹系统是子弹带供弹，子弹带有29发子弹。一般情况下，子弹带挂在发射器右侧。射击时，AGS-17榴弹发射器安装在三脚架上。发射器后部有一个可以提高射击精度的瞄准盘。这种发射器使用简单的后坐力系统，击发装置中有一个移动子弹带的制转杆。这种发射器既可以直接射击，也可以间接射击。间接射击时射程较远。

阿富汗战场

苏联军队在阿富汗战争中使用了AGS-17榴弹发射器。苏联军队不仅把它安装在三脚架上，而且还有一种可以安装在直升机上的特殊支架。在阿富汗战场，

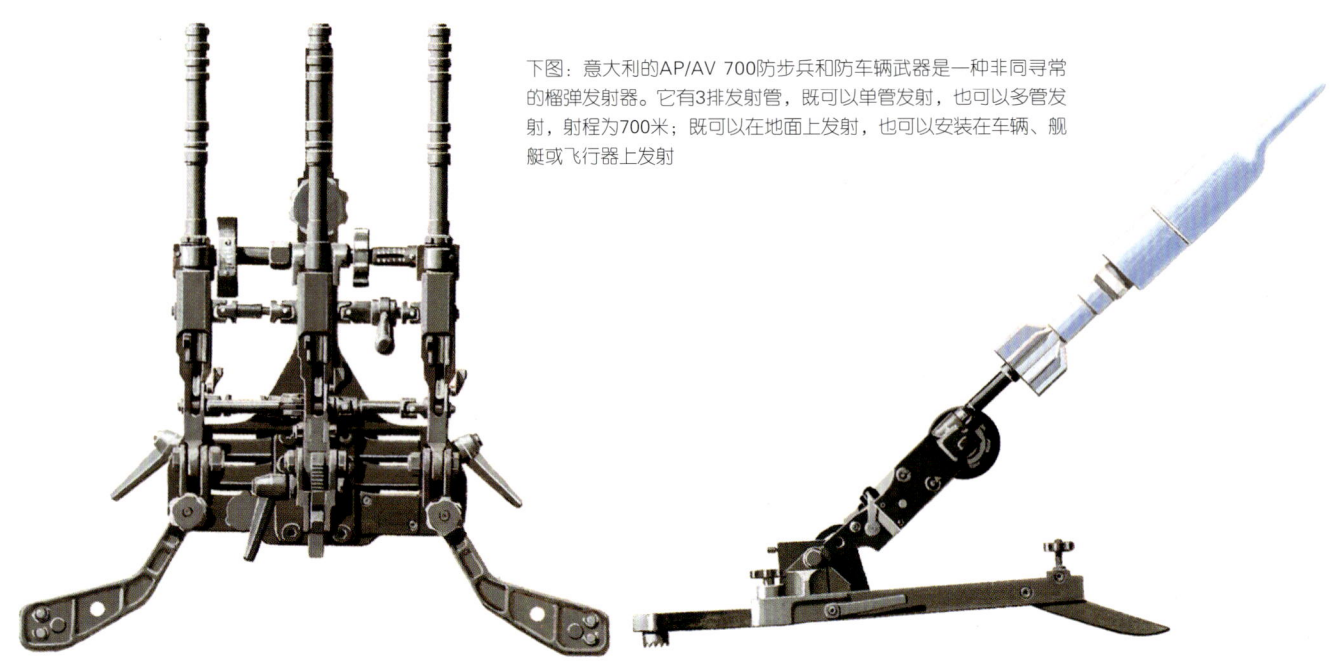

下图：意大利的AP/AV 700防步兵和防车辆武器是一种非同寻常的榴弹发射器。它有3排发射管，既可以单管发射，也可以多管发射，射程为700米；既可以在地面上发射，也可以安装在车辆、舰艇或飞行器上发射

上图：AGS-17榴弹发射器使用后坐力操作系统，助推力迫使炮栓向后移动，榴弹推进炮管后，再次启动装填设置

上图：AGS-17"照明弹"榴弹发射器较重，但稍逊于重型机关枪的重量。这种榴弹发射器的火力较猛，而且在区域面积内，火力的饱和度较高。和重型机关枪相比，它的精度稍差

规格说明

AP／AV700榴弹发射器

长度：300毫米（发射管）

重量：11千克（发射器）；0.93千克（榴弹）；0.46千克（榴弹弹头）

最大射程：700米

AGS-17"照明弹"榴弹发射器

口径：30毫米

长度：840毫米

重量：18千克（发射器）；35千克（三角架）；0.35千克（榴弹）

最大射程：1750米

苏联军队大量使用AGS-17榴弹发射器压制游击队的火力。然而，这种武器令西方观察员最难忘的还是它的射程。它的最大射程为1750米。尽管在作战时，它的射程一般不超过1200米。这意味着和迫击炮的火力反应相比，这种武器具有更大的挖掘潜力。它的自动弹速非常快，可以弥补弹头较小的弱点。AGS-17榴弹发射器的主要缺陷是重量。发射器和三脚架的重量超过了53千克。这意味着，最少需要两名士兵才能操作这种武器。如果持续射击，甚至需要更多士兵携带弹药。

枪榴弹和枪榴筒

研制枪榴弹的主要目的是为了弥补手榴弹的距离和轻型迫击炮的火力之间的缺陷。枪榴弹的射速低、弹道高，因此它可以当作反坦克武器使用。它的弹头下落时，弹道近乎于垂直，这说明只需使用较小的空心装药弹头，就有可能击穿坦克顶部较薄的装甲。自枪榴弹出现以来，尽管存在一个主要问题：落地时，弹头的精度难以控制。大家普遍认为，枪榴弹构造简单，造价低廉，步兵只需装备适当的枪榴弹，就可以大大提高火力。

美国的40毫米榴弹家族始于M406榴弹系列。M406榴弹有多种类型。榴弹又短又粗，看起来和大口径的步枪子弹非常类似。它的发射系统是这样的：助推气体通过一系列孔洞进入弹膛，在弹膛内扩张后，弹膛内的气压相对变低，这样轻型发射器就可以把榴弹射出。

特殊的发射器

M406榴弹有专门的发射器，而不是用步枪发射。美国的第一种榴弹发射器是著名的M79。实际上，它是用一种特殊的单发式霰弹枪改装而成的，打开击发装置，手工装弹。正常情况下，从肩部发射。M79榴弹发射器的应用比较广泛（事实上，英国皇家海军陆战队在1982年的马岛战争中就使用了这种榴弹发射器）。它的主要缺陷是体积大，只能单发射击。这意味着它只能由一名士兵使用和操作，同时，这名士兵就无法使用步枪。

因此，美国又设计、研制和生产了M203榴弹发射器。这种发射器也是单发射击，但使用了前置式枪把。枪把下面安装了M16A1或M16A2步枪。M203榴弹发射器在20世纪60年代后期被美军选中，并且此后一直是美军的标准军用武器。M203榴弹发射器的弹夹位于步枪下面，这种设计可以确保发射器不会影响步枪的正常功能。M203榴弹发射器重量适当，装弹后重1.63千克。几乎美国陆军的每个分队至少有一名士兵（或更多）装备了M203榴弹发射器

（安装于步枪上）。M203榴弹发射器常常使用M406系列中的高爆榴弹，但有时也使用烟幕弹、标识烟幕弹、照明弹和其他类型的榴弹。

适当精度

M203榴弹发射器的精度较高，能够在150米的射程内对点目标精确打击，也能够在最大射程内对面积目标精确打击。它的最大射程是350米和400米（这要取决于发射榴弹的类型）。在这些射程范围内，榴弹的性能（尤其是高爆类型的榴弹）取决于着发引信的数量。着发引信的空间要和榴弹的爆炸弹头相适应。引信相对较大，性能和效果才会更加可靠。攻击特殊目标时，如果要减少弹头的装药量，相应地就要增加榴弹的发射数量。

自动发射器

自动榴弹发射器需要使用多用途榴弹。由于M79和M203榴弹发射器都是单发射击的武器，所以美国开始把研发重点放在一种能发射40毫米榴弹的自动武器上。

美国经过一番努力，研制出了XM 174榴弹发射器，但XM 174未能投入使用。在M406系列榴弹的基础上，使用重型爆炸弹头和大威力的助推火药，美国研制出了M384榴弹。为了发射M384榴弹，美国研制出了Mk 19自动榴弹发射器。这种发射器的结构原理主要以12.7毫米勃朗宁M2重型机枪为基础，并且使用了非常短的发射管。它使用供弹系统把榴弹装入Mk 19自动榴弹发射器的内部，射速高达每分钟375发。在战术上使用时，Mk 19自动榴弹发射器可以安装在三脚架上或者车辆/轻型舰艇的底座上。除了射速之外，和M79和M203榴弹发射器相比，它的另一大优点是射程更远。

现在话题再次回到枪榴弹的基本原理上。值得注意的是，由于这种武器设计简单，造价低廉，既可以发射榴弹，又具有步枪的各种功能，所以许多国家，甚至只要拥有最有限的制造轻武器弹药和其他轻型弹药的生产设施，就可以设计和制造出枪榴弹。有些枪榴弹是专门为打击特殊目标而设计的，尤其是那些弹头使用空心装药的榴弹，它们能够穿透装甲车、碉堡/掩体和轻型舰艇上的装甲。其他类型的榴弹则是专门为打击开阔地带的士兵设计的。它们直接使用了标准的高爆杀伤性榴弹（手榴弹）。它的弹体呈鱼鳍状，榴弹可充当弹体的弹头。

榴弹的适用性

GME-FMK2-MO是典型的手榴弹型枪榴弹。这种枪榴弹由阿根廷设计和制造。这是一种传统的手榴弹，装有炸药75.8克，使用引信设置上的火药引爆，引信设置重44.79克，延迟时间在3.4~4.5秒之间。高爆弹药被引爆后，榴弹弹体分裂为多个碎片，每一个碎片重3~5克，能够杀伤5米范围内的人员。作为枪榴弹使用时，把这种榴弹安装在发射器的顶部，发射器内装有特殊的助推子弹。这两种弹药（榴弹和子弹）分别位于发射管上部和步枪的枪膛内。折下榴弹的保险针后，射手就可以瞄准发射。这种榴弹的最大射程约为350~400米，它可以选择在空中或地面爆炸，当然这要取决于射手的射击技巧。

特殊的榴弹

比利时的MECAR公司设计和制造了一种典型的专用枪榴弹——ARP-RFL-40 BT。标准的7.62毫米和5.56毫米步枪都可

上图：一名美国陆军新兵正在学习如何使用装有M16A1步枪的40毫米M203榴弹发射器。榴弹发射器的瞄准设置可以作为一种工具，它可以把发射器安装在步枪的前置式枪托上

规格说明

Mk 19榴弹发射器

口径：40毫米

长度：全长1.028米

重量：35千克（发射器）

射速：375发榴弹／分钟

最大射程：1600米

M79榴弹发射器

口径：40毫米

长度：全长737毫米

重量：2.72千克（发射器）

最大射程：350米

M203榴弹发射器

口径：40毫米

长度：全长389毫米

重量：1.36千克（发射器）

最大射程：350米

下图：步兵的步枪射手如果有M203榴弹发射器之类的武器，即使没有迫击炮和火炮的火力支援，也有能力提供火力支援

上图：第一种专门发射旋转稳定式榴弹的发射器是M79。这种榴弹发射器为单发射击，最大射程为400米。它的主要缺陷是射手在使用榴弹发射器的时候无法使用步枪

规格说明

赫克勒和科赫有限公司的HK69A1榴弹发射器（德国）

类型：单发射击式榴弹发射器

口径：40毫米

长度：全长610毫米（枪托伸展后）

重量：1.8千克（发射器）

最大射程：300米

L1A1榴弹发射器（英国）

类型：单发射击式榴弹发射器

口径：66毫米

长度：全长695毫米

重量：2.7千克（发射器）

最大射程：100米

上图：Mk 19自动榴弹发射器（如图）使用的是子弹带供弹系统。子弹带的子弹是40毫米的穿甲榴弹，射速每分钟375发子弹（榴弹），能够对较大区域内的目标实施饱和式攻击。这种榴弹发射器能使用各种类型的榴弹

以发射这种榴弹。这种榴弹的最大直径是40毫米，全长243毫米，重264克。发射方法是使用子弹圈而不是使用气体助推，在枪口，步枪发射的标准球形子弹被枪榴弹尾部内的5个圆形金属片点燃后，所产生的能量将榴弹射出，最大射程为275米，有效射程为100米，发射角为45度。

榴弹的初速为每秒钟60米。榴弹以70度角下落后，弹头能穿透125毫米厚的钢板或400毫米厚的混凝土。

上图：身穿"虎纹"迷彩服的美国陆军侦察人员在越南战场上发射M79榴弹发射器。当时美国生产了一种类似于M79榴弹发射器的玩具枪

下图：第一种专门发射旋转稳定式榴弹的发射器是M79。这种榴弹发射器为单发射击，最大射程为400米。它的主要缺陷是射手在使用榴弹发射器的时候无法使用步枪

8 霰弹枪

作为近战武器，霰弹枪鲜有敌手。事实证明了霰弹枪在马来亚和越南的丛林中是优秀的反伏击武器，而且许多国家的军队都对军用霰弹枪有一种敬畏之情。传统观念的士兵们也曾经嘲笑冲锋枪是"强盗式武器"，尽管如此"毁誉参半"，它依然不减其枪性魅力，在近代战场中仍不乏其身影。

第一次世界大战给武器的发展扫清了障碍，并且在堑壕突袭中的近距离作战中，近距离作战武器身价倍增，受到前所未有的重视。美国人不久在堑壕战中开始大量使用有泵式气动装置的机关枪。这种机枪的枪口有12个钻孔。这些商用/体育/运动型武器的枪管缩短后，安装了刺刀架，能够装填7发或8发子弹。这些武器在清理堑壕和防空壕的战斗中威力惊人，以至于德国人抱怨说在战争中使用这种武器是一种"野蛮"的作战方法，但是这话从已经使用过毒气的德国人口中说出来实在不太合适，所以没有人会介意他们的抱怨。

第二次世界大战

在两次世界大战期间的和平年代，美国人仍然保留了他们的霰弹枪，原则上供警卫使用。第二次世界大战爆发后，霰弹枪再次投入战场。美国海军陆战队在太平洋战争中的岛屿争夺战中大量使用霰弹枪。但是在其他战区，霰弹枪却极为罕见。直到20世纪50年代的马来亚危机中，除美国之外的其他国家的军队才开始了解霰弹枪的强大威力。

马来亚警察使用泵式气动霰弹枪和自动霰弹枪，英国陆军开始把霰弹枪当作巡逻武器使用。在丛林中巡逻时，英军面临的主要威胁是（并且将一直是）敌人设下的埋伏。英国军队发现一旦陷入敌人的伏击圈，只要有两支或三支霰弹枪就能压制住敌人的火力，从而可以使巡逻队的其他人员赢得时间，拿起常规步枪和机关枪向敌人发起反击。霰弹枪射击时所发出的烟雾能够遮盖住整个伏击区，埋伏的敌人无法发动攻击，从而为巡逻队赢得发起报复性反击的时间。

丛林经验

20世纪50年代初期，驻扎在马来亚的英国陆军对霰弹枪在丛林中的使用及其效果进行了一次全面检查。报告结果详细记录在一份报告中，但是报告从来没有公之于众，尽管该报告在其他国家或许还能看到。英军得出的结论是：应该用自动霰弹枪取代轻型机关枪成为巡逻专用武器，因为霰弹枪威力大，巡逻队更有机会给敌人以致命的打击。

英国对此没有发表任何说明。官方认为这只是对某种独特战术态势所作出的反应而已，这种情况不可能重复发生，所以也无须多谈。

越南战争

接下来，霰弹枪的舞台摆到了越南战场。在越南战场上，只有气动设置的武器和自动武器适合于军队。其中人们对自动武器深怀疑虑，因为自动武器的缺陷是射速每分钟可达250发子弹，这对于军事武器来说射速太快了。

而气动设置的武器也有缺陷，缺陷主要集中于它的再装弹问题。气动枪的枪管下有管状的弹匣，过一段时间就必须更换弹匣，在遭遇伏击的紧急情况下，很难有更换弹匣的机会，而且管状弹匣容易凹进，这样会引起阻塞之类的故障。

第三个问题是弹药。尽管普通的霰弹枪的子弹的效果不错，但它并不是以攻击人为主的理想武器，并且商用霰弹枪的弹药也不能适应越南潮湿的丛林环境。

要解决这些问题并不困难，只需做好一件事——给钱。霰弹枪的制造商才不傻呢！毫无疑问，他们完全能满足战场上的各种需求，但他们不会把钱扔在无利可图的事情上。越南战争是霰弹枪的催化剂，

上图：在20世纪50年代的马来亚危机期间，英国使用了战斗霰弹枪。在越南战争中，美国人全面验证了霰弹枪的作战效能。在战术上，霰弹枪常是一种具有决定性的武器

它打开了美国人的钱袋，美国政府开始把大笔资金投入到霰弹枪的研制工作。

为作战任务而设计的武器

1979年，美国海军决定为美国海军陆战队研制一种专门用于作战的霰弹枪。美国联合部队轻型武器审核委员会完全同意这一想法，并且制订了一份名为《持续改进非步枪发射弹药》（RHINO）的计划。除了对子弹的长度和射手能够感觉到的后坐力有详细规定之外，其他设计几乎没有任何限制。

研制合同签订后，生产出来的武器就是人们所熟知的近距离攻击武器系统（CAWS）。

新式的霰弹枪安装了选择性发射设置，和当时的霰弹枪相比，它的射程更远，致命性更强。新式霰弹枪使用盒式弹匣，节省了再次装弹的时间，而且子弹类型繁多，其中包括大型的铅弹和装有硬金属弹心的细长子弹。霰弹枪有足够的助推力，在185米或更远的射程内，对目标可以实施致命性打击。

"犀牛"计划极大刺激了世界上其他国家的设计人员。欧洲警察一夜之间突然成了霰弹枪的坚定拥护者，并且把霰弹枪视为反恐作战和骚乱控制中不可或缺的强大武器。

但是五角大楼不仅对近距离攻击武器系统的研制进程不满意，而且对这种武器的表现也颇有抱怨。结果该计划突然间就下马了。

然而，仍有几家私营公司继续从事霰弹枪的研制工作，并且设法打入到军队之中。由于这种武器是由私营公司和军队或警察联手研制成的，所以这种武器的威力大、实用性强，综合性能要优于已经使用过的商用霰弹枪。未来霰弹枪能否成功，人们尚需拭目以待。

上图：尽管气动设置的战斗霰弹枪能够在丛林中提供优越的近距离火力，但是它的弹药容易受潮，而且它的管式弹匣的更换速度较慢

右图：霰弹枪是海岸拦截/检查人员的理想武器。当他们登船检查时，极易遭受伏击。霰弹枪能帮助他们扭转战术上的劣势

霰弹枪

部队在丛林中随时都面临着遭受近距离伏击的威胁，因此迫切需要一种武器来赢得重新调整部队的时机。霰弹枪发射的子弹威力大，在区域范围内能形成饱和性火力，从而能压制住伏击一方的敌人，被伏击一方的部队在短暂的时间内快速寻找到掩护物，并开始向敌人实施反击。在这种情况下，霰弹枪的最重要的能力就是发射的子弹的扩散范围较大，即使不能击毙敌人，也能重挫敌人的攻势。霰弹枪的阻塞气门类型各异，不同类型阻塞气门决定着霰弹枪子弹的扩散方式，典型的数字是：在45米的射程内，每发子弹扩散面积的直径大约是0.9米。这样每发射一发子弹就意味着有一次击毙或重创敌人的机会（图中靶子上部就是霰弹枪子弹的扩散面积）。霰弹枪还可以发射较重的金属子弹。和步枪相比，虽然霰弹枪的射程较近，但是它的动能相当大，完全可以在近距离内拦阻或击毙袭击者（见图中靶子下部）。它发射的金属子弹也能击毁车辆或其他轻型装备。

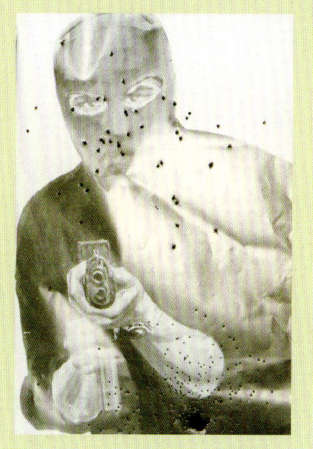

勃朗宁自动霰弹枪

任何把勃朗宁自动霰弹枪描写为作战用武器的说明都是不正确的，因为美国从来没有生产过专门的军用型勃朗宁霰弹枪。最早的勃朗宁自动霰弹枪（准确地说应是半自动或自动装填霰弹枪）设计于1898年，由比利时的FN公司负责生产。目前仍在使用的此类霰弹枪都是比利时制造的。霰弹枪主要是作为运动武器而设计的，但不久后，军队也开始大量使用霰弹枪，霰弹枪常作为安全警卫或负责类似工作人员的武器。约翰·勃朗宁和美国的雷明顿公司经过谈判达成了生产许可证的协议。在第二次世界大战期间，美国陆军和其他国家的军队大量使用雷明顿公司生产的霰弹枪，典型的有雷明顿11A型和雷明顿12型霰弹枪。

优秀的丛林战武器

第二次世界大战之后，勃朗宁运动型霰弹枪在一些地区，如中美洲和南美洲，被广泛用于军事目的，但是直到马来亚危机（1948—1960年）发生时，作为军用武器，勃朗宁霰弹枪才确立了它在军中的地位。在整个漫长的危机事件中，英国陆军一直使用"格林纳尔"GP霰弹枪和勃朗宁自动霰弹枪，常把运动型霰弹枪的长枪管尽可能地截短。英军使用的霰弹枪的标准口径大多数都是12-gauge（gauge：一种口径单位，常用于霰弹枪），弹匣有5发子弹，子弹属于商用重型子弹。

不久，英军再次了解到霰弹枪的厉害：自动霰弹枪在近距离的丛林战中几乎是最优秀的武器。无论是作为伏击或反伏击武器，勃朗宁自动霰弹枪都是最理想的武器。因为它能够在3秒钟的时间内发射5发霰弹枪子弹。当时有关这些霰弹枪（而且还使用了雷明顿870R型霰弹枪）在战斗中的使用情况很少能够公之于众。不过在马来亚危机期间，凡是在马来亚服过役的英国士兵可能都曾使用过勃朗宁自动霰弹枪。

1960年以后，英国陆军不再使用勃朗宁自动霰弹枪，而使用更加常规的武器，但是人们怀疑英军为了特殊的目的仍然保留了一些霰弹枪。尽管霰弹枪在马来亚非常流行，但是士兵们发现霰弹枪再次装填弹药太慢，使用时需要格外细心，尤其是它的枪管太短，自动装填设置不得不承受过多的射击负荷。

在罗得西亚独立运动中，勃朗宁自动霰弹枪再次大显身手。在小规模部队的行动中，霰弹枪的应用极为广泛。20世纪60年代期间，虽然曾经掀起了一阵设计霰弹枪的高潮，但仍然没出现过军用型勃朗宁自动霰弹枪。

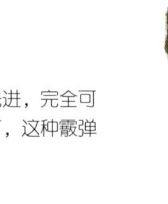

上图：勃朗宁自动霰弹枪并没有专门的军用型号，但事实证明它结实耐用，性能先进，完全可以当作军事武器使用。设伏者在有利的地形下最喜爱使用这种武器。在紧急情况下，这种霰弹枪能在3秒钟内发射5发子弹

右图：在马来亚危机期间，英国第18独立旅的一名士兵正在巡逻。他携带的就是勃朗宁自动霰弹枪。这种霰弹枪在近距离内发射的火力令人生畏

规格说明
勃朗宁自动霰弹枪（标准型号）
口径：12-gauge
长度：711毫米（枪管）
重量：4.1千克（装弹后）
供弹：可装5发子弹的管状弹匣

防暴霰弹枪

如名所示，防暴霰弹枪主要供警察和准军事部队使用。从设计上看，它确实没有什么特别之处，这种霰弹枪为手工气动操作，使用管状弹匣供弹，每支弹匣可装5发子弹。在霰弹枪的设计上，FN公司可不是门外汉，因为在20世纪20年代，约翰·勃朗宁设计的多种霰弹枪最早都是由FN公司生产的，并且自那之后，在霰弹枪的设计和制造方面，FN公司一直处于领先地位。FN公司设计的霰弹枪大多是供体育运动使用的，但是运动型霰弹枪几乎不需要什么大的改动就可以供执法人员使用，并且FN公司对此从来没有掩饰过什么。

防暴霰弹枪最早出现于1970年。这种霰弹枪是在FN自动运动霰弹枪被广泛使用的基础上研制成功的。FN公司一度还生产了3种可以互相兼容的枪管。第一种型号有前后瞄准具，但是后来生产的型号中，前后瞄准具被取消了。目前，霰弹枪的标准枪管长度是500毫米，安装有标准的枪托橡胶衬垫和枪背带。

粗糙的设计

防暴霰弹枪和FN运动型霰弹枪的主要区别是，防暴霰弹枪要比民用霰弹枪更粗糙。例如，为了增强枪托组件的力量，它的枪栓是直接穿过枪托的，并且为了承受撞击，减少损伤，它的许多部件都是用金属制成的，而且金属表面都镀上了特别的涂料，这样就可以随意使用，几乎不需要维修。

出于从整体上保持较高标准的考虑，FN公司甚至决定要保留最初的5发管状弹匣。虽然，同时期的准军事部队使用的其他类型的霰弹枪都增加了弹匣的容量，但FN公司从来没有生产大容量弹匣的想法，相反，它却保留了简单的手工击发设置。使用这种击发设置时，每推动一次气动装置，弹出一颗空弹壳，然后再装入一颗子弹。FN公司曾试图发明一种自动型号的防暴霰弹枪。这种霰弹枪的弹匣可装6发子弹，但生产的霰弹枪仅作样品使用。

FN公司已经生产了能够发射大口径金属子弹的防暴霰弹枪，但大多数供正规部队使用的霰弹枪仅能发射12-gauge的子弹，事实上，防暴霰弹枪只有这一种口径。比利时警察和准军事部队使用的就是这种型号的防暴霰弹枪，而且许多国家的警察部队也使用这种霰弹枪。这种霰弹枪性能可靠，虽然设计略显粗糙，但供准军事部队使用已是绰绰有余。

规格说明

FN防暴霰弹枪

口径：12-gauge
长度：970毫米（全长）；500毫米（枪管）
重量：2.95千克
供弹：可装5发子弹的管状弹匣

上图：霰弹枪的弹药类型五花八门，令人眼花缭乱。不同国家有不同的分类。（图中）左边是FN霰弹枪使用的常规的小号铅弹；中间是有硬金属弹芯的细长子弹；右边是短颈步枪子弹

上图：世界各国都使用类似于FN公司生产的气动操作霰弹枪。这种霰弹枪在近距离内性能可靠，没有流弹产生，而流弹可能会对数百码外的行人造成伤害

贝瑞塔 RS 200 和 RS 202P 霰弹枪

阿米·贝瑞塔·斯帕是一家牢牢扎根于意大利、产品却面向全世界的武器制造公司。毫无疑问，在世界轻型武器的设计和制造上，阿米·贝瑞塔·斯帕公司可谓大名鼎鼎，备受尊敬。在霰弹枪的设计和制造上，该公司也是独领风骚。虽然该公司生产的霰弹枪开始时是面向民用市场，主要作为运动型霰弹枪使用，但是不久，该公司就紧跟潮流，开始生产更加结实耐用的霰弹枪。这种霰弹枪主要供警察和准军事部队使用。这类霰弹枪中，最早的型号是12-gauge的贝瑞塔RS 200（警用型）霰弹枪。这种霰弹枪的气动装置为手工操作。

精美的做工

和贝瑞塔公司生产的其他武器一样，RS 200（警用型）霰弹枪的设计完美，制作精良，尤其以结实耐用著称，非常适合警察和准军事部队使用。

贝瑞塔RS 200霰弹枪除了使用一种特殊的闭锁系统外，没有使用什么其他创新的设计。这种闭锁系统有一个滑座式后膛闭锁装置，非常安全，在弹膛被锁定前，能够防止子弹射出。击锤有特殊的保险簧片，并且使用枪栓阻铁能够把子弹安全地从弹膛中取出，而无须射击。另一个有趣的设计是，警察和准军事部队使用的RS 200霰弹枪可以发射小型催泪弹；和发射常用的霰弹枪子弹和金属子弹一样，最大射程可达100米。

先进的设计

尽管目前RS 200霰弹枪已经停止生产，但许多国家的警察和其他部队还在使用这种武器。贝瑞塔公司目前生产的霰弹枪是RS 202P霰弹枪。RS 202P和RS 200霰弹枪的主要区别是装弹程序不同。和RS 200霰弹枪相比，RS 202P霰弹枪更易于制造，并且它的枪栓设置也做了轻微改动。RS 202P霰弹枪有两种类型，第一种RS 202-M1霰弹枪按计划是为了减少霰弹枪的长度，以便于存放和操作，它的枪托用金属制成，可以沿枪的左侧折叠。第二种类型是RS 202P-M2霰弹枪，仍然使用了折叠式枪托，另外，它的枪口上方安装了可变阻气设置，可以调整子弹的扩散面积，并且为了便于操作，它的枪管套上有许多孔洞。因为连续射击，枪管变热后，枪管很难用手握住。为了帮助射手瞄准，RS 202P-M2霰弹枪还安装了特殊的瞄准具。

RS 202P霰弹枪外形和RS 200霰弹枪完全一样，但出售情况不太理想，主要原因是贝瑞塔霰弹枪缺少审美观点，或者说缺少超前意识。目前已经打入世界市场的霰弹枪不仅性能更加先进，而且许多霰弹枪为了吸引人们的兴趣，在设计中都增加了视觉效果。目前RS 202P霰弹枪仅按订单生产。从其性能和精美的做工看，在未来相当长时间内，贝瑞塔霰弹枪还将继续驰骋于世界轻武器市场上。

规格说明
RS 200（警用型）霰弹枪
口径：12-gauge
长度：1030毫米（全长）；520毫米（枪管长）
重量：大约3千克
供弹：可装5发或6发子弹的管状弹匣

上图：RS 202-M1霰弹枪是RS 202P霰弹枪的一种，它的枪托可以折叠，口径为12-gauge。和最初的型号相比，装弹要容易得多，并且它的枪栓设置也进行了改动

上图：这是一支RS 202-M2霰弹枪。它的枪管套管上有许多孔洞，这样连续射击，枪管变热后，更易于操作。贝瑞塔霰弹枪的枪口还安装了一个阻气设置，可以调整子弹的扩散面积

上图：RS 200（警用型）霰弹枪的弹匣可装6发子弹，第7发子弹可以装在弹膛内。RS 200（警用型）的撞针为惯性操作，在枪栓被完全锁定之前，能够防止子弹发射出去

SPAS 12 型霰弹枪

SPAS 12型霰弹枪（SPAS是专用自动霰弹枪的缩写，平民使用时，被称为运动型专用自动霰弹枪）自问世以来，一直是最引人注目和最有影响的作战用霰弹枪之一。SPAS是由意大利的卢奇·福兰奇·斯帕公司设计和生产的。多年来，该公司在运动型霰弹枪的发明上一直独领风骚。20世纪70年代初期，当各国对作战用霰弹枪的需求骤然上升时，福兰奇公司的设计小组决定使用创新性的思维设计出新式的霰弹枪：一定要发明出一种真正的作战用霰弹枪，而不是在当时运动型霰弹枪的基础上改装而成的作战用霰弹枪。SPAS 11型霰弹枪就是在这样的背景下问世的。这种霰弹枪的许多设计都突出了作战用途。为了优化它的性能，减少维修次数，设计人员尽可能缩短了它的枪管；为了提高射击的精度，该公司在制造时又进行了专门处理。这样，射手只需经过短暂训练，就能做到首发命中目标。

沉重和坚固

和该公司的12型霰弹枪一样，11型霰弹枪不仅重量足，而且极其坚固，可以当做大棒使用。它有明显与众不同的外表，没有传统式样的枪托，它的枪托是用固定式金属（11型）架制成的，可以折叠（12型）。它最引人注目的机械设置是气动击发设置。这种击发设置体积较大，用手工操作。但事实上，它既可以气动操作射击，也可以半自动射击，通过扣压霰弹枪（枪托）前端的按钮可以选择不同的（半自动操作和气动操作）射击方式，扣压按钮后，霰弹枪（枪托）前端向后移动为气动操作，向前移动则为半自动操作。半自动射击时，从枪管中流出的气体撞击枪管下弹匣附近的环形活塞。在击发设置内，有一个倾斜的闭锁簧片在枪管内垂直移动，最后将枪栓锁定。套筒座用较轻的合金制成，为了减少磨损，枪管和气塞是用钢制成的，上面镀有金属铬。枪的整个外露的表面都经过了喷沙，并涂有黑色磷酸盐化的涂料，手枪枪把和枪托前端都是用塑料制成的。

管状弹匣

短枪管下面的管状弹匣可装7发子弹。这些子弹从轻型的小号铅弹到重型的金属子弹各不相同。重型的金属子弹能穿透钢板。

SPAS霰弹枪还有其他新奇的设计。这一点在12型霰弹枪中最为明显。它有一个较大的前手柄和一个可折叠的枪托。枪托的挡板下面有一个弯曲的金属片，挡板环绕住射手的前臂，射手可以在单手持枪的状态下射击。用这种姿势射击过的人才会体会到12型霰弹枪的操作如此简单。12型霰弹枪带有手枪枪把，枪口处安装了子弹扩散的调整设置。另外，枪口还可以安装榴弹发射器。它也可以发射小型的催泪弹和催泪毒气（CS）弹，射程可达150米。它安装有瞄准设置。正常情况下，这种霰弹枪使用12-gauge子弹。这种子弹的扩散面积是这样的：在40米处，弹头分裂的弹球可以覆盖直径900毫米的圆，所以在这样的射程内，使用这种类型的子弹时，瞄准时的精度如何也就无关紧要了。

SPAS是真正的专用用于作战的霰弹枪。训练有素的人使用它时威力惊人。12型霰弹枪被销售到许多国家，供这些国家的军队和准军事部队使用。有一些在民用市场上出售，其中有相当一部分被霰弹枪爱好者抢购。但是许多国家的法律禁止私人持有短管的霰弹枪，所以需要把枪管延长后才能合法持有。

规格说明
SPAS—12型霰弹枪
口径：12-gauge
长度：1041毫米（枪托伸展后）；710毫米（枪托折叠后）
枪管长：460毫米
重量：4.2千克
供弹：可装7发子弹的管状弹匣

左图：许多国家军队和警察使用的霰弹枪都是由运动型霰弹枪改进而成的，但卢奇·福兰奇·斯帕公司设计的SPAS 11霰弹枪和SPAS 12霰弹枪从一开始就是作战型霰弹枪。它属于气动操作的单发射击或半自动射击类武器，威力之大令人生畏。选择半自动方式射击时，每秒钟可发射4发子弹

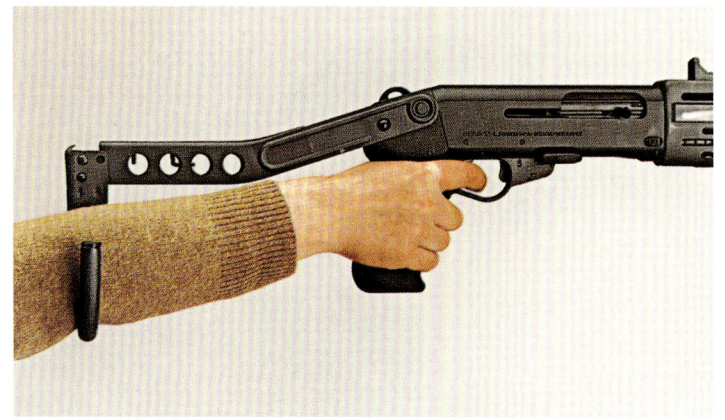

上图:由于外部金属部件和金属架枪托都涂有黑色的磷酸盐化涂料,所以SPAS-12霰弹枪既保留了意大利武器设计的美学传统,又适宜作战使用。在40米的射程内,子弹扩散面积的直径为0.9米

左图:SPAS-12霰弹枪的一个主要特点就是枪托后部有一个钩子,在射手单手射击时,它可以支撑住射手的前臂。然而,采用这种姿势射击时,枪的稳定性较难控制

SPAS-15 霰弹枪

SPAS-15霰弹枪是早期SPAS-12霰弹枪的进一步改进型号。这种霰弹枪的火力强大,主要供警察和军队使用。由于它使用了气动的半自动击发装置和分离式盒式弹匣,所以可以连续发射子弹。和管状弹匣相比,盒式弹匣的更换速度较快。它的通用性较好,既可以手工选择单发射击(气动操作)方式,也可以选择半自动射击方式,这样这种霰弹枪可以发射低压力的非致命性弹药,如催泪瓦斯(弹)和橡皮弹头。选择性射击功能源自SPAS-12霰弹枪。

SPAS-15霰弹枪的击发装置有一个旋转枪栓和一个短活塞充程(尾杆),后者位于枪管的上面。枪栓组件和后坐力弹簧一起安装在双向杆的上面,并且可以作为单独的部件移动。

机柄位于套筒座的顶部。套筒座则位于携带把手的下部。左右手都可以操作枪柄。SPAS-15霰弹枪的扳机组件内有锁定扳机的手动保险,并且在扳机护柄下面的手枪枪把上设有自动枪把保险。

SPAS-15霰弹枪的瞄准设置设在枪的外面,可以调整。另外,它还可以安装其他瞄准设置,如"红点"瞄准仪或激光指针。SPAS-15霰弹枪的套筒座用铝合金制成。早期型号使用固定的塑料枪托或可折叠的金属架枪托,但是最近的型号使用了侧向折叠式枪托和硬塑料枪托。它的弹匣也是用塑料制成的。

规格说明
SPAS—15霰弹枪
口径:12-gauge
长度:1000毫米(枪托伸展后);750毫米(枪托折叠后)
枪管长:450毫米
重量:3.9千克(装弹前)
供弹:可装6发子弹的分离式盒式弹匣

上图:在众多的作战型霰弹枪中,SPAS-15霰弹枪可以把战术上的灵活性发挥到极点。因为除了它的枪托、选择性射击方式和分离式弹匣外,它还使用了可以调整子弹扩散面积的"多类型气门"系统

"打击者"霰弹枪

南非的阿姆塞尔公司研制的"打击者"是一种半自动的12-gauge口径的霰弹枪。这种霰弹枪于20世纪80年代中期出现在国际武器市场。它是南非独立自主研制而成的武器。最初的"打击者"霰弹枪是由阿姆塞尔公司生产的,目前则由约翰内斯堡附近的卢纳尔特技术系统公司负责生产,而且根据生产许可证协议,美国也生产这种霰弹枪。美国的许多执法机构采购这种霰弹枪供武器小组使用,并且美国还研制出其他类型的霰弹枪。"打击者"霰弹枪的适用范围较广,既可用于平民自卫,也可以完全用于军事作战。

旋转弹匣

"打击者"霰弹枪的最重要、最独特的设计是它的旋转式弹匣。这种弹匣可装12发子弹。子弹从弹匣后面的弹孔装入,弹匣前部有一个钥匙,可以用它拉紧弹簧,这个弹簧操纵着弹匣旋转。一旦装弹完毕,每扣动扳机一次可发射一发子弹,第二发子弹旋转后和撞针在同一直线上。如果撞针和第二发子弹不能在同一直线上,子弹就不能射出。和其他类型的霰弹枪相比,据说它的后坐力要小得多;和大多数的类似霰弹枪相比,它的枪管较短,至于其中的真正原因,尚不清楚。或许它的后坐力被这样一个事实模糊了:"打击者"的枪管下是前置枪把和手枪枪把。另外,它还使用了金属枪托,枪托能向上折叠到枪管上面。枪管上有金属套,套上有许多洞孔,长时间射击后,可以帮助枪管散热。枪管过热,射手就无法用手触及,因为快速射出12发子弹后,枪管温度会急速上升。

气动弹射

"打击者"霰弹枪的其他设计有:双击发扳机和气动弹射系统。在下一发子弹射出时,弹射系统把空弹壳弹出枪外。

"打击者"霰弹枪发射的子弹类型,从小型铅弹(过去的南非政府常常使用它驱散示威的人群)到重型的金属子弹等。枪托折叠时也可以射击,当然射击时不使用枪托,发射较重的子弹时射手可能会觉得不太舒服。

近距离使用

"打击者"霰弹枪的瞄准具比较简单,因为它显然不仅属于那种清除示威人群或在高楼林立的地区近距离作战的射程非常近的武器。事实证明,它在丛林(低矮的树林)战中效果卓著。在低矮的丛林中,由于地面植被普遍较低,士兵的视觉会受到限制,所以在非常近的距离内,交火和伏击事件屡见不鲜。

"打击者"霰弹枪不仅被美国执法机构广泛使用,而且南非陆军和警察也大量使用。另外,以色列的军队和警察在作战中也大量使用了这种霰弹枪。

左图:南非这样在种族隔离时代就大力发展军工企业的国家,研制出了一些令人刮目的轻武器,南非阿姆塞尔公司研制的半自动"打击者"霰弹枪就是极好的例子。这种霰弹枪的旋转弹匣可装12发子弹,和传统的枪支相比,火力更为猛烈

上图:从整个外观上看,"打击者"霰弹枪较短,它的旋转弹匣大得惊人。这种弹匣可装12发12-gauge口径的子弹。"打击者"的外观极为奇特,令人过目难忘。这种霰弹枪性能出众,在近距离作战时,强大的火力具有决定性意义

"莫斯伯格"500型霰弹枪

莫斯伯格父子公司虽然在运动型霰弹枪的研制上卓有成就，但是在作战型霰弹枪的研制上只能算是一个新手。因为它最早的作战型霰弹枪——"莫斯伯格"500型到1961年才锋芒初露。从此之后，"莫斯伯格"霰弹枪在国际市场上名声大噪，并且500型霰弹枪一直是该公司的拳头产品。

500型霰弹枪口径为12-gauge，手工操作，使用滑座式击发装置。它的套筒座是用高质量的铝铸造成的，钢制枪栓锁定枪管时，发射的子弹和套筒座相分离。为了保证弹射力量和击发性能，它的许多部件，如退弹簧和击发滑座都使用了重叠设置。从整体上看，500型霰弹枪的价格较低，但有了这些设置，500型霰弹枪非常结实，经久耐用。所以警察部队非常喜欢500型及其派生类霰弹枪。另外，该公司还生产了作战用的500型霰弹枪。

其中之一就是ATP-8SP型霰弹枪。它是在500型霰弹枪（警用）的基础上改进成的。它的每一个部件都使用了保护性非反射抛光。枪口有刺刀架设置。甚至还安装了望远镜支架，供发射金属子弹时使用。当然这一装置使用的机会极少。枪管上还可以安装打孔式护手柄。它的射程和500型霰弹枪差不多。它使用一种可以向上折叠的金属枪托取代了正常情况下使用的硬木制成的固定枪托。500 ATP-8SP型霰弹枪在市场上颇受欢迎。但目前已被一种改进的作战型霰弹枪取代。

无托结构设计

这就是500型12号无托霰弹枪。如名所示，它使用的是无托结构设计，手枪枪把组件设在了套筒座的前端。这样，这种霰弹枪比常规的霰弹枪要短一些，所以在狭小的空间中，更便于使用和操作。许多国家的军队和警察大量采购了这种霰弹枪。12号无托霰弹枪的套筒座和许多部件的表面都用坚硬的热性塑料材料包裹，所以它的部件几乎不需要外套或其他东西包裹。由于从整体上看无托结构设计太引人注意了，所以这一特点常被人忽略。按照设计，它的前后瞄准具只能向上突出，但是不需要时，前后瞄准具可以向下折叠。

12号无托霰弹枪完全可以重新开始制造，但是莫斯伯格公司生产了一套设备，可以把目前的500型霰弹枪改进成新式的12号无托霰弹枪。

另一种具有军事潜力的"莫斯伯格"霰弹枪是该公司20世纪70年代研制的590型霰弹枪，这种霰弹枪的结构更为坚固。

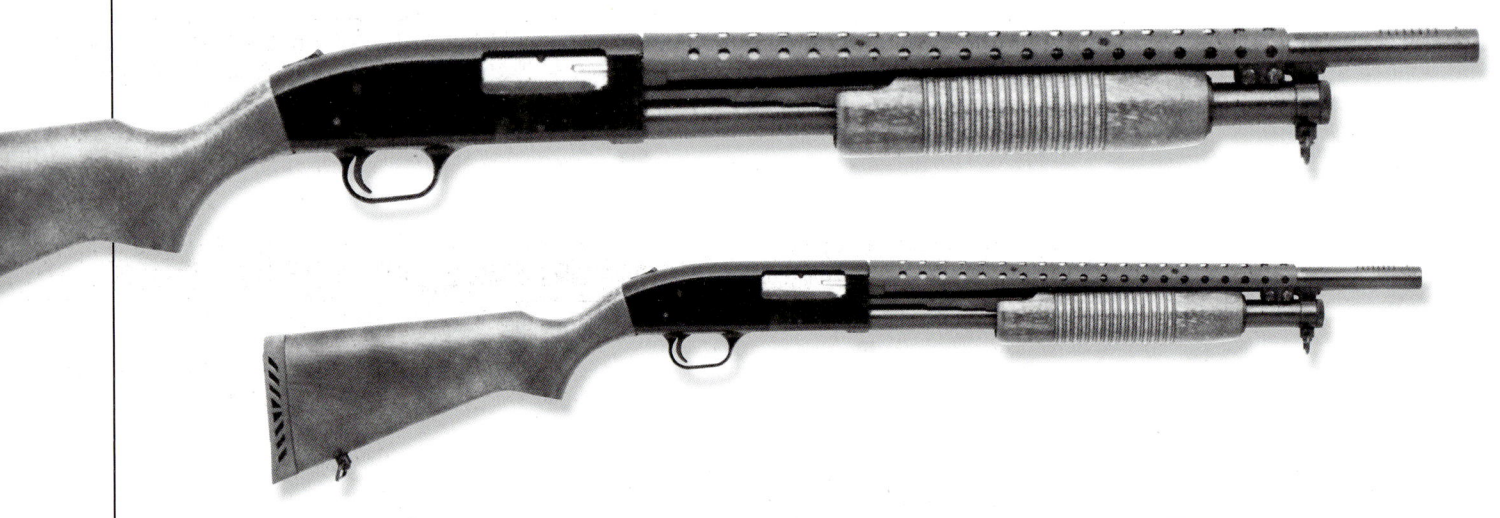

上图：尽管和其他竞争者相比，莫斯伯格公司在作战用霰弹枪的研制方面起步晚一些，但是它的500系列霰弹枪一经问世就获得了成功。后来的型号和前者相比差异较大，但是机械设置几乎没什么变动

规格说明
"莫斯伯格"500型12号无托霰弹枪
口径：12-gauge
长度：784毫米（全长）；508毫米（枪管）
重量：3.85千克
供弹：可装6发或8发子弹的管状弹匣

"伊萨卡" 37M 和 P 霰弹枪

在美国，霰弹枪已经成为警察和狱警的必备武器，以至于许多霰弹枪的制造商发现生产霰弹枪是一件非常有利可图的事，制造商可以按照每个警察部门的说明生产出他们特别需要的武器，有的要求非常接近于军用型霰弹枪，"伊萨卡"LAPD型霰弹枪就是其中的一种。这种武器是在"伊萨卡"DS型（DS是Deer Slayer的缩写）的基础上研制成的，而DS型霰弹枪是根据"伊萨卡"37M和P型霰弹枪研制成功的。"伊萨卡"37M和P型霰弹枪设计完善，制作精良，结实耐用，能够满足警察的需要。

悠久的家族

37型系列霰弹枪曾经风光一时，在第二次世界大战期间，它被美国陆军选中，用于军事目的。当时它的主要用途仅限于霰弹枪的一般用途，包括暴乱控制和担负警卫任务，后来又出现了有3个枪管的霰弹枪。目前的M型和P型霰弹枪与第二次世界大战期间的型号并没有太大区别，但是目前的霰弹枪的制作更加粗糙。目前的霰弹枪有几种型号，供选择的范围也较广。其中最重要的有两种："国土安全"37型和"监视"37型。前者用于自卫，供警察使用；后者为袖珍型武器，枪管较短，常规的枪托被手枪枪把取代。37型霰弹枪使用的是管状弹匣，可装5发或8发子弹。它有两个枪管，长度分别为470毫米和508毫米。使用圆形抑制枪管，这两种霰弹枪都可以发射普通的12-gauge子弹。DS型霰弹枪的枪管可以发射重型金属子弹。DS型霰弹枪仅有508毫米的枪管，安装有瞄准具；使用的弹匣和37型霰弹枪的弹匣一样，可以装5发或8发子弹。

供洛杉矶警察局使用的LAPD型霰弹枪带有橡皮枪托衬垫、特殊的瞄准具、枪背带和携带皮带的DS型霰弹枪。它的枪管长470毫米，配备可装5发子弹的管状弹匣。和其他37型系列霰弹枪一样，它也有非常结实的手动滑座气动击发设置。有几个国家的特种部队使用这些霰弹枪。

为了减少磨损，保持清洁，所有37M和P型霰弹枪都进行了金属防锈处理。

规格说明

P和M型霰弹枪

口径：12-gauge

长度：1016毫米（带508毫米的枪管）；470毫米或508毫米（枪管）

重量：2.94千克或3.06千克（取决于枪管的长度）

供弹：可装6发或8发子弹的管状弹匣

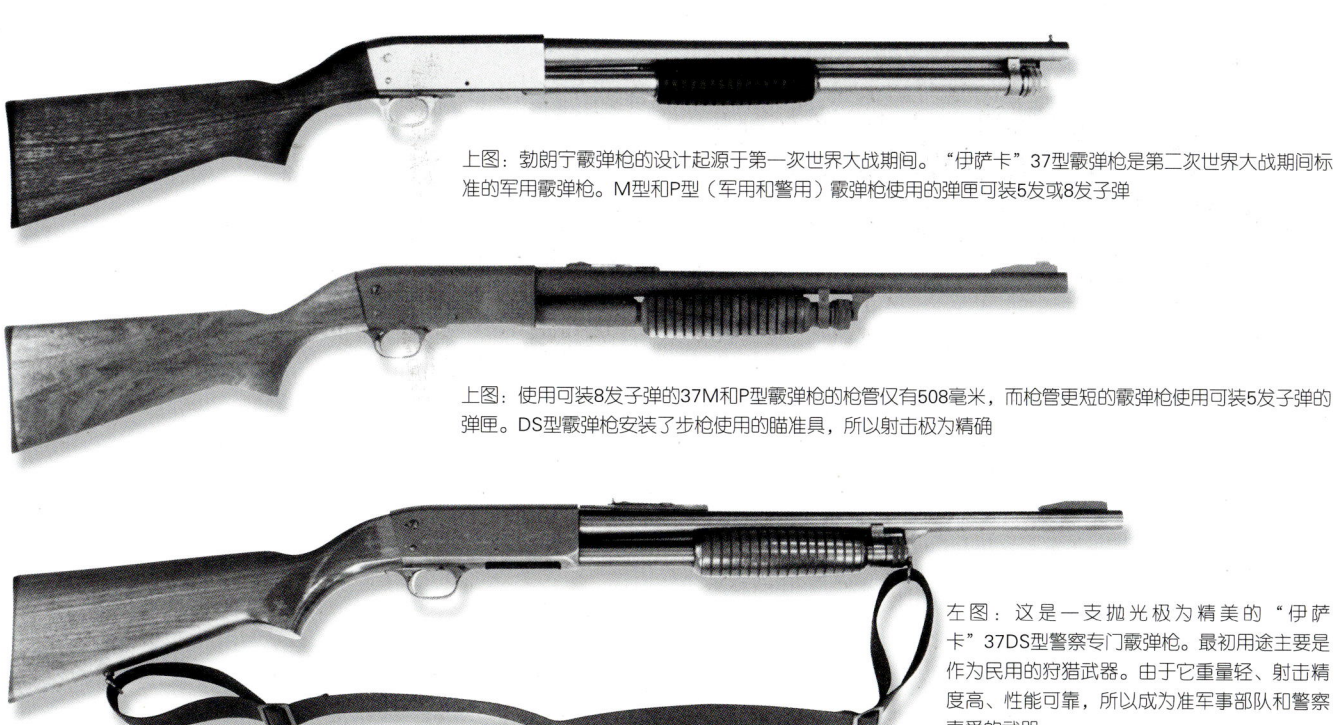

上图：勃朗宁霰弹枪的设计起源于第一次世界大战期间。"伊萨卡"37型霰弹枪是第二次世界大战期间标准的军用霰弹枪。M型和P型（军用和警用）霰弹枪使用的弹匣可装5发或8发子弹

上图：使用可装8发子弹的37M和P型霰弹枪的枪管仅有508毫米，而枪管更短的霰弹枪使用可装5发子弹的弹匣。DS型霰弹枪安装了步枪使用的瞄准具，所以射击极为精确

左图：这是一支抛光极为精美的"伊萨卡"37DS型警察专门霰弹枪。最初用途主要是作为民用的狩猎武器。由于它重量轻、射击精度高、性能可靠，所以成为准军事部队和警察喜爱的武器

温彻斯特霰弹枪

美国的温彻斯特公司以生产步枪而著称于世。该公司也生产霰弹枪，供运动市场和警察及准军事部队使用。过去，该公司生产的霰弹枪的品种齐全，种类繁多，其中包括第二次世界大战期间使用的著名霰弹枪——12型和有史以来生产极少的使用盒式弹匣的作战用霰弹枪。但目前该公司生产的型号仅限于几种手工操作的使用滑座击发设置的霰弹枪。

温彻斯特霰弹枪的基本型号是口径为12-gauge的"温彻斯特防卫者"。这种霰弹枪是专门为常规警察部队研制的，但有的也落到了几个国家的正规军队手中。从整体上看，"防卫者"霰弹枪属于完美的传统型设计，但是它的击发装置明显小于其他同类产品。温彻斯特公司生产的武器一直保持了这样的传统。另外，该公司生产的武器，其制造和抛光标准也非常高。

旋转枪栓击发设置

滑座击发装置运行时，旋转枪栓的打开和关闭都处于绝对安全的状态。为了加快击发装置的运行，后坐力可有助于解锁的速度，武器能在极短时间内进入半自动射击状态。它的管状弹匣可装6发或7发子弹，伸展后正好处于枪口下面。至于使用6发子弹还是7发子弹的弹匣，要取决于子弹的类型——正常的霰弹枪的子弹或较长的重型金属子弹。一般情况下，霰弹枪都使用了蓝色涂料或进行了金属防锈处理。但是专门供警察使用的型号有所不同，所有的金属部件都是用不锈钢制成的。发射金属子弹时，可以安装步枪使用的瞄准具。弹匣也比标准的"防卫者"霰弹枪的弹匣短，并且还有枪背带。

海军专用型号

或许，目前最与众不同的温彻斯特霰弹枪当数"水兵"1300型。这种霰弹枪是专门为海军和海军陆战队设计的。它是在"防卫者"霰弹枪的基础上设计的，但是和警用型霰弹枪更为接近，因为在设计中出于抗腐蚀性考虑，所以是用不锈钢制成的。海军使用的武器都必须经得起盐类腐蚀，而不锈钢的抗腐蚀性较强。为了保证这种霰弹枪具有完全的抗腐蚀能力，"水兵"霰弹枪的所有外部金属部件都镀上了金属铬。这样，"水兵"霰弹枪从外观上看尤其与众不同。但是，在作战中，人们也发现它存在一些问题。不过，这种霰弹枪一般都销售给类似于海岸警卫队的准军事部队。海岸警卫队觉得登船检查部队需要这种武器。

右图：英国警察越来越喜爱美国的温彻斯特霰弹枪。图中的英国警察手持温彻斯特霰弹枪，头戴盔甲，上身穿防弹背心，全身着防火服。目前在英国伦敦街道上巡逻的警察都装备有温彻斯特霰弹枪

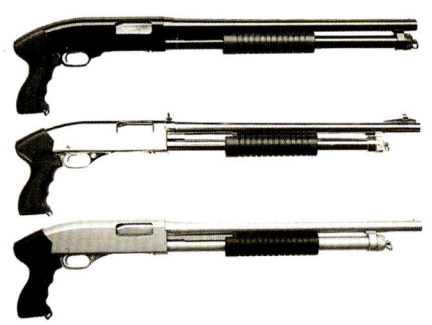

上图：温彻斯特公司已经生产了三种"防卫者"霰弹枪，所有型号的霰弹枪都使用了枪托或手枪枪把。图中从上到下分别是带有手枪枪把的"防卫者"霰弹枪，带有手枪枪把的用不锈钢制成的"水兵"型霰弹枪，带有手枪枪把、用不锈钢制成的警用型霰弹枪。最后一种霰弹枪使用的弹匣较小

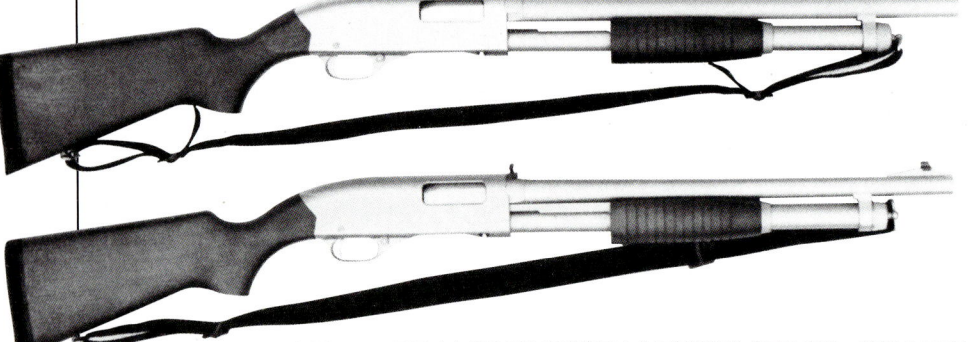

上图：1200型滑座击发装置的霰弹枪是由美国温彻斯特公司生产的。枪管长457毫米，它的金属部件的表面都镀有金属铬，具有较强的抗腐蚀能力

规格说明

"温彻斯特防卫者"霰弹枪

口径：12-gauge

长度：457毫米（枪管长）

重量：3.06千克；或3.17千克（不锈钢型）

供弹：可装6发或7发子弹的管状弹匣，或者可装5发或6发子弹的管状弹匣（不锈钢型）

"汽锤"霰弹枪

潘科公司的"汽锤"霰弹枪虽然最近才登上作战型霰弹枪的舞台,但它使用的操作系统却具有悠久的历史。这种霰弹枪的设计者是约翰·安德森。1984年他获得了这种霰弹枪的专利权。这种霰弹枪不仅能全自动射击,而且还使用了一种能预先装填10发子弹的旋转弹匣。

"汽锤"霰弹枪是一种气动操作的武器,有着与众不同的外形。由于它以无托构造为基础,所以它的旋转弹匣位于扳机组件下面。弹匣用塑料制成,可装10发子弹。子弹在枪托前端前后移动之前被送入弹膛。射击时,枪管向前移动。在枪管向前移动的同时,一个气动操作的螺栓在弹匣内的斜角凹槽内移动,启动旋转设置,把下一颗子弹送入弹膛。枪管向前移动到一定位置后,在弹簧的作用下,枪管向后移动,此时,弹匣旋转设置运动完毕(这种系统在第一次世界大战期间在英国的韦伯利和福斯贝里左轮手枪中使用过)。枪管返回到原来的位置后,武器就做好了再次发射的准备。全自动射击时,射速是每分钟240发子弹。由于它的枪口安装了向下倾斜的枪口抑制器,所以枪口向上抬升的情况部分得到了缓解。枪口抑制器同时也可以当光焰过滤器使用。

极少使用金属的武器

"汽锤"霰弹枪大量使用坚硬的塑料制品。事实上,只有枪管、复位弹簧、弹匣旋转设置和枪口抑制器(也可作光焰过滤器)是用钢材制作的。它的弹匣被称为"弹药盒",可以提前装填,然后用塑料胶带密封(装弹前拆除),胶带上有颜色代码表明弹盒内的子弹类型。它不能只装一颗子弹,却可以选择单发射击。

瞄准具安装在携带把手长杆的槽沟内。左撇子射手也可以使用这种霰弹枪,因为它没有空弹壳弹出,它的空弹壳都保留在旋转弹匣内,射击后可以一次性抛出。弹匣内没有子弹时,闭锁掣子会自动打开,弹匣可以轻松取下。

"汽锤"霰弹枪真的与众不同,它具有无尽的潜能,但目前尚未投入生产。

规格说明
"汽锤"霰弹枪
口径:12-gauge
全长:762毫米
枪管长:457毫米
重量:4.57千克(装弹后)
供弹:可装10发子弹的旋转弹匣

上图:与众不同的"汽锤"霰弹枪使用的击发装置和第一次世界大战时期的韦伯利和福斯贝里自动装填左轮手枪的击发装置非常接近。射击时,环绕枪管的环状气缸内的气压向后驱动活塞,活塞启动击发装置,击发设置在气缸内的凹槽内运动,把新的一发子弹送进弹膛。由于空弹壳仍在气缸内,"汽锤"霰弹枪避免了无托结构设计中存在的一个问题——空弹壳弹出时距离射手脸部太近从而对射手造成伤害。全自动射击状态下,弹匣内的子弹在2.5秒钟内就可射空。以这种速度射击时,抑制器能控制枪口向上抬升的幅度

雷明顿 870 型 Mk 1 霰弹枪

在过去的岁月里，在众多种类的霰弹枪中，能频频用于作战的霰弹枪恐怕非雷明顿霰弹枪莫属。如果把雷明顿的作战用枪支列出一个名单，那么恐怕一张纸也写不完，所以我们在这里仅介绍它的作战用霰弹枪——雷明顿870型霰弹枪。这种霰弹枪改进后供美国海军陆战队使用。改进后的雷明顿870型被称为12-gauge雷明顿870型Mk 1霰弹枪。

870型霰弹枪曾经是使用最广泛的霰弹枪之一。它的基本型号被称为870R型（防暴型）和870P型（警用型），但是经过改装和改进，又出现了其他型号。870型霰弹枪使用滑座式击发设置。1966年，美国海军陆战队按计划举行了一系列作战用霰弹枪试验。从作战性能是否可靠方面考虑，这种半自动发射的霰弹枪成为最受欢迎的武器。这样，870型霰弹枪成为美国海军陆战队的首选武器。经过几次改进，这种霰弹枪完全达到了海军陆战队的作战要求，被命名为870型Mk 1霰弹枪后投入生产，并且从此以后，美国海军陆战队一直保留了这种武器。这些改进包括一种较长的弹匣、枪管周围有隔热盾牌，可以防止射手的双手不被灼伤。另外，它还使用了不发光的保护性抛光材料，防止武器受到腐蚀和生锈。

传统型击发设置

870型Mk 1型霰弹枪使用气动操作击发设置。它有两个击发杆和一个倾斜的闭锁装置。闭锁装置可以将枪管直接锁定。管状弹匣位于枪管下面，可以装7发子弹。枪管可以在几分钟内更换。这种霰弹枪发射的子弹类型较多，从轻型子弹到硬金属弹心的细长子弹都可以使用。它有许多额外的设置，如枪背带。为了满足美国海军陆战队的需要，弹匣（为了增加容量，增加了弹匣的长度）的托架有可以安装刺刀的凸出设置，这种设置和M16突击步枪上的设置一样。枪管上有通风的护手柄。但870型Mk 1型霰弹枪上没有安装许多民用870型霰弹枪普遍使用的枪托橡皮衬垫，因为美国海军陆战队认为在作战中这种设置没有安装的必要。

自这种霰弹枪问世以来，美国海军陆战队在历次作战中经常使用这种武器。在大规模两栖作战中，这种霰弹枪使用的较少，但在其他类型的任务中，美国海军陆战队大量使用。例如：在1975年5月发生的"马亚圭斯"事件中，一艘美国商船在柬埔寨的西哈努克城港口附近停泊被拘留后，美国组建和派遣了部队，负责拦截检查过往船只。在越战期间，美国海军（常常是"海豹"小队）大量使用而且目前仍在使用这种武器。

美军还曾经制订了一项870型Mk 1霰弹枪的改进计划，使之可配备10发或20发子弹的弹匣，使用这种弹匣具有明显的战术优势。但是越南战争结束后，正当这项计划处于研制的顶峰阶段时，美国终止了这项计划。

警察、保安和准军事部队也非常喜爱870型霰弹枪。他们一般选择的型号都带有可装8发子弹的弹匣，使用固定或折叠式枪托，或者没有手枪枪把，枪管长551毫米或709毫米，枪口安装有气缸抑制器（或改进的气缸抑制器）、"步枪类"或"偷窥"式瞄准具、战术闪光灯、激光瞄准仪、发射非致命性子弹的专用设置，以及发射致命性子弹（如大型铝弹和完整的金属子弹等）的专用设置。

规格说明

870型Mk 1霰弹枪

口径：12-gauge

全长：1060毫米

枪管长：533毫米

重量：3.6千克

供弹：可装7发子弹的管状弹匣

上图：霰弹枪在丛林战中的作用极为显著，英国陆军在马来亚镇压游击队活动以及与印度尼西亚的冲突中大量使用霰弹枪。英国军队在远东使用的870型霰弹枪安装了完整的枪托。英军使用的另一种霰弹枪是防暴型霰弹枪。这种霰弹枪安装了折叠式枪托，使用加长的弹匣。

上图：雷明顿霰弹枪在战争中有着悠久的使用历史，但是870型霰弹枪直到20世纪60年代中期才被美军正式接受。当时美国海军陆战队在越南的丛林战中大量使用这种武器。另外，警察也大量使用这种武器

先进的作战用霰弹枪

1972年，由麦斯威尔·G.艾奇逊设计的艾奇逊突击霰弹枪（样枪）为研制新式霰弹枪——突击型霰弹枪铺平了道路。这种突击型霰弹枪以后坐力操作系统为主，以气动操作系统为辅。艾奇逊霰弹枪（和作战型霰弹枪不同）以M16突击步枪的组件为基础，它的规格和结构与M16突击步枪完全一样，但是为发射大型的铅弹或坚固的金属子弹而设计。它的设计较为简单，枪管拧进长管状的套筒座内，套筒座内的空间可容纳枪栓和后坐力弹簧。它的扳机组件，使用了BAR M1918扳机设置和汤姆森冲锋枪的手枪把。这种霰弹枪即可以半自动射击，也可以全自动射击；既可以使用可装5发子弹的盒式弹匣，也可以使用可装20发子弹的鼓式弹匣。

1973—1979年期间，艾奇逊霰弹枪的设计原理得到了验证。随后，制造商生产出了艾奇逊霰弹枪的改进型号。它最明显的变化是，整个机械设置都设在两个蛤蚌形的枪托内部。从1981年开始，在美国和韩国进行了限量生产。在1984年，它的生产标准又经过修改，包括它的刺刀架以及前一个蛤蚌形枪托前端的防滑装饰被取消了。所有的艾奇逊霰弹枪都能发射北约标准的枪榴弹。它的弹匣有可装7发子弹的单排式盒式弹匣，也有可装20发子弹的鼓式弹匣。

新一代武器

20世纪80年代初期，为了研制出能够发射大推力的多用途弹头（有效射程100~150米），美国开始实施一项名为近距离攻击武器系统的研制计划。参与研制的成员中就有赫克勒和科赫有限公司和温彻斯特/奥林公司。前者负责武器开发，后者负责弹药的研制。

赫克勒和科赫有限公司研制的近距离攻击武器使用了平滑弹膛和选择性射击设置。它使用高压弹药发射用金属钨制成的子弹和硬金属弹心的细长子弹。近距离攻击武器以后坐力操作系统为主，以气动操作系统为辅，使用可移动式枪管。它的外表和G11突击步枪非常类似，采用了无托结构，有完整的携带把手。机柄位于携带把手的下面。套筒座上面有一个非常灵巧的保险和射击选择器。射击选择器有三种状态：安全状态、半自动射击状态和3发子弹点射状态。美国陆军对近距离攻击武器进行了试验，之后由于美国终止了整个研制计划，所以近距离攻击武器的研发也就中途夭折了。

规格说明

艾奇逊突击霰弹枪

口径：12-gauge
全长：991毫米
枪管长：不详
重量：5.45千克
射速：每分钟360发子弹
供弹：可装7发子弹的管状弹匣

赫克勒和科赫有限公司的霰弹枪

口径：12-gauge
全长：988或762毫米
枪管长：686或457毫米
重量：3.86千克
供弹：可装10发子弹的盒式弹匣

上图：艾奇逊突击霰弹枪，口径为12-gauge，安装了选择式射击设置，使用了气动操作设置和重型枪栓，既可使用可装20发子弹的鼓式弹匣，也可使用可装8发子弹的盒式弹匣

上图：赫克勒和科赫有限公司研制的近距离攻击武器——霰弹枪有长有短。它使用短后坐力操作系统。全自动状态射击时，射速为每分钟240发子弹

9 防暴武器

暴乱控制在现代各国军队所肩负的任务中变得越来越重要。在很多国家，举行和平抗议活动是每一位公民的权利，即使是社会秩序最稳定的国家，诸如此类的集会活动都有失控的可能，所以安全部队必须在恰当的时间内进行干预。如果发生大规模暴乱，仅仅依靠警察的力量是远远不够的。

暴乱期间，军队或警察必须和人群保持一定的距离。这样可以防止安全部队被愤怒的人群包围。如果双方保持适当的距离，紧张的氛围会趋于缓和。然而，仅仅采取这些措施是远远不够的。

当双方之间无法避免接触时，对暴乱人群进行控制的最常用、最简单的方法就是使用普通的木棒或警棍。安全部队还可以使用催泪瓦斯，这种武器既可以用手投掷，也可使用包括霰弹枪、枪榴弹和常规步枪在内的各种防暴乱武器发射。

这些武器中，大部分都能发射不同规格的防暴乱子弹。这些子弹中最常用的是橡皮子弹或塑料子弹。此类子弹主要是为了对付在60米内的向警察投掷汽油弹或石块的暴乱分子。此类子弹不仅起到致人轻伤或惊吓的作用，在非常近的距离内，还具有一定的致命性。必要时，使用防暴子弹具有如下优势：如果发现一名年青人试图投掷汽油炸弹，那么在不会对他周围的无辜行人造成伤害的情况下，防暴警察可以直接瞄准，将其击倒。

另一方面，催泪瓦斯也是防暴乱必不可少的武器。催泪瓦斯能让人的眼睛、鼻子和呼吸系统产生极不舒服的感觉，而且持续时间短，不会对人产生严重伤害，许多国家的军队在对付暴乱时可以随时使用。但是在欧洲国家，只有发生非常严重的暴乱时，才会使用。

尽管催泪瓦斯在驱散人群时效果显著，但它不仅会对暴乱分子产生作用，而且无辜的行人和安全部队也难以幸免。目前世界各地的集会人群已经学会对付催泪瓦斯的方法：脸上蒙上湿手帕，并且他们还学会了把安全部队发射的榴弹再扔回到安全部队的脚下。

防暴乱车辆

从世界各国的情况看，为了有效地控制暴乱活动，各国普遍使用了各种类型的轮式车辆，这些车辆经过了特殊的改装或制造。它们有的是用轻型商用车辆改装成的，有的则是装备齐全的装甲车。

暴乱控制车辆能够向安全部队提供保护和支持。车辆四周有坚固的防护栏，可

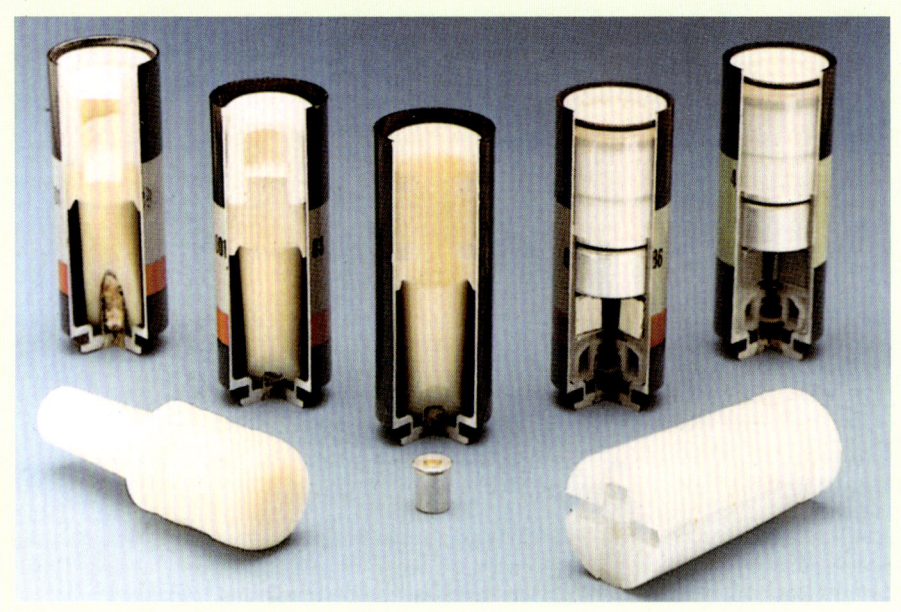

上图：这是几种暴乱控制的专用弹药。其中最常用的是防暴子弹。这种子弹能把暴乱者击倒在地，但有时也能置人于死地

上图：接受过控制暴乱技巧训练的士兵一般情况下都会避免和暴乱分子直接接触，而且还要避免使用暴力，因为那样会导致形势进一步的恶化

上图：装备控制暴乱武器的警察和军队都有吓人的穿戴，他们必须尽力避免因受到暴乱者的挑衅而采取过激的行动。暴乱者会将政府的过激行动大肆宣传，来博取舆论的同情

以保护安全部队免遭暴乱分子投掷武器的伤害。如果这些车辆停靠在狭窄街道的中间或楼房的一侧，可以封锁大多数路面，阻止暴乱人群采取进一步活动。

同时，暴乱控制车辆还可以用来救助那些受伤的人们。车内装有可靠的无线电通信设施，并且还安装有其他设施，其中包括车顶或炮塔探照灯、扬声器系统、清除街道上的非法路障的排障设置以及对付狂热人群的高压水枪。为了防止暴乱分子爬上车辆，此类车辆的表面甚至还有带电设施。

直升机

为了监视暴乱人群的活动，各国开始越来越多地使用直升机。英国军队在北爱尔兰广泛使用直升机，并且世界各国的警察也都仿效了英国的做法。一般情况下，警用型直升机安装有摄像机、热成像仪和大功率探照灯。有的上面还安装有数据链系统，可以直接把现场图像转送到地面的指挥中心，由指挥中心的有关人员对传送的信息进行评估，并根据情况下达相应的指示。

战术

世界各国的警察部队为了驱散暴乱人群会使用不同规模的部队。有些国家干脆直接派遣军队，采取行动；而有的国家，不到最后时刻，一般不会动用军队。

许多国家成立了特殊的机构，专门对付暴乱或其他类型的扰乱公众秩序的活动，例如，法国组建了共和国安全部队，德国组建了联邦边防大队。法国的共和国安全部队和英国安全部队或美国警察部队的做法完全不同。为了向暴乱分子表明政府的决心，威慑暴乱分子不要采取进一步非法活动，法国政府在暴乱发生的初期阶段就开始大规模动用安全部队。1968年5月，共和国安全部队在巴黎残酷地镇压了学生发动的暴乱活动。

德国和欧洲其他国家的部队也采取了同样的方法，然而，英国却能仅仅调用必要的部队就解决问题。英国依赖于良好的情报、观察和通信设施，适时掌握暴乱分子的一举一动，并根据相应的情况，增减要动用的力量。

不同的看法和前景

对于这两种不同的方法，人们对它们的效率一直存在争议。法国共和国安全部队雷厉风行的作风一定会让任何一位想搞暴乱活动的人放弃打算；然而，还有更加合理的方法，解决棘手问题所用的时间越长，就越有机会在发生严重伤害或受伤事件之前，控制住恶化的局势。

当英国军队第一次被派到北爱尔兰执行任务的时候，毫无经验的士兵们发现他们常常陷入暴乱队伍的包围中。开始时，这些恐惧和迷惑的年轻士兵在面对暴乱分子时的反应极不冷静，但是经过25年的磨炼，英国陆军在有效驱散人群、缓和局势方面已经驾轻就熟，并积累了一套行之有效的方法。

理想的观点是，士兵什么时候都不应该卷入暴乱或暴乱控制活动中去，但是历史已经证明，仅靠警察的力量往往无法平息大规模的暴乱活动。当暴乱发生时，人们希望派出军队支援，弥补民事警察力量的不足。这的确不是一件愉快的事，不过，每一位士兵对此都必须有所准备，并且能够正确应对。

上图：高压水枪是一种优秀的防暴乱武器。无论是在精神上，还是在行动上，都可以让狂热的暴乱者冷静下来。高压水枪的力量能把人击倒在地，驱散马路上的暴乱者

成功地控制暴乱

在控制暴乱活动之前，所有参加活动的部队人员都必须了解如下内容：
1. 背景情况和部队所肩负的特殊使命。
2. 动用军事力量的有关规定。
3. 对当地局势的心理准备、当地民众可能的反应，以及部队对此采取的相应措施。
4. 经过新闻媒体和民事官员证实的现场情况。

右图：依靠装甲车侧面的屏障在驱散或阻止暴乱活动时的作用非常明显。照片中显示已动用装备常规武器的军队控制暴乱，表明大规模的和平示威活动已经失去控制，和平示威已经演化成了暴力暴乱

非致命性武器

在暴乱和人群控制行动中，安全和警察部队所担负的任务就是把动用武力的可能降到最低程度，在无人死亡、最好也无人受伤的情况下控制住局势的发展。这表明在此类行动中所使用的特殊武器要具有两种基本的能力：轻伤害性和非致命性。轻伤害性武器的设计目的是为了把伤亡减到最低程度，这些武器包括发射橡皮子弹和黏性泡沫子弹的弹射武器；非致命性武器不会引起死亡、受伤及事后反应。使用非致命性武器的主要场合除了对付暴乱的人群外，还可以在近距离作战（一般情况下，作战范围较小，如酒吧或室内）、阻拦逃犯、解救人质以及在没有人质但目标已被封锁的情况下使用。

"豆包"子弹

"豆包"子弹的有效射程约为15米，但精度很差，由装在尼龙袋里的塑料豆组成。发射时初速较大——约280米/秒。击中人时力量较大。正因为如此，在6米的射程内，射手不应该瞄准人的头部、脖子和身体上脾、肺和胃等器官的位置。使用橡皮子弹和塑料子弹时，也要受到同样的限制。

拉莫防御公司生产的"黄蜂巢刺榴弹"之类的特殊手榴弹也具有上述武器的能力。这种手榴弹内含低威力的火药和坚硬的橡皮球。它巧妙地把低威力火药产生的冲击波和橡皮球的撞击力结合在一起。这种手榴弹每枚能装60个11.4毫米或15个17.5毫米的橡皮球，爆炸后以360度角散开，有效半径是2.1~7.6米。

圆形橡皮子弹

另一种名为"毒刺"—RAG的子弹使用了和"豆包"子弹同样的原理。这种子弹用M16突击步枪枪口上的一种特殊发射装置发射。它是一种圆形子弹，用软橡皮制成，直径大约为6.35厘米；这种子弹发射后，每分钟可旋转2500转；在60米的射程内，以每秒钟60米的速度击中目标。"毒刺"—RAG子弹的精度易受风向的影响，如果目标（人）身穿较厚的衣服时，子弹就失去效果。这种子弹还会对人的眼睛造成伤害。另外，用步枪也能发射类似的子弹，如小型的水球子弹。

"小球"发射器

比利时FN公司研制的FN303是一种半自动系统。它属于压缩空气操作类型的武器。设计这种系统的目的是为了发射各种12-gauge口径的冲击弹、标记弹、臭气弹和照明弹。每粒子弹重8克。FN303系统的外形非常前卫。它是这种远距离系统的核心。这种系统能力出众，既可以对付个人，也可以对付人群。FN303系统是一种非常优秀的武器，它可以安装在现代突击步枪的枪管下面。

另一类限制性武器是由新墨西哥州阿尔伯克基市圣迪亚国家实验室研制的"黏性泡沫"。这种武器使用特制的容器发射，器内安装有投掷设置。里面的泡沫非常黏，射出就能黏住目标。但是这种泡沫有两大缺陷：如果泡沫盖住了目标（人）的嘴和鼻子，人就可能会窒息而死；泡沫本身是无毒的，但是要去除泡沫，需要把泡沫融化，而在融化时泡沫可能会产生毒素，所以在融化泡沫时，常要使用剪刀先剪断泡沫。

刺激球

目前美国研制的被警察广泛使用的另一种武器是"胡椒粉"子弹。它是由"胡椒粉子弹"（PepperBall）技术公司

上图：FN303是一种能够发射各种非致命性子弹的武器，它的射程较远。它的动力来自气缸内的压缩气体。气缸安装在枪管右侧。

左图：FN303系统与常规武器射击和瞄准的方法几乎完全相同。它拥有一种可装15发子弹的弹匣。弹匣正好位于前置枪把的后部

左图：FN303系统还有一种型号，可以安装在大多数突击步枪上，如图中即是在M16突击步枪上使用

规格说明	
FN303系统	供弹：15发子弹的弹匣
口径：12-gauge	有效射程：100米
全长：740毫米（单机式）；	
425毫米（安装在突击步枪的枪管下）	**TRGG便携式发射器**
重量：2.3千克（单机式）；	重量：10.5千克（空）；20.5千克（装满）
2.2千克（安装在突击步枪枪管下）	助推容量：可喷射80次
助推容量：可喷射65次	最大射程：大约20米

左图：TRGG便携式发射器是一种控制人群的武器。德国民事安全部队曾经装备过这种武器。其实它是一种能够喷射刺激性物质或标记性物质的喷射器

发明、制造和销售的。它使用特殊的半自动型发射器发射。这种发射器的动力源是压缩空气。"胡椒粉"子弹是一种坚硬的塑料球，击中目标后爆炸，并且击中目标时的力量足以迟滞目标的活动。这种塑料球爆炸时会产生一种PAVA化学药粉，这种药粉会散发出刺激性物质，刺激人的眼睛、鼻子、喉咙和肺，使其无法活动（除了用力呼吸之外）。

刺激性喷雾器

著名的非致命性武器是由德国赫克勒和科赫有限公司研制的TRGG便携式刺激物发射器。这种发射器在结构上和火焰发射器非常类似，可以把类似于火焰喷射器的罐子背在后背上，使用人员手持和火焰喷射器非常类似的喷射器瞄准目标后，就可射出刺激性物质。事实上，它们是如此接近，差异仅在于TRGG喷射的是一种刺激性物质，而不是一串串火焰。

TRGG背包有两个罐子，一个装刺激性物质，另一个装压缩气体——通常为二氧化碳。当操作人员扣动发射器的扳机时，压缩气体就会把刺激性物质从罐子中喷出，罐子和发射器之间有一根软管相连。它使用的刺激性物质种类繁多，从催泪瓦斯到催泪毒气应有尽有。它还可以喷射出各种颜色的染料给暴乱者标上记号，以便于抓捕。

TRGG的最大射程是20米。罐子内的容量足够喷射80次，每次喷射都有自动监视设置监控，既不会浪费，也不会不足。需要重新装填时，罐子更换非常方便，每次仅需几秒钟时间，无须使用工具。更换罐子的工作通常由另一个人完成，他在重新装填时，需要取下装罐子的支架。

有些警察和准军事部队并不喜欢使用TRGG之类的暴乱控制武器。TRGG的外形太引人注意了，从而容易让它及其使用人员成为报复的目标。同时，这种装备也相当重，操作人员背着很难快速行动，难以适应环境的需要。另外，这种设备的射程相对受到了限制，甚至有轻微的逆风，上面所提到的20米射程都难以达到。但是射程如果太远，刺激性物质会迅速挥发，那样对那些意志坚决的暴乱分子来说就没什么作用了。然而，在较近的距离内，虽然威慑力较大，但是TRGG又需要其他人提供大量的保护性支援活动，许多警察或准军事部队或许会认为不应该投入这么多人力。到目前为止，除了德国之外，其他国家的正规装备中极少采用TRGG。

闪光弹

法国著名的维尼—卡龙武器制造公司生产的闪光弹中有一种特殊的9.65毫米子弹，这种子弹能产生强大的阻拦力量。甚至在很近的射程内，它的弹头也不会穿透衣服，却能有效地击倒目标。它的优势已经被使用过它的安全部队证实。闪光弹的

上图：在圣迪亚国家实验室研制黏性泡沫的计划是由美国国家司法协会发起的。它可以限制目标（人）的活动，直到给他戴上手铐，然后再用剪刀把这种泡沫剪开

上图：在防暴武器中，使用时间最长、效果最为显著的武器就是高压水枪。从此类车辆中喷射而出的"子弹"一般情况下能把步行者击倒，让他们冷静下来

左图：黏性泡沫从图中人背后的背包式装置中喷出的。这种装置装有压缩气体和泡沫材料。这种系统的射程较近，所以这种黏性泡沫在楼房内使用要比在露天场所使用效果好

发射器外形有点吓人，能够快速投入使用。目前有单管和双管式发射器。它的重量较轻，但结实耐用，并且适于所有使用非致命性武器的场所。

上面提到的非致命性和轻伤害性武器都是在暴乱控制中经常使用的典型武器。这些武器的致命性较低，但是从20世纪后半期开始，由于秩序失控而造成的伤亡事故越来越多，所以许多国家的政府面临巨大的公众压力和政治压力，因此各国都需要发明出更加安全的武器。美国空军研制室发明了一种武器，可以放射出微米波，能穿透人的皮肤，使皮肤下的温度升高，从而引起剧烈疼痛，却不会灼伤皮肤。

防暴车辆

如果在城市的街道上使用装甲车，那么新闻媒体的头版新闻中肯定会出现"政府动用坦克镇压暴乱"的大号标题，这样就会引起公众的混乱，而且使用履带式或轮式装甲车维持秩序费用昂贵，用其作为维护国内安全的手段实乃下下之策。正是出于这样或那样的考虑，英国陆军为了维护北爱尔兰的稳定才保留了老式的轮式装甲车，而且，轮式装甲车的制造商还生产了和战场上不同的装甲车，专门用来维护国内的安全秩序。

有许多理由表明履带式装甲车不适合维护国内的安全秩序，所以许多公司设计出专门用来维护国内安全秩序的轮式车辆。这类车辆的外壳必须有足够的保护才能对付7.62毫米步枪子弹的袭击。有些国家的恐怖分子最常用的武器是地雷，常把地雷埋在偏远地区的公路的拐弯处，在军用车辆或准军用车辆通过时引爆。如果地雷是标准的反步兵地雷或反坦克地雷，那么车辆的设计人员必须细心设计车辆的外层装甲，才能把地雷对车辆造成的损伤减到最轻的程度。设计要确保地雷产生的冲击波被引向侧面再向上偏移，这样车辆底层才不会被冲击波正面击中，但是车辆会向上抬升，甚至翻车；或者车辆离地面较近的地方会被冲击波击穿。例如，英国的"撒克逊人"车的轮胎上有一个用钢板制成的完整外壳，当地雷在车下面引爆时，钢板能把地雷的冲击波引向两侧。南非的"犀牛"和"牛头犬"车的轮胎上都安装了V形钢板，如果车子从地雷上驶过，轮胎和钢板能够承受住地雷的冲击波。

对柴油机的偏爱

和汽油发动机相比较，安全车辆的设计人员和使用人员更偏爱柴油发动机。因为柴油挥发慢，而汽油挥发较快，所以柴油发动机不易起火。指挥官、司机和车内人员必须通过车窗了解周围的情况，车窗和其他车外壳一样对车内人员起到保护的作用。指挥官和司机的窗户必须有擦拭器和特殊清洁液，确保随时清除示威者扔到车窗上的涂料。

进入和退出车辆的方法要尽可能多样化。车门要尽可能大一些。例如，如果主门在车后，车辆从后面遇到伏击，车内乘员就无法从车内撤出，除非车内还有其他侧门。而且车门把手要设计成除非有进入密码，否则无法进入，外面不得有任何装饰，以防暴乱分子利用这些装饰爬到车上。

车必须使用扁平运转型轮胎，确保子弹击中轮胎后车辆还能向前驶出一段距离。车内还应该有火灾探测和灭火设备，尤其是在轮胎的拱门周围，因为暴乱分子常会向安全车辆的橡胶轮胎投掷汽油弹。车顶必须呈斜坡状，这样榴弹在爆炸前就会从车顶上滚落下去。车门周边和发动机的位置必须经过精心设计，保证汽油弹流出的燃烧液体流到地面，而不是车内。

创造车内舒适的工作环境

由于部队或警察需要在车内待较长时间，所以在与外界隔绝的情况下，车内要提供空调设施。每一个座位都必须有安全带，因为如果车辆触雷，车内人员的伤亡多数是由车内人员被抛出座位和车内物体撞击引起的。车内还要有足够的空间存放防暴乱使用的盾牌、武器和其他必备设备。

有些安全车的炮塔上安装了12.7或7.62毫米机枪，同时也有一些车辆的炮塔是供指挥官观察车外情况的。有些车辆的前面装有专门设备，如标准的路障清除设备，有些车辆还配备了指挥系统或救护系统。有的车辆可以用来装载爆炸物处理小队和所需的装备，并且所有国内安全车辆都配有高压水枪或榴弹发射器（发射催泪瓦斯）。

有的国家把标准的军用轮式装甲车当作安全车辆使用，而有的国家更喜欢使用廉价的车辆，配上轻型卡车（如梅赛德斯—奔驰和"陆地巡游者"）的底盘。

装甲车用作安全车辆

有的国家使用轮式装甲车维持国内的治安。这些车辆包括莫瓦格公司的"罗兰

上图："水牛"装甲车底部高悬，上面是V形斜坡，保证在触雷时，车辆的主要部分不会被地雷的冲击波击中。这种车辆可用来运送部队

德"、MR8和"庞蒂克"、卡迪拉克·盖奇康曼多系列、GKN圣凯AT105"撒克逊人"、ENGESA EE-11乌拉图、SIBMAS、维克斯防御系统/BDX 瓦尔凯、菲亚特Tipo6614、雷诺 VAB、贝利埃VXB-170、潘哈德VCR和MS、ACMAT、BMR-600和BLR-600、"獾"式装甲车、运输装甲车、"苍鹰"越野车和BTR系列车。

使用德国梅赛德斯—奔驰底盘的安全车辆包括1969年交付的UR-416以及最近生产的TM170和TM125。自1965年以来,北爱尔兰的肖特公司已经生产出了自己的肖兰德装甲巡逻车,并且在1974年又生产出了肖兰德SB401。威尔士的霍茨普尔公司还生产了4×4和6×6装甲车。这种装甲车使用的是"陆地巡游者"的底盘。

许多国家都使用了菲亚特11A7A凯潘格朱拉4×4轻型车辆,所以米兰的斯帕公司研制出了"卫兵"安全车,规格为4×4 IS,目前推出的车辆中,最初使用菲亚特底盘的有"陆地巡游者"1-10和梅赛德斯–奔驰280 GE。

除了根据许可证协议制造的"庞蒂克"4×4和6×6车以外,智利还生产了VTP2和163多用途装甲车。VTP2车非常类似于德国的蒂森 IS车辆。163多用途装甲车还可用于机场和其他高风险地区的巡逻。葡萄牙的布拉维亚公司生产的凯米特4×4装甲车几乎和卡迪拉克·盖奇公司生产的V-100系列车一模一样。尽管该公司为美国陆军国民警卫队生产的康曼多MkIII装甲车体型较大,但与其公司生产的另一型号装甲车肖兰德车的基本原理是非常相近的。

多年来,西方国家研制了多种类型的适合执行国内安全任务的车辆,而到华约解体时,大部分华约国家尤其是苏联并没有专门研制可用于执行国内安全任务的车辆。

BTR-60和BTR-70系列装甲车尽管额外装备了装甲保护和更强火力,包括AGS17榴弹发射器,但仍存在许多缺陷,以至于其在阿富汗执行安全任务时,损失惨重。

很久以前,民主德国生产了两种用于执行国内安全任务的车辆,一种是SK-1装甲车,另一种是SK-2装甲车(安装有高压水枪)。SK-1的炮塔上安装了机枪。SK-2装甲车使用G5 6×6卡车的底盘,它的高压水枪安装在车顶和车后的位置。

规格说明

阿尔维斯OMC卡斯皮尔MkIII暴乱控制车

乘员:2+10人

重量:12.58吨

规格:长度6.87米;宽2.45米;高3.125米

发电设备:一台ADE-352 T 液体制冷6缸柴油发动机,功率127kW

性能:最大时速90千米/小时;最大航程850千米;浅滩1米,斜坡65%;垂直障碍0.5米;堑壕1.06米

武器:1~3支7.62毫米机枪

上图:"水牛"装甲车是南非自行研制的众多军用车辆之一。从它的设计中可以看出南非在本国治安和在与纳米比亚及安哥拉的战斗中所取得的经验

上图:维克斯·瓦尔凯用途广泛,既可作装甲车使用,也可以用作武器装运车、指挥所、救护车和维护国内治安的车辆。目前制造公司正在把轮式装甲运兵车改装成维护国内治安的车辆。使用军用装甲车执行国内治安任务的花费较大,但效果并不明显

上图:1985年开始生产的"特兰塞弗"多用途国内治安车,具备了军用装甲车的大部分功能,不过这种车的价格较高

上图:英国陆军采购的AT105"撒克逊人"可以执行准军事任务,其他国家也采购了这种车辆。图中为马来西亚军队使用的"撒克逊人"车辆

上图：从"特兰塞弗"车内透过车上的装甲玻璃可以较好地观测车外的情况。司机可以透过仪表盘上的监视器了解车后的情况

右图：许多轮式装甲车在执行国内安全任务时都经过了多种改装。维克斯·瓦尔凯装甲车能携带执行任务所需要的多种装备，它的装备包括路障清除设置、发射烟幕弹的榴弹发射器和执行任务的人员所配备的设备

下图：在北爱尔兰巡逻的一辆"哈姆贝"装甲车。英国陆军有500辆"猪"车可当作国内安全车辆使用

上图：图中飞驶的"水牛"装甲车是专门为这种地形设计的。装甲车既可以当作国内治安车使用，也可以当作军用车辆使用，但当作国内治安车使用的机会较少。正如军事采购人员所说的那样，"花钱才能买到选择的机会"

暴乱控制榴弹

暴乱控制榴弹有两种基本类型：化学型榴弹和动能型榴弹。化学型榴弹按照设计发射后散发出不同的气味，可刺激或扰乱暴乱者的活动，使他们无法按照既定的路线活动。化学型榴弹和动能型榴弹都是镇压暴乱者的工具。此类榴弹的基本要求是刺激暴乱者，使其无法继续活动，但又不会对他们造成永久性伤害。

许多年来，在暴乱控制中，各国选择的刺激性武器是催泪瓦斯，这种物质除了让人泪流不止、咳嗽、四肢无力外，对人的危害较小。催泪瓦斯通常被称作CN，但是从化学上讲，它的正确名字应该叫氯苯乙酮。

易扩散

各国把催泪瓦斯用作反暴乱武器后发现它有一个最明显的缺陷：在开阔地带，它所产生的蒸气扩散太快，很容易失去效果，而且催泪瓦斯相对来说易于忍受，尤其是获得一定经验之后。许多年轻力壮的青年人在催泪瓦斯投放后，忍过一段时间不舒服的感觉，继续从事非法活动。

而在楼房内使用催泪瓦斯就会取得更好的效果，楼房的墙壁、顶部和地板可以有效地防止瓦斯扩散，暴乱分子只能束手就擒，但是在开阔地带，作为防暴乱武器，发射不久后它的作用就会变弱和消失。

所以在20世纪50年代初期，各国迫切需要一种新的、效果更好的、更持久的武器来替代催泪瓦斯。这样就出现了能够替代催泪瓦斯新的化学物质。在让人丧失能力方面，这种化学物质优于催泪瓦斯。不久，这种新的化学物质有了一个更容易记住的名字——催泪毒气（CS）。

正常情况下，催泪毒气是一种固体物质，但是一和空气接触，马上就会变成一种白色或灰白色的蒸气，散发出胡椒粉的味道，也正是这个原因，有时人们也把它称为胡椒气体。它的蒸汽除了引起窒息感、呼吸困难之外，还会引起流泪，使人感觉极不舒服。实验表明，高度密集的催泪毒气会令人恶心和呕吐。为了增加它的效果，如果蒸气附着在衣服上，催泪毒气的效果更持久，但它不会完全让人丧失能力，更不会给身体带来长期的不适后果。

催泪毒气最先使用的时间是20世纪50年代后期，而且使用不久，各国就发现这种武器在驱散人群方面效果显著。

开始时发射催泪毒气的方法主要是用手榴弹，这和过去使用催泪瓦斯和烟幕弹的方法完全一样。同时这些手榴弹的制作和使用都非常简单、方便，但是作为榴弹，它们都有同样的缺陷，形成蒸气需要一定的时间，而且投掷手榴弹的人力有限，所以它的射程也受到了限制（投掷者和暴乱人群之间要保持一定距离），并且胆大的暴乱分子会及时捡起手榴弹回掷过来。因此必须对原始的催泪毒气榴弹进行重新设计。

新的榴弹设计

现代的催泪毒气弹几乎都装有可挥发催泪毒气的多个小型容器或弹头，当榴弹落地时，榴弹的弹体会把这些容器或弹头在大范围内分散开来（例如英国的L11A1榴弹能散发出23个小型弹头），挥发时间较短，暴乱分子来不及回掷，或者掷回时已经失去了效果。原始的榴弹设计目前已经极少用到。一般情况下，催泪毒气弹都是用装有小型助推火药的发射器发射的。它的射程是100米或更远一些，发射器通常是防暴枪之类的武器。使用防暴枪的榴弹通常的直径为37毫米。但是目前人们都认为这种榴弹的直径太小，英国陆军使用的榴弹直径为66毫米，并且发射榴弹的是专用的发射器——L1A1榴弹发射器，而不是防暴枪。

催泪毒气弹并不是现代唯一的刺激性武器，但它确实是应用最广泛的一种武器。其他刺激性武器包括不含有害物质的致幻武器，它能瞬间改变人的情绪，如产生烦躁不安的感觉或恐惧感，但是许多人

上图：美国海军陆战队负责美国驻外大使馆的安全。他们必须有能力在不使用武器的情况下，保卫使馆的安全，驱散有敌意的人群。照片拍摄于美国驻马尼拉大使馆，这名海军陆战队士兵手中的发射器能够发射催泪瓦斯弹。发射器安装在他的雷明顿霰弹枪上

上图：从理论上讲，在近距离内，防暴弹不得瞄准单个人射击，但是新一代暴乱控制武器的精度更高，如果确有必要的话，它能够准确地击倒目标（单个人）

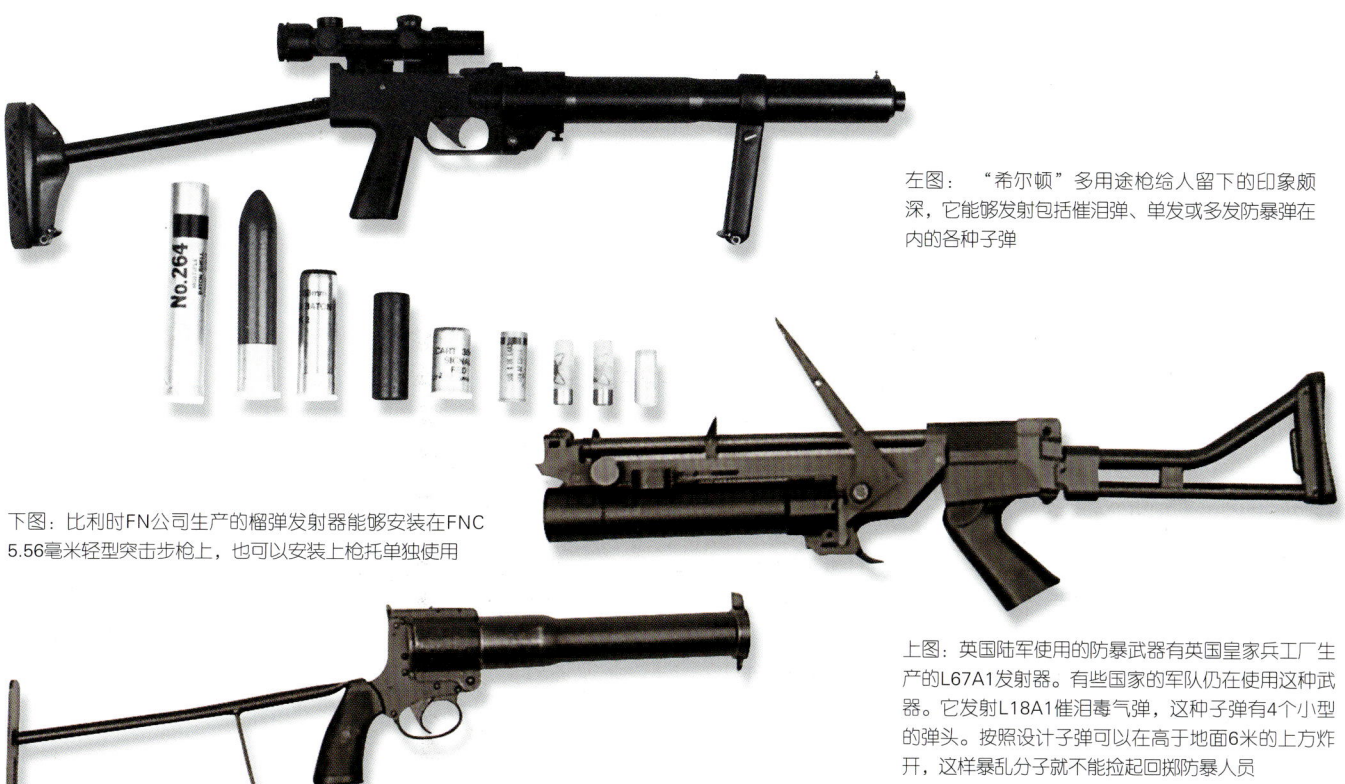

左图："希尔顿"多用途枪给人留下的印象颇深，它能够发射包括催泪弹、单发或多发防暴弹在内的各种子弹

下图：比利时FN公司生产的榴弹发射器能够安装在FNC 5.56毫米轻型突击步枪上，也可以安装上枪托单独使用

上图：英国陆军使用的防暴武器有英国皇家兵工厂生产的L67A1发射器。有些国家的军队仍在使用这种武器。它发射L18A1催泪毒气弹，这种子弹有4个小型的弹头。按照设计子弹可以在高于地面6米的上方炸开，这样暴乱分子就不能捡起回掷防暴人员

认为使用此类武器不符合人道主义原则，并且此类武器属于双刃剑类型的武器，从暴乱控制上看，它确实具有较大的优势，但同时会激起公众的强烈不满情绪。而且这些"意识"型武器对暴乱分子和使用者本人会产生同样的作用，这一点尤其令人不安，甚至使用者要携带呼吸器才能执行任务。而且警察和准军事部队使用的呼吸器效果有限，仅对催泪毒气和催泪瓦斯有效，一些威力较大的现代武器能够穿透防护服，接触到人的皮肤。

动能榴弹

当考虑使用动能榴弹的时候，各国政府应该优先考虑人道主义问题。经常使用的塑料子弹或名声不太好听的橡皮子弹使用时会致人眩晕，让人丧失活动能力。最早研制动能弹头的计划是20世纪50年代提出的，当时有几个国家已经清楚地意识到，要想有效地控制暴乱活动，使用常规武器是不能满足实际要求的。因为使用常规武器会造成严重伤亡，这必然会引起公众的强烈反感，而在当时常规武器确实比标准的刺激性武器的威力大得多。当时考虑使用几种能令人丧失能力的发射物，范围从装在厚袋子中的铅弹到重型的橡皮圈。一般情况下，此类武器都是用防暴枪发射的，但是不久防暴弹出现了。开始时这种子弹使用木制弹头，但木制弹头容易碎裂，而且会造成重伤（也会引起公众的反感）。然后，在动能榴弹出现之前的相当长时间里，各国一直使用橡皮子弹，而在一些的环境下，橡皮子弹也可能会致人重伤。

目前的防暴弹是平底的PVC子弹，虽然它没有橡皮子弹重，但和橡皮子弹相比，撞击力毫不逊色。

偶尔的致命性

不可否认的是，如果在非常近的距离内，防暴弹事实上的确会造成严重伤害，并且已造成多人死亡。这种子弹的精度极差，常常当作区域武器使用，而不是作为点目标武器使用。但是事实证明这种子弹在驱散怀有敌意的暴乱人群时效果极佳，它们甚至能让暴乱头目或其他麻烦分子丧失活动能力。这种武器确实能够防止暴乱人群投掷爆炸物和石块。尽管如此，使用防暴弹仍会引起公众的强烈反对，但是在没有比它更好的武器出现之前，防暴弹仍将是各国使用的标准防暴武器。

上图：20世纪70年代，一名警官正在华盛顿特区执勤。他手中的防暴枪使用的子弹装在身后的背包内，使用时也可以挂在衬衣前面

"阿文"暴乱控制武器

和许多同时代的武器相比，"阿文"（恩菲尔德防暴乱武器）在设计上确实比较先进，是一种创新性武器。它的结构非常复杂，或许说它是一种武器系统更合适一些。它是一种防暴乱发射器，能够发射多种新型子弹。这种武器系统是由恩菲尔德·洛克皇家兵工厂轻型武器部研制的。

"阿文"发射器的口径为37毫米。或许人们会把它当作是两个由旋转弹匣连接在一起的管子。后面的管子和射击装置以及枪把连接在一起，它有一个枪托挡板，射手可以根据需要调整射程。同时，前面的管子是枪管，枪管周围带有波纹状冷却设置。枪管带有前置式枪把，射手可以根据需要进行调整。两个管子之间是可以装5发子弹的弹匣。射击装置比较简单，由扳机控制。扣动扳机，弹匣旋转后，子弹和弹膛处于同一直线，再扣动一下扳机，子弹就可射出。它的瞄准具呈叶片状。"阿文"发射器要比大多数同类武器的射击精度高。

弹药选择

"阿文"发射器可以发射5种类型的子弹，尽管不是每种子弹都会在作战中用到。主要的防暴乱弹药是塑料子弹，这种子弹的PVC弹头呈蘑菇状，弹道比较合理，可以有针对性地瞄准目标射击。其他类型的子弹包括催泪毒气弹、遮蔽式烟幕弹、带有催泪毒气物质的防暴弹和一种装有刺激性物质、弹头能穿透障碍物的子弹。这些子弹的弹壳和发射这些子弹的弹膛都是用铝制成的。每一发子弹都有自己的内置弹药，发射时可以得到旋转弹匣前后链轮齿的支持，弹匣中其余的子弹不会受到影响。相对来说，它使用的助推火药威力较小。

理想的射速

"阿文"发射器能在大约100米的射程内精确射击防暴弹。它的普通射速（包括空弹壳弹出和从弹匣右侧的环状轮再次装填子弹）为每分钟大约12发子弹。这两种因素使"阿文"成为一种令人生畏的防暴乱武器。许多国家的警察和安全部队采购了这种武器，尤其是北美国家。由于它能够提供最大程度的安全保障，所以成为北美国家最受欢迎的武器。

规格说明

"阿文"发射器

口径：37毫米

长度：760~840毫米（可以根据需要调整）

重量：3.1千克（空）；3.8千克（装弹后）

供弹：可装5发子弹的旋转弹匣

标准射程：100米（防暴弹）

右图：这是一支37毫米XL77自动武器。它是恩菲尔德英国皇家兵工厂生产并用于试验的样枪

左图："阿文"发射器目前是世界上最先进、能力最强的防暴乱武器之一。它发射的子弹射速快、射击精度较高，能够使用多种类型的子弹

右图："阿文"发射器的另一种型号。这是使用气动击发设置的霰弹枪，它的外形吓人，射击时发出的声音也比较恐怖

"谢尔穆利"多用途枪

"谢尔穆利"多用途枪是一种单发射击武器，口径为37毫米，能够使用各种防暴乱子弹和其他类型的子弹。因此是名副其实的多用途枪。这种武器能够发射所有类型的塑料子弹、烟幕弹、刺激性子弹和其他适当口径的子弹，并且安装了可以发射12-gauge霰弹枪子弹的适配器。

"施尔姆雷"枪是由韦伯利和斯柯特公司制造、施尔姆雷公司出售的。这种武器是以一种信号手枪为基础设计的，这种信号手枪的最初型号是第二次世界大战期间生产的，目前的型号已经过了多次改进。为了减轻重量，增强坚固性，原材料使用了高弹性的铝合金。从这一点看，这种枪或许可以被视为是信号枪的扩大型。它的枪管较长（使用平滑枪膛），带有木制枪托和前置式枪把。使用了常规霰弹枪的开火系统，并且弹膛的上面有一个较大的互锁设置，射击时这种互锁装置可以确保枪管被安全锁定。如果枪管锁定方法不当，武器就无法射击。扳机有连发设置，扣压时需要持续一段时间，并且要用力扣压，这样能确保不走火。另外，它的撞针设置中有一个自动回弹器，可以防止偶然走火。装弹时，回弹器可以卸下。

霰弹枪的感觉

为了减轻枪的重量，"谢尔穆利"多用途枪在结构上大量使用了铝合金（包括高质量的铝制品铸件）。结果，这种经过精心设计、制造而成的高质量武器，造价和霰弹枪一样昂贵。当然，人们对它是否应属于霰弹枪类武器还存在争议：因为它安装了叶片状的瞄准具，前置式枪把位于枪管的下面。这种枪有不同长度枪管。它有一个特殊的设计，在执行安全任务时，能够安装在多种装甲车如"撒克逊人"装甲运兵车、"肖兰德"装甲车的机枪支架上。因为在维护国内安全方面，防暴乱枪要比机枪有用得多，所以这种能力使"谢尔穆利"枪的身价倍增。

"谢尔穆利"枪能够发射各种类型的子弹。它不仅能发射英国陆军使用的普通子弹，而且为了占领更广阔的商用市场，还能发射多种商用子弹。谢尔穆利公司又被称作佩因—韦塞克斯公司，毫不奇怪，为了和它的武器相匹配，该公司还生产出各种防暴乱子弹，有人们所能见到的刺激性子弹和其他类型的子弹，有些子弹已经被英国陆军采用。英国陆军也使用"谢尔穆利"枪。

上图："谢尔穆利"多用途枪是由韦伯利和斯柯特公司制造的。它发射37毫米榴弹，最大射程为150米，能够安装在"撒克逊人"之类的装甲车的机枪支架上

上图：射击时，防暴乱武器越来越接近于霰弹枪。从站立式姿势发射时，两者之间的差别极小。也正是这个原因，"谢尔穆利"多用途枪在设计时经过了专门考虑。它的手枪把组件和硬木制成的枪托连为一体，枪托上还可以安装后瞄准具

规格说明
"谢尔穆利"多用途枪
口径：37毫米
长度：828毫米
重量：3.18千克
标准射程：150米

左图："谢尔穆利"多用途枪是用轻型铝合金制成的。它有两个不同作用的枪管，口径也各不相同。前置式枪托可以帮助射手提高射击的精度，射手的手可以避开发热的枪管。另外，枪管长度还可以根据需要调整

MM-1 多类型子弹发射器

MM-1多类型子弹发射器是最近刚出现的一种新式防暴乱武器，它能够发射多种防暴乱子弹。它主要是为了弥补单发防暴乱武器的缺陷而研制的武器。在一群暴徒直接冲向射手时，单发子弹常常无法震慑他们，射手很容易被他们打倒。

有了MM-1多类型子弹发射器，这种事情就不容易发生了。MM-1多类型子弹发射器可以在不到6秒钟的时间内发射12发子弹。对此，即使是意志最坚决的暴徒也会三思而后行。子弹装在旋转盘的12个弹膛里，一发子弹射出后，在弹簧设置的作用下，第二个弹膛会和枪管保持在同一直线的位置，做好下一次发射的准备。MM-1没有枪托，射手一只手握前置枪把，另一只手握手枪枪把。手枪枪把位于弹匣后面。弹匣体积较大。每次装弹后，按逆时针方向转动弹膛，旋转弹簧设置就会处于拉紧状态。

MM-1能发射所有类型的37毫米或40毫米防暴乱弹药，并且安装上适配器后还可以发射常规的霰弹枪子弹和照明弹。它的最大射程大约为120米，但对于射手来说，射程远近并不太重要，重要的是它能够在较短时间内快速、连续地发射子弹，产生令暴徒震骇的效果。

这并不是MM-1多类型子弹发射器的唯一优点，因为这种武器一个人就能操作，从100米的射程外，投放催泪毒气或遮蔽式烟幕弹。也正是这个原因，中东、美国、欧洲和非洲等地区的警察和特种部队才会对它宠爱有加。目前MM-1多类型子弹发射器的使用极为广泛。它唯一的问题是体积较大，再次装弹需要的时间较长。MM-1多类型子弹发射器是由伊利诺伊州诺斯菲尔德市的霍克工程公司生产的。

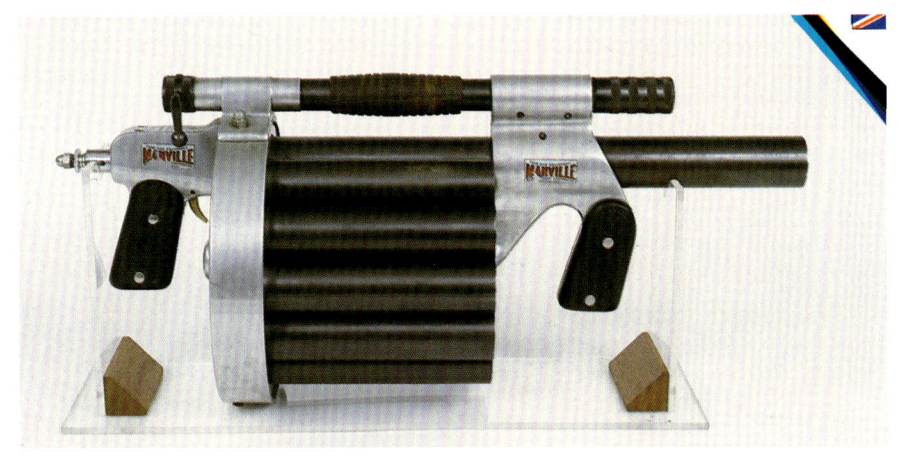

上图：MM-1多类型子弹发射器使用的旋转弹匣榴弹发射器源自第二次世界大战前的设计。许多防暴乱武器都是单发射击武器，所以在射手再次装弹时，最容易遭到暴乱分子的攻击

上图：MM-1多类型子弹发射器的重量不轻，但是和许多常规武器相比，它具有更多优点：一个人就能操作这种武器；它可以发射较大的烟幕弹或催泪毒气弹；可以在暴乱人群投掷石块或其他武器的距离外射击

规格说明

MM-1多类型子弹发射器
口径：37或40毫米
长度：全长546毫米
重量：9千克（装弹后）
供弹：可装12发子弹的旋转弹膛
标准射程：120米

史密斯和威森 No.210 气体自动枪（肩部射击）

美国著名的轻武器制造商史密斯和威森公司不仅在手动操作的枪械生产方面名闻天下，而且在暴乱控制武器及其相关弹药的研制方面同样声名显赫。该公司生产的许多武器在国际市场销售上一直呈稳步增长趋势，许多产品都供不应求，弹药类型繁多，品种齐全，从刺激性武器到烟幕弹应有尽有，还生产了专门发射这些弹药的武器。其中使用最广的武器当数史密斯和威森No.210气体自动枪（肩部射击）。

No.210气体自动枪的口径为37毫米。在该公司的大力推动下，这种武器已成为美国的标准防暴乱武器。作为防暴乱武器，目前其基本口径已普遍为人们接受。这种武器使用了该公司的左轮手枪的基本结构，但没有使用左轮手枪的旋转弹膛。这种弹膛可以装多发子弹。No.210气体自动枪属于单发射击类武器。枪管和霰弹枪的枪管相似，可以分解。为了和枢轴支点相适应，枪框的前角较低。手枪枪托前边突出，易于辨认。目前的枪托为木制品，配有橡皮衬垫，可以吸收射击时产生的后坐力，减少对射手的影响。由于它使用的子弹口径较大，所以产生的后坐力也比较大。

这种武器的发射设置属于单发或连发式类型，并且有一个外置击锤。No. 210的枪管在携带或存放时可以拆卸下来。这种武器较长，体积较大，一般都配有枪背带。使用固定瞄准具时，射击精度较高。

各种类型的子弹

No.210气体自动枪可使用多种类型的子弹。大多数子弹都属于常规子弹，但有些子弹确实与众不同。例如，No.14 "巨人"子弹。这种子弹有多种能力，带有催泪毒气防暴弹头，能够击穿较薄的障碍物。No. 17防暴弹有两种类型，都用较薄的金属包裹。其中一种的射程较远，可达135米。No. 18防暴弹和No. 17防暴弹类似，但使用的是橡皮子弹，外层没有金属包裹。No. 21是专门对付近距离目标的子弹，它能够发射浓雾状的催泪毒气物质，射程大约为11米。

这些子弹中，有些是以更加精确的方式生产的，带有尾翼，在子弹自身重量和尾翼的拖曳下，发射后的子弹在飞行时的稳定性较好。这些子弹使用的助推火药较重。Tru-Flite子弹装上较重的火药后，No.210气体自动枪的伙伴——No.209气体手枪就不能发射这种子弹了。No.209气体手枪的枪管更短，带有标准的手枪枪托和枪框。从外形上看，No.209气体手枪令人生畏。

上图：在北爱尔兰暴乱刚发生的几年里，英国陆军一直使用No.210气体自动枪（肩部射击），后来英国才决定改换较大口径、性能更加先进的L1A1榴弹发射器

规格说明
No.210气体自动枪（肩部射击）
口径：37毫米
全长：736.6毫米
重量：大约2.7千克
最大射程：135米（远距离的塑料弹）

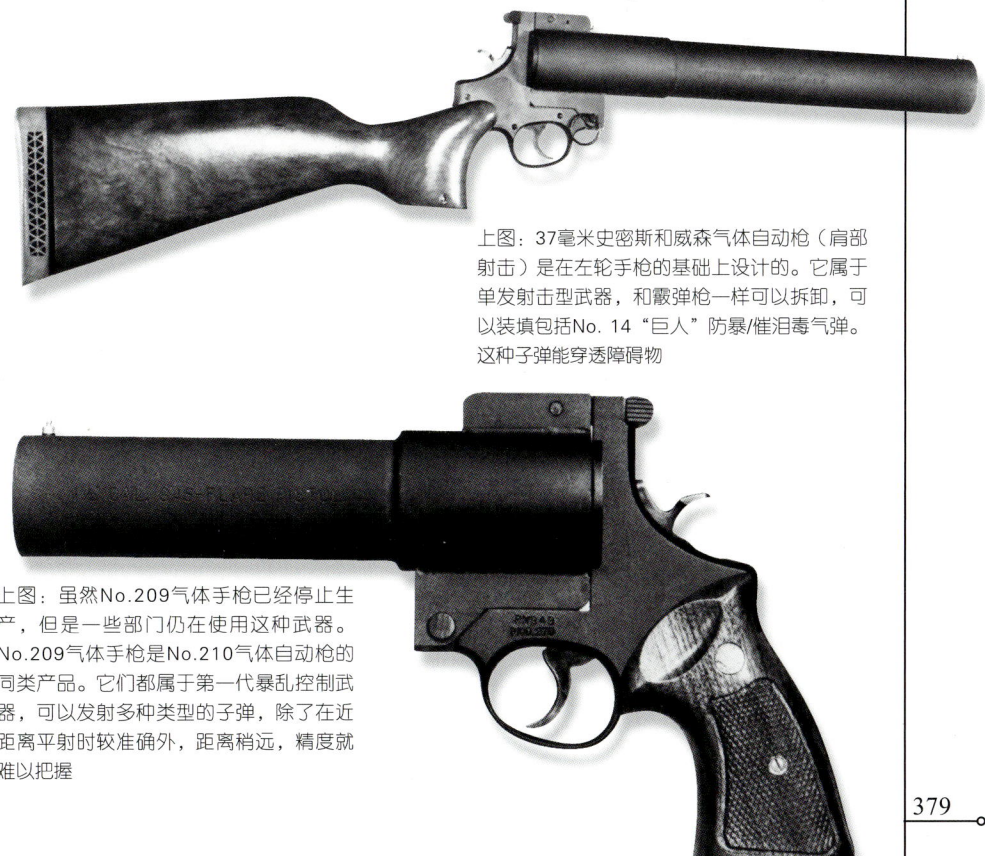

上图：37毫米史密斯和威森气体自动枪（肩部射击）是在左轮手枪的基础上设计的。它属于单发射击型武器，和霰弹枪一样可以拆卸，可以装填包括No. 14 "巨人"防暴/催泪毒气弹。这种子弹能穿透障碍物

上图：虽然No.209气体手枪已经停止生产，但是一些部门仍在使用这种武器。No.209气体手枪是No.210气体自动枪的同类产品。它们都属于第一代暴乱控制武器，可以发射多种类型的子弹，除了在近距离平射时较准确外，距离稍远，精度就难以把握

宝刀未老的武器

No.210气体自动枪是第一代防暴乱武器中的杰出代表。多年来该公司一直生产这种武器，直到最近几年才停止生产。尽管如此，由于这种武器在使用期间，事实证明它确实具有出众的能力，所以它目前仍在使用，根本不需要宣传鼓动。No.210气体自动枪（肩部发射）是一种非常容易操作的发射器，它使用的子弹有的后坐力较大，和其他同类型的武器一样，No.210除了在近距离内，射击精度较差。

No.210气体自动枪发射的新型子弹最为典型的是ALS技术公司生产的互锁式橡皮防暴弹。这种子弹有两种口径：一种口径为40毫米；另一种口径为37毫米。IRBP子弹长127毫米，重114克，并且能够发射3发21克的橡皮环。该公司宣称这种子弹的威力可以控制，能够给暴乱分子造成一定的痛苦，令其呼吸急促，浑身疼痛，丧失活动能力。这种子弹的有效射程在9~30米之间。

英国陆军在北爱尔兰暴乱刚刚发生的时候就使用了这种武器，后来转换成了L1A1榴弹发射器，但是英国有些地方的警察部队仍然保留了No.210气体自动枪。史密斯和威森公司在20世纪80年代中期开始停止研制暴乱控制弹药。

联邦防暴枪

自暴乱控制武器投入生产以来，目前，联邦防暴枪已成为使用最广泛的暴乱控制武器之一。世界上许多国家的军队、准军事部队、安全部队、警察和看守监狱的部队都使用这种武器。这种武器最初是由联邦实验室研制的，并且所使用的大量防暴弹药也是由该实验室生产的。最早使用该实验室产品的是美国的刑事部门，它们迫切需要一种大型、有威慑力的武器来控制囚犯。多年来，这种武器已经逐渐扩散到其他部门。

坚固结实的武器

联邦防暴枪是一种简单的单发射击武器，它几乎没有什么装饰物。由于设计比较简单，制作时大量使用防锈金属（合金），所以特别结实耐用。在大多数作战条件下，使用和维修/修理都极为方便。

最新式的防暴枪是203A型，它有一根嵌入式枪管和枪托，它的锁定枪管和枪架闭锁装置非常坚固。枪架闭锁装置位于手枪枪把的前部。

击发装置属于连发类，不能单发射击，这种武器最初用于狱警监控犯人，这种武器没有外置击锤。外置击锤在关键时刻不可避免地会钩挂衣服或其他东西，所以从中也可以看出，不用外置击锤实乃明智之举。

这种武器有前置式枪把。它的枪把和枪背带相连，枪背带的另一头系在木制枪托的末端。瞄准具的固定距离为45米。除了在某些细节上有所区别外，其他型号的联邦防暴枪和203A型防暴枪基本上完全相同。

令人心动的捆绑式销售法

联邦防暴枪的使用如此广泛的一个主要原因是销售商使用了防暴枪和联邦防暴

规格说明
联邦防暴枪
口径：37毫米
全长：737毫米
重量：不详
典型射程：100米

上图：联邦防暴枪是防暴武器中应用最广泛的一种武器。世界上许多国家的军队和警察都使用过这种武器。这种武器是用防锈的合金制成的，使用连动式击发设置，没有外置击锤，属于单发射击类武器

弹药捆绑式销售的方法。防暴枪只是整个销售协议中的一部分。该公司销售的防暴弹药都为37毫米标准口径。在各种防暴武器中，这些防暴弹药只有使用联邦防暴枪才能发射。通常销售的弹药类型繁多，其中有两种特别引人关注。

第一种是联邦"速热"催泪毒气防暴弹。这种子弹的射程大约为100米，外部用一层薄薄的铝合金包裹，能够在30秒内挥发出催泪毒气的气味，威力大，可作为备用防暴弹使用。第二种特殊的子弹是另一种类型的催泪毒气弹——联邦SKAT子弹。它包含5发小型的催泪毒气榴弹。这种小型的榴弹经过专门设计，属于弹跳式爆炸武器，射手瞄准暴乱人群前面的地面发射，子弹着地后5发小催泪弹弹跳到空中，弹跳路线没有规律。通常情况下，榴弹呈扇形向外喷射出催泪毒气物质，催泪毒气物质在15秒内开始挥发。暴乱分子根本来不及捡起再投掷到防暴人员身边。

英国经验

在北爱尔兰暴乱开始发生的时候，联邦防暴枪是英国陆军使用的防暴武器之一。英国陆军发现这种武器的性能不错，但是它的缺陷是后坐力较大，所以射击时精度较差。到20世纪80年代中期，防暴枪被L1A1榴弹发射器取代，但是英国的许多警察部队仍在武器库中保留了这种武器，以备紧急情况下使用。

上图：联邦防暴枪和霰弹枪的操作、装弹和瞄准方法完全一样。它属于单发射击类武器。图中为拆开枪架，装填防暴弹的情景

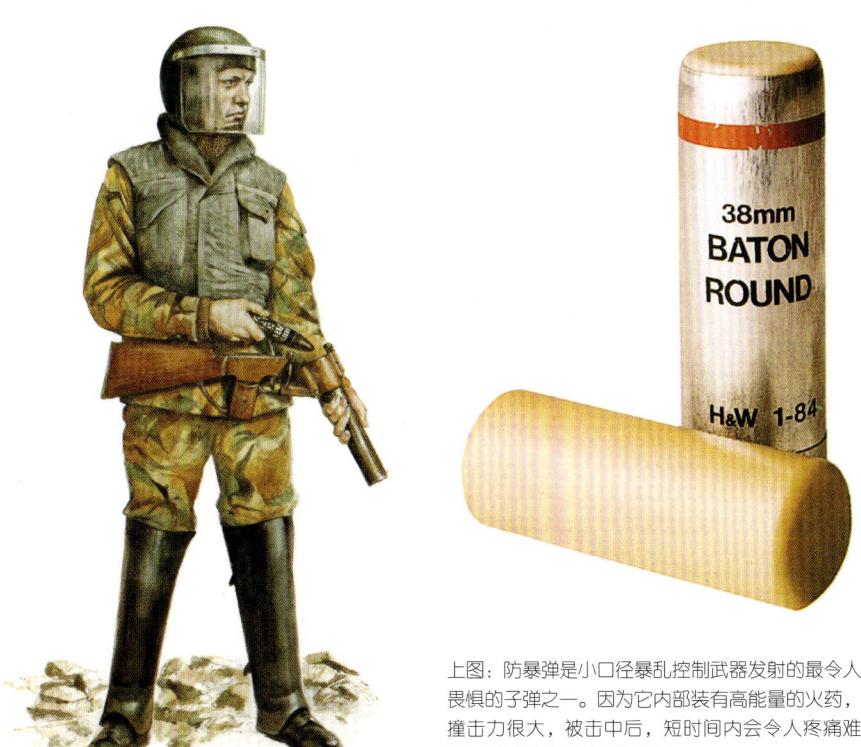

右图：英国陆军在北爱尔兰使用了联邦防暴枪，他们发现这种武器的性能极其可靠，但是由于后坐力太大，所以射击时精度较差，难以赢得士兵们的喜爱。后来它被L1A1榴弹发射器取代

上图：防暴弹是小口径暴乱控制武器发射的最令人畏惧的子弹之一。因为它内部装有高能量的火药，撞击力很大，被击中后，短时间内会令人疼痛难忍，严重时会造成皮肤瘀伤

10 陆地勇士
——21世纪的士兵

在20世纪的最后10年里（1990—1999年），步兵的变化超过了历史上任何一个时期。仅在10年前看起来还像是科幻中的东西转眼间变成了活生生的现实。世界上许多国家的军队都在研制能够把单一步兵和数字化战场联接起来的一体化武器系统。20世纪90年代初，法国制订了FELIN计划（装备综合计划），英国制订了FIST/Crusader 21（21世纪十字军）计划，试图在新世纪的10年内用高技术装备武装每一位普通士兵，但是最先大规模投入军队使用的要数美国的"陆地勇士"系统。

研制新式武器系统的目的是为了提高传统的目视识别和瞄准系统的能力。这些系统能保证士兵无论白天还是黑夜都不会受到任何气候的影响，保证他们能在最远的射程内用最精确的方式投入战斗。

"陆地勇士"

"陆地勇士"是美国陆军提高其步兵战斗能力的一项计划，目前"陆地勇士"武器系统正在装备部队。它是一种模块式的综合性作战系统，可以供徒步作战的士兵使用。按照设计，在21世纪的战场上，每一位士兵都是战场上不可或缺的成员。

"陆地勇士"能够提高步兵小组、班和排以及徒步作战士兵的作战能力，增强他们的作战效果。对于未来的士兵来说，作为第一次真正的一体化单兵作战系统，"陆地勇士"只不过是未来许多武器系统将要发生重大变化的前奏而已。"陆地勇士"系统将大大增强士兵的战场情况意识、士兵手中武器的致命性和士兵在战场上的生存能力。先进的传感器能让装备适当的步兵具有全天候作战能力，这种能力以前只有装甲车辆或飞机上的士兵才能拥有。

信息战

"陆地勇士"系统的核心是一体化的计算机/无线电系统。信息收集和上下指挥机构信息传送将通过实时的数字化报告得到提高，并且信息收集和传送还将包括图像捕捉和传送。

每位士兵的头盔中都安装了地图显示仪，根据地图显示仪，士兵清楚地知道他本人、其他士兵以及敌人所在的位置，士兵的作战效果更加显著。有了嵌入式全球定位系统，士兵再也不用担心不知道自己所在的位置。综合图像放大仪能让夜战变得几乎和白天作战一样简单。

保护部队

由于士兵和使用的武器实现了数据链接，所以士兵的战场生存能力得到了极大提高。有了一体化的模块式武器：热辐射武器、瞄准仪和摄影机、头盔式显示器，他只需使用双手和手中的武器就能将敌人置于死地。

改进后的防弹衣、激光探测器、化学防护服、弹道/激光护眼镜将进一步提高士兵的战场生存能力。"陆地勇士"计划中有一种敌我识别系统，它大大增强了士兵的情况意识，能够清楚地分辨出作战对象的身份，有助于防止"自己人打自己人"的误伤事件发生。在夜战中，士兵经常会受到误伤的威胁。

上图和右图：目前美国陆军正在装备的"陆地勇士"系统把单兵计算机化的导航、通信、武器和瞄准系统有机结合在一起。"陆地勇士"系统将使普通士兵获得比历史上任何时期都要多的战场信息

武器子系统

研制模块式武器子系统的目的是为了在不影响部队机动性的情况下，提高武器击中目标的概率。它可以安装在改进型M16步枪或M4卡宾枪的枪杆上。这种武器子系统的主要组成部分包括在各种气候和能见度的条件下能用于目标探测的轻型或中型热辐射武器瞄准具（TWS），能够提供距离和方向定位、瞄准点、第三方目标照明的多功能激光仪。另外，这种武器子系统还能装载综合惯性制导的航位推算模块（DRM），当全球定位系统的信号临时消失时，能保持精确的定位。在对"陆地勇士"系统全部组成部分进行管制/控制期间，处于射击状态的武器会自动提醒士兵保持射击状态。

头盔

综合头盔组合子系统（IHAS）能够向士兵提供弹道保护和战场上的高保真图像及声音信息，使士兵无论在白天、黑夜和核生化条件下都能投入战斗。为了减少头盔的重量，头盔是用先进材料制成的。创新性的新式承载系统为光学部件提供了稳定的平台。头盔显示器可以接收计算机数据，同时也可以输出重要的图像信息。地图显示器可以使士兵清楚自己及所在班和排的其他人员的位置。

保护服

保护服和单兵设备（PCIE）子系统能够自动将"陆地勇士"系统综合起来。这种综合性的模块式子系统大大提高了士兵的机动能力和战场生存能力，并且让士兵重新认识到什么是真正的舒适。截击式防弹服有5种规格，防弹服的前后都有按照不同环境而设计的钢板。外层的战术防弹背心撤掉钢板时，重3.8千克，能够抵挡炸弹碎片和9毫米的子弹。嵌入式钢板（对付轻武器）每个重1.8千克，能够承受7.62毫米实心弹的多次打击。防弹背心整体重7.4千克，与目前使用的PASGT防弹背心/ISAPO相比，这种防弹背心轻4.5千克。为了增强保护功能，它还带有保护喉咙和腹股沟的防护装置。

计算机

计算机和无线电子系统（CRS）把使用"陆地勇士"系统的士兵和数字化战场紧密联系在一起。计算机和无线电子系统主要由私人企业和政府现有的设备构成。通信/导航模块能提供声音和数据传输/接收能力。全球定位系统接收器能为导航系统提供有关士兵所在位置和战场情况的数据。当全球定位系统的信号临时性消失时，综合性的惯性制导航位推算模块（DRM）能保持精确的定位。计算机和无线电子系统能够捕捉和传送静态物体的图像，它和多功能激光一起使用时，能够自动提供间接性火力支援。计算机系统和承载系统完全综合为一个统一的整体。软件子系统是"陆地勇士"系统的核心，按照设计它可以满足士兵的战术需要，极大提高士兵的作战效能，有利于在战场上发挥出士兵的最大潜能。

FN2000 模块系统

FN埃斯塔勒公司用5.56毫米的突击步枪取代了著名的7.62毫米FN FAL（英国陆军称之为SLR-自动步枪）。第二次世界大战后，FN FAL步枪为该公司赢得了较为显赫的名声，但没有获得最大成功。在名枪竞相争雄的武器市场上，大多数国家的军队要么采购美国的武器（M16），要么研制自己的武器（法国的FA MAS，意大利的贝瑞塔，英堂吉诃德式的SA80），所以比利时同类型的武器在国际武器市场上产生的影响实在有限。而FN2000模块系统能否在国际市场上成为畅销的武器目前尚难确定，但是该公司着眼于创新的设计确实令人关注，在20世纪80年代后期，经过一番宣传和鼓动，它的P90单兵武器确实引起了世界各国的关注。现在再审视一下FN2000模块系统，从中可以看出该公司确实汲取了P90单兵武器的教训。FN2000模块系统的操作极其简单，一学就会，其结构非常适合在战场上快速而又简单地拆卸和组装。

武器设计

FN2000模块系统采用了无托结构，为了减少整枪的长度，弹匣位于扳机后面。全枪长不到700毫米。这对于乘坐装甲车的士兵来说非常有用，当他们下车投入战斗时，经常发现自己已经处于高楼林立的地区。

FN2000模块系统解决了英国使用无托结构设计的步枪——SA80步枪存在的一个严重问题。SA80步枪只能从右肩处射击，如果你试图从左肩处射击，那么空弹壳弹出时正好打在你脸上。由于20名士兵中平均有一名士兵使用左手（左撇子），在这种情况下，这种设计显然比较可怕。而且SA80步枪招致更大批评的地方在于，在高楼林立的地区作战时，士兵常常需要从左手处射击，而使用SA80步枪时，士兵必须

上图：FN2000模块系统完全是一种模块式攻击武器系统。武器的基本模块可以安装各种外部模块，用途极为广泛。图中的FN2000模块系统安装了40毫米榴弹发射器和先进的电子火控系统

上图：FN2000模块系统使用了多种环境仿生技术。这些技术最初应用于先进的P90冲锋枪。FN2000模块系统是用平滑的复合材料制成的，从左右肩部均可发射

露出大半个身子（枪和身体保持一定的距离）才能射击。

FN2000模块系统使用了独特的弹射系统。该系统有专门供空弹壳弹出的洞口，空弹壳向前弹出，而不是向一侧弹出。这样用左手射击时，空弹壳、气体或其他脏物就不会碰到射手的脸部。另外，它的射击选择器、保险阻铁和弹匣释放杆用左右手都能操作，毫不费力。

FN2000模块系统发射北约的5.56毫米×45毫米子弹。FN2000步枪使用了传统的气动操作系统和旋转枪栓设置，射速较快，短时间内射击相当精确。这种武器使用了模块式结构，根据需要，射手能快速地更换它的设置（事实上，这种武器更适合执法部门使用，但是随着维和任务的增

规格说明

FN2000模块系统

口径：5.56毫米×45毫米（北约）

全长：694毫米

枪管长：400毫米

弹匣容量：30发子弹

重量：3.6千克（空）；4.6千克（带40毫米的榴弹发射器）

加，军用和警用的界线日趋模糊）。它的枪托是用坚硬的复合材料制成的。瞄准具上可以安装射手最喜爱的瞄准系统（或者陆军能支付得起的瞄准系统）。标准的瞄准系统是放大1.6倍的光学瞄准仪，足以轻松地击中瞄准的目标，不需要为了瞄准而费力地眯起双眼。扳机护柄上有一个支架，可以安装榴弹发射器、手电或其他有用的辅助设置。

FN2000模块系统和传统步枪在设计上有所不同。为了保证射手比较舒服地发射步枪子弹或榴弹，从一开始，它就安装了手枪枪把。取得了大西洋对岸的美国的同意后，FN公司拿出了它所设计的计算机模拟射击控制模型。它安装了能够计算目标所在位置的激光距离探测器，有了这种探测器，40毫米榴弹发射器能精确地瞄准目标。这些装置遭到了许多人的批评，他们说这些东西并不能真正地保护士兵们的安全（没有经过士兵的证明），经不起战场的艰苦条件的考验。他们对该公司为到访的新闻媒体演示这种武器性能的做法深表不满。另外，他们还对这种武器使用的电源提出了意见——电池持续时间短，而且还增加了武器的重量。英国特别空勤团中著名的巡逻队的命运提醒所有部队，甚至是最优秀的部队在战斗中也无法携带太重的装备。

榴弹发射器

榴弹发射器是一种气动系统操作、旋转弹膛锁定式武器。它能发射各种类型的40毫米弹药：基本类型的子弹装有烈性炸药，初速为每秒76米。榴弹发射器的枪管长230毫米，安装上榴弹发射器后，枪全长增至727毫米。这种武器使用起来相当方便，和老式的7.62毫米步枪相比，更是如此。老式步枪的长度超过了1米。

未来前景

和当今的所有先进的步兵武器一样，FN2000模块系统的前途取决于西方各国政府是否愿意为其步兵投入更多资金。各国的国防官员都知道FN2000模块系统明显优于M16步枪（或相当于M16的其他步枪），他们可以以此为理由劝说其国家的政府领导人提供必要的资金。

FN2000模块系统的前途还取决于另一个因素：能否继续用5.56毫米的口径。在1991年海湾战争和后来的阿富汗战争中，FN2000模块系统已经暴露出它的局限性：在战场上，远距离作战已经成为未来战争的普遍规律，而近距离作战在未来战争中只能属于另类。有些士兵或许愿意重新使用7.62毫米步枪。所有参加过海湾战争和阿富汗战争的国家的步兵连都增加了5.56毫米机关枪的数量。

上图：FN2000模块系统的射击装置非常灵巧，它和传统的武器不同，它的空弹壳不是从一侧弹出，它的枪口右边靠后的地方有一个弹孔，空弹壳就是从这个弹孔中向前弹出的

上图：FN2000模块系统的顶部支架可以安装各种类型的瞄准设置。图中的瞄准设置为标准的可放大的1.6倍的瞄准具。它也可以安装夜视仪或榴弹FCS

FN公司简史

比利时国家武器制造厂，在生产高质量的军用武器方面有着悠久的历史。为了制造比利时政府订购的150000支毛瑟步枪，该公司于1889年创建。随后，该公司和约翰·勃朗宁建立了业务联系。勃朗宁是历史上最具有创新意识的武器设计大师。

20世纪30年代，在戴多恩·赛弗的领导下，该公司开始研制系列自动步枪，从而为该公司在第二次世界大战后的成功奠定了基础。

FN49型步枪被优秀的FN FAL步枪取代。FN FAL是一流的作战步枪，按照设计使用北约新式的7.62毫米标准子弹。FN FAL步枪是整个步枪历史中最成功的武器之一。FAL步枪被出口到90多个国家和地区。

20世纪60年代和70年代，FN公司生产出了小口径步枪。在小口径步枪的基础上，FN公司又生产出了FAL步枪的派生枪，经过重新设计，最后使用的是北约新式的5.56毫米子弹。FNC步枪相当优秀，性能可靠，射击精度较高，但和FAL步枪相比，出口量有限。

上图：FN FAL是英国军队标准的作战步枪。英国军队使用这种步枪已有30年的历史

FN49型步枪是FN公司的第一代自动步枪

FNC是以FN FAL为基础生产的轻型突击步枪

FA MAS FELIN 步枪

法国在20世纪80年代初期生产的一种口径为5.56毫米的无托步枪被称为FA MAS。这种武器研制于1972年，1978年正式被军方接受。FA MAS FELIN步枪是MAS公司生产的突击步枪。MAS公司最后被法国陆上武器集团（GIAT）购并。

FA MAS FELIN步枪的外形非同寻常，它的外形非常像法军最喜爱的一种乐器——军号，所以士兵们给它起了个绰号"军号"。法国军队非常喜爱FA MAS步枪，在多次战斗中，这种步枪都有不俗的表现。这和英国的SA80步枪（更正规的是L85）相比实在是天壤之别。这种步枪和7.62毫米半自动步枪的重量相当。

和SA80步枪不同的是，在射击时，FA MAS步枪很容易从一个肩上转换到另一个肩上（脸颊垫和弹射装置可以从一边向另一边转换），设计人员建议士兵在战场上最好不要随意转换使用（从左向右，或从右向左），因为在转换的过程中需要拆卸和再安装，这样容易造成小零件丢失，而且一旦丢失，枪就无法使用了。它的折叠式双脚架的实用性极强，能够增加射击的距离。

最新型号的法国步枪是FA MAS G2。这种新式步枪和其他突击步枪有所不同，它使用延迟式后坐力操作系统。它是最初的FA MAS F1和FA MAS F2标准步枪的改进型。FA MAS G2步枪具有单发射击、三发点射（一次性扣压扳机）和全自动射击能力。它的保险开关和射击选择器都设在了扳机护栏的内部，其中包括保险、单发射击和全自动射击设置。枪托底部弹匣槽的一侧有一个可以控制三发点射和全自动射击的自动射击模式选择器。这种步枪的其他改动有：枪背带取代了折叠式双脚架（如果需要还能够重新安装），取消了嵌入式榴弹发射器，加大了扳机护栏的长度，扳机护栏一直覆盖了整个枪把，弹匣槽改进后可以使用北约标准的M16型盒式弹匣（可装30发子弹）和FA MAS步枪使用的特殊弹匣（可装25发子弹）。FA MAS G2步枪的枪管下面可以安装M203 40毫米榴弹发射器。FA MAS G2步枪仍然可以发射400克的枪榴弹。自第一次世界大战以来，法国一直对枪榴弹情有独钟。FA MAS G2步枪的射速可以调整，每分钟在1000~1100发之间。

最近的改进情况

作为法国未来步兵计划的一部分，FA MAS FELIN步枪是FA MAS F1步枪的改进型，最近法国进行了一系列试验，这种步枪被称为PAPOP（复合武器和复合弹药）。从理论上讲，法国的FA MAS FELIN和美国陆军的"陆地勇士"、澳大利亚陆军的"陆地125系统"和英国的FIST非常类似。

参与法国军事计划的公司有法国陆上武器集团、汤姆森-CSF Texen公司和其他6家公司。法国的军事计划符合《北约AC225文献》的基本精神。该计划的目的就是实现步兵和武器系统的一体化。和目前步兵使用的武器系统相比，未来的武器系统在夜间作战的效果更加明显，能力更加出众，广泛、高效地把图像设施应用于战术信息的接收和利用上。和目前装备步枪、机关枪和榴弹发射器之类武器的常规步兵相比，装备新式武器系统的未来步兵在作战区域内的作战能力将得到极大提高。

特征

FA MAS FELIN步枪的装备完全能满

上图：FAMASFELIN 步枪和目前的FAMAS 步枪相比，增加了大量的目标定位设置和一个小型榴弹发射器，从而提高了步兵的作战能力，无论白天还是黑夜都能取得最大的作战效果

规格说明

FN MAS G2模块系统

口径：5.56毫米
全长：757毫米
枪管长：488毫米
弹匣容量：可装20或30发子弹的盒式弹匣
重量：3.5千克（空）；3.9千克（带30发子弹的弹匣）

上图：从图中可以看出下一代法国步兵的风采。这些士兵刚从步兵战车上跳下，他们装备了FA MAS FELIN步枪和PAPOP单兵设备

上图：从理论上讲，复合武器和复合弹药装备可以向法国步兵提供大量的战术和目标定位信息，从而使法国步兵成为一支作战能力更强悍的新型部队

足白天和黑夜射击、利用从其他小组成员获得的数据提供射击辅助、距离探测、本能瞄准和射击以及战场敌友识别等作战要求。另外，它还配有步兵需要的通信系统（无线电、数据和图像）。这种设计集多种特征于一体，白天使用这种武器，在300米的射程内，瞄准站立和固定的目标（人）射击，命中率可达90%；夜晚在200米和400米的射程内，瞄准同类目标射击时，命中率完全相同。

从根本上讲，这种武器系统按照预定的指令把步枪和榴弹发射器的能力综合在一起，从而研究和制造出一种射程更远、致命性更强的武器。它的另一大特点是全面提高核生化的防护水平。和目前的防护装备相比，未来的防护设备对于使用者来说会更加友好。设计这种防护设备的目的是为了在不降低防护水平的基础上，确保身穿防护服的士兵有更强的机动能力（通过减少服装重量，使之更加灵活）。

武器配置

目前的复合武器和复合弹药综合了步枪（发射现在标准的5.56毫米子弹）和榴弹发射器（发射直径为35毫米的榴弹）的功能（目前美国的理想单兵战斗武器中使用的是40毫米榴弹），减小口径的同时也就减轻了武器的重量，所以携带起来更加方便，射程也相应得到提高，但必须注意的是，不能因减小口径而降低武器的作战能力。

和理想的单兵战斗武器一样，法国武器有一个数字支援系统。研制这种支援系统的目的是为了在300米的射程内，无论白天还是黑夜，能够迅速探测到目标的准确位置，更重要的是能区分出谁是友军，谁是敌人。法国的武器利用远距离瞄准系统，士兵可以从掩体处射击，并且该系统还能为其他武器指定攻击的目标。这种系统可以使用类似现代化飞机上使用的向飞行员提供图像数据的方法，把图像数据传

送到安装在士兵头盔上的灵巧的显示器中，士兵随时可以接收重要的战术信息，而且在接收信息的同时，士兵的眼睛无须离开前面的目标或地形。在陆基系统中心，指挥官能够通过接收的数据看到他的士兵看到的一切。

榴弹程序设计

法国的35毫米榴弹在射击时，可以通过程序设计，最佳配置榴弹的碎片散布类型，从而在打击特殊的目标时取得最大的效果，这一点和霰弹枪使用的可调式抑制/阻塞装置极为类似。榴弹的碎片既可以集中也可以分散。35毫米榴弹重200克，属于体积最小的一类。法国人认为这种榴弹完全可以满足未来的作战任务的需要。

下图：法国陆军目前具有高水平的作战能力，但法国高层希望用作战效能更高、用途更广的武器武装法军，加快法军的转型步伐，早日成为高度信息化的军队